PREFACE 머리말

여러분의 꿈을 응원합니다.

창밖으로 보이는 맑은 하늘과 상쾌한 공기는 언제나 우리의 기분을 좋게 만들어 주고 있습니다. 또한 인생에서 목표를 정하고 도전하며 성취하는 일 또한 스스로의 자존감을 높이며 희망찬 내일로 한 걸음 내딛는 것이라 생각합니다. 자격증을 준비하고 취득하는 것은 밝은 내일로의 출발이기에 이 책을 보시는 많은 분들이 행복하시기를 기원합니다.

여러분의 합격을 위해 이 책을 만들었습니다. 어려운 내용을 쉽게 표현하기 위한 연습과 노력의 결실이 이 책과 강의 영상입니다. 매일 매일 일정량의 공부를 꾸준히 할 수 있다면 이 책과 저의 강의가 조금 더 빠른 합격과 효율적인 수험생활에 도움이 될 수 있습니다.

시험의 합격을 위한 준비는 빠를수록 좋습니다. 그리고 수험기간은 짧을수록 좋습니다. 여러분이 포기하지 않으시면 저도 포기하지 않겠습니다. 합격하는 순간을 함께 기뻐할 수 있길 소원합니다. 또한 여러분의 건강과 가족의 평안을 기원합니다.

오늘보다는 내일이 더 멋진 강의와 책이 될 수 있도록 저도 계속 노력하겠습니다.
마지막으로 이 책을 출간할 수 있도록 도움을 주신 박문각 임직원 여러분께 감사드립니다.

편저자 이찬범

GUIDE 환경기능사 시험정보

▌환경기능사 취득방법

구분		내용
시험과목	필기	대기오염방지, 폐수처리, 폐기물처리, 소음·진동 방지
	실기	환경오염공정 시험방법 실무
검정방법	필기	객관식 4지 택일형 60문항(1시간)
	실기	작업형(2시간)
합격기준	필기	100점을 만점으로 하여 60점 이상
	실기	

▌환경기능사 합격률

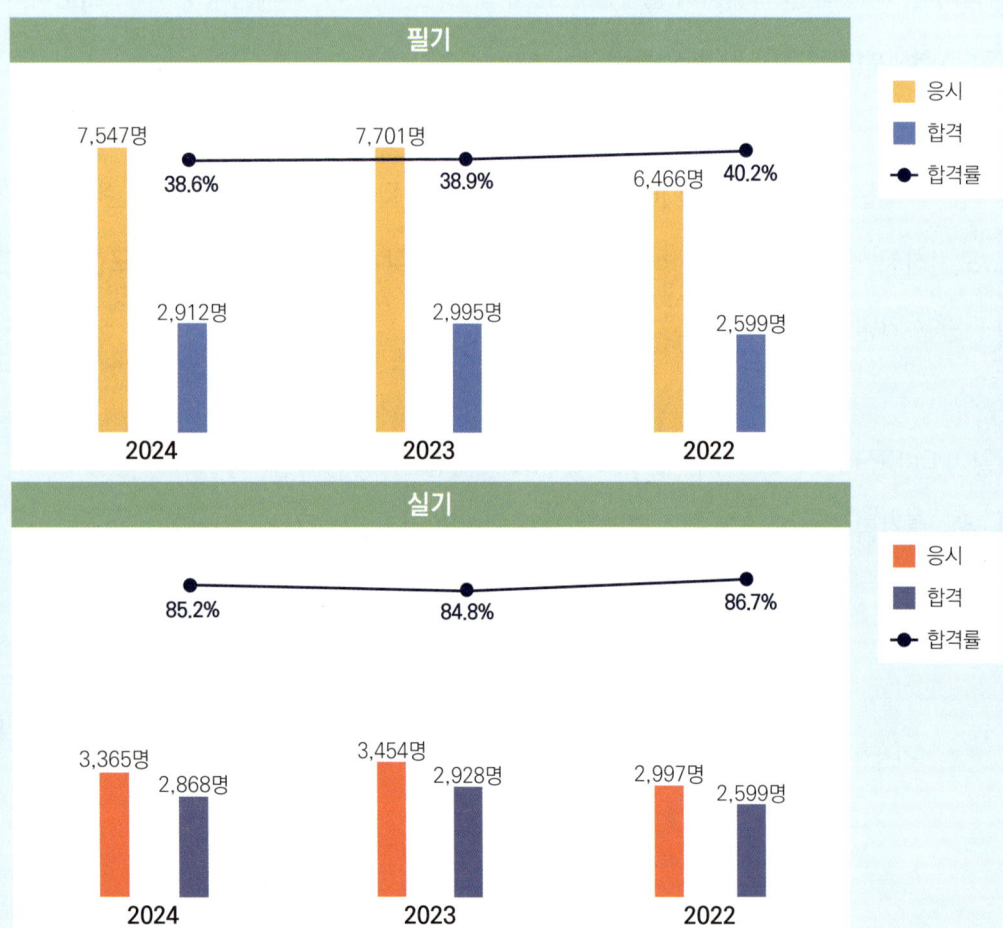

필기

- 응시
- 합격
- 합격률

7,547명 — 38.6% — 2,912명 — 2024
7,701명 — 38.9% — 2,995명 — 2023
6,466명 — 40.2% — 2,599명 — 2022

실기

- 응시
- 합격
- 합격률

85.2% — 3,365명 — 2,868명 — 2024
84.8% — 3,454명 — 2,928명 — 2023
86.7% — 2,997명 — 2,599명 — 2022

GUIDE 환경기능사 출제기준

분야	• 직무분야 : 환경, 에너지 • 중직무분야 : 환경	자격종목	환경기능사	적용기간	2025.01.01.~ 2027.12.31.
필기과목명	**주요항목**	**세부항목**			
대기오염방지, 폐수처리, 폐기물처리, 소음·진동방지	1. 대기오염방지	1. 대기오염 / 2. 대기현상 / 3. 유해가스 처리 / 4. 집진 / 5. 연소			
	2. 폐수처리	1. 물의 특성 및 오염원 / 2. 수질오염 측정 / 3. 물리적 처리 4. 화학적 처리 / 5. 생물학적 처리			
	3. 폐기물처리	1. 폐기물 특성 / 2. 수거 및 운반 / 3. 전처리 및 중간처분 4. 자원화 / 5. 폐기물 최종처분			
	4. 소음·진동 방지	1. 소음·진동 발생 및 전파 / 2. 소음방지 관리 / 3. 진동방지 관리			

분야	• 직무분야 : 환경, 에너지 • 중직무분야 : 환경	자격종목	환경기능사	적용기간	2025.01.01.~ 2027.12.31.
실기과목명	**주요항목**	**세부항목**			
환경오염공정 시험방법 실무	1. 일반 항목 분석	1. 시료 채취하기 / 2. 수질오염물질 분석하기			
	2. 폐기물 조사 분석	1. 시료 채취하기 / 2. 폐기물 분석하기			
	3. 소음·진동 측정	1. 측정범위 파악하기 / 2. 배경·대상 소음·진동 측정하기 3. 발생원 측정하기			
	4. 대기오염물질 측정분석	1. 시료 채취하기 / 2. 가스상 물질 기기분석하기			

☑ 합격비법 손글씨 핵심요약

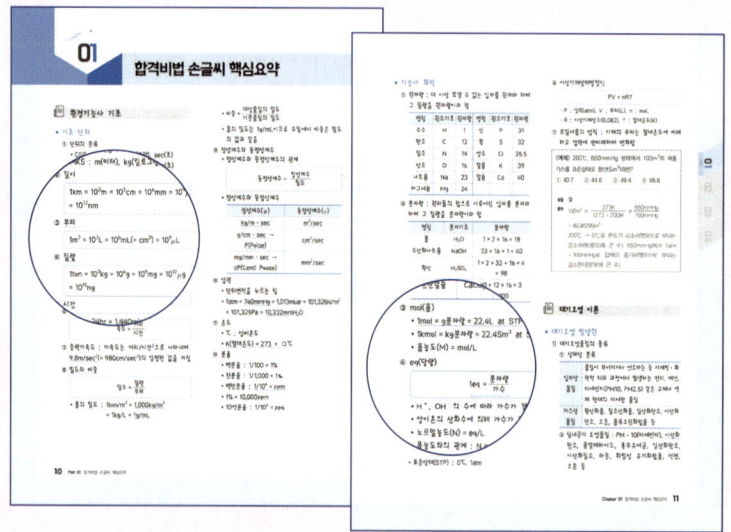

❚ Point 1
꼭 알아야 할 중요한 핵심이론만 눈이 편한 손글씨로 정리

❚ Point 2
핵심 중의 핵심은 눈에 바로 띌 수 있게 밑줄 표시

☑ 8개년 CBT 기출복원문제(2018년~2025년)

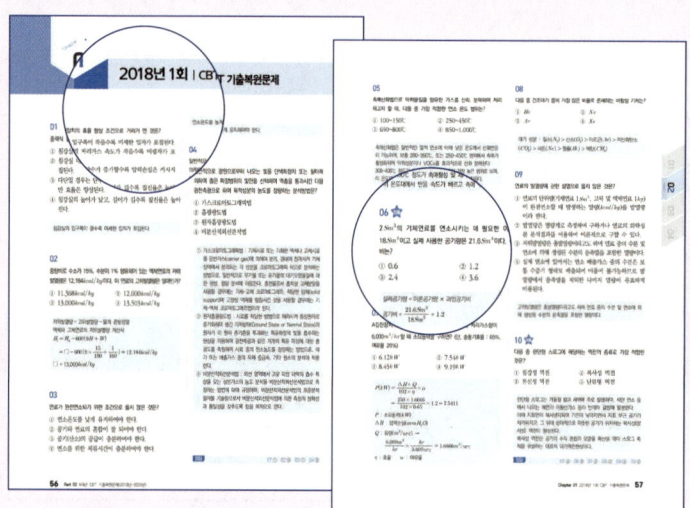

❚ Point 1
8개년 CBT 기출복원문제로 기출 경향을 파악하고 빈출표시를 통해 문제적응력 향상

❚ Point 2
문제 해결을 위한 포인트만 콕! 명확한 해설과 이해하기 쉽고 간결한 계산문제 풀이

✅ 최빈출 60제

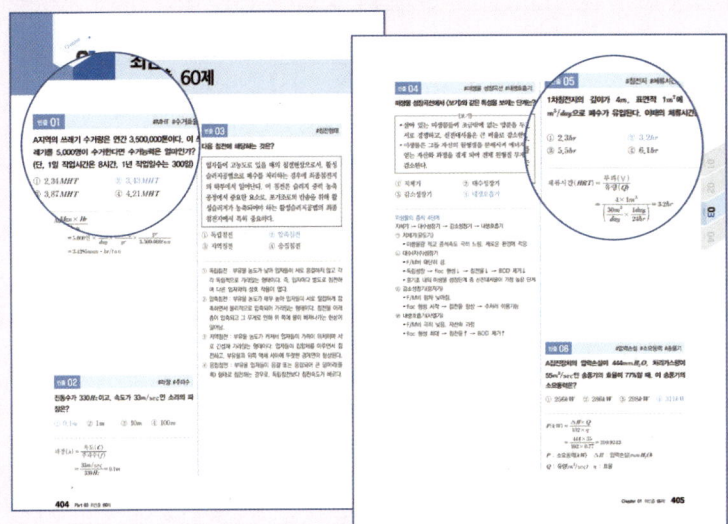

| Point 1

출제 유형을 분석하여 빈출되는
60문제만 선별하여 수록

| Point 2

간단한 해설과 한눈에 보이는 정답
으로 시험 직전 마무리 점검에 최적
화된 구성

✅ 실기편

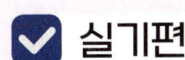

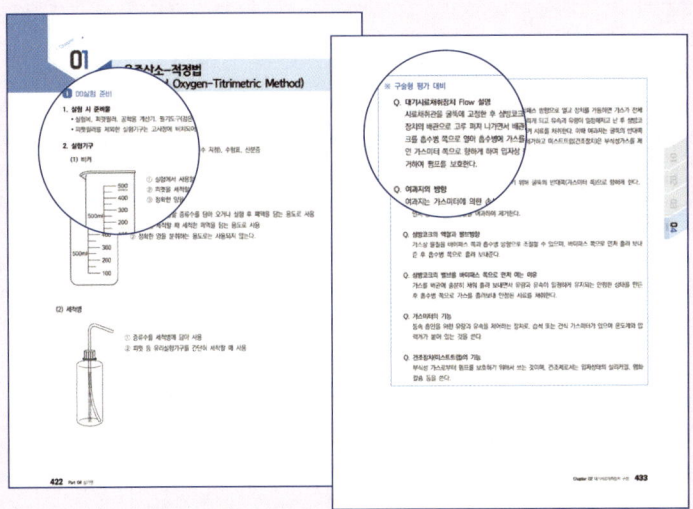

| Point 1

실험 준비, 실험 방법, 답안지 작성
까지 이어지는 상세한 설명

| Point 2

명쾌하게 정리한 구술평가 대비
포인트

CONTENTS 목차

Study check 표 활용법

스스로 학습 계획을 세워서 체크하는 과정을 통해 학습자의 학습능률을 향상시키기 위해 구성하였습니다.
각 단원의 학습을 완료할 때마다 날짜를 기입하고 체크하여, 자신만의 3회독 플래너를 완성시켜보세요.

PART

01

합격비법
손글씨 핵심요약

합격비법 손글씨 핵심요약

📋 환경기능사 기초

■ 기초 단위

① 단위의 분류
- CGS : cm(센티미터), g(그램), sec(초)
- MKS : m(미터), kg(킬로그램), sec(초)

② 길이

$$1km = 10^3m = 10^5cm = 10^6mm = 10^9\mu m = 10^{12}nm$$

③ 부피

$$1m^3 = 10^3L = 10^6mL(= cm^3) = 10^9\mu L$$

④ 질량

$$1ton = 10^3kg = 10^6g = 10^9mg = 10^{12}\mu g = 10^{15}ng$$

⑤ 시간

$$1day = 24hr = 1,440min = 86,400sec$$

⑥ 속도 : 거리를 시간으로 나눈 값

$$속도 = \frac{거리}{시간}$$

⑦ 중력가속도 : 가속도는 거리/시간^{2}으로 나타내며 $9.8m/sec^2(= 980cm/sec^2)$의 일정한 값을 가짐

⑧ 밀도와 비중

$$밀도 = \frac{질량}{부피}$$

- 물의 밀도 : $1ton/m^3 = 1,000kg/m^3 = 1kg/L = 1g/mL$

- 비중 $= \dfrac{대상물질의 밀도}{기준물질의 밀도}$

- 물의 밀도는 1g/mL이므로 수질에서 비중은 밀도의 값과 같음

⑨ 점성계수와 동점성계수
- 점성계수와 동점성계수의 관계

$$동점성계수 = \frac{점성계수}{밀도}$$

- 점성계수와 동점성계수

점성계수(μ)	동점성계수(ν)
kg/m · sec	m^2/sec
g/cm · sec → P(Poise)	cm^2/sec
mg/mm · sec → cP(Centi Poose)	mm^2/sec

⑩ 압력
- 단위면적을 누르는 힘
- $1atm = 760mmHg = 1,013mbar = 101,325N/m^2 = 101,325Pa = 10,332mmH_2O$

⑪ 온도
- ℃ : 섭씨온도
- K(절대온도) $= 273 + \square$℃

⑫ 분율
- 백분율 : $1/100 = 1\%$
- 천분율 : $1/1,000 = 1‰$
- 백만분율 : $1/10^6 = ppm$
- $1\% = 10,000ppm$
- 10억분율 : $1/10^9 = ppb$

■ 기능사 화학

① 원자량 : 더 이상 쪼갤 수 없는 입자를 원자라 하며 그 질량을 원자량이라 함

명칭	원소기호	원자량	명칭	원소기호	원자량
수소	H	1	인	P	31
탄소	C	12	황	S	32
질소	N	14	염소	Cl	35.5
산소	O	16	칼륨	K	39
나트륨	Na	23	칼슘	Ca	40
마그네슘	Mg	24			

② 분자량 : 원자들의 합으로 이루어진 입자를 분자라 하며 그 질량을 분자량이라 함

명칭	분자기호	분자량
물	H_2O	$1 \times 2 + 16 = 18$
수산화나트륨	NaOH	$23 + 16 + 1 = 40$
황산	H_2SO_4	$1 \times 2 + 32 + 16 \times 4$ $= 98$
탄산칼슘	$CaCO_3$	$40 + 12 + 16 \times 3$ $= 100$

③ mol(몰)
- 1mol = g분자량 = 22.4L at STP
- 1kmol = kg분자량 = $22.4Sm^3$ at STP
- 몰농도(M) = mol/L

④ eq(당량)

$$1eq = \frac{분자량}{가수}$$

- H^+, OH^- 의 수에 따라 가수가 결정됨
- 양이온의 산화수에 의해 가수가 결정됨
- 노르말농도(N) = eq/L
- 몰농도와의 관계 : N = nM(n은 가수)

⑤ 아보가드로의 법칙
- 1mol = g분자량 = 22.4L at STP
  $= 6.02 \times 10^{23}$개
- 표준상태(STP) : 0℃, 1atm

⑥ 이상기체상태방정식

$$PV = nRT$$

- P : 압력(atm), V : 부피(L), n : mol,
- R : 이상기체상수(0.082), T : 절대온도(K)

⑦ 보일샤를의 법칙 : 기체의 부피는 절대온도에 비례하고 압력에 반비례하며 변화함

〈예제〉 200℃, 650mmHg 상태에서 $100m^3$의 배출가스를 표준상태로 환산(Sm^3)하면?
① 40.7 ② 44.6 ③ 49.4 ④ 98.8

정답 ③

풀이
$$100m^3 \times \frac{273K}{(273+200)K} \times \frac{650mmHg}{760mmHg}$$
$$= 49.3629Sm^3$$

200℃ → 0℃로 온도가 감소하였으므로 부피는 감소하며(분모에 큰 수), 650mmHg에서 1atm = 760mmHg로 압력이 증가하였으므로 부피는 감소한다(분모에 큰 수).

📋 대기오염 이론

■ 대기오염 발생원

1) 대기오염물질의 종류

① 상태상 분류

입자상 물질	물질이 부서지거나 연소하는 등 기계적·화학적 처리 과정에서 발생하는 먼지, 매연, 미세먼지(PM10, PM2.5) 같은 고체나 액체 형태의 미세한 물질
가스상 물질	황산화물, 질소산화물, 일산화탄소, 이산화탄소, 오존, 플루오린화합물 등

② 실내공기 오염물질 : PM - 10(미세먼지), 이산화탄소, 폼알데하이드, 총부유세균, 일산화탄소, 이산화질소, 라돈, 휘발성 유기화합물, 석면, 오존 등

③ 발생원에 따른 분류

1차 오염물질	• 발생원으로부터 대기 중으로 직접 방출되는 오염물질 • SOx, NOx, HC, CO_2, NH_3 등
2차 오염물질	• 발생원으로부터 대기 중으로 방출된 오염물질이 광화학반응을 일으켜 생성되는 오염물질 • SOx, NOx, PAN, O_3, H_2O_2, NOCl 등
1, 2차 오염물질	NO, NO_2, SO_2, SO_3, H_2SO_4, 알데하이드류, 유기산류 등

2) 대기오염물질의 특성

일산화탄소	• 연료가 불완전연소할 때 주로 발생 • 공기보다 가벼운 무색·무미·무취의 기체 • 인체에 유입 시 헤모글로빈과 강하게 결합하여 산소 운반 능력을 떨어뜨리는 유독물질
아황산가스 (황산화물)	무색 자극성 냄새를 가진 기체로 산성비의 원인물질
일산화질소 (NO)	• 고온 연소 과정, 특히 산업장 및 자동차 연소 공정에서 주로 발생하는 무색, 무취의 불용성 기체 • 인체에 유입 시 헤모글로빈과 산소보다 수백 배 강하게 결합하여 독성을 나타냄
다이옥신	• 폐기물 불완전 소각이나 자동차 배기가스 등에서 주로 발생 • 강력한 발암성, 기형성, 면역독성을 지닌 독성물질로 열과 화학적으로 매우 안정하고 분해되기 어려워 환경에 오래 잔류하는 특징을 가짐(2, 3, 7, 8 - TCDD가 가장 독성 강함)
이산화탄소 (CO₂)	실내공기 오염의 지표로 활용되며, 온실 효과에 가장 크게 기여하는 무색, 무취의 기체

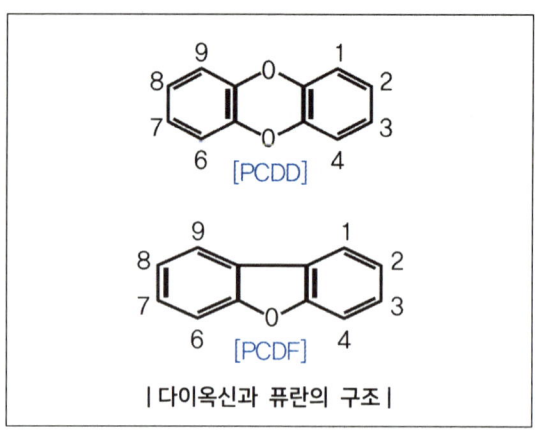

| 다이옥신과 퓨란의 구조 |

■ 대기오염사건 밀 현상

1) 런던스모그와 LA스모그

항목	런던스모그	LA스모그
발생 시 기온	기온 4℃ 이하	24 ~ 32℃
발생 시 습도	85% 이상	70% 이하
발생 시간	이른 아침	한낮
발생한 달	12월 ~ 1월	7 ~ 9월
원인	화석연료	자동차
역전형태	접지역전 (방사성 역전)	공중역전 (침강성 역전)

더 알아보기

smog = smoke(매연) + fog(안개)

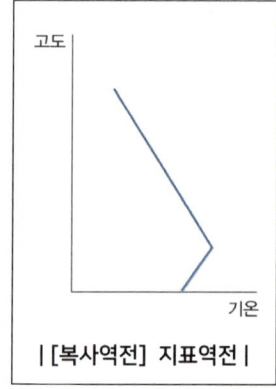

| [복사역전] 지표역전 |

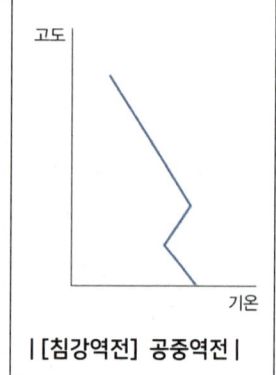

| [침강역전] 공중역전 |

2) 지구온난화 현상과 오존층 파괴

지구온난화 현상	태양의 활동과 온실효과 등으로 인해 지구의 평균 기온이 올라가는 현상(원인물질 : CO_2, N_2O, CH_4 등)						
엘니뇨 현상	• 정의 : 해수면 온도가 0.5℃ 이상 6개월 넘게 높아지는 현상 • 어원 : 스페인어로 '아기 예수'를 의미						
라니냐 현상	• 정의 : 해수면 온도가 0.5℃ 이상 6개월 넘게 낮아지는 현상 • 어원 : 스페인어로 '여자아이'를 의미						
열섬 현상	도시 활동(공장, 자동차, 냉난방)으로 발생한 열과 오염물질이 모여 도시가 주변보다 더 뜨거워지는 현상						

이산화탄소 1kg을 기준으로 특정 온실가스가 대기 중에서 일정 기간 동안 그 기체 1kg의 온난화 효과가 어느 정도인가를 평가하는 척도

지구온난화 지수 (GWP)	구분	CO_2	CH_4	N_2O	수소불화탄소 (HFCs)	과불화탄소 (PFCs)	SF_6
	GWP	1	21	310	140 ~ 11,700	6,500 ~ 9,200	23,900

온실효과 (green house effects)	• 정의 : 대기 중 온실가스가 지구에서 방출되는 적외선을 흡수·재방출하여 지구의 온도를 높이는 현상 • 주요 온실가스 : CO_2(이산화탄소), CH_4(메탄), N_2O(아산화질소), 수소불화탄소(HFCs), 과불화탄소(PFCs), SF_6(육불화황) 등
오존층	• 냉장고의 냉매와 스프레이용의 분사제 등에 포함된 CFC가 대기에 미치는 가장 주된 오염현상 • 대류권의 오존층 : 인위적 오염물질, 광화학 스모그로 인해 발생
파괴	• 성층권의 오존층 : 자연적 생성, 자외선 차단 - 성층권의 오존층은 지상 25 ~ 30km에 위치 - 오존층의 두께를 표시하는 단위는 : 돕슨(100Dobson = 1mm)

3) 산성비

① pH5.6 이하의 비를 산성비라고 함
② 산성비의 원인물질로 : H_2SO_4, HCl, HNO_3 등

■ 기상현상

1) 대기의 구성비

질소(N_2) > 산소(O_2) > 아르곤(Ar) > 이산화탄소(CO_2) > 네온(Ne) > 헬륨(He)

2) 성분함량

① 용적비 N_2 : O_2 = 0.79 : 0.21
② 중량비 N_2 : O_2 = 0.77 : 0.23

3) 대기권의 분류

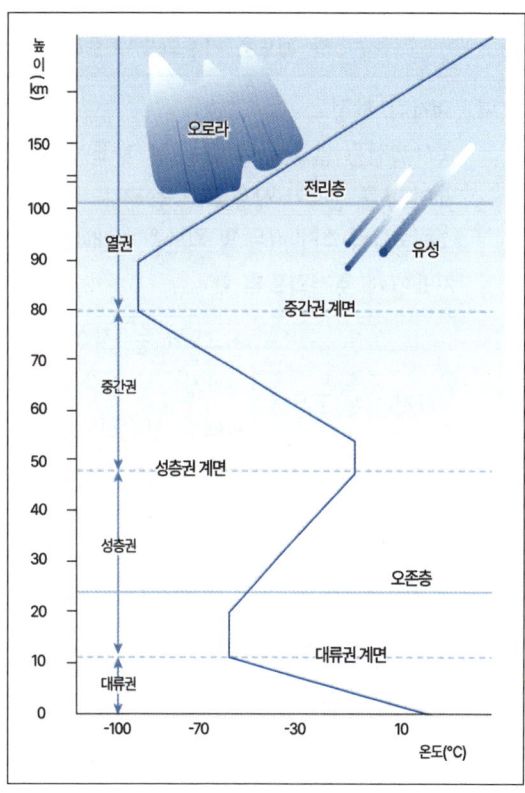

대류권	• 지표면에서 약 11km까지의 구간으로, 기상현상 및 대기오염이 발생하며 고도가 상승할수록 온도가 약 9.8℃/km 감소함 • 이곳에서는 건조한 공기의 온도변화율(건조단열감률)이 습한 공기의 온도변화율(습윤단열감률)보다 큼
성층권	• 지표면으로부터 약 11~50km 고도에 위치하며, 25~30km 부근의 오존층이 태양 자외선을 흡수하여 고도가 높아질수록 기온이 상승함 • 공기의 수직 이동이 거의 없어 매우 안정적인 대기층 ※ 오존층 두께의 단위 : Dobson (100 Dobson = 1mm)
중간권	지상 50~85km 사이의 대기층으로, 상부 80km 부근이 지구 대기층 중 가장 기온이 낮으며 유성이 관측됨
열권	지상 80km 이상에 위치하며 인공위성의 궤도로 이용되고 오로라가 발견됨

4) 대기의 안정도

복사역전은 맑고 바람 없는 날 지표면 냉각으로 지표면 부근 온도가 상층보다 낮아지는 현상으로, 대기오염물질의 수직 이동 및 확산을 방해하여 오염물질이 지표면에 축적되도록 함

안정(역전)조건 : $\gamma_d > \gamma$	• 고도가 높아질수록 온도가 높아짐 • 매우 안정적이어서 대기오염 심해짐 • 굴뚝연기 : 부채형
불안정(과단열) 조건 : $\gamma_d < \gamma$	• 대기안정도는 매우 불안정 • 굴뚝연기 : 환상형
중립조건 : $\gamma_d = \gamma$	• 환경감률 = 건조단열감률 • 굴뚝연기 : 원추형

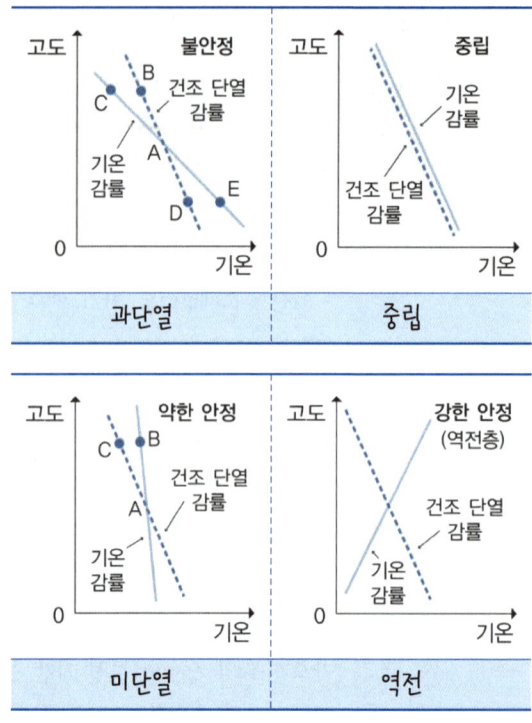

과단열	중립
미단열	역전

5) 바람

기압경도력, 전향력(코리올리의 힘), 마찰력에 의해 바람 생성

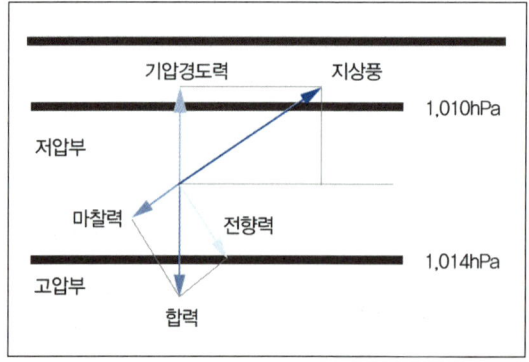

6) 대기안정도와 연기모양

① 부채형(Fanning)

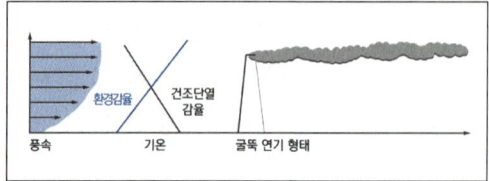

- 매우 안정적인 복사역전 상태($\gamma_d > \gamma$)
- 주로 아침과 새벽에 발생하며 최대착지거리는 크고 최대착지농도는 낮음

② 환상형(Looping)

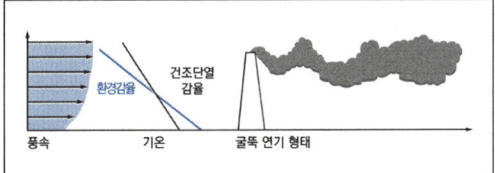

- 대기가 불안정상태(과단열)일 때 발생($\gamma_d < \gamma$)
- 난류로 인해 오염물질을 확산시키며 바람이 약한 날, 주로 낮에 발생

③ 훈증형(Fumigation)

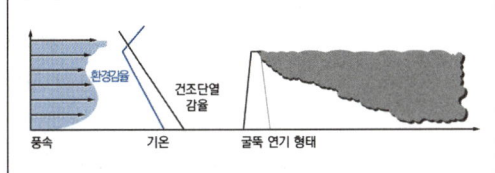

대기의 상태가 하층부는 불안정하고 상층부는 안정할 때 볼 수 있으며 지표면의 오염농도가 매우 높음

④ 지붕형(Lofting)

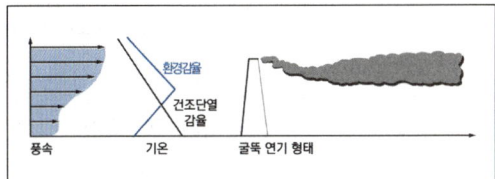

대기의 상태가 하층부는 안정하고 상층부는 불안정할 때 볼 수 있음

⑤ 원추형(Coning)

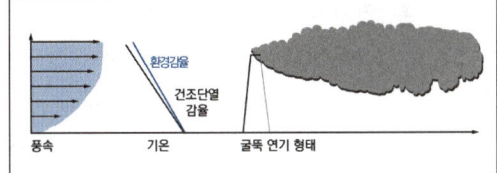

- 대기의 상태가 중립일 때 연기가 가우시안 분포를 보이며 퍼져나가는 형태
- 연기의 수평 이동이 수직 이동보다 활발하여 오염물질이 멀리까지 확산됨

⑥ 구속형(Trapping)

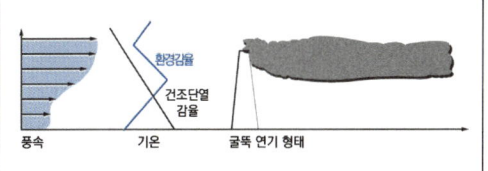

상층은 침강성 역전, 하층은 복사역전 형성 시 발생

7) 유효굴뚝높이

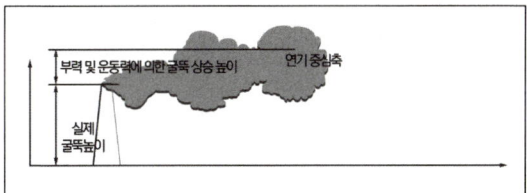

① 개념
- 굴뚝높이와 연기의 수직상승 높이
- 유효굴뚝높이 = 실제 굴뚝높이 + 부력 및 운동력에 의한 가스의 상승높이

② 유효굴뚝높이를 증가시키기 위한 방안 : 배출가스 속도 증가, 굴뚝의 배출구 직경 감소, 배출가스 온도 증가

③ 굴뚝의 통풍력

$$\text{통풍력(mmH}_2\text{O)} = 273 \times H \times \left[\frac{\gamma_a}{273 + T_a} - \frac{\gamma_g}{273 + T_g} \right]$$

○ H : 굴뚝높이(m), Ts : 배기가스온도(℃)
○ Ta : 외기온도(℃), γ_g : 연소가스비중, γ_a : 공기비중

④ Sutton의 유효굴뚝높이와 최대착지농도의 관계식

$$C_{max} = \frac{2 \cdot Q}{\pi \cdot e \cdot U \cdot H_e^2} \times \frac{K_z}{K_y}$$

○ Q : 오염물질의 배출률(MT^{-1}), U : 풍속
○ K_x : 수직확산계수, K_y : 수평확산계수

⑤ 다운워시 현상(세류현상)
○ 원인 : 풍속 > 배출속도
○ 대책 : 배출속도를 풍속보다 2배 이상 높게 함

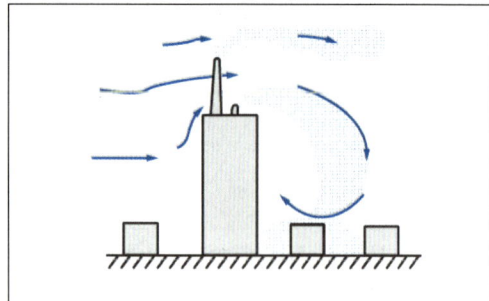

⑥ 다운 드래프트 현상
- 원인 : 굴뚝높이 < 주위 건물 높이
- 대책 : 굴뚝높이를 2.5배 높게 함

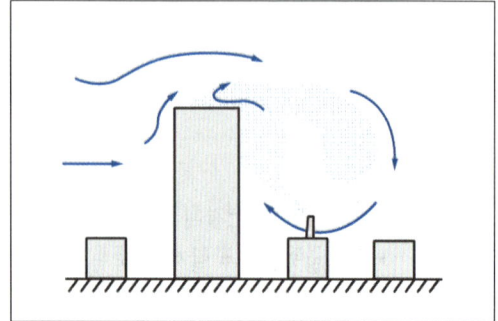

📑 유해가스처리

■ 유해가스처리 원리

1) 흡착
① 고체 표면에 물질이 모여 농축되는 현상
② 물리적 흡착과 화학적 흡착

구분	물리적 흡착	화학적 흡착
작용되는 힘	반데르발스힘 (인력)	화학결합
가역성	가역적	비가역적
재생유무	재생 용이	재생이 어려움
반응온도	낮음	높음

③ 물리적 흡착의 효율을 높이기 위한 방법 : 온도를 내리고, 접촉 시간을 늘리며, 압력을 높이고, 흡착제 표면적을 넓힘

2) 흡수
기체와 액체 사이의 접촉을 통해 기체성분을 액체 속으로 용해시켜 기체를 처리

기체의 용해도	• $HCl > HF > NH_3 > SO_2 > Cl_2 > H_2S > CO_2 > O_2 > CO$ • 기체의 압력에 비례하고 온도에 반비례함 • 용해도가 작은 기체는 헨리상수가 크며, 헨리의 법칙이 잘 적용됨
헨리의 법칙	• 온도가 낮을수록 / 압력이 높을수록 / 기체의 용해도는 커진다는 법칙 • 일정 온도에서 기체 중의 특정 성분의 분압 P(atm)와 액체 중의 농도 $C(kmol/m^3)$ 사이에는 $P = HC$의 비례관계가 성립 • 헨리의 법칙이 적용되는 기체 → 난용성 기체 : CO, NO, O_2 • 헨리의 법칙이 적용되기 어려운 기체 → 친수성 기체 : HF, HCl, SO_2

흡수장치의 설계	• 흡수액의 구비조건
	  - 오염물질을 잘 흡수하고 용해도가 크며 점성이 낮아야 함
	  - 가격이 저렴해야 함
	  - 또한 화학적으로 안정적이고 휘발성이 낮아야 함
	  - 독성과 부식성이 없어야 함
	• 충전탑(packed tower)에서 충전물이 갖추어야 할 조건은 충전물을 채운 탑으로 흡수액을 흘려보내고 이곳으로 가스를 통과시켜 입자상 물질과 가스상 물질들을 제거하는 방법

- 충전탑은 구조가 간단하고 제작이 용이하며 압력손실이 적어서 널리 이용되며, 유속이 느릴수록 효율이 좋음
  - 충전물은 가볍고 마찰저항 및 압력손실이 작고, 비표면적이 커서 유해가스와의 접촉에 유리해야 함
  - 또한 단위용적당 표면적이 크고 액의 홀드업이 작아야 하며, 내식성과 내열성이 커야 함

■ 질소산화물의 제어

1) 질소산화물의 특성

① 질소산화물은 연료 중의 질소(Fuel NOx)와 공기 중의 질소(Thermal NOx)가 산소와 반응하여 생성됨

② 화염 속에서 생성되는 질소산화물은 주로 NO이며(약 90 ~ 95%), 소량의 NO_2(5 ~ 10%) 함유함

③ 화염 온도와 배기가스 중 산소 분압이 높을수록 생성량이 증가함

2) 선택적 촉매환원기술(SCR : Selective Catalytic Reduction)

① 200 ~ 300℃에서 촉매에 암모니아, 수소, 일산화탄소 등 환원가스를 통과시켜 질소산화물을 N_2로 환원하는 기술

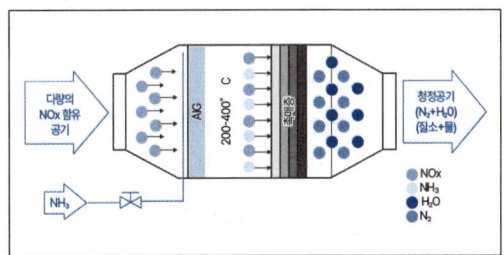

- $6NO_2 + 8NH_3 \rightarrow 7N_2 + 12H_2O$
- $6NO_2 + 4NH_3 \rightarrow 5N_2 + 6H_2O$
- $4NO + 4NH_3 + O_2 \rightarrow 4N_2 + 6H_2O$
  (산소가 공존하는 상태)

② 촉매 : 백금, 산화알루미늄계, 산화철계, 산화티타늄계 등

③ 환원가스 : 암모니아, 수소, 일산화탄소, 메탄

④ 산소는 탄화수소, 수소, 일산화탄소가 공존하여도 선택적으로 질소산화물과 반응하며, 암모니아는 산소와 우선적으로 반응함

3) 선택적 무촉매환원기술(SNCR : Selective Non Catalytic Reduction)

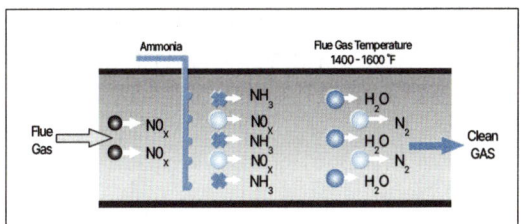

① 900 ~ 1,000℃에서 촉매 없이 질소산화물을 N_2로 환원시키는 기술

② 암모니아 또는 요소[$(NH_2)_2CO$]를 사용함

$$4NO + 2(NH_2)_2CO + O_2 \rightarrow 4N_2 + 4H_2O + 2CO_2$$

4) 연소상태 조절을 통한 질소산화물의 저감

① 공급공기량의 과량 주입은 일정 구간에서 질소산화물의 발생을 촉진시킴

② 공급공기량 조절, 수증기 분무, 저산소 연소, 저온 연소, 저과잉공기비 연소법, 2단 연소법, 그리고 배기가스 재순환법 등이 있음

■ 황산화물의 제어

1) 황산화물의 특성

① 화석연료의 연소과정에서 주로 발생하며 SO_2가 약 95%, SO_3가 약 5%를 차지함

② 억제대책 : 수소화법(접촉수소화탈황)

2) 처리기술

건식법	• 석회석 주입법, 활성탄흡착법, 활성산화망간(망가니즈)법 • $SO_2 + CaCO_3 + 0.5O_2 \rightarrow CaCO_4 + CO_2$(석회석 주입법)

습식법	• 수산화나트륨, 수산화칼슘, 암모늄수용액을 이용한 흡수 • 수산화나트륨 흡수법 : $SO_2 + 2NaOH + 0.5O_2 \rightarrow Na_2SO_4 + H_2O$ • 수산화칼슘 흡수법 : $SO_2 + Ca(OH)_2 + 0.5O_2 \rightarrow CaSO_4 + H_2O$ • 암모늄수용액 흡수법 : $SO_2 + 2NH_4OH + 0.5O_2 \rightarrow (NH_4)_2SO_4 + H_2O$

집진

■ 집진장치 원리

1) 중력침강속도(스토크스법칙)

① 입자의 지름 제곱, 중력가속도, 먼지와 가스의 비중 차이에 비례하며, 가스의 점도에는 반비례함

② 스토크스법칙

$$V_g = \frac{d_P^2(\rho_P - \rho)g}{18\mu}$$

  ○ V_g : 중력침강속도, ρ : 유체의 밀도
  ○ d_P : 입자의 직경, g : 중력가속도
  ○ ρ_P : 입자의 밀도, μ : 점성계수

2) 입자의 직경

공기역학 직경 (Aerodynamic Diameter)	• 측정하고자 하는 입자와 동일한 침강속도를 가지며, 밀도가 $1g/cm^3$인 구형입자의 직경 • 밀도를 고려하지 않음
스토크스 직경 (Stokes Diameter)	• 측정하고자 하는 입자와 동일한 침강속도를 갖는 구형입자의 직경 • 밀도를 고려함

3) 효율의 산정

효율계산(단일 연결)	효율계산(2단 연결)
$\eta = \left(1 - \dfrac{C_{out}}{C_{in}}\right) \times 100$	$\eta_T = 1 - (1 - \eta_1)(1 - \eta_2)$

  ○ C_{in} : 유입농도, C_{out} : 출구농도
  ○ η_T : 총효율, η_1 : 1단 효율, η_2 : 2단 효율

4) 레이놀즈 수

유체의 흐름을 판별하는 레이놀즈 수

$$Re(\text{레이놀즈 수}) = \frac{\text{관성력}}{\text{점성력}} = \frac{D \cdot \rho \cdot V}{\mu}$$

  ○ μ : 액체의 점도, Re < 2,000 : 층류
  ○ D : 입자의 지름, 2,000 < Re < 4,000 : 전이영역
  ○ V : 입자의 속도, Re > 4,000 : 난류
  ○ ρ : 유체의 밀도

■ 집진장치 종류

1) 중력집진장치

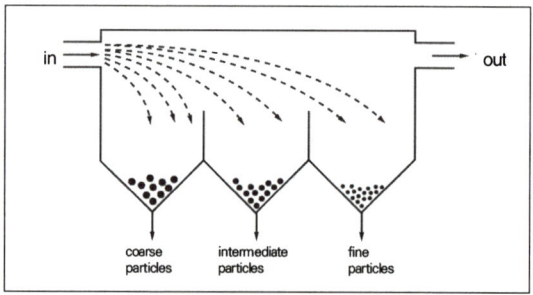

① 개념
  • 입자상 물질을 중력에 의해 자연침강을 유도하여 기체로부터 분리하는 장치
  • 취급입자 : $50\,\mu m$ 이상
  • 효율 : 40 ~ 60%
  • 압력손실 : 10 ~ 15mmH₂O

② 중력집진장치의 일반적인 특성
  • 운전유지 비용과 압력손실이 적고 구조가 간단하여 고농도 함진가스의 전처리에 사용
  • 집진효율은 좋지 않음

③ 중력집진장치의 집진효율 향상조건
- 침강실 입구 폭을 넓혀 유속을 늦추고, 침강실 높이를 낮추며 수평 길이를 길게 해야 함
- 침강실 내 배기가스 기류는 균일해야 하고, 다단일 경우 단수가 증가할수록 압력손실은 커지지만 효율은 높아짐

$$집진효율 \quad \eta = \frac{V_g \times L}{V \times H}$$

2) 관성력집진장치

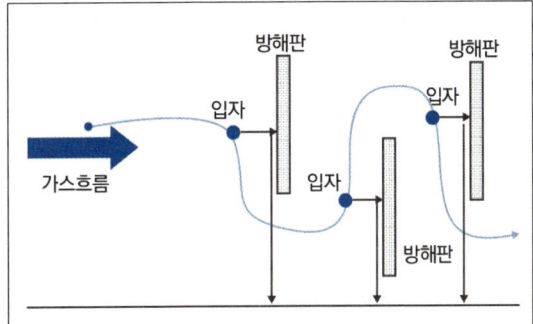

① 개념
- 함진가스를 방해판에 충돌시키거나 기류의 급격한 방향전환을 이용하여 입자를 분리·포집하는 집진장치
- 취급입자 : 10μm 이상
- 효율 : 50 ~ 70%
- 압력손실 : 30 ~ 70mmH$_2$O

② 관성력집진장치에서 집진율 향상조건
- 기류 방향전환 각도를 작게
- 횟수를 많게
- 충돌 직전 가스 속도는 빠르게
- 곡률 반경은 작게
- 처리 후 출구 가스 속도는 느리게
- → 미세입자 포집효율을 높임

3) 원심력집진장치(싸이클론)

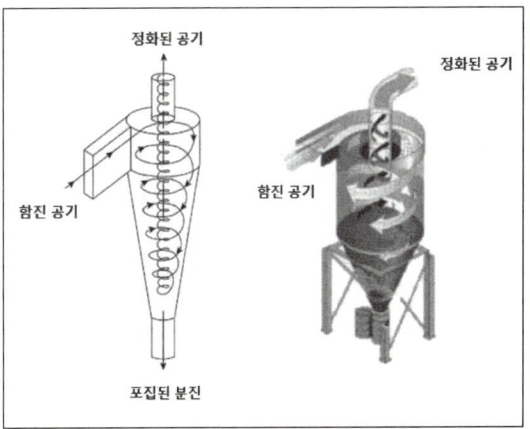

① 개념
- 입자에 원심력을 작용시켜(선회운동) 입자를 분리해내는 장치
- 취급입자 : 3 ~ 100μm 이상
- 효율 : 50 ~ 80%
- 압력손실 : 50 ~ 150mmH$_2$O

② 원심력집진장치의 일반적인 특징
- 구조가 간단하고 설치 및 유지 비용이 저렴함
- 점착성 배출가스 처리에는 부적합하지만, 블로우다운효과를 통해 효율을 높일 수 있음
- 3 ~ 100μm 입자 처리에 적합하여 전처리 장치로 많이 활용됨
- 일반적으로 효율이 높을수록 압력손실도 커짐

③ 원심력집진장치에서 집진율 향상조건
- 블로우다운으로 원심력을 강화하고, 장치를 작고 길게 만들어 유속과 회전수를 빠르게 하는 것이 중요함
- 입구 유속, 더스트 박스, 배기관경 조절, 재비산 방지, 그리고 병렬/직렬 연결 등을 활용

> **더 알아보기** **블로우다운효과(Blowdown effect)**
> 사이클론에서 처리가스량의 5 ~ 10%를 흡인하여 선회기류의 흐트러짐을 방지하고 유효원심력을 증대시키는 효과

4) 세정집진장치

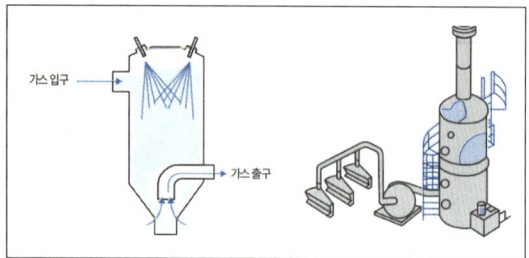

① 개념 : 가스를 기포, 액적, 액막 등으로 세정하여 입자상 물질과 가스상 물질을 동시에 제거하는 장치

② 세정집진장치의 처리원리
- 관성충돌, 확산포집, 응집작용, 직접흡수(차단)
- 액적에 입자를 부착시키고, 미립자 확산을 통해 액적과의 접촉을 쉽게 하며, 배기가스 증습과 증기 응결로 입자 간 응집성을 높여 오염물질을 제거

③ 세정집진장치의 일반적인 특징
- 고온 가스 및 점착성 먼지 처리에 용이
- 먼지 재비산이 적으나, 폐수 처리가 필요함

④ 벤츄리스크러버
- 압력손실이 300 ~ 800mmH$_2$O로 매우 커서 높은 가스 속도(60 ~ 90m/sec)로 운전해야 함
- 작은 크기로도 대용량 가스 처리가 가능함
- 충돌효율을 위해 물방울 입경과 먼지 입경의 비율은 약 150 : 1이 좋음

5) 여과집진장치(백필터)

① 개념 : 여과재에 먼지를 함유하는 가스를 통과시켜 입자를 분리·포집하는 장치
- 취급입자 : 0.1 ~ 20μm
- 효율 : 90 ~ 99%
- 압력손실 : 100 ~ 200mmH$_2$O

② 여과집진장치의 주된 집진원리 : 관성충돌, 접촉차단, 확산, 중력침강

③ 여과집진장치의 특징
- 여과포 종류에 따라 제거물질이 다르며, 설치면적이 넓음

- 폭발성·점착성 먼지 및 고온 가스(350℃ 이상) 처리에 부적합함
- 수분 적응성이 낮고 여재 교체로 유지비가 높으며, 여과 속도가 작을수록 미세입자 포집효율이 증가함

④ 여과집진장치의 효율 향상조건
- 고집진율에는 간헐식, 고농도 처리에는 연속식 털어내기 방식을 적용
- 적합한 여포재를 선택하고 여포의 파손과 온도, 압력 변화를 상시 관리해야 함
- 또한, 겉보기 여과 속도가 작을수록 미세입자 포집에 유리함

6) 전기집진장치

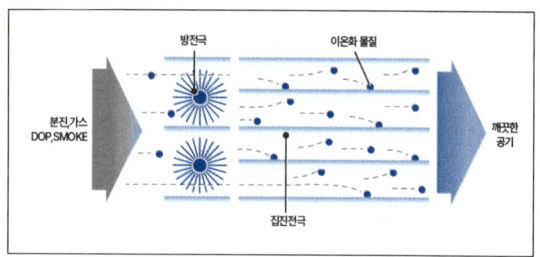

① 개념
- 코로나방전으로 인해 (-)전하로 대전된 분진입자를 (+)전하로 대전되어 있는 집진극과의 정전기적 인력에 의해 입자상 물질을 제거하는 장치
- 취급입자 : 0.01 ~ 20μm
- 효율 : 90 ~ 99.9%
- 압력손실 : 10 ~ 20mmH$_2$O

② 전기집진장치의 일반적인 특징
- 함진가스의 먼지에 음전하를 부여하여 포집
- 0.1μm 이하의 미세입자와 약 350℃의 고온 가스 처리도 가능
- 그러나 설치면적과 비용이 많이 들고, 전압 변동 등 주어진 조건 변화에 대한 적응성이 낮음

③ 전기집진장치의 집진극이 갖추어야 할 조건
- 집진극은 먼지 탈진이 쉽고, 열과 부식에 강하며 기계적 강도가 있어야 함

- 또한 탈진 시 먼지 재비산이 없어야 하며, 전기장 강도가 균일하게 분포되어야 함

④ 효율의 산정(도이치 - 앤더슨 식)

$$\eta = 1 - e^{-\frac{A \cdot We}{Q}}$$

- A : 집진면적(m^2), Q : 유량(m^3/sec)
- We : 분진의 겉보기 이동속도(m/sec)
- 저 비저항 : $10^4 \Omega \cdot cm$ 이하 → 재비산현상
- 정상저항 : $10^4 \sim 10^{11} \Omega \cdot cm$
- 고 비저항 : $10^{11} \Omega \cdot cm$ 이상 → 역전리

⑤ 먼지의 전기저항을 낮추기 위하여 사용하는 방법
: SO_2, 수증기, $NaCl$, H_2SO_4, soda lime(소다회) 주입

⑥ 먼지의 전기저항을 높이기 위하여 사용하는 방법
: 암모니아 가스 주입

■ 환기

1) 후드의 설치 및 흡인요령
① 개구 면적을 점차 작게 하여 흡인 속도에 변화를 줌
② 에어커튼을 함께 가동하며, 배풍기 여유량을 확보하고 후드를 발생원에 근접시켜 흡인함

2) 후드의 형식(종류)
포위형 후드, 수형 후드, 포집형 후드

3) 후드의 설계
① 상당직경(사각형 덕트)

$$D_0 = \frac{2ab}{(a+b)}$$

  ○ a : 가로, b : 세로

② 장방형 duct의 압력손실($\triangle H$)

$$\triangle H = f \times \frac{L}{D_0} \times \frac{v^2}{2g}$$

  ○ $\triangle H$: 압력손실(m), f : 압력손실계수
  ○ L : 길이(m), D_0 : 상당직경(m)
  ○ V : 유속(m/sec)

③ 동력의 산정

$$P(kW) = \frac{\triangle H \times Q}{102 \times \eta} \times \alpha$$

  ○ P : 소요동력(kW), $\triangle H$: 압력손실(mmH_2O)
  ○ Q : 유량(m^3/sec), η : 효율, α : 여유율

📋 연소

■ 연소의 종류 및 특성

1) 연료의 종류

고체연료	• 연소실 규모가 크고 분무 소음이나 폭발 위험이 없지만, 휘발분과 수분이 많아 완전연소가 어렵고 매연이 발생함 • 또한, 발열량이 낮아 연소효율이 떨어짐
액체연료	• 발열량이 높고 저장 및 운반이 용이하며 품질이 균일하여 대형 설비에 적합함 • 회분이 거의 없고 연소 조절이 비교적 쉽지만, 황 성분이 많아 대기오염을 유발할 수 있으며 화재나 역화 위험이 있어 예열 시 주의가 필요함
기체연료 — 특징	• 수송과 저장이 불편하고 시설비가 많이 들며 연료비가 비쌈 • 연소 조절 및 점화·소화가 간단하고 황산화물 및 재 발생이 적음 • 또한 부하 변동에 대응하기 쉽고, 확산연소 형태로 연소되며 고체·액체 연료보다 과잉 공기가 적게 필요하나 취급 시 위험성이 따름
기체연료 — 종류	• LPG : 프로판(C_3H_8), 부탄(C_4H_{10}) • LNG : 메탄(CH_4)

2) 연소의 특성

① 연료의 완전연소 조건(3TO)

- 공기(산소)의 공급이 충분해야 함(Oxygen)
- 공기와 연료의 혼합이 잘 되어야 함(Turbulence)
- 연소를 위한 체류시간이 충분해야 함(Time)
- 연소실 내의 온도를 가능한 한 높게 유지해야 함(Temperature)

② 연소의 종류

표면연소	코크스, 숯
분해연소	• 석탄, 목재, 중유 • 목재, 석탄, 타르 등의 연소로 연소초기에 열분해로 인해 생긴 가연성 가스가 생성한 긴 화염을 발생시키면서 연소하는 형태
증발연소	휘발유, 경유, 왁스
확산연소	• 기체연료 • 기체연료를 버너노즐로 분사시켜 외부공기와 혼합하면서 연소하는 방법
자기연소	• 니트로글리세린 • 공기 중의 산소 공급 없이 그 물질의 분자 자체에 함유하고 있는 산소를 이용하여 스스로 연소하는 형태

③ 연료의 발열량

- 단위량의 연료가 완전연소할 때 발생하는 열량으로, 열량계 측정이나 화학 성분 분석으로 구할 수 있음
- 실제 연소에서는 배기가스 중 수분의 응축열을 제외한 열량이 유효하게 이용되며, 고위발열량(총발열량)은 연료 자체 수분과 연소 생성 수분의 응축열을 포함한 열량

> 고위발열량 = 저위발열량 + 물의 증발잠열

④ 탄화도

- 탄화도가 클수록 고정탄소가 많아지고 산소, 수분, 휘발분은 줄어들며, 연료비(고정탄소/휘발분)가 증가하고 연소속도는 느려짐
- 탄화도가 증가 시

증가하는 것	감소하는 것
연료비, 고정탄소, 착화온도, 발열량	휘발분, 비열, 매연발생률

3) 주행상태에 따른 자동차의 대기오염물질 배출과 특징

구분	HC	CO	NOx
많이	감속	공회전(정지)	가속
적게	운행	운행	공회전

> **더 알아보기** **삼원촉매장치**
> - CO, HC, NOx 3대 배출가스를 동시에 저감(가솔린 기관)
> - 환원 촉매 : Rh(라듐) - NOx → N_2, O_2 환원 처리
> - 산화 촉매 : Pt(백금) - CO, HC → CO_2, H_2O 산화 처리

■ 연소이론

1) 발열량

① 저위발열량 = 고위발열량 - 물의 증발잠열

② 액체와 고체연료의 저위발열량 계산식

$$H_1 = H_h - 600(9H + W)$$

③ 기체연료의 저위발열량 계산식

$$H_1 = H_h - 480 \times \sum iH_2O$$

④ Dulong의 고위발열량 계산식

$$Dulong식(H_h) :$$
$$8,100C + 34,250\left(H - \frac{O}{8}\right) + 2,250S$$

2) 연소계산

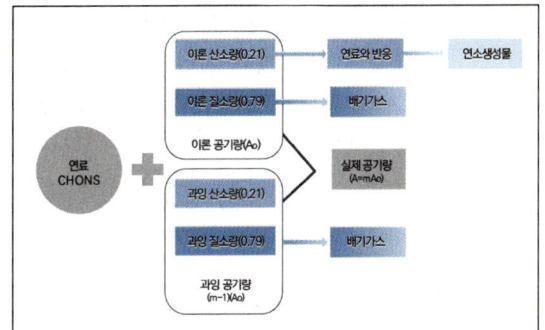

① 이론산소량 계산 : 고체·액체 연료의 이론산소량 산출

- 이론산소량 부피(Sm^3)

   = 산소량(Sm^3) - 연료 중 산소량(Sm^3)

$$O_o(Sm^3/연료\ 1kg)$$
$$= 1.867C + 5.6H + 0.7S - 0.7O$$
$$= \frac{22.4}{12}C + \frac{22.4}{4}\left(H - \frac{O}{8}\right) + \frac{22.4}{32}S$$

- 이론산소량 무게(kg)

   = 산소량(kg) - 연료 중 산소량(kg)

$$O_o(kg/연료\ 1kg)$$
$$= 2.667C + 8H + S - O$$
$$= \frac{32}{12}C + 8\left(H - \frac{O}{8}\right) + S$$

더 알아보기 탄화수소(C_mH_n) 연소방정식

$$C_mH_n + \left(m + \frac{n}{4}\right)O_2 \rightarrow mCO_2 + \left(\frac{n}{2}\right)H_2O$$

② 이론공기량 계산 : 고체·액체 연료의 이론공기량 계산

$$\bullet\ A_o(Sm^3/연료\ 1kg)$$
$$= O_o(Sm^3/연료\ 1kg) \times \frac{1}{0.21}\ (산소의\ 부피비)$$
$$\bullet\ A_o(kg/연료\ 1kg)$$
$$= O_o(kg/연료\ 1kg) \times \frac{1}{0.232}\ (산소의\ 중량비)$$

③ 실제공기량과 과잉공기량 계산

- 실제공기량

$$\bullet\ m(공기비,\ 과잉공기비) = \frac{A(실제공기량)}{A_0(이론공기량)}$$
$$\bullet\ A(실제공기량) = m \times A_0$$

- 과잉공기량

$$실제공기량(A) - 이론공기량(A_0)$$
$$= mA_0 - A_0 = (m - 1)A_0$$

- 과잉공기율

$$\frac{A - A_0}{A_0}$$

④ 이론가스량과 실제가스량 계산

- 이론가스량 계산

   - 이론습윤가스량

   $$이론공기\ 중의\ 질소량\ +$$
   $$연소생성물(CO_2,\ H_2O)$$

   - 연소생성물질 : CO_2, H_2O, 공기와 함께 투입된 질소(N_2), 과잉공기 중의 산소(O_2)

   - 이론습윤가스량 부피

   $$G_{ow} = 0.79A_0 + (CO_2 + H_2O)$$
   $$※\ 1 - 0.21 = 0.79(공기\ 중의\ 질소의\ 부피비)$$

   - 이론습윤가스량 무게

   $$G_{ow} = 0.768A_0 + (CO_2 + H_2O)$$
   $$※\ 1 - 0.232 = 0.768(공기\ 중의\ 질소의\ 중량비)$$

   - 이론건조가스량

      = 이론습윤가스량 - 연소가스 중 수분

   $$G_{od} = G_{ow} - 수분\ = 0.79A_0 + (CO_2)$$

- 실제습윤가스량(G)

$$G = 이론습윤가스량 + 과잉공기량$$

⑤ 공기비(m) 계산
  • 완전연소시(CO = 0)

$$m = \frac{21}{21 - O_2} = \frac{N_2}{N_2 - 3.76O_2}$$

  • 불완전연소시(CO ≠ 0)

$$m = \frac{21}{21 - 79(O_2 - 0.5CO)}$$

$$= \frac{N_2}{N_2 - 3.76(O_2 - 0.5CO)}$$

⑥ 최대 탄산가스율 계산 : 이론공기량으로 완전연소
  시켰을 때 연소 가스 중 이산화탄소 농도

$$CO_2 \, max(\%) = \frac{CO_2 \, 발생량}{이론건조가스량(God)} \times 100(\%)$$

📋 물의 특성 및 오염원

■ **물의 특성**

1) 물분자의 화학적 구조
  ① 극성을 띠는 H_2O 구조
  ② 산소와 수소의 공유결합 및 고립 전자쌍의 반발
    력으로 인해 104.5°의 굽은 형태로 수소결합을
    형성함

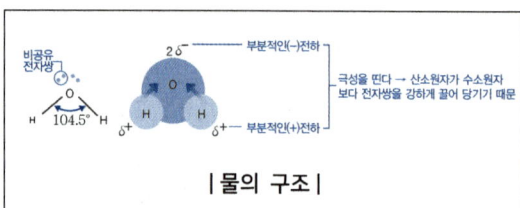

| 물의 구조 |

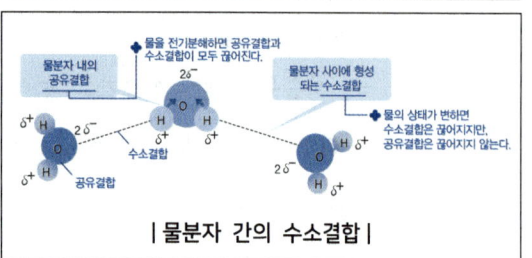

| 물분자 간의 수소결합 |

2) 물의 특성
  ① 유사 분자량 화합물 대비 높은 비열을 가지며, 극
    성으로 인해 다양한 물질을 잘 녹임
  ② 4℃에서 밀도가 최대가 되며, 온도가 높아질수록
    점도는 낮아짐
  ③ 상온에서 알칼리금속, 알칼리토금속, 철 등과 반
    응하여 수소를 발생시키기도 함

> **더 알아보기 물의 밀도**
> $1g/cm^3 = 1,000kg/m^3 = 1kg/L = 1ton/m^3$

■ **수자원의 특성**

1) 수자원의 일반특성
  ① 물의 순환
    • 강수 → 유출 → 증발
    • 원동력 : 태양에너지
  ② 용도별 수자원 이용량
    농업용수 > 유지용수 > 생활용수 > 공업용수
  ③ 수자원의 분포

해수	담수		
해수 (97.2%)	빙하 (2.15%)	지하수 (0.64%)	지표수 (0.01%)
		천층수 심층수 용천수 복류수	강 하천 호수 저수지

2) 지하수의 특징
  ① 국지적 환경 조건과 지질 특성에 크게 영향을 받음
  ② 지표수에 비해 경도와 용해 광물질(무기물, 염분)
    함량이 높음
  ③ 유속이 느리고 자정 작용이 더딤
  ④ 연중 수온이 거의 일정함
  ⑤ 대기 및 햇빛과의 접촉이 제한되어 있어 주로 환원
    상태로 존재함
  ⑥ 광합성 대신 세균에 의한 유기물 분해가 주된 생물
    작용임

3) 하천수 및 호소수

① 하천수의 특징

- 계절에 따라 수위 변동이 심함
- 지상에 노출되어 오염 우려가 크며 수질 변동이 작음
- 광화학반응 및 호기성 세균에 의한 유기물 분해가 활발하고, 오염물 이동, 분해, 희석 등 자정작용이 활발함
- 용존산소가 높고 경도가 작음
- 대량 취수가 용이하고 철, 망간 성분이 적게 포함되어 있음

② 자정작용

- 물이 스스로 깨끗해지려는 성질로 수중 용존산소의 증가는 자정작용을 촉진시킴
- 기체의 용해도와 용존산소
  - 온도가 낮고, 난류이며, 유기물과 염분이 적을수록 높음
  - 현재 농도가 낮을수록 용해가 빠르고, 압력이 높을수록 증가함
  - 높은 용존산소는 깨끗한 물을 나타냄

> **더 알아보기** 하천의 자정작용(Wipple의 자정작용 4단계)
>
> 분해지대 - 활발분해지대 - 회복지대 - 정수지대

③ 호소수의 성층현상과 전도현상

- 호소수의 특징 : 물의 움직임이 적어 한번 오염되면 회복이 어렵고, 미생물 번식과 수온 변화에 따른 성층이 형성됨
- 성층현상과 전도현상
  - 성층현상 : 표수층 - 수온약층 - 심수층의 층이 형성되는 현상 → 여름, 겨울
  - 전도현상 : 온도변화에 의한 밀도차로 발생하는 상하의 수직운동 → 봄, 가을
  - 온도에 따른 물의 밀도차로 발생(물의 밀도가 4°C에서 최대임)

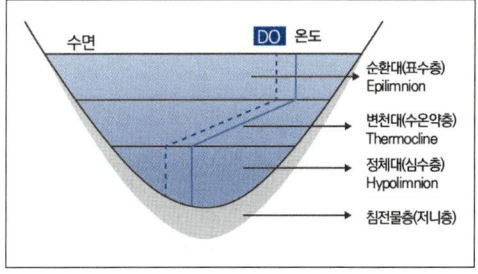

- 호수에서의 수온 연직분포(깊이에 대한 온도)에 따른 계절별 변화

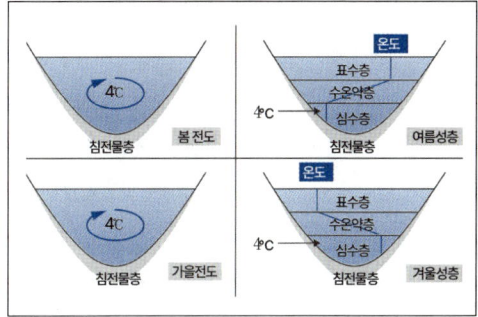

4) 해수

① 해수의 특징

- 지구의 97% 이상을 차지하는 거대한 수자원
- 1L당 약 35g(35‰)의 염분을 포함하는 강전해질이며 pH는 약 8.2로 약알칼리성을 띰
- 수심이 깊어질수록 밀도가 증가하고, 담수에 비해 높은 Mg/Ca 비(3~4)를 갖는 것이 특징임
- 주요 성분 농도비가 거의 일정하며, 염분은 적도 해역에서 높고 극지방에서 낮게 나타남
- 해수 내 전체 질소의 약 35%는 암모니아성 질소 및 유기 질소 형태로 존재함

② 해수에 함유되어 있는 성분(Holy seven)

$$Cl^- > Na^+ > SO_4^{2-} > Mg^{2+} > Ca^{2+} > K^+ > HCO_3^-$$

■ 수질오염의 특성

1) 수질오염물질의 특성

카드뮴 (Cd)	• 광산폐수에 함유된 이 물질 때문에 일본에서는 이타이이타이병이 발생함 • 아연정련업, 도금공업, 화학공업(염료, 촉매, 염화 비닐 안정제), 기계제품제조업(자동차부품, 스프링, 항공기) 등에서 배출됨
PCB	• 인체에 만성 중독 증상으로 카네미유증을 발생시키는 유해물질 • 황달, 피부장애 등이 나타남
크롬 (크로뮴)	• 6가 크롬(크로뮴)은 특히 독성이 강하여 3가 크롬(크로뮴)의 100배 정도 더 해로움 • 피부염, 피부궤양을 일으키며 흡입으로 코, 폐, 위장에 점막을 형성하고 폐암을 유발함
수은 (Hg)	• 상온에서 유일하게 액체상태로 존재하는 금속 • 인체에 증기로 흡입 시 뇌 및 중추신경계에 큰 영향을 미침 • 체내에 축적되어 헌터-루셀(Hunter - Russel) 증후군, 미나마타병을 일으킴
불소	• 발생원 : 살충제, 방부제, 도료 • 영향 : 1ppm 초과 시 반상치나 치아 애너멜 손상, 0.6ppm 이하 시 충치 예방

2) 부영양화현상

① 부영양화 메커니즘
- 빈영양 → 부영양 → 식물성 플랑크톤 이상증식 → 어패류 폐사
- 적조현상은 부영양화 현상으로 인해 발생되며 부영양화 현상의 주된 원인물질은 질소와 인
- 부영양화지수(칼슨지수) : 투명도, 총인, 클로로필 - a를 이용하여 부영양화의 정도를 나타냄
- 적조현상 : 홍수기의 연안해역에서 발생
- 녹조현상 : 갈수기의 정체성 수역 등에서 발생

② 부영양화 방지 대책 : 질소와 인 유입 억제, 황산동($CuSO_4$) 주입, 점토 살포(황토, 점토 속의 Al 성분이 조류 성장 억제)

■ 수질환경의 화학적 특성

1) pH · pOH · DO

pH (수소이온지수)	$pH = -\log[H^+]$
pOH (수산화이온지수)	• $pOH = -\log[OH^-]$ • $pH + pOH = 14$
DO	• 물속에 녹아있는 산소의 양 (용존산소) • 20℃에서 DO포화도 : 9.17ppm 정도 • 자정계수가 클수록 자정작용은 커짐 • 자정계수(f) $= \dfrac{K_2(재포기계수 : 산소주입)}{K_1(탈산소계수 : 산소이탈)}$

2) BOD(생화학적 산소요구량)

① BOD_5 : 20℃에서 5일간 소모되는 산소의 양
② BOD 계산 : 총BOD = 소모BOD + 잔존BOD

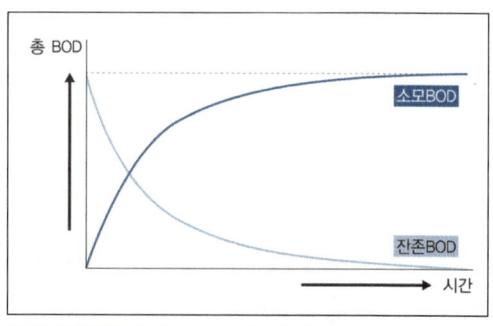

상용대수 base	소모BOD = $BOD_u × (1 - 10^{-kt})$ 잔존BOD = $BOD_u × 10^{-kt}$ ∘ BOD_u : 총BOD ∘ K_1 : 탈산소계수(T^{-1}) ∘ T : 시간

자연대수 base	◦ 소모BOD = $BODu \times (1 - e^{-kt})$ ◦ 잔존BOD = $BOD_u \times e^{-kt}$ ◦ 온도에 따른 탈산소계수의 보정 : $\qquad K_{1T℃} = K_{1\ 20℃} \times 1.047^{T-20}$

3) 경도 · 산도 · 알칼리도

① 경도

정의	물의 세기 정도를 나타냄
유발물질	Ca^{2+}, Mg^{2+}, Fe^{2+}, Mn^{2+}, Sr^{2+} 등 2가 양이온 금속류
경도의 특징	• Na^+, K^+은 경도를 유발하는 이온은 아니지만 그 농도가 높을 때 경도와 비슷한 작용을 하므로 유사경도(가경도)라 함 • SO_4^{2-}, NO_3^-, Cl^-와 화합물을 이루고 있을 때 나타나는 경도를 영구경도(비탄산경도)라고도 함 • 경도 중 CO_3^{2-}, HCO_3^- 등과 결합한 형태로 있을 때 이를 탄산경도라 하고, 이 성분은 물을 끓일 때 침전 제거되므로 일시경도(탄산경도)라 함
경도의 계산	$\sum\left(\text{경도유발물질농도} \times \dfrac{CaCO_3\ \text{당량}}{\text{경도유발물질 당량}}\right)$ ※ 단위 : mg/L as $CaCO_3$

② 산도

정의	알칼리를 중화시킬 수 있는 정도
유발물질	SO_4^{2-}, PO_4^{3-}, 무기산 등
산도의 계산	$\sum\left(\text{산도유발물질농도} \times \dfrac{CaCO_3\ \text{당량}}{\text{산도유발물질 당량}}\right)$ ※ 단위 : mg/L as $CaCO_3$

③ 알칼리도

정의	산을 중화시킬 수 있는 능력
유발물질	OH^-, HCO_3^-, CO_3^{2-}
알칼리도의 계산	$\sum\left(\text{알칼리도유발물질농도} \times \dfrac{CaCO_3\ \text{당량}}{\text{알칼리도유발물질 당량}}\right)$ ※ 단위 : mg/L as $CaCO_3$

④ 경도 · 알칼리도 · 산도의 관계

- 총경도 < 알칼리도 → 총경도 = 탄산경도
- 총경도 > 알칼리도 → 알칼리도 = 탄산경도

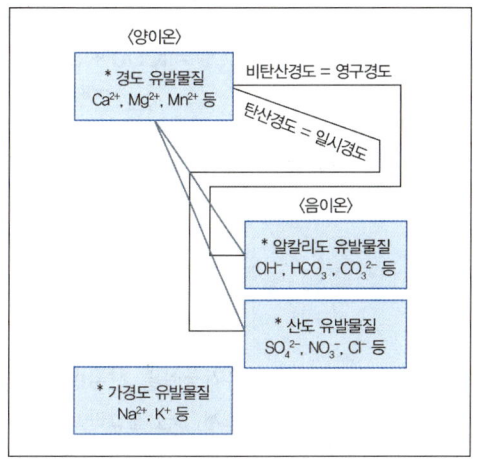

더 알아보기 적정에 의한 경도 · 알칼리도 · 산도의 산정

경도, 알칼리도, 산도 mg/L as $CaCO_3$

$= \dfrac{a \times N \times 50}{V} \times 1,000$

◦ a : 소모된 산 또는 알칼리의 부피(mL)
◦ V : 시료의 부피(mL)
◦ N : 주입한 산 또는 알칼리의 규정농도(eq/L)

4) COD · ThOD · TOC

COD (화학적 산소요구량)	• 미생물에 의해 분해되지 않는 유기물도 산화시킴 • 강력한 산화제에 의해 산화되는 데 요구되는 산소의 양 • BOD 시험치보다 빨리 구할 수 있으므로 폐수처리시설 운영 시 유용하게 사용가능
시험법	산성 COD_{Mn}법, 알칼리성 COD_{Mn}법, COD_{Cr}법
COD의 분류	COD = BDCOD + NBDCOD COD = ICOD + SCOD
ThOD (이론적 산소요구량)	유기물질을 산화반응식을 이용한 이론적 산소요구량 $$C_nH_m + (n + \frac{m}{4})O_2 \rightarrow nCO_2 + \frac{m}{2}H_2O$$
TOC (총유기탄소)	유기적으로 결합되어 있는 탄소의 총량

5) SS
① 정의 : 부유성의 물질을 총칭함
② TS = VS + FS
③ TS(총 고형물)
④ 고형물 = 유기성 고형물(VS) + 무기성 고형물(FS)
⑤ 고형물 = 부유성 고형물(SS) + 용존성 고형물(DS)

■ 환경미생물의 특징

1) 미생물 : 육안으로 식별되지 않는 1mm 이하 크기의 생물

2) 주요 미생물의 특징

세균 (박테리아)	• 80%는 수분, 20%는 고형물질로 구성됨 • 일반적인 화학조성은 $C_5H_7O_2N$으로 나타냄
균류(fungi, 곰팡이류)	슬러지벌킹(팽화)현상의 원인이 되는 미생물
조류 (Algae)	• 부영양화, 적조현상 야기 • 엽록소를 가지고 있어 탄소동화작용을 하며 무기물 섭취(맛, 냄새, 색도 유발)

3) 질소의 순환과 미생물
① 질산화 과정

전체반응	독립영양미생물(질산화미생물) • $NH_3 - N \rightarrow NO_2 - N \rightarrow NO_3 - N$ • 질소화합물이 호기성 조건하에서 미생물에 의해 섭취, 분해되어 최종생성물인 NO_3^-이 되어 가는 과정

1단계 (아질산화)	Nitrosomonas $(NH_3 - N \rightarrow NO_2 - N)$
2단계 (질산화)	Nitrobacter $(NO_2 - N \rightarrow NO_3 - N)$

- 질산화와 관련된 미생물은 독립영양계이며 알칼리도가 소모되어 pH는 내려감
- 암모니아성 질소가 다량 검출되면 오염물질이 인근에서 배출되었다고 의심할 수 있음

② 탈질 과정
- 질소화합물이 혐기성 조건하에서 미생물에 의해 최종생성물인 N_2가 되어가는 과정
- 종속영양미생물(탈질화미생물)
  $NO_3 - N \rightarrow NO_2 - N \rightarrow N_2$

1단계	$2NO_3^- + 2H_2 \rightarrow 2NO_2^- + H_2O$ $(NO_3 - N \rightarrow NO_2 - N)$
2단계	$2NO_2^- + 3H_2 \rightarrow N_2 + OH^- +$ $2H_2O(NO_2 - N \rightarrow N_2)$
전체반응	$2NO_3^- + 5H_2 \rightarrow N_2 + 2OH^- +$ $4H_2O(NO_3 - N \rightarrow N_2)$

- 탈질미생물 : 슈도모나스(Pseudomonas), 바실러스(Bacillus), 아크로모박터(Acromobacter), 마이크로코크스(Micrococcus)

4) 미생물의 증식단계(4단계)
지체기 → 대수성장기 → 감소성장기 → 내생호흡기

지체기 (유도기)	미생물량 적고 증식속도 극히 느림, 새로운 환경에 적응
대수(지수) 성장기	• F/M비 대단히 큼 • 독립성장 → floc 형성↓ → 침전율↓ → BOD 제거↓ • 포기조 내의 미생물 성장 단계 중 신진대사율이 가장 높은 단계
감소 성장기 (정지기)	• F/M비 점차 낮아짐 • floc 형성시작 → 침전율 향상 → 수처리 이용가능

내생 호흡기 (사멸기)	• F/M비 극히 낮음, 자산화 과정 • floc 형성 최대 → 침전율↑ → BOD 제거↑

■ 수질오염 측정

1) 일반사항
① 시험조작 : 상온(15 ~ 25℃)에서 실시(온도영향 표준온도기준)
② 농도표시

백분율	• W/V% : g/100mL
	  V/V% : mL/100mL
	  V/W% : mL/100g
	• 수용액에서 % 표시(대부분) :
	  W/V%, g/100mL

천분율 (ppt)	g/L, g/kg
백만분율 (ppm)	mg/L, mg/kg
십억분율 (ppb)	μg/L, μg/kg
몰랄농도	mol(용질)/kg(용매)
기체의 농도	0℃ 1atm으로 환산

2) 용기

밀폐용기	이물질이 침입되지 아니하도록 내용물 보호
기밀용기	공기, 다른 가스가 침입되지 아니하도록 내용물 보호
밀봉용기	기체 또는 미생물 등이 침입되지 아니하도록 내용물 보호
차광용기	광선이 침입되지 아니하도록 한 용기

3) 용액

1 → 100	1(용질), 100(용액, 전량)	
	예 염산 1 → 100 = 염산 1, 물 99, 염산용액 100	
1 + 10	1(용질), 11(용액, 전량)	
	예 염산 1 + 10 = 염산 1, 물 10, 염산용액 11	

4) 온도

표준온도	0℃	온수	60 ~ 70℃
상온	15 ~ 25℃	열수	약 100℃
실온	1 ~ 35℃	냉수	15℃ 이하
찬곳	0 ~ 15℃	수욕상 가열	중탕, 100℃ 가열

> **더 알아보기**
>
> $K = 273 + ℃$, $°F = 1.8℃ + 32$

5) 용어의 정의 등

① 방울수 : 20℃에서 20방울 떨어뜨려 1mL가 됨
② 항량 : 1시간 더 건조, 전후차가 g당 0.3mg 이하
③ 진공 : 15mmHg 이하
④ 물 : 정제수, 탈염수 사용
⑤ 액성 : 유리전극에 의한 pH 미터 측정
⑥ 약 : ±10% 이상의 차가 있어서는 안 됨
⑦ 시험보정(바탕시험 보정) : 시료를 사용하지 않고 같은 방법으로 조작한 측정치를 빼는 것
⑧ 정확히 단다. : 분석용 저울로 0.1mg까지 다는 것
⑨ 정확히 취하여 : 부피피펫
⑩ 여과한다. : KSM 7602거름종이 5종 A

6) 정도보증 · 정도관리 등

① 분석용 저울 : 0.1mg까지 달 수 있는 것
② 정량한계 미만은 불검출로 간주
③ 정밀도 : 시험분석 결과의 반복성을 나타내는 것
④ 정확도 : 시험분석 결과가 참값에 얼마나 근접하는가를 나타내는 것

📄 물리적 처리

■ 스크린

폐수 속 큰 부유물을 망으로 걸러내 후속 처리의 효율을 높이는 장치로, 적정 유속(0.45m/s 이상 1m/s 이하)을 유지해야 함

■ 침사지

모래, 자갈, 뼈조각 등을 그릿(Grit)이라 하며 이러한 그릿을 제거하는 장치를 침사지(Grit Chamber)라고 함

1) 침사지의 설계인자 - 스토크스법칙

$$V_g = \frac{d_P{}^2 \times (\rho_P - \rho) \times g}{18 \times \mu}$$

○ V_g : 중력침강속도, d_P : 입자의 직경
○ ρ_P : 입자의 밀도, ρ : 유체의 밀도
○ μ : 유체의 점성계수, g : 중력가속도

2) 유량

$$유량(Q) = \frac{부피(\forall)}{체류시간(HRT)}$$

■ 침전지

수중의 고형물 중 침전가능한 물질을 물과의 비중차를 이용하여 가라앉혀 제거하는 방법(침전성 부유물질 제거)

1) 침전형태 및 특성

I형침전	독립침전, 자유침전, 스토크스법칙 적용
II형침전	• 응집침전, 응결침전, 플록침전 • 서로의 위치를 변경하려 함
III형침전	• 방해침전, 계면침전, 지역침전, 간섭침전 • 계면이 형성되며 서로의 위치를 변경하려 하지 않음

IV형침전	• 압밀침전, 압축침전 • 고농도폐수가 농축될 때 일어나는 침전 형태

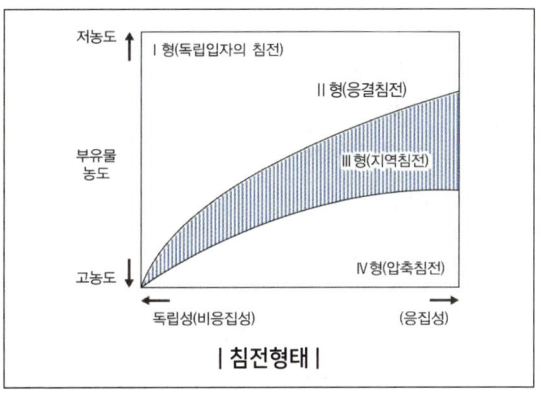

| 침전형태 |

2) 침전지의 설계
 ① 침전효율을 높이기 위한 방법
  • 침전지의 침전면적을 넓히고 유속을 느리게 해야 함
  • 응집제를 투여하고 침전물을 계속 제거해야 함
 ② 침전지의 설계인자

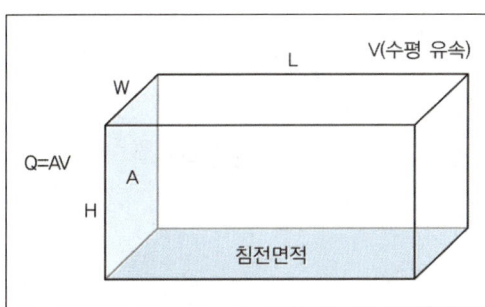

$$V_0 = \frac{유량}{침전면적}(m^3/m^2 day)$$

• 표면부하율

$$= \frac{Q}{A} = \frac{A(옆면) \times V}{A(밑면)} = \frac{WHV}{WL} = \frac{HV}{L} = \frac{H}{HRT}$$

• 100% 제거되는 입자의 침강속도
 ③ 제거효율 : 표면부하율(V_0)이 적을수록, 침전면적이 넓을수록, 침전지의 길이가 길수록, 그리고 침전지의 깊이가 낮을수록 제거효율이 좋음

$$\eta(\%) = \frac{대상입자의 \ 침강속도(V_g)}{표면부하율(V_0)} \times 100$$

④ 월류위어(Weir)부하 : 단위길이당 가해지는 유량

$$월류위어부하(m^3/m \cdot day) = \frac{Q(월류유량 \ m^3/day)}{L(위어의 \ 길이 \ m)}$$

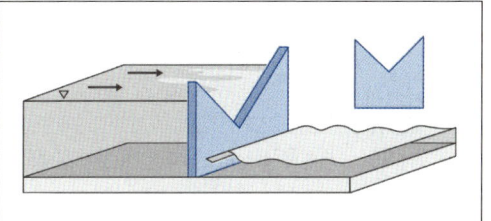

⑤ 체류시간

$$HRT(t) = \frac{부피}{유량}$$

$$= \frac{W \times H \times L}{W \times H \times V} = \frac{L}{V}$$

■ 부상

1) 부상의 특징
 ① 침전속도가 느리고 작거나 가벼운 입자를 짧은 시간 내에 분리시킬 수 있음
 ② 부상법의 종류 : 진공부상법, 공기부상법, 용존공기부상법

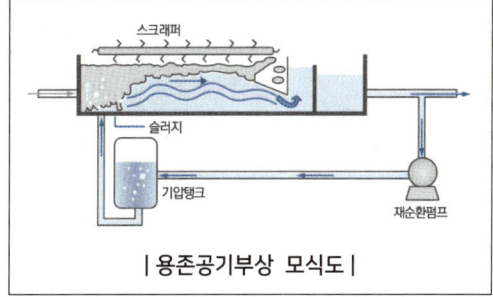

| 용존공기부상 모식도 |

2) 부상속도

$$V_f = \frac{d_P^2(\rho - \rho_P)g}{18\mu}$$

- V_f : 입자의 부상속도, g : 중력가속도
- ρ_P : 부상입자의 밀도, ρ : 물의 밀도
- dp : 입자의 직경, μ : 액체의 점성계수

3) A/S 비(Air/Solid 비, 공기/고형물 비, 기고비)
부유물질 1mg을 제거하기 위한 공기의 양(mg)

$$\frac{A/S(mgAir / mg\ Solid)}{= \frac{1.3 \times C_{air}(f \times P - 1)}{SS} \times \frac{Q_R}{Q}}$$

- SS : 부유물질(mg/L), C_{air} : 공기용해도(mL/L)
- P : 압력(atm), f : 흡수분율
- Q : 유입유량, Q_R : 순환유량

■ 여과
다공성 매체나 다공성 물질을 여재에 통과시켜 대상 물질을 제거하는 방법

1) 완속여과와 급속여과

완속여과	• 손실 수두와 유지관리비가 적음 • 처리 수질이 양호하며 세균 제거에 효과적 • 시공비가 많이 들고 넓은 부지가 필요함 • 상수처리 시 적정 여과속도 : 4 ~ 5m/day
급속여과	• 여과속도 : 120 ~ 150m/day • 주로 부유물질 제거에 사용 • 폐수처리 시 여과재로는 모래, 무연탄, 규조토 등이 활용됨

2) 급속모래여과지의 운영상 주요 문제점
① 여과지 부수두   ② 진흙덩어리의 축적
③ 여재층의 수축   ④ 공기결합

화학적 처리

■ 중화

1) 개념
① 산과 염기가 만나 물과 염을 형성하는 반응으로 중화가 되면 pH는 7이 됨
② 산의 당량(eq)과 염기의 당량(eq)이 같아지는 반응

2) 중화반응공식

$$NV = N`V`$$

- N : 산의 노르말농도(eq/L), V : 산의 부피(L)
- N` : 염기의 노르말농도(eq/L), V` : 염기의 부피(L)

■ 응집
폐수에 화학약품을 첨가하여 침전성이 나쁜 콜로이드상 고형물과 침전속도가 느린 부유물 입자를 침전이 잘되는 플록으로 만드는 작용을 의미함

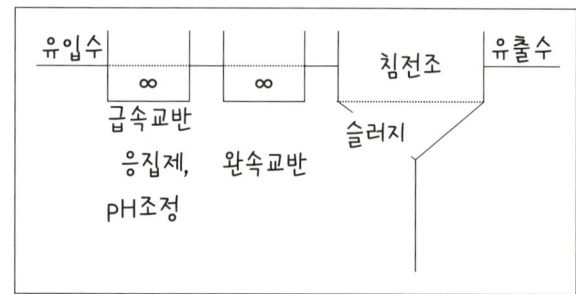

> **더 알아보기 폐수의 응집처리 시 응집의 원리**
> 콜로이드 입자의 표면 전하를 감소시켜 제타 전위를 낮추고, 이로 인해 입자 간 반데르발스 힘을 증가시켜 입자끼리 뭉치게(응집) 하는 것

1) 응집제 종류 특성

알루미늄염 응집제	• 독성이 없고 저렴하며 취급이 용이함 • 좁은 pH 범위(4 ~ 8)와 낮은 플록 침전성, 동절기 효율 저하

| 철염 응집제 | • 넓은 pH 범위(4 ~ 12)에서 색도를 유발하지만 망간 제거가 가능함
• 무거운 플록(floc)으로 인해 침전이 잘되고 응집 보조제가 필요 없음 |

2) 콜로이드의 특성

① 콜로이드

- 0.001 ~ 1μm의 크기를 가진 입자로 전하를 가지고 있으며 브라운운동을 하고 틴들현상을 나타냄
- 중력, 인력(Van der waals힘), 척력(Zeta potential)이 평형을 이루고 있음

> **더 알아보기** 콜로이드 제거 메커니즘
> - 이중층의 압축
> - 이온흡착에 의한 전하의 중화
> - 침전물에 의한 포착
> - 흡착 및 입자 간의 가교형성

② 소수성콜로이드와 친수성콜로이드

소수성콜로이드	친수성콜로이드
• 물과 친하지 않음 • 염에 민감함 • 응집제의 소요량이 적음 • 표면장력이 용매와 비슷 • 틴들현상이 큼 • 현탁상태로 존재 (Suspension)	• 물과 친함 • 염에 둔감함 • 응집제의 소요량이 많음 • 유탁상태로 존재 (Emulsion)

3) Jar - Test

① 응집제의 종류와 투입량 결정에 사용되는 실험기구
② 응집제 주입 → 급속교반 → 완속교반 → 정치 침전 → 상징수 분석

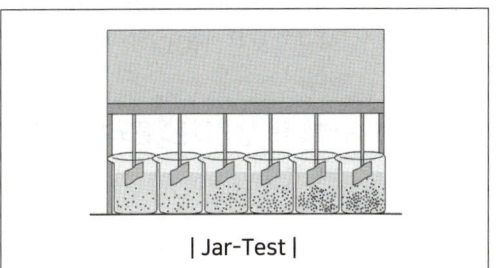

| Jar-Test |

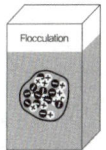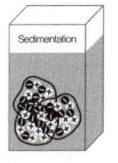

| 응집에 의한 플록의 형성과 침전 |

■ 흡착

흡착제거 대상물질이 흡착제 표면에 물리적 또는 화학적으로 부착되는 현상으로, 폐수처리에서는 주로 물리적 흡착을 의미하며, 대표적으로 활성탄이 냄새, 색도, 미세입자 등 제거에 활용됨

1) 흡착의 특성

물리적 흡착	가역적이고 재생이 가능하며 반데르발스(Van der waals) 힘에 의한 흡착
화학적 흡착	비가역적이고 재생이 불가능하며 화학결합에 의한 흡착

2) Langmuir 등온흡착식

① 가정조건

- 흡착이 단일 분자층으로만 이루어짐
- 한정된 표면에서만 흡착이 일어나는 가역적 화학 흡착 반응이라는 가정하에 성립

② 등온흡착식

$$q = q_m \frac{K \cdot C}{1 + K \cdot C}$$

- q : 흡착밀도
- q_m : 흡착제의 최대 피흡착제 수용능력
- C : 피흡착제의 수용액 농도
- K : 흡착제의 피흡착제에 대한 친화정도

3) Freundlich 등온흡착식

온도가 일정할 때 흡착제 주입량과 피흡착제 평형농도와의 관계를 정리한 식

$$\frac{X}{M} = KC^{\frac{1}{n}}$$

◦ X : 흡착된 피흡착물의 농도
◦ M : 주입된 흡착제의 농도
◦ C : 흡착되고 남은 피흡착물질의 농도
◦ k, n : 상수

■ 소독 및 살균

1) UV, 오존 및 염소소독방법의 비교

UV	장점	• 강력한 살균력으로 바이러스에 효과적 • 짧은 접촉 시간 및 낮은 유지비 • 적은 화학적 부작용 및 pH 무관성 • 쉬운 설치 등
	단점	잔류하지 않으며 물이 혼탁하거나 탁도가 높으면 소독 능력에 영향을 미침
오존	장점	• Cl_2보다 강한 산화제로, 저장 시스템 파괴로 인한 사고 위험이 없음 • 모든 박테리아와 바이러스를 살균함 • 생물학적 난분해성 유기물을 전환시킬 수 있음
	단점	• 현장 생산 필수 및 고가의 가격 • 높은 초기 투자비와 부속 설비 비용 • 소독 잔류효과 부재
염소	장점	• 강한 소독력과 큰 잔류효과 • 박테리아에 효과적인 살균제 • 구입이 용이하고 가격이 저렴함
	단점	• 불쾌한 맛과 냄새를 유발 • 바이러스에는 비효과적이며 인체 위해성이 높음 • 발암물질인 THM을 생성 • 유량 변동에 대한 적응이 어려우며, 긴 접촉 시간(15 ~ 30분)이 필요함

2) 염소소독

① 염소소독방법의 원리

• 염소가스를 물에 주입

가수분해 : $Cl_2 + H_2O \leftrightarrows HOCl + HCl$
이온화 : $HOCl \leftrightarrows H^+ + OCl^-$

- HOCl과 OCl^-의 비는 수용액의 최종 pH에 의하여 결정(pH가 낮을수록 HOCl의 비율이 높아 소독력이 큼)

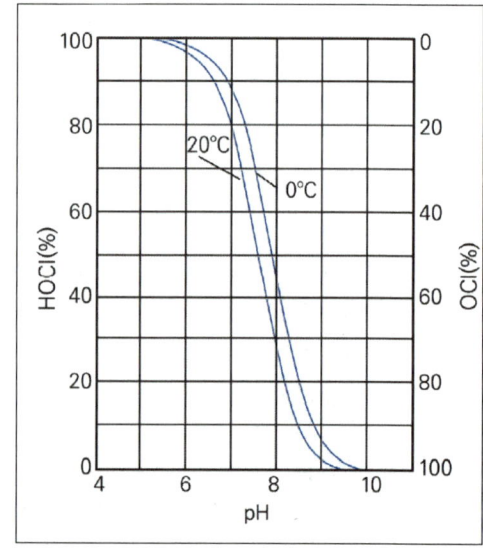

• 살균력의 크기
  - $HOCl > OCl^- > Chloramines$
  - 살균강도는 HOCl가 OCl^-의 80배 이상 강함
  - 염소의 살균력은 온도가 높고, pH가 낮을 때 강함

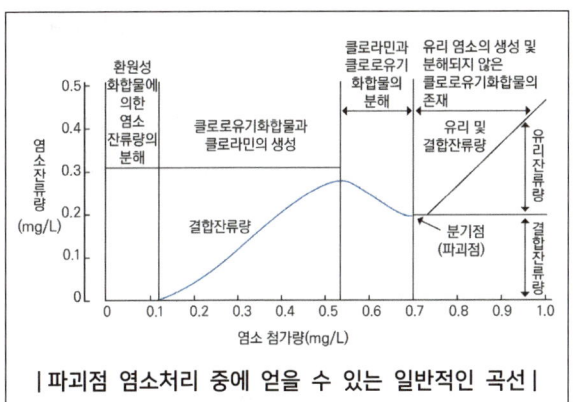

| 파괴점 염소처리 중에 얻을 수 있는 일반적인 곡선 |

- 염소는 대장균 소화기 계통의 감염성 병원균에 특히 살균효과가 크나, 바이러스는 염소에 대한 저항성이 커 일부 생존할 염려가 큼

- 클로라민(chloramine) 화합물을 형성
  - $NH_3 + HOCl \rightarrow NH_2Cl + H_2O \cdots$ pH8.5 이상
  - $HOCl + NH_2Cl \rightarrow NHCl_2 + H_2O \cdots$ pH4.5 ~ 8.5
  - $HOCl + NHCl_2 \rightarrow NCl_3 + H_2O \cdots$ pH4.5 이하
- 계속적으로 염소를 주입하게 되면 클로라민류가 분해
- 클로라민류가 분해되면 질소는 질소가스로 배출되어 물속의 질소가 제거
- 클로라민류 분해 후 자유염소로 염소가 잔류하기 시작
② 염소소독시설의 설계
  - 주입위치 : 염소는 하수가 접촉조에 유입하기 전에 주입되어야 하며, 주입되는 즉시 하수와 잘 혼합되어야 함
  - 염소주입 : 염소주입은 하수의 수질과 요망되는 살균효율 및 방류수역의 대장균수에 대한 환경기준을 감안하여 결정함

$$주입량 = 소모량 + 잔류량$$

- **유해물질의 화학적 처리**

암모니아탈기법 (Air Stripping)	• 수중의 암모니아를 화학적으로 제거하기 위한 방법 • 알칼리도를 높여(약 pH10 ~ 11) 역반응을 진행시켜 암모니아 기체로 탈기함 • $NH_3 + H_2O \rightleftharpoons NH_4^+ + OH^-$
펜턴(fenton) 반응	• 펜턴시약(과산화수소 + 철염)을 이용한 난분해성 유기물질의 산화반응 • 과산화수소는 산화제로 작용하고 철염은 촉매로 작용하며 OH라디컬에 의해 산화분해됨 • pH3 ~ 4.5 조절 → 펜턴산화 → 중화 → 응집제 주입 → 침전 → 방류의 순

생물학적 처리

- **호기성 처리**

1) 호기성 미생물에 의한 산화분해 반응으로 호기성 미생물에 의해 유기물이 이산화탄소와 물로 분해됨

2) $C_6H_{12}O_6 + 6O_2 \rightarrow CO_2 + H_2O$

- **활성슬러지법과 그 변법**

1) 활성슬러지법

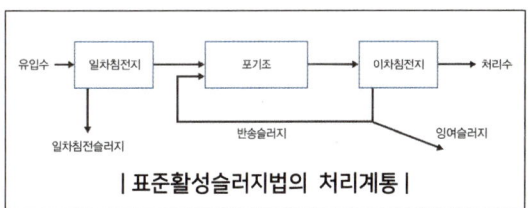

| 표준활성슬러지법의 처리계통 |

① 개요

- 하수에 공기를 주입하고 교반하여 미생물이 유기물을 흡착, 산화시키며 응집성 플록(활성슬러지)을 형성하는 생물학적 처리 공법
- 이 과정에서 유기물은 미생물 대사에 의해 제거되고 일부는 새로운 슬러지로 전환됨
- 반응조 내 산소 공급과 수류를 통해 활성슬러지가 부유 상태를 유지하며, 이차침전지에서 고액분리된 슬러지는 반응조로 반송되어 재사용되고 잉여슬러지는 처리됨

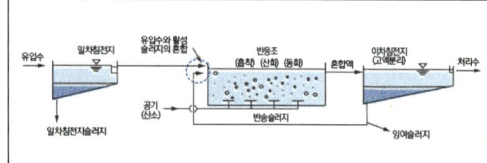

② 주요 설계 인자

- MLSS : 포기조 내의 부유물질 총량을 의미하며 적정 MLSS의 양은 1,500 ~ 2,500mg/L
- BOD 용적부하 : 유입 BOD의 총량과 포기조 부피의 비

$$BOD용적부하(kg/m^3 \cdot day) = \frac{Q \times BOD}{\forall}$$

  ◦ Q(유량) : m^3/day
  ◦ BOD(유입 BOD농도) : mg/L
  ◦ ∀(포기조 부피) : m^3

- BOD - MLSS부하(F/M비) : 유입 BOD의 총량과 MLSS 총량의 비

$$BOD - MLSS부하(kg/kg \cdot day) = \frac{Q \times BOD}{\forall \times X}$$

  ◦ Q(유량) : m^3/day
  ◦ BOD(유입 BOD농도) : mg/L
  ◦ ∀(포기조 부피) : m^3
  ◦ X(MLSS농도) : mg/L

- 적정 BOD - MLSS부하(kg/kg · day) : 0.2 ~ 0.5

- 반송비 : 유입유량에 대한 반송유량의 비

> **더 알아보기 반송의 개념**
> 포기조의 적정 MLSS를 유지하기 위해 2차침전지의 슬러지를 포기조 앞으로 유입시키는 것을 말함

$$R = \frac{X - SS_i}{X_R - X} = \frac{X}{X_R - X}$$
$$= \frac{X}{(10^6/SVI) - X} = \frac{SV_{30(\%)}}{100 - SV_{30(\%)}}$$

  ◦ R : 반송비
  ◦ X(mg/L) : MLSS 농도
  ◦ X_R(mg/L) : 반송슬러지 농도
  ◦ SS_i(mg/L) : 유입 SS 농도
  ◦ SVI : 슬러지용적지수
  ◦ SV_{30} : 30분간 침강한 슬러지의 용적

- SVI(슬러지용적지수)

$$SVI = \frac{SV_{30(mL)}}{MLSS} \times 10^3$$
$$= \frac{SV_{30(\%)}}{MLSS} \times 10^4$$

  - SVI는 50 ~ 150이 정상범위이며 200 이상인 경우 슬러지 팽화현상이 일어날 수 있음

- SDI(슬러지밀도지수)

$$SDI = \frac{100}{SVI}$$

- SRT : 고형물의 체류시간을 의미하며 3 ~ 6일이 표준임

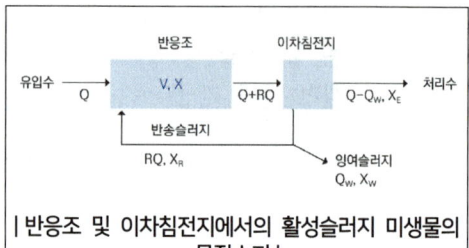

| 반응조 및 이차침전지에서의 활성슬러지 미생물의 물질수지 |

$$SRT = \frac{X \forall}{Q_w X_w + Q_0 SS_0}$$

$$\frac{1}{SRT} = \frac{YQ(BOD_i - BOI_0)}{X \cdot \forall} - K_d$$

잉여슬러지량 : $\underline{QWXW(kg/day)} =$
$YQ(BODi - BOD0) - Kd \cdot X \cdot \forall$

- $X(mg/L)$: MLSS 농도
- $\forall(m^3)$: 포기조 부피
- $Q_w(m^3/day)$: 잉여슬러지 유량
- $X_w(mg/L)$: 잉여슬러지 농도
- $K_d(day^{-1})$: 내생호흡계수
- $X_E(SS_0)(mg/L)$: 유출수 SS 농도
- Y : 슬러지 전환 수율
- $BOD_i(mg/L)$: 유입수 BOD 농도
- $BOD_o(mg/L)$: 유출수 BOD 농도
- $Q(m^3/day)$: 유입수 유량
- $Q_o(m^3/day)$: 유출수 유량($Q_o = Q - Q_w$)

- 기타 설계요소
  - HRT(수리학적 체류시간) : 6 ~ 8시간
  - 수심 : 4 ~ 6m(심층식의 경우 10m)
  - SV : 20 ~ 30%
  - pH : 6 ~ 8
  - DO : 2mg/L 이상

2) 활성슬러지법의 장애현상

슬러지 팽화현상 (Bulking)	• 활성슬러지의 침전 불량 현상으로, 사상성 미생물 과증식, 유기물 부하 변동, 낮은 용존산소, 특정 영양소 부족, 유해 폐수 유입 등이 원인 • SVI 200 이상 시 발생 우려가 높음
슬러지 부상 (Rising)	침전성이 좋은 슬러지가 떠오르는 슬러지 부상문제는 주로 과포기나 저부하에 의해 포기조에서 상당한 질산화가 진행되는 경우 침전조에서 침전슬러지를 오래 방치할 때 탈질이 진행되어 야기됨

3) 활성슬러지 변법

산화지법	• 얕은 수심(1m 이하)의 연못에서 미생물과 조류의 생물화학적 작용을 이용해 하수 및 폐수를 자연 정화시키는 공법 • 바람에 의한 표면 포기와 조류의 광합성을 통해 산소가 공급되며, 시설비와 운영비가 적게 들어 소규모 마을의 오수처리에 많이 활용됨
연속회분식 반응조 (SBR)	• 단일 반응조에서 시차를 두어 유입 - 반응 - 침전 - 배출 - 휴지를 반복, 질소와 인을 제거하는 에너지 절약형 생물학적 처리법 • 슬러지 반송이 필요 없으나 대규모 적용은 어려움

4) 부착생물막법

① 살수여상법

- 부착 성장식 생물학적 처리법으로, 매질에 폐수를 뿌려 미생물이 유기물을 제거함
- 연못화, 파리, 악취 문제가 있을 수 있지만, 부하 변동에 잘 대응함

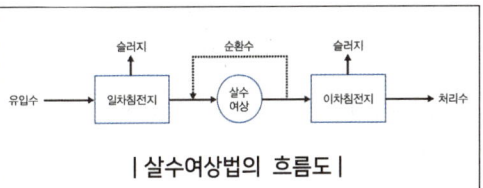

| 살수여상법의 흐름도 |

> **더 알아보기** 살수여상에서 발생하는 연못화 현상의 원인
> - 매질이 너무 작거나 균일하지 못한 경우
> - 미생물 점막이 과도하게 탈리되어 공극을 메울 경우
> - 최초침전지에서 현탁고형물이 충분히 제거 되지 않을 경우
> - 유기물 부하량이 많을 경우

② 회전원판법
- 원판형 매체에 미생물을 부착시켜 회전시키며 하수와 접촉시켜 유기물을 제거하는 부착 성장형 생물학적 처리 공법
- 슬러지 반송이 필요 없고 부하 변동에 대응이 용이함
- 미생물량 조절이 어렵고 구동축 손상 우려가 있으며, 침적률은 35 ~ 45%임

③ 접촉산화법
- 포기조에 접촉 여재를 침적시켜 포기, 교반하는 생물막을 이용한 처리 방식
- 부하 변동과 유해물질에 대한 내성이 높고, 운전 휴지 기간에 대한 적응력이 좋음
- 미생물량 조절이 가능하고 부하 변동에 용이하게 대응하며, 처리수의 투시도 또한 높음

■ **고도처리(질소와 인의 처리)**

1) A/O공법 : 인의 제거

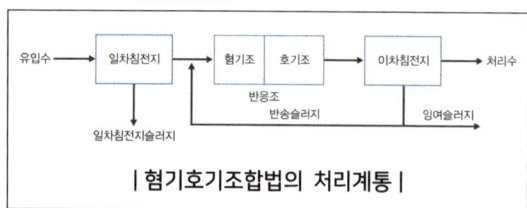

| 혐기호기조합법의 처리계통 |

① 혐기조 : 인의 방출
② 호기조 : 인의 과잉섭취

2) A₂/O공법 : 인과 질소의 제거

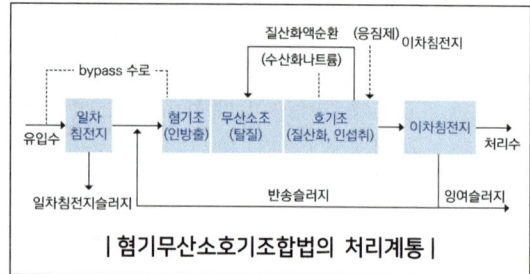

| 혐기무산소호기조합법의 처리계통 |

① 혐기조 : 인의 방출
② 무산소조 : 탈질
③ 호기조 : 질산화, 인의 과잉섭취

3) 4단계 bardenpho공법 : 질소 제거

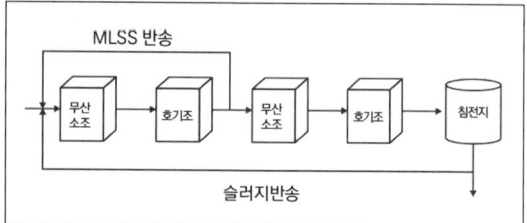

① 1단계 무산소조 : 탈질
② 1단계 호기조 : 질산화
③ 2단계 무산소조 : 잔류 질산성 질소의 제거
④ 2단계 호기조 : 슬러지의 침강성 증대, 슬러지 팽화 방지

4) 5단계 bardenpho공법 : 질소와 인의 동시제거

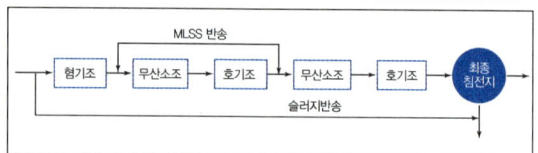

① 1단계 혐기조 : 인의 방출
② 1단계 무산소조 : 탈질
③ 1단계 호기조 : 질산화, 인의 과잉섭취
④ 2단계 무산소조 : 잔류 질산성 질소의 제거
⑤ 2단계 호기조 : 슬러지의 침강성 증대, 슬러지 팽화 방지

■ **혐기성 처리**

1) 혐기성 소화
혐기성 소화과정에서 발생하는 가스는 이산화탄소와 메탄으로, 이 중 메탄은 유용한 에너지원이 될 수 있으며, H_2S와 NH_3은 악취 유발 물질

> 글루코오스($C_6H_{12}O_6$)의 혐기성 분해반응식 :
> $$C_6H_{12}O_6 \rightarrow 3CH_4 + 3CO_2$$

① 혐기성 소화의 특징
- 운전이 까다롭고 처리효율이 낮아 유출수 수질이 좋지 않지만, 고농도 폐수처리에 적합하며 대규모 시설에 주로 사용됨
- 슬러지의 탈수성이 좋고 비료가치는 낮으며, 이용 가능한 가스를 생산함

② 소화가스 감소의 원인
- 저농도의 슬러지 유입
- 소화조 내부의 온도저하
- 과다한 유기산 생성
- 교반력이 약할 경우

③ 소화효율

$$\eta = \left(1 - \frac{VS_2/FS_2}{VS_1/FS_1}\right) \times 100$$

- VS_1 : 생슬러지 중 유기물의 양
- FS_1 : 생슬러지 중 무기물의 양
- VS_2 : 소화슬러지 중 유기물의 양
- FS_2 : 소화슬러지 중 무기물의 양

2) 슬러지의 특성

① 슬러지

$$\begin{aligned}슬러지(SL) &= 고형물(TS) + 수분(W)\\ &= 유기물(VS) + 무기물(FS)\\ &\quad + 수분(W)\end{aligned}$$

② 슬러지와 밀도와의 관계

$$\frac{SL}{\rho_{SL}} = \frac{VS}{\rho_{VS}} + \frac{FS}{\rho_{FS}} + \frac{W}{\rho_W}$$

③ 슬러지와 함수율과의 관계

$$SL_1(1 - X_1) = SL_2(1 - X_2)$$

- SL_1 : 탈수 전 슬러지의 양
- X_1 : 탈수 전 슬러지의 함수율
- SL_2 : 탈수 후 슬러지의 양
- X_2 : 탈수 후 슬러지의 함수율

폐기물발생

■ 폐기물 종류

1) 폐기물의 분류

① 폐기물의 분류체계

생활 폐기물	사업장폐기물 외의 폐기물
사업장 폐기물	건설폐기물, 지정폐기물, 건설·지정 폐기물 외의 사업장폐기물

② 폐기물 처리기술의 3대 기본원칙(3R)
감량화(Reduction), 재이용(Reuse)/재활용(Recycle), 회수이용(Recovery)

③ 지정폐기물의 정의 및 그 특징
- "지정폐기물"이란 사업장폐기물 중 폐유·폐산 등 주변 환경을 오염시킬 수 있거나 의료폐기물 등 인체에 위해(危害)를 줄 수 있는 해로운 물질로서 대통령령으로 정하는 폐기물
- 고형물 함량에 따른 폐기물의 분류

고형물 함량	폐기물 분류
5% 미만	액상폐기물
5 ~ 15%	반고상폐기물
15% 이상	고상폐기물

- 폐기물관리법령상 지정폐기물의 종류 중 부식성폐기물 : "폐산" 기준 pH2.0 이하, "폐알칼리" 기준 : pH12.5 이상
- 의료폐기물 : 보건·의료기관, 동물병원, 시험·검사기관 등에서 배출되는 폐기물 중 인체에 감염 등 위해를 줄 우려가 있는 폐기물과 인체 조직 등 적출물, 실험동물의 사체 등 보건·환경보호상 특별한 관리가 필요하다고 인정되는 폐기물로서 대통령령으로 정하는 폐기물

④ 분뇨
- 분뇨배출량 : 0.9 ~ 1.1L

- pH는 6.8 ~ 7.2이며 분뇨에 포함되어 있는 질소화합물은 소화 시 소화조 내의 pH 강하를 막아줌
- 분과 뇨의 구성비는 약 1 : 8 ~ 10 정도이고, 질소화합물의 함유형태는 분의 경우 VS의 12 ~ 20% 정도(뇨의 경우 VS의 80 ~ 90%)
- 고농도 유기물을 함유하며, 고액분리가 어려움
- 분뇨처리의 목적 : 최종 생성물의 감량화, 생물학적으로 안정화, 위생적으로 안전화

2) 폐기물 구성
① 도시폐기물의 개량분석 시 4가지 구성성분 : 수분, 가연분(휘발성 고형물), 회분, 고정탄소
② 폐기물의 3성분 : 수분, 회분, 가연분

■ 폐기물 특성

1) 폐기물의 발생특성
① 계절과 기후는 쓰레기의 성분, 발생량, 종류에 영향을 미치며, 특히 겨울철에 발생량이 증가하는 경향이 있음
② 수거 빈도가 잦거나 쓰레기통의 크기가 클수록 발생량이 증가하며, 재활용률이 높으면 발생량은 감소함
③ 도시 규모에 비례하여 쓰레기 발생량이 증가하고, 도시의 평균 연령층, 교육수준, 경제력 등 생활수준에 따라 발생량이 달라짐

2) 폐기물 관련 국제협약
바젤협약 : 유해폐기물의 국제적 이동의 통제와 규제를 주요 골자로 하는 국제협약(의정서)

> **더 알아보기 환경 관련 국제협약**
> - 교토의정서 : 기후변화협약에 따른 온실가스 감축과 관련된 협약
> - 리우협약 : 지구온난화 방지와 생물다양성 보존과 관련된 협약
> - 몬트리올의정서 : 오존층 파괴물질의 규제와 관련된 협약

- 스톡홀름협약 : 잔류성유기오염물질(POPs)을 국제적으로 규제하기 위해 채택된 협약

3) 폐기물 관련 제도
① 목적 : 폐기물의 재활용과 감량화
② 예치금제도, 부담금제도, 쓰레기종량제

> **더 알아보기 NIMBY현상**
> "Not In My Back Yard"의 약자로 지역이기주의를 나타내는 대표적인 용어

4) 폐기물처리에서 에너지 회수방법
혐기성 소화, 소각열 회수, RDF 제조, 열분해, 발효

■ 폐기물 발생원

1) 폐기물 발생량 조사방법
적재차량계수분석, 직접계근법, 물질수지법, 표본조사, 전수조사 등

물질수지법		• 원료물질의 유입과 생산물질의 유출 관계를 기반으로 폐기물 발생량을 계산하는 방법 • 주로 사업장폐기물 추산에 이용 • 상세한 자료가 있을 때만 적용 가능하고 비용이 많이 드는 단점이 있음
적재차량 계수분석		특정 지역에서 일정 기간 동안 발생하는 쓰레기의 수거 차량수를 조사한 뒤, 폐기물의 겉보기 비중의 보정을 통해 중량을 계산하여 폐기물의 발생량을 산정하는 방법
직접계근법		쓰레기의 발생량을 산정하는 방법 중 비교적 정확하게 파악할 수 있는 장점이 있으나 작업량이 많고 번거로운 단점이 있음
전수조사법	장점	표본오차가 적고 보정이 가능하며 이용도가 높음
	단점	조사 기간이 길고 경비가 많이 소요됨

쓰레기 발생량 원단위(kg/인·일) : 하루에 한 사람이
발생시키는 쓰레기의 양

2) 쓰레기 발생량 예측모델
  경향예측모델(Trend법), 다중회귀모델, 동적모사모
  델 등

■ 수거 및 운반

1) 폐기물 수거노선을 결정할 때 고려사항
  ① 시계방향으로, 기존 시스템과 연계하여, 발생량
    많은 곳 먼저
  ② U턴 및 중복 없이 지형지물 활용
  ③ 소량이 발생하는 경우 같은 날 왕복노선 내에서
    수거
  ④ 차고지·처분지 근접, 교통 혼잡 시간 회피

2) 적환 및 운송

적환장	• 폐기물 수거 차량의 쓰레기를 대형 운반 차량으로 옮겨 싣거나, 수거된 폐기물을 최종 처분장까지 장거리 수송하기 위해 중간에 설치되는 시설 • 폐기물 발생원과 처리장 간 거리가 멀 때 운반 비용을 절감하는 역할을 함
적환장의 위치	• 수거지역의 무게중심과 주요 간선도로에서 가까우며, 수송 측면에서 가장 경제적인 곳 • 또한, 작업에 의한 공중위생 및 환경 피해가 최소화될 수 있는 지역
적환장이 필요한 경우	원거리 처분장, 소형 수집차량, 작은 규모 주택 밀집지역, 상업지역 소형 용기 다수 사용, 특수 수송 방식(반죽, 공기) 사용, 수거지역 무게중심과 가까운 곳에서 적환장이 필요함

3) 수거(수집)
  폐기물관리체계 중 도시폐기물관리에서 가장 많은
  비용을 차지하는 요소
  ① 수거방법

관거 수거	• 자동화된 무공해 쓰레기 수송방식으로, 고밀도 발생 지역에 경제적 • 경로 변경이 어렵고, 큰 폐기물은 전처리해야 하며, 잘못 투입된 물건은 회수하기 어렵다는 단점이 있음
콘베이어 수거	• 쓰레기를 최종 처분장까지 자동 운반 • 높은 전력·유지·시설비, 내구성, 미생물 부착 문제가 있음

  ② MHT
    • 폐기물 수거효율과 노동력을 비교하는 단위
    • 수거인 1인이 쓰레기 1톤 수거에 걸리는 총 시
      간을 의미함
    • 값이 작을수록 효율이 좋다는 뜻임

$$MHT = \frac{Man \times Hr}{Ton}$$

📋 폐기물 중간처분

■ 선별

1) 폐기물의 선별목적
  재활용 가능한 성분의 분리

2) 선별의 종류
  ① 건식선별 : 유동층, 와전류, 관성선별, 스토너, 세
    카터
  ② 습식선별 : separation(침전부상법)

3) 선별대상 물질과 선별기

① 공기선별
- 공기저항 및 낙하속도 차이를 이용해 폐기물을 분리하는 방법
- 주로 가벼운 물질(종이, 플라스틱)을 무거운 물질(유리, 금속)로부터 분리하는 데 효과적
- 예로부터 농가에서 탈곡 작업에 사용되던 원리를 밀폐된 용기 내에서 적용한 방식

② 스크린선별
- 다양한 크기의 혼합 폐기물을 크기에 따라 자동으로 분류하는 방법
- 주로 후속 처리 장치 보호나 재료 회수를 위해 사용
- 스크린 형식에 따른 구분
  - 진동식 : 골재 분리
  - 회전식 : 도시 폐기물 선별(트롬멜 스크린)

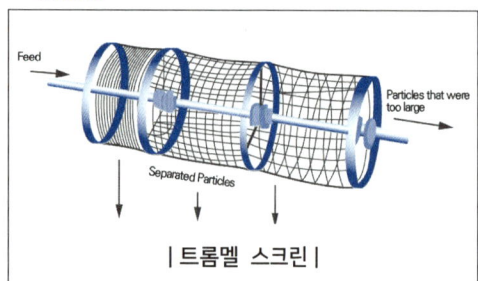

| 트롬멜 스크린 |

③ 기타 선별

목재와 철분	자석선별 : 파쇄하였거나 파쇄하지 않은 폐기물로부터 철분을 회수하기 위해 가장 많이 사용되는 폐기물 선별방법
구리, 아연, 알루미늄	와전류선별 : 폐기물 선별방법 중 특정적으로 자장이나 전기장을 이용하는 것
세카터	회전 드럼을 통해 무겁고 탄력 있는 물질과 가볍고 탄력 없는 물질을 분리하며, 주로 퇴비 속 유리나 돌 선별에 사용됨
종이, 플라스틱	정전기 선별

유리와 색유리	광학선별(Opitical Sorter)
알루미늄 회수, 유리 분리	스토너
관성선별	중력이나 탄도학 이용하여 가벼운 것과 무거운 것 분리
폐수처리법 중 고액분리방법	부상분리법, 스크리닝, 원심분리법

■ 압축

1) 압축의 목적
① 폐기물의 부피를 줄여 저장 및 수송 효율을 높임
② 매립지의 수명을 연장시키고 운반비를 감소시키는 효과를 가져옴
③ 폐기물을 압축하면 소각 시 원활한 연소가 어렵다는 단점이 있음

2) 압축비와 폐기물 부피변화

압축비	$\dfrac{V_1(처음\ 부피)}{V_2(나중\ 부피)}$
부피변화율	$\dfrac{V_2(나중\ 부피)}{V_1(처음\ 부피)}$
부피감소율 (%)	$\left(\dfrac{V_1 - V_2}{V_1}\right) \times 100$
압축비와 용적감소율	• 압축비 $= \dfrac{V_1}{V_2}$ • 용적감소율 $= \dfrac{V_1 - V_2}{V_1} \times 100$ $= \left(1 - \dfrac{V_2}{V_1}\right) \times 100$
압축비와 용적감소율과의 관계	용적감소율 $= \left(1 - \dfrac{1}{압축비}\right) \times 100$

■ 파쇄

1) 파쇄(shredding)의 목적
   ① 폐기물의 부피를 줄여 운반 및 매립 효율을 높임
   ② 소각 및 미생물 작용 등 후속 처리 효율을 향상
   ③ 소각로 손상 방지

2) 파쇄 방법

전단 파쇄기	정의	고정칼과 회전칼의 교합으로 폐기물을 잘라 파쇄하는 장비
	장점	분진, 소음, 진동이 적고 폭발 위험성이 낮으며 파쇄물의 크기가 고름
	단점	파쇄 속도가 느리고 이물질 혼입에 약하며 대량 연속 파쇄에 부적합
압축 파쇄기	정의	기계의 압착력을 이용하여 폐기물을 파쇄하는 장치
	장점	마모가 적고 비용이 적게 소요됨
	단점	고무, 연질 플라스틱류 파쇄가 어렵고, 깨지기 쉬운 폐기물에 적합하며 기타 폐기물은 압축 효과만 있음
충격식 파쇄기	정의	고속 회전하는 망치나 칼날 등으로 충격을 가하여 폐기물을 부수는 장치
	장점	대량 처리가 가능하고 이물질에 대한 대응성이 강함
	단점	연성이 있는 물질에 부적합하며, 파쇄 시 분진, 소음, 진동 발생이 많고 폭발 위험성이 높음

더 알아보기 파쇄를 위한 3가지 힘
충격력, 전단력, 압축력 등

■ 농축

슬러지 부피를 줄여 소화 효율 증대, 약품 소모 및 소화조 부피 감소, 수송 비용 절감 등 전반적인 후속 처리 효율을 높이는 과정

■ 탈수

1) 탈수의 방법
   원심분리, 진공여과, 벨트프레스 등

더 알아보기 여과비저항
고형물과 물 사이의 결합 정도를 나타내는 용어로, 여과비저항이 클수록 고형물과 물과의 결합력이 강해 탈수성은 낮음

2) 함수율과 슬러지의 부피 변화
   ① 함수율

$$\left(\frac{\text{건조 전 무게} - \text{건조 후 무게}}{\text{건조 전 무게}} \right) \times 100$$

   ② 함수율과 슬러지의 부피 변화

$$SL_1(1 - X_1) = SL_2(1 - X_2)$$

■ 건조

1) 슬러지 건조 시
   간극수 → 모관결합수 → 표면부착수 → 내부수 순서로 증발

2) 모관결합수
   ① 미세한 슬러지 고형물의 입자 사이의 얇은 틈에 존재하며 모세관압으로 결합되어 있는 수분
   ② 원심력, 진공압 등 기계적 압착으로 분리시킴

3) 간극수
   ① 슬러지 내의 수분 중 일반적으로 가장 많은 양을 차지
   ② 고형물질과 직접 결합해 있지 않기 때문에 농축 등의 방법으로 용이하게 분리할 수 있는 수분

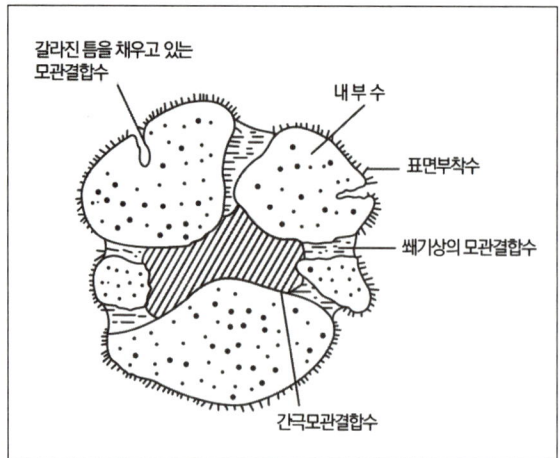

갈라진 틈을 채우고 있는 모관결합수
내부수
표면부착수
쐐기상의 모관결합수
간극모관결합수

■ 소각

1) 소각 개요

목적	감량화, 유기물 안정화, 안전화, 유효에너지화와 더불어 운송비 절감 및 매립 소요면적 감소
소각처리 효과	• 폐기물을 위생적으로 대폭 감량하고 에너지 회수 및 유독물질 분해가 가능하여 매립지 부담을 줄임 • 비용이 많이 들고 대기오염 및 폭발 위험이 따름
완전연소 조건	• 연료와 공기의 충분한 혼합, 적절한 공기 · 연료비, 적정 점화온도 유지 및 긴 체류시간이 필요함 • 3T : 시간(Time), 온도(Temperature), 혼합(Turbulence) • 3TO : 시간(Time), 온도(Temperature), 혼합(Turbulence), 산소(Oxygen)

2) 열분해의 특징

① 무산소 또는 공기가 부족한 상태에서 폐기물을 고온으로 가열하여 가스, 액체, 고체 상태의 연료를 생산하는 공정

② NOx 발생이 적고 액체연료(식초산, 오일 등) 생성이 특징이나, 생성물의 질과 양을 안정적으로 확보하기 어려움

3) 소각로의 특징

① 고정상 소각로
- 화상 위에서 쓰레기를 태우는 방식
- 플라스틱처럼 열에 약하거나 녹는 물질, 슬러지, 입자상 물질 소각에 적합함
- 체류시간이 길고 교반력이 약해 국부적으로 과열될 우려가 있음

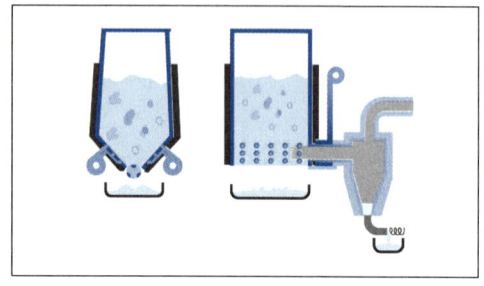

② 화격자 소각로(스토커식)
- 화격자를 통해 폐기물을 연속적으로 이동시키며 소각함
- 연속처리 및 저발열량 폐기물 소각에 유리하지만, 플라스틱에 부적합하고, 국부 과열 및 금속 마모 문제가 있음

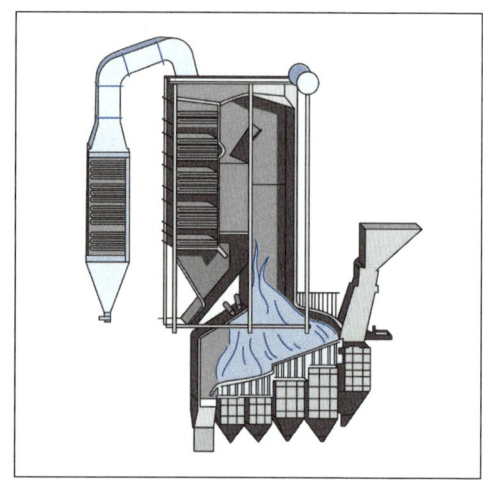

③ 회전로 소각로(로타리킬른)
- 전처리가 거의 필요 없고 다양한 폐기물을 파쇄 없이 직접 처리할 수 있는 유연한 소각로
- 하지만 열효율이 낮고 먼지가 많이 발생하며, 낮은 공기비에서 완전연소가 어려울 수 있음

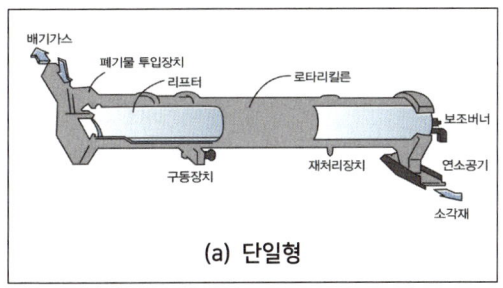

(a) 단일형

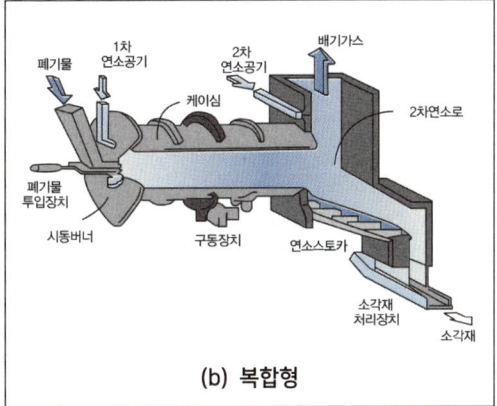

(b) 복합형

④ 다단로 소각로
- 수분함량이 높은 폐기물과 휘발성이 적은 폐기물 연소에 유리하며, 여러 연소 영역으로 효율을 높일 수 있는 소각로
- 체류시간이 길어 온도 반응이 더디고 보조연료 사용 조절이 어려움

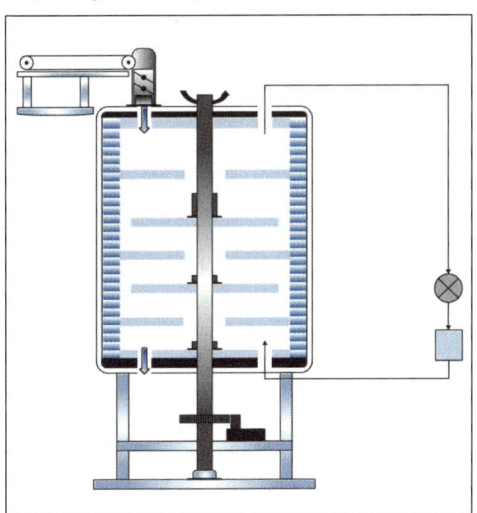

⑤ 유동상 소각로
- 모래를 가열하여 폐기물을 태우는 방식의 소각로
- 고장률이 낮고 슬러지나 폐유 소각에 탁월하며, 연소효율이 높고 오염물질 배출이 적음
- 유동매체 손실로 유지보수 비용이 많이 듦
- 유동상의 매질이 갖추어야 할 조건 : 불활성, 내마모성, 작은 비중, 높은 융점

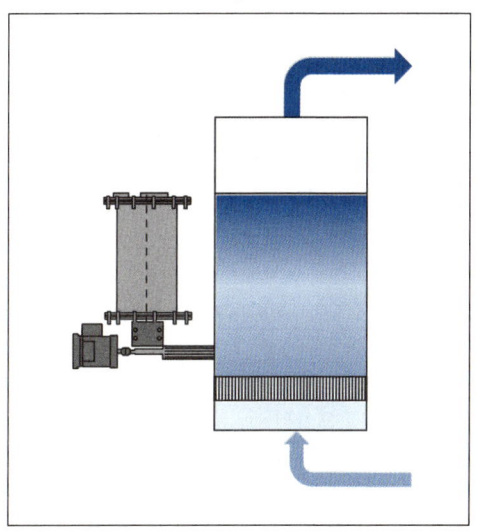

■ 폐기물의 고형화 처리

1) 개요
① 고형화 : 폐기물에 고형화재를 첨가함으로써 고형화 과정이 진행되는 동안 폐기물의 물리적 성질을 변화시키는 공정
② 고형화 처리의 목적
- 유해성분의 이동성과 독성을 줄여 무해화하고 환경에 대한 영향이 최소화되도록 함
- 동시에 폐기물을 단단하게 만들어 운반이나 저장, 매립 등 후처리가 용이해짐
③ 폐기물의 안정화 및 고형화로 폐기물의 전환 시 특성 : 취급 및 물리적 특성 향상, 오염물질 이동 표면적 감소, 오염물질 용해성 제한 및 독성 감소, 그리고 취급 용이한 물질로의 물리적 성질 변화

2) 고형화 처리의 종류 및 특성
   ① 유기성 고형화와 무기성 고형화

유기성 고형화	• 수밀성이 크고 다양한 폐기물에 적용 가능하며, 최종 고화체의 체적 증가가 다양함 • 폐기물의 특정 성분에 의한 중합체 구조의 장기적인 약화 가능성과 미생물 및 자외선에 대한 안정성이 약함 • 주로 요소수지, 폴리에스테르, 아스팔트, 포름알데히드 등을 활용
무기성 고형화	• 수용성이 작고 수밀성이 양호하며, 고화 재료를 쉽게 구할 수 있고 무독성임 • 상온·상압에서 처리가 쉽고 고도의 기술이나 유해물질을 사용하지 않아도 됨 • 다양한 산업폐기물에 적용할 수 있으며, 고형화 재료에 따라 고화체의 체적 증가가 다양하게 나타남 • 주로 시멘트, 석회, 포졸란, 점토 등을 활용 ※ 수밀성 : 일반적으로 흡수성, 투수성이 종합된 성질

   ② 주요 고형화 처리법의 특징

시멘트법	• 포틀랜드시멘트를 이용하여 고농도 중금속폐기물 처리에 널리 사용되는 방법 • 폐기물 내 고형물질이 많으면 최대 강도를 위해 물/시멘트비가 증가하며, 점토와 액상 규산소다가 첨가제로 사용됨 • 이 방법은 중금속이온을 탄산염이나 불용성 수산화물로 침전시킴
석회 기초법	석회와 포졸란, 폐기물을 혼합하여 폐기물과 소각재를 동시에 처리하는 방법

	장점	가격이 저렴하고 널리 이용되며, 탈수가 필요 없는 경우가 많음
	단점	최종처분 물질의 양이 증가하고, pH가 낮아지면 폐기물 성분의 용출 가능성이 높아짐
자가 시멘트		• 배연탈황 슬러지 처리 시 주로 사용되며, 폐기물 내 $CaSO_4$와 $CaCO_3$ 성분이 스스로 고형화되는 성질을 이용한 고화처리 방법 • 이 방법은 혼합율이 낮고 중금속 저지에 효율적이며, 탈수 등 전처리가 필요 없지만 보조 에너지가 필요함
열가소성 플라스틱법		폐기물을 열가소성 플라스틱에 혼합하여 고형화하는 방법
	장점	용출 손실률이 낮고 재활용 가능
	단점	고온 분해 물질에는 적용할 수 없으며 화재 위험과 높은 에너지 소모
기타 방법		피막형성법, 유리화법, 유기중합체법 등

3) 고형화 연료(RDF)
   ① 개념 : 도시 쓰레기 중 가연성 물질을 선별, 분쇄한 뒤 약 250℃로 가열 압축하여 만든 연료로, 폐기물의 가연성 물질을 활용해 함수율, 불순물, 입경 등을 조절하여 연료로 사용할 수 있도록 만든 것
   ② 폐기물 고체연료(RDF)의 구비조건 : 높은 열량, 낮은 대기오염, 균일한 성분 배합률과 균질성, 낮은 함수율 및 염소함량, 미생물 분해 불가능 및 낮은 재 함량
   ③ RDF를 이용한 소각의 특징 : 소각로 부식 발생으로 수명 단축, 수분함량 증가 시 유기물질 부패, 높은 시설비 및 동력비와 까다로운 운전

■ 퇴비화

1) 개념

폐기물의 유기물을 생물학적으로 안정화시켜 비료나 토양개량제로 만드는 과정이며, 이를 통해 악취가 없고 안정적인 유기물을 생산함

2) 호기성 퇴비화와 혐기성 퇴비화

① 호기성 퇴비화 : 호기성 조건하에서 유기물을 안정화시키는 방법

장점	냄새 없는 안정적인 유기물 생산, 폐기물 재활용, 낮은 에너지 소모, 낮은 초기 시설 투자비, 그리고 고온으로 인한 병원균 사멸
단점	낮은 비료 가치, 시장 확보의 어려움, 까다로운 부지 선정, 악취 발생, 그리고 폐기물 교반 및 공기 주입 장치 필요

② 혐기성 퇴비화 : 산소가 부족한 혐기성 상태에서 혐기성 미생물의 분해작용에 의해 진행

> **더 알아보기**
> 산성발효로 인해 pH가 낮아질 경우 첨가시킬 수 있는 물질 : 알칼리도 유발할 수 있는 물질 OH^-, HCO_3^-, CO_{32}^-

특징	• 악취발생률이 높은 반면 유용한 메탄이 생성됨 • 퇴비의 질이 높은 편임
퇴비공정 (보통 3~4주)	전처리 → 발효(중온 - 고온 - 냉각) → 양생(숙성) → 마무리 저장
폐기물 퇴비가 토양에 미치는 영향	• 토양의 수분 보유능력과 양이온 교환능력을 증가시켜 중금속을 제거하고 통기성을 향상시켜 토양을 좋게 만듦 • 가용성 무기질소의 용출량을 감소시키고 병원균을 거의 사멸시키는 뛰어난 토양개량제

퇴비화에 영향을 미치는 인자	• C/N비(탄질비) : 25 ~ 50(퇴비화가 끝나면 C/N비 10 ~ 15으로 감소) • 온도 : 50 ~ 60℃ • pH : 6 ~ 8 • 수분 : 50 ~ 60%

■ 슬러지처리

슬러지 처리계통 : 농축 → 소화 → 개량 → 탈수 → 최종처분

1) 농축

수분을 제거하여 고형물 회수율을 높이고, 후속 처리 시설의 용적 및 약품 사용량을 줄여 처리 비용을 절감하며 효율을 높이는 기술

① 중력식 농축

장점	• 구조가 간단하고 유지관리가 쉬움 • 1차 슬러지 농축에 적합하고 저장과 농축이 동시에 가능함 • 약품을 사용하지 않고 동력비가 적게 들어 경제적
단점	• 악취가 발생하고 잉여 슬러지 농축에 부적합 • 부득이 잉여 슬러지를 농축할 경우 넓은 면적이 필요함
특징	슬러지 무기물 함량이 높을수록 농축효율이 높아지고 슬러지의 온도가 높을수록 고형물 회수율이 낮아짐

② 원심분리 농축

장점	• 적은 면적을 차지하며, 잉여 슬러지 농축에 효과적 • 운전 조작이 쉽고 악취 발생이 적으며 연속 운전이 가능함 • 슬러지를 고농도로 농축할 수 있는 장점이 있음

단점	시설비와 유지관리비가 고가이며, 유지관리가 어려움

운전이 어렵고 기간이 긺	처리기간이 짧음
탈수성 좋고 비료가치 적음	탈수 불량
수질 불량	수질 양호
악취 발생	악취 없음
에너지(CH_4) 생성	에너지 없음

2) 소화

① 개요

- 목적 : 안정화, 감량화, 안전화
- 소화조 설계 시 고려할 사항
  - 고형물부하(소화조/농축조)

$$고형물\ 부하(kg/m^2 \cdot day) = \frac{C \cdot Q}{A}$$

  - 소화조의 성능(소화율)계산

$$\eta = \left(1 - \frac{VS_2/FS_2}{VS_1/FS_1}\right) \times 100$$

② 호기성 소화의 특징

- 초기 시공비가 낮고 슬러지 악취가 적지만, 높은 운영비와 겨울철 효율 저하가 단점
- 상징수의 BOD 농도가 낮음

③ 혐기성 소화

- 혐기성 소화과정 : 산생성균 + 유기물 → 유기산 + 메탄균 → 메탄 + 이산화탄소
- 슬러지의 혐기성 소화처리 특징
  - 병원균을 통제하고 슬러지 발생량을 줄이며 메탄가스 같은 부산물을 얻을 수 있음
  - 소화 속도가 느려 많은 시간이 필요하고, 미생물 성장 속도도 느림
  - 암모니아와 H_2S로 인한 악취 발생 문제가 크며, 운전 조건 변화에 대한 적응 시간이 긺
- 혐기성 소화조 운영 중 소화가스 발생량 저하 원인 : 소화조 내 온도 저하, pH8.5 이상의 상승, 과다한 유기산 생성, 유기물 부하가 낮을 때

더 알아보기 혐기성 소화와 호기성 소화의 비교

혐기성	호기성
온도 35 ~ 55°C	20 ~ 30°C
시설비 많고 유지비 적음	시공비, 유지비 많음

3) 개량

① 슬러지 개량의 목적 : 탈수성 향상
② 방법 : 약품처리, 열처리, 세정, 동결 등

4) 탈수

① 건조 전 고형물 무게 = 건조 후 고형물 무게

$$SL_1(1 - X_1) = SL_2(1 - X_2)$$

- SL_1 : 건조 전 슬러지 무게
- SL_2 : 건조 후 슬러지 무게
- X_1 : 건조 전 수분함량
- X_2 : 건조 후 수분함량

② 수분량 = 건조 전 슬러지 무게 - 건조 후 슬러지 무게

$$W = SL_1 - SL_2$$

5) 슬러지 소각

장점	• 위생적이고 부패성이 없으며, 탈수 케이크에 비해 혐오감이 적음 • 슬러지 용적을 크게 줄일 수 있음 • 다른 처리법에 비해 필요한 부지 면적이 적음
단점	• 대기오염방지를 위한 대책이 필요하며, 유지관리비가 상당히 높음 • 주변 환경에 영향을 줄 수 있으므로 소각장 건설 시 처리장의 입지조건을 충분히 검토해야 함

■ 분뇨의 처리

1) 분뇨처리의 기본목표
   안전화, 감량화, 안정화

2) 분뇨처리방법

생물학적 처리	가장 많이 이용되는 방법
분뇨 정화조	부패조, 산화조, 소독조
임호프 탱크	스컴실, 소화실, 침전실(현재 거의 사용하지 않음)
습식 산화	• 짐머만(Zimmerman)공법이라고 불리며 액상 슬러지에 열과 압력을 작용시켜 용존산소에 의하여 화학적으로 슬러지 내의 유기물을 산화시키는 방법 • 가열 : 210℃ 정도 • 가압 : 120atm 정도

> **더 알아보기 악취 제거방법**
> • 물리적 처리 : 수세법, 활성탄 흡착법, 냉각응축법, 공기 희석법
> • 화학적 처리 : 산화법, 산알칼리 세정법, 연소법, 마스킹법
> • 생물학적 처리, 토양탈취법, Bio filter법

📋 폐기물 최종처분

■ 매립방법의 분류

1) 매립위치에 따른 분류
   ① 내륙매립공법 : 셀공법, 압축매립공법, 샌드위치공법, 도랑형공법
   ② 해안매립공법 : 박층뿌림공법, 순차투입법, 수중투기공법

2) 복토
   ① 복토의 목적
      • 악취 발생 억제, 쓰레기 비산 방지, 화재 예방

• 빗물 배제를 통해 침출수량을 최소화하고, 유해가스의 이동을 방해
• 장기적으로는 식물 성장을 촉진하고 매립지의 압축 효과에 따른 부등 침하를 최소화하여 안정성을 높임

② 복토의 종류별 특징

일일복토	매일 실시하며 15cm 이상 실시
중간복토	매립이 7일 이상 정지되었을 때 실시하며 30cm 이상 실시
최종복토	최종매립이 완료된 후 실시하며 60cm 이상 실시하되 식재의 수종에 따라 1.5 ~ 2m까지도 복토할 수 있음

■ 매립지의 운영

1) 매립지 선정 시 고려사항
   주민 밀집도와 용지 경제성, 적합한 복토재 확보, 충분한 매립 용량, 그리고 침출수 및 지하수 오염방지를 위한 수문 조건을 종합적으로 고려해야 함

2) 매립지역의 문제점
   ① 침출수에 의한 지하수 오염, CH_4 가스(메탄)로 인한 폭발 위험, 그리고 악취 발생
   ② 매립된 쓰레기의 분해 및 압축으로 인해 지반 침하 발생

3) 매립가스
   ① 매립가스(CH_4)의 특성
      매립가스의 주성분으로 무색, 무취의 가연성 온실가스이며, 공기보다 가벼워 폭발 위험이 있고 인체에 유해할 수 있음
   ② 매립가스(Landfill gas) 생성 4단계

1단계 (호기성 단계)	친산소성 단계로서 폐기물 내에 수분이 많은 경우에는 반응이 가속화되어 용존산소가 쉽게 고갈되고 2단계 반응에 빨리 도달함(O_2가 소모, CO_2 발생 시작, N_2는 서서히 소모됨)

2단계 (혐기성 비메탄 단계)	혐기성 단계이지만 메탄이 형성되지 않는 단계로서 혐기성으로 전이가 일어나는 단계(N_2가 급격히 소모됨)
3단계 (혐기성 단계)	매립지 내부의 온도가 상승하여 약 55℃ 정도까지 올라감(CH_4가 발생하기 시작)
4단계 (메탄생성 단계)	정상적인 혐기성 단계로 매립가스 내 메탄과 이산화탄소의 함량이 거의 일정하게 유지됨

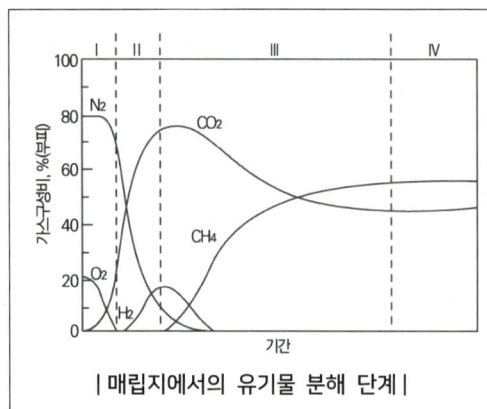

| 매립지에서의 유기물 분해 단계 |

4) 덮개시설
  ① 매립지의 악취, 비산, 해충, 화재를 방지하고 침출수를 줄이기 위해 설치
  ② 매일, 중간, 최종복토로 나뉘어 안전한 사후관리에 필수적

- ■ **침출수관리**

1) 침출수의 발생원과 영향인자
  침출수 발생량은 강우에 의한 유입량에 크게 좌우됨

발생원	빗물, 지하수, 수분
영향인자	폐기물 내 유기물·중금속 함량, 매립경과 시간, 수분, 온도, 다짐성, 토양 성질, 매립지 형상 및 강우량

2) 침출수의 발생량 산정
  ① 침출수의 유량

$$Q = CIA$$

  ◦ Q : 유량(m^3/day), I : 동수경사 → $I = \dfrac{H}{L}$
  ◦ C : 투수계수, A : 면적(m^2)

  ② 매립지에서 침출수 발생량에 영향을 미치는 인자
    • 강우침투량, 유출계수, 증발산량, 강수량, 유출량
    • 폐기물 내 수분 또는 폐기물 분해에 따른 수분

- ### 📋 소음진동방지

- ■ **소음진동 발생 및 전파**

1) 소음진동 기초
  ① 측정소음 : 소음이 배출되는 곳의 소음
  ② 배경소음(암소음) : 소음배출원을 제외한 소음
  ③ 대상소음 : 측정소음 - 배경소음
  ④ 측정진동 : 진동이 배출되는 곳의 진동
  ⑤ 배경진동(암진동) : 진동배출원을 제외한 진동
  ⑥ 대상진동 : 측정진동 - 배경진동
  ⑦ 데시벨(dB) : 음의 크기를 나타내는 단위
  ⑧ 폰(phon) : 1,000Hz의 주파수에서 나타내는 음의 크기(dB)
  ⑨ 손(sone) : 40phon을 1sone으로 함

$$S(sone) = 2^{\left(\frac{phon - 40}{10}\right)}$$

  ⑩ 공명현상 : 2개의 진동체가 같은 주파수일 때 한 쪽이 울리면 다른 쪽도 울리는 현상
  ⑪ 잔향현상 : 음원에서 발생되는 소리가 없더라도 반사되는 반사음에 의해 소리가 울리는 현상
  ⑫ 잔향시간 : 음원에서 소리가 없어진 후 음압레벨이 60dB 되는데 걸리는 시간
  ⑬ 음압 : 음원이 존재할 때, 이 음을 전달하는 물질의 압력변화 부분

- 음압의 단위 : 압력의 단위인 Pa(파스칼) ($1Pa = 1N/m^2$)
- 가청음압레벨의 범위 : 0 ~ 130dB

$$음압레벨(SPL) = 20\log\left(\frac{P}{P_0}\right)$$

- 1,000Hz에서 정상적인 성인의 귀로 가청할 수 있는 최소 음압실효치(P_0) : $2 \times 10^{-5}N/m^2$

⑭ 음향파워레벨

$$PWL(dB) = 10 \times \log\left(\frac{W}{W_0}\right)$$
$$W : 음향파워 \quad W_0 = 10^{-12}(watt)$$

⑮ 등가소음레벨(Leq) : 변동하는 소음의 에너지 평균 레벨로서 어느 시간 동안에 변동하는 소음레벨의 에너지를 같은 시간대의 정상 소음의 에너지로 치환한 값

⑯ 음의 세기 레벨(SIL) : $SIL(dB) = 10 \times \log\left(\frac{I}{I_0}\right)$

$$I_0 = 10^{-12}(watt)$$

- 음의 세기 증가

$$합성소음도 \; L_t[dB(A)]$$
$$= 10\log[(10^{L_1/10} + 10^{L_2/10} + \cdots)]$$

- 음의 세기 감소

$$합성소음도 \; L_t[dB(A)]$$
$$= 10\log[(10^{L_1/10} - 10^{L_2/10} - \cdots)]$$

2) 음속·파장·주기·주파수

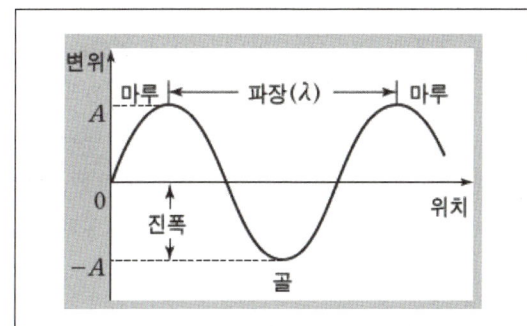

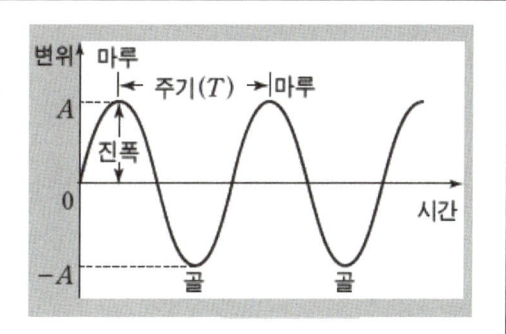

① 음속(C) : 음의 전파 속도로 재질에 따라서 기체 < 액체 < 고체 순으로 커짐

$$C = f(주파수) \times \lambda(파장) = \frac{1}{T(주기)} \times \lambda(파장)$$
$$C = 20.06\sqrt{273 + t}$$

② 파장 : 마루 ~ 마루 또는 골 ~ 골까지의 거리
③ 주기(T) : 한 파장이 통과하는 데 필요한 시간

$$T(주기) = \frac{1}{f(주파수)}$$

④ 주파수(f, Hz)
- 1초 동안에 통과하는 마루 또는 골의 수, 초당 회전수
- 사람이 들을 수 있는 가청주파수의 범위 : 20 ~ 20,000Hz

$$f = \frac{1}{T(주기)} = \frac{C(음속)}{\lambda(파장)}$$

3) 음의 성질
① 음의 회절
- 장애물 뒤쪽에서도 음이 전파되는 현상
- 주파수가 낮고 장애물이 낮을수록 음이 멀리 전파됨
② 음의 간섭

보강간섭	마루와 마루, 골과 골이 만나 더 큰 파가 생김
소멸간섭	마루와 골이 만나 소리가 작아짐
맥놀이	보강간섭과 소멸간섭이 교대로 일어남

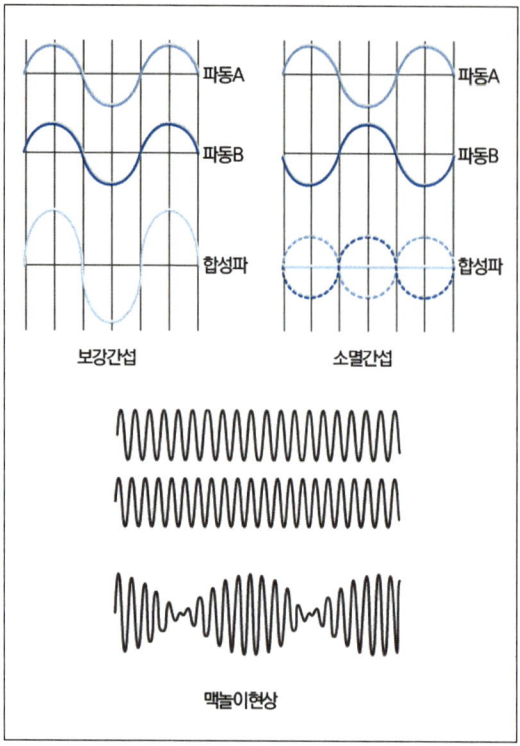

보강간섭   소멸간섭

맥놀이현상

더 알아보기 마스킹 효과
- 큰 소리에 의해 작은 소리가 잘 들리지 않는 현상
- 주파수가 비슷할 때는 고음이 저음을, 주파수 차이가 클 때는 저음이 고음을 잘 마스킹함
- 하지만 주파수가 같을 때는 마스킹 효과가 작거나 거의 없음

③ 음의 굴절
- 온도, 풍속, 매질 변화로 음이 휘는 현상
- 온도가 낮은 쪽으로 굴절하며, 밤에 지표면 온도가 낮아 소리가 더 멀리 전파됨

④ 음의 투과

$$투과율(\tau) = \frac{투과음세기}{입사음세기}$$

$$투과손실(TL) = 10\log\left(\frac{1}{\tau}\right)(dB)$$

⑤ 도플러효과 : 발음원이 이동할 때 그 진행방향 가까운 쪽에서는 발음원보다 고음으로, 진행 반대쪽에서는 저음으로 되는 현상

4) 소음진동의 영향

소음이 인체에 미치는 영향	• 타액 증가, 위액 산도 저하, 호흡 변화, 맥박 증가 등 생리적 변화를 일으킴 • 특히 복잡한 작업 수행을 방해하며, 4,000Hz에서 시작되는 소음성 난청의 원인이 됨 • 가축에게도 부정적인 영향을 미침
진동이 인체에 미치는 영향	• 진동수와 변위에 따라 인체에 다르게 느껴짐 • 수직 진동은 4~8Hz, 수평 진동은 1~2Hz에서 가장 민감하게 반응함 • 인간이 느끼는 진동 가속도 : 1~1,000Gal 범위 • 인체에 해를 끼치는 공해 진동의 진동수 범위 : 1~90Hz

■ **소음방지 관리**

1) 고체음과 기류음의 소음방지

고체음	가진력 억제, 방사면 축소 및 공명 방지
기류음	밸브의 다단화, 분출유속의 저감, 관의 곡률완화

2) 방음벽에 의한 소음방지
① 투과손실이 회절 감쇠치보다 5dB 이상 커야 함
② 음원의 지향성과 크기를 상세히 조사해야 함
③ 벽의 길이는 음원 종류에 따라 달라짐
④ 음원의 지향성이 수음측으로 향할수록 감쇠치가 커짐

3) 흡음재료의 선택 및 사용상의 유의점
① 벽 전체에 분산하고 못으로 시공하는 것이 효과적
② 다공질 재료는 표면을 직물로 덮어야 함
③ 종이나 도장은 흡음률을 낮추므로 피해야 하나 모서리에 부착하거나 막·판진동형은 도장해도 무방함

■ 진동방지관리

1) 방진고무

   ① 형상의 선택이 비교적 자유로움

   ② 압축, 전단 등의 사용방법에 따라 1개로 2축방향 및 회전방향의 스피링 정수를 광범위하게 선택할 수 있음

   ③ 내부마찰에 의한 발열 때문에 열화됨

2) 공기스프링

   ① 높이 및 스프링 상수 독립 설정, 넓은 부하 능력

   ② 자동 제어 가능하며, 하중 변화에도 높이 및 고유 진동수를 일정하게 유지할 수 있음

   ③ 단점 : 작은 사용 진폭으로 인한 댐퍼 필요성과 공기 누출 위험

3) 금속스프링

   ① 온도, 부식 등 환경 요소에 대한 저항성이 큼

   ② 최대 변위가 허용되며, 저주파 차진에 좋음

   ③ 공진 시 전달률이 작음

PART

02

8개년
CBT 기출복원문제
(2018년~2025년)

2018년 1회 | CBT 기출복원문제

01

중력식 집진장치의 효율 향상 조건으로 거리가 먼 것은?

① 침강실의 입구폭이 작을수록 미세한 입자가 포집된다.
② 침강실 내의 처리가스 속도가 작을수록 미립자가 포집된다.
③ 다단일 경우는 단수가 증가할수록 압력손실은 커지지만 효율은 향상된다.
④ 침강실의 높이가 낮고, 길이가 길수록 집진율은 높아진다.

> 침강실의 입구폭이 클수록 미세한 입자가 포집된다.

02

중량비로 수소가 15%, 수분이 1% 함유되어 있는 액체연료의 저위발열량은 12,184 kcal/kg 이다. 이 연료의 고위발열량은 얼마인가?

① 11,368 kcal/kg
② 12,000 kcal/kg
③ 13,000 kcal/kg
④ 13,503 kcal/kg

> 저위발열량 = 고위발열량 − 물의 증발잠열
> 액체와 고체연료의 저위발열량 계산식
> $$H_l = H_h - 600(9H + W)$$
> $$= \square - 600(9 \times \frac{15}{100} + \frac{1}{100}) = 12,184 \, kcal/kg$$
> $\square = 13,000 \, kcal/kg$

03

연료가 완전연소되기 위한 조건으로 옳지 않은 것은?

① 연소온도를 낮게 유지하여야 한다.
② 공기와 연료의 혼합이 잘 되어야 한다.
③ 공기(산소)의 공급이 충분하여야 한다.
④ 연소를 위한 체류시간이 충분하여야 한다.

연소온도를 높게 유지하여야 한다.

04

일반적으로 광원으로부터 나오는 빛을 단색화장치 또는 필터에 의하여 좁은 파장범위의 빛만을 선택하여 액층을 통과시킨 다음 광전측광으로 하여 목적성분의 농도를 정량하는 분석방법은?

① 가스크로마토그래피법
② 흡광광도법
③ 원자흡광광도법
④ 비분산적외선분석법

> ① 가스크로마토그래피법 : 기체시료 또는 기화한 액체나 고체시료를 운반가스(carrier gas)에 의하여 분리, 관내에 전개시켜 기체상태에서 분리되는 각 성분을 크로마토그래피 적으로 분석하는 방법으로, 일반적으로 무기물 또는 유기물의 대기오염물질에 대한 정성, 정량 분석에 이용한다. 충전물로서 흡착성 고체분말을 사용할 경우에는 기체-고체 크로마토그래프, 적당한 담체(solid support)에 고정상 액체를 함침시킨 것을 사용할 경우에는 기체-액체 크로마토그래프법이라 한다.
> ③ 원자흡광광도법 : 시료를 적당한 방법으로 해리시켜 중성원자로 증기화하여 생긴 기저상태(Ground State or Normal State)의 원자가 이 원자 증기층을 투과하는 특유파장의 빛을 흡수하는 현상을 이용하여 광전측광과 같은 개개의 특유 파장에 대한 흡광도를 측정하여 시료 중의 원소농도를 정량하는 방법으로, 대기 또는 배출가스 중의 유해 중금속, 기타 원소의 분석에 적용한다.
> ④ 비분산적외선분석법 : 외선 영역에서 고유 파장 대역의 흡수 특성을 갖는 성분가스의 농도 분석을 비분산적외선분석법으로 측정하는 방법에 대해 규정하며, 비분산적외선분석법의 표준분석 절차를 기술함으로서 비분산적외선분석법에 의한 측정의 정확성과 통일성을 갖추도록 함을 목적으로 한다.

정답   01 ① 02 ③ 03 ① 04 ②

05

촉매산화법으로 악취물질을 함유한 가스를 산화, 분해하여 처리하고자 할 때, 다음 중 가장 적합한 연소 온도 범위는?

① 100~150℃
② 250~450℃
③ 650~800℃
④ 850~1,000℃

> 촉매산화법은 일반적인 열적 연소에 비해 낮은 온도에서 산화반응이 가능하며, 보통 200~350℃, 또는 250~450℃ 범위에서 촉매가 활성화되어 악취성분이나 VOCs를 효과적으로 산화 분해한다. 300~400℃ 정도가 촉매활성 및 제거효율이 가장 높은 범위로 보며, 이 온도대에서 반응 속도가 빠르고 촉매 수명도 유지된다.

06 ★빈출

$2Sm^3$의 기체연료를 연소시키는 데 필요한 이론공기량은 $18Sm^3$이고 실제 사용한 공기량은 $21.6Sm^3$이다. 이때의 공기비는?

① 0.6
② 1.2
③ 2.4
④ 3.6

> 실제공기량 = 이론공기량 × 과잉공기비
>
> $$공기비 = \frac{21.6Sm^3}{18Sm^3} = 1.2$$

07 ★빈출

A집진장치의 압력손실이 $250mmH_2O$이고, 처리가스량이 $6,000m^3/hr$일 때 소요동력을 구하면? (단, 송풍기효율 : 65%, 여유율 20%)

① $6.12kW$
② $7.54kW$
③ $8.45kW$
④ $9.19kW$

> $$P(kW) = \frac{\triangle H \times Q}{102 \times \eta} \times \alpha$$
> $$= \frac{250 \times 1.6666}{102 \times 0.65} \times 1.2 = 7.5411$$
>
> P : 소요동력(kW)
> $\triangle H$: 압력손실(mmH_2O)
> Q : 유량($m^3/\sec$) →
> $$\frac{6,000m^3}{hr} \times \frac{hr}{3,600\sec} = 1.6666m^3/\sec$$
> η : 효율 α : 여유율

08

다음 중 건조대기 중에 가장 많은 비율로 존재하는 비활성 기체는?

① He
② Ne
③ Ar
④ Xe

> 대기 성분 : 질소(N_2) > 산소(O_2) > 아르곤(Ar) > 이산화탄소(CO_2) > 네온(Ne) > 헬륨(He) > 메탄(CH_4)

09

연료의 발열량에 관한 설명으로 옳지 않은 것은?

① 연료의 단위량(기체연료 $1Sm^3$, 고체 및 액체연료 $1kg$)이 완전연소할 때 발생하는 열량($kcal/kg$)을 발열량이라 한다.
② 발열량은 열량계로 측정하여 구하거나 연료의 화학성분 분석결과를 이용하여 이론적으로 구할 수 있다.
③ 저위발열량은 총발열량이라고도 하며 연료 중의 수분 및 연소에 의해 생성된 수분의 응축열을 포함한 열량이다.
④ 실제 연소에 있어서는 연소 배출가스 중의 수분은 보통 수증기 형태로 배출되어 이용이 불가능하므로 발열량에서 응축열을 제외한 나머지 열량이 유효하게 이용된다.

> 고위발열량은 총발열량이라고도 하며 연료 중의 수분 및 연소에 의해 생성된 수분의 응축열을 포함한 열량이다.

10 ★빈출

다음 중 런던형 스모그에 해당하는 역전의 종류로 가장 적합한 것은?

① 침강성 역전
② 복사성 역전
② 전선성 역전
③ 난류형 역전

> 런던형 스모그는 겨울철 밤과 새벽에 주로 발생하며, 석탄 연소 등에서 나오는 매연과 아황산가스 등이 안개와 결합해 발생한다. 이때 지표면이 복사냉각되어 기온이 낮아지면서 지표 부근 공기가 차가워지고, 그 위에 상대적으로 따뜻한 공기가 위치하는 복사성(방사성) 역전이 형성된다. 복사성 역전은 공기의 수직 혼합과 오염물 확산을 막아 스모그 축적을 유발하는 대표적 대기역전현상이다.

정답   05 ②   06 ②   07 ②   08 ③   09 ③   10 ②

11

냉매, 세정제, 분사제, 발포제로 널리 사용되는 물질로 최근 성층권에서 오존 고갈현상으로 문제되는 물질은?

① 석면
② 염화불화탄소
③ 염화수소
④ 다이옥신

① 석면 : 화학물질이 아니라 천연광물이며, 과거에는 단열재, 방화재로 많이 사용되었으나 인체에 매우 해로운 발암물질로 알려져 있다.
③ 염화수소 : 강한 산성을 가진 화합물로 주로 산업용 화학물질이나 폐기물 처리에 사용된다.
④ 다이옥신 : 유독성 환경오염물질이며, 주로 소각공정에서 발생하는 발암성 화합물이다.

12

세정집진장치의 입자 포집원리에 관한 설명으로 옳지 않은 것은?

① 미립자 확산에 의하여 액적과의 접촉을 쉽게 한다.
② 배기가스의 습도 감소로 인하여 입자가 응집하여 제거효율이 증가한다.
③ 액적에 입자가 충돌하여 부착한다.
④ 입자를 핵으로 한 증기의 응결에 의하여 응집성을 증가 시킨다.

배기가스의 습도 증가로 인하여 입자가 응집하여 제거효율이 증가한다.

13 빈출

프로판 $1Sm^3$을 이론적으로 완전연소하는데 필요한 이론공기량 (Sm^3)은?

① 2/0.79
② 2/0.21
③ 5/0.79
④ 5/0.21

$$C_3H_8 + 5O_2 \rightarrow 3CO_2 + 4H_2O$$
㉠ 이론산소량 계산
$$C_3H_8 : 5O_2 = 1Sm^3 : \square$$
$\square$(이론산소량) $= 5Sm^3$
㉡ 이론공기량 = 이론산소량 / 0.21 $= \dfrac{5}{0.21} = 23.8095 Sm^3$

14 빈출

대기조건 중 고도가 높아질수록 기온이 증가하여 수직온도치에 의한 혼합이 이루어지지 않는 상태는?

① 과단열상태
② 중립상태
③ 기온역전상태
④ 등온상태

① 과단열상태 : 기온이 고도에 따라 정상보다 더 빠르게 감소하는 상태
② 중립상태 : 고도에 따른 기온 변화가 있어도 혼합과 안정이 균형을 이루는 상태
④ 등온상태 : 고도에 관계없이 기온이 일정한 상태

15

착화온도에 관한 다음 설명 중 옳은 것은?

① 분자구조가 간단할수록 착화온도는 낮아진다.
② 발열량이 작을수록 착화온도는 낮아진다.
③ 활성화에너지가 작을수록 착화온도는 높아진다.
④ 화학결합의 활성도가 클수록 착화온도는 낮아진다.

① 분자구조가 간단할수록 착화온도는 높아진다.
② 발열량이 작을수록 착화온도는 높아진다.
③ 활성화에너지가 작을수록 착화온도는 낮아진다.

16 빈출

1차침전지의 깊이가 $4m$, 표면적 $1m^2$에 대해 $30m^3/day$으로 폐수가 유입된다. 이때의 체류시간은?

① $2.3hr$
② $3.2hr$
③ $5.5hr$
④ $6.1hr$

$$체류시간(HRT) = \frac{부피(\forall)}{유량(Q)}$$
$$= \frac{4 \times 1m^3}{\left(\dfrac{30m^3}{day} \times \dfrac{1day}{24hr}\right)} = 3.2hr$$

17

다음 중 생물학적 폐수처리 방법과 가장 거리가 먼 것은?

① 활성슬러지법
② 산화지법
③ 부상분리법
④ 살수여상법

부상분리는 물리적 처리 방법이다.

18

질소제거를 위한 고도처리 방법으로 거리가 먼 것은?

① 탈기
② A/O공정
③ 염소주입
④ 선택적 이온 교환

A/O공정은 인제거를 위한 고도처리 방법이다.

19

산성 과망간산칼륨 적정에 의한 화학적 산소요구량(COD_{Mn}) 시험방법에 관한 설명으로 옳지 않은 것은?

① 시료를 황산산성으로 하여 과망간산칼륨 일정과량을 넣고 30분간 수욕상에서 가열반응시킨다.
② 염소이온은 과망간산에 의해 정량적으로 산화되어 음의 오차를 유발하므로 황산칼륨을 첨가하여 염소이온의 간섭을 제거한다.
③ 가열과정에서 오차가 발생할 수 있으므로 물중탕의 온도가 가열시간을 잘지켜야 한다.
④ 아질산염은 아질산성질소 $1mg$당 $1.1mg$의 산소를 소모하여 COD값의 오차를 유발한다.

염소이온은 과망간산에 의해 정량적으로 산화되어 양의 오차를 유발하므로 황산은을 첨가하여 염소이온의 간섭을 제거한다.

20

다음 중 크롬 함유 폐수처리 시 사용되는 크롬 환원제에 해당하지 않는 것은?

① $(NH_4)_2SO_4$ ② Na_2SO_3
③ $FeSO_4$ ④ SO_2

황산암모늄은 크롬 함유 폐수처리 시 사용되는 크롬 환원제에 해당하지 않는다.

21 ⭐빈출

다음 중 활성슬러지공법으로 하수를 처리할 때 주로 사상성 미생물이 이상번식으로 2차침전지에서 침전성이 불량한 슬러지가 침전되지 못하고 유출되는 현상을 의미하는 것은?

① 슬러지벌킹   ② 슬러지 시딩
③ 연못화   ④ 역세

슬러지벌킹은 활성슬러지공법에서 사상성 미생물이 이상번식할 때 2차침전지에서 슬러지의 침전성이 불량해져 슬러지가 침전되지 못하고 유출되는 현상을 의미한다.

22 ⭐빈출

포기조에서 1L 용량의 메스실린더에 시료를 채취하여 30분간 침강시켰더니 슬러지 부피가 $150mL$가 되었다. 포기조의 MLSS가 $2,500mg/L$이었다면 이때 SVI는?

① 210   ② 180
③ 120   ④ 60

$$SVI = \frac{SV_{30(mL)}}{MLSS} \times 10^3$$
$$= \frac{150}{2,500} \times 10^3 = 60$$
$$※\ SVI = \frac{SV_{30(\%)}}{MLSS} \times 10^4$$

23 ⭐빈출

미생물 성장곡선에서 〈보기〉와 같은 특성을 보이는 단계는?

[보기]
- 살아 있는 미생물들이 조금밖에 없는 양분을 두고 서로 경쟁하고, 신진대사율은 큰 비율로 감소한다.
- 미생물은 그들 자신의 원형질을 분해시켜 에너지를 얻는 자산화 과정을 겪게되어 전체 원형질 무게는 감소된다.

① 지체기　　　　　② 대수성장기
③ 감소성장기　　　④ 내생호흡기

미생물의 증식 4단계
지체기 → 대수성장기 → 감소성장기 → 내생호흡기
㉠ 지체기(유도기)
　• 미생물량 적고 증식속도 극히 느림, 새로운 환경에 적응
㉡ 대수(지수)성장기
　• F/M비 대단히 큼.
　• 독립성장 → floc 형성↓ → 침전율↓ → BOD 제거↓
　• 포기조 내의 미생물 성장단계 중 신진대사율이 가장 높은 단계
㉢ 감소성장기(정지기)
　• F/M비 점차 낮아짐.
　• floc 형성 시작 → 침전율 향상 → 수처리 이용가능
㉣ 내생호흡기(사멸기)
　• F/M비 극히 낮음, 자산화 과정
　• floc 형성 최대 → 침전율↑ → BOD 제거↑

24

성층이 형성될 경우 수면부근에서 하부로 내려갈수록 형성된 층의 구분으로 옳은 것은?

① 표수층 → 수온약층 → 심수층
② 심수층 → 수온약층 → 표수층
③ 수온약층 → 심수층 → 표수층
④ 수온약층 → 표수층 → 심수층

- 표수층(혼합층) : 수면 근처, 바람·파도의 영향으로 온도가 일정하고 비교적 높음.
- 수온약층 : 수면 바로 아래, 수온이 급격히 낮아지는 층
- 심수층 : 수면에서 가장 아래, 온도가 낮고 거의 일정한 층

25

생태계의 생물적 요소 중 유기물을 스스로 합성할 수 없으며, 생산자나 소비자의 생체, 사체와 배출물을 에너지원으로 하여 무기물을 생성하고 용존산소를 소비하는 분해자로, 일반적으로 유기물과 영양물질이 풍부한 환경에서 잘 자라며, 물질순환과 자정작용에 중요한 역할을 하는 종으로 가장 적합한 것은?

① 조류
② 호기성 독립 영양 세균
③ 호기성 종속 영양 세균
④ 혐기성 종속 영양 세균

호기성 종속영양세균은 유기물을 스스로 합성할 수 없으며, 생산자나 소비자의 생체·사체·배출물을 에너지원으로 하여 무기물을 생성하고, 용존산소를 소비하는 분해자이다.

26

아래 설명에 해당하는 생물적 요소로 가장 적합한 것은?

- 고형물질의 표면에 부착하여 생장하는 미생물이다.
- 핵의 형태가 뚜렷한 단세포가 서로 연결되어 일정한 형태를 이룬다.
- 다세포로 구성된 균사, 생식세포를 형성하는 자실체로 구성되어 있다.
- 각 세포는 독립된 생존능력을 가지며, 영양물질과 에너지 물질인 유기물을 세포 표면으로 흡수하여 생장한다.
- 물질순환 및 자정작용에 중요한 역할을 한다.

① 곰팡이　　　　　② 바이러스
③ 원생동물　　　　④ 수서곤충

곰팡이는 다세포의 진핵미생물로, 실 모양의 균사가 모여 균사체를 이루며 자실체에서 포자를 만든다. 주로 유기물을 분해해 영양분을 얻으며, 습하고 온도가 적절한 환경에서 잘 자란다. 생태계에서 유기물 분해와 물질순환에 중요한 역할을 한다.

정답　　　23 ④　24 ①　25 ③　26 ①

27 빈출

다음 침전에 해당하는 것은?

> 입자들이 고농도로 있을 때의 침전현상으로서, 활성슬러지공법으로 폐수를 처리하는 경우에 최종침전지의 하부에서 일어난다. 이 침전은 슬러지 중력 농축공정에서 중요한 요소로, 포기조로의 반송을 위해 활성슬러지가 농축되어야 하는 활성슬러지공법의 최종침전지에서 특히 중요하다.

① 독립침전　　　　　② 압축침전
③ 지역침전　　　　　④ 응집침전

> ① 독립침전 : 부유물 농도가 낮아 입자들이 서로 응결하지 않고 각각 독립적으로 가라앉는 형태이다. 즉, 입자마다 별도로 침전하며 다른 입자와의 상호 작용이 없다.
> ② 압축침전 : 부유물 농도가 매우 높아 입자들이 서로 밀접하게 접촉하면서 물리적으로 압축되어 가라앉는 형태이다. 침전물 아래층이 압축되고 그 무게로 인해 위쪽에 물이 빠져나가는 현상이 일어남.
> ③ 지역침전 : 부유물 농도가 커져서 입자들이 가까이 위치하며 서로 간섭해 가라앉는 형태이다. 입자들이 집합체를 이루면서 침전하고, 부유물과 위쪽 액체 사이에 뚜렷한 경계면이 형성된다.
> ④ 응집침전 : 부유물 입자들이 응결 또는 응집되어 큰 덩어리(플록) 형태로 침전하는 경우로, 독립침전보다 침전 속도가 빠르다.

28

용존산소와 관련하여 폐수처리 시 이용되는 미생물의 구분 중 다음 (　) 안에 가장 적합한 것은?

> 미생물은 산소 섭취 유무에 따라 분류하기도 하는데, (　) 미생물은 용존산소가 아닌 SO_4^{2-}, NO_3^- 등과 같은 산화물을 용존산소로 섭취하기 때문에 그 결과 황화수소, 질소가스 등을 발생시킨다.

① 질산성　　　　　② 호기성
③ 혐기성　　　　　④ 통기성

> • 호기성 미생물은 산소가 존재하는 환경에서 살아가며, 산소를 이용해 유기물을 분해하고 에너지를 생성하는 미생물이다.
> • 혐기성 미생물은 산소가 없거나 산소를 피하는 환경에서 살아가며, 산소 대신 다른 물질(예 질산염, 황산염)을 이용해 에너지를 얻는 미생물이다.

29

부영양화의 원인물질 또는 영향물질의 양을 측정하는 정량적 평가방법으로 가장 거리가 먼 것은?

① 경도 측정　　　　　② 투명도 측정
③ 영양염류 농도 측정　④ 클로로필-a 농도 측정

> 경도는 부영양화와는 관계가 없다.

30 빈출

$0.001 N - NaOH$ 용액의 농도를 ppm으로 옳게 나타낸 것은?

① 40　　　　　② 400
③ 4,000　　　　④ 40,000

> $NaOH = 23 + 16 + 1 = 40$
> 용액의 $ppm = mg/L$
> $$\frac{0.001eq}{L} \times \frac{1mol}{1eq} \times \frac{40g}{1mol} \times \frac{10^3 mg}{1g} = 40mg/L$$
> 농도 $eq \to mol, \; mol \to g, \; g \to mg$

31

다음 중 표준 대기압(1atm)이 아닌 것은?

① $1,013 N/m^2$　　　　② $14.7 PSI$
③ $10.33 m H_2O$　　　　④ $760 mmHg$

> $1atm = 760mmHg = 1,013mbar = 101,325 N/m^2$
> $= 101,325 Pa = 10.33 m H_2O = 14.7 PSI$

32

침전지에서 입자가 100% 제거되기 위해 요구되는 침전속도를 의미하는 것으로 침전지에 유입되는 유량을 침전지 표면적으로 나눈 값으로 표현되는 것은?

① 레이놀즈 속도　　　　② 표면부하율
③ 한계속도　　　　　　④ 헤젠상수

정답　27 ②　28 ③　29 ①　30 ①　31 ①　32 ②

① 레이놀즈 속도 : 유체 흐름의 난류와 층류를 구분하는 무차원 수
③ 한계속도 : 특정 입자가 침전 가능한 최대 **속도**
④ 헤젠상수 : 침전지를 설계할 때 입자의 침전 가능성을 판단하기 위한 표면부하율의 설계 기준값

33

시안 농도(CN^-) $100mg/L$인 폐수 $15m^3/day$를 처리하는 데 필요한 차아염소산나트륨($NaOCl$)의 이론량은 얼마인가? (단, $NaOCl$의 분자량은 74.5, 시안 함유폐수는 다음 반응식과 같이 염소화합물로 시안을 산화 분해하여 처리한다.)

$$2NaCN + 5NaOCl + H_2O \rightarrow$$
$$5NaCl + 2CO_2 + N_2 + 2NaOH$$

① $7.1kg/day$ ② $8.4kg/day$
③ $9.1kg/day$ ④ $10.7kg/day$

㉠ CN^-의 총량 계산
총량(부하량) = 유량×농도

부하량 : $\dfrac{100mg}{L} \times \dfrac{15m^3}{day} \times \dfrac{1kg}{10^6mg} \times \dfrac{10^3L}{m^3}$

      농도   유량 $mg \rightarrow kg$ $m^3 \rightarrow L$

      $= 1.5kg/day$

㉡ $NaOCl$의 양 계산
$2CN^- : 5NaOCl = 2 \times 26kg : 5 \times 74.5kg$
$2 \times 26kg : 5 \times 74.5kg = 1.5kg/day : \square$
$\square = 10.7451kg/day$

34

부유물질(Suspended Solid)에 관한 설명으로 옳지 않은 것은?

① 부유물질은 물에 녹는 고형물질로서 유리섬유 기름종이(GF/C)를 통과하는 고형물질의 양을 mg/L로 표시한다.
② 부유물질의 농도는 하·폐수의 특성이나 처리장의 처리효율을 평가하는데 이용된다.
③ 침강성 고형물질은 하수처리장의 1차침전지에서 침강에 필요한 유속을 결정하는 기초 자료가 된다.
④ 부유물질이 많을 경우에는 물속 어류의 아가미에 부착되어 어류를 질식시키는 원인이 된다.

부유물질은 물에 녹지 않는 고형물질로서 유리섬유 기름종이(GF/C)를 통과하지 못하는 고형물실의 양을 mg/L로 표시한다.

35

소도시에서 발생하는 하수를 산화지로 처리하고자 한다. 유입 BOD 농도가 $200g/m^3$이고, 유량이 $6,000m^3/day$이며, BOD 부하량이 $300kg/ha\cdot day$라면 필요한 산화지의 면적은 몇 ha인가?

① $1ha$ ② $2ha$
③ $3ha$ ④ $4ha$

BOD면적부하$(kg\,BOD/ha \cdot day)$

BOD면적부하 $= \dfrac{BOD_{in}\text{총량}}{\text{면적}}$

$300kg/ha \cdot day = \dfrac{\dfrac{200g}{m^3} \times \dfrac{6,000m^3}{day} \times \dfrac{kg}{10^3g}}{\square}$

$\square = 4ha$

36

다음 중 폐기물의 선별목적으로 가장 적합한 것은?

① 폐기물의 부피 감소
② 폐기물의 밀도 증가
③ 폐기물 저장 면적의 감소
④ 재활용 가능한 성분의 분리

선별은 폐기물에서 재활용 가능 자원을 분리하여 회수하기 위한 과정으로, 이를 통해 자원의 재활용과 환경보호를 도모한다. 부피 감소나 저장 면적 감소 등의 효과도 있지만, 주 목적은 재활용 가능한 성분을 분리하는 데 있다.

37

다음 중 소각로의 형식이라 볼 수 없는 것은?

① 펌프식 ② 화격자식
③ 유동상식 ④ 회전로식

33 ④ 34 ① 35 ④ 36 ④ 37 ①

② 화격자식 : 격자 위에 고체 폐기물을 적재해 연소하는 방식

③ 유동상식 : 하부로부터 가스를 주입하여 모래를 띄운 후 이를 가열하여 상부로부터 폐기물을 주입하여 소각하는 형식

④ 회전로식 : 원통형 로체가 회전하면서 폐기물을 혼합, 건조, 연소시킴

38

도금, 피혁제조, 색소, 방부제, 약품제조업 등의 폐기물에서 주로 검출될 수 있는 성분은?

① PCB

② Cd

③ Cr

④ Hg

> 크롬(Chromium)은 자연 상태에서는 3가 크롬 형태가 안정적이며, 공업적으로는 6가 크롬 화합물이 산화력이 강해 도금, 색소, 가죽 처리 등에 활용된다. 특히 6가 크롬은 독성이 강해 주의가 필요하다.

39

폐기물을 안정화 및 고형화 시킬 때의 폐기물의 전환특성으로 거리가 먼 것은?

① 오염물질의 독성 증가

② 폐기물 취급 및 물리적 특성 향상

③ 오염물질이 이동되는 표면적 감소

④ 폐기물 내에 있는 오염물질의 용해성 제한

> 폐기물을 안정화 및 고형화 시 오염물질의 독성은 감소해야 한다.

40

소규모 분뇨처리시설인 임호프 탱크(Imhoff tank)의 구성요소와 거리가 먼 것은?

① 침전실

② 소화실

③ 스컴실

④ 포기조

> 포기조는 활성슬러지법의 구성요소이다.

41

발열량이 $800kcal/kg$인 폐기물을 용적이 $125m^3$인 소각로에서 1일 8시간씩 연소하여 연소실의 열발생율이 $4,000kcal/m^3 \cdot hr$이었다. 이 소각로에서 하루에 소각한 폐기물의 양은?

① 1톤

② 3톤

③ 5톤

④ 7톤

> 단위에 유의한다.
>
> 열발생률 $\dfrac{kcal}{m^3 \cdot hr} = \dfrac{\text{시간당 발열량}}{\text{용적}}$
>
> $\dfrac{\Box ton}{day} \times \dfrac{10^3 kg}{ton} \times \dfrac{day}{8hr} \times \dfrac{800kcal}{kg} \times \dfrac{1}{125m^3}$
>
> $= 4,000kcal/m^3 \cdot hr$
>
> $\Box = 5 ton/day$

42 ⭐빈출

주로 산업폐기물의 발생량을 추산할 때 이용하는 방법으로 우선 조사하고자 하는 계(System)의 경계를 정확히 설정한 다음 투입되는 원료와 제품의 흐름을 근거로 폐기물의 발생량을 추정하는 방법으로서 비용이 많이 들며 상세한 데이터가 있을 때 사용하는 방법은?

① 계수분석법

② 직접계근법

③ 흐름분석법

④ 물질수지법

> 물질수지법은 특정 시스템의 경계를 설정한 후, 그 시스템으로 유입되는 물질과 유출되는 물질의 양을 비교하여 폐기물 발생량을 추정하는 방법이다. 이는 물질의 보존법칙을 기반으로 하며, 주로 산업폐기물 발생량 추산에 사용된다. 상세한 데이터가 필요하고, 비용과 작업량이 많다.

43

황(S) 함유량이 2.5%이고 비중이 0.87인 중유를 $350L/hr$로 태우는 경우 SO_2 발생량(Sm^3/hr)은?

① 약 2.7

② 약 3.6

③ 약 4.6

④ 약 5.3

정답   38 ③   39 ①   40 ④   41 ③   42 ④   43 ④

$$S + O_2 \rightarrow SO_2$$
$$S : SO_2 - 32kg : 22.4Sm^3$$
$$(1kmol = \text{kg분자량} = 22.4Sm^3)$$
㉠ 유황의 함유량 계산

$$\frac{350L}{hr} \times \frac{0.87kg}{L} \times \frac{2.5}{100} = 7.6125kg/hr$$

㉡ SO_2 발생량 계산

$$32kg : 22.4Sm^3 = 7.6125kg : \Box Sm^3$$
$$\Box = \frac{22.4 \times 7.6125}{32} = 5.3287Sm^3$$

44 빈출

소각로의 형태 중에서 하부로부터 뜨거운 공기를 주입하여 모래를 부상시켜 폐기물을 태우는 소각로는?

① 화격자 소각로
② 유동층 소각로
③ 열분해 용융 소각로
④ 액체 주입형 소각로

> 유동층 소각로는 고온으로 가열된 모래가 하부에서부터 공급되는 공기에 의해 부유되어 폐기물을 빠르게 건조하고 연소시키는 방식이다.

45

Rotary kiln의 장점으로 거리가 먼 것은?

① 예열, 혼합 등 전처리 없이 폐기물 주입이 가능하다.
② 습식가스세정시스템과 함께 사용할 수 있다.
③ 넓은 범위의 액상 및 고상폐기물을 함께 연소 가능하다.
④ 비교적 열효율이 높으며, 먼지가 적게 발생된다.

> 비교적 열효율이 낮으며, 먼지가 많이 발생된다.

46 빈출

수분함량이 25%인 쓰레기를 건조시켜 수분함량이 5%인 쓰레기가 되도록 하려면 쓰레기 1톤당 증발시켜야 하는 수분량은 약 얼마인가? (단, 쓰레기 비중은 1.0으로 가정)

① $40kg$
② $129kg$
③ $175kg$
④ $210kg$

$$SL_1(1 - X_1) = SL_2(1 - X_2)$$
$$1,000kg(1 - 0.25) = SL_2(1 - 0.05)$$
$$SL_2 = 789.4736kg$$
증발시켜야 할 수분 $= SL_1 - SL_2 = 1,000 - 789.4736$
$$= 210.5264kg$$

47 빈출

폐기물을 분석하기 위한 시료의 축소화 방법으로만 옳게 나열된 것은?

① 구획법, 교호삽법, 원추4분법
② 구획법, 교호삽법, 직접계근법
③ 교호삽법, 물질수지법, 원추4분법
④ 구획법, 교호삽법, 적재차량계수법

> • 구획법 : 대시료를 여러 개의 구획으로 나눈 후 각 구획에서 시료를 채취하는 방법
> • 균일법 : 대시료 전체를 균일하게 혼합하는 방법
> • 교호삽법 : 원추형으로 쌓은 후 교대로 위치를 바꾸며 시료를 채취하는 방법
> • 원추사분법 : 원추형으로 쌓은 시료를 4등분하여 축소하는 방법

48

다음 중 폐기물 중간처리 공정에 해당하지 않는 것은?

① 압축
② 파쇄
③ 선별
④ 매립

> 매립은 폐기물 최종처리에 해당된다.

49

다음 중 슬러지 개량(conditioning)의 주목적은?

① 악취 제거
② 슬러지의 무해화
③ 탈수성 향상
④ 부패 방지

> 슬러지의 개량은 탈수성 향상에 목적이 있으며, 약품처리, 열처리, 세정, 동결 등의 방법이 있다.

정답   44 ②   45 ④   46 ④   47 ①   48 ④   49 ③

50

폐기물공정시험기준(방법)에 따라 폐기물 중의 카드뮴을 원자흡광광도계로 분석할 때 측정파장은?

① 123.3nm
② 228.8nm
③ 583.3nm
④ 880nm

> 폐기물 공정시험기준(방법)에 따라 폐기물 중의 카드뮴을 원자흡광광도계로 분석할 때 측정파장은 228.8nm이다.

51 빈출

다음은 어떤 폐기물의 매립공법에 관한 설명인가?

> 쓰레기를 매립하기 전에 이의 감량화를 목적으로 먼저 쓰레기를 일정한 더미형태로 압축하여 부피를 감소시킨 후 포장을 실시하여 매립하는 방법으로, 쓰레기 발생량 증가와 매립지 확보 및 사용 연한 문제에 있어서 유리하고, 운송이 간편하고 안정성이 있으며 지가(地價)가 비쌀 경우에도 유효한 방법이다.

① 압축매립공법
② 도랑형공법
③ 셀공법
④ 순차투입공법

> ② 도랑형공법 : 폐기물을 부피나 무게 단위로 분할하여 계량, 관리하는 방법으로, 매립계획과 관리가 용이하다.
> ③ 셀공법 : 매립지를 여러 구획(셀)으로 나누어 단계적으로 매립과 복토를 반복하며 관리하는 방법이다.
> ④ 순차투입공법 : 폐기물을 일정 기간 동안 계속해서 순차적으로 투입하며 매립하는 방법으로, 매립 속도와 공간 활용이 효율적이다.

52

다음은 폐기물 매립처분시설 중 어떤 시설에 해당하는 설명인가?

> • 악취, 쓰레기의 비산, 해충 및 야생동물의 번식, 화재 등을 방지하기 위해 설치한다.
> • 쓰레기의 매립 및 다짐 작업에 필요할 뿐만 아니라 우수의 침투를 방지하는 효과가 있어 침출수 발생량을 감소시키는 역할도 한다.
> • 이 시설은 매일복토, 중간복토, 최종복토로 나눈다.

① 차수시설
② 덮개시설
③ 저류 구조물
④ 우수 집배수시설

> ① 차수시설 : 매립시설 바닥과 측면에 설치하여 침출수가 외부로 유출되는 것을 막는 기능을 하며, 점토층이나 합성 차수막으로 구성되어 침출수 유출 방지와 지하수 오염을 예방한다.
> ③ 저류 구조물 : 매립시설 내 침출수가 일정 시간 동안 모여 머무를 수 있도록 하는 구조물로 침출수의 처리를 용이하게 하고 급격한 침출수 배출을 방지한다.
> ④ 우수 집배수시설 : 매립시설 주변으로 유입되는 우수(빗물 등)를 효과적으로 모아 배출하는 시설로, 우수가 매립지 내부로 침투하는 것을 줄여 침출수 발생을 최소화한다.

53

다음 중 유기물의 혐기성 소화 분해 시 발생되는 물질로 거리가 먼 것은?

① 산소
② 알코올
③ 유기산
④ 메탄

> 산소는 유기물의 호기성 소화 분해 시 필요한 물질이다.

54 빈출

폐기물의 수거를 용이하게 하기 위해 적환장의 설치가 필요한 이유로 가장 거리가 먼 것은?

① 작은 규모의 주택들이 밀집되어 있는 경우
② 폐기물 수집에 소형 컨테이너를 많이 사용하는 경우
③ 처분장이 수집장소에 바로 인접하여 있는 경우
④ 반죽수송이나 공기수송방식을 사용하는 경우

> 처분장이 수집장소에 바로 인접하여 있는 경우 적환장을 설치할 필요가 없다.

55 ⭐빈출

다음과 같은 특성을 지닌 폐기물 선별방법은?

> - 예부터 농가에서 탈곡 작업에 이용되어 온 것으로 그 작업이 밀폐된 용기 내에서 행해지도록 한 것
> - 공기 중 각 구성물질의 낙하속도 및 공기저항의 차에 따라 폐기물을 분별하는 방법
> - 종이나 플라스틱과 같은 가벼운 물질과 유리, 금속 등 의 무거운 물질을 분리하는데 효과적임

① 스크린선별
② 공기선별
③ 자력선별
④ 손선별

> ① 스크린선별 : 크기 차이에 따라 거름망을 사용해 분리한다.
> ③ 자력선별 : 철과 같은 자성체 금속을 자력으로 분리한다.
> ④ 손선별 : 사람이 육안으로 직접 분리

56

각각 음향파워레벨이 $89dB$, $91dB$, $95dB$인 음의 평균파워 레벨은?

① $92.4dB$
② $95.5dB$
③ $97.2dB$
④ $101.7dB$

> 평균음향파워레벨 $L_t[dB] = 10\log\left[\dfrac{1}{n}\left(10^{L_1/10} + 10^{L_2/10} + \cdots\right)\right]$
> $= 10\log\left[\dfrac{1}{3}\left(10^{89/10} + 10^{91/10} + 10^{95/10}\right)\right]$
> $= 92.4017dB$

57

다음 지반을 전파하는 파에 관한 설명 중 옳은 것은?

① 종파는 파동의 진행 방향과 매질의 진동 방향이 서로 수직이다.
② 종파는 매질이 없어도 전파된다.
③ 음파는 종파에 속한다.
④ 지진파의 S파는 파동의 진행 방향과 매질의 진동 방향이 서로 평행하다.

> ㉠ 횡파(고정파) : 파동의 진행방향과 매질의 진동방향이 직각인 파장
> 예 물결(수면)파, 지진파(S파)
> ㉡ 종파(소밀파) : 파동의 진행방향과 매질의 진동방향이 평행인 파장
> 예 음파, 지진파(P파)

58

주파수가 $100Hz$, 속도가 $20m/\sec$인 파동의 파장은?

① $0.2m$
② $0.5m$
③ $2.0m$
④ $5.0m$

> 파장$(\lambda) = \dfrac{\text{속도}(C)}{\text{주파수}(f)} = \dfrac{20m/\sec}{100Hz} = 0.2m$

59

음향파워레벨(PWL)이 $100dB$인 음원의 음향파워는?

① $0.01\,W$
② $0.1\,W$
③ $1\,W$
④ $10\,W$

> $PWL = 10\log\left(\dfrac{W}{W_0}\right)$
> $100dB = 10\log\left(\dfrac{W}{10^{-12}}\right)$
> $W = 10^{\frac{100dB}{10}} \times 10^{-12} = 0.01\,W$

60 ⭐빈출

마스킹효과에 관한 설명 중 옳지 않은 것은?

① 저음이 고음을 잘 마스킹한다.
② 두 음의 주파수가 비슷할 때는 마스킹효과가 대단히 커진다.
③ 두음의 주파수가 거의 같을 때는 Doppler 현상에 의 해 마스킹효과가 커진다.
④ 음파의 간섭에 의해 일어난다.

> Doppler 현상은 음원이 이동할 때 진행방향 쪽에서는 원래 발생음 보다 크게, 진행방향 반대쪽에서는 원래 발생음보다 작게 들리는 현상이다.

정답   55 ② 56 ① 57 ③ 58 ① 59 ① 60 ③

2018년 2회 | CBT 기출복원문제

01 ⭐빈출
다음 〈보기〉에서 설명하는 현상으로 옳은 것은?

[보기]
- 맑고 바람이 없는 날 아침에 해가 뜨기 직전에 지표면 근처에서 강하게 형성되며, 공기의 수직혼합이 일어나지 않기 때문에 대기오염물질의 축적이 이어지게 된다.
- 지표부근에서 일어나므로 지표역전이라고도 한다.
- 보통 가을로부터 봄에 걸쳐서 날씨가 좋고, 바람이 약하며, 습도가 적을 때 잘 형성된다.

① 공중역전   ② 침강역전
③ 복사역전   ④ 전선역전

① 공중역전 : 지표면 위 특정 고도에 형성되는 역전층으로, 상층 공기가 하층 공기보다 온도가 높아 대기오염물질이 층 안에 갇히는 현상이다.
② 침강역전 : 고기압 중심부에서 상공의 공기가 내려오면서 단열압축으로 인해 기온이 상승하여 생기는 역전현상으로, 넓은 지역에 장기간 발생하며 오염물질 축적을 초래한다.
④ 전선역전 : 찬 공기 위에 따뜻한 공기가 올라와 전선 부근에서 기온 역전이 발생하는 현상으로, 대기 중에서 따뜻한 공기와 찬 공기의 경계면에서 나타난다.

02 ⭐빈출
다음 중 대기권에 대한 설명으로 옳은 것은?

① 대류권에서는 고도 $1km$ 상승에 따라 약 9.8℃ 높아진다.
② 대류권의 높이는 계절이나 위도에 관계없이 일정하다.
③ 성층권에서는 고도가 높아짐에 따라 기온이 내려간다.
④ 성층권에는 지상 $20\sim30km$ 사이에 오존층이 존재한다.

① 대류권에서는 고도 $1km$ 상승에 따라 약 9.8℃ 낮아진다.
② 대류권의 높이는 계절이나 위도에 따라 다르게 분포한다.
③ 성층권에서는 고도가 높아짐에 따라 기온이 올라간다.

03
다음 중 전기집진장치의 특성으로 옳은 것은?

① 압력손실이 $100\sim150mmH_2O$ 정도이다.
② 전압변동과 같은 조건변동에 대해 쉽게 적용한다.
③ 초기시설비가 적게 든다.
④ 고온 가스(350℃ 정도)의 처리가 가능하다.

① 압력손실이 $10\sim20mmH_2O$ 정도이다.
② 전압변동과 같은 조건변동에 대응이 어렵다.
③ 초기시설비가 많이 든다.

04 ⭐빈출
중력식 집진장치의 효율향상 조건으로 옳지 않은 것은?

① 침강실 내 처리가스 속도가 빠를수록 미립자가 포집된다.
② 침강실의 높이가 작고, 길이가 길수록 집진율은 높아진다.
③ 침강실 입구폭이 클수록 유속이 느려져 미세한 입자가 포집된다.
④ 다단일 경우에는 단수가 증가될수록 압력손실은 커지나 효율은 증가한다.

침강실 내 처리가스 속도가 느릴수록 미립자가 포집된다.

05 ⭐빈출

유해가스 제거방법 중 **흡수법**에 시용되는 흡수액의 구비조건으로 옳은 것은?

① 흡수능력과 용해도가 커야 한다.
② 화학적으로 안정하고 휘발성이 높아야 한다.
③ 독성과 부식성에는 무관하다.
④ 점성이 크고 가격이 낮아야 한다.

> ② 화학적으로 안정하고 휘발성이 낮아야 한다.
> ③ 독성과 부식성이 없어야 한다.
> ④ 점성이 작고 가격이 저렴해야 한다.

06

원심력집진장치의 효율을 증가시키는 방법으로 가장 거리가 먼 것은?

① 배기관경이 작을수록 입경이 작은 먼지를 제거할 수 있다.
② 입구유속에는 한계가 있지만 그 한계내에서는 입구유속이 빠를수록 효율이 높은 반면 압력손실도 높아진다.
③ 블로우다운효과로 먼지의 재비산을 방지한다.
④ 고농도일 경우 직렬로 사용하고, 응집성이 강한 먼지는 병렬연결(5단 한계)하여 사용한다.

> 고농도일 경우는 병렬연결을 하여 사용하고, 응집성이 강한 먼지는 직렬연결(단수 3단 이내)하여 사용한다.

07

오존층을 파괴하는 특정물질과 거리가 먼 것은?

① 염화불화탄소(CFC)
② 황화수소(H_2S)
③ 염화브롬화탄소(Halons)
④ 사염화탄소(CCl_4)

> 황화수소는 악취유발물질이다.

08

충전탑에서 충선불의 구비조건에 관한 설명으로 옳지 않은 것은?

① 내식성과 내열성이 커야 한다.
② 압력손실이 작아야 한다.
③ 충전밀도가 작아야 한다.
④ 단위용적에 대한 표면적이 커야 한다.

> 충전밀도가 커야 한다.

09 ⭐빈출

메탄 94%, 이산화탄소 4%, 산소 2%인 기체연료 $1m^3$에 대하여 $9.5m^3$의 공기를 사용하여 연소하였다. 이 경우 공기비(m)는? (단, 표준상태 기준)

① 1.07
② 1.27
③ 1.47
④ 1.57

> ㉠ CH_4의 이론산소량 계산
> $$CH_4 + 2O_2 \rightarrow CO_2 + 2H_2O$$
> $$CH_4 : 2O_2 = 1 : 2 = 0.94 Sm^3 : \square$$
> $$\square = 1.88 Sm^3$$
> ㉡ 연료 중 O_2의 양 : $0.02 Sm^3$
> ㉢ 연료의 이론산소량 : $1.88 - 0.02 = 1.86 Sm^3$
> ㉣ 이론공기량 계산
> $$1.86 Sm^3 \times \frac{1}{0.21} = 8.8571 Sm^3$$
> ㉤ 공기비 계산
> $$m = \frac{A}{A_0} = \frac{9.5}{8.8571} = 1.0725$$

10

대기오염으로 인한 지구환경 변화 중 도시지역의 공장, 자동차 등에서 배출되는 고온의 가스와 냉난방시설로부터 배출되는 더운 공기가 상승하면서 주변의 찬 공기가 도시로 유입되어 도시지역의 대기오염물질에 의한 거대한 지붕을 만드는 현상은?

① 라니냐 현상
② 열섬 현상
③ 엘니뇨 현상
④ 오존층 파괴 현상

① 라니냐 현상 : 태평양 해수면온도 하락 현상
③ 엘니뇨 현상 : 태평양 해수면온도 상승 현상
④ 오존층 파괴 현상 : 성층권 오존농도 감소 현상

11

아황산가스 농도 $0.02ppm$을 질량농도로 고치면 몇 mg/Sm^3 인가? (단, 표준상태 기준)

① 0.057
② 0.065
③ 0.079
④ 0.083

표준상태에서 $1kmol$ = kg분자량 = $22.4Sm^3$를 차지한다.

$$\frac{0.02mL}{Sm^3} \times \frac{64mg}{22.4mL} = 0.0571mg/Sm^3$$
$$mL \rightarrow mg$$

12

중량비로 수소 1.35%, 수분 0.65%인 중유의 고위발열량이 $11,000kcal/kg$인 경우 저위발열량($kcal/kg$)은?

① 약 9,880
② 약 10,270
③ 약 10,740
④ 약 10,920

저위발열량 = 고위발열량 - 물의 증발잠열
액체와 고체연료의 저위발열량 계산식

$$H_l = H_h - 600(9H + W)$$
$$= 11,000 - 600(9 \times \frac{1.35}{100} + \frac{0.65}{100}) = 10,923.2kcal/kg$$

13

다음 중 헨리법칙이 가장 잘 적용되는 기체는?

① O_2
② HCl
③ SO_2
④ HF

헨리의 법칙을 적용하기 어려운 기체는 친수성기체이다.
• 난용성기체 : CO, NO, O_2, NO_2
• 친수성기체 : HF, HCl, SO_2

14

A집진장치의 압력손실이 $444 mmH_2O$, 처리가스량이 $55m^3/sec$인 송풍기의 효율이 77%일 때, 이 송풍기의 소요동력은?

① $256kW$
② $286kW$
③ $298kW$
④ $311kW$

$$P(kW) = \frac{\triangle H \times Q}{102 \times \eta}$$
$$= \frac{444 \times 55}{102 \times 0.77} = 310.9243$$

P : 소요동력(kW)
$\triangle H$: 압력손실(mmH_2O)
Q : 유량(m^3/sec)
η : 효율

15

다음 중 도자기나 유리제품에 부식을 일으키는 성질을 가진 가스로서 알루미늄제조, 인산비료 제조 공업 등에 이용되는 것은?

① 불소 및 그 화합물
② 염소 및 그 화합물
③ 시안화수소
④ 아황산가스

② 염소 및 그 화합물 : 살균 및 표백에 널리 사용되며 강한 산화력을 가지고 있어 유해한 반응을 일으킬 수 있다.
③ 시안화수소 : 매우 유독한 무색 가스로 금속 광택제, 전기도금, 화학 공정 등에 사용된다.
④ 아황산가스 : 주로 탈황 공정에 사용되며 산성비의 원인이 되기도 한다.

정답 10 ② 11 ① 12 ④ 13 ① 14 ④ 15 ①

16

포기조에 가해진 BOD부하 $1g$당 $100L$의 공기를 주입시켜야 한다면 BOD가 $100mg/L$인 하수 $1,000L/day$를 처리하기 위해서는 얼마의 공기를 주입시켜야 하는가?

① $1m^3/day$
② $10m^3/day$
③ $100m^3/day$
④ $1000m^3/day$

단위에 유의한다.

$$\frac{100mg}{L} \times \frac{1,000L}{day} \times \frac{g}{10^3mg} \times \frac{100L_{-air}}{g_{-BOD}} \times \frac{1m^3}{10^3L}$$

　농도　　　유량　　　$mg \rightarrow g$　　$BOD \rightarrow air$　$L \rightarrow m^3$

$= 10m^3/day$

17

다음은 미생물의 종류에 관한 설명이다. ( ) 안에 들어갈 말로 옳은 것은?

미생물은 영양섭취, 온도 또는 산소의 섭취 유무에 따라서도 분류하기도 하는데, ( ) 미생물은 용존산소가 아닌 SO_4^{2-}, NO_3^- 등과 같은 화합물에서 산소를 섭취하고, 그 결과 황화수소, 질소 가스 등을 발생시킨다.

① 자산성
② 호기성
③ 혐기성
④ 고온성

• 호기성 미생물은 산소가 존재하는 환경에서 살아가며, 산소를 이용해 유기물을 분해하고 에너지를 생성하는 미생물이다.
• 혐기성 미생물은 산소가 없거나 산소를 피하는 환경에서 살아가며, 산소 대신 다른 물질(예 질산염, 황산염)을 이용해 에너지를 얻는 미생물이다.

18 빈출

폐수 중의 오염물질을 제거할 때 부상이 침전보다 좋은 점을 설명한 것으로 가장 적합한 것은?

① 침전속도가 느리고 작거나 가벼운 입자를 짧은 시간 내에 분리시킬 수 있다.
② 침전에 의해 분리되기 어려운 유해 중금속을 효과적으로 분리시킬 수 있다.
③ 침전에 의해 분리되기 어려운 색도 및 경도 유발물질을 효과적으로 분리시킬 수 있다.
④ 침전속도가 빠르고 큰 입자를 짧은 시간 내에 분리시킬 수 있다.

부상은 미세한 공기방울과 함께 가벼운 부상성 입자를 물 표면으로 띄워 제거하는 방식으로, 침전이 어려운 작고 가벼운 오염물질을 효과적으로 분리할 수 있다. 침전은 무거운 입자를 가라앉히는 데 효과적이다.

19

호기성 상태에서 미생물에 의한 유기질소의 분해과정을 순서대로 나열한 것은?

① 유기질소 – 아질산성 질소 – 암모니아성 질소 – 질산성 질소
② 유기질소 – 질산성 질소 – 아질산성 질소 – 암모니아성 질소
③ 유기질소 – 암모니아성 질소 – 아질산성 질소 – 질산성 질소
④ 유기질소 – 아질산성 질소 – 질산성 질소 – 암모니아성 질소

유기질소가 미생물에 의해 분해되어 암모니아성 질소가 되고, 암모니아성 질소가 아질산균에 의해 아질산성 질소로 산화된다. 이어서 아질산성 질소가 질산균에 의해 질산성 질소로 산화되어 완성된다.

20 빈출

다음 수처리공정 중 스토스(Stokes)법칙이 가장 잘 적용되는 공정은?

① 1차소화조
② 1차침전지
③ 살균조
④ 포기조

스토스법칙은 부유 입자가 유체 내에서 침전할 때 입자의 침전속도를 예측하는 법칙으로, 주로 입자의 크기, 입자와 액체의 밀도 차, 액체의 점성 등에 영향을 받는다.
따라서 입자가 침전하는 공정, 즉 입자가 비교적 독립적으로 가라앉는 침전지에서 스토스법칙이 잘 적용된다.

정답　　16 ②　17 ③　18 ①　19 ③　20 ②

21

폐수처리에서 여과공정에 사용되는 여재로 가장 거리가 먼 것은?

① 모래   ② 무연탄
③ 규조토   ④ 유리

> ① 모래 : 전통적으로 가장 널리 쓰이는 여과재로, 입자가 일정하고 내구성이 좋아 부유물질 제거에 효과적이다.
> ② 무연탄 : 활성탄과 유사한 성질로 미세한 입자 제거와 유기물 흡착에 적합하다.
> ③ 규조토 : 미세한 다공성 구조로 부유물질과 유기물 제거에 적합하며 여과재로 널리 사용된다.
> ④ 유리 : 일반적인 폐수여과 공정에서 여재로 사용하는 경우는 드물고, 주로 여과막이나 특수 필터 재료로 사용되며, 직접적인 다공성 여재로는 적합하지 않다.

22

A공장의 BOD 배출량이 500명의 인구당량에 해당하고, 그 수량은 $50m^3/day$이다. 이 공장폐수의 BOD농도는? (단, 한 사람이 하루에 배출하는 BOD는 50g이다.)

① $350mg/L$ ② $410mg/L$
③ $475mg/L$ ④ $500mg/L$

> • 농도 $= \dfrac{\text{용질의 양}}{\text{용액의 양}} = \dfrac{\text{총량}}{\text{유량}}$
>
> $= \dfrac{\dfrac{25,000g}{day} \times \dfrac{10^3 mg}{1g}}{\dfrac{50m^3}{day} \times \dfrac{1m^3}{10^3 L}} = 500mg/L$
>
> ㉠ 유량 $= 50m^3/day$
> ㉡ 총량
>
> $\dfrac{50g}{\text{인} \cdot day} \times 500\text{인} = 25,000g/day$

23

중화 반응공정에서 폐수가 산성일 때 약품조에 들어갈 약품으로 옳은 것은?

① 황산   ② 염산
③ 염화나트륨   ④ 수산화나트륨

> 산성폐수를 중화하기 위해 알칼리성 약품을 주입해야 한다.

24 ⭐빈출

흡착에 관한 다음 설명 중 가장 거리가 먼 것은?

① 폐수처리에서 흡착이라 함은 보통 물리적 흡착을 말하며, 그 대표적인 예로는 활성탄에 의한 흡착이다.
② 냄새나 색도의 제거에도 쓰인다.
③ 고도처리시 질소나 인의 제거에 가장 유효하다.
④ 흡착이란 제거대상 물질이 흡착제의 표면에 물리적 또는 화학적으로 부착되는 현상이다.

> 질소와 인의 제거는 주로 생물학적 처리(예 질산화·탈질, 인산화 미생물 이용)나 화학적 침전법 등 다른 공정이 효과적이다.

25 ⭐빈출

활성슬러지공법의 폐수처리장 포기조에서 요구되는 공기공급량이 $28.3m^3/kg\,BOD$이다. 포기조내 평균유입 BOD가 150 mg/L, 포기조로 유입유량이 $7,570m^3/day$일 때 공급해야 할 공기량은?

① $70.8m^3/\text{min}$ ② $48.1m^3/\text{min}$
③ $31.1m^3/\text{min}$ ④ $22.3m^3/\text{min}$

> 단위에 유의한다.
>
> $\dfrac{150mg}{L} \times \dfrac{7,570m^3}{day} \times \dfrac{10^3 L}{m^3} \times \dfrac{kg}{10^6 mg} \times \dfrac{28.3m^3_{-air}}{kg_{-BOD}}$
>
> $\times \dfrac{day}{1,440\text{min}} = 22.3157m^3/\text{min}$

26 ⭐빈출

활성슬러지공법에서 2차침전지 슬러지를 포기조로 반송시키는 주된 목적은?

① 슬러지를 순환시켜 배출슬러지를 최소화하기 위해
② 포기조내 요구되는 미생물 농도를 적절하게 유지하기 위해
③ 최초침전지 유출수를 농축하기 위해
④ 폐수 중 무기고형물을 산화하기 위해

> 반송슬러지는 포(폭)기조 내 미생물 농도를 충분히 유지하여 유기물 분해와 폐수처리 효과를 극대화하는 역할을 한다. 이를 통해 처리 효율이 높아지고 슬러지가 희석되는 것을 방지한다.

정답   21 ④   22 ④   23 ④   24 ③   25 ④   26 ②

27 빈출

독립침전영역에서 스토크스의 법칙을 따르는 입자의 침전속도에 영향을 주는 인자와 거리가 먼 것은?

① 물의 밀도
② 물의 점도
③ 입자의 지름
④ 입자의 용해도

입자의 용해도와는 무관하다.

$$V_g = \frac{d_p^2(\rho_p - \rho)g}{18\mu}$$

V_g : 중력침강속도 d_p : 입자의 직경
ρ_p : 입자의 밀도 ρ : 유체의 밀도
g : 중력가속도 μ : 점성계수

28

다음 중 물속에 녹아 경도를 유발하는 물질로 거리가 먼 것은?

① K ② Ca
③ Mg ④ Fe

경도는 2가 양이온 중금속류가 대부분 유발하며 K, Na은 가경도 유발물질이다.

29

폐수에 명반(Alum)을 사용하여 응집침전을 실시하는 경우 어떤 침전물이 생기는가?

① 탄산나트륨
② 수산화나트륨
③ 황산알루미늄
④ 수산화알루미늄

명반[황산알루미늄, $Al_2(SO_4)_3$]은 물속에서 가수분해되어 수산화 알루미늄[$Al(OH)_3$] 침전물을 형성한다.
이 수산화알루미늄 침전물이 응집제 역할을 하여 미세 부유물과 콜로이드 상태의 오염물질을 함께 포집하고 침전시켜 물을 정화한다.

30

혐기성 소화조의 완충능력을 표현하는 것으로 가장 적합한 것은?

① 탁도
② 경도
③ 알칼리도
④ 응집도

혐기성 소화조에서는 pH를 안정적으로 유지하는 것이 매우 중요하며, 이를 위해 완충능력(buffer capacity)을 갖는 알칼리도(alkalinity)가 주요 지표로 사용된다. 알칼리도는 소화조 내에서 산성물질에 대한 저항력을 나타내어 pH 변화를 완충하며, 혐기성 미생물의 활성과 소화효율 안정에 기여한다.

31 빈출

수질오염공정시험기준상 따로 규정이 없는 한 감압 또는 진공의 기준으로 옳은 것은?

① $5mmHg$
② $10mmHg$
③ $15mmHg$
④ $20mmHg$

"감압 또는 진공"의 기준은 따로 규정이 없는 한 $15mmHg$ 이하를 뜻한다.

32

박테리아에 관한 설명으로 옳지 않은 것은?

① 60%는 수분, 40%는 고형물질로 구성되어 있다.
② 막대기모양, 공모양, 나선모양 등이 있다.
③ 단세포 미생물로서 용해된 유기물을 섭취한다.
④ 일반적인 화학조성식은 $C_5H_7O_2N$으로 나타낼 수 있다.

80%는 수분, 20%는 고형물질로 구성되어 있다.

정답   27 ④ 28 ① 29 ④ 30 ③ 31 ③ 32 ①

33

침사지의 수면적부하 $1,800m^3/m^2 \cdot day$, 수평유속 $0.32m/\sec$, 유효수심 $1.2m$인 경우, 침사지의 유효길이는?

① $14.4m$
② $16.4m$
③ $18.4m$
④ $20.4m$

$$\text{수면적부하율} = \frac{\text{유량}}{\text{침전되는 단면적}} = \frac{VH}{L}$$

$$\frac{1,800m^3}{m^2 \cdot day} \times \frac{1day}{86,400\sec} = \frac{0.32m/\sec \times 1.2m}{L}$$

$$L = 18.432m$$

34 ⭐빈출

생물학적 폐수처리에 있어서 팽화(Bulking)현상의 원인으로 가장 거리가 먼 것은?

① 유기물 부하량이 급격하게 변동될 경우
② 포기조의 용존산소가 부족할 경우
③ 유입소에 고농도의 산업유해폐수가 혼합되어 유입될 경우
④ 포기조내 질소와 인이 유입될 경우

포기조내 질소와 인이 부족할 경우 슬러지 팽화현상이 발생한다.

35

침전지 또는 농축조에 설치된 스크레이퍼의 사용목적으로 가장 적합한 것은?

① 침전물을 부상시키기 위해서
② 스컴을 방지하기 위해서
③ 슬러지를 혼합하기 위해서
④ 슬러지를 끌어 모으기 위해서

스크레이퍼는 침전조 바닥에 가라앉은 슬러지를 중앙으로 끌어모아 회수하는 장치로, 슬러지 제거 효율을 높이는 역할을 한다.

36

투수계수가 $0.5cm/\sec$이며 동수경사가 2인 경우 Darcy법칙을 적용하여 구한 유출속도는?

① $1.5cm/\sec$
② $1.0cm/\sec$
③ $2.5cm/\sec$
④ $0.25cm/\sec$

$$V = K \times I = 0.5cm/\sec \times 2 = 1.0cm/\sec$$

37 ⭐빈출

다음은 폐기물공정시험기준상 어떤 용기에 관한 설명인가?

> 취급 또는 저장하는 동안에 이물이 들어가거나 또는 내용물이 손실되지 아니하도록 보호하는 용기를 말한다.

① 밀봉용기
② 기밀용기
③ 차광용기
④ 밀폐용기

① 밀봉용기 : 취급 또는 저장하는 동안에 기체 또는 미생물이 침입하지 아니하도록 내용물을 보호하는 용기를 말한다.
② 기밀용기 : 취급 또는 저장하는 동안에 밖으로부터의 공기 또는 다른 가스가 침입하지 아니하도록 내용물을 보호하는 용기를 말한다.
③ 차광용기 : 광선이 투과하지 않는 용기 또는 투과하지 않게 포장을 한 용기이며 취급 또는 저장하는 동안에 내용물이 광화학적 변화를 일으키지 아니하도록 방지할 수 있는 용기를 말한다.
④ 밀폐용기 : 취급 또는 저장하는 동안에 이물질이 들어가거나 또는 내용물이 손실되지 아니하도록 보호하는 용기를 말한다.

38

폐기물의 고형화 처리 시 유기성 고형화에 관한 설명으로 가장 거리가 먼 것은? (단, 무기성 고형화와 비교 시)

① 수밀성이 매우 크며, 다양한 폐기물에 적용이 가능하다.
② 미생물 및 자외선에 대한 안정성이 강하다.
③ 최종 고화체의 체적 증가가 다양하다.
④ 폐기물의 특정 성분에 의한 중합체 구조의 장기적인 약화가능성이 존재한다.

미생물 및 자외선에 대한 안정성이 약하다.

정답 33 ③ 34 ④ 35 ④ 36 ② 37 ④ 38 ②

39 ⭐빈출

혐기성 소화법과 상대 비교 시 호기성 소화법의 특징으로 거리가 먼 것은?

① 상징수의 BOD농도가 높으며, 운영이 다소 복잡하다.
② 초기 시공비가 낮고 처리된 슬러지에서 악취가 나지 않는 편이다.
③ 포기를 위한 동력요구량 때문에 운영비가 높다.
④ 겨울철은 처리효율이 떨어지는 편이다.

> 상징수의 BOD농도가 낮다.

40 ⭐빈출

함수율 96%인 슬러지를 수분이 75%로 탈수했을 때, 이 탈수 슬러지의 체적(m^3)은? (단, 원래 슬러지의 체적은 $100m^3$, 비중은 1.0)

① 12.4
② 13.1
③ 14.5
④ 16

> $SL_1(1-X_1) = SL_2(1-X_2)$
> $100m^3(1-0.96) = SL_2(1-0.75)$
> $SL_2 = 16m^3$

41

연소가스의 잉여열을 이용하여 보일러에 주입되는 물을 예열함으로써 보일러드럼에 발생되는 열응력을 감소시켜 보일러의 효율을 높이는 장치는?

① 과열기(super heater)
② 재열기(reheater)
③ 절탄기(economizer)
④ 공기예열기(air preheater)

> ① 과열기(super heater) : 생성된 증기를 더 높은 온도로 가열하는 장치
> ② 재열기(reheater) : 터빈 전단의 고온 증기를 재가열하는 장치
> ④ 공기예열기(air preheater) : 연소용 공기를 예열하는 장치이다.

42 ⭐빈출

다음 중 해안매립공법에 해당하는 것은?

① 도랑형공법
② 압축매립공법
③ 샌드위치공법
④ 순차투입공법

> • 내륙매립공법 : 셀공법, 압축매립공법, 샌드위치공법, 도랑형공법
> • 해안매립공법 : 박층뿌림공법, 순차투입법, 수중투기공법

43

다음 중 매립지에서 유기물이 혐기성 분해될 때 가장 늦게 일어나는 단계는?

① 가수분해 단계
② 알콜발효 단계
③ 메탄 생성 단계
④ 산 생성 단계

> **매립가스(Landfill gas) 생성 4단계**
> • 1단계(호기성단계) : 친산소성 단계로서 폐기물 내에 수분이 많은 경우에는 반응이 가속화 되어 용존산소가 쉽게 고갈되어 2단계 반응에 빨리 도달한다(O_2가 소모, CO_2 발생 시작, N_2는 서서히 소모됨).
> • 2단계(혐기성비메탄단계) : 혐기성 단계이지만 메탄이 형성되지 않는 단계로서 혐기성으로 전이가 일어나는 단계이다(N_2가 급격히 소모됨).
> • 3단계(혐기성단계) : 매립지 내부의 온도가 상승하여 약 55℃ 정도까지 올라간다(CH_4가 발생하기 시작함).
> • 4단계(메탄생성단계) : 정상적인 혐기성 단계로 매립가스 내 메탄과 이산화탄소의 함량이 거의 일정하게 유지된다.

44 ⭐빈출

폐기물 오염을 측정하기 위한 시료의 축소 방법으로 거리가 먼 것은?

① 구획법
② 교호삽법
③ 사등분법
④ 원추사분법

정답   39 ① 40 ④ 41 ③ 42 ④ 43 ③ 44 ③

① 구획법 : 대시료를 여러 개의 구획으로 나눈 후 각 구획에서 시료를 채취하는 방법
② 교호삽법 : 원추형으로 쌓은 후 교대로 위치를 바꾸며 시료를 채취하는 방법
④ 원추사분법 : 원추형으로 쌓은 시료를 4등분하여 축소하는 방법

45

폐기물의 열분해에 관한 설명으로 옳지 않은 것은?

① 공기가 부족한 상태에서 폐기물을 연소시켜 가스, 액체 및 고체 상태의 연료를 생산하는 공정을 열분해 방법이라 부른다.
② 열분해에 의해 생성되는 액체 물질은 식초산, 아세톤, 메탄올, 오일 등이다.
③ 열분해 방법 중 저온법에서는 Tar, Char 및 액체상태의 연료가 보다 많이 생성된다.
④ 저온 열분해는 1,100~1,500℃에서 이루어진다.

저온 열분해는 500~900℃에서 이루어진다.

46 빈출

쓰레기를 연소시키기 위한 이론공기량이 $10\,Sm^3/kg$이고, 공기비가 1.1일 때 실제로 공급된 공기량은?

① $0.5\,Sm^3/kg$ ② $0.6\,Sm^3/kg$
③ $10.0\,Sm^3/kg$ ④ $11.0\,Sm^3/kg$

실제공기량 = 이론공기량 × 과잉공기비
$$= \frac{10\,Sm^3}{kg} \times 1.1 = 11\,Sm^3/kg$$

47 빈출

슬러지를 가열(210℃ 정도)·가압(120atm 정도)시켜 슬러지 내의 유기물이 공기에 의해 산화되도록 하는 공법은?

① 가열 건조 ② 습식 산화
③ 혐기성 산화 ④ 호기성 소화

습식 산화는 고온고압 조건에서 산화제를 사용해 슬러지 내 유기물을 산화 분해하여 처리 효율을 높이는 방식으로, 주로 폐수슬러지 처리에 활용된다.

48 빈출

분뇨처리법 중 부패조에 관한 설명으로 가장 거리가 먼 것은?

① 고부하 운전에 적합하다.
② 특별한 에너지 및 기계설비가 필요하지 않은 편이다.
③ 처리효율이 낮으며, 냄새가 많이 나는 편이다.
④ 조립형인 경우 설치시공이 용이하며, 유지관리에 특별한 기술이 요구되지 않는다.

저부하 운전에 적합하다.

49 빈출

쓰레기를 유동층 소각로에서 처리할 때 유동상 매질이 갖추어야 할 특성으로 옳지 않은 것은?

① 공급이 안정적일 것
② 열충격에 강하고 융점이 높을 것
③ 비중이 클 것
④ 불활성일 것

비중은 작을수록 좋다.

50

폐수 슬러지를 혐기적 방법으로 소화시키는 목적으로 거리가 먼 것은?

① 유기물을 분해시킴으로써 슬러지를 안정화시킨다.
② 슬러지의 무게와 부피를 증가시킨다.
③ 이용가치가 있는 부산물을 얻을 수 있다.
④ 유해한 병원균을 죽이거나 통제할 수 있다.

슬러지의 무게와 부피를 감소시킨다.

51 빈출

1,792,500 ton/yr의 쓰레기를 5,450명의 인부가 수거하고 있다면 수거인부의 MHT는? (단, 수거인부의 1일 작업시간은 8시간이고 1년 작업일수는 310일이다.)

① 2.02 ② 5.38
③ 7.54 ④ 9.45

정답 45 ④ 46 ④ 47 ② 48 ① 49 ③ 50 ② 51 ③

$$MHT = \frac{Man \times Hr}{Ton}$$

$$= 5,450인 \times \frac{8hr}{day} \times \frac{310day}{yr} \times \frac{yr}{1,792,500ton}$$

$$= 7.5403 man \cdot hr/ton$$

52

적환장의 설치 위치로 옳지 않은 것은?

① 가능한 한 수거지역의 중심에 위치하여야 한다.
② 주요 간선도로와 떨어진 곳에 위치하여야 한다.
③ 수송 측면에서 가장 경제적인 곳에 위치하여야 한다.
④ 적환 작업에 의한 공중 위생 및 환경 피해가 최소인 지역에 위치하여야 한다.

주요 간선도로와 가까운 곳에 위치하여야 한다.

53

슬러지 처리의 일반적 혐기성 소화과정이 아래와 같다면 (   ) 안에 들어갈 말로 옳은 것은?

산생성균 + 유기물 → (   ) + 메탄균 → 메탄 + 이산화탄소

① 탄산
② 황산
③ 무기산
④ 유기산

산생성균과 유기물이 반응해 유기산이 생성되고, 이후 메탄균에 의해 유기산이 메탄과 이산화탄소로 전환된다.

54

매립시설에서 복토의 목적으로 가장 거리가 먼 것은?

① 빗물배제
② 화재방지
③ 식물성장방지
④ 폐기물의 비산방지

복토는 식물성장을 촉진시킨다.

55

A도시 쓰레기(가연성+비가연성)의 체적이 $8m^3$, 밀도가 400 kg/m^3이다. 이 쓰레기 성분 중 비가연성 성분이 중량비로 약 60% 차지한다면, 가연성 물질의 양(ton)은?

① 0.48
② 0.69
③ 1.28
④ 1.92

$$밀도(\rho) = \frac{질량(kg)}{부피(m^3)}$$

$$질량(kg) = 밀도(kg/m^3) \times 부피(m^3)$$

$$질량(kg)$$

$$= \frac{400kg}{m^3} \times 8m^3 \times \frac{100-60}{100} = 1,280kg = 1.28ton$$

밀도   부피   폐기물 → 가연성

56

다음 중 종파(소밀파)에 해당하는 것은?

① 물결파
② 전자기파
③ 음파
④ 지진파의 S파

㉠ 횡파(고정파) : 파동의 진행방향과 매질의 진동방향이 직각인 파장
   예 물결(수면)파, 지진파(S파)
㉡ 종파(소밀파) : 파동의 진행방향과 매질의 진동방향이 평행인 파장
   예 음파, 지진파(P파)

57 빈출

투과계수가 0.001일 때 투과손실량은?

① $20dB$
② $30dB$
③ $40dB$
④ $50dB$

$$TL = 10\log\left(\frac{1}{\tau}\right) = 10\log\left(\frac{I_{in}}{I_{out}}\right)$$

$$= 10\log\left(\frac{1}{0.001}\right) = 30dB$$

τ : 투과율
I_{in} : 입사음의 세기
I_{out} : 투과음의 세기

정답   52 ②   53 ④   54 ③   55 ③   56 ③   57 ②

58

발음원이 이동할 때 그 진행방향 가까운 쪽에서는 발음원보다 고음으로, 진행 반대쪽에서는 저음으로 되는 현상은?

① 음의 전파속도효과
② 도플러효과
③ 음향출력효과
④ 음압레벨효과

> 도플러효과는 파원이 관측자에게 다가올 때 파장이 짧아지고 주파수가 높아져 고음으로 들리며, 멀어질 때는 파장이 길어지고 주파수가 낮아져 저음으로 들리는 현상이다.

59

진동 감각에 대한 인간의 느낌을 설명한 것으로 옳지 않은 것은?

① 진동수 및 상대적인 변위에 따라 느낌이 다르다.
② 수직 진동은 주파수 $4 \sim 8\,Hz$에서 가장 민감하다.
③ 수평 진동은 주파수 $1 \sim 2\,Hz$에서 가장 민감하다.
④ 인간이 느끼는 진동가속도의 범위는 $0.01 \sim 10\,Gal$이다.

> 인간이 느끼는 진동가속도의 범위는 $1 \sim 1,000\,Gal$이다.

60

소음 발생을 기류음과 고체음으로 구분할 때 다음 각 음의 대책으로 틀린 것은?

① 고체음 : 가진력 억제
② 기류음 : 밸브의 다단화
③ 기류음 : 관의 곡률완화
④ 고체음 : 방사면 증가 및 공명유도

> 고체음 : 방사면 축소 및 공명 방지

01

C_8H_{18}을 완전연소시킬 때 부피 및 무게에 대한 이론 AFR로 옳은 것은?

① 부피 : 59.5, 무게 : 15.1
② 부피 : 59.5, 무게 : 13.1
③ 부피 : 35.5, 무게 : 15.1
④ 부피 : 35.5, 무게 : 13.1

$C_8H_{18} + 12.5O_2 \rightarrow 8CO_2 + 9H_2O$
㉠ 부피에 대한 이론 AFR
 • 이론공기량

$$12.5Sm^3 \times \frac{1}{0.21} = 59.5238 Sm^3$$

 • 연료량 : $1Sm^3$
 • AFR 계산

$$AFR = \frac{59.5238}{1} = 59.5238$$

㉡ 무게에 대한 이론 AFR
 • 이론공기량

$$12.5 \times 32kg \times \frac{1}{0.232} = 1,724.1379kg$$

 • 연료량 : $114kg$
 • AFR 계산

$$AFR = \frac{1,724.1379}{114} = 15.1240$$

02 ⭐빈출

프로판(C_3H_8) $44kg$을 완전연소시키기 위해 부피비로 10%의 과잉공기를 사용하였다. 이때 공급한 공기의 양은?

① $112Sm^3$
② $123Sm^3$
③ $587Sm^3$
④ $1,232Sm^3$

$C_3H_8 + 5O_2 \rightarrow 3CO_2 + 4H_2O$
㉠ 이론산소량 계산

$$C_3H_8 : 5O_2 = 44kg : 5 \times 22.4Sm^3$$

$$1kmol = kg분자량 = 22.4Sm^3$$

$$44kg : 5 \times 22.4Sm^3 = 44kg : \square Sm^3$$

$$\square = 112$$

㉡ 이론공기량
이론공기량 = 이론산소량 / 0.21

$$= \frac{112}{0.21} = 533.3333Sm^3$$

㉢ 실제공기량 = 이론공기량 × 과잉공기비

$$= 533.3333 \times 1.1 = 586.6666Sm^3$$

03

여름철 광화학스모그의 일반적인 발생조건으로만 옳게 묶어진 것은?

㉠ 반응성 탄화수소의 농도가 크다.
㉡ 기온이 높고 자외선이 강하다.
㉢ 대기가 매우 불안정한 상태이다.

① ㉠, ㉡
② ㉠, ㉢
③ ㉡, ㉢
④ ㉢

여름철 광화학스모그는 대기가 매우 안정한 상태에서 발생한다.

정답   01 ①   02 ③   03 ①

04 ⭐빈출

중력집진장치의 효율향상 조건에 관한 설명으로 옳지 않은 것은?

① 침강실내 처리가스 속도가 클수록 미립자가 포집된다.
② 침강실내 배기가스 기류는 균일하여야 한다.
③ 침강실 입구폭이 클수록 유속이 느려지고, 미세한 입자가 포집된다.
④ 다단일 경우 단수가 증가될수록 압력손실은 커지나 효율은 증가한다.

> 중력집진장치는 침강실내 처리가스 속도가 작을수록 미립자가 포집된다.

05 ⭐빈출

원심력집진장치에서 한계(또는 분리)입경이란 무엇을 말하는가?

① 50% 처리효율로 제거되는 입자입경
② 100% 분리 포집되는 입자의 최소입경
③ 블로우다운 효과에 적용되는 최소입경
④ 분리계수가 적용되는 입자입경

> • 임계(한계)입경 : 100% 제거되는 입자의 최소 입경
> • 절단입경 : 50% 제거되는 입자의 최소 입경

06 ⭐빈출

메탄(Methane) $1mol$을 이론적으로 완전연소시킬 때, 0℃, $1atm$ 하에서 필요한 산소의 부피(L)는? (단, 이때 산소는 이상기체로 간주한다.)

① $22.4L$
② $44.8L$
③ $67.2L$
④ $89.6L$

> $CH_4 + 2O_2 \rightarrow CO_2 + 2H_2O$
> $CH_4 : 2O_2 = 1mol : 2 \times 22.4L$
> 이론산소량 $= 44.8L$

07

배출가스 중의 염소농도가 $200ppm$이었다. 염소농도를 $10mg/Sm^3$로 최종 배출한다고 하면 염소의 제거율은 얼마인가?

① 95.7%
② 97.2%
③ 98.4%
④ 99.6%

> ㉠ $ppm \rightarrow mg/Sm^3$로 환산
> $$\frac{200mL}{Sm^3} \times \frac{71mg}{22.4mL} = 633.9285mg/Sm^3$$
> ($ppm = mL/Sm^3$, 염소분자량 = 71)
> ㉡ 염소의 제거율 계산
> $$\eta = \left(1 - \frac{C_{out}}{C_{in}}\right) \times 100$$
> $$= \left(1 - \frac{10}{633.9285}\right) \times 100 = 98.4225\%$$

08 ⭐빈출

대기의 상태가 과단열감율을 나타내는 것으로 매우 불안정하고 심한 와류로 굴뚝에서 배출되는 오염물질이 넓은 지역에 걸쳐 분산되지만 지표면에서는 국부적인 고농도 현상이 발생하기도 하는 연기의 형태는?

① 환상형(Looping)
② 원추형(Coning)
③ 부채형(Fanning)
④ 구속형(Trapping)

> ② 원추형(Coning) : 대기가 약간 안정하거나 중립 상태일 때 발생하며, 연기가 원추모양으로 천천히 분산된다. 구름 낀 날이나 바람이 약할 때 주로 나타난다.
> ③ 부채형(Fanning) : 대기가 안정적일 때 나타나고, 연기가 부채처럼 퍼지며, 지표면 근처 오염이 심하다.
> ④ 구속형(Trapping) : 상하 두 개의 역전층 사이에 연기가 갇혀 확산이 제한되는 형태로, 오염이 심한 상태를 나타낸다.

09

다음 설명하는 장치분석법에 해당히는 것은?

> 이 법은 기체시료 또는 기화한 액체나 고체시료를 운반가스(Carrier Gas)에 의하여 분리, 관 내에 전개시켜 기체상태에서 분리되는 각 성분을 분석하는 방법으로 일반적으로 무기물 또는 유기물의 대기오염 물질에 대한 정성, 정량 분석에 이용한다.

① 흡광광도법
② 원자흡광광도법
③ 가스크로마토그래프법
④ 비분산적외선분석법

> ① 흡광광도법 : 물질이 특정 파장의 빛을 흡수하는 정도를 측정하여 농도나 성분을 분석하는 방법이다. 빛의 흡수량이 물질의 농도와 비례하는 원리를 이용한다.
> ② 원자흡광광도법 : 시료 내 금속원자가 특정 파장의 빛을 흡수하는 성질을 이용해 금속원소의 농도를 정량분석하는 방법이다. 주로 금속분석에 사용된다.
> ④ 비분산적외선분석법 : 특정 파장의 적외선을 통해 기체성분을 측정하는 방법으로, 분산기 없이 적외선 흡수량을 측정한다. 주로 이산화탄소, 일산화탄소 등의 분석에 활용된다.

10 ⭐빈출

SO_2 기체와 물이 30℃에서 평형상태에 있다. 기상에서의 SO_2 분압이 $44mmHg$일 때 액상에서의 SO_2 농도는? (단, 30℃에서 SO_2 기체의 물에 대한 헨리상수는 $1.60 \times 10 \, atm \cdot m^3/kmol$ 이다.)

① $2.51 \times 10^{-4} kmol/m^3$
② $2.51 \times 10^{-3} kmol/m^3$
③ $3.62 \times 10^{-4} kmol/m^3$
④ $3.62 \times 10^{-3} kmol/m^3$

> $P = H \times C$
> $0.0578 = 1.6 \times 10 \times C$
> $C = 3.6125 \times 10^{-3} atm \cdot m^3/kmol$
>
> P : 압력(atm) $\rightarrow 44mmHg \times \dfrac{1atm}{760mmHg} = 0.0578atm$
>
> H : 헨리상수($atm \cdot m^3/kmol$) $\rightarrow 1.6 \times 10 \, atm \cdot m^3/kmol$
>
> C : 농도($kmol/m^3$)

11

전기집진장치의 집진극이 갖추어야 할 조건으로 옳지 않은 것은?

① 부착된 먼지를 털어내기 쉬울 것
② 전기장 강도가 불균일하게 분포하도록 할 것
③ 열, 부식성 가스에 강하고 기계적인 강도가 있을 것
④ 부착된 먼지의 탈진시, 재비산이 일어나지 않는 구조를 가질 것

> 집진극의 전기장 강도가 균일하게 분포해야 한다.

12 ⭐빈출

연소조절에 의한 NO_x 발생의 억제방법으로 옳지 않은 것은?

① 2단연소를 실시한다.
② 과잉공기량을 삭감시켜 운전한다.
③ 배기가스를 재순환시킨다.
④ 부분적인 고온영역을 만들어 연소효율을 높인다.

> 부분적인 고온영역을 만들면 NO_x의 발생량이 증가한다.

13

황(S)성분이 1.6wt%인 중유가 $2,000kg/hr$ 연소하는 보일러 배출가스를 $NaOH$ 용액으로 처리할 때 시간당 필요한 $NaOH$의 양(kg)은? (단, 황성분은 완전연소하여 SO_2로 되며, 탈황률은 95%이다.)

① 76   ② 82
③ 84   ④ 89

> $SO_2 + 2NaOH + 0.5O_2 \rightarrow NaSO_4 + H_2O$
> $S : 2NaOH = 32g : 2 \times 40g$
> $32g : 80g = 30.4kg/hr : \square$
> $\square = \dfrac{80 \times 30.4}{32} = 76kg/hr$
>
> 여기서 $S : \dfrac{2,000kg}{hr} \times \dfrac{1.6}{100} \times \dfrac{95}{100} = 30.4kg/hr$

정답   09 ③   10 ④   11 ②   12 ④   13 ①

14 빈출

다음 중 오존층의 두께를 표시하는 단위는?

① VAL
② OTL
③ Pa
④ Dobson

> 오존층의 두께를 표시하는 단위는 Dobson으로 100Dobson = $1mm$ 이다.

15

질소산화물을 촉매환원법으로 처리하고자 할 때 사용되는 촉매는 무엇인가?

① K_2SO_4
② 백금
③ $CuSO_4$
④ 탄산칼슘

> 촉매 : 오산화바나듐(V_2O_5), 이산화티타늄(TiO_2), 백금(Pt) 등이 있다.

16 빈출

다음 중 acidity 또는 hardness는 무엇으로 환산하는가?

① 염화칼슘
② 질산칼슘
③ 수산화칼슘
④ 탄산칼슘

> acidity(산도) 또는 hardness(경도)는 탄산칼슘($CaCO_3$)으로 환산한다.

17

$4m \times 3m$의 여과지에 $1,000m^3/day$의 유량을 처리하는 경우 여과율은?

① $0.96L/m^2 \cdot \sec$
② $9.6L/m^2 \cdot \sec$
③ $0.12L/m^2 \cdot \sec$
④ $1.2L/m^2 \cdot \sec$

> 단위에 유의한다.
> $$\frac{1,000m^3}{day} \times \underset{m^3 \rightarrow L}{\frac{10^3L}{1m^3}} \times \frac{1}{(4 \times 3)m^2} \times \underset{day \rightarrow \sec}{\frac{day}{86\,400\sec}}$$
> $= 0.9645L/m^2 \cdot \sec$

18 빈출

에탄올(C_2H_5OH)의 농도가 $350mg/L$인 폐수의 이론적인 화학적 산소요구량은?

① $620mg/L$
② $730mg/L$
③ $840mg/L$
④ $950mg/L$

> $C_2H_5OH + 3O_2 \rightarrow 2CO_2 + 3H_2O$
> C_2H_5OH $1mol(46g)$은 O_2 $3mol(32 \times 3 = 96g)$을 필요로 한다.
> $46g : 96g = 350mg/L : \square$
> $\square = 730.4347mg/L$

19

활성슬러지법으로 처리하고 있는 어떤 폐수처리시설 포기조의 운영관리 자료 중 적절하지 않은 것은?

① SV가 20~30%이다.
② DO가 $7 \sim 9mg/L$이다.
③ MLSS가 $3,000mg/L$이다.
④ pH가 6~8이다.

> DO는 $2mg/L$ 이상이다.

20 빈출

시료의 5일 BOD가 $212mg/L$이고, 탈산소계수값이 $0.15/day$(밑수 10)이면 이 시료의 최종 $BOD(mg/L)$는?

① 243
② 258
③ 285
④ 292

> BOD공식을 이용한다.
> 소모 $BOD = BOD_u \times (1 - 10^{-kt}) \rightarrow BOD_5$
> $BOD_5 = BOD_u \times (1 - 10^{-k \times 5})$
> $212 = BOD_u \times (1 - 10^{-0.15 \times 5})$
> $BOD_u = 257.8535ppm$

21 ★빈출

아래에 알맞은 생물학적 처리공정으로 가장 적합한 것은?

> • 설치면적이 적게 들며, 처리수의 수질이 양호하다.
> • BOD, SS의 제거율이 높다.
> • 수량 또는 수질에 영향을 많이 받는다.
> • 슬러지 팽화가 문제점으로 지적된다.

① 산화지법
② 살수여상법
③ 회전원판법
④ 활성슬러지법

> ① 산화지법 : 미생물의 생물학적 작용을 이용하여 하수 및 폐수를 자연정화시키는 공법으로, 라군(lagon)이라고도 하며, 시설비와 운영비가 적게 드는 이점이 있기 때문에 소규모 마을의 오수처리에 많이 이용된다.
> ② 살수여상법 : 여과재 위에 하수를 살수하여 미생물막이 유기물을 분해하는 방식의 생물막 처리법이며, 보통 2차 처리에 이용된다.
> ③ 회전원판법 : 회전하는 원판 위에 미생물막을 형성하여 하수를 통과시켜 처리하는 생물막 공법이다. 회전원판이 회전하면서 산소를 공급하고 유기물을 분해한다.

22 ★빈출

아연과 성질이 유사한 금속으로 체내 칼슘균형을 깨뜨려 골연화증의 원인이 되며, 이따이이따이병으로 잘 알려진 것은?

① Hg
② Cd
③ PCB
④ Cr^{6+}

> 아연과 화학적 성질이 비슷한 카드뮴은 신체 내 칼슘 흡수를 방해해 골연화증을 유발하고, 일본에서 발생한 이타이이타이병의 주요 발병 원인으로 알려져 있다.

23

SVI = 125일 때 반송슬러지 농도(mg/L)는?

① 1,000
② 2,000
③ 4,000
④ 8,000

SVI와 반송슬러지농도와의 관계식을 이용한다.

$$반송슬러지 = \frac{1}{SVI} \times 10^6$$
$$= \frac{1}{125} \times 10^6 = 8,000 mg/L$$

※ 단위를 맞춰보면,
$$SVI = 125 mL/g$$

$$\underset{g \to mg}{\frac{g}{125mL} \times \frac{10^3 mg}{g}} \times \underset{mL \to L}{\frac{10 m^3 mL}{L}} = 8,000 mg/L$$

24

아래 식은 크롬 함유 폐수의 수산화물침전과정의 화학반응식이다. (   ) 안에 들어갈 알맞은 수치는?

$$Cr_2(SO_4)_8 + 6NaOH \rightarrow$$
$$(\quad) Cr(OH)_3 \downarrow + 3Na_2SO_4$$

① 1
② 2
③ 3
④ 4

> $$Cr_2(SO_4)_8 + 6NaOH \rightarrow 2Cr(OH)_3 \downarrow + 3Na_2SO_4$$

25

하수의 고도처리공법 중 인(P) 성분만을 주로 제거하기 위한 side stream 공정으로 다음 중 가장 적합한 것은?

① Bardenpho공정
② Phostrip공법
③ A_2/O공법
④ UCT공법

> ① Bardenpho공정 : 4단계인 경우 질소제거, 5단계인 경우 질소와 인을 동시에 제거한다.
> ③ A_2/O공법 : 질소와 인을 동시 제거
> ④ UCT공법 : 질소와 인을 동시 제거

26 ⭐빈출

효과적인 응집을 위해 실시하는 약품교반 실험장치(jar tester)의 일반적인 실험순서가 바르게 나열된 것은?

① 정치침전 → 상징수 분석 → 응집제 주입 → 급속교반 → 완속교반
② 급속교반 → 완속교반 → 응집제 주입 → 정치침전 → 상징수 분석
③ 상징수 분석 → 정치분석 → 완속교반 → 급속교반 → 응집제 주입
④ 응집제 주입 → 급속교반 → 완속교반 → 정치침전 → 상징수 분석

보통 응집제를 먼저 주입한 후, 급속교반으로 재료를 빠르게 혼합하고, 이어 완속교반으로 응집 입자를 성장시킨다. 그 다음 정치침전으로 응집된 입자를 침전시키고, 최종적으로 상등액(위의 맑은 물)을 분석한다.

27

다음 중 수처리 시 사용되는 응집제와 거리가 먼 것은?

① PAC
② 소석회
③ 입상활성탄
④ 염화제2철

입상활성탄은 흡착제이다.

28 ⭐빈출

부상법으로 처리해야 할 폐수의 성상으로 가장 적합한 것은?

① 수중에 용존유기물의 농도가 높은 경우
② 비중이 물보다 낮은 고형물이 많은 경우
③ 수온이 높은 경우
④ 독성물질을 많이 함유한 경우

부상법은 폐수 내 물보다 가벼운 고형물이나 유기물이 부상하도록 하여 제거하는 방법이므로, 비중이 물보다 낮은 부유물이 많은 폐수처리를 위해 적합하다.

29 ⭐빈출

MLSS농도가 $1,000mg/L$이고, BOD농도가 $200mg/L$인 $2,000m^3/day$의 폐수가 포기조로 유입될 때 BOD/MLSS부하는? (단, 포기조의 용적은 $1,000m^3$이다.)

① $0.1kg\,BOD/kg\,MLSS{\cdot}day$
② $0.2kg\,BOD/kg\,MLSS{\cdot}day$
③ $0.3kg\,BOD/kg\,MLSS{\cdot}day$
④ $0.4kg\,BOD/kg\,MLSS{\cdot}day$

F/M비 : $L_s(kg\,BOD/kg\,MLSS\cdot day)$

$$L_s = \frac{Q\times BOD_{in}}{X\times\forall}$$
$$= \frac{2,000\times 200}{1,000\times 1,000} = 0.4\,kg\,BOD/kg\,MLSS\cdot day$$

여기서,
L_s : $kg\,BOD/kg\,MLSS\cdot day$
Q : $2,000m^3/day$
BOD_{in} : $200mg/L$
$X(MLSS)$: $1,000mg/L$
$\forall$ (부피) : $1,000m^3$

30 ⭐빈출

$0.1N$ 염산(HCl)용액의 예상되는 pH는 얼마인가? (단, 이 농도에서 염산용액은 100% 해리한다.)

① 1   ② 2
③ 12   ④ 13

$HCl \rightleftharpoons H^+ + Cl^-$
$N=nM$, 염산은 1가이므로 $N=M$
$HCl : H^+ = 1 : 1 = 0.1M : \square$
$\square = 0.1M$
$pH=-\log[H^+]$
$\quad =-\log[0.1]=1$

31 빈출

다음 중 살수여상법으로 폐수를 처리할 때 유지관리싱 주의할 점이 아닌 것은?

① 슬러지의 팽화
② 여상의 폐쇄
③ 생물막의 탈락
④ 파리의 발생

> 슬러지의 팽화는 활성슬러지법의 유지관리상 주의할 점이다.

32 빈출

166.6g의 $C_6H_{12}O_6$가 완전한 혐기성 분해를 한다고 가정할 때 발생 가능한 CH_4 가스용적으로 옳은 것은? (단, 표준상태 기준)

① 22.4L
② 62.2L
③ 186.7L
④ 1,339.3L

> $C_6H_{12}O_6 \rightarrow 3CH_4 + 3CO_2$
> $C_6H_{12}O_6 : 3CH_4 = 180g : 3 \times 22.4L$
> $180g : 3 \times 22.4L = 166.6g : \square$
> $\square = 62.1973L$

33

무기응집제인 알루미늄염의 장점으로 가장 거리가 먼 것은?

① 적정 pH 폭이 2~12 정도로 매우 넓은 편이다.
② 독성이 거의 없어 대량으로 주입할 수 있다.
③ 시설을 더럽히지 않는 편이다.
④ 가격이 저렴한 편이다.

> 적정 pH 폭이 4~8 정도이다.

34 빈출

스토크스(Stokes)의 법칙에 따라 물속에서 침전하는 원형입자의 침전속도에 관한 설명으로 옳지 않은 것은?

① 침전속도는 입자의 지름의 제곱에 비례한다.
② 침전속도는 물의 점도에 반비례한다.
③ 침전속도는 중력가속도에 비례한다.
④ 침전속도는 입자와 물 간의 밀도차에 반비례한다.

> 침전속도는 입자와 물 간의 밀도차에 비례한다.
>
> $$V_g = \frac{d_p^2(\rho_p - \rho)g}{18\mu}$$
>
> V_g : 중력침강속도 d_p : 입자의 직경
> ρ_p : 입자의 밀도 ρ : 유체의 밀도
> g : 중력가속도 μ : 점성계수

35

완속여과의 특징에 관한 설명으로 가장 거리가 먼 것은?

① 손실수두가 비교적 적다.
② 유지관리비가 적은 편이다.
③ 시공비가 적고 부지가 좁다.
④ 처리수의 수질이 양호한 편이다.

> 많은 시공비와 넓은 부지가 필요하다.

36 빈출

쓰레기 발생량과 성상에 영향을 미치는 요인에 관한 설명으로 가장 거리가 먼 것은?

① 수집빈도가 높을수록, 그리고 쓰레기통이 클수록 발생량이 감소하는 경향이 있다.
② 일반적으로 도시의 규모가 커질수록 쓰레기 발생량이 증가한다.
③ 쓰레기 관련법규는 쓰레기 발생량에 매우 중요한 영향을 미친다.
④ 대체로 생활수준이 증가하면 쓰레기 발생량도 증가하여 다양화 된다.

> 수집빈도가 높을수록, 그리고 쓰레기통이 클수록 발생량이 증가하는 경향이 있다.

37 ⭐빈출

화상 위에서 쓰레기를 태우는 방식으로 플라스틱처럼 열화, 용해되는 물질의 소각과 슬러지, 입자상물질의 소각에도 적합하며, 체류시간이 길고 국부적으로 가열될 염려가 있으며, 연소효율이 나쁘며, 잔사의 용량이 많아질 수 있는 소각로는?

① 고정상
② 화격자
③ 회전로
④ 다단로

> ② 화격자 : 격자 위에 고체 폐기물을 적재해 연소하는 방식이다.
> ③ 회전로 : 드럼이 돌아가면서 폐기물을 섞고 태우는 소각로로, 수분 많은 폐기물에 적합하다.
> ④ 다단로 : 여러 층에서 천천히 태우는 소각로로, 수분 많은 폐기물에 적합하다.

38

폐기물 소각시설의 후연소실에 대한 설명으로 거리가 먼 것은?

① 주연소실에서 생성된 휘발성 기체는 후연소실로 흘러들어 연소된다.
② 깨끗하고 가연성인 액상 폐기물은 바로 후연소실로 주입될 수 있다.
③ 후연소실 내의 온도는 주연소실의 온도보다 보통 낮게 유지한다.
④ 연기내의 가연성분의 완전산화를 위해 후연소실은 충분한 양의 잉여 공기가 공급되어야 한다.

> 후연소실 내의 온도는 주연소실의 온도보다 보통 높게 유지한다.

39

퇴비화에 관련된 부식질(humus)의 특징과 거리가 먼 것은?

① 병원균이 사멸되어 거의 없다.
② 뛰어난 토양개량제이다.
③ C/N비가 50~60 정도로 높다.
④ 물보유력과 양이온 교환능력이 좋다.

> 퇴비화가 진행되는 동안 C/N비는 25~50 정도가 적당하며, 퇴비화가 완성되면 C/N비가 10~20 정도로 낮다. 부식질의 C/N비는 10~20 정도이다.

40 ⭐빈출

소각로에서 적용하는 공기비(m)에 관한 설명으로 가장 적합한 것은?

① 실제공기량과 이론공기량의 비
② 연소가스량과 이론공기량의 비
③ 연소가스량과 실제공기량의 비
④ 실제공기량과 이론산소량의 비

> $$m = \frac{A}{A_0}$$
> A : 실제공기량
> A_0 : 이론공기량
> m : 공기비

41

슬러지 내의 수분 중 일반적으로 가장 많은 양을 차지하며 고형물질과 직접 결합해 있지 않기 때문에 농축 등의 방법으로 용이하게 분리할 수 있는 수분은?

① 간극수
② 모관결합수
③ 부착수
④ 내부수

> 간극수는 슬러지 내의 수분 중 일반적으로 가장 많은 양을 차지하며, 고형물질과 직접 결합해 있지 않기 때문에 농축 등의 방법으로 용이하게 분리할 수 있다.

42

매립지에서 침출수 발생량에 영향을 미치는 인자와 거리가 먼 것은?

① 강우침투량
② 유출계수
③ 증발산량
④ 교통량

> 침출수 발생량은 주로 강우침투량, 유출계수, 증발산량 등과 같은 수문학적 인자에 의해 결정된다.

정답 37 ① 38 ③ 39 ③ 40 ① 41 ① 42 ④

43

폐기물의 해안매립공법 중 밑면이 뚫린 바지선 등으로 쓰레기를 떨어뜨려 줌으로서 바닥지반의 하중을 균일하게 하고, 쓰레기 지반 안정화 및 매립부지 조기이용 등에는 유리하지만 매립효율이 떨어지는 것은?

① 셀공법
② 박층뿌림공법
③ 순차투입공법
④ 내수배제공법

> ① 셀공법 : 폐기물을 독립 셀로 나누어 쌓아 안전성과 악취, 해충 문제를 줄인다.
> ③ 순차투입공법 : 제방울 설치해 폐기물을 단계적으로 투입하며 깊은 수심 매립에 적합하다.
> ④ 내수배제공법 : 침출수 관리를 위해 차수층을 설치해 물 유입을 방지하는 방법이다.

44

폐기물처리에서 에너지 회수방법으로 거리가 먼 것은?

① 슬러지 개량
② 혐기성 소화
③ 소각열 회수
④ RDF 제조

> 슬러지의 개량은 탈수성 향상에 목적이 있으며, 약품처리, 열처리, 세정, 동결 등의 방법이 있다. 이는 에너지 회수방법과 거리가 멀다.

45

쓰레기를 파쇄하려는 이유와 가장 거리가 먼 것은?

① 겉보기 밀도의 감소
② 입자크기의 균일화
③ 부등침하의 가능한 억제
④ 비표면적의 증가

> 파쇄는 부피를 감소시켜 겉보기 밀도는 증가한다.

46

어느 도시에 인구 100,000명이 거주하고 있으며, 1인당 쓰레기 발생량이 평균 $0.9 kg/$인·일이다. 이 쓰레기를 적재용량이 5톤인 트럭을 이용하여 한번에 수거를 마치려면 트럭이 몇 대 필요한가?

① 10대
② 12대
③ 15대
④ 18대

$$100,000명 \times \frac{0.9kg}{인 \cdot day} \times \frac{ton}{10^3 kg} \times \frac{대}{5 ton} = 18대$$

47

일정 기간 동안 특정지역의 쓰레기 수거차량의 대수를 조사하여 이 값에 쓰레기의 밀도를 곱하여 중량으로 환산하여 쓰레기 발생량을 산출하는 방법은?

① 경향법
② 직접계근법
③ 물질수지법
④ 적재차량계수분석법

> ① 경향법 : 시간과 쓰레기 발생량 간의 상관관계만을 고려하여 과거의 발생량 데이터를 바탕으로 미래의 발생량을 예측하는 모델이다.
> ② 직접계근법 : 쓰레기를 실제로 저울에 달아서 중량을 정확하게 측정하는 방법으로, 가장 정확하지만 비용과 시간이 많이 든다.
> ③ 물질수지법 : 특정 공정이나 시설에서 출입하는 물질의 양을 질량보존법칙(물질수지식)에 따라 계산하여 배출량을 산정하는 방법이다.

48

매립가스 중 축적되면 폭발성의 위험성이 있으며, 가볍기 때문에 위로 확산되며, 구조물의 설계 시에는 구조물로 스며들지 않도록 해야 하는 물질은?

① 메탄
② 산소
③ 황화수소
④ 이산화탄소

> 메탄은 매립가스의 주성분 중 하나로, 폭발 위험이 크며, 공기보다 가볍기 때문에 위쪽으로 확산된다. 따라서 구조물 설계 시 메탄이 스며들지 않도록 주의해야 한다.

49

다단로 소각에 대한 내용으로 틀린 것은?

① 체류시간이 길어 특히 휘발성이 적은 폐기물의 연소에 유리하다.
② 온도반응이 비교적 신속하여 보조연료 사용조절이 용이하다.
③ 다량의 수분이 증발되므로 수분함량이 높은 폐기물의 연소도 가능하다.
④ 물리·화학적 성분이 다른 각종 폐기물을 처리할 수 있다.

체류시간이 길어 온도반응이 더디고 보조연료 사용조절이 어렵다.

50 빈출

쓰레기를 수평으로 고르게 깔아 압축하고 복토를 깔아 쓰레기층과 복토층을 교대로 쌓는 매립공법을 무엇이라 하는가?

① 박층뿌림공법
② 샌드위치공법
③ 압축매립공법
④ 도랑형공법

① 박층뿌림공법 : 밑면을 개방할 수 있는 바지선에 폐기물을 적재하여 대상지점에 투하하는 방식으로, 내수배제가 곤란하고 수심이 깊은 지역 등에 적합하다.
③ 압축매립공법 : 쓰레기를 매립하기 전에 이의 감량화를 목적으로 먼저 쓰레기를 일정한 더미형태로 압축하여 부피를 감소시킨 후 포장을 실시하여 매립하는 방법이다.
④ 도랑형공법 : 폐기물을 부피나 무게 단위로 분할하여 계량, 관리하는 방법으로, 매립계획과 관리가 용이하다.

51 빈출

폐기물의 원소를 분석한 결과 탄소 42%, 산소 40%, 수소 9%, 회분 7%, 황 2%이었다. 듀롱(Dulong)식을 이용하여 고위발열량($kcal/kg$)을 구하면?

① 약 4,100
② 약 4,300
③ 약 4,500
④ 약 4,800

Dulong의 고위발열량식을 이용하여 계산하면,

$$Dulong식(H_h) = 8,100C + 34,250\left(H - \frac{O}{8}\right) + 2,250S$$
$$= 8,100 \times 0.42 + 34,250\left(0.09 - \frac{0.4}{8}\right)$$
$$+ 2,250 \times 0.02 = 4,817kcal/kg$$

52 빈출

다음 중 MHT에 관한 설명으로 옳지 않은 것은?

① $man \cdot hr/ton$을 뜻한다.
② 폐기물의 수거효율을 평가하는 단위로 쓰인다.
③ MHT가 클수록 수거효율이 좋다.
④ 수거작업 간의 노동력을 비교하기 위한 것이다.

MHT가 작을수록 수거효율이 좋다.

53 빈출

다음 중 작용하는 힘에 따른 폐기물의 파쇄장치의 분류로 가장 거리가 먼 것은?

① 전단식 파쇄기
② 충격식 파쇄기
③ 압축식 파쇄기
④ 공기식 파쇄기

폐기물 파쇄기는 일반적으로 전단식, 충격식, 압축식 파쇄기로 분류되며, 각각 전단력, 충격력, 압축력을 이용한다.

54

밀도가 $1g/cm^3$인 폐기물 $10kg$에 고형화 재료 $2kg$을 첨가하여 고형화 시켰더니 밀도가 $1.2g/cm^3$로 증가했다. 이 경우 부피변화율은?

① 0.7
② 0.8
③ 0.9
④ 1.0

정답   49 ②   50 ②   51 ④   52 ③   53 ④   54 ④

$$부피변화율 = \frac{V_2}{V_1}$$

$$= \frac{10,000}{10,000} = 1$$

㉠ 고형화 재료 첨가 전 부피(V_1)

$$밀도(\rho) = \frac{질량(g)}{부피(cm^3)}$$

$$부피(cm^3) = \frac{질량(g)}{밀도(\rho)}$$

$$V_1(cm^3) = \frac{10,000g}{1.0g/cm^3} = 10,000cm^3$$

㉡ 고형화 재료 첨가 후 부피(V_2)

$$밀도(\rho) = \frac{질량(g)}{부피(cm^3)}$$

$$부피(cm^3) = \frac{질량(g)}{밀도(\rho)}$$

$$V_2(cm^3) = \frac{12,000g}{1.2g/cm^3} = 10,000cm^3$$

55 ⭐ 빈출

다음 중 폐기물의 기계적(물리적) 선별방법으로 가장 거리가 먼 것은?

① 체선별
② 공기선별
③ 용제선별
④ 관성선별

③ 용제선별 : 폐기물의 물리적 성질이 아니라 화학적 용해성 차이를 이용하는 화학적 선별방법으로, 물리적 선별에는 포함되지 않는다.
① 체선별 : 크기별로 체(스크린)를 이용해 분리하는 물리적 방법이다.
② 공기선별 : 공기 흐름을 이용해 입자 무게 차이에 따라 분리하는 물리적 방법이다.
④ 관성선별 : 운동에너지 및 관성 차이를 이용해 분리하는 물리적 방법이다.

56

음의 회절에 관한 설명으로 옳지 않은 것은?

① 회절하는 정도는 파장에 반비례한다.
② 슬릿의 폭이 좁을수록 회절하는 정도가 크다.
③ 장애물 뒤쪽으로 음이 전파되는 현상이다.
④ 장애물이 작을수록 회절이 잘된다.

회절하는 정도는 파장에 비례한다.

57

다음 (　) 안에 알맞은 것은?

한 장소에 있어서의 특정의 음을 대상으로 생각할 경우 대상소음이 없을 때 그 장소의 소음을 대상소음에 대한 (　　)이라 한다.

① 고정소음
② 기저소음
③ 정상소음
④ 배경소음

배경소음은 특정 소음원이 없을 때 그 장소에서 존재하는 기본적인 소음을 의미한다. 쉽게 말해 주변 환경에서 항상 들리는 자연적이거나 인공적인 소음으로, 예를 들어 교통소음, 에어컨 가동 소리 등이 해당된다.

58

가속도진폭의 최대값이 $0.01 m/sec^2$인 정현진동의 진동가속도레벨은? (단, 기준 $10^{-5} m/sec^2$)

① $28dB$
② $30dB$
③ $57dB$
④ $60dB$

$$VAL(dB) = 20\log\left(\frac{A}{A_r}\right)$$

$$= 20\log\left(\frac{0.01}{10^{-5}}\right) = 60dB$$

A : 측정진동가속도실효치(m/sec^2)
A_r : 기준가속도(m/sec^2)

59

공해진동에 관한 설명으로 옳지 않은 것은?

① 진동수 범위는 $1,000 \sim 4,000\,Hz$ 정도이다.
② 문제가 되는 진동레벨은 $60\,dB$부터 $80\,dB$까지가 많다.
③ 사람이 느끼는 최소진동역치는 $55 \pm 5\,dB$ 정도이다.
④ 사람에게 불쾌감을 준다.

일반적으로 공해진동의 주파수 범위는 $1 \sim 90\,Hz$이다.

60

무지향성 점음원을 두 면이 접하는 구석에 위치시켰을 때의 지향지수는?

① $0\,dB$　　　　　　　　② $+3\,dB$
③ $+6\,dB$　　　　　　　　④ $+9\,dB$

무지향성 점음원의 지향계수와 지향지수

자유공간 (공중음원)	반자유공간 (바닥위)	두 변이 만나는 구석	세 변이 만나는 구석
지향계수 : 1, 지향지수 : $0\,dB$	지향계수 : 2, 지향지수 : $3\,dB$	지향계수 : 4, 지향지수 : $6\,dB$	지향계수 : 8, 지향지수 : $9\,dB$

01

다음 대기오염물질과 관련된 업종 중 불화수소가 주된 배출원에 해당하는 것은?

① 고무가공, 인쇄공업
② 인산비료, 알루미늄제조
③ 내연기관, 폭약제조
④ 코우크스 연소로, 제철

불화수소(HF)는 알루미늄 제련 공정과 인산비료 제조 공정에서 주로 배출돼 대기오염물질로 관리된다. 특히 알루미늄 제련소에서는 합성 빙정석 제조 공정에 불산을 사용하며, 인산비료 제조업에서도 불화수소가 배출된다.

02

여과집진장치에 사용되는 다음 여과재 중 최고사용온도가 가장 높은 것은?

① 유리섬유
② 목면
③ 양모
④ 아마이드계 나일론

① 유리섬유(글라스화이버) : 250℃
② 목면 : 80℃
③ 양모 : 80℃
④ 아마이드계 나일론 : 110℃

03 빈출

집진효율이 50%인 중력침강 집진장치와 99%인 여과식 집진장치가 직렬로 연결된 집진시설에서 중력침강 집진장치의 입구 먼지농도가 $1,000mg/Sm^3$이라면, 여과식 집진장치의 출구 먼지농도(mg/Sm^3)는?

① 1
② 5
③ 10
④ 50

집진율은 제거되는 농도를 의미한다. 출구의 농도를 계산하기 위해서는 제거되는 농도를 제외해 주어야 한다.
㉠ 중력집진장치를 통과하는 출구 먼지농도

$$\frac{1,000mg}{Sm^3} \times (1-0.5) = 500mg/Sm^3$$

㉡ 여과식 집진장치에 유입되는 입구 먼지농도 : $500mg/Sm^3$
㉢ 여과식 집진장치를 통과하는 출구 먼지농도

$$\frac{500mg}{Sm^3} \times (1-0.99) = 5mg/Sm^3$$

04 빈출

대기오염방지시설 중 가스상 물질을 처리할 수 있는 흡착장치와 거리가 먼 것은?

① 고정층 흡착장치
② 촉매층 흡착장치
③ 이동층 흡착장치
④ 유동층 흡착장치

① 고정층 흡착장치 : 흡착제가 고정된 층에 가스를 통과시켜 오염물질을 흡착하는 방식이다. 가장 일반적인 흡착장치이다.
③ 이동층 흡착장치 : 흡착제가 이동하면서 흡착과 탈착이 연속적으로 일어나는 방식이다.
④ 유동층 흡착장치 : 흡착제가 유동층 상태로 공중에 부유하며 흡착하는 방식으로, 가스와 흡착제의 접촉면적이 넓어 효율적이다.

05

다음 중 섭씨온도가 20℃인 것은?

① $20K$
② $36°F$
③ $68°F$
④ $273K$

① 20 K

절대온도 = 섭씨온도 + 273

섭씨온도 = 절대온도 − 273 = 20 − 273 = 253℃

② 36℉

$℉ = 1.8 × ℃ + 32$

$℃ = (℉ − 32)/1.8 = (36 − 32)/1.8 = 2.22℃$

③ 68℉

$℉ = 1.8 × ℃ + 32$

$℃ = (℉ − 32)/1.8 = (68 − 32)/1.8 = 20℃$

④ 273 K

절대온도 = 섭씨온도 + 273

섭씨온도 = 절대온도 − 273 = 273 − 273 = 0℃

06 ⭐빈출

복사역전에 대한 다음 설명 중 옳지 않은 것은?

① 복사역전은 공중에서 일어난다.

② 맑고 바람이 없는 날 아침에 해가 뜨기 직전에 강하게 형성된다.

③ 복사역전이 형성될 경우 대기오염물질의 수직이동, 확산이 어렵게 된다.

④ 해가 지면서부터 열복사에 의한 지표면의 냉각이 시작되므로 복사역전이 형성된다.

복사역전은 지표부근에서 일어난다.

07

대기환경보전법규상 특정대기유해물질이 아닌 것은?

① 석면

② 시안화수소

③ 망간화합물

④ 사염화탄소

대기환경보전법상 특정대기유해물질

카드뮴, 시안화수소, 납, 폴리염화비페닐, 크롬, 비소, 수은, 프로필렌 옥사이드, 염소 및 염화수소, 불소화물, 석면, 니켈, 염화비닐, 다이옥신, 페놀, 베릴륨, 벤젠, 사염화탄소, 이황화메틸, 아닐린, 클로로포름, 포름알데히드, 아세트알데히드, 벤지딘, 1,3-부타디엔, 다환 방향족 탄화수소류, 에틸렌옥사이드, 디클로로메탄, 스틸렌, 테트라클로로에틸렌, 1,2-디클로로에탄, 에틸벤젠, 트리클로로에틸렌, 아크릴로니트릴, 히드라진 등이다.

08

대류권에서 온실가스이며 성층권에서 오존층 파괴물질로 알려져 있는 것은?

① CO　　　　　　　② N_2O

③ HCl　　　　　　　④ SO_2

N_2O(아산화질소)는 질소원자 두 개와 산소원자 한 개로 이루어진 질소산화물로, 대기 중에서 약 150년 정도 매우 안정하게 체류하는 온실가스이다. 이산화탄소(CO_2)의 약 310배에 해당하는 지구온난화지수(GWP)를 가지고 있어 강력한 온실효과 물질이다. 또한 성층권에서는 오존층을 파괴하는 역할을 한다.

09

다음 중 집진효율이 가장 낮은 집진장치는?

① 전기집진장치　　　　② 여과집진장치

③ 원심력집진장치　　　④ 중력집진장치

중력집진장치는 효율이 낮아 전처리로 많이 사용된다.

10 ⭐빈출

질소산화물의 발생을 억제하는 연소방법이 아닌 것은?

① 저과잉공기비 연소법

② 고온연소법

③ 2단연소법

④ 배기가스 재순환법

고온영역을 만들면 NO_x의 발생량이 증가한다.

11 ⭐빈출

함진가스를 방해판에 충돌시켜 기류의 급격한 방향전환을 이용하여 입자를 분리·포집하는 집진장치는?

① 중력집진장치　　　　② 전기집진장치

③ 여과집진장치　　　　④ 관성력집진장치

정답　　　06 ① 07 ③ 08 ② 09 ④ 10 ② 11 ④

① 중력집진장치 : 공기 중의 입자가 중력에 의해 자연 침강하여 분리되는 원리를 이용한 집진장치이다.
② 전기집진장치 : 전기력을 이용해 입자에 전하를 부여한 후, 정전기력에 의해 입자를 분리·포집하는 방식이다.
③ 여과집진장치 : 집진 필터(여과재)를 이용해 입자를 물리적으로 포집하는 장치이다

12

다음 표준상태(0℃, 760mmHg)에 있는 건조공기 중 대기 내의 체류시간이 가장 긴 것은?

① N_2 ② CO
③ NO ④ CO_2

대기 중 화학적 안정성이 높고 분자량이 큰 질소가 가장 긴 체류시간을 갖는다.

13

다음 기체 중 비중이 가장 큰 것은?

① SO_2 ② CO_2
③ $HCHO$ ④ CS_2

분자량이 가장 큰 것을 고르면 비중이 가장 큰 기체가 된다.
증기비중 = 분자량/공기의 평균분자량
① SO_2 : 64/29 ② CO_2 : 44/29
③ $HCHO$: 30/29 ④ CS_2 : 76/29

14 ⭐빈출

CO $200kg$을 완전연소시킬 때 필요한 이론공기량(Sm^3)은? (단, 표준상태 기준)

① 15 ② 56
③ 80 ④ 381

$CO + 0.5O_2 \rightarrow CO_2$
㉠ 이론산소량 계산
  $28kg : 0.5 \times 22.4Sm^3 = 200kg : \square$
  ($1kmol = kg분자량 = 22.4Sm^3$)
  $\square = 80Sm^3$
㉡ 이론공기량 계산
  $80Sm^3 \times \dfrac{1}{0.21} = 380.9523Sm^3$

15

다음 중 2차 대기오염물질에 속하는 것은?

① HCl ② Pb
③ CO ④ H_2O_2

• 1차 오염물질 : SO_x, NO_x, HC, CO_2, NH_3
• 2차 오염물질 : SO_x, NO_x, PAN, O_3, H_2O_2, $NOCl$
• 1, 2차 오염물질 : NO, NO_2, SO_2, SO_3, H_2SO_4, 알데히드류, 유기산류

16 ⭐빈출

다음 중 지하수의 일반적인 수질특성에 관한 설명으로 옳지 않은 것은?

① 수온의 변화가 심하다.
② 무기물 성분이 많다.
③ 지질특성에 영향을 받는다.
④ 지표면 깊은 곳에서는 무산소 상태로 될 수 있다.

지하수는 수온의 변화가 심하지 않다.

17

생물학적 처리방법에 관한 설명으로 옳지 않은 것은?

① 주로 유기성 폐수의 처리에 적용한다.
② 미생물을 이용한 처리방법으로 호기성 처리방법은 부패조 등이 있다.
③ 살수여상은 부착 성장식 생물학적 처리공법이다.
④ 산화지는 자연에 의하여 처리하기 때문에 활성슬러지법에 비해 적정처리가 어렵다.

미생물을 이용한 처리방법으로 호기성 처리방법은 포기조 등이 있다. 부패조는 혐기성 처리방법이다.

정답 12 ① 13 ④ 14 ④ 15 ④ 16 ① 17 ②

18

다음 중 콘크리트 하수관거의 부식을 유발하는 오염물질로 가장 적합한 것은?

① NH_4^+ ② SO_4^{2-}
③ Cl^- ④ PO_4^{3-}

하수관거 내부가 혐기성 상태에서 하수에 포함된 황이 황화수소로 환원되고 수분과 결합하여 황산이 되어 콘크리트 하수관거의 부식을 유발하는 관정부식(管頂腐蝕, crown corrosion)이 일어난다.

19 ⭐빈출

명반을 폐수의 응집조에 주입 후, 완속교반을 행하는 주된 목적은?

① 플록의 입자를 크게 하기 위하여
② 플록과 공기를 잘 접촉시키기 위하여
③ 명반을 원수에 용해시키기 위하여
④ 생성된 플록의 수를 증가시키기 위하여

완속교반은 급속교반으로 생성된 미세한 입자들이 서로 뭉쳐 큰 플록으로 성장할 수 있도록 도와주는 과정이다.

20

하천의 자정작용을 4단계(Wipple)로 구분할 때 순서대로 옳게 나열한 것은?

① 분해지대 - 활발분해지대 - 회복지대 - 정수지대
② 정수지대 - 활발분해지대 - 분해지대 - 회복지대
③ 활발분해지대 - 회복지대 - 분해지대 - 정수지대
④ 회복지대 - 분해지대 - 활발분해지대 - 정수지대

• 분해지대 : 오염물이 유입되는 하류지역으로, 물의 물리적·화학적 성질이 저하되고 용존산소(DO)가 감소한다.
• 활발한 분해지대 : DO가 거의 없거나 매우 낮아 혐기성 분해가 활발하게 일어난다.
• 회복지대 : 유기물이 고갈되고 DO가 다시 증가하면서 물이 점차 깨끗해지는 단계이다.
• 정수지대 : 하천이 거의 오염되지 않은 상태처럼 DO가 정상화되고 BOD가 감소한다.

21 ⭐빈출

유입하수량이 $2,000m^3/day$이고, 침전지의 용적이 $250m^3$이다. 이때 체류시간은?

① 3시간   ② 4시간
③ 6시간   ④ 8시간

$$체류시간(HRT) = \frac{부피(\forall)}{유량(Q)}$$
$$= \frac{250m^3}{\left(\dfrac{2,000m^3}{day} \times \dfrac{1day}{24hr}\right)} = 3hr$$

22 ⭐빈출

활성슬러지공법에 의한 운영상의 문제점으로 옳지 않은 것은?

① 거품발생
② 연못화 현상
③ 플록해체현상
④ 슬러지부상 현상

살수여상법은 대표적인 부착 성장식 생물학적 처리공법으로 매질(media)로 채워진 탱크에 의해서 폐수를 부려주면 매질 표면에 붙어 있는 미생물이 유기물을 섭취하여 제거한다. 여재의 크기가 균일하지 않거나 매질이 파손되는 경우에는 연못화 현상이 일어날 수 있다.

23

다음 중 산화와 거리가 먼 것은?

① 산화수가 감소하는 현상
② 전자를 잃는 현상
③ 수소를 잃는 현상
④ 산소와 화합하는 현상

산화	환원
산화수 증가	산화수 감소
수소를 잃음	수소를 얻음
전자를 잃음	전자를 얻음

정답   18 ②   19 ①   20 ①   21 ①   22 ②   23 ①

24 ⭐빈출

물속에서 침강하고 있는 입자에 스토크스의 법칙이 적용된다면 입자의 침강속도에 가장 큰 영향을 주는 변화 인자는?

① 입자의 밀도   ② 물의 밀도
③ 물의 점도   ④ 입자의 직경

입자 직경의 제곱에 비례한다.

$$V_g = \frac{d_p^2(\rho_p - \rho)g}{18\mu}$$

V_g : 중력침강속도 d_p : 입자의 직경
ρ_p : 입자의 밀도 ρ : 유체의 밀도
g : 중력가속도 μ : 점성계수

25 ⭐빈출

지하수의 수질을 분석하였더니 Ca^{2+} = $24mg/L$, Mg^{2+} = $14mg/L$의 결과를 얻었다. 이 지하수의 경도는? (단, 원자량은 Ca = 40, Mg = 24이다.)

① $98.7mg/L$ ② $104.3mg/L$
③ $118.3mg/L$ ④ $123.4mg/L$

$$경도 = \sum\left(경도유발물질농도 \times \frac{CaCO_3\ 당량}{경도유발물질\ 당량}\right)$$
$$= \sum\left(24mg/L \times \frac{50}{40/2} + 14mg/L \times \frac{50}{24/2}\right)$$
$$= 118.3333\,mg/L\ as\ CaCO_3$$

26

해수의 특성으로 옳지 않은 것은?

① 해수의 밀도는 수심이 깊을수록 증가한다.
② 해수의 pH는 5.6 정도로 약산성이다.
③ 해수의 Mg/Ca비는 3~4 정도이다.
④ 해수는 강전해질로서 $1L$당 $35g$ 정도의 염분을 함유한다.

해수의 pH는 약 8.2 정도로 약 알칼리성을 지닌다.

27

용존산소가 충분한 조건의 수중에서 미생물에 의한 단백질 분해 순서를 올바르게 나타낸 것은?

① $NO_3 - N \rightarrow NO_2 - N \rightarrow NH_3 - N \rightarrow$ Amino acid
② $NH_3 - N \rightarrow NO_2 - N \rightarrow NO_3 - N \rightarrow$ Amino acid
③ Amino acid $\rightarrow NO_3 - N \rightarrow NO_2 - N \rightarrow NH_3 - N$
④ Amino acid $\rightarrow NH_3 - N \rightarrow NO_2 - N \rightarrow NO_3 - N$

유기질소가 미생물에 의해 분해되어 암모니아성 질소가 되고, 암모니아성 질소가 아질산균에 의해 아질산성 질소로 산화된다. 이어서 아질산성 질소가 질산균에 의해 질산성 질소로 산화되어 완성된다.

28

A공장의 최종 방류수 $4,000m^3/day$에 염소를 $60kg/day$로 주입하여 방류하고 있다. 염소주입 후 잔류염소량이 $3mg/L$이었다면 이때 염소요구량은 몇 mg/L인가?

① $12mg/L$ ② $17mg/L$
③ $20mg/L$ ④ $23mg/L$

㉠ 염소주입농도

$$농도 = \frac{용질}{용액} = \frac{\dfrac{60kg}{day}}{\dfrac{4,000m^3}{day}}$$

$$= \frac{60kg}{4,000m^3} \times \frac{10^6 mg}{kg} \times \frac{m^3}{10^3 L} = 15mg/L$$
$$kg \rightarrow mg \quad m^3 \rightarrow L$$

㉡ 염소요구량
염소주입량 = 염소요구량 + 염소잔류량
$15mg/L = \square mg/L + 3mg/L$
$\square = 12$

29 ⭐빈출

생물학적으로 질소와 인을 제거하는 A_2/O공정 중 혐기조의 주된 역할은?

① 질산화   ② 탈질화
③ 인의 방출   ④ 인의 과잉섭취

정답   24 ④   25 ③   26 ②   27 ④   28 ①   29 ③

- 혐기조 : 인의 방출
- 무산소조 : 탈질
- 호기조 : 질산화, 인의 과잉섭취

30

다음 중 폐기물의 고형화 처리방법에 해당되지 않는 것은?

① 시멘트 기초법　　　② 활성탄 흡착법
③ 유기중합체법　　　④ 열가소성 플라스틱법

활성탄 흡착법은 입자상 물질의 제거방법이다.

31

폐수 중 총인을 아스코르빈산환원법으로 측정할 때의 분석파장으로 옳은 것은?

① 220nm　　　② 450nm
③ 540nm　　　④ 880nm

총인 아스코르빈산환원법은 시료 중의 유기물을 산화·분해하여 모든 인 화합물을 인산염(PO_4^{3-}) 형태로 전환시킨 후, 인산염이 몰리브덴산암모늄과 반응하여 생성된 몰리브덴산인암모늄을 아스코르빈산으로 환원시킨다. 이때 생성된 몰리브덴산 청의 흡광도를 880nm (또는 710nm)에서 측정하여 인산염인의 양을 정량하는 방법이다.

32

다음은 BOD용 희석수(또는 BOD용 식종 희석수)를 검토하기 위한 시험방법이다. (　　) 안에 알맞은 것은?

(　　) 각 150mg씩을 취하여 물에 녹여 1,000mL로 한 액 5mL~10mL를 3개의 300mL BOD병에 넣고 BOD용 희석수(또는 BOD용 식종 희석수)를 완전히 채운 다음 BOD 시험방법에 따라 시험한다.

① 설퍼민산 및 수산화나트륨
② 글루코오스 및 글루타민산
③ 알칼리성 요오드화 칼륨 및 아자이드화 나트륨
④ 황산구리 및 설퍼민산

시료(또는 전처리한 시료)를 BOD용 희석수(또는 BOD용 식중희석수)를 사용하여 희석할 때에 이들 중에 독성물질이 함유되어 있거나 구리, 납 및 아연 등의 금속이온이 함유된 시료(또는 전처리한 시료)는 호기성 미생물의 증식에 영향을 주어 정상적인 BOD값을 나타내지 않게 된다. 이러한 경우에 글루코오스 및 글루타민산을 넣어 적정여부를 검토한다.

33 빈출

시중 판매되는 농황산의 비중은 약 1.84, 농도는 96%(중량기준)일 때, 이 농황산의 몰농도(mol/L)는?

① 12　　　② 18
③ 24　　　④ 36

$$\frac{1.84kg}{L} \times \frac{96}{100} \times \frac{10^3 g}{1kg} \times \frac{mol}{98g} = 18.0244 mol/L$$

34

물리적 처리에 관한 설명으로 거리가 먼 것은?

① 폐수가 흐르는 수로에 관망을 설치하여 부유물 중 망의 유효간격보다 큰 것을 망 위에 걸리게 하여 제거하는 것이 스크린의 처리원리이다.
② 스크린의 접근유속은 0.15$m/\sec$ 이상이어야 하며, 통과유속이 5$m/\sec$를 초과해서는 안된다.
③ 침사지는 모래, 자갈, 뼛조각, 기타 무기성 부유물로 구성된 혼합물을 제거하기 위해 이용된다.
④ 침사지는 일반적으로 스크린 다음에 설치되며, 침전한 그릿이 쉽게 제거되도록 밑바닥이 한 쪽으로 급한 경사를 이루도록 한다.

스크린의 접근유속은 0.45$m/\sec$ 이상이어야 하며, 통과유속이 1$m/\sec$를 초과해서는 안된다.

35 빈출

수질오염공정시험기준에서 "취급 또는 저장하는 동안에 이물질이 들어가거나 또는 내용물이 손실되지 아니하도록 보호하는 용기"를 무엇이라 하는가?

① 차광용기
② 밀봉용기
③ 기밀용기
④ 밀폐용기

① 차광용기 : 광선이 투과하지 않는 용기 또는 투과하지 않게 포장을 한 용기이며 취급 또는 저장하는 동안에 내용물이 광화학적 변화를 일으키지 아니하도록 방지할 수 있는 용기를 말한다.
② 밀봉용기 : 취급 또는 저장하는 동안에 기체 또는 미생물이 침입하지 아니하도록 내용물을 보호하는 용기를 말한다.
③ 기밀용기 : 취급 또는 저장하는 동안에 밖으로부터의 공기 또는 다른 가스가 침입하지 아니하도록 내용물을 보호하는 용기를 말한다.
④ 밀폐용기 : 취급 또는 저장하는 동안에 이물질이 들어가거나 또는 내용물이 손실되지 아니하도록 보호하는 용기를 말한다.

36 빈출

수분함량이 30%인 어느 도시의 쓰레기를 건조시켜 수분함량이 10%인 쓰레기로 만들어 처리하려고 한다. 쓰레기 1톤당 약 몇 kg의 수분을 증발시켜야 하는가? (단, 쓰레기 비중은 1.0으로 가정함.)

① $204\,kg$ ② $215\,kg$
③ $222\,kg$ ④ $242\,kg$

$SL_1(1-X_1)=SL_2(1-X_2)$
$1,000\,kg(1-0.3)=SL_2(1-0.1)$
$SL_2=777.7777\,kg$
증발시켜야 할 수분 $= SL_1 - SL_2 = 1,000 - 777.7777$
$\qquad\qquad\qquad = 222.2223\,kg$

37

다음 중 폐기물 처리를 위해 가장 우선적으로 추진해야 하는 방향은?

① 퇴비화   ② 감량
③ 위생매립   ④ 소각열회수

폐기물관리의 기본 원칙은 발생량을 근본적으로 줄이는 감량이 가장 우선되며, 그 다음으로 재사용 및 재활용, 에너지화(소각), 그리고 최후 처리 방법으로 매립이 추진된다.

38 빈출

장치 아래쪽에서는 가스를 주입하여 모래를 가열시키고 위쪽에서는 폐기물을 주입하여 연소시키는 형태로 기계적 구동부가 적어 고장율이 낮으며, 슬러지나 폐유 등의 소각에 탁월한 성능을 가지는 소각로는?

① 고정상 소각로
② 화격자 소각로
③ 유동상 소각로
④ 열분해 소각로

① 고정상 소각로 : 고형물이 움직이지 않고 고정된 상태에서 연소하는 형식
② 화격자 소각로 : 격자 위에 고체 폐기물을 적재해 연소하는 방식
④ 열분해 소각로 : 폐기물에 직접 산소를 주지 않고 열로 분해·가스화하여 에너지원으로 활용하는 폐기물 처리장치

39 빈출

주로 산업폐기물의 발생량 산정법으로 먼저 조사하고자 하는 계의 경계를 정확히 설정한 다음 그 시스템으로 유입되는 모든 물질과 유출되는 모든 물질들 간의 물질수지를 세움으로써 발생량을 추정하는 방법은?

① 공장공정법
② 직접계근법
③ 물질수지법
④ 적재차량계수법

② 직접계근법 : 쓰레기를 실제로 저울에 달아서 중량을 정확하게 측정하는 방법으로, 가장 정확하지만 비용과 시간이 많이 든다.
④ 적재차량계수법 : 쓰레기의 발생량을 산정하는 방법 중 일정기간 동안 특정지역의 쓰레기 수거차량의 대수를 조사하여 이 값에 밀도를 곱하여 중량으로 환산하는 방법이다.

40 ⭐빈출

폐기물 고체연료(RDF)의 구비조건으로 틀린 것은?

① 함수율이 높을 것
② 열량이 높을 것
③ 대기오염이 적을 것
④ 성분 배합율이 균일할 것

> 함수율은 낮아야 한다.

41 ⭐빈출

다음 폐기물 선별방법 중 특정적으로 자장이나 전기장을 이용하는 것은?

① 중력선별
② 관성선별
③ 스크린선별
④ 와전류선별

> ① 중력선별 : 무거운 것과 가벼운 것을 중력으로 분리
> ② 관성선별 : 폐기물을 가벼운 것과 무거운 것으로 분리하기 위하여 중력이나 탄도학을 이용한 선별
> ③ 스크린선별 : 크기 차이에 따라 거름망을 사용해 분리

42 ⭐빈출

관거수송법에 관한 설명으로 가장 거리가 먼 것은?

① 쓰레기 발생밀도가 높은 곳은 적용이 곤란하다.
② 가설 후 경로변경이 곤란하고, 설치비가 높다.
③ 잘못 투입된 물건의 회수가 곤란하다.
④ 조대쓰레기는 파쇄, 압축 등의 전처리가 필요하다.

> 쓰레기 발생밀도가 높은 곳에 적용해야 경제적이다.

43 ⭐빈출

폐기물의 수거시 수거 작업 간의 노동력을 비교하기 위하여 사용하는 용어로서, 수거인부 1인이 쓰레기 1톤을 수거하는데 소요되는 총 시간을 말하는 것은?

① MHT
② HHV
③ LHV
④ RDF

> MHT : man·hr/ton

44

다음은 어떤 매립공법의 특성에 관한 설명인가?

- 폐기물과 복토층을 교대로 쌓는 방식
- 협곡, 산간 및 폐광산 등에서 사용하는 방법
- 외곽 우수배제시설 필요
- 복토재의 외부 반입이 필요

① 샌드위치공법
② 도랑형공법
③ 박층뿌림공법
④ 순차투입공법

> ② 도랑형공법 : 도랑 형태의 공간에 매립하는 방법
> ③ 박층뿌림공법 : 바지선에서 폐기물을 부려 지반 하중을 균등화하는 해양매립법
> ④ 순차투입공법 : 제방울 만들어 단계적으로 폐기물을 투입하여 매립지를 육지화하는 해양매립법

45

다음 중 폐기물공정시험기준상 폐기물의 강열감량 및 유기물 함량을 측정하고자 할 때 사용되는 기구로만 옳게 묶여진 것은?

- ㉠ 도가니
- ㉡ 항온수조
- ㉢ 전기로
- ㉣ pH미터
- ㉤ 전자저울
- ㉥ 황산데시게이터

① ㉠, ㉡, ㉢, ㉣
② ㉡, ㉣, ㉤, ㉥
③ ㉡, ㉢, ㉤, ㉥
④ ㉠, ㉢, ㉤, ㉥

> 폐기물의 강열감량 및 유기물 함량을 측정하는 방법은 시료를 질산암모늄 용액(25%)에 넣고 가열하여 탄화시킨 다음, $(600\pm25)℃$의 전기로 안에서 3시간 강열하고 데시케이터에서 식힌 후 무게를 달아 증발접시의 무게 차이로부터 강열감량 및 유기물 함량(%)을 구한다.

정답   40 ①   41 ④   42 ①   43 ①   44 ①   45 ④

46 빈출

일정 기간 동안 특정지역의 쓰레기 수거 차량의 대수를 조사하여 이 값에 밀도를 곱하여 중량으로 환산하는 쓰레기 발생량 산정 방법은?

① 직접계근법
② 물질수지법
③ 통과중량조사법
④ 적재차량계수분석법

① 직접계근법 : 쓰레기를 실제로 저울에 달아서 중량을 정확하게 측정하는 방법으로, 가장 정확하지만 비용과 시간이 많이 든다.
② 물질수지법 : 특정 공정이나 시설에서 출입하는 물질의 양을 질량보존법칙(물질수지식)에 따라 계산하여 배출량을 산정하는 방법이다.

47

인구 50만명인 A도시의 폐기물 발생량 중 가연성은 20%, 불연성은 80%이다. 1인당 폐기물 발생량이 $1.0kg/$인·일이고, 운반차량의 적재용량이 $5m^3$일 때, 가연성 폐기물의 운반에 필요한 차량운행회수(회/월)는? (단, 가연성 폐기물의 겉보기 비중은 $3000kg/m^3$, 월 30일, 차량은 1대 기준)

① 185
② 191
③ 200
④ 222

$$500,000인 \times \frac{1.0kg}{인 \cdot day} \times \frac{20}{100} \times 30day \times \frac{m^3}{3,000kg} \times \frac{1대}{5m^3}$$

가연성 $\qquad$ $kg \rightarrow m^3$ 적재량

$$= 200대$$

48

폐기물의 고형화 처리방법으로 가장 거리가 먼 것은?

① 활성슬러지법
② 석회기초법
③ 유리화법
④ 피막형성법

활성슬러지법은 호기성미생물을 이용한 유기물의 제거 공법이다.

49

폐기물 소각 공정에 사용되는 연소기의 종류에 해당하지 않는 것은?

① Scrubber
② Stoker
③ Rotary kiln
④ Multiple hearth

Scrubber는 세정식 집진장치이다.

50 빈출

호기성 미생물을 이용하여 유기물을 분해하는 퇴비화공정의 최적 조건의 범위로 가장 거리가 먼 것은?

① 수분함량 85% 이상
② pH 6.5~7.5
③ 온도 55~65℃
④ C/N비 25~30

수분함량 : 원료의 최적 함수율은 50~60% 정도가 적당하다.

51

매립 시 발생되는 매립가스 중 악취를 유발시키는 것은?

① CH_4
② CO
③ CO_2
④ NH_3

NH_3, H_2S 등이 악취를 유발한다.

52

폐기물을 분석하기 위한 시료의 축소화 방법으로만 옳게 나열된 것은?

① 구획법, 교호삽법, 원추4분법
② 구획법, 교호삽법, 직접계근법
③ 교호삽법, 물질수지법, 원추4분법
④ 구획법, 교호삽법, 적재차량계수법

정답 46 ④ 47 ③ 48 ① 49 ① 50 ① 51 ④ 52 ①

- 구획법 : 대시료를 여러 개의 구획으로 나눈 후 각 구획에서 시료를 채취하는 방법
- 교호삽법 : 원추형으로 쌓은 후 교대로 위치를 바꾸며 시료를 채취하는 방법
- 원추4분법 : 원추형으로 쌓은 시료를 4등분하여 축소하는 방법

53

착화온도에 관한 다음 설명 중 옳은 것은?

① 분자구조가 간단할수록 착화온도는 낮아진다.
② 발열량이 작을수록 착화온도는 낮아진다.
③ 활성화에너지가 작을수록 착화온도는 높아진다.
④ 화학결합의 활성도가 클수록 착화온도는 낮아진다.

분자구조가 간단할수록 착화온도는 높아진다.

54 ⭐빈출

밀도가 $0.4 ton/m^3$인 쓰레기를 매립하기 위해 밀도 0.85 ton/m^3으로 압축하였다. 압축비는?

① 0.6 ② 1.8
③ 2.1 ④ 3.3

무게는 압축 전·후를 비교 하였을 때 동일하다.

㉠ 압축 전

부피 : $1m^3$ 무게 : $\dfrac{0.4ton}{m^3} \times 1m^3 = 0.4ton$

㉡ 압축 후

무게 : $0.4ton$ 부피 : $0.4ton \times \dfrac{m^3}{0.85ton} = 0.4705m^3$

㉢ 압축비

압축비 $= \dfrac{V_1}{V_2} = \dfrac{1m^3}{0.4705m^3} = 2.1253$

55

다음 연료 중 고위발열량($kcal/Sm^3$)이 가장 큰 것은?

① 프로판 ② 일산화탄소
③ 부틸렌 ④ 아세틸렌

Dulong의 고위발열량식을 이용하여 계산하면,

$Dulong$식$(H_h) : 8,100C + 34,250\left(H - \dfrac{O}{8}\right) + 2,250S$

즉, 탄소의 양이 가장 많은 부틸렌이 고위발열량이 가장 크다.

① 프로판 : CH_4 ② 일산화탄소 : CO
③ 부틸렌 : C_4H_8 ④ 아세틸렌 : C_2H_2

56 ⭐빈출

진동수가 $200Hz$이고 속도가 $100m/sec$인 파동의 파장은?

① $0.2m$
② $0.3m$
③ $0.5m$
④ $2.0m$

파장$(\lambda) = \dfrac{속도(C)}{주파수(f)}$

$\qquad = \dfrac{100m/sec}{200Hz} = 0.5m$

57

종파(소밀파)에 관한 설명으로 옳지 않은 것은?

① 매질이 있어야만 전파된다.
② 파동의 진행방향과 매질의 진동방향이 서로 평행하다.
③ 수면파는 종파에 해당한다.
④ 음파는 종파에 해당한다.

파장$(\lambda) = \dfrac{속도(C)}{주파수(f)}$

㉠ 횡파(고정파) : 파동의 진행방향과 매질의 진동방향이 직각인 파장
예 물결(수면)파, 지진파(S파)
㉡ 종파(소밀파) : 파동의 진행방향과 매질의 진동방향이 평행인 파장
예 음파, 지진파(P파)

정답 53 ① 54 ③ 55 ③ 56 ③ 57 ③

58 ⭐빈출

전음원의 거리감쇠에서 음원으로부터 거리가 2배로 됨에 따른 음압레벨의 감쇠치는? (단, 자유공간)

① $2dB$ 　　　　　② $3dB$
③ $6dB$ 　　　　　④ $10dB$

$$SPL = 20\log\left(\frac{r_2}{r_1}\right)$$
$$= 20\log\left(\frac{2}{1}\right) = 6.0204dB$$

59

방음벽 설치 시 유의사항으로 거리가 먼 것은?

① 음원의 지향성과 크기에 대한 상세한 조사가 필요하다.
② 음원의 지향성이 수음측 방향으로 클 때에는 벽에 의한 감쇠치가 계산치보다 크게 된다.
③ 벽의 투과손실은 회절감쇠치보다 적어도 5dB 이상 크게 하는 것이 바람직하다.
④ 소음원 주위에 나무를 심는 것이 방음벽 설치보다 확실한 방음 효과를 기대할 수 있다.

방음벽이 더 확실한 방음효과를 기대할 수 있다.

60

2개의 진동물체의 고유진동수가 같을 때 한쪽의 물체를 울리면 다른 쪽도 울리는 현상을 의미하는 것은?

① 임피던스 　　　　② 굴절
③ 간섭 　　　　　　④ 공명

① 임피던스 : 소리 입자 움직임에 대한 저항력 또는 방해 정도, 음압과 입자속도의 비
② 굴절 : 파동이 다른 매질 경계에서 방향이 꺾이는 현상
③ 간섭 : 파동들이 겹쳐서 서로 영향을 주는 현상

01

공기에 작용하는 힘 중 "지구 자전에 의해 운동하는 물체에 작용하는 힘"을 의미하는 것은?

① 경도력
② 원심력
③ 구심력
④ 전향력

> ① 경도력 : 유체의 압력 차이에 의해 발생하는 힘으로, 압력이 높은 곳에서 낮은 곳으로 작용하는 힘을 말하며, 기압경도력과 수압경도력이 있다.
> ② 원심력 : 원운동을 하는 물체가 회전 중심에서 바깥쪽으로 미는 가상의 힘이다. 즉, 회전하는 대상이 바깥 방향으로 밀리는 힘이다.
> ③ 구심력 : 원운동에서 물체가 원 궤도를 따라 계속 움직이도록 중심 쪽으로 당기는 실제 힘이다. 원심력과는 반대 방향이다.

02

흡수장치의 종류를 액분산형과 기체분산형으로 나눌 때, 다음 중 기체분산형에 해당하는 것은?

① 충전탑
② 분무탑
③ 단탑
④ 벤츄리스크러버

> 충전탑, 분무탑, 벤츄리스크러버는 액분산형에 해당된다.

03 ⭐빈출

전기집진지장치에서 입자의 대전과 집진된 먼지의 탈진이 정상적으로 진행되는 겉보기 고유저항의 범위로 가장 적합한 것은?

① $10^{-3} \sim 10^1 \, \Omega \cdot cm$
② $10^1 \sim 10^3 \, \Omega \cdot cm$
③ $10^4 \sim 10^{11} \, \Omega \cdot cm$
④ $10^{12} \sim 10^{15} \, \Omega \cdot cm$

> - 먼지의 고유저항이 낮으면($10^4 \Omega \cdot cm$ 이하) 집진판에 부착된 먼지가 전하를 쉽게 방출하여 부착력을 잃고 먼지가 떨어져 나가 재비산이 발생(재비산 영역)
> - 중간 저항 범위($10^4 \sim 10^{11} \, \Omega \cdot cm$)에서는 정상적인 집진 성능을 보임(정상 영역).
> - 저항이 더 커져 $10^{11} \Omega \cdot cm$ 부근에서는 스파크 발생으로 인해 전압 저하, 집진효율 저하가 나타남(스파크 빈발 영역).
> - $10^{11} \sim 10^{13} \, \Omega \cdot cm$ 이상 매우 큰 저항 영역에서는 먼지층 발광과 역전리 현상 발생, 먼지 부유와 집진효율 급격 저하(역전리 영역)

04

다음 집진장치 중 압력손실이 가장 큰 것은?

① 중력식 집진장치
② 사이클론
③ 백필터
④ 벤츄리스크러버

> 벤츄리스크러버의 압력손실은 $300 \sim 800 mm H_2O$로 크기 때문에 가스속도를 $60 \sim 90 m/sec$로 매우 높게 운전해야 처리가 가능하다.
> ㉠ 중력집진장치 : $10 \sim 15 mm H_2O$
> ㉡ 원심력집진장치(사이클론) : $50 \sim 150 mm H_2O$
> ㉢ 전기집진장치 : $10 \sim 20 mm H_2O$
> ㉣ 벤츄리스크러버 : $300 \sim 800 mm H_2O$
> ㉤ 관성력집진장치 : $20 mm H_2O$ 이상
> ㉥ 여과집진장치(백필터) : $100 \sim 200 mm H_2O$

정답 01 ④ 02 ③ 03 ③ 04 ④

05 ⭐빈출

대기오염공정시험방법상 시험의 기재 및 용어에 관한 설명으로 틀린 것은?

① "정확히 단다"라 함은 규정한 양의 검체를 취하여 분석용 저울로 $0.1mg$까지 다는 것을 뜻한다.
② 시험조작 중 "즉시"란 1분 이내에 표시된 조작을 하는 것을 뜻한다.
③ "항량이 될 때까지 건조한다 또는 강열한다."라 함은 따로 규정이 없는 한 보통의 건조 방법으로 1시간 더 건조 또는 강열할 때 전후의 무게의 차가 매 g당 0.3 mg 이하일 때를 뜻한다.
④ "감압 또는 진공"이라 함은 따로 규정이 없는 한 15 $mmHg$ 이하를 뜻한다.

> 시험조작 중 "즉시"란 30초 이내에 표시된 조작을 하는 것을 뜻한다.

06

액체연료의 연소장치 중 유압식과 공기분무식을 합한 것으로 유압이 보통 $7kg/cm^2$ 이상이고 연소가 양호하고 소형이며 전자동연소가 가능한 것은?

① 유압분무식 버너
② 회전식 버너
③ 선회버너
④ 건타입 버너

> ① 유압분무식 버너 : 연료를 $5\sim20kg/cm^2$의 압력으로 노즐을 통해 분무시키는 방식으로, 대용량 버너 제작이 쉽고 구조가 간단하여 유지보수가 편리하다. 분무각도는 약 40~90도로 넓으며, 부하변동에 대한 적응성은 낮은 편이다.
> ② 회전식 버너 : 연료를 기계적으로 회전하는 원심력과 공기를 이용해 분무하며, 유압은 약 $0.5kg/cm^2$로 낮고, 유량조절 범위가 넓어(1 : 5) 중소형 보일러에 적합하다. 분무각도는 약 40~80도로 비교적 넓은 화염을 만든다.
> ③ 선회버너 : 유압분무 노즐에서 연료를 분무하는 동시에 공기 흐름에 회전(선회)운동을 주어 연료와 공기가 잘 혼합되도록 설계된 버너이다. 선회류를 발생시켜 연소효율과 안정성을 높인다.

07 ⭐빈출

대기오염공정시험기준상 "방울수"의 의미로 옳은 것은?

① 10℃에서 정제수 10방울을 떨어뜨릴 때 그 부피가 약 $1mL$ 되는 것을 뜻한다.
② 10℃에서 정제수 20방울을 떨어뜨릴 때 그 부피가 약 $1mL$ 되는 것을 뜻한다.
③ 20℃에서 정제수 10방울을 떨어뜨릴 때 그 부피가 약 $1mL$ 되는 것을 뜻한다.
④ 20℃에서 정제수 20방울을 떨어뜨릴 때 그 부피가 약 $1mL$ 되는 것을 뜻한다.

> 공정기준시험에서 방울수는 20℃에서 정제수 20방울을 떨어뜨릴 때 그 부피가 약 1mL가 되는 것을 뜻한다.

08

질소산화물을 촉매환원법으로 처리할 때, 어떤 물질로 환원되는가?

① N_2
② HNO_3
③ CH_4
④ NO_2

> 선택적 촉매환원기술(SCR : Selective Catalytic Reduction)
> 200~300℃에서 촉매에 암모니아, 수소, 일산화탄소 등 환원가스를 통과시켜 질소산화물을 N₂로 환원하는 기술이다.
> • $6NO_2 + 8NH_3 \rightarrow 7N_2 + 12H_2O$
> • $6NO + 4NH_3 \rightarrow 5N_2 + 6H_2O$
> • $4NO + 4NH_3 + O_2 \rightarrow 4N_2 + 6H_2O$ (산소가 공존하는 상태)

09 ⭐빈출

집진장치 출구가스의 먼지농도가 $0.02g/m^3$, 먼지통과율은 0.5%일 때, 입구가스의 먼지농도(g/m^3)는?

① $3.5g/m^3$
② $4.0g/m^3$
③ $4.5g/m^3$
④ $8.0g/m^3$

> $$\eta_{통과율} = \left(\frac{C_{out}}{C_{in}}\right) \times 100$$
> $$0.5\% = \left(\frac{0.02}{C_{in}}\right) \times 100$$
> $$C_{in} = \left(\frac{0.02}{0.5}\right) \times 100 = 4g/m^3$$

정답   05 ② 06 ④ 07 ④ 08 ① 09 ②

10 ⭐빈출

중력집진장치의 집진효율 향상 조건으로 옳지 않은 것은?

① 침강실 내의 처리가스 속도를 크게 한다.
② 침강실 내의 처리가스의 흐름을 균일하게 한다.
③ 침강실의 높이를 작게 하고, 길이를 길게 한다.
④ 다단일 경우에는 단수가 증가되도록 압력손실은 커지나 효율은 증가한다.

> 침강실의 입구폭이 클수록 유속이 느려지며, 미세한 입자가 포집된다.

11

다음 중 광화학스모그 발생과 가장 거리가 먼 것은?

① 질소산화물　　　　② 일산화탄소
③ 올레핀계 탄화수소　④ 태양광선

> 일산화탄소는 불완전연소 시 발생한다.

12 ⭐빈출

원심력집진장치에서 50%의 집진율을 보이는 입자의 크기를 일컫는 용어는?

① 극한입경　　　　　② 절단입경
③ 중간입경　　　　　④ 임계입경

> • 임계입경 : 100% 제거되는 입자의 최소 입경
> • 절단입경 : 50% 제거되는 입자의 최소 입경

13

다음 중 여과집진장치의 탈진방법으로 가장 거리가 먼 것은?

① 진동형　　　　　　② 세정형
③ 역기류형　　　　　④ Pluse Jet형

> ① 진동형 : 여과포에 진동을 가해 먼지를 털어내는 방식
> ③ 역기류형 : 가스 흐름과 반대 방향으로 압축공기를 분사해 탈진하는 방식
> ④ Pluse Jet형 : 고압의 충격 압축공기를 순간 분사해 먼지를 제거하는 방식
> 세정형은 일반적으로 여과집진장치 내에서 탈진방법으로 사용되지 않으며, 보통 세척 또는 세정과 관련된 다른 처리법에 쓰이는 용어이다.

14

석탄의 탄화도가 클수록 가지는 성질에 관한 설명으로 옳지 않은 것은?

① 고정탄소의 양이 증가하고, 산소의 양이 줄어든다.
② 연소속도가 작아진다.
③ 수분 및 휘발분이 증가한다.
④ 연료비(고정탄소%/휘발분%)가 증가한다.

> 탄화도가 클수록 수분 및 휘발분이 감소한다.

15 ⭐빈출

A공장에서 SO_2 농도 $444ppm$, 유량 $52m^3/hr$로 배출될 때, 하루에 배출되는 SO_2의 양(kg)은? (단, 24시간 연속가동기준, 표준상태 기준)

① 1.58　　　　　　② 1.67
③ 1.79　　　　　　④ 1.94

> 총량 = 유량×농도
> 기체상에서의 ppm은 mL/Sm^3을 의미한다.
> $$\frac{444ml}{m^3} \times \frac{52m^3}{hr} \times \frac{24hr}{day} \times \frac{1L}{10^3ml} \times \frac{64g}{22.4L} \times \frac{1kg}{10^3g}$$
> 　농도　　　유량　$hr \to day$　$ml \to L$　$L \to g$　$g \to kg$
> $= 1.5831kg/day$

16 ⭐빈출

BOD농도 $200mg/L$, 유입폐수량 $800m^3/day$, 포기조 용량 $200m^3$일 때 포기조에 유입되는 BOD 총 부하량은?

① $1,600kg/day$　　② $160kg/day$
③ $800kg/day$　　　④ $80kg/day$

> 총량(부하량) = 유량 × 농도
> $$\frac{800m^3}{day} \times \frac{200mg}{L} \times \frac{kg}{10^6mg} \times \frac{10^3L}{m^3} = 160kg/day$$
> 　농도　　　유량　$mg \to kg$　$m^3 \to L$

17 ⭐빈출

하천의 정화 4단계 중 DO가 아주 낮거나 때로는 거의 없어 부패상태에 도달하게 되는 단계는?

① 분해지대
② 활발한 분해지대
③ 회복지대
④ 정수지대

18

폐수 중 중금속의 일반적 처리방법으로 가장 적합한 것은?

① 모래여과 처리
② 미생물학적 처리
③ 화학적 처리
④ 희석 처리

19

하천에서의 자정작용을 저해하는 사항으로 가장 거리가 먼 것은?

① 유기물의 과도한 유입
② 독성 물질의 유입
③ 유역과 수역의 단절
④ 수중 용존산소의 증가

20

수중 용존산소와 관련된 일반적인 설명으로 옳지 않은 것은?

① 온도가 높을수록 용존산소값은 감소한다.
② 물의 흐름이 난류일 때 산소의 용해도는 높다.
③ 유기물질이 많을수록 용존산소값은 커진다.
④ 일반적으로 용존산소값이 클수록 깨끗한 물로 간주할 수 있다.

21

직경 $1m$의 콘크리트 관에 20℃의 물이 동수구배 0.01로 흐르고 있다. 매닝(Manning)공식에 의해 평균유속을 구하면? (단, $n = 0.014$이다.)

① $1.42m/\sec$
② $2.83m/\sec$
③ $4.62m/\sec$
④ $5.71m/\sec$

22

폐수처리 유량이 $2,000\,m^3/day$이고, 염소요구량이 $6.0\,mg/L$, 잔류염소농도가 $0.5\,mg/L$일 때, 하루에 주입해야 할 염소량 (kg/day)은?

① $6.0\,kg/day$
② $6.5\,kg/day$
③ $12.0\,kg/day$
④ $13.0\,kg/day$

⊙ 염소주입량(mg/L)
  염소주입량 = 염소요구량 + 염소잔류량 = 6 + 0.5
         = $6.5\,mg/L$
ⓒ 염소주입량(kg/day)
  총량(부하량) = 유량 × 농도

$$부하량 = \frac{6.5\,mg}{L} \times \frac{2,000\,m^3}{day} \times \frac{1\,kg}{10^6\,mg} \times \frac{10^3\,L}{m^3}$$

　　　　　농도　　　유량　　$mg \rightarrow kg$　$m^3 \rightarrow L$

　　　　 = $13\,kg/day$

23 ⭐빈출

Jar-test와 관련이 깊은 것은?

① 경도
② 알칼리도
③ 응집제
④ 산도

jar-테스터는 응집제의 종류와 투입량 결정에 사용되는 실험기구이다.

24

물을 끓여 쉽게 침전, 제거할 수 있는 경도유발화합물은?

① $MgCl_2$
② $CaSO_4$
③ $CaCO_3$
④ $MgSO_4$

탄산경도는 물을 끓여 쉽게 침전, 제거할 수 있다.
① $MgCl_2$: 비탄산경도(영구경도)
② $CaSO_4$: 비탄산경도(영구경도)
③ $CaCO_3$: 탄산경도(일시경도)
④ $MgSO_4$: 비탄산경도(영구경도)

25

폐수처리공정 중 여과에서 주로 제거되는 물질은?

① pH
② 부유물질
③ 휘발성물질
④ 중금속물질

여과 공정은 폐수 내 부유하는 입자성 물질, 미세입자, 콜로이드 등을 물리적으로 제거하는 데 주로 사용된다.

26 ⭐빈출

탈산소계수가 0.1/day인 오염물질의 BOD_5는 $880\,mg/L$라면 3일 후 남아있는 $BOD(mg/L)$는? (단, 상용대수 적용)

① 584
② 645
③ 725
④ 776

BOD공식을 이용한다.
소모$BOD = BOD_u \times (1 - 10^{-kt}) \rightarrow BOD_5$
잔존$BOD = BOD_u \times 10^{-kt} \rightarrow$ 3일 후 남아있는 BOD
⊙ BOD_u 계산
　$BOD_5 = BOD_u \times (1 - 10^{-k \times 5})$
　$880 = BOD_u \times (1 - 10^{-0.1 \times 5})$
　$BOD_u = 1,286.9782\,ppm$
ⓒ 3일 후 남아있는 BOD
　잔존$BOD = BOD_u \times 10^{-kt}$
　　　　 = $1,286.9782 \times 10^{-0.1 \times 3}$
　　　　 = $645.0170\,ppm$

27

다음 중 친온성 미생물의 성장속도가 가장 빠른 온도 분포는?

① 10℃ 부근
② 15℃ 부근
③ 20℃ 부근
④ 35℃ 부근

- 극한저온성 미생물(Psychrophiles) : 약 -5℃~15℃
  저온에서 성장하는 미생물, 0~10℃ 부근에서 최적 성장
- 저온성 미생물(Psychrotrophs) : 약 0℃~30℃
  냉장 온도에서도 성장 가능, 20~25℃ 부근에서 최적 성장
- 친온성 미생물(Mesophiles) : 약 20℃~45℃
  인간 체온과 비슷한 온도에서 번성, 30~40℃ 부근에서 최적 성장
- 고온성 미생물(Thermophiles) : 약 45℃~80℃
  고온 환경에 적응, 50~60℃ 부근에서 최적 성장
- 극한고온성 미생물(Hyperthermophiles) : 약 80℃ 이상
  온천이나 화산 근처 등 극한 고온 환경에서 서식

28 빈출

지하수의 일반적인 특징으로 가장 거리가 먼 것은?

① 유기물 함량은 적으나, 무기물의 함량이 많고 자연수 중 경도가 아주 높다.
② 지표수에 비해 염분의 함량이 30% 정도 낮은 편이다.
③ 자정작용이 속도가 느린 편이다.
④ 지하수 성분조성은 하천수와 매우 흡사하나 지표수보다 경도가 높은 편이다.

> 지표수에 비해 염분의 함량이 높은 편이다.

29 빈출

다음 중 물의 밀도로 옳지 않은 것은?

① $1g/cm^3$
② $1,000kg/m^3$
③ $1kg/L$
④ $0.1mg/mm^3$

> $$\frac{1g}{cm^3} \times \frac{10^3 mg}{1g} \times \frac{cm^3}{10^3 mm^3} = 1.0 mg/mm^3$$

30 빈출

글리신(Glycine)의 이론적 산소요구량(g/mol)은? (단, 글리신의 분자식은 $C_2H_5O_2N$이며, 최종생성물은 CO_2, H_2O, HNO_3로 된다.)

① 112
② 106
③ 94
④ 78

$$C_2H_5NO_2 + 3.5O_2 \rightarrow 2CO_2 + 2H_2O + HNO_3$$
$C_2H_5NO_2$ $1mol(75g)$은 O_2 $3.5mol(32 \times 3.5 = 112g)$을 필요로 한다.

31

pH에 관한 설명으로 옳지 않은 것은?

① pH는 수소이온농도를 그 역수의 상용대수로서 나타내는 값이다.
② pH 표준액의 조제에 사용되는 물은 정제수를 증류하여 그 유출액을 15분 이상 끓여서 이산화탄소를 날려보내고 산화칼슘 흡수관을 달아 식힌 후 사용한다.
③ pH 표준액 중 보통 산성표준액은 3개월, 염기성 표준액은 산화칼슘 흡수관을 부착하여 1개월 이내에 사용한다.
④ pH 미터는 보통 아르곤전극 및 산화전극으로 된 지시부와 검출부로 되어 있다.

> pH 미터는 보통 유리전극과 비교전극으로 된 지시부와 검출부로 되어 있다. 검출부는 시료에 접하는 부분으로 유리전극 또는 안티몬전극과 비교전극으로 구성되어 있다. 유리전극은 pH 측정기를 구성하는 유리전극으로서 수소이온의 농도가 감지되는 전극이다. 비교전극은 은-염화은과 칼로멜 전극이 주로 사용된다.

32 빈출

A하수처리장 유입수의 BOD가 225ppm이고, 유출수의 BOD가 46ppm이었다면 이 하수처리장의 BOD제거율(%)은?

① 약 66
② 약 71
③ 약 76
④ 약 80

> $$\eta = \left(1 - \frac{C_{out}}{C_{in}}\right) \times 100 = \left(1 - \frac{46}{225}\right) \times 100 = 79.5555\%$$

33 ⭐비출

호수에서의 수온 연직분포(깊이에 대한 온도)에 따른 계절별 변화에 대해 설명한 것 중 거리가 먼 것은?

① 수심이 깊은 온대지방의 호수는 계절에 따른 수온 변화로 물의 밀도차이를 일으킨다.
② 겨울에 수면이 얼 경우 얼음 바로 아래의 수온은 0℃에 가깝고 호수바닥은 4℃에 이르며 물이 안정한 상태를 나타낸다.
③ 봄이 되면 얼음이 녹으면서 표면의 수온이 높아지기 시작하여 4℃가 되면 표층의 물은 밑으로 이동하여 전도가 일어난다.
④ 여름에서 가을로 가면 표면의 수온이 내려가면서 수직적인 평형 상태를 이루어 봄과 다른 순환을 이루어 수질이 양호해진다.

> 여름에서 가을로 가면 표면의 수온이 내려가면서 수직적인 평형 상태를 이루어 봄과 같은 순환을 이루며 수질은 양호하지 않게 된다.

34

다음 중 콜로이드 물질의 크기 범위로 가장 적합한 것은?

① $0.001 \sim 1\mu m$ ② $10 \sim 50\mu m$
③ $100 \sim 1,000\mu m$ ④ $1,000 \sim 10,000\mu m$

> 콜로이드 물질의 크기는 $0.001(1nm) \sim 1\mu m$ 이다.

35

다음에서 설명하는 오염물질로 가장 적합한 것은?

> 아연과 성질이 유사한 금속으로 아연 제련의 부산물로 발생하며 일반적으로 합금용 첨가제나 충전식 전지에도 사용되고 이따이이따이병의 원인물질로 잘 알려져 있다.

① 비소 ② 크롬
③ 시안 ④ 카드뮴

> 아연과 화학적 성질이 비슷한 카드뮴은 신체 내 칼슘 흡수를 방해해 골연화증을 유발하고, 일본에서 발생한 이타이이타이병의 주요 발병 원인으로 알려져 있다.

36 ⭐비출

다음 중 소각로의 형식이라 볼 수 없는 것은?

① 펌프식 ② 화격자식
③ 유동상식 ④ 회전로식

> ② 화격자식 : 격자 위에 고체 폐기물을 적재해 연소하는 방식
> ③ 유동상식 : 하부로부터 가스를 주입하여 모래를 띄운 후 이를 가열하여 상부로부터 폐기물을 주입하여 소각하는 형식
> ④ 회전로식 : 원통형 로체가 회전하면서 폐기물을 혼합, 건조, 연소시킴

37

$5m^3$의 용기에 $2.5kg$의 쓰레기가 채워져 있다. 이 쓰레기의 겉보기 비중(kg/m^3)은?

① $0.5kg/m^3$ ② $1kg/m^3$
③ $2kg/m^3$ ④ $2.5kg/m^3$

> 단위에 유의한다.
> $$2.5kg \times \frac{1}{5m^3} = 0.5kg/m^3$$

38

슬러지 내 물의 존재 형태 중 다음 설명으로 가장 적합한 것은?

> 큰 고형물질입자 간극에 존재하는 수분으로 가장 많은 양을 차지하며 고형물과 직접 결합해 있지 않기 때문에 농축 등의 방법으로 용이하게 분리할 수 있다.

① 모관결합수 ② 내부수
③ 부착수 ④ 간극수

> 간극수는 슬러지 내의 수분 중 일반적으로 가장 많은 양을 차지하며, 고형물질과 직접 결합해 있지 않기 때문에 농축 등의 방법으로 용이하게 분리할 수 있다.

정답   33 ④   34 ①   35 ④   36 ①   37 ①   38 ④

39 ⭐빈출

폐수처리공정에서 발생되는 슬러지를 혐기성으로 소화시키는 목적과 가장 거리가 먼 것은?

① 유해중금속 등의 화학물질을 분해시킨다.
② 슬러지의 무게와 부피를 감소시킨다.
③ 이용가치가 있는 부산물을 얻을 수 있다.
④ 병원균을 죽이거나 통제할 수 있다.

> 유해중금속 등의 화학물질은 소화공정에서 분해되지 않는다.

40

다음 중 매립지에서 유기성 폐기물이 혐기성 상태로 분해될 때 가장 먼저 일어나는 단계는?

① 수소 생성단계 ② 산 생성단계
③ 메탄 생성단계 ④ 발효단계

> 매립지 내 유기성 폐기물은 처음에 호기성 분해단계를 거치다가 산소가 소모되면 혐기성 분해로 전환된다.
> 혐기성 분해 과정은 크게 산 생성단계(산형성 단계), 메탄 생성단계 등 순차적으로 진행되는데, 가장 초기에 유기물이 분해되어 저분자 물질로 전환되고 발효 반응이 일어나는 시기를 '발효단계'라고 한다. 산 생성단계에서 휘발성 지방산과 기타 중간 대사물이 생성되고, 이후 메탄 생성단계에서 이들이 메탄과 이산화탄소로 전환된다.

41 ⭐빈출

인구가 200,000명인 지역에서 일주일 동안 수거한 쓰레기량은 15,000m^3이다. 1인당 1일 쓰레기 발생량은? (단, 쓰레기의 밀도는 0.5ton/m^3이다.)

① 3.50$kg/$인·일 ② 4.45$kg/$인·일
③ 5.36$kg/$인·일 ④ 6.43$kg/$인·일

> 1인 1일 쓰레기 발생량을 산정하기 위해 $kg/$인·일의 단위에 유의한다.
> $$\frac{15,000m^3}{7일} \times \frac{0.5ton}{m^3} \times \frac{10^3kg}{1ton} \times \frac{1}{200,000인}$$
> $$m^3 \rightarrow ton \quad ton \rightarrow kg$$
> $$= 5.3571kg/인·일$$

42 ⭐빈출

산업폐기물 발생량을 추산할 때 이용되며, 상세한 자료가 있는 경우에만 가능하고 비용이 많이 드는 단점이 있으므로 특수한 경우에만 사용되는 방법은?

① 적재차량계수분석 ② 물질수지법
③ 직접계근법 ④ 간접계근법

> 물질수지법은 특정 시스템의 경계를 설정한 후, 그 시스템으로 유입되는 물질과 유출되는 물질의 양을 비교하여 폐기물 발생량을 추정하는 방법이다. 이는 물질의 보존법칙을 기반으로 하며, 주로 산업폐기물 발생량 추산에 사용된다. 상세한 데이터가 필요하고, 비용과 작업량이 많다.

43 ⭐빈출

쓰레기 발생량이 24,000$kg/$일이고 발열량이 500$kcal/kg$이라면 로내 열부하가 50,000$kcal/m^3 \cdot hr$인 소각로의 용적은? (단, 1일 가동시간은 12hr이다.)

① 20m^3 ② 40m^3
③ 60m^3 ④ 80m^3

> 단위에 유의한다.
> $$열부하 \left(\frac{kcal}{m^3 \cdot hr}\right) = \frac{시간당발열량}{용적}$$
> $$\frac{50,000kcal}{m^3 \cdot hr} = \frac{24,000kg}{day} \times \frac{500kcal}{kg} \times \frac{1day}{12hr} \times \frac{1}{\square}$$
> $$\square = 20m^3$$

44 ⭐빈출

공기 중 각 구성물질의 낙하속도 및 공기 저항의 차이에 따라 폐기물을 선별하는 방법으로 주로 종이나 플라스틱과 같은 가벼운 물질을 유리, 금속 등의 무거운 물질로부터 분리하는데 효과적으로 사용되는 방법은?

① 손선별 ② 스크린선별
③ 공기선별 ④ 자력선별

> ① 손선별 : 사람이 육안으로 직접 분리한다.
> ② 스크린선별 : 크기 차이에 따라 거름망을 사용해 분리한다.
> ④ 자석선별 : 철과 같은 자성체 금속을 자력으로 분리한다.

정답   39 ①   40 ④   41 ③   42 ②   43 ①   44 ③

45

타 공법에 비해 옥외 뒤집기식 퇴비화 공법에 관한 설명으로 가장 거리가 먼 것은?

① 설치비용은 일반적으로 낮은 편이다.
② 날씨에 따른 영향이 거의 없다.
③ 부지소요면적이 큰 편이다.
④ 악취제어는 주입물에 의해 좌우되며, 악취영향 반경이 큰 편이다.

> 날씨에 따른 영향을 많이 받는다.

46 ⭐비출

전단파쇄기에 관한 설명으로 옳지 않은 것은?

① 고정칼, 왕복 또는 회전칼과의 교합에 의해 폐기물을 전단한다.
② 주로 목재류, 플라스틱류 및 종이류를 파쇄하는데 이용된다.
③ 파쇄물의 크기를 고르게 할 수 있다는 장점이 있다.
④ 충격파에 비해 파쇄속도가 빠르고 이물질의 혼입에 대하여 강하다.

> 이물질의 혼입에 대하여 약하다.

47

소각로의 종류 중 다단로(Multple Hearth)의 특성으로 거리가 먼 것은?

① 다량의 수분이 증발되므로 수분함량이 높은 폐기물도 연소가 가능하다.
② 체류시간이 짧아 온도반응이 신속하다.
③ 많은 연소영역이 있으므로 연소효율을 높일 수 있다.
④ 물리·화학적 성분이 다른 각종 폐기물을 처리할 수 있다.

> 체류시간이 길어 온도반응이 더디다.

48 ⭐비출

다음 중 해안매립공법에 해당하는 것은?

① 셀공법
② 도랑형공법
③ 순차투입공법
④ 샌드위치공법

- 내륙매립공법 : 셀공법, 압축매립공법, 샌드위치공법, 도랑형공법
- 해안매립공법 : 박층뿌림공법, 순차투입법, 수중투기공법

49 ⭐비출

다음은 매립가스 중 어떤 성분에 관한 설명인가?

> 매립가스 중 이 성분은 지구온난화를 일으키며, 공기보다 가벼우므로 매립지 위에 구조물을 건설하는 경우 건물 기초 밑의 공간에 축적되어 폭발의 위험성이 있다. 또한 9% 이상 존재시 눈의 통증이나 두통을 유발한다.

① CH_4 ② CO_2
③ N_2 ④ NH_3

> 메탄은 매립가스의 주성분 중 하나로, 폭발 위험이 크며, 공기보다 가볍기 때문에 위쪽으로 확산된다. 따라서 구조물 설계 시 메탄이 스며들지 않도록 주의해야 한다.

50

배출상태에 따라 폐기물을 분류할 때 "액상폐기물"은 고형물의 함량이 얼마인 것을 말하는가?

① 5% 미만   ② 10% 미만
③ 15% 미만   ④ 30% 미만

고형물 함량	폐기물 분류
5% 미만	액상폐기물
5~15%	반고상폐기물
15% 이상	고상폐기물

정답   45 ②   46 ④   47 ②   48 ③   49 ①   50 ①

51 ⭐빈출

폐기물의 수거노선을 결정할 때 고려해야 힐 사항으로 거리가 먼 것은?

① 가능한 한 지형지물 및 도로경계와 같은 장벽을 이용하여 간선도로 부근에서 시작하고 끝나도록 배치한다.
② 출발점은 차고지와 가깝게 하고 수거된 마지막 컨테이너가 처분지에 가장 가까이 위치하도록 배치한다.
③ 교통이 혼잡한 지역에서 발생되는 쓰레기는 가능한 출퇴근 시간을 피하여 새벽에 수거한다.
④ 아주 적은 양의 쓰레기가 발생되는 발생원은 하루 중 가장 먼저 수거한다.

> 가장 많은 양의 쓰레기가 발생되는 발생원은 하루 중 가장 먼저 수거한다.

52

폐기물 고체연료(RDF)의 구비조건으로 옳지 않은 것은?

① 열량이 높을 것
② 함수율이 높을 것
③ 대기오염이 적을 것
④ 성분 배합률이 균일할 것

> 함수율은 낮아야 한다.

53

원자흡광도 측정에 사용되는 가연성가스와 조연성가스의 조합 중 불꽃의 온도가 높아 불꽃 중에서 해리하기 어려운 내화성 산화물을 만들기 쉬운 원소의 분석에 가장 적합한 것은?

① 아세틸렌 – 일산화이질소
② 프로판 – 공기
③ 수소 – 공기
④ 석탄가스 – 공기

> 아세틸렌 – 일산화이질소 불꽃은 매우 높은 온도를 가지며(약 2,700~3,000℃), 이로 인해 강한 내화성 산화물을 분해할 수 있다.

54

친신소성 퇴비화 공정의 설계 및 운영 시 고려인지에 관한 설명으로 옳지 않은 것은?

① 퇴비단의 온도는 초기 며칠간은 50~55℃를 유지하여야 하며, 활발한 분해를 위해서는 55~60℃가 적당하다.
② 적당한 분해작용을 위해서는 $pH5.5~6.5$ 범위를 유지하되, 암모니아 가스에 의한 질소손실을 줄이기 위해서는 pH는 3.5~4.5 범위로 유지시킨다.
③ 퇴비화 기간동안 수분함량은 50~60% 범위에서 유지시킨다.
④ 초기 C/N비는 25~50 정도가 적당하다.

> 적당한 분해작용을 위해서는 pH 5.5~8 범위를 유지해야 한다.

55

옥탄(C_8H_{18})을 이론공기량으로 완전연소시킬 때 질량기준 공기연료비(AFR, Air/Fuel Ratio)는?

① 12
② 15
③ 18
④ 21

> $C_8H_{18} + 12.5O_2 \rightarrow 8CO_2 + 9H_2O$
>
> ㉠ 이론공기량
>
> $$12.5mol \times \frac{32g}{mol} \times \frac{1}{0.232} = 1,724.1379g$$
>
> ㉡ 연료량 : $1mol \times \frac{114g}{mol} = 114g$
>
> ㉢ AFR
>
> $$= \frac{1,724.1379}{114} = 15.1240$$

56

환경적 측면에서 문제가 되는 진동 중 특별히 인체에 해를 끼치는 공해진동의 진동수의 범위로 가장 적합한 것은?

① 1~90 Hz
② 0.1~500 Hz
③ 20~12,500 Hz
④ 20~20,000 Hz

> 인체에 심한 영향을 줄 수 있는 진동 주파수 범위는 약 1~90Hz이며, 이 범위 내에서 진동레벨이 일정 수준 이상일 경우 수면장애, 피로, 통증 등 다양한 건강문제가 발생할 수 있다.

57

음향출력이 100 W인 점음원이 지상에 있을 때 12 m 떨어진 지점에서의 음의 세기는?

① 0.11 W/m^2
② 0.16 W/m^2
③ 0.20 W/m^2
④ 0.26 W/m^2

> $$I = \frac{W}{S} = \frac{W}{2\pi r^2} = \frac{100}{2 \times \pi \times 12^2} = 0.1105 \, W/m^2$$

58

공기스프링에 관한 설명으로 가장 거리가 먼 것은?

① 부하능력이 광범위하다.
② 공기누출의 위험성이 없다.
③ 사용진폭이 적은 것이 많으므로 별도의 댐퍼가 필요한 경우가 많다.
④ 자동제어가 가능하다.

> 공기누출의 위험성이 있다.

59

100 $sone$인 음은 몇 $phon$인가?

① 106.5
② 101.3
③ 96.8
④ 88.9

> $$L_v(phon) = 33.25\log(sone) + 40$$
> $$= 33.25\log(100) + 40$$
> $$= 106.5$$

60 ⭐빈출

다음 중 한 파장이 전파되는데 소요되는 시간을 말하는 것은?

① 주파수
② 변위
③ 주기
④ 가속도레벨

> ③ 주기(period)는 파동에서 한 주기(한 파장)가 완료되는 데 걸리는 시간이다. 즉, 한 파장이 전파되는 데 걸리는 시간을 의미한다.
> ① 주파수(frequency)는 단위시간당 반복되는 파동의 수로, 주기의 역수이다(f = 1/T).
> ② 변위(displacement)는 파동 내의 특정 위치에서의 변위량을 나타낸다.
> ④ 가속도레벨은 진동 또는 소리에서 가속도의 크기를 로그척도로 나타낸 값이다.

정답   56 ① 57 ① 58 ② 59 ① 60 ③

01

다음 중 최근에 문제되는 다이옥신의 발생원에 대한 설명으로 틀린 것은?

① 미연탄화수소가 질소와 반응할 때 발생된다.
② 염소화합물에 의한 표백처리공정에서 발생된다.
③ 염화페놀 관련물질의 제조공정에서 발생된다.
④ 도시폐기물을 소각할 때 발생된다.

> 미연탄화수소가 염소와 반응할 때 발생된다.

02

다음 중 상온에서 물에 대한 용해도가 가장 큰 기체는?

① SO_2 ② CO_2
③ HCl ④ H_2

> 기체의 용해도
> $HCl > HF > NH_3 > SO_2 > Cl_2 > H_2S > CO_2 > O_2 > CO$

03 ⭐빈출

실내 공기오염의 지표가 되는 것은?

① 질소농도
② 일산화탄소농도
③ 산소농도
④ 이산화탄소농도

> 이산화탄소 농도는 실내에서 사람들의 호흡활동을 반영하며, 환기 상태의 적절성 판단과 실내 공기질 상태를 평가하는 중요한 지표로 널리 활용된다.

04

액화천연가스(LNG)의 주성분으로 가장 적절한 것은?

① 프로판   ② 부탄
③ 메탄   ④ 에탄

> 가스의 주요성분
> • LNG : 메탄
> • LPG : 부탄, 프로판

05 ⭐빈출

직경이 $200mm$인 표면이 매끈한 직관을 통하여 풍량 $100 m^3/\min$의 표준공기를 송풍시킬 때, 관내 평균풍속은?

① $50m/\sec$ ② $53m/\sec$
③ $60m/\sec$ ④ $62m/\sec$

> $Q = AV \rightarrow V = \dfrac{Q}{A}$
>
> $V = \dfrac{Q}{A} = \dfrac{100m^3}{\min} \times \dfrac{1\min}{60\sec} \times \dfrac{1}{0.0314m^2} = 53.0785 m/\sec$
>
> Q : 유량($100m^3/\min$)
>
> A : 단면적($A = \dfrac{\pi}{4}D^2 = \dfrac{\pi}{4} \times 0.2^2 = 0.0314m^2$)
>
> V : 속도

06 ⭐빈출

프로판가스(C_3H_8) $1.5Sm^3$가 완전연소하는데 필요한 이론공기량(Sm^3)은?

① 24.4   ② 35.7
③ 42.8   ④ 53.8

정답   01 ①   02 ③   03 ④   04 ③   05 ②   06 ②

$$C_3H_8 + 5O_2 \rightarrow 3CO_2 + 4H_2O$$

㉠ 이론산소량 계산

$C_3H_8 : 5O_2 = 1.5Sm^3 : \square$

$\square$(이론산소량) $= 7.5Sm^3$

㉡ 이론공기량

이론공기량 = 이론산소량 / 0.21

$= \dfrac{7.5}{0.21} = 35.7142Sm^3$

07

여과집진장치에 대한 설명으로 맞는 것은?

① 겉보기 여과속도가 클수록 미세입자를 포집한다.
② 부착 먼지를 털어내는 방식에는 간헐식과 연속식이 있다.
③ 여포의 손상과 온도 및 압력은 무관하다.
④ 여포재 선택시 매연의 성상은 중요하지 않다.

① 겉보기 여과속도가 작을수록 미세입자를 포집한다.
③ 여포의 손상과 온도 및 압력은 관계가 있다.
④ 여포재 선택시 매연의 성상은 중요하다.

08 ⭐빈출

사이클론 집진효율을 향상시키기 위한 조건으로 옳지 않은 것은?

① 배기관의 지름을 크게 한다.
② 입구 가스의 속도를 빠르게 한다.
③ 싸이클론 내부의 가스 회전수를 많게 한다.
④ 블로우다운(blow down)효과를 이용한다.

배기관의 지름을 작게 한다.

09

다음 중 지구온난화에 가장 큰 영향을 주는 물질은?

① 염화수소
② 암모니아
③ 이산화탄소
④ 황산미스트

이산화탄소는 온실가스 중 가장 많은 양이 대기 중에 배출되며 지구온난화의 주된 원인으로 꼽는다.

10 ⭐빈출

대기오염방지시설의 환기시설 설계에서 포착속도(제어속도)의 설명이 올바르게 된 것은?

① 오염물질이 덕트를 통과하는 최소의 속도
② 오염물질을 오염원에서 후드로 이동시키기 위한 속도
③ 오염물질이 배출구를 통과하는 속도
④ 오염물질이 덕트를 통과하는 최대의 속도

포착속도 : 오염물질을 오염원에서 후드로 이동시키기 위한 최소한의 공기 유속

11 ⭐빈출

압축된 프로판(C_3H_8)가스 $1kg$이 모두 기화된다면 표준상태에서는 몇 Sm^3이 되는가?

① $0.51Sm^3$
② $0.69Sm^3$
③ $0.76Sm^3$
④ $0.85Sm^3$

표준상태에서 $1kmol = kg$분자량 $= 22.4Sm^3$를 차지한다.

$$1kg \times \dfrac{1kmol}{44kg} \times \dfrac{22.4Sm^3}{1kmol} = 0.5090Sm^3$$

$kg \rightarrow kmol \quad kmol \rightarrow Sm^3$

12

대기오염물질인 분진의 제거방법 중 적당하지 않은 것은?

① 촉매산화법
② 중력침강법
③ 세정법
④ 백-필터법

촉매산화법은 가스상 물질의 제거방법이다.

13

일산화탄소의 성질을 설명한 것이다. 옳지 않은 것은?

① 공기보다 무겁다.
② 무색, 무미, 무취이다.
③ 연료의 불완전연소 시 발생한다.
④ 헤모글로빈과의 결합력이 강하다.

공기보다 가볍다.

정답   07 ② 08 ① 09 ③ 10 ② 11 ① 12 ① 13 ①

14 ⭐빈출

35℃, $750 mmHg$ 상태에서 NO_2 100g이 차지하는 부피는 몇 L인가?

① 22.4　　　　　　② 35.6
③ 47.8　　　　　　④ 57.5

1mol = g분자량 = 22.4L이므로,
$NO_2 = 14 + 32 = 46g/mol$

$100g \times \dfrac{1mol}{46g} \times \dfrac{22.4L_{-STP}}{1mol} \times \dfrac{(273+35)K}{273K} \times \dfrac{760mmHg}{750mmHg}$
$= 57.4787L$

0℃ → 35℃로 온도가 증가하였으므로 부피는 증가하며(분자에 큰 수), $1atm = 760mmHg$에서 $750mmHg$로 압력이 감소하였으므로 부피는 증가한다(분자에 큰 수).

15 ⭐빈출

어떤 집진장치의 입구에서 분진농도가 $7.2 g/Sm^3$이고, 출구에서의 농도가 $0.3 g/Sm^3$라면 집진율(%)은?

① 91.62　　　　　　② 93.25
③ 95.83　　　　　　④ 97.49

$\eta = \left(1 - \dfrac{C_{out}}{C_{in}}\right) \times 100$
$= \left(1 - \dfrac{0.3}{7.2}\right) \times 100 = 95.8333\%$

16

비점오염원의 특징이 아닌 것은?

① 일간, 계절간의 배출량 변화가 크다.
② 기상조건, 지질, 지형 등의 영향이 크다.
③ 빗물, 지하수 등에 의하여 희석되거나 확산되면서 넓은 장소로부터 배출된다.
④ 지표수 유출이 거의 없는 갈수시 하천수 수질악화에 큰 영향을 미친다.

지표수 유출이 많은 홍수시 하천수 수질악화에 큰 영향을 미친다.

17

포기조 운전 시 유의사항과 가장 거리가 먼 것은?

① 조 내의 미생물 농도를 적절히 유지
② DO농도를 적절히 유지
③ 침강이 잘 일어나도록 조의 깊이를 적절히 유지
④ 침강성이 좋은 활성슬러지가 생성되도록 적절한 환경을 조성

침전지에서는 침강이 잘 일어나도록 조의 깊이와 길이를 적절히 유지해야 한다.

18 ⭐빈출

활성슬러지공법에서 2차침전지 슬러지를 포기조로 반송시키는 주된 목적은?

① 슬러지를 순환시켜 배출슬러지를 최소화하기 위해
② 포기조 내 요구되는 미생물 농도를 적절하게 유지하기 위해
③ 최초침전지 유출수를 농축하기 위해
④ 폐수 중 무기고형물을 산화하기 위해

반송슬러지는 포(폭)기조 내 미생물 농도를 충분히 유지하여 유기물 분해와 폐수처리 효과를 극대화하는 역할을 한다. 이를 통해 처리 효율이 높아지고 슬러지가 희석되는 것을 방지한다.

19

완속여과의 특징을 나타낸 것이다. 이 중 잘못된 것은?

① 손실수두가 비교적 적다.
② 유지관리비가 적다.
③ 시공비가 적고 부지가 좁다.
④ 처리수의 수질이 양호하다.

시공비가 많이 들고 넓은 부지가 필요하다.

정답　　　14 ④　15 ③　16 ④　17 ③　18 ②　19 ③

20 ⭐

탈기법으로 수중의 암모니아를 제거하고자 할 때 25℃에서 가장 적절한 pH는?

① 4.5   ② 5.6
③ 7.0   ④ 11.0

> $$NH_3 + H_2O \rightleftharpoons NH_4^+ + OH^-$$
> 알칼리도가 높을 때, 즉 염기성 상태일 때 역반응이 진행되어 암모니아 기체로 탈기된다.

21

폐수의 유량 $20,000 \, m^3/day$, 부유물질의 농도가 $150 \, mg/L$ 이고, 이 중 하천바닥에 침전하는 것이 30%라면 그 침전량은 얼마인가?

① $900 \, kg/day$ ② $950 \, kg/day$
③ $1,000 \, kg/day$ ④ $1,050 \, kg/day$

> 총량(부하량) = 유량 × 농도
> $$\underbrace{\frac{20,000 \, m^3}{day}}_{유량} \times \underbrace{\frac{150 \, mg}{L}}_{농도} \times \underbrace{\frac{kg}{10^6 \, mg}}_{mg \rightarrow kg} \times \underbrace{\frac{10^3 \, L}{m^3}}_{m^3 \rightarrow L} \times \underbrace{\frac{30}{100}}_{침전량}$$
> $$= 900 \, kg/day$$

22

소수성 콜로이드에 관한 설명으로 틀린 것은?

① 현탁상태로 존재한다.
② 염에 민감하지 못하다.
③ 틴달효과가 크다.
④ 표면장력이 용매와 비슷하다.

> 소수성 콜로이드는 염에 민감하다.

23

무기응집제인 알루미늄염의 장점이 아닌 것은?

① 적정 pH폭이 넓다.
② 독성이 없어 대량으로 주입할 수 있다.
③ 시설을 더럽히지 않는다.
④ 가격이 저렴하다.

> 적정 pH폭은 철염에 비해 좁다.

24 ⭐

일반도시의 폐수처리에 이용되고 있는 활성슬러지공법의 처리순서로 옳게 배열된 것은?

① 유입수 → 침사지 → 1차침전지 → 포기조 → 최종침전지 → 염소접촉조 → 유출수
② 유입수 → 침사지 → 1차침전지 → 염소접촉조 → 포기조 → 최종침전지 → 유출수
③ 유입수 → 침사지 → 1차침전지 → 최종침전지 → 염소접촉조 → 포기조 → 유출수
④ 유입수 → 1차침전지 → 침사지 → 포기조 → 최종침전지 → 염소접촉조 → 유출수

> 일반적인 활성슬러지공법에서는 먼저 폐수를 침사지에서 큰 입자를 제거하고 1차침전지에서 부유 고형물을 제거한다. 그 후 포(폭)기조에서 미생물이 유기물을 분해하며, 최종 침전지에서 활성슬러지를 침전시켜 분리하고, 마지막으로 염소접촉조에서 소독 후 배출된다.

25 ⭐

인구 5,000명의 도시 하수처리장에 $2,000 \, m^3/day$의 폐수가 유입된다. 최초침전지의 규격이 $15m(L) \times 6m(W) \times 3m(H)$일 때 침전지의 이론적 수리학적 체류시간($HRT$)은?

① $1.88 \, hr$ ② $2.14 \, hr$
③ $2.68 \, hr$ ④ $3.24 \, hr$

> $$체류시간(HRT) = \frac{부피(\forall)}{유량(Q)}$$
> $$= \frac{(15 \times 6 \times 3) \, m^3}{\left(\dfrac{2,000 \, m^3}{day} \times \dfrac{1 \, day}{24 \, hr}\right)} = 3.24 \, hr$$

정답   20 ④   21 ①   22 ②   23 ①   24 ①   25 ④

26 ⭐비출

$0.001M$ HCl용액의 pH는? (단, HCl은 100% 이온화된다.)

① 1 ② 2
③ 3 ④ 4

$HCl \rightleftharpoons H^+ + Cl^-$
$HCl : H^+ = 1 : 1 = 0.001M : \square$
$\square = 0.001M$
$pH = -\log[H^+]$
$\quad = -\log[0.001] = 3$

27

혐기성 소화조의 장점이라 볼 수 없는 것은?

① 폐슬러지량 감소
② 유출수의 수질 양호
③ 고농도 폐수처리
④ 이용가능한 가스 생산

처리효율이 낮아 유출수의 수질은 양호하지 못하다.

28 ⭐비출

아래는 글루코오스($C_6H_{12}O_6$)의 혐기성 분해반응식이다. ㉠, ㉡으로 알맞은 것은?

$$C_6H_{12}O_6 \rightarrow ㉠CH_4 + ㉡CO_2$$

① ㉠ 2, ㉡ 2 ② ㉠ 3, ㉡ 3
③ ㉠ 4, ㉡ 4 ④ ㉠ 3, ㉡ 4

$C_6H_{12}O_6 \rightarrow 3CH_4 + 3CO_2$

29

지구상에 존재하는 물의 형태 중 해수가 차지하는 비율은?

① 약 75% ② 약 84%
③ 약 91% ④ 약 97%

해수가 약 97%로 가장 많은 비율을 차지하며, 빙하가 약 2.15%로 담수 중에서 가장 많은 양을 차지한다.

30 ⭐비출

생물학적으로 질소와 인을 제거하는 A_2O 공정 중 혐기조의 주된 역할은?

① 질산화 ② 탈질화
③ 인의 방출 ④ 인의 과잉섭취

- 혐기조 : 인의 방출
- 무산소조 : 탈질
- 호기조 : 질산화, 인의 과잉섭취

31 ⭐비출

한 침전지가 $9,000m^3/day$의 하수를 처리한다. 침전지 유입하수의 SS농도가 $500mg/L$ 침전지 유출수의 SS농도가 $100mg/L$일 때, 이 침전지의 SS제거율은?

① 60% ② 70%
③ 80% ④ 90%

$$\eta = \left(1 - \frac{C_{out}}{C_{in}}\right) \times 100$$
$$= \left(1 - \frac{100}{500}\right) \times 100 = 80\%$$

32

에탄올(C_2H_5OH) $100mg/L$이 함유된 폐수의 이론적 COD 값은?

① $209mg/L$ ② $227mg/L$
③ $241mg/L$ ④ $260mg/L$

$C_2H_5OH + 3O_2 \rightarrow 2CO_2 + 3H_2O$
C_2H_5OH $1mol(46g)$은 O_2 $3mol(32 \times 3 = 96g)$을 필요로 한다.
$46g : 96g = 100mg/L : \square$
$\square = 208.6956mg/L$

33

활성슬러지공정에서 미생물량에 대한 유입 유기물량을 나타낸 것은?

① A/S
② F/M
③ C/N
④ SAR

① A/S : 부상조에서의 공기와 고형물과의 비(공기/고형물)
③ C/N : 탄소와 질소의 비(탄소/질소)
④ SAR : 토양의 상태를 나타내는 지수 중의 하나인 나트륨 흡착비

34 빈출

살수여상에 의한 폐수처리 원리로 가장 알맞은 것은?

① 폐수 내의 고형물이 산소와 결합하여 침전물을 형성한다.
② 쇄석 내의 재질에 의해 용존 유기물이 여과된다.
③ 폐수 내의 고형물이 쇄석의 기공에 의해 흡수 및 흡착된다.
④ 쇄석 표면에 번식하는 미생물이 폐수와 접촉하여 유기물을 섭취·분해한다.

살수여상법은 폐수를 미생물이 부착된 쇄석이나 여재 위에 살포하여, 폐수가 여재를 통과하면서 여재 표면에 형성된 미생물이 폐수 중의 유기물을 섭취하고 분해하는 생물학적 처리법이다.

35 빈출

인체에 만성 중독증상으로 카네미유증을 발생시키는 유해물질은?

① PCB
② 망간(Mn)
③ 비소(As)
④ 카드뮴(Cd)

② 망간 : 파킨슨 증후군 및 신경계 장애
③ 비소 : 피부암, 폐암, 신경계 이상
④ 카드뮴 : 신장 장애, 폐 손상, 이타이이타이병

36 빈출

폐기물의 새로운 수송수단인 파이프라인의 단점이 아닌 것은?

① 잘못 투입된 물건의 회수 곤란
② 조대폐기물은 파쇄, 압축 등의 전처리 필요
③ 장거리 수송의 곤란
④ 폐기물 발생 밀도가 높은 곳은 사용 불가능

폐기물 발생 밀도가 낮은 곳은 사용 불가능하며 발생 밀도가 높은 곳에서 사용해야 경제적이다.

37

폐기물 관리에 있어서 가장 우선적으로 중점을 두어야 할 분야는?

① 재회수 및 재활용
② 처리
③ 최종처분
④ 감량화

폐기물관리의 기본 원칙은 발생량을 근본적으로 줄이는 감량이 가장 우선되며, 그 다음으로 재사용 및 재활용, 에너지화(소각), 그리고 최후 처리 방법으로 매립이 추진된다.

38 빈출

쓰레기 수거 인부가 136명인 도시에서 쓰레기 수거량은 179,250 ton/yr이다. 수거능력(MHT)은? (단, 1일 작업시간은 8시간, 1년 작업일수는 310일이다.)

① 1.45
② 1.77
③ 1.89
④ 1.96

$$MHT = \frac{Man \times Hr}{Ton}$$

$$= 136인 \times \frac{8hr}{day} \times \frac{310day}{yr} \times \frac{yr}{179,250 ton}$$

$$= 1.8816 man \cdot hr/ton$$

39 빈출

총고형분이 70,000ppm인 산업폐기물 300m^3을 매립하고 있다. 이 중 휘발성 고형물(VS)이 50%이었다면 LFG(m^3)는? (단, LFG 메탄, 메탄 발생량은 VSkg당 0.5m^3 발생한다고 가정)

① 5,250
② 6,250
③ 7,250
④ 8,250

총량(부하량) → 휘발성 고형물(VS)의 양 → VSkg당 메탄가스발생량

㉠ 총량(부하량)

부하량 : $\dfrac{70,000mg}{L} \times 300m^3 \times \dfrac{1kg}{10^6 mg} \times \dfrac{10^3 L}{m^3}$

농도   부피 $mg \rightarrow kg$ $m^3 \rightarrow L$

$= 21,000kg$

㉡ 휘발성 고형물의 양
$21,000kg \times 0.5 = 10,500kg_{-VS}$

㉢ VSkg당 메탄가스발생량

$10,500kg_{-VS} \times \dfrac{0.5m^3_{-CH_4}}{1kg_{-VS}} = 5,250m^3_{-CH_4}$

40 빈출

폐기물을 파쇄시키는 과정에서 발생할 수 있는 문제점과 가장 거리가 먼 것은?

① 먼지 발생
② 소음 및 진동 발생
③ 폭발 발생
④ 침출수 발생

매립과정에서 침출수가 발생할 수 있다.

41

슬러지나 분뇨의 탈수 가능성을 나타내는 것은?

① 균등계수
② 알카리도
③ 여과비저항
④ 유효경

여과비저항 : 고형물과 물 사이의 결합정도를 나타내는 용어로 여과비저항이 클수록 고형물과 물과의 결합력이 강해 탈수성은 낮다.

42

화상 위에서 쓰레기를 태우는 방식으로 플라스틱처럼 열에 열화, 용융되는 물질의 소각에 적합하여 체류시간이 길고 국부적으로 가열될 염려가 있는 소각로는?

① 고정상
② 화격자
③ 회전로
④ 다단로

② 화격자 : 폐기물을 지지하고 아래로 이동시키며 연소하는 소각로
③ 회전로 : 원통을 회전시켜 폐기물을 연소하는 소각로
④ 다단로 : 여러 연소 단계를 거쳐 폐기물을 연소하는 소각로

43 빈출

폐기물 발생량의 조사방법으로 가장 거리가 먼 것은?

① 적재차량계수분석
② 직접계근법
③ 간접계근법
④ 물질수지법

① 적재차량계수분석 : 쓰레기의 발생량을 산정하는 방법 중 일정 기간 동안 특정지역의 쓰레기 수거차량의 대수를 조사하여 이 값에 밀도를 곱하여 중량으로 환산하는 방법이다.
② 직접계근법 : 쓰레기를 실제로 저울에 달아서 중량을 정확하게 측정하는 방법으로, 가장 정확하지만 비용과 시간이 많이 든다.
④ 물질수지법 : 특정 공정이나 시설에서 출입하는 물질의 양을 질량보존법칙(물질수지식)에 따라 계산하여 배출량을 산정하는 방법이다.

44

어느 도시쓰레기를 분류하여 성분별로 수분함량을 측정한 결과 구성비가 중량으로 음식물 30%, 종이 50%, 금속 20%이고, 수분함량은 각각 70%, 20%, 10%이었다. 이 쓰레기의 수분함량은 몇 %인가?

① 30%
② 33%
③ 36%
④ 39%

$\dfrac{(30 \times 0.7) + (50 \times 0.2) + (20 \times 0.1)}{100} \times 100 = 33\%$

45

쓰레기의 소각능력이 $100kg/m^2 \cdot hr$이고, 소각할 쓰레기의 양이 $7,500kg/day$이다. 하루 8시간 소각로를 운전한다면 화격자의 면적(m^2)은 얼마인가?

① 10.90   ② 9.38
③ 6.38   ④ 5.69

소각률 $= \dfrac{\text{소각량}}{\text{면적}}$

$$\dfrac{100kg}{m^2 \cdot hr} = \dfrac{7,500kg}{day} \times \dfrac{1day}{8hr} \times \dfrac{1}{\square}$$
$$day \rightarrow hr$$

$$\square = \dfrac{7,500kg}{day} \times \dfrac{1day}{8hr} \times \dfrac{m^2 \cdot hr}{100kg} = 9.375m^2$$

46

폐기물의 물리화학적 처리방법 중 용매추출에 사용되는 용매의 선택기준이 옳은 것만 모두 나열된 것은?

㉠ 분배계수가 높아 선택성이 클 것
㉡ 끓는점이 높아 회수성이 높을 것
㉢ 물에 대한 용해도가 낮을 것
㉣ 밀도가 물과 같을 것

① ㉠, ㉡   ② ㉠, ㉢
③ ㉡, ㉢   ④ ㉡, ㉣

㉡ 끓는점이 낮고 회수성이 높을 것
㉣ 밀도가 물과 다를 것

47

도시쓰레기의 소각 시 장점이 아닌 것은?

① 위생적이다.
② 운전비용이 적게 든다.
③ 폐열 이용이 가능하다.
④ 매립 쓰레기량이 감소한다.

운전비용이 많이 든다.

48 빈출

인구가 200,000명인 지역에서 일주일 동안 수거한 쓰레기량은 $15,000m^3$이다. 1인 1일 쓰레기 발생량은? (단, 쓰레기 밀도는 $0.5ton/m^3$이다.)

① $3.50kg/$인·일   ② $4.45kg/$인·일
③ $5.36kg/$인·일   ④ $6.43kg/$인·일

1인 1일 쓰레기 발생량을 산정하기 위해 $kg/$인·일의 단위에 유의한다.

$$\dfrac{15,000m^3}{7일} \times \dfrac{0.5ton}{m^3} \times \dfrac{10^3kg}{1ton} \times \dfrac{1}{200,000인}$$
$$m^3 \rightarrow ton \quad ton \rightarrow kg$$
$$= 5.3571kg/\text{인} \cdot \text{일}$$

49

슬러지의 안정화 방법으로 볼 수 없는 것은?

① 혐기성 소화   ② 살수여상
③ 호기성 소화   ④ 퇴비화

살수여상은 유기물의 안정화 방법이다.

50 빈출

부피가 $1,000m^3$이고 밀도가 $400kg/m^3$인 폐기물을 밀도가 $600kg/m^3$이 되도록 압축시키면 부피는 얼마로 되는가?

① $454m^3$ ② $521m^3$
③ $593m^3$ ④ $667m^3$

무게는 압축 전·후를 비교하였을 때 동일하다.
㉠ 압축 전
    부피 : $1,000m^3$
    무게 : $\dfrac{400kg}{m^3} \times 1,000m^3 = 400,000kg$
㉡ 압축 후
    무게 : $400,000kg$
    부피 : $400,000kg \times \dfrac{m^3}{600kg} = 666.6666m^3$

정답   45 ②   46 ②   47 ②   48 ③   49 ②   50 ④

51 빈출

쓰레기의 고위발열량이 $11,000 kcal/kg$ 이고 수소 조성비가 13%, 수분함량이 5%일 때 저위발열량은?

① 약 $9,900 kcal/kg$
② 약 $10,300 kcal/kg$
③ 약 $10,500 kcal/kg$
④ 약 $10,700 kcal/kg$

> 저위발열량 = 고위발열량 − 물의 증발잠열
> 액체와 고체연료의 저위발열량 계산식
> $$H_l = H_h - 600(9H + W)$$
> $$= 11,000 - 600\left(9 \times \frac{13}{100} + \frac{0.5}{100}\right) = 10,295 kcal/kg$$

52

슬러지를 개량(conditioning)하는 가장 큰 목적은?

① 탈수성 향상
② 조성의 변화
③ 악취 제거
④ 부패 방지

> 슬러지의 개량은 탈수성 향상에 목적이 있으며, 약품처리, 열처리, 세정, 동결 등의 방법이 있다.

53

폐기물에서 에너지를 회수하는 방법이 아닌 것은?

① 혐기성 소화
② 슬러지 개량
③ RDF 제조
④ 소각열 회수

> 슬러지 개량은 탈수성을 향상하기 위한 방법이다.

54 빈출

슬러지 처리의 일반적인 계통도로 옳은 것은?

① 농축 − 안정화 − 개량 − 탈수 − 소각 − 최종처분
② 안정화 − 농축 − 개량 − 탈수 − 소각 − 최종처분
③ 안정화 − 농축 − 탈수 − 개량 − 소각 − 최종처분
④ 안정화 − 탈수 − 농축 − 개량 − 소각 − 최종처분

> • 농축 : 슬러지 부피를 줄여 후속 처리 용량 감소 및 비용 절감
> • 안정화 : 병원균 감소와 유기물 분해를 통해 위생적 안정화
> • 개량 : 슬러지의 물리화학적 성질 변화로 탈수성 향상
> • 탈수 : 슬러지 함수율 감소로 부피 축소 및 취급 용이
> • 소각 및 최종처분 : 최종산물의 위생적이면서 안전한 처분

55 빈출

85%의 함수율을 갖고 있는 쓰레기를 건조시켜 함수율이 25%가 되었다면 쓰레기 1톤에 대하여 증발하는 수분의 양은 얼마인가? (단, 비중은 1.0)

① 600kg
② 700kg
③ 800kg
④ 900kg

> $$SL_1(1 - X_1) = SL_2(1 - X_2)$$
> $$1,000 kg(1 - 0.85) = SL_2(1 - 0.25)$$
> $$SL_2 = 200 kg$$
> 증발한 수분 $= SL_1 - SL_2 = 1,000 - 200 = 800 kg$

56

소음계의 구성요소 중 음파의 미약한 압력변화(음압)를 전기신호로 변환하는 것은?

① 정류회로
② 마이크로폰
③ 동특성조절기
④ 청감보정회로

> ① 정류회로는 교류신호를 직류신호로 바꾸는 역할이다.
> ③ 동특성조절기는 주파수 특성을 조절한다.
> ④ 청감보정회로는 사람 귀의 감각 특성을 보정한다.

57 빈출

다음 중 마스킹효과에 관한 내용으로 알맞지 않은 것은?

① 음파의 맥동에 의해 일어난다.
② 두 음의 주파수가 비슷할 때 효과가 대단히 커진다.
③ 저음이 고음을 잘 마스킹한다.
④ 두 음의 주파수가 거의 같을 때는 효과가 감소한다.

> 음파의 간섭에 의해 일어난다.

정답   51 ②   52 ①   53 ②   54 ①   55 ③   56 ②   57 ①

58

사람의 귀는 기능상 외이, 중이, 내이로 구분될 수 있다. 다음 중 내이에 관한 설명으로 틀린 것은?

① 음의 전달 매질은 액체이다.
② 이소골에 의해 진동음압을 20배 정도 증폭시킨다.
③ 이관은 중이의 기압을 조정한다.
④ 난원창은 이소골의 진동을 와우각의 림프에 전달하는 진동판이다.

이소골은 중이에 해당한다.
• 외이 : 귀바퀴, 외이도, 고막
• 중이 : 추골, 침골, 등골로 구성된 이소골, 유스타키오관(이관, 귀관)
• 내이 : 와우각(전정계, 달팽이관, 고실계 등), 3개의 반고리관

59

어떤 기계의 가동진동레벨이 $77dB$이고 정지(배경)진동레벨이 $68dB$이었다면, 이 기계의 발생진동레벨은?

레벨차(dB)	3	4, 5	6, 7, 8, 9
보정치(dB)	−3	−2	−1

① 76dB ② 75dB
③ 74dB ④ 73dB

$77dB$과 $68dB$은 $9dB$의 레벨차가 나므로 보정치는 $-1dB$이다.
77−1 = $76dB$이 된다.

60

파동의 종류 중 '횡파'에 관한 설명으로 틀린 것은?

① 파동의 진행방향과 매질의 진동방향이 서로 평행이다.
② 매질이 없어도 전파된다.
③ 물결파(수면파)는 횡파이다.
④ 지진파의 S파는 횡파이다.

파동의 진행방향과 매질의 진동방향이 서로 수직이다.

2019년 3회 | CBT 기출복원문제

01 ⭐빈출

수소 10%, 수분 5%인 중유의 고위발열량이 $10,000 kcal/kg$일 때 저위발열량($kcal/kg$)은?

① 9,310
② 9,430
③ 9,590
④ 9,720

저위발열량 = 고위발열량 – 물의 증발잠열
액체와 고체연료의 저위발열량 계산식
$H_l = H_h - 600(9H + W)$
$= 10,000 - 600(9 \times \frac{10}{100} + \frac{5}{100}) = 9,430 kcal/kg$

02 ⭐빈출

원심력집진장치에 관한 설명으로 옳지 않은 것은?

① 구조가 간단하고 취급이 용이한 편이다.
② 압력손실이 $20 mmH_2O$ 정도로 작고, 고집진율을 얻기 위한 전문적인 기술이 불필요하다.
③ 점(흡)착성 배출가스 처리는 부적합하다.
④ 블로우다운효과를 사용하여 집진효율 증대가 가능하다.

압력손실이 $50 \sim 150 mmH_2O$ 정도이고, 고집진율을 얻기 위한 블로다운효과 등 전문적인 기술이 필요하다.

03 ⭐빈출

직경이 $30cm$, 길이가 $15m$인 여과자루를 사용하여 농도가 $3g/m^3$의 배출가스를 $1,000 m^3/min$으로 처리하였다. 여과속도가 $1.5cm/sec$일 때 필요한 여과자루의 개수는?

① 75개
② 79개
③ 83개
④ 87개

㉠ 주어진 조건에 의한 1개당 여과면적(B)을 구하면,
$B = \pi DH$
$= \pi \times 0.3m \times 15m = 14.1371 m^2/$개
㉡ 구한 면적과 유량을 이용하여 여과자루 수를 구하면,
$Q = AV$
$\frac{1,000 m^3}{min} = (14.1371 \times \square) m^2 \times \frac{1.5cm}{sec} \times \frac{m}{100cm}$
$\times \frac{60sec}{min}$
$\square = 78.5954 ≒ 79$개
여기서,
Q : 여과유량($1,000 m^3/min$)
A : 여과자루의 총면적($14.1371 \times \square m^2$)
V : 여과속도($1.5cm/sec$)

04 ⭐빈출

대기상태가 중립조건일 때 발생하며, 연기의 수직 이동보다 수평 이동이 크기 때문에 오염물질이 멀리까지 퍼져 나가며 지표면 가까이에는 오염의 영향이 거의 없으며, 이 연기 내에서는 오염의 단면분포가 전형적인 가우시안분포를 나타내는 연기형태는?

① 환상형
② 부채형
③ 원추형
④ 지붕형

① 환상형 : 대기가 매우 불안정하고 난류가 심할 때 나타나며, 연기가 상하로 흔들리고 국지적인 고농도가 발생할 수 있다. 주로 맑고 바람이 약한 낮에 관찰된다.
② 부채형 : 대기가 안정일 때 나타나고, 연기가 부채처럼 퍼지며, 지표면 근처 오염이 심하다.
④ 지붕형 : 복사역전 등의 기상조건에서 연기가 수평으로 퍼지다가 위쪽에서 펼쳐져 마치 지붕모양을 이루는 형태이다.

05

$CO_{2\,max}$는 어떤 조건으로 연소시켰을 때 연소가스 중 이산화탄소의 농도를 말하는가?

① 공급할 수 있는 최대공기량으로 과잉연소시켰을 때
② 이론공기량으로 완전연소시켰을 때
③ 과잉공기량으로 부족연소시켰을 때
④ 부족공기량으로 부족연소시켰을 때

> 배출가스 중 이산화탄소의 농도를 가장 크게 하기 위해서는 이론공기량으로 완전연소시켜야 한다.

06 빈출

직경이 $200mm$인 표면이 매끈한 직관을 통하여 $125m^3/min$의 표준공기를 송풍할 때, 관내 평균풍속($m/\sec$)은?

① 약 $50m/\sec$
② 약 $53m/\sec$
③ 약 $60m/\sec$
④ 약 $66m/\sec$

> $$Q = AV \rightarrow V = \frac{Q}{A}$$
>
> $$V = \frac{Q}{A} = \frac{125m^3}{min} \times \frac{1min}{60\sec} \times \frac{1}{0.0314m^2} = 66.3481m/\sec$$
>
> Q : 유량($125m^3/min$)
>
> A : 단면면적($A = \frac{\pi}{4}D^2 = \frac{\pi}{4} \times 0.2^2 = 0.0314m^2$)
>
> V : 속도

07 빈출

흡수공정으로 유해가스를 처리할 때, 흡수액이 갖추어야 할 요건으로 옳지 않은 것은?

① 휘발성이 커야 한다.
② 점성이 작아야 한다.
③ 용해도가 커야 한다.
④ 용매의 화학적 성질과 비슷해야 한다.

> 휘발성이 작아야 한다.

08

대류권에서는 온실가스이며 성층권에서는 오존층 파괴물질로 알려져 있는 것은?

① CO
② N_2O
③ HCl
④ SO_2

> N_2O(아산화질소)는 질소원자 두 개와 산소원자 한 개로 이루어진 질소산화물로, 대기 중에서 약 150년 정도 매우 안정하게 체류하는 온실가스이다. 이산화탄소(CO_2)의 약 310배에 해당하는 지구온난화지수(GWP)를 가지고 있어 강력한 온실효과 물질이다. 또한 성층권에서는 오존층을 파괴하는 역할을 한다.

09 빈출

로스엔젤레스(Los Angeles)형 스모그 발생조건으로 가장 거리가 먼 것은?

① 방사성 역전형태
② 23~32℃의 고온
③ 광화학적 반응
④ 석유계 연료

> • 방사성 역전형태는 런던스모그의 발생조건이다.
> • 로스엔젤레스형 스모그는 침강성 역전형태이다.

10

악취성분을 직접연소법으로 처리하고자 할 때 일반적인 연소온도로 가장 적합한 것은?

① 100~150℃
② 200~300℃
③ 600~800℃
④ 1,400~1,500℃

> 악취성분을 직접연소법으로 처리할 때 일반적인 적정 연소온도는 600~800℃가 가장 적합하다. 악취 분해를 위한 직접연소법은 보통 700~850℃ 이상의 고온에서 이루어지며, 이 온도 범위에서 악취물질이 산화·분해되어 효과적으로 처리된다.

정답   05 ② 06 ④ 07 ① 08 ② 09 ① 10 ③

11 ⭐빈출

농황산의 비중이 약 1.84, 농도는 75%라면 이 농황산의 몰농도 (mol/L)는?

① 9　　　　　　　　② 11
③ 14　　　　　　　　④ 18

$$\frac{1.84kg}{L} \times \frac{75}{100} \times \frac{10^3 g}{1kg} \times \frac{mol}{98g} = 14.0816 mol/L$$

12 ⭐빈출

탄소 87%, 수소 10%, 황 3%의 조성을 가진 중유 $1.7kg$을 완전연소시킬 때, 필요한 이론공기량(Sm^3)은?

① 약 9　　　　　　　② 약 14
③ 약 18　　　　　　　④ 약 21

액체연료의 이론산소량(Sm^3/kg) :
$1.867C + 5.6H + 0.7S - 0.7O$
$= 1.867 \times 0.87 + 5.6 \times 0.1 + 0.7 \times 0.03 = 2.2052 Sm^3/kg$
이론공기량 = 이론산소량 / 0.21

$$= \frac{2.2052 Sm^3}{kg} \times \frac{1}{0.21} \times 1.7kg = 17.8516 Sm^3$$

13

다음 중 수세법을 이용하여 제거시킬 수 있는 오염물질로 가장 거리가 먼 것은?

① NH_3　　　　　　　② SO_2
③ NO_2　　　　　　　④ Cl_2

NO_2는 난용성기체이다.
기체의 용해도
$HCl > HF > NH_3 > SO_2 > Cl_2 > H_2S > CO_2 > O_2 > CO$

14

오염가스를 흡착하기 위하여 사용되는 흡착제와 가장 거리가 먼 것은?

① 활성탄　　　　　　② 활성망간
③ 마그네시아　　　　④ 실리카겔

활성망간은 흡수제이다.

15

다음 〈보기〉와 같은 특성에 가장 적합한 연료는?

┌──────────[보기]──────────┐
• 저질의 연료로 고온을 얻을 수 있다.
• 연소효율이 높고, 안정된 연소가 된다.
• 점화와 소화가 쉽고 연소 조절이 간편하여 연소의 자동 제어에 적합하다.
• 대기오염 방지측면에서 볼 때 재, 매연, 황산화물 등의 발생이 거의 없어 청정연료이다.
└────────────────────────┘

① 석탄　　　　　　　② 아탄
③ 벙커C유　　　　　　④ LNG

① 석탄 : 고체 상태의 화석연료로, 발전이나 가열용으로 많이 쓰인다. 1kg당 발열량은 약 5,000~7,000kcal 정도이며, 다루기가 불편하고 환경오염물질을 많이 배출하는 단점이 있다.
② 아탄 : 주로 아역청탄(sub-bituminous coal)으로 분류되는 석탄 종류 중 하나로, 무연탄과 유연탄 사이에 위치하며 발전용으로 사용된다. 석탄 중에서는 발열량이 상대적으로 낮다.
③ 벙커C유 : 무겁고 끈적한 액체 상태의 중유(fuel oil)로, 선박 및 대형 시설의 보일러 연료로 사용된다. 발열량이 높아 석탄보다 약 2배 정도 효율적이며, 연소 시 필요한 공기량이 적고 조절이 쉽다. 하지만 연소 시 황분 등 환경오염물질 배출이 많아 환경문제를 유발할 수 있다.

16 ⭐빈출

해수의 특성에 관한 설명으로 옳지 않은 것은?

① 해수의 pH는 약 8.2 정도로 약 알칼리성을 지닌다.
② 해수의 주요 성분 농도비는 거의 일정하다.
③ 염분은 적도해역에서 높고, 남북 양극해역에서는 다소 낮다.
④ 해수의 Mg/Ca비는 300~400정도로 담수보다 크다.

해수의 Mg/Ca비는 3~4정도로 담수보다 크다.

17

20℃ 재폭기계수가 6.0/day이고, 탈산소계수가 0.2/day이면 자정계수는?

① 1.2   ② 20
③ 30   ④ 120

$$자정계수 = \frac{재폭기계수}{탈산소계수} = \frac{K_2}{K_1} = \frac{6.0}{0.2} = 30$$

18

염소계 산화제를 이용하여 무해한 CO_2와 N_2로 분해시키는 보편적인 알칼리산화법으로 처리할 수 있는 폐수는?

① 시안 함유 폐수
② 크롬 함유 폐수
③ 납 함유 폐수
④ PCB 함유 폐수

시안(CN)은 산화되어 CO_2와 N_2가 된다.

19 ⭐빈출

하천이 유기물로 오염되었을 경우 자정과정을 오염원으로부터 하천 유하거리에 따라 분해지대, 활발한 분해지대, 회복지대, 정수지대의 4단계로 구분한다. 〈보기〉와 같은 특성을 나타내는 단계는?

[보기]
- 용존산소의 농도가 아주 낮거나 때로는 거의 없어 부패 상태에 도달하게 된다.
- 이 지대의 색은 짙은 회색을 나타내고, 암모니아나 황화수소에 의해 썩은 달걀냄새가 나게 되며 흑색과 점성질이 있는 퇴적물질이 생기고 기포 방울이 수면으로 떠오른다.
- 혐기성 분해가 진행되어 수중의 탄산가스 농도나 암모니아성 질소의 농도가 증가한다.

① 분해지대
② 활발한 분해지대
③ 회복지대
④ 정수지대

Whipple이 구분한 하천 자정작용 4단계의 각 단계별 특징

ⓐ 분해지대
- 오염물이 유입되는 하류지역으로, 물의 물리적·화학적 성질이 저하되고 용존산소(DO)가 감소한다.
- 오염에 약한 고등생물은 줄고 오염에 강한 미생물, 특히 Fungi (균류)가 증가한다.
- 유기성 부유물 침전과 CO_2 증가가 나타난다.

ⓑ 활발한 분해지대
- DO가 거의 없거나 매우 낮아 혐기성 분해가 활발하게 일어난다.
- 부패상태에 도달하며 악취를 유발하는 H_2S, NH_3 등이 발생한다.
- 호기성 미생물은 사라지고 혐기성 미생물로 대체된다.

ⓒ 회복지대
- 유기물이 고갈되고 DO가 다시 증가하면서 물이 점차 깨끗해지는 단계이다.
- 혐기성 미생물에서 다시 호기성 미생물로 전환되며, 조류가 번성한다.
- 아질산염과 질산염 형태의 질소 화합물이 존재하고, 원생동물 및 물고기 등의 생물이 서식하기 시작한다.

ⓓ 정수지대
- 하천이 거의 오염되지 않은 상태처럼 DO가 정상화되고 BOD가 감소한다.
- 호기성 세균이 번성하며 청정한 물고기들이 다시 서식한다.
- 수질이 가장 깨끗하고 안정된 상태이다.

20

$30m \times 18m \times 3.6m$ 규격의 직사각형 조에 물이 가득 차 있다. 약품주입농도를 $69mg/L$로 하기 위해서 주입해야 할 약품량(kg)은?

① 약 $214kg$ ② 약 $156kg$
③ 약 $148kg$ ④ 약 $134kg$

약품량 = 부피 × 농도

$$= \frac{69mg}{L} \times (30 \times 18 \times 3.6)m^3 \times \frac{1kg}{10^6 mg} \times \frac{10^3 L}{m^3}$$

농도   부피 $mg \to kg$ $m^3 \to L$

$$= 134.136 kg/day$$

정답   17 ③ 18 ① 19 ② 20 ④

21

물속의 탄소유기물이 호기성 분해를 하여 발생하는 것은?

① 암모니아
② 탄산가스
③ 메탄가스
④ 유화수소

> 호기성 분해는 산소가 존재하는 환경에서 유기물을 미생물이 분해하는 과정으로, 이 과정에서 탄소유기물이 이산화탄소와 물로 완전 분해된다.

22

생물학적 처리방법 중 활성슬러지법에 관한 설명으로 거리가 먼 것은?

① 산기식 포기장치에서 산기장치의 일부가 폐쇄되었을 경우 수면의 흐름이 균일하지 못하다.
② 용존성 유기물을 제거하는데 적합하다.
③ 슬러지 팽화현상과 거품이 생성될 수 있다.
④ 겨울철에 동결될 수 있고 연못화 현상이 발생할 수 있다.

> 살수여상공법은 겨울철에 동결될 수 있고 연못화 현상이 발생할 수 있다.

23 빈출

다음 중 하·폐수처리시설의 일반적인 처리계통으로 가장 적합한 것은?

① 침사지 - 1차침전지 - 소독조 - 포기조
② 침사지 - 1차침전지 - 포기조 - 소독조
③ 침사지 - 소독조 - 포기조 - 1차침전지
④ 침사지 - 포기조 - 소독조 - 1차침전지

> 일반적인 활성슬러지공법에서는 먼저 폐수를 침사지에서 큰 입자를 제거하고 1차침전지에서 부유 고형물을 제거한다. 그 후 포(폭)기조에서 미생물이 유기물을 분해하며, 최종 침전지에서 활성슬러지를 침전시켜 분리하고, 마지막으로 염소접촉조에서 소독 후 배출된다.

24

pH에 관한 설명으로 옳지 않은 것은?

① pH는 수소이온농도를 그 역수의 상용대수로서 나타내는 값이다.
② pH는 표준액의 조제에 사용되는 물은 정제수를 증류하여 그 유출액을 15분 이상 끓여서 이산화탄소를 날려 보내고 산화칼슘 흡수관을 달아 식힌 후 사용한다.
③ pH 표준액 중 보통 산성표준액은 3개월, 염기성 표준액은 산화칼슘 흡수관을 부착하여 1개월 이내에 사용한다.
④ pH 미터는 보통 아르곤 전극 및 산화전극으로 된 지시부와 검출부로 되어 있다.

> pH 미터는 보통 유리전극과 비교전극으로 된 지시부와 검출부로 되어 있다. 검출부는 시료에 접하는 부분으로 유리전극 또는 안티몬전극과 비교전극으로 구성되어 있다. 유리전극은 pH 측정기를 구성하는 유리전극으로서 수소이온의 농도가 감지되는 전극이다. 비교전극은 은-염화은과 칼로멜 전극이 주로 사용된다.

25 빈출

응집침전법으로 폐수를 처리하기 전에 응집제와 응집보조제 투여량을 결정하는 응집실험(Jar-Test)의 일반적인 과정을 순서대로 바르게 연결한 것은?

① 침전 → 완속교반 → 응집제와 보조제 주입 → 급속교반
② 응집제와 보조제 주입 → 급속교반 → 완속교반 → 침전
③ 급속교반 → 응집제와 보조제 주입 → 완속교반 → 침전
④ 완속교반 → 응집제와 보조제 주입 → 급속교반 → 침전

> 보통 응집제를 먼저 주입한 후, 급속교반으로 재료를 빠르게 혼합하고, 이어 완속교반으로 응집 입자를 성장시킨다. 그 다음 정치침전으로 응집된 입자를 침전시키고, 최종적으로 상등액(위의 맑은 물)을 분석한다.

26 ⭐빈출

침전지에서 지름이 0.1mm이고 비중이 2.65인 모래입자가 침전하는 경우 침전속도는? (단, Stokes 법칙을 적용, 물의 점도 : 0.01$g/cm \cdot \sec$)

① 0.696$cm/\sec$ ② 0.792$cm/\sec$

③ 0.726$cm/\sec$ ④ 0.898$cm/\sec$

$$V_g = \frac{d_p^2(\rho_p - \rho)g}{18\mu}$$

$$= \frac{0.01^2 \times (2.65 - 1) \times 980}{18 \times 0.01} = 0.898 cm/\sec$$

V_g : 중력침강속도($cm/\sec$)

d_p : 입자의 직경(cm) → 0.1mm = 0.01cm

ρ_p : 입자의 밀도(g/cm^3) → 2.65g/cm^3

ρ : 유체의 밀도(g/cm^3) → 1.0g/cm^3

g : 중력가속도($cm/\sec^2$) → 980$cm/\sec^2$

μ : 점성계수($g/cm \cdot \sec$) → 0.01$g/cm \cdot \sec$

27 ⭐빈출

물속에 녹는 산소의 양은 대기 중에 존재하는 산소의 분압에 의존하는 것으로 겨울철보다 기압이 낮은 여름철에 강이나 호수에 살고 있는 어패류들의 질식현상이 자주 발생하는 원인을 설명할 수 있는 법칙은?

① 헨리의 법칙   ② 라울의 법칙

③ 보일의 법칙   ④ 헤스의 법칙

헨리의 법칙은 일정 온도에서 기체 중의 특정 성분의 분압 $P(atm)$와 액체 중의 농도 $C(kmol/m^3)$ 사이에는 $P = HC$의 비례관계가 성립한다는 법칙이다.

28

0.05%는 몇 ppm인가?

① 5ppm ② 50ppm

③ 500ppm ④ 5000ppm

1%는 1ppm의 만배이다(1% = 10,000ppm).

29 ⭐빈출

회분식으로 일정한 양의 에너지와 영양분을 한번만 주고 미생물을 배양했을 때 미생물의 성장과정을 순서(초기 → 말기)대로 옳게 나타낸 것은?

① 대수성장기 → 유도기 → 정지기 → 사멸기

② 유도기 → 대수성장기 → 정지기 → 사멸기

③ 대수성장기 → 정지기 → 유도기 → 사멸기

④ 유도기 → 정지기 → 대수성장기 → 사멸기

미생물의 증식 4단계

지체기 → 대수성장기 → 감소성장기 → 내생호흡기

㉠ 지체기(유도기)
- 미생물량 적고 증식속도 극히 느림, 새로운 환경에 적응

㉡ 대수(지수)성장기
- F/M비 대단히 큼.
- 독립성장 → floc 형성↓ → 침전율↓ → BOD 제거↓
- F/M비 점차 낮아짐.
- 포기조 내의 미생물 성장단계 중 신진대사율이 가장 높은 단계

㉢ 감소성장기(정지기)
- floc 형성 시작 → 침전율 향상 → 수처리 이용가능

㉣ 내생호흡기(사멸기)
- F/M비 극히 낮음, 자산화 과정
- floc 형성 최대 → 침전율↑ → BOD 제거↑

30 ⭐빈출

BOD가 200mg/L이고, 폐수량이 1,500m^3/day인 폐수를 활성슬러지법으로 처리하고자 한다. F/M비가 0.4$kg/kg \cdot day$라면 MLSS 1,500mg/L로 운전하기 위해서 요구되는 포기조 용적은?

① 900m^3 ② 800m^3 ③ 600m^3 ④ 500m^3

F/M비 : $L_s (kg\,BOD/kg\,MLSS \cdot day)$

$$L_s = \frac{Q \times BOD_{in}}{X \times \forall}$$

$$0.4 = \frac{1,500 \times 200}{1,500 \times \forall}$$

$$\forall = \frac{1,500 \times 200}{1,500 \times 0.4} = 500 m^3$$

L_s : 0.4$kg\,BOD/kg\,MLSS \cdot day$

Q : 1,500m^3/day

BOD_{in} : 200mg/L

$X(MLSS)$: 1,500mg/L

정답

26 ④   27 ①   28 ③   29 ②   30 ④

31

해수는 염분비 일정법칙에 따른다. 다음 중 해수에 가장 많이 함유되어 있는 성분으로 옳은 것을 고르시오.

① Ca^{2+} 　　　　　　② Na^+
③ Mg^{2+} 　　　　　　④ Sr^{2+}

> 해수에 함유되어 있는 성분 크기는 아래와 같다.
> $Cl^- > Na^+ > SO_4^{2-} > Mg^{2+} > Ca^{2+} > K^+ > HCO_3^-$

32

각 생물학적 처리방법에 관한 설명으로 옳지 않은 것은?

① 산화지법 – 수심 $1m$ 이하의 경우 호기성 세균의 산소공급원은 조류와 균류이다.
② 접촉산화법 – 생물막을 이용한 처리방식의 일종으로 포기조에 접촉여재를 침적하여 포기, 교반시켜 처리한다.
③ 살수여상법 – 연못화에 따른 악취, 파리의 이상번식 등이 문제점으로 지적되고 있다.
④ 회전원판법 – 미생물 부착 성장형으로서 슬러지의 반송이 필요 없다.

> 산화지법 – 수심 1m 이하의 경우 호기성 세균의 산소공급원은 바람에 의한 표면포기와 조류에 의한 광합성에 의하여 공급된다.

33

다음 중 환원법과 수산화 제2철 공침법으로 처리할 수 있는 폐수는?

① 염소 함유 폐수
② 비소 함유 폐수
③ COD 함유 폐수
④ 색도 함유 폐수

> 수산화 제2철 공침법은 2가 철이온(Fe^{2+})을 이용해 중금속 및 비소 등 유해 금속을 침전시키거나 불용성 상태로 변환시켜 폐수에서 제거하는 방법이다.
> 또한 환원법은 비소(As) 폐수처리에 쓰이며, 환원 상태에서 공침법과 결합하여 비소를 효과적으로 제거한다.

34 ⭐

$1M\ H_2SO_4\ 10mL$를 $1M\ NaOH$로 중화할 때 소요되는 $NaOH$의 양은?

① $5mL$ 　　　　　　② $10mL$
③ $15mL$ 　　　　　　④ $20mL$

> $NV = N'V'$
> 산의 eq = 염기의 eq일 때 중화가 일어난다.
> ㉠ 산성 용액의 eq
> $$\frac{1mol}{L} \times 10mL \times \frac{2eq}{1mol} \times \frac{L}{10^3 mL} = 0.02eq$$
> ㉡ 염기성 용액의 $eq = 0.02eq$
> $$\frac{1mol}{L} \times \square mL \times \frac{1eq}{1mol} \times \frac{L}{10^3 mL} = 0.02eq$$
> $\square = 20$

35

다음 중 적조현상을 발생시키는 주된 원인물질은?

① Cl 　　　　　　② P
③ Mg 　　　　　　④ Fe

> 적조현상은 부영양화 현상으로 인해 발생되며, 부영양화 현상의 주된 원인물질은 질소와 인이다.

36 ⭐

압축기를 사용하여 어떤 쓰레기를 압축시켰더니 처음 부피의 1/4이 되었다. 이때의 압축비는?

① 3/4 　　　　　　② 4/5
③ 2 　　　　　　④ 4

> 1/4이 되었다는 것은 용적감소율이 75%이다.
> $$압축비 = \frac{V_1}{V_2}$$
> $$용적감소율 = \frac{V_1 - V_2}{V_1} \times 100 = \left(1 - \frac{V_2}{V_1}\right) \times 100$$
> $$용적감소율 = \left(1 - \frac{1}{압축비}\right) \times 100$$
> $$75 = \left(1 - \frac{1}{압축비}\right) \times 100$$
> $$압축비 = \left(-\frac{75}{100} + 1\right)^{-1} = 4$$

정답　　　31 ②　32 ①　33 ②　34 ④　35 ②　36 ④

37 ⭐빈출

철과 같이 재활용 가치가 높은 자원을 수거된 폐기물로부터 선별하는데 적합한 선별방법은?

① 공기선별　　　　　② 자석선별
③ 부상선별　　　　　④ 스크린선별

> ① 공기선별 : 가벼운 물질을 공기로 날려 무거운 것과 분리한다.
> ③ 부상선별 : 미세한 고체 입자를 물과 공기 기포 속에서 분리한다.
> ④ 스크린선별 : 크기 차이에 따라 거름망을 사용해 분리한다.

38

분뇨처리의 목적으로 가장 거리가 먼 것은?

① 최종 생성물의 감량화　　② 생물학적으로 안정화
③ 위생적으로 안전화　　　④ 슬러지의 균일화

> 균일화는 분뇨처리의 목적에 해당되지 않는다.

39 ⭐빈출

다음 중 고정날과 가동날의 교차에 의해 폐기물을 파쇄하는 것으로 파쇄속도가 느린 편이며, 주로 목재류, 플라스틱 및 종이류 파쇄에 많이 사용되고, 왕복식, 회전식 등이 해당하는 파쇄기의 종류는?

① 냉온파쇄기　　　　② 전단파쇄기
③ 충격파쇄기　　　　④ 압축파쇄기

> ① 냉온파쇄기 : 온도 제어가 특징인 특수 파쇄기이다.
> ② 전단파쇄기 : 느리지만 정밀한 절단으로 목재, 플라스틱에 적합하다.
> ③ 충격파쇄기 : 빠르고 강력한 충격으로 단단한 재료에 좋다.
> ④ 압축파쇄기 : 눌러서 부수는 방식이다.

40

다음 슬러지 처리공정 중 개량단계에 해당되는 것은?

① 소각　　　　　② 소화
③ 탈수　　　　　④ 세정

> 슬러지의 개량은 탈수성 향상에 목적이 있으며, 약품처리, 열처리, 세정, 동결 등의 방법이 있다.

41

다음 중 매립지에서 복토를 하여 덮개시설을 하는 목적으로 가장 거리가 먼 것은?

① 악취발생 억제
② 해충 및 야생동물의 번식방지
③ 쓰레기의 비산 방지
④ 식물성장의 억제

> 매립지에서 복토를 통해 식물성장은 촉진된다.

42

다음 중 공기비의 정의를 옳게 나타낸 것은?

① 연소물질량과 이론공기량 간의 비
② 연소에 필요한 절대공기량
③ 공급공기량과 배출가스량 간의 비
④ 실제공기량과 이론공기량 간의 비

> $$m = \frac{A}{A_0}$$
>
> A : 실제공기량
> A_0 : 이론공기량
> m : 공기비

43 ⭐빈출

A폐수를 활성탄을 이용하여 흡착법으로 처리하고자 한다. 폐수 내 오염물질의 농도를 $30mg/L$에서 $10mg/L$로 줄이는데 필요한 활성탄의 양은? (단, $X/M = KC^{1/n}$사용, K : 0.5, n : 1)

① $3.0mg/L$　　　　② $3.3mg/L$
③ $4.0mg/L$　　　　④ $4.6mg/L$

> $$\frac{X}{M} = KC^{1/n}$$
>
> $$\frac{(30-10)}{M} = 0.5 \times 10^{1/1}$$
>
> $$M = 4.0mg/L$$

44

강도 I_0의 단색광이 통과할 때 그 빛의 80%가 흡수되었다면 흡광도는?

① 0.097   ② 0.347
③ 0.699   ④ 80

> 흡광도$(A) = \log\dfrac{1}{I_t/I_0} = \log\dfrac{1}{t}$
>
> $\quad\quad\quad = \log\dfrac{1}{0.2} = 0.6989$
>
> I_0 : 입사광의 세기
> I_t : 투과광의 세기
> t : 투과율

45 ⭐빈출

폐기물공정시험기준(방법)에서 방울수라 함은 20℃에서 정제수 몇 방울을 적하할 때 그 부피가 약 $1mL$가 되는 것을 의미하는가?

① 5   ② 10
③ 20   ④ 50

> 공정기준시험에서 방울수는 20℃에서 정제수 20방울을 떨어뜨릴 때 그 부피가 약 $1mL$가 되는 것을 뜻한다.

46 ⭐빈출

다음 중 폐기물의 퇴비화 시 적정 C/N비로 가장 적합한 것은?

① 1~2   ② 1~10
③ 5~10   ④ 25~50

> 폐기물의 퇴비화 공정에서 유지시켜 주어야 할 최적 조건
> ㉠ 온도 : 50~60℃
> ㉡ 수분 : 50~60%
> ㉢ C/N 비율 : 25~50
> ㉣ pH : 5.5~8

47 ⭐빈출

어느 도시 쓰레기의 조성이 탄소 50%, 수소 5%, 산소 39%, 질소 3%, 황 0.5%, 회분 2.5%일 때 고위발열량은? (단, Dulong 식 이용)

① 약 $3,900 kcal/kg$ ② 약 $4,100 kcal/kg$
③ 약 $5,700 kcal/kg$ ④ 약 $7,440 kcal/kg$

> Dulong의 고위발열량식을 이용한다.
>
> $Dulong$ 식 (H_h) : $8,100C + 34,250\left(H - \dfrac{O}{8}\right) + 2,250S$
>
> $= 8,100 \times 0.5 + 34,250\left(0.05 - \dfrac{0.39}{8}\right) + 2,250 \times 0.005$
>
> $= 4,104.0625 kcal/kg$

48

다음은 어느 도시 쓰레기에 대하여 성분별로 수분함량을 측정한 결과이다. 이 쓰레기의 평균 수분함량(%)은?

성분	중량비(%)	수분함량(%)
음식물	45	70
종이	30	8
기타	25	6

① 31.2%   ② 32.4%
③ 35.4%   ④ 37.6%

> $\dfrac{(45 \times 70) + (30 \times 8) + (25 \times 6)}{100} = 35.4\%$

49

매립지역 선정 시 고려사항으로 옳지 않은 것은?

① 매몰 후 덮을 수 있는 충분한 흙이 있어야 하며, 점토의 용이성 등 흙의 성질을 고려해야 한다.
② 용지 매수가 쉽고 경제적이어야 한다.
③ 입지선정 후에 야기될 주민들의 반응도 고려한다.
④ 지하수 침투를 용이하게 하기 위하여 낮은 지역으로 선정한다.

> 지하수 침투가 용이하지 않은 지역으로 선정한다.

정답   44 ③   45 ③   46 ④   47 ②   48 ③   49 ④

50

다음 중 폐기물의 발열량을 측정하기 위한 주 실험장비는?

① Bomb calorimeter
② pH-tester
③ Jar-tester
④ Gas chromatography

> ① Bomb calorimeter는 연료나 가연성 폐기물의 단위 무게당 발열량을 측정하는 장비로, 밀폐된 용기 내에서 시료를 완전연소시켜 발생한 열량을 측정한다.
> ② pH-tester : 용액의 산도 측정용
> ③ Jar-tester : 응집 및 침전 등 수처리 실험용
> ④ Gas chromatography : 가스 성분 분석용

51 ⭐

함수율 60%인 폐기물 1,000kg을 건조시켜 함수율 25%로 하였을 때 건조 후의 폐기물 중량은? (단, 건조 전후의 기타 특성변화는 고려하지 않음)

① 약 0.47ton
② 약 0.53ton
③ 약 0.67ton
④ 약 0.78ton

> $$SL_1(1-X_1) = SL_2(1-X_2)$$
> $$1,000kg(1-0.6) = SL_2(1-0.25)$$
> $$SL_2 = 533.3333kg = 0.533ton$$

52 ⭐

다음 중 침출수 중의 난분해성 유기물의 처리에 사용되는 것은?

① 중크롬산(Bichromate) 용액
② 옥살산(Oxalic acid) 용액
③ 펜턴(Fenton) 시약
④ 네스럴(Nessler) 시약

> 펜턴반응은 펜턴시약(과산화수소+철염)을 이용한 난분해성 유기물질의 산화반응이다.

53 ⭐

5,000,000명이 거주하는 도시에서 1주일 동안 100,000m^3의 쓰레기를 수거하였다. 쓰레기의 밀도가 0.4ton/m^3이면 1인 1일 쓰레기 발생량은?

① 0.8kg/인·일
② 1.14kg/인·일
③ 2.14kg/인·일
④ 8kg/인·일

> 1인 1일 쓰레기 발생량을 산정하기 위해 kg/인·일의 단위에 유의한다.
> $$\frac{100,000m^3}{7일} \times \frac{0.4ton}{m^3} \times \frac{10^3kg}{1ton} \times \frac{1}{5,000,000인}$$
> $$m^3 \to ton \quad ton \to kg$$
> $$= 1.1428kg/인·일$$

54 ⭐

쓰레기 수거 시 수거작업 간의 노동력을 비교하는 MHT(man·hr/ton)를 옳게 설명한 것은?

① 수거인부 1인이 쓰레기 1톤을 수거하는데 소요되는 총시간
② 쓰레기 1톤을 1시간동안 수거할 수 있는 쓰레기의 총량
③ 작업자 1인이 1시간동안 수거할 수 있는 쓰레기의 총량
④ 쓰레기 1톤을 수거하는데 필요한 인부수와 수거시간을 더한 값

> 수거인부 1인이 쓰레기 1톤을 수거하는데 소요되는 총시간으로 MHT값이 낮을수록 수거효율이 높다.

55

다음 중 "고상폐기물"을 정의할 때 고형물의 함량기준은?

① 3% 이상
② 5% 이상
③ 10% 이상
④ 15% 이상

고형물 함량	폐기물 분류
5% 미만	액상폐기물
5~15%	반고상폐기물
15% 이상	고상폐기물

56 빈출

진동수가 $100\,Hz$, 속도가 $50\,m/\sec$인 파동의 파장은?

① $0.5\,m$
② $1.0\,m$
③ $1.5\,m$
④ $2.0\,m$

파장$(\lambda) = \dfrac{\text{속도}(C)}{\text{주파수}(f)}$

$= \dfrac{50\,m/\sec}{100\,Hz} = 0.5\,m$

57

진동레벨 중 가장 많이 쓰이는 수직진동레벨의 단위로 옳은 것은?

① dB(A)
② dB(V)
③ dB(L)
④ dB(C)

1~90Hz 범위의 각 주파수별 진동가속도레벨에 수직 감각치(V)를 가중하여 산출하는 진동레벨이며, 인체가 수직 방향 진동에 민감하게 반응하는 특성을 반영한 수치이다.
소음에서 사람의 감각을 보정하는 dB(A) 단위와는 달리, 진동은 주로 dB(V)로 표기된다.

58

음향파워레벨이 $125dB$인 기계의 음향파워는 약 얼마인가?

① $125\,W$
② $12.5\,W$
③ $32\,W$
④ $3.2\,W$

$PWL = 10\log\left(\dfrac{W}{W_0}\right)$

$125dB = 10\log\left(\dfrac{W}{10^{-12}}\right)$

$W = 10^{\frac{125dB}{10}} \times 10^{-12} = 3.1622\,W$

59

$70dB$과 $80dB$인 두 소음의 합성레벨을 구하는 식으로 옳은 것은?

① $10\log\left(10^{70} + 10^{80}\right)$
② $10\log\left(70 + 80\right)$
③ $10\log\left(10^{70/10} + 10^{80/10}\right)$
④ $10\log\left[(70 + 80)/2\right]$

합성소음도 $L_t[dB(A)] = 10\log\left[\left(10^{L_1/10} + 10^{L_2/10} + \cdots\right)\right]$로 계산한다.

60

환경기준 중 소음측정점 및 측정조건에 관한 설명으로 옳지 않은 것은?

① 손으로 소음계를 잡고 측정할 경우 소음계는 측정자의 몸으로부터 0.5m 이상 떨어져야 한다.
② 소음계의 마이크로폰은 주소음원 방향으로 향하도록 한다.
③ 옥외측정을 원칙으로 한다.
④ 일반지역의 경우 장애물이 없는 지점의 지면 위 0.5 m 높이로 한다.

일반지역의 경우에는 가능한 한 측정점 반경 $3.5\,m$ 이내에 장애물(담, 건물, 기타 반사성 구조물 등)이 없는 지점의 지면 위 1.2~1.5 m로 한다.

정답   55 ④ 56 ① 57 ② 58 ④ 59 ③ 60 ④

01 ⭐

다음 중 사이클론(cyclone)의 집진효율을 향상시키는 조건으로 가장 거리가 먼 것은?

① 배기관경(내경)을 크게 한다.
② 입구 가스 속도(한계유속 내)를 빠르게 한다.
③ skimmer와 회전깃 등을 설치한다.
④ 고농도일 경우에는 병렬로 연결하여 사용한다.

> 사이클론의 집진효율을 향상시키기 위해서는 배기관경(내경)을 작게 한다.

02 ⭐

어떤 유해가스의 기상분압이 $38mmHg$일 때 그 성분의 액상에서의 농도가 $2.5kmol/m^3$으로 평형을 이루고 있다. 이때 헨리상수$(atm \cdot m^3/kmol)$는?

① 0.02
② 0.04
③ 0.062
④ 0.08

> $P = H \times C$
> $0.05 = H \times 2.5$
> $H = 0.02atm \cdot m^3/kmol$
>
> P : 압력(atm) → $38mmHg \times \dfrac{1atm}{760mmHg} = 0.05atm$
>
> H : 헨리상수$(atm \cdot m^3/kmol)$
>
> C : 농도$(kmol/m^3)$ → $2.5kmol/m^3$

03

대기오염공정시험방법상 굴뚝 배출가스 중 질소산화물의 연속자동 측정방법이 아닌 것은?

① 화학발광법
② 적외선흡수법
③ 자외선흡수법
④ 용액전도율법

> 대기오염공정시험방법상 굴뚝 배출가스 중 질소산화물의 연속자동 측정방법은 설치방식에 따라 시료채취형과 굴뚝부착형으로 나뉘어지며 측정원리에 따라 화학발광법, 적외선흡수법, 자외선흡수법 및 정전위전해법 등으로 분류할 수 있다.

04

중력집진장치의 침강실에서 입자상 오염물질의 최종침강속도가 $0.2m/sec$, 높이가 $1.5m$일 때 이것을 완전제거하기 위하여 소요되는 이론적인 중력 침강실의 길이(m)는? (단, 집진장치를 통과하는 가스의 속도는 $2m/sec$이고 층류를 기준으로 한다.)

① $5.0m$
② $7.5m$
③ $15.0m$
④ $17.5m$

> 100% 입자가 제거되기 위한 침강실의 설계기준은
> $\dfrac{V_g}{V} = \dfrac{H}{L}$이다.
>
> $\dfrac{0.2}{2} = \dfrac{1.5}{L}$
>
> $L = 15m$
>
> V : 수평유속(m/sec) V_g : 침강속도(m/sec)
>
> L : 길이(m) H : 높이(m)

05

세정집진장치에서 입자의 포집원리로 거리가 먼 것은?

① 액적에 입자가 충돌하여 부착한다.
② 미립자 확산에 의하여 액적과의 접촉을 쉽게 한다.
③ 입자는 증기의 응결에 따라 입자의 응집성을 감소시킨다.
④ 배기증습에 의하여 입자가 서로 응집한다.

> 입자는 증기의 응결에 따라 입자의 응집성을 증가시킨다.

정답 01 ① 02 ① 03 ④ 04 ③ 05 ③

06

프로판(C_3H_8)의 연소반응식은 아래와 같다. 다음 식에서 X, Y값을 옳게 나타낸 것은?

$$C_3H_8 + (X)O_2 \rightarrow 3CO_2 + (Y)H_2O$$

① $X = 2$, $Y = 2$
② $X = 3$, $Y = 4$
③ $X = 4$, $Y = 3$
④ $X = 5$, $Y = 4$

$C_3H_8 + 5O_2 \rightarrow 3CO_2 + 4H_2O$

07

A전기집진장치의 집진극 면적/처리유량(A/Q)이 $200(m/\sec)^{-1}$로 운전되고 있다. 입구먼지농도 C_{in}이 $100g/m^3$, 출구먼지농도 C_{out}은 $0.3g/m^3$일 때, 이 먼지의 겉보기 이동속도 W_e($m/\sec$)는?

[단, Deusch Anderson식 ($\eta = 1 - \exp\left(-\dfrac{A \times W_e}{Q}\right)$이용]

① $0.013m/\sec$
② $0.018m/\sec$
③ $0.029m/\sec$
④ $0.036m/\sec$

$\eta = 1 - \exp\left(-\dfrac{A \times W_e}{Q}\right)$

$0.997 = 1 - \exp(-W_e \times 200)$

$W_e = -\dfrac{1}{200} \times \ln(-0.997 + 1)$

$W_e = 0.029m/\sec$

여기서,

$\eta = \left(1 - \dfrac{C_{out}}{C_{in}}\right) \times 100$

$= \left(1 - \dfrac{0.3}{100}\right) \times 100 = 99.7\% \rightarrow 0.997$

08 ★빈출

다음 중 헨리의 법칙을 적용하기 가장 어려운 것은?

① CO
② NO
③ HF
④ O_2

헨리의 법칙을 적용하기 어려운 기체는 친수성기체이다.
• 난용성기체 : CO, NO, O_2
• 친수성기체 : HF, HCl, SO_2

09

순수한 탄화수소(HC)를 과잉공기로 연소시킬 때 연소가스에 포함되지 않을 것으로 예상되는 물질은?

① O_2
② N_2
③ CO_2
④ H_2S

H_2S는 황성분이 포함된 유기물이 혐기성분해가 될 때 발생한다.

10

일산화탄소(CO)의 성질에 대한 설명 중 틀린 것은?

① 무색, 무미, 무취이다.
② 연료의 불완전연소 시 발생한다.
③ 혈액 내의 헤모글로빈과 결합력이 강하다.
④ 물에 잘 녹는다.

CO는 난용성기체로 물에 잘 녹지 않는다.

11

세정집진장치의 특징으로 거리가 먼 것은?

① 고온의 가스를 처리할 수 있다.
② 폐수처리장치가 필요하다.
③ 점착성 및 조해성 먼지를 처리할 수 없다.
④ 포집된 먼지의 재비산 염려가 거의 없다.

점착성 및 조해성 먼지를 처리할 수 있다.
※ 조해성 : 고체가 대기 중의 수분을 흡수하며 녹는 성질

정답   06 ④ 07 ③ 08 ③ 09 ④ 10 ④ 11 ③

12

사이클론에 있어서 처리가스량의 5~10%를 흡인하여 선회기류의 흐트러짐을 방지하고 유효원심력을 증대시키는 효과를 무엇이라 하는가?

① 축류효과(Axial effect)
② 나선효과(Herical effect)
③ 먼지상자효과(dust box effect)
④ 블로우다운효과(Blow-down effect)

> 블로우다운효과 : 사이클론 하부의 더스트박스에서 처리 가스량의 5~10%를 별도로 흡인하여 난류현상을 억제하고, 포집된 먼지의 재비산 및 장치 내 분진 순환과 축적을 방지해 집진효율을 더욱 높이는 작용을 말한다

13 빈출

전기집진장치의 장점으로 가장 적합한 것은?

① 고온가스(약 350℃ 정도)의 처리가 가능하다.
② 설치면적이 작고, 설치비용도 적은 편이다.
③ 주어진 조건에 따른 부하변동 적용이 쉽다.
④ 압력손실이 $150mmH_2O$ 정도로 높아 집진율이 우수하다.

> ② 설치면적이 넓고, 설치비용이 많이 드는 편이다.
> ③ 주어진 조건에 따른 부하변동 적용이 어렵다.
> ④ 압력손실이 $10~20mmH_2O$ 정도로 낮고 집진율이 우수하다.

14

가스량이 $15,000m^3/hr$인 유해가스를 흡수탑을 이용하여 정화할 때, 소요되는 흡수탑의 직경은? (단, 흡수탑 내 접근 유속은 $1.0m/\sec$임)

① $2.3m$
② $2.5m$
③ $3.3m$
④ $4.5m$

$Q = A \times V$
흡수탑은 원형이므로
$$Q = \frac{\pi}{4}D^2 \times V$$
$$\frac{15,000m^3}{hr} = \frac{\pi}{4}D^2 \times \frac{1.0m}{\sec} \times \frac{3,600\sec}{hr}$$
$$D = \left(\frac{15,000m^3}{hr} \times \frac{\sec}{1.0m} \times \frac{hr}{3,600\sec} \times \frac{4}{\pi}\right)^{1/2} = 2.3m$$

15 빈출

런던형 스모그에 관한 설명으로 가장 거리가 먼 것은?

① 주로 아침 일찍 발생한다.
② 습도와 기온이 높은 여름에 주로 발생한다.
③ 복사역전 형태이다.
④ 시정거리가 100m 이하이다.

> 습도와 기온이 낮은 겨울에 주로 발생한다.

16

알칼리도에 관한 설명으로 가장 거리가 먼 것은?

① 산이 유입될 때 이를 중화시킬 수 있는 능력의 척도이다.
② $0.01N-NaOH$로 적정하여 소비된 양을 탄산칼슘의 당량으로 환산하여 mg/L로 나타낸다.
③ 중탄산염이 많이 포함된 물을 가열하면 CO_2가 대기 중으로 방출되어 물속에 OH^-가 존재하므로 알칼리성을 띠게 된다.
④ 일반적으로 자연수에 존재하는 이온 중 알칼리도에 기여하는 물질의 강도는 $OH^- > HCO_3^- > CO_3^{2-}$ 순이다.

> $0.02N-H_2SO_4$로 적정하여 소비된 양을 탄산칼슘의 당량으로 환산하여 mg/L로 나타낸다.

17 ⭐비출

C_2H_5OH를 완전산화시킬 때 $ThOD/TOC$의 비는 얼마인가?

① 1.57   ② 1.98
③ 2.67   ④ 4.00

$C_2H_5OH + 3O_2 \rightarrow 2CO_2 + 3H_2O$

㉠ $ThOD = 96g/mol$
C_2H_5OH 1mol은 O_2 3mol를 필요로 하며
양은 $32 \times 3 = 96g$이다.

㉡ $TOC = 24g/mol$
C_2H_5OH 1mol에는 탄소원자 2개가 존재하며
양은 $12 \times 2 = 24g$이다.

㉢ $ThOD/TOC$
$\dfrac{ThOD}{TOC} = \dfrac{96g/mol}{24g/mol} = 4$

18

상수처리에서 완속여과법과 비교한 급속여과법의 특징으로 가장 거리가 먼 것은?

① 실트, 조류, 금속산화물 등의 현탁물 외에 점토, 세균, 바이러스, 색도성분 등의 콜로이드성분이 제거가능하나 용해성분인 암모니아성 질소, 페놀류, 냄새성분 등에 대해서는 제거효율이 낮다.
② 여과속도에 따라 $120\sim150m/day$의 표준여과 및 $200\sim300m/day$ 이상의 고속여과로 구분할 수 있다
③ 잔류염소를 포함하지 않는 물을 여과하는 경우, 수온이 높은 시기에는 여재 표면에 증식한 미생물의 활동에 의해 암모니아성 질소 등의 용해성분 일부가 제거되는 경우도 있다.
④ 여과 시 손실수두가 작고, 원칙적으로 약품을 사용하지 않고 처리하는 방법이다.

여과 시 손실수두가 크고, 약품을 사용하여 처리하는 방법이다.

19 ⭐비출

다음 중 슬러지 팽화의 지표로서 가장 관계가 깊은 것은?

① 함수율   ② SVI
③ TSS ④ $NBDCOD$

SVI가 200 이상이면 슬러지 팽화가 일어날 가능성이 높다.

20 ⭐비출

$1mM$의 수산화칼슘이 녹아 있는 수용액의 pH는 얼마인가? (단, 수산화칼슘은 완전해리한다.)

① 2.7   ② 4.5
③ 9.5   ④ 11.3

$Ca(OH)_2 \rightleftharpoons Ca^{2+} + 2OH^-$

$Ca(OH)_2 : 2OH^- = 1 : 2$

$OH^- : 2 \times 10^{-3}M$

$pH = -\log[H^+] = 14 - pOH = 14 - (-\log[OH^-])$
$\quad\quad = 14 - (-\log[2 \times 10^{-3}]) = 11.3$

21 ⭐비출

다음 중 경도의 주 원인물질은?

① Ca^{2+}, Mg^{2+}
② Ba^{2+}, Cd^{2+}
③ Fe^{2+}, Pb^{2+}
④ Ra^{2+}, Mn^{2+}

경도를 유발하는 대표적인 물질은 Ca^{2+}, Mg^{2+}이다.

22 ⭐비출

A공장에서 $NaOH$가 3% 함유된 폐수 $500m^3/day$를 방출하고 있다. 중화제를 사용하여 이 폐수를 중화시키는데 필요한 중화제의 양(m^3/day)은? (단, 중화제로는 37% HCL(비중 1.18)을 사용, 이 폐수의 비중은 1.0으로 본다. $Na : 23$, $Cl : 35.5$)

① $27.75m^3/day$
② $31.35m^3/day$
③ $37.75m^3/day$
④ $41.35m^3/day$

정답   17 ④   18 ④   19 ②   20 ④   21 ①   22 ②

$$NV = N'\,V'$$

산의 eq = 염기의 eq일 때 중화가 일어난다.

㉠ 염기의 eq

$$\frac{3g}{100mL} \times \frac{500m^3}{day} \times \frac{10^6 mL}{1m^3} \times \frac{1eq}{(40/1)g} = 375,000eq$$

농도　　　유량　　$mL \to m^3$　$g \to eq$

㉡ 산의 $eq = 375,000eq$

$$\frac{1.18g}{mL} \times \frac{37}{100} \times \frac{\square m^3}{day} \times \frac{10^6 mL}{1m^3} \times \frac{1eq}{(36.5/1)g}$$

비중　　농도　　유량　　$mL \to m^3$　$g \to eq$

$= 375,000eq$

$\square = 31.3502$

23

$50,000 m^3/day$의 상수를 살균하기 위해 $20kg/day$의 염소가 사용되고 있는데, 15분 접촉 후 잔류염소는 $0.2mg/L$이다. 이때 염소주입농도(㉠)와 염소요구량(㉡)은 각각 얼마인가?

① ㉠ $0.8mg/L$, ㉡ $0.4mg/L$
② ㉠ $0.2mg/L$, ㉡ $0.4mg/L$
③ ㉠ $0.4mg/L$, ㉡ $0.8mg/L$
④ ㉠ $0.4mg/L$, ㉡ $0.2mg/L$

㉠ 염소주입농도

$$농도 = \frac{용질}{용액} = \frac{\dfrac{20kg}{day}}{\dfrac{50,000m^3}{day}}$$

$$= \frac{20kg}{50,000m^3} \times \frac{10^6 mg}{kg} \times \frac{m^3}{10^3 L} = 0.4mg/L$$

$kg \to mg$　$m^3 \to L$

㉡ 염소요구량

염소주입량 = 염소요구량 + 염소잔류량

$0.4mg/L = \square mg/L + 0.2mg/L$

$\square = 0.2$

24

다음 설명하는 오염물질로 가장 적합한 것은?

> 아연과 성질이 유사한 금속으로 아연제련의 부산물로 발생하며, 일반적으로 합금용 첨가제나 충전식 전지에도 사용되고, 이따이이따이병의 원인물질로 잘 알려져 있다.

① 비소　　　　　　② 크롬
③ 시안　　　　　　④ 카드뮴

아연과 화학적 성질이 비슷한 카드뮴은 신체 내 칼슘 흡수를 방해해 골연화증을 유발하고, 일본에서 발생한 이타이이타이병의 주요 발병 원인으로 알려져 있다.

25

A공장폐수의 BOD가 $800ppm$이다. 유입폐수량 $1,000m^3/hr$일 때, 1일 BOD 부하량은? (단, 폐수의 비중은 1.0이고, 24시간 연속가동한다.)

① $19.2ton$　　　　② $20.2ton$
③ $21.2ton$　　　　④ $22.2ton$

총량(부하량) = 유량 × 농도

$$\frac{1,000m^3}{hr} \times \frac{800mg}{L} \times \frac{ton}{10^9 mg} \times \frac{10^3 L}{m^3} \times \frac{24hr}{day}$$

유량　　　농도　　$mg \to ton$　$m^3 \to L$　$hr \to day$

$= 19.2ton/day$

26 ★빈출

농도표시에 관한 다음 설명 중 거리가 먼 것은?

① 1%는 $1ppm$의 천배이다.
② 액체의 비중이 1일 경우 $1mg/L$는 $1ppm$이다.
③ 슬러지의 농도 표시는 슬러지 $1kg$에 함유된 mg수가 주로 사용된다.
④ $1ppb$는 $1ppm$의 천분의 1 농도를 의미한다.

1%는 $1ppm$의 만배이다(1% = $10,000ppm$).

정답　　　23 ④　24 ④　25 ①　26 ①

27

다음 중 카드뮴(Cd) 함유 폐수처리법으로 거리가 먼 것은?

① 수산화물 침전법
② 황화물 침전법
③ 탄산염 침전법
④ 시안화 제2철 침전법

① 수산화물 침전법은 카드뮴을 수산화물 형태로 침전시켜 제거하는 일반적인 방법이다.
② 황화물 침전법도 카드뮴을 불용성 황화물 형태로 침전시켜 제거하는 효과적인 방법이다.
③ 탄산염 침전법 역시 중금속 침전에 쓰이나 카드뮴 처리에도 적용 가능하다.
④ 시안화 제2철 침전법은 주로 시안화물과 관련된 독성 물질을 제거하는 방법이다.

28 빈출

Cr^{6+} 함유 폐수처리법으로 가장 적합한 것은?

① 환원 → 중화 → 침전
② 환원 → 침전 → 중화
③ 중화 → 침전 → 환원
④ 중화 → 환원 → 침전

6가 크롬 환원침전법은 독성이 강한 6가 크롬(Cr^{6+})을 독성이 적은 3가 크롬(Cr^{3+})으로 환원시킨 후 침전시켜 제거하는 방법이다. 이 과정은 주로 산성조건(pH 3 이하)에서 이루어지며, 환원제로는 황산제1철($FeSO_4$), 아황산가스(SO_2), 아황산나트륨($Na_2S_2O_5$) 등이 사용된다. 6가 크롬이 3가 크롬으로 환원되면 중화과정을 거쳐 수산화크롬[$Cr(OH)_3$] 형태로 침전되어 물리적으로 제거하기 쉽다.

29

오염물질은 배출하는 형태에 따라 점오염원과 비점오염원으로 구분된다. 다음 중 비점오염원에 해당하는 것은?

① 생활하수
② 농경지 배수
③ 축산폐수
④ 산업폐수

생활하수, 축산폐수, 산업폐수는 점오염원에 해당한다.

30 빈출

활성슬러지공법으로 운전할 때 발생되는 문제점으로 가장 거리가 먼 것은?

① 슬러지 bulking
② 슬러지 rising
③ pin floc
④ ponding

ponding 현상은 살수여상에서의 문제점이다.

31 빈출

폐수의 살균에 대한 설명으로 옳지 않은 것은?

① NH_2Cl보다는 $HOCl$이 살균력이 크다.
② 보통 온도를 높이면 살균속도가 빨라진다.
③ 같은 농도일 경우 유리잔류염소는 결합잔류염소보다 빠르게 작용하므로 살균능력도 훨씬 크다.
④ $HOCl$이 오존보다 더 강력한 산화제이다.

오존이 $HOCl$보다 더 강력한 산화제이다.

32 빈출

1차 원형침전지의 깊이가 $3m$이고, 표면적 $1m^2$에 대해서 36 m^3/day로 폐수가 유입된다면 이때의 체류시간은?

① $2hr$
② $3hr$
③ $6hr$
④ $12hr$

$$체류시간(HRT) = \frac{부피(\forall)}{유량(Q)}$$
$$= \frac{(3 \times 1)m^3}{\left(\frac{36m^3}{day} \times \frac{1day}{24hr}\right)} = 2hr$$

33

개방유로의 유량측정에 주로 사용되는 것으로서, 일정한 수위와 유속을 유지하기 위해 침사지의 폐수가 배출되는 출구에 설치하는 것은?

① 그릿(grit)
② 스크린(screen)
③ 배출관(out-flow tube)
④ 위어(weir)

정답   27 ④   28 ①   29 ②   30 ④   31 ④   32 ①   33 ④

위어는 수위와 유속을 일정하게 유지하는 기능도 가지며, 침사지에서 폐수가 배출되는 출구에 설치되어 흐름 조절과 유량 측정을 용이하게 한다.

그릿(grit)은 모래 등 입자를 말하며, 스크린(screen)은 큰 고형물을 걸러내는 장치, 배출관(out-flow tube)은 배출 통로를 의미한다.

34

다음 중 콘크리트 하수관거의 부식을 유발하는 오염물질로 가장 적합한 것은?

① NH_4^+
② SO_4^{2-}
③ Cl^-
④ PO_4^{3-}

하수관거 내부가 혐기성 상태에서 하수에 포함된 황이 황화수소로 환원되고 수분과 결합하여 황산이 되어 콘크리트 하수관거의 부식을 유발하는 관정부식(管頂腐蝕, crown corrosion)이 일어난다.

35 빈출

다음 하수처리 계통 중 가장 적합한 것은?

① 침사지 → 1차침전지 → 포기조 → 2차침전지 → 염소소독 → 방류
② 염소소독 → 침사지 → 포기조 → 침전지 → 방류
③ 염소소독 → 침사지 → 포기조 → 소화조 → 저류조 → 방류
④ 1차침전지 → 포기조 → 2차침전지 → 급속여과조 → 활성탄 처리조 → 침사지 → 방류

일반적인 활성슬러지공법에서는 먼저 폐수를 침사지에서 큰 입자를 제거하고 1차침전지에서 부유 고형물을 제거한다. 그 후 포(폭)기조에서 미생물이 유기물을 분해하며, 최종 침전지에서 활성슬러지를 침전시켜 분리하고, 마지막으로 염소접촉조에서 소독 후 배출된다.

36 빈출

고형물 함량이 $3wt\%$인 액상 폐기물 $100kg$을 고형물 함량 20 $wt\%$로 농축시켰을 때 제거된 수분 양은?

① $65kg$
② $75kg$
③ $85kg$
④ $95kg$

$SL_1(1-X_1) = SL_2(1-X_2)$
$100kg(1-0.97) = SL_2(1-0.8)$
$SL_2 = 15kg$
제거된 수분 $= SL_1 - SL_2 = 100 - 15 = 85kg$

37 빈출

다음 슬러지처리 계통도 중 가장 적합한 것은?

① 슬러지 → 탈수 → 건조 → 개량 → 소각 → 매립
② 슬러지 → 소화 → 탈수 → 개량 → 농축 → 매립
③ 슬러지 → 농축 → 개량 → 탈수 → 소각 → 매립
④ 슬러지 → 개량 → 탈수 → 농축 → 소각 → 매립

- 농축 : 슬러지 부피를 줄여 후속 처리 용량 감소 및 비용 절감
- 안정화 : 병원균 감소와 유기물 분해를 통해 위생적 안정화
- 개량 : 슬러지의 물리·화학적 성질 변화로 탈수성 향상
- 탈수 : 슬러지 함수율 감소로 부피 축소 및 취급 용이
- 소각 및 최종처분 : 최종산물의 위생적이면서 안전한 처분

38

다음 중 폐기물 처리를 위해 가장 우선적으로 추진해야 하는 방향은?

① 퇴비화
② 감량
③ 위생매립
④ 소각열회수

폐기물관리의 기본 원칙은 발생량을 근본적으로 줄이는 감량이 가장 우선되며, 그 다음으로 재사용 및 재활용, 에너지화(소각), 그리고 최후 처리 방법으로 매립이 추진된다.

39 빈출

유동상 소각로의 장점으로 거리가 먼 것은?

① 유동매체의 열용량이 커서 전소 및 혼소가 가능하다.
② 연소효율이 높아 미연소분의 배출이 적고 2차 연소실이 불필요하다.
③ 유동매체의 손실이 없어 유지관리비가 적게 소요된다.
④ 과잉공기량이 적고 질소산화물도 적게 배출된다.

유동매체의 손실이 있어 유지관리비가 많이 소요된다.

정답   34 ② 35 ① 36 ③ 37 ③ 38 ② 39 ③

40

매립시의 폐기물에 포함된 수분, 매립지에 유입되는 빗물에 의해 발생하는 침출수의 유출 방지와 매립지 내부로의 지하수 유입을 방지하기 위하여 설치하는 것은?

① 차수시설
② 복토시설
③ 다짐시설
④ 회수시설

> ② 복토시설 : 매립된 폐기물 위에 흙이나 다른 재료로 덮어 악취, 해충, 침출수 생성을 줄이고 안정화하는 역할을 한다.
> ③ 다짐시설 : 매립된 폐기물을 단단히 눌러 부피를 줄이고 안정성을 높이는 작업에 사용된다.
> ④ 회수시설 : 매립지 내에서 발생하는 침출수나 메탄가스 등을 모아 회수하는 시설이다.

41 빈출

압축 전 폐기물의 밀도가 $0.4 ton/m^3$이고, 압축 후에는 $0.85 ton/m^3$이었다면 부피감소율은? (단, 압축 전 부피 1 기준)

① 37%
② 41%
③ 47%
④ 53%

> 무게는 압축 전·후를 비교하였을 때 동일하다.
> ⊙ 압축 전
>   부피 : $1m^3$
>   무게 : $\dfrac{0.4 ton}{m^3} \times 1m^3 = 0.4 ton$
> ⓛ 압축 후
>   무게 : $0.4 ton$
>   부피 : $0.4 ton \times \dfrac{m^3}{0.85 ton} = 0.4705 m^3$
> ⓒ 부피감소율
>   부피감소율 $= \left(\dfrac{V_1 - V_2}{V_1} \right) \times 100$
> $= \left(\dfrac{1 - 0.4705}{1} \right) \times 100 = 52.95\%$

42 빈출

혐기성 소화탱크에서 유기물 75%, 무기물 25%인 슬러지를 소화 처리하여 소화슬러지의 유기물이 60%, 무기물이 40%가 되었다. 이때 소화효율은?

① 30%
② 40%
③ 50%
④ 60%

> $$\eta = \left(1 - \frac{VS_2/FS_2}{VS_1/FS_1} \right) \times 100$$
> $$= \left(1 - \frac{60/40}{75/25} \right) \times 100 = 50\%$$

43 빈출

소각장에서 폐기물을 연소시킬 때 조건으로 가장 거리가 먼 것은?

① 완전연소를 위해 체류시간은 가능한 한 짧아야 한다.
② 연료와 공기가 충분히 혼합되어야 한다.
③ 공기/연료비가 적절해야 한다.
④ 점화온도가 적정하게 유지되고 재의 방출이 최소화될 수 있는 소각로 형태이어야 한다.

> 완전연소를 위해 체류시간은 가능한 한 길어야 한다.

44

쓰레기 2톤을 건조시킨 후 무게를 측정하였더니 $1,000kg$이 되었다면 이때의 함수율은?

① 10%
② 25%
③ 50%
④ 100%

> $$함수율 = \left(\frac{건조 전 무게 - 건조 후 무게}{건조 전 무게} \right) \times 100$$
> $$= \left(\frac{2,000kg - 1,000kg}{2,000kg} \right) \times 100 = 50\%$$

45

폐기물의 최종처분으로 실시하는 내륙매립공법이 아닌 것은?

① 셀공법
② 압축매립공법
③ 박층뿌림공법
④ 도랑형공법

박층뿌림공법은 해안매립공법이다.

46

물의 증발잠열은 약 얼마인가? (단, 기준 0℃)

① $300\,kcal/kg$
② $600\,kcal/kg$
③ $900\,kcal/kg$
④ $1,200\,kcal/kg$

0℃에서 물 1kg이 증발할 때 필요한 열량인 물의 증발잠열은 약 $600\,kcal/kg$이다.

47

A도시에서 1년간 쓰레기 수거량은 3,400,000톤이다. 이 쓰레기를 5,500명이 하루 8시간씩 수거하였다면 수거능력(MHT)은? (단, 1년간 작업일수는 310일이다.)

① $4.01\,man\cdot hr/ton$
② $3.37\,man\cdot hr/ton$
③ $2.72\,man\cdot hr/ton$
④ $2.15\,man\cdot hr/ton$

$$MHT = \frac{Man \times Hr}{Ton}$$
$$= 5,500인 \times \frac{8hr}{day} \times \frac{310day}{yr} \times \frac{yr}{3,400,000ton}$$
$$= 4.0117\,man\cdot hr/ton$$

48

메탄올(CH_3OH) $1\,kg$을 12%의 과잉공기를 공급하여 완전연소시킬 때 소요되는 공기의 양은?

① $4.4\,Sm^3$
② $5.0\,Sm^3$
③ $5.6\,Sm^3$
④ $6.2\,Sm^3$

$$CH_3OH + 1.5O_2 \rightarrow CO_2 + 2H_2O$$

㉠ 이론산소량 계산

$CH_3OH : 1.5O_2 = 32 : 48 = 1kg : \square$

$\square = 1.5kg$

㉡ 이론공기량 계산

$$1.5kg \times \frac{22.4Sm^3}{32kg} \times \frac{1}{0.21} = 5\,Sm^3$$
$$kg \rightarrow Sm^3 \quad 산소 \rightarrow 공기$$

㉢ 실제공기량 계산

실제공기량 = 이론공기량×과잉공기비

$$= 5\,Sm^3 \times 1.12 = 5.6\,Sm^3$$

49

일정 기간 동안 특정지역의 쓰레기 수거차량의 대수를 조사하여 이 값에 쓰레기의 밀도를 곱하여 중량으로 환산하여 쓰레기 발생량을 산출하는 방법은?

① 경향법
② 직접계근법
③ 물질수지법
④ 적재차량계수분석법

① 경향법 : 시간과 쓰레기 발생량 간의 상관관계만을 고려하여 과거의 발생량 데이터를 바탕으로 미래의 발생량을 예측하는 모델이다.
② 직접계근법 : 쓰레기를 실제로 저울에 달아서 중량을 정확하게 측정하는 방법으로, 가장 정확하지만 비용과 시간이 많이 든다.
③ 물질수지법 : 특정 공정이나 시설에서 출입하는 물질의 양을 질량보존법칙(물질수지식)에 따라 계산하여 배출량을 산정하는 방법이다.

50

스토커(Stoker)방식 소각로의 장점으로 틀린 것은?

① 연속적인 소각과 배출이 가능하다.
② 체류시간이 짧고, 교반력이 강하며, 국부가열의 최소화로 고효율 유지가 가능하다.
③ 수분이 많은 쓰레기의 소각도 가능하다.
④ 발열량이 낮은 쓰레기의 소각도 가능하다.

체류시간이 길고, 교반력이 약하며, 국부가열의 가능성이 있다.

51 빈출

다음 중 연료 자체가 타는 경우로 휘발유와 같이 끓는점이 낮은 기름의 연소나 왁스가 액화하여 다시 기화되어 연소되는 형태는?

① 분해연소 　　　　② 표면연소
③ 자기연소 　　　　④ 증발연소

① 분해연소 : 석탄, 목재, 중유
② 표면연소 : 코크스, 숯
③ 자기연소 : 니트로글리세린
④ 증발연소 : 휘발유, 경유, 왁스

52 빈출

쓰레기의 양이 $4,000m^3$이며, 밀도는 $1.2ton/m^3$이다. 적재용량이 $8ton$인 차량으로 이 쓰레기를 운반한다면 몇 대의 차량이 필요한가?

① 120대 　　　　② 400대
③ 500대 　　　　④ 600대

$$4,000m^3 \times \frac{1.2ton}{m^3} \times \frac{1대}{8ton} = 600대$$
$$m^3 \rightarrow ton$$

53 빈출

탄소, 수소, 산소, 황을 무게로 각각 87%, 4%, 8%, 1% 함유한 중유의 연소에 필요한 이론산소량이 $1.80Sm^3/kg$이라면 이론공기량은?

① 약 $2.8Sm^3/kg$
② 약 $5.2Sm^3/kg$
③ 약 $8.6Sm^3/kg$
④ 약 $10.3Sm^3/kg$

이론공기량 = 이론산소량 $\times \dfrac{1}{0.21}$

$$= 1.80 \times \frac{1}{0.21} = 8.5714Sm^3/kg$$

54 빈출

나음은 생활쓰레기의 성분별 구성비와 함수율을 나타낸 것이다. 이 쓰레기의 평균 함수율은?

성분	구성비(%)	함수율(%)
음식물류	40	80
종이류	35	10
플라스틱류	15	4
정원쓰레기	10	56

① 35.9%
② 37.1%
③ 39.7%
④ 41.7%

$$\frac{(40 \times 80) + (35 \times 10) + (15 \times 4) + (10 \times 56)}{100} = 41.7\%$$

55 빈출

쓰레기 발생량에 영향을 미치는 요인에 대한 설명 중 가장 적합한 것은?

① 기후에 따라 쓰레기 발생량과 종류가 다르게 된다.
② 수거빈도가 잦으면 쓰레기 발생량이 감소하는 경향이 있다.
③ 쓰레기통의 크기가 클수록 쓰레기 발생량이 감소하는 경향이 있다.
④ 재활용품의 회수 및 재이용률이 높을수록 쓰레기 발생량은 증가한다.

② 수거빈도가 잦으면 쓰레기 발생량이 증가하는 경향이 있다.
③ 쓰레기통의 크기가 클수록 쓰레기 발생량이 증가하는 경향이 있다.
④ 재활용품의 회수 및 재이용률이 높을수록 쓰레기 발생량은 감소한다.

정답　　51 ④　52 ④　53 ③　54 ④　55 ①

56

다음은 진동과 관련된 용어설명이다. (①) 안에 알맞은 것은?

(①)은(는) 1~90Hz 범위의 주파수대역별 진동가속도 레벨에 주파수대역별 인체의 진동감각특성(수직 또는 수평감각)을 보정한 후의 값들을 dB 단위로 합산한 것이다.

① 진동레벨
② 등감각곡선
③ 변위진폭
④ 진동수

② 등감각곡선 : 사람의 진동 감각이 주파수에 따라 달라지는 곡선이다.
③ 변위진폭 : 진동할 때 얼마나 많이 움직이는지의 크기이다.
④ 진동수 : 1초에 진동하는 횟수(단위 : Hz)이다.

57

바닥면적이 $5m \times 6m$이고, 높이가 $3m$인 방의 바닥, 벽, 천장의 흡음율이 각각 0.1, 0.2, 0.6일 때 평균흡음율은?

① 약 0.22
② 약 0.27
③ 약 0.31
④ 약 0.35

㉠ 방의 바닥
• 면적 : $5 \times 6 = 30m^2$
• 흡음률 : 0.1
㉡ 방의 벽
• 면적 : $3 \times (5+6) \times 2 = 66m^2$
• 흡음률 : 0.2
㉢ 방의 천장
• 면적 : $5 \times 6 = 30m^2$
• 흡음률 : 0.6
㉣ 평균흡음률
$$\frac{(30m^2 \times 0.1) + (66m^2 \times 0.2) + (30m^2 \times 0.6)}{(30+66+30)m^2} = 0.2714$$

58 ⭐빈출

A벽체 입사음의 세기가 $10^{-3}\,W/m^2$이고, 투과음의 세기가 $10^{-6}\,W/m^2$일 때 투과손실은?

① $10dB$
② $20dB$
③ $30dB$
④ $40dB$

$$TL = 10\log\left(\frac{1}{\tau}\right) = 10\log\left(\frac{I_{in}}{I_{out}}\right)$$
$$= 10\log\left(\frac{10^{-3}}{10^{-6}}\right) = 30dB$$

τ : 투과율
I_{in} : 입사음의 세기
I_{out} : 투과음의 세기

59

가속도진폭의 최대값이 $0.01m/\sec^2$인 정현진동의 진동 가속도 레벨은? (단, 기준 $10^{-5}m/\sec^2$)

① $28dB$
② $30dB$
③ $57dB$
④ $60dB$

$$VAL(dB) = 20\log\left(\frac{A}{A_r}\right)$$
$$= 20\log\left(\frac{0.01}{10^{-5}}\right)$$
$$= 60dB$$

A : 측정 진동가속도 실효치$(m/\sec^2)$
A_r : 기준가속도$(m/\sec^2)$

60

음의 굴절에 관한 다음 설명 중 틀린 것은?

① 음파가 한 매질에서 타 매질로 통과할 때 구부러지는 현상이다.
② 대기의 온도차에 의한 굴절은 온도가 낮은 쪽으로 굴절한다.
③ 음원보다 상공의 풍속이 클 때 풍상층에서는 상공으로 굴절한다.
④ 밤(지표부근의 온도가 상공보다 저온)이 낮(지표부근의 온도가 상공보다 고온)보다 거리감쇠가 크다.

밤(지표부근의 온도가 상공보다 저온)이 낮(지표부근의 온도가 상공보다 고온)보다 거리감쇠가 작다.

정답   56 ① 57 ② 58 ③ 59 ④ 60 ④

01

다음 대기오염물질 중 물리적 상태가 다른 것은?

① 먼지(dust)
② 매연(smoke)
③ 검댕(soot)
④ 황산화물(SO_x)

- 입자상물질 : 먼지(dust), 매연(smoke), 검댕(soot)
- 가스상물질 : 황산화물(SO_x)

02

유해가스의 흡착처리에서 흡착제의 선택 시 고려하여야 할 조건으로 적합하지 않은 것은?

① 흡착률이 우수해야 한다.
② 흡착물질의 회수가 쉬워야 한다.
③ 흡착제의 재생이 용이해야 한다.
④ 기체의 흐름에 대한 압력손실이 커야 한다.

기체의 흐름에 대한 압력손실이 작아야 한다.

03 ⭐빈출

중력집진장치의 일반적인 특성이 아닌 것은?

① 운전유지비용이 큼
② 압력손실이 적음
③ 제진효율이 좋지 않음
④ 장치의 구조가 간단함

운전유지비용이 작다.

04

중유의 탈황법으로 가장 실용적이며 많이 사용하는 방법은?

① 석회석에 의한 흡수탈황법
② 활성탄에 의한 흡착탈황법
③ 아황산소다 탈황법
④ 접촉수소화 탈황법

접촉수소화 탈황법은 내독성 촉매(Co-Ni-Mo)를 사용하여 250~450℃, 30~220kg/cm^2의 고온·고압 환경에서 수소와 반응시켜 황화합물을 H_2S, S, SO_2 등의 형태로 제거하는 직접 탈황법이다.
이 방법은 다른 방법들에 비해 탈황효과가 높고 가장 널리 사용되는 실용적인 공정으로 알려져 있다.

05 ⭐빈출

어떤 집진시설의 집진율이 99%이고, 집진시설 유입구의 분진농도가 15.5g/m^3일 때 유출구의 분진농도(g/m^3)는?

① 0.01
② 0.135
③ 0.145
④ 0.155

$$\eta = \left(1 - \frac{C_{out}}{C_{in}}\right) \times 100$$

$$99\% = \left(1 - \frac{C_{out}}{15.5}\right) \times 100$$

$$C_{out} = -15.5 \times \left(\frac{99}{100} - 1\right) = 0.155 g/m^3$$

정답   01 ④   02 ④   03 ①   04 ④   05 ④

06 ⭐

연소과정에서 생성되는 질소산화물의 특성 중 맞는 것은?

① 화염 속에서 생성되는 질소산화물은 주로 NO_2이며, 소량의 NO를 함유한다.
② 질소산화물의 생성은 연료 중의 질소와 공기 중의 질소가 산소와 반응하여 이루어진다.
③ 화염온도가 낮을수록 질소산화물의 생성량은 커진다.
④ 배기가스 중 산소분압이 낮을수록 생성이 커진다.

① 화염 속에서 생성되는 질소산화물은 주로 NO이며, 소량의 NO_2를 함유한다.
③ 화염온도가 높을수록 질소산화물의 생성량은 커진다.
④ 배기가스 중 산소분압이 높을수록 생성이 커진다.

07 ⭐

유황을 1.6% 함유하는 중유 $10ton$을 완전연소시키면 몇 Sm^3의 SO_2가 발생하는가? (단, 유황은 전량 SO_2로 반응한다고 가정함)

① 112
② 160
③ 224
④ 320

$S + O_2 \rightarrow SO_2$
$S : SO_2 = 32kg : 22.4Sm^3$
($1kmol = kg$분자량 $= 22.4Sm^3$)
㉠ 유황의 함유량 계산

$$10ton \times \frac{10^3 kg}{ton} \times \frac{1.6}{100} = 160kg$$

㉡ SO_2 발생량 계산

$32kg : 22.4Sm^3 = 160kg : \square Sm^3$

$$\square = \frac{22.4 \times 160}{32} = 112$$

08 ⭐

집진기 출구가스의 먼지농도가 $0.02g/m^3$, 먼지 통과율 0.5%일 때 입구 먼지농도(g/m^3)는 얼마인가?

① $3.5g/m^3$ ② $4.0g/m^3$
③ $4.5g/m^3$ ④ $8.0g/m^3$

$$\eta_{통과율} = \left(\frac{C_{out}}{C_{in}} \right) \times 100$$

$$0.5\% = \left(\frac{0.02}{C_{in}} \right) \times 100$$

$$C_{in} = \left(\frac{0.02}{0.5} \right) \times 100 = 4g/m^3$$

09 ⭐

27℃, $760mmHg$상태에서 CO_2 $44g$이 차지하는 부피는 몇 L인가?

① $23.4L$ ② $24.6L$
③ $25.7L$ ④ $26.8L$

$1mol = g$분자량 $= 22.4L$이므로,
$CO_2 = 12 + 32 = 44g/mol$

$$44g \times \frac{1mol}{44g} \times \frac{22.4L_{-STP}}{1mol} \times \frac{(273+27)K}{273K} = 24.6153L$$

0℃ → 27℃로 온도가 증가하였으므로 부피는 증가하며(분자에 큰 수), $1atm = 760mmHg$이므로 압력에 의한 보정은 하지 않는다.

10

대기오염물질을 배출하는 굴뚝에서 유효고란 무엇을 말하는가?

① 지상에서 굴뚝 끝까지의 총 높이
② 굴뚝에서 대기의 안정층까지 높이
③ 굴뚝높이와 연기의 수직상승 높이
④ 지상에서 대기 안정층까지의 높이

유효고는 굴뚝에서 배출된 연기가 실제로 대기 중에서 상승하여 확산되는 높이를 반영한 것으로, 굴뚝의 실제 높이(H)와 배출가스가 상승하는 높이(△H)를 더한 값이다.

정답   06 ②   07 ①   08 ②   09 ②   10 ③

11

다음 중 기체연료의 특징으로 볼 수 없는 것은?

① 취급에 위험성이 있다.
② 완전연소하려면 많은 과잉공기가 필요하다.
③ 수송과 저장이 불편하고 저장탱크, 배관공사 등 시설비가 많이 든다.
④ 점화와 소화가 용이하다.

> 고체, 액체연료에 비해 완전연소하려면 많은 과잉공기가 필요하지 않다.

12 ★빈출

대기오염공정시험방법에서 용기라 함은 시험용액 또는 시험에 관계된 물질을 보존, 운반 또는 조작하기 위하여 넣어두는 것으로 이에 속하지 않는 것은?

① 밀폐용기
② 투시용기
③ 기밀용기
④ 차광용기

> 대기오염공정시험방법에서 용기라 함은 밀폐용기, 밀봉용기, 기밀용기, 차광용기가 해당된다.

13

집진시설을 선택하기 위하여 고려하여야 할 요소와 가장 거리가 먼 것은?

① 입자의 밀도와 입경분포
② 먼지의 물리적, 화학적 특성
③ 먼지의 농도와 예상 투시도
④ 배기가스의 부식성과 용해성

> 유입가스의 농도와 유출가스의 농도, 예상효율을 고려하는 것이 적당하다.

14 ★빈출

로스엔젤레스(Los Angeles)형 스모그 발생조건과 관련이 없는 것은?

① 석유계 연료
② 24~32℃의 고온
③ 광화학적 반응
④ 방사성 역전형태

> 로스엔젤레스형 스모그는 침강성 역전상태에서 발생한다.

15

여과집진장치의 주된 집진원리와 가장 거리가 먼 것은?

① 차단
② 관성충돌
③ 확산
④ 응집

> 여과집진장치의 주된 집진원리는 관성충돌, 접촉차단, 확산, 중력침강이다.

16

연속회분식반응조(SBR)에 관한 설명으로 적합하지 않은 것은?

① 처리용량이 큰 처리장에는 적용하기 곤란하다.
② 주기적인 슬러지 반송이 필요하다.
③ 운전주기의 조절로 질소의 제거가 가능하다.
④ 활성슬러지법과 비교하면 에너지 절약형이라고 볼 수 있다.

> 활성슬러지법은 주기적인 슬러지 반송이 필요하며, 연속회분식반응조는 반송을 필요로 하지 않는다.

17

적조현상을 발생시키는 주된 원인물질은?

① 카드뮴(Cd)
② 인(P)
③ 수은(Hg)
④ 염소(Cl)

> 적조현상은 부영양화 현상으로 인해 발생되며, 부영양화 현상의 주된 원인물질은 질소와 인이다.

18 ★빈출

살균강도가 가장 큰 염소 결합형태는?

① $HOCl$
② OCl^-
③ $NHCl$
④ $NHCl_2$

정답 11 ② 12 ② 13 ③ 14 ④ 15 ④ 16 ② 17 ② 18 ①

염소결합에 따른 살균강도는 $HOCl > OCl^- >$ 클로라민류 순이다.

19

혐기성 소화조의 운전 중 소화가스 발생량이 현저히 감소하였다. 예상할 수 있는 원인과 가장 거리가 먼 것은?

① 저농도의 슬러지 유입
② 소화조 내부의 온도저하
③ 과다한 유기산 생성
④ 과다교반

교반력이 약할 경우 소화가스 발생량이 현저히 감소할 수 있다.

20 ⭐빈출

해수의 화학적 성질에 관한 설명으로 맞지 않는 것은?

① 해수 내 전체질소 중 35% 정도는 암모니아성 질소, 유기질소 형태이다.
② 해수의 주요 성분 농도비는 항상 일정하다.
③ 해수의 pH는 약 6.9~7.3 정도로 매우 안정하다.
④ 해수의 Mg/Ca비는 담수에 비하여 크다.

해수의 pH는 약 8.1~8.3 정도로 약알칼리성을 나타낸다.

21

모래, 자갈, 뼛조각 등의 무기물로 구성된 혼합물을 무엇이라 하는가?

① screening
② grit
③ sludge
④ scum

모래, 자갈, 뼛조각 등을 그릿(Grit)이라 하며, 이러한 그릿을 제거하는 장치는 침사지(Grit Chamber)라고 한다.

22 ⭐빈출

성층 현상이 뚜렷한 계절을 알맞게 짝지은 것은?

① 겨울, 가을
② 가을, 봄
③ 겨울, 여름
④ 봄, 여름

• 성층현상 : 여름, 겨울
• 전도현상 : 봄, 가을

23 ⭐빈출

폭 $10m$, 길이 $30m$, 높이 $3m$인 장방형 침전지에 $0.05m^3/\sec$의 유량이 유입될 때 체류시간(hr)은?

① 3
② 4
③ 5
④ 6

$$체류시간(HRT) = \frac{부피(\forall)}{유량(Q)}$$

$$= \frac{(10 \times 30 \times 3)m^3}{\left(\frac{0.05m^3}{\sec} \times \frac{3,600\sec}{hr}\right)} = 5hr$$

24 ⭐빈출

수소이온농도가 $3.9 \times 10^{-6}mol/L$인 경우 용액의 pH는?

① 5.4
② 5.7
③ 6.0
④ 6.3

$$pH = -\log[H^+]$$
$$= -\log[3.9 \times 10^{-6}] = 5.4089$$

25

질소화합물의 분해과정을 알맞게 나타낸 것은?

① 유기물 → 질산성 질소 → 아질산성 질소 → 암모니아성 질소
② 유기물 → 아질산성 질소 → 질산성 질소 → 암모니아성 질소
③ 유기물 → 암모니아성 질소 → 아질산성 질소 → 질산성 질소
④ 유기물 → 유기질소 → 질산성 질소 → 아질산성 질소

질소화합물의 분해과정은 아래와 같다.
유기물 → NH_3-N → NO_2-N → NO_3-N
(암모니아성 질소) (아질산성 질소) (질산성 질소)

정답 19 ④ 20 ③ 21 ② 22 ③ 23 ③ 24 ① 25 ③

26

폭기조 내 슬러지 용적지표(SVI : Sludge Volume index)가 높다면 다음 중 어느 것을 의미하는가?

① 슬러지의 밀도가 증가하였다.
② 슬러지 내 휘발성분이 줄어들었다.
③ 슬러지 팽화의 우려가 있다.
④ 슬러지는 아주 빨리 침강한다.

> SVI가 200 이상이면 슬러지 팽화의 우려가 있다.

27

폐수 $7,570 m^3/day$의 유량에 염소가 $92kg/day$로 주입되고 있다. 잔류염소량이 $0.15mg/L$라고 할 때 폐수 중에 소비되는 염소농도는?

① 약 $7.4mg/L$
② 약 $9.2mg/L$
③ 약 $10.8mg/L$
④ 약 $12.0mg/L$

> ㉠ 염소주입농도
>
> $$농도 = \frac{용질}{용액} = \frac{\dfrac{92kg}{day}}{\dfrac{7,570m^3}{day}}$$
>
> $$= \frac{92kg}{7,570m^3} \times \frac{10^6 mg}{kg} \times \frac{m^3}{10^3 L}$$
>
> $$kg \rightarrow mg \quad m^3 \rightarrow L$$
>
> $$= 12.1532mg/L$$
>
> ㉡ 염소요구량
> 염소주입량 = 염소요구량 + 염소잔류량
> $12.1532mg/L = \square mg/L + 0.15mg/L$
> $\square = 12.0032$

28

$0.01M - NaOH$ $1L$를 $1M - H_2SO_4$로 중화가 적정할 때 이론적으로 소비되는 황산량은?

① $5mL$ ② $10mL$
③ $15mL$ ④ $20mL$

> $NV = N'V'$
> 산의 eq = 염기의 eq일 때 중화가 일어난다.
> ㉠ 염기성 용액의 eq
>
> $$\frac{0.01mol}{L} \times 1L \times \frac{1eq}{1mol} = 0.01eq$$
>
> ㉡ 산성 용액의 $eq = 0.01eq$
>
> $$\frac{1mol}{L} \times \square L \times \frac{2eq}{1mol} = 0.01eq$$
>
> $$\square = 0.005L = 5mL$$

29

생물학적 원리를 이용하여 인(P)만을 효과적으로 제거하기 위한 고도처리 공법으로 가장 적절한 것은?

① 4단계 Bardenpho공법
② 5단계 Bardenpho공법
③ A/O공법
④ A_2/O공법

> ① 4단계 Bardenpho공법 : 질소만 제거
> ② 5단계 Bardenpho공법 : 질소와 인의 제거
> ④ A_2/O 공법 : 질소와 인의 제거

30

혐기성 소화과정에서 에너지원이 될 수 있는 최종 생성물은?

① CO_2 ② CH_4
③ H_2S ④ NH_3

> 혐기성 소화과정에서 발생하는 가스는 이산화탄소와 메탄이며, 이 중 메탄은 유용한 에너지원이 될 수 있다.
> H_2S와 NH_3은 악취 유발 물질이다.

31

폐수량이 $1,000 m^3/day$, BOD $100mg/L$의 총 BOD 부하량은?

① $1kg/day$ ② $10kg/day$
③ $100kg/day$ ④ $1,000kg/day$

정답   26 ③   27 ④   28 ①   29 ③   30 ②   31 ③

$$\text{총량(부하량)} = \text{유량} \times \text{농도}$$

$$= \frac{100mg}{L} \times \frac{1,000m^3}{day} \times \frac{1kg}{10^6mg} \times \frac{10^3L}{m^3}$$

$$\qquad\quad \text{농도} \qquad \text{유량} \qquad mg \rightarrow kg \quad m^3 \rightarrow L$$

$$= 100kg/day$$

$$\frac{m^3_{-air}}{kg_{-BOD}} = \frac{\text{공기공급량}}{\text{제거되는 } BOD\text{부하량}}$$

$$= \frac{\dfrac{150m^3}{\min} \times \dfrac{1,440\min}{day}}{\dfrac{250mg}{L} \times \dfrac{20,000m^3}{day} \times \dfrac{10^3L}{m^3} \times \dfrac{1kg}{10^6mg} \times \dfrac{80}{100}}$$

$$= 54m^3_{-air}/kg_{-BOD}$$

32

다음 중 폐수의 응집처리 시 응집의 원리로서 볼 수 없는 것은?

① Zeta potential을 감소시킨다.
② Van Der Waals를 증가시킨다.
③ 응집제를 투여하여 입자끼리 뭉치게 한다.
④ 콜로이드 입자의 표면전하를 증가시킨다.

콜로이드 입자의 표면전하를 감소시킨다.

33 빈출

활성슬러지법에서 $MLSS$가 의미하는 것은?

① 포기조 혼합액 중의 부유물질
② 처리장 유입폐수 중의 부유물질
③ 유입폐수 중의 여과된 물질
④ 처리장 방류폐수 중의 부유물질

활성슬러지법에서 MLSS는 보통 "Mixed Liquor Suspended Solids" 의 약자로, 폭기조 내 혼합액 중 부유성 고형물 농도를 의미한다. 이는 미생물과 부유물질이 섞여 있는 상태의 고형물 농도를 나타내며, 활성슬러지 내 미생물의 농도 지표로 주로 사용된다.

34

어느 하수처리장에서 활성슬러지공법으로 처리하고자 한다. 유량이 $20,000m^3/day$, BOD가 $250mg/L$인 하수를 매일 24시간 연속하여 Blower를 가동시켜 $150m^3/\min$율로 공기를 공급, BOD를 80% 제거한다면 제거된 BOD $1kg$당 소모된 공기량은?

① $43m^3_{-air}/kg_{-BOD}$ ② $54m^3_{-air}/kg_{-BOD}$
③ $62m^3_{-air}/kg_{-BOD}$ ④ $78m^3_{-air}/kg_{-BOD}$

35

폐수 속에 있는 부유물 중에서 스크린으로 제거되는 것으로 가장 적절한 것은?

① 그릿
② 슬러지
③ 위어
④ 협잡물

스크린은 폐수에 포함된 큰 고형물이나 부유 협잡물을 제거하기 위해 사용된다. 이는 펌프나 관로의 막힘, 손상을 방지하고 후속 처리 공정을 원활하게 하기 위함이다.
협잡물은 스크린에서 물리적으로 걸러내는 크기가 비교적 큰 고형물과 부스러기들을 말한다.
그릿(모래 등 무기성 고형물)은 주로 침사지에서 제거하며, 슬러지는 침전과 생물학적 처리 후 남은 고형물이다. 위어(weir)는 수위나 유량조절장치로 부유물 제거 기능과는 다르다.

36 빈출

폐기물고체연료(RDF)의 조건에 대한 설명 중 잘못된 것은?

① 열량이 높을 것
② 함수율이 높을 것
③ 대기오염이 적을 것
④ 성분 배합률이 균일할 것

함수율은 낮아야 한다.

정답 32 ④ 33 ① 34 ② 35 ④ 36 ②

37 빈출

쓰레기를 파쇄처리하는 이유와 가장 거리가 먼 것은?

① 밀도의 감소　　② 입자크기의 균일화
③ 유가물의 분리　　④ 비표면적의 증가

> 파쇄를 통해 입자크기가 작게 균일화되고 부피가 감소하며, 밀도는 증가한다.

38

지역이기주의를 나타내는 용어로 폐기물의 최종매립지 확보를 어렵게 만드는 현상은?

① NIMBY현상　　② PIMPY현상
③ 3D현상　　④ 3P현상

> NIMBY현상은 'Not In My Back Yard'의 약자로 지역이기주의를 나타내는 대표적인 용어이다.

39 빈출

함수율이 95%인 슬러지 $20m^3$를 75%로 탈수하였을 때 슬러지 체적은 몇 m^3로 되는가?

① 2　　② 3
③ 4　　④ 5

> $SL_1(1-X_1) = SL_2(1-X_2)$
> $20m^3(1-0.95) = SL_2(1-0.75)$
> $SL_2 = 4m^3$

40 빈출

쓰레기 수거노선을 결정할 때 고려사항으로 틀린 것은?

① U자형 회전을 피하여 수거한다.
② 가능한 한 시계방향으로 수거노선을 정한다.
③ 아주 많은 양의 쓰레기가 발생되는 발생원은 하루 중 가장 나중에 수거한다.
④ 적은 양의 쓰레기가 발생하나 동일한 수거빈도를 받기를 원하는 수거지점은 가능한 한 같은 날 왕복 내에서 수거하도록 한다.

> 아주 많은 양의 쓰레기가 발생되는 발생원은 하루 중 가장 먼저 수거한다.

41

다음 중 수분 및 고형물 함량 측정에 필요하지 않은 실험기구는?

① 증발접시
② 전자저울
③ jar-테스터
④ 데시케이터

> jar-테스터는 응집제의 종류와 투입량 결정에 사용되는 실험기구이다.

42 빈출

쓰레기 발생량이 $24,000kg/day$이고 발열량이 $500kcal/kg$이라면 로 내 열부하가 $50,000kcal/m^3 \cdot hr$인 소각로의 용적은? (단, 1일 가동시간 12시간이다.)

① $20m^3$　　② $40m^3$
③ $60m^3$　　④ $80m^3$

> 단위에 유의한다.
>
> 열부하$\left(\dfrac{kcal}{m^3 \cdot hr}\right) = \dfrac{\text{시간당 발열량}}{\text{용적}}$
>
> $\dfrac{50,000kcal}{m^3 \cdot hr} = \dfrac{24,000kg}{day} \times \dfrac{500kcal}{kg} \times \dfrac{1day}{12hr} \times \dfrac{1}{\square m^3}$
>
> $\square = 20$

43

다음 분뇨의 성질을 설명한 것 중에서 틀린 것은?

① 분뇨는 고액분리가 어렵다.
② 뇨의 휘발성 고형물의 80~90%는 질소화합물이다.
③ 분과 뇨의 고형물질의 비는 약 7 : 1 정도이다.
④ 분뇨는 시간에 따른 특성변화가 적다.

> 분뇨는 시간에 따른 특성변화가 크다.

정답　　37 ①　38 ①　39 ③　40 ③　41 ③　42 ①　43 ④

44 빈출

$0.5m^3/\min$의 송분 펌프로 2시간 가동했을 때 송분된 분뇨의 양은 얼마인가?

① $50m^3$ ② $60m^3$
③ $70m^3$ ④ $80m^3$

유량(Q) = $\dfrac{부피(\forall)}{시간(t)}$

$\dfrac{0.5m^3}{\min} = \dfrac{\square m^3}{\left(2hr \times \dfrac{60\min}{hr}\right)}$

$\square = 60$

45

슬러지 개량(conditioning)의 목적으로 가장 알맞은 것은?

① 슬러지 용출특성을 향상시킨다.
② 슬러지 농축특성을 향상시킨다.
③ 슬러지 탈수특성을 향상시킨다.
④ 슬러지 안전화특성을 향상시킨다.

슬러지의 개량은 탈수성 향상에 목적이 있으며, 약품처리, 열처리, 세정, 동결 등의 방법이 있다.

46 빈출

쓰레기를 수송하는 방법 중 자동화, 무공해화가 가능하고 눈에 띄지 않는다는 장점을 가지고 있으며 공기수송, 반죽수송, 캡슐수송 등의 방법으로 쓰레기를 수거하는 방법은?

① 모노레일 수거
② 관거 수거
③ 콘베이어 수거
④ 컨테이너 철도수거

① 모노레일 수거 : 레일 위를 주행하는 소형 차량을 이용해 쓰레기를 수거하고 운반하는 방법
③ 콘베이어 수거 : 벨트를 이용해 쓰레기를 계속해서 운반하는 방식
④ 컨테이너 철도수거 : 대량의 쓰레기를 적재한 컨테이너를 철도를 통해 운반하는 방법

47 빈출

밀도가 $0.5ton/m^3$인 폐기물을 $0.8ton/m^3$으로 압축하였다면 부피감소율은?

① 23.7%   ② 27.5%
③ 33.5%   ④ 37.5%

무게는 압축 전·후를 비교하였을 때 동일하다.
㉠ 압축 전
  부피 : $1m^3$
  무게 : $\dfrac{0.5ton}{m^3} \times 1m^3 = 0.5ton$
㉡ 압축 후
  무게 : $0.5ton$
  부피 : $0.5ton \times \dfrac{m^3}{0.8ton} = 0.625m^3$
㉢ 부피감소율
  부피감소율 = $\left(\dfrac{V_1 - V_2}{V_1}\right) \times 100$
  $= \left(\dfrac{1 - 0.625}{1}\right) \times 100 = 37.5\%$

48 빈출

폐기물 중 유기물을 완전연소시키기 위한 필요조건 항목과 가장 거리가 먼 것은?

① 온도   ② 기압
③ 연소시간   ④ 혼합

완전연소를 위한 조건은 아래와 같이 구분된다.
• 3T : 시간(Time), 온도(Temperature), 혼합(Turbulence)
• 3TO : 시간(Time), 온도(Temperature), 혼합(Turbulence), 산소(Oxygen)

49

인구 18만명인 도시에서 1일 1명당 2.5kg의 원단위로 폐기물이 발생된 경우 그 발생량은? (단, 폐기물 밀도는 $500kg/m^3$이다.)

① $180m^3$ ② $360m^3$
③ $720m^3$ ④ $900m^3$

정답   44 ②   45 ③   46 ②   47 ④   48 ②   49 ④

01 PART
02 PART
03 PART
04 Part

폐기물발생량 = 1일 1인당 발생량×인구

$$\frac{2.5kg}{인 \cdot day} \times 180,000인 \times \frac{m^3}{500kg} = 900m^3$$

원단위   인구 $kg \rightarrow m^3$

50 ⭐빈출

쓰레기를 연소시키기 위한 이론공기량이 $10Sm^3/kg$이고 공기비가 1.1일 때 실제로 공급된 공기량은?

① $0.5Sm^3/kg$
② $0.6Sm^3/kg$
③ $10.0Sm^3/kg$
④ $11.0Sm^3/kg$

실제공기량 = 이론공기량×과잉공기비

$$\frac{10Sm^3}{kg} \times 1.1 = 11Sm^3/kg$$

51

폐기물의 성분을 분석한 결과 가연성 물질이 무게로 30%였다. 밀도 $500kg/m^3$인 폐기물 $5m^3$가 갖는 가연성 물질의 양은?

① $800kg$
② $750kg$
③ $650kg$
④ $600kg$

단위에 유의한다.

$$5m^3 \times \frac{500kg}{m^3} \times \frac{30}{100} = 750kg$$

$m^3 \rightarrow kg$ 폐기물 → 가연성

52 ⭐빈출

인구 100,000명인 도시에서 발생하는 쓰레기를 적재용량 $15m^3$인 트럭 20대를 이용하여 매일 수거한다. 수거된 쓰레기의 평균 밀도가 $350kg/m^3$라면 1인당 1일 배출하는 양은? (단, 트럭은 1회 운행기준)

① $0.98kg$
② $1.05kg$
③ $1.13kg$
④ $1.21kg$

단위에 유의한다.

$$1인 배출량 = \frac{폐기물 발생량}{인구수}$$

$$\frac{\frac{15m^3}{대} \times 20대 \times \frac{350kg}{m^3}}{100,000인} = 1.05kg$$

53

다음 중 쓰레기의 저위발열량을 측정하는 방법으로 거리가 먼 것은?

① 흡착식에 의한 방법
② 단열열량계에 의한 방법
③ 추정식에 의한 방법
④ 원소분석에 의한 방법

흡착식에 의한 방법은 해당없다.
② 단열열량계에 의한 방법 : 봄베식 열량계로 폐기물의 발열량을 직접 측정하는 표준적인 방법이다.
③ 추정식에 의한 방법 : 쓰레기의 가연분, 수분, 회분 함량 등 조성비를 바탕으로 발열량을 계산하는 간이식으로 많이 사용된다.
④ 원소분석에 의한 방법 : 폐기물 내 탄소, 수소, 산소 등 원소 성분을 분석하여 발열량을 산출하는 방식이다.

54

분뇨처리의 기본목표가 아닌 것은?

① 안전화
② 유기화
③ 감량화
④ 안정화

분뇨처리의 기본목표에 '유기화'는 포함되지 않는다.

55 ⭐빈출

뜨거운 공기를 주입하여 모래를 부상, 가열시키고 상부에서 폐기물을 주입하여 태우는 방식으로 슬러지, 폐유, 폐윤활유 등의 소각에 탁월한 성능을 가진 소각로는?

① 다단로
② 유동상
③ 회전로
④ 고정상

① 다단로 : 여러 층에서 천천히 태우는 소각로로, 수분 많은 폐기물에 적합하다.
③ 회전로 : 드럼이 돌아가면서 폐기물을 섞고 태우는 소각로로, 수분 많은 폐기물에 적합하다.
④ 고정상 : 고정상 위에 폐기물을 고정해 태우는 간단한 소각로로, 적은 양이나 플라스틱에 적합하다.

56 ⭐빈출

마스킹효과에 관한 설명 중 맞지 않는 것은?

① 저음이 고음을 잘 마스킹한다.
② 두 음의 주파수가 비슷할 때는 마스킹효과가 대단히 커진다.
③ 두 음의 주파수 차가 클 때는 Doppler 현상에 의해 효과가 감소한다.
④ 음파의 간섭에 의해 일어난다.

> Doppler 현상은 음원이 이동할 때 진행방향 쪽에서는 원래 발생음보다 크게, 진행방향 반대쪽에서는 원래 발생음보다 작게 들리는 현상이다.

57

측정된 진동레벨이 배경진동레벨보다 몇 dB 이상 높으면(크면) 배경진동의 영향을 무시할 수 있는가?

① $5dB$　　　　② $10dB$
③ $15dB$　　　　④ $20dB$

> 측정진동레벨이 배경진동레벨보다 $10dB$ 이상 클 경우, 배경진동의 영향이 매우 작아 배경진동 보정 없이 측정된 진동레벨을 대상으로 하는 진동레벨로 간주한다.

58

음파가 난입사하고 질량법칙이 적용되는 경우, 교실의 단일벽 면밀도가 $300kg/m^2$라면 $0.1kHz$에서 투과손실은? (단, $TL = 18\log(m \cdot f) - 44$ 적용)

① $26.6dB$　　　　② $36.6dB$
③ $46.6dB$　　　　④ $56.6dB$

$$TL = 18\log(m \cdot f) - 44$$
$$= 18\log(300 \times 100) - 44 = 36.5881dB$$
m : 면밀도(kg/m^3)
f : 주파수$(Hz) \to 1kHz = 1,000Hz$

59

어느 벽체의 투과손실값이 $32dB$이라면 이 벽체의 투과율은?

① 5.3×10^{-3}　　　　② 6.3×10^{-4}
③ 5.3×10^{-5}　　　　④ 6.3×10^{-6}

$$TL = 10\log\left(\frac{1}{\tau}\right) = 10\log\left(\frac{I_{in}}{I_{out}}\right)$$
$$32dB = 10\log\left(\frac{1}{\tau}\right)$$
$$\left(\frac{1}{\tau}\right) = 10^{\frac{32}{10}}$$
$$\tau = 10^{-\frac{32}{10}} = 6.3 \times 10^{-4}$$
τ : 투과율
I_{in} : 입사음의 세기
I_{out} : 투과음의 세기

60

무지향성 점음원이 자유공간에 있을 때, 지향계수는?

① 0　　　　② 1
③ 2　　　　④ 4

> 무지향성 점음원의 지향계수와 지향지수

자유공간 (공중음원)	반자유공간 (바닥위)	두 변이 만나는 구석	세 변이 만나는 구석
지향계수 : 1, 지향지수 : $0dB$	지향계수 : 2, 지향지수 : $3dB$	지향계수 : 4, 지향지수 : $6dB$	지향계수 : 8, 지향지수 : $9dB$

정답　　56 ③　57 ②　58 ②　59 ②　60 ②

01

유동층 흡착장치에 관한 설명으로 옳지 않은 것은?

① 가스의 유속을 빠르게 할 수 있다.
② 다단의 유동층을 이용하여 가스와 흡착제를 향류로 접촉시킬 수 있다.
③ 흡착제의 마모가 적게 일어난다.
④ 조업조건에 따른 주어진 조건의 변동이 어렵다.

흡착제의 마모가 많이 일어난다.

02 빈출

2대의 집진장치가 직렬로 배치되어 있다. 1차 집진장치의 집진율은 80%이고 2차집진장치의 집진율은 90%일 때 총 집진효율은?

① 85% ② 90%
③ 95% ④ 98%

$$\eta_T = 1 - (1 - \eta_1)(1 - \eta_2)$$
$$= 1 - (1 - 0.8)(1 - 0.9) = 0.98 \rightarrow 98\%$$

03

$1,000\,m^3/\min$의 배출가스를 여과집진시설을 이용하여 겉보기 여과속도 $1\,cm/\sec$로 처리하고자 할 때 필요한 filter bag의 수량은? (단, filter bag 사양 : 반지름 $78\,mm$, 유효길이 $3m$)

① 829개 ② 1,134개
③ 2,268개 ④ 3,802개

㉠ 주어진 조건에 의한 1개당 여과면적(B)을 구하면,
$$B = \pi DH$$
$$= \pi \times 0.078 \times 2m \times 3m = 1.4702\,m^2/개$$

㉡ 구한 면적과 유량을 이용하여 filter bag의 수량을 구하면,
$$Q = AV$$
$$\frac{1,000\,m^3}{\min} = (1.4702 \times \square)m^2 \times \frac{1cm}{\sec} \times \frac{m}{100cm}$$
$$\times \frac{60\sec}{\min}$$
$$\square = 1,133.6326 ≒ 1,134개$$

여기서,
Q : 여과유량($1,000\,m^3/\min$)
A : 여과자루의 총면적($1,4702 \times \square\,m^2$)
V : 여과속도($1\,cm/\sec$)

04 빈출

다음 설명하는 대기오염물질에 해당하는 것은?

- 강산화제로 작용하고, 눈에 통증을 일으킨다.
- 빛을 분산시키므로 가시거리를 단축시킨다.
- 화학식은 $CH_3COOONO_2$

① Acetic acid ② PAN
③ PBN ④ CFC

PAN(Peroxyacetyl nitrate)은 대기 중에서 강한 산화력을 가진 2차 오염물질로, 무색·무미하며 빛을 분산시켜 가시거리를 단축시키고, 눈에 통증을 유발한다.

05

세정집진장치의 입자 포집원리로 가장 거리가 먼 것은?

① 관성충돌 ② 확산작용
③ 응집작용 ④ 여과작용

여과작용은 여과집진장치의 포집원리이다.

정답

01 ③ 02 ④ 03 ② 04 ② 05 ④

06

원심력집진장치의 집진효율을 높이는 방법으로 옳지 않은 것은?

① 배기관경이 클수록 입경이 작은 먼지를 제거할 수 있다.
② 한계 입구유속 내에서는 그 입구유속이 클수록 효율은 높은 반면 압력손실도 높아진다.
③ 고농도일 경우는 병렬연결을 하여 사용하고, 응집성이 강한 먼지는 직렬연결(단수 3단 이내)하여 사용한다.
④ 침강먼지 및 미세먼지의 재비산을 막기 위해 스키머와 회전깃 등을 설치한다.

> 배기관경이 작을수록 입경이 작은 먼지를 제거할 수 있다.

07 빈출

다음 중 포집먼지의 중화가 적당한 속도로 행해지기 때문에 이상적인 전기집진이 이루어질 수 있는 전기저항의 범위로 가장 적절한 것은?

① $10^2 \sim 10^4 \Omega \cdot cm$
② $10^5 \sim 10^{10} \Omega \cdot cm$
③ $10^{12} \sim 10^{14} \Omega \cdot cm$
④ $10^{15} \sim 10^{18} \Omega \cdot cm$

> • 먼지의 고유저항이 낮으면($10^4 \Omega \cdot cm$ 이하) 집진판에 부착된 먼지가 전하를 쉽게 방출하여 부착력을 잃고 먼지가 떨어져 나가 재비산이 발생(재비산 영역)
> • 중간 저항 범위($10^4 \sim 10^{11} \Omega \cdot cm$)에서는 정상적인 집진 성능을 보임(정상 영역).
> • 저항이 더 커져 $10^{11} \Omega \cdot cm$ 부근에서는 스파크 발생으로 인해 전압 저하, 집진효율 저하가 나타남(스파크 빈발 영역).
> • $10^{11} \sim 10^{13} \Omega \cdot cm$ 이상 매우 큰 저항 영역에서는 먼지층 발광과 역전리 현상 발생, 먼지 부유와 집진효율 급격 저하(역전리 영역)

08 빈출

정지 공기 중에서 침강하는 직경이 $3 \mu m$ 구형입자의 종말침강속도는? (단, 스토크법칙을 적용하며, 입자의 밀도는 $5.2 g/cm^3$, 점성계수는 $1.85 \times 10^{-5} kg/m \cdot sec$ 이다.)

① $0.115 cm/sec$
② $0.138 cm/sec$
③ $0.234 cm/sec$
④ $0.345 cm/sec$

> $$V_g = \frac{d_p^2(\rho_p - \rho)g}{18\mu}$$
> $$= \frac{0.0003^2 \times 5.2 \times 980}{18 \times 1.85 \times 10^{-4}} = 0.1377 cm/sec$$

> V_g : 중력침강속도
> d_p : 입자의 직경 → $3\mu m \times \dfrac{1cm}{10^4 \mu m} = 0.0003cm$
> ρ_p : 입자의 밀도 → $5.2 g/cm^3$
> ρ : 유체의 밀도 → 무시함
> g : 중력가속도 → $980 cm/sec^2$
> μ : 점성계수 → $\dfrac{1.85 \times 10^{-5} kg}{m \cdot sec} \times \dfrac{10^3 g}{1kg} \times \dfrac{1m}{100cm}$
> $= 1.85 \times 10^{-4} g/cm \cdot sec$

09 빈출

사이클론으로 100% 집진할 수 있는 최소입경을 의미하는 것은?

① 절단입경
② 기하학적 입경
③ 임계입경
④ 유체역학적 입경

> • 절단입경 : 50% 제거되는 입자의 최소 입경
> • 임계입경 : 100% 제거되는 입자의 최소 입경

10

다음에서 설명하는 실내공기 오염물질은?

> • 자연 방사능물질 중 하나이다.
> • 무색, 무취의 기체로 공기보다 9배 정도 무겁다.
> • 주요 발생원은 토양, 시멘트, 콘크리트, 대리석 등의 건축자재와 지하수, 동굴 등이다.

① 석면
② 라돈
③ 포름알데히드
④ 휘발성 유기화합물

> ① 석면 : 인체에 유해한 광물성 섬유로, 미세하고 날아다니며 호흡기 질환을 유발할 수 있어 건축자재 등의 사용이 제한됨.
> ③ 포름알데히드 : 무색의 강한 자극성 냄새가 나는 기체로, 목재 접착제 등에서 방출되며, 눈과 호흡기 자극과 알레르기 유발, 발암 가능성이 있음.
> ④ 휘발성 유기화합물(VOC_S) : 상온에서 쉽게 기화하는 유기 화합물로, 대기 중 오존과 광화학스모그를 유발하며 일부는 발암물질로 건강에 해로움. 주로 도료, 접착제, 연료, 자동차 배기가스 등에서 발생한다.

정답   06 ① 07 ② 08 ② 09 ③ 10 ②

11 ⭐빈출

중력집진장치의 집진효율 향상 조건으로 옳지 않은 것은?

① 침강실 내의 처리가스 속도를 크게 한다.
② 침강실 내의 처리가스의 흐름을 균일하게 한다.
③ 침강실의 높이를 적게 하고, 길이를 길게 한다.
④ 다단일 경우에는 단수가 증가될수록 압력손실은 커지나 효율은 증가한다.

> 침강실 내의 처리가스 속도를 작게 한다.

12

다음 건조한 대기의 화학적 구성 중 농도가 가장 높은 것은?

① 질소　　　　　　② 산소
③ 아르곤　　　　　④ 이산화탄소

> 질소 > 산소 > 아르곤 > 이산화탄소의 순이다.

13

여과집진장치의 특징으로 가장 거리가 먼 것은?

① 폭발성, 점착성 및 흡습성의 먼지 제거에 매우 효과적이다.
② 가스온도에 따라 여재의 사용이 제한된다.
③ 수분이나 여과속도에 대한 적용성이 낮다.
④ 여과재의 교환으로 유지비가 고가이다.

> 폭발성, 점착성 및 흡습성의 먼지제거가 곤란하다.

14

다음 오염물질 중 "알루미늄공업, 요업, 인산비료공업, 유리공업" 등의 주요 배출관련 업종인 것은?

① NH_3　　　　　② HF
③ Cd　　　　　　④ Pb

> HF는 알루미늄공업, 요업, 인산비료공업, 유리공업 등에서 주요하게 배출되는 대기오염물질이다. 강한 산성 가스로 눈과 호흡기에 자극을 준다.

15

여름철 광화학스모그의 일반적인 발생조건으로만 옳게 묶여진 것은?

> ㉠ 반응성 탄화수소의 농도가 크다.
> ㉡ 기온이 높고 자외선에 강하다.
> ㉢ 대기가 매우 불안정한 상태이다.

① ㉠, ㉡　　　　　② ㉠, ㉢
③ ㉡, ㉢　　　　　④ ㉢

> ㉢ 대기가 매우 안정한 상태이다.

16

여과재 운전 중에 발생하는 주요 문제점으로 가장 거리가 먼 것은?

① 여재의 부패　　　② 진흙덩어리의 축적
③ 여재층의 수축　　④ 공기결합

> ② 진흙덩어리 축적 : 여과층에 토사나 슬러지가 쌓여 여과능력이 저하됨
> ③ 여과재층의 수축 : 물리적 압력이나 세척 과정에서 여과재가 밀집 또는 수축하는 현상
> ④ 공기결합 : 여과재 내부에 공기가 끼어 흐름에 방해 또는 여과효율 저하 초래

17 ⭐빈출

다음 중 폐수처리의 대표적인 부착성장식 생물학적 처리공법은?

① 활성슬러지법　　② 이온교환법
③ 살수여상법　　　④ 임호프탱크

> • 부착성장(attached growth) 생물학적 처리공법은 미생물이 고체 표면에 부착하여 생물막(biofilm)을 형성하고, 이 생물막 내에서 유기물을 분해하는 방식이다.
> • 대표적인 부착성장공법에는 살수여상법, 회전원판법, 침적여상법 등이 포함된다.
> • 활성슬러지법은 부유성장(suspended growth) 방식으로, 미생물이 폐수 내에 부유하는 형태로 처리한다.
> • 이온교환법은 화학적 처리, 임호프탱크는 슬러지 안정화 등 다른 처리 공정에 해당한다.

정답 　11 ① 　12 ① 　13 ① 　14 ② 　15 ① 　16 ① 　17 ③

18 ⭐빈출

다음 수처리공정 중 스톡스(Stokes)법칙이 가장 잘 적용되는 공정은?

① 1차소화조
② 1차침전지
③ 살균조
④ 포기조

> 스톡스법칙은 부유입자가 유체 내에서 침전할 때 입자의 침전속도를 예측하는 법칙으로, 주로 입자의 크기, 입자와 액체의 밀도 차, 액체의 점성 등에 영향을 받는다.
> 따라서 입자가 침전하는 공정, 즉 입자가 비교적 독립적으로 가라앉는 침전지에서 스톡스법칙이 잘 적용된다.

19 ⭐빈출

$0.05N-HCl$용액의 pH는 얼마인가? (단, HCl은 100% 이온화한다.)

① 1   ② 1.3
③ 3   ④ 5

> $HCl \rightleftarrows H^+ + Cl^-$
> $N=nM$, 염산은 1가 이므로 $N=M$
> $HCl : H^+ = 1 : 1 = 0.05M : \square$
> $\square = 0.05M$
> $pH=-\log[H^+]$
> $\quad=-\log[0.05]=1.3010$

20

추운 겨울에 호수가 표면부터 어는 현상 및 호수의 전도현상과 가장 밀접한 연관이 있는 물의 특성은?

① 증산   ② 밀도
③ 증발열   ④ 용해도

> 전도현상은 물의 밀도가 4℃에서 최대가 되기 때문에 생기는 현상이다.

21

수질오염공정시험기준에 의거 부유물질(SS)을 측정하고자 할 때 반드시 필요한 것은?

① 배지
② Gas Chromatography
③ 배양기
④ GF/C 여지

> 미리 무게를 단 유리섬유여과지(GF/C)를 여과장치에 부착하여 일정량의 시료를 여과시킨 다음 항량으로 건조하여 무게를 달아 여과 전·후의 유리섬유여과지의 무게차를 산출하여 부유물질의 양을 구하는 방법이다.

22

상수처리 시 오존주입에 관한 설명으로 옳은 것은?

① 생물학적 분해 불가능한 유기물 처리에도 적용할 수 있다.
② 트리할로메탄의 생성이 큰 문제로 대두된다.
③ 잔류성이 커서 살균 후 미생물의 증식에 의한 2차 오염의 우려가 없다.
④ 시설 및 장비가 간단하고 고도의 운전기술이 불필요하다.

> ② 트리할로메탄의 생성이 큰 문제로 대두된다. : 염소소독
> ③ 잔류성이 커서 살균 후 미생물의 증식에 의한 2차 오염의 우려가 없다. : 염소소독
> ④ 시설 및 장비가 간단하고 고도의 운전기술이 불필요하다. : 염소소독

23

탈산소 계수가 $0.15/day$인 어느 유기물질의 BOD_5가 $200ppm$이었다. 2일 후에 남아있는 BOD는? (단, 상용대수 적용)

① 105   ② 118
③ 122   ④ 136

정답   18 ②   19 ②   20 ②   21 ④   22 ①   23 ③

24

하천에 유입되는 폐수량이 $3,000 m^3/day$이며, 수중에서 0.1 ppm Cr을 함유하고 있을 때, 유입되는 Cr량은?

① $0.3 kg_{-Cr}/day$

② $3.0 kg_{-Cr}/day$

③ $30 kg_{-Cr}/day$

④ $300 kg_{-Cr}/day$

25

부유물질(SS)의 측정대상으로 가장 적합한 것은?

① 특정용매에 용해되어 있는 액체상 물질

② 기름상의 물질

③ 생물학적으로 분해되는 유기물질

④ 여과에 의하여 분리되는 물질

26 ⭐

폐수 중의 오염물질을 제거할 때 부상이 침전보다 좋은 점을 설명한 것으로 가장 적합한 것은?

① 침전속도가 느리고 작거나 가벼운 입자를 짧은 시간 내에 분리시킬 수 있다.

② 침전에 의해 분리되기 어려운 유해중금속을 효과적으로 분리시킬 수 있다.

③ 침전에 의해 분리되기 어려운 색도 및 경도 유발물질을 효과적으로 분리시킬수 있다.

④ 침전속도가 빠르고 큰 입자를 짧은 시간 내에 분리시킬 수 있다.

27

수중 용존산소와 관련된 일반적인 설명으로 옳지 않은 것은?

① 온도가 높을수록 용존산소값은 감소한다.

② 물의 흐름이 난류일 때 산소의 용해도는 높다.

③ 유기물질이 많을수록 용존산소값은 커진다.

④ 일반적으로 용존산소값이 클수록 깨끗한 물로 간주할 수 있다.

28

혐기성 소화조의 완충능력(Buffer capacity)을 표현하는 것으로 가장 적합한 것은?

① 탁도
② 경도
③ 알칼리도
④ 응집도

29 ⭐빈출

다음은 미생물의 성장단계에 관한 설명이다. (   ) 안에 알맞은 것은?

> (   )란 일정한 양의 에너지와 영양분이 한번만 주어지는 회분식 배양에서 접종 전 배양 말기의 불리한 조건에서 효소가 고갈된 접종 세포가 새로운 환경에 적응할 때까지의 소요기간을 말한다.

① 내생호흡기
② 지체기
③ 감소성장기
④ 대수성장기

> **미생물의 증식 4단계**
> 지체기 → 대수성장기 → 감소성장기 → 내생호흡기
> ㉠ 지체기(유도기)
> • 미생물량 적고 증식속도 극히 느림, 새로운 환경에 적응
> ㉡ 대수(지수)성장기
> • F/M비 대단히 큼.
> • 독립성장 → floc 형성↓ → 침전율↓ → BOD 제거↓
> • 포기조 내의 미생물 성장단계 중 신진대사율이 가장 높은 단계
> ㉢ 감소성장기(정지기)
> • F/M비 점차 낮아짐.
> • floc 형성 시작 → 침전율 향상 → 수처리 이용가능
> ㉣ 내생호흡기(사멸기)
> • F/M비 극히 낮음, 자산화 과정
> • floc 형성 최대 → 침전율↑ → BOD 제거↑

30

다음 중 침사지 설치의 주요 목적으로 가장 거리가 먼 것은?

① 모래와 자갈 등의 제거
② 콜로이드 물질의 제거
③ 비중이 큰 무기물질의 제거
④ 산기관 막힘 방지

> 콜로이드 물질은 응집에 의한 침전으로 제거할 수 있다.

31 ⭐빈출

C_2H_5OH의 완전산화 시 $ThOD/TOC$의 비는?

① 1.92
② 2.67
③ 3.31
④ 4

> $$C_2H_5OH + 3O_2 \rightarrow 2CO_2 + 3H_2O$$
> ㉠ $ThOD = 96g/mol$
> C_2H_5OH 1mol은 O_2 3mol를 필요로 하며,
>   양은 $32 \times 3 = 96g$이다.
> ㉡ $TOC = 24g/mol$
> C_2H_5OH 1mol에는 탄소원자 2개가 존재하며,
>   양은 $12 \times 2 = 24g$이다.
> ㉢ $ThOD/TOC$
> $$\frac{ThOD}{TOC} = \frac{96g/mol}{24g/mol} = 4$$

32

화학적 산소요구량(COD)에 대한 설명으로 옳은 것은?

① 측정하는데 5일이 소요된다.
② 생물화학적 산소요구량과 동일한 값을 나타낸다.
③ 미생물에 의해 분해되지 않는 유기물도 산화시킨다.
④ 시료 중의 호기성 미생물의 증식과 호흡작용에 의해 소비되는 용존산소의 양을 측정하는 방법이다.

> ① 측정하는데 5일이 소요된다. : BOD
> ② 생물화학적 산소요구량과 동일한 값을 나타낸다. : BOD
> ④ 시료 중의 호기성 미생물의 증식과 호흡작용에 의해 소비되는 용존산소의 양을 측정하는 방법이다. : BOD

33 ⭐빈출

포기조의 유입량은 $1,765 m^3/day$, BOD 총량은 $250 kg/day$일 때, BOD 용적부하를 $0.4 kg/m^3 \cdot day$로 하였다. 포기조 체류시간은 얼마인가?

① 12.5hr
② 10.5hr
③ 8.5hr
④ 7.5hr

> **정답**　　29 ②　30 ②　31 ④　32 ③　33 ③

Chapter 10 2020년 2회 CBT 기출복원문제　**159**

34

물속에서 단백질과 같은 유기질소의 질산화가 진행될 때, 다음 중 가장 늦게 생성되는 물질은?

① $Org - N$
② $NH_3 - N$
③ $NO_2 - N$
④ $NO_3 - N$

35

입자의 농도가 큰 경우의 침전으로 입자들이 서로 방해함으로써 독립적으로 침전하지 못하고 침전물과 액체 사이에 경계면을 이루면서 진행되는 침전형태로서 방해침전이라고도 하는 것은?

① 독립침전
② 응집침전
③ 지역침전
④ 압축침전

36

다음 설명하는 폐기물 안정화법에 해당하는 것은?

> • 고농도의 중금속 폐기물에 적합하다.
> • 가장 널리 사용되는 방법 중 하나로 포틀랜드 시멘트를 이용한다.
> • 중금속이온이 불용성의 수산화물이나 탄산염으로 침전된다.

① 유리화법
② 석회 기초법
③ 시멘트 기초법
④ 열가소성 플라스틱법

37 빈출

다음 중 퇴비화의 최적조건으로 가장 적합한 것은?

① 수분 50~60%, pH 5.5~8 정도
② 수분 50~60%, pH 8.5~10 정도
③ 수분 80~85%, pH 5.5~8 정도
④ 수분 80~85%, pH 8.5~10 정도

38 ⭐빈출

폐기물관리법령상 지정폐기물의 종류 중 부식성폐기물의 폐알칼리 기준으로 옳은 것은?

① 액체상태의 폐기물로서 수소이온농도지수가 2.0 이하인 것으로 한정한다.
② 액체상태의 폐기물로서 수소이온농도지수가 5.6 이하인 것으로 한정한다.
③ 액체상태의 폐기물로서 수소이온농도지수가 8.6 이상인 것으로 한정하며, 수산화칼륨 및 수산화나트륨을 포함한다.
④ 액체상태의 폐기물로서 수소이온농도지수가 12.5 이상인 것으로 한정하며, 수산화칼륨 및 수산화나트륨을 포함한다.

- 폐알칼리 기준 : 수소이온농도지수가 12.5 이상
- 폐산 기준 : 수소이온농도지수가 2.0 이하

39 ⭐빈출

A도시의 쓰레기를 분류하여 다음 표와 같은 결과를 얻었다. 이 쓰레기의 평균함수율(%)은?

성분	구성중량(%)	함수율(%)
연탄재	50	10
주방쓰레기	30	50
종이쓰레기	20	5

① 15%
② 18%
③ 21%
④ 24%

$$\frac{(50 \times 10) + (30 \times 50) + (20 \times 5)}{100} = 21\%$$

40

다음 중 로타리킬른 방식의 장점으로 거리가 먼 것은?

① 열효율이 높고, 적은 공기비로도 완전연소가 가능하다.
② 예열이나 혼합 등 전처리가 거의 필요없다.
③ 드럼이나 대형용기를 파쇄하지 않고 그대로 투입할 수 있다.
④ 습식가스 세정시스템과 함께 사용할 수 있다.

열효율이 낮고, 적은 공기비로 완전연소가 어렵다.

41 ⭐빈출

폐기물을 파쇄처리할 때 발생하는 문제점으로 가장 거리가 먼 것은?

① 먼지발생
② 소음 및 진동발생
③ 폭발발생
④ 침출수발생

매립과정에서 침출수가 발생할 수 있다.

42 ⭐빈출

폐기물 분석을 위한 시료의 축소방법에 해당하지 않는 것은?

① 구획법
② 원추4분법
③ 교호삽법
④ 면체분할법

- 구획법 : 대시료를 여러 개의 구획으로 나눈 후 각 구획에서 시료를 채취하는 방법
- 균일법 : 대시료 전체를 균일하게 혼합하는 방법
- 교호삽법 : 원추형으로 쌓은 후 교대로 위치를 바꾸며 시료를 채취하는 방법
- 원추4분법 : 원추형으로 쌓은 시료를 4등분하여 축소하는 방법

43 ⭐빈출

폐기물을 소각처리 시 연료가 잘 연소되기 위해서 갖추어야 할 조건으로 가장 거리가 먼 것은?

① 공기연료비가 적절해야 한다.
② 공기와 연료가 잘 혼합되어야 한다.
③ 완전연소를 위해 가능한 체류시간이 짧아야 한다.
④ 소각로는 점화온도가 유지되고 재의 방출이 최소가 되어야 한다.

완전연소를 위해 가능한 체류시간이 길어야 한다.

정답   38 ④ 39 ③ 40 ① 41 ④ 42 ④ 43 ③

44 ⭐빈출

다음 중 소각로 형식으로 가장 거리가 먼 것은?

① 화격자식(Stoker Type)
② 소화식(Digestion Type)
③ 유동상식(Fluidized bed Type)
④ 회전로식(Rotary kiln Type)

> ① 화격자식(Stoker Type) : 격자 위에 고체 폐기물을 적재해 연소하는 방식
> ③ 유동상식(Fluidized bed Type) : 하부로부터 가스를 주입하여 모래를 띄운 후 이를 가열하여 상부로부터 폐기물을 주입하여 소각하는 형식
> ④ 회전로식(Rotary kiln Type) : 원통형 로체가 회전하면서 폐기물을 혼합, 건조, 연소시킴.

45

다음 중 쓰레기의 저위발열량을 측정하는 방법으로 거리가 먼 것은?

① 흡착식에 의한 방법
② 단열열량계에 의한 방법
③ 추정식에 의한 방법
④ 원소분석에 의한 방법

> 흡착식에 의한 방법은 해당없다.
> ② 단열열량계에 의한 방법 : 봄베식 열량계로 폐기물의 발열량을 직접 측정하는 표준적인 방법이다.
> ③ 추정식에 의한 방법 : 쓰레기의 가연분, 수분, 회분 함량 등 조성비를 바탕으로 발열량을 계산하는 간이식으로 많이 사용된다.
> ④ 원소분석에 의한 방법 : 폐기물 내 탄소, 수소, 산소 등 원소 성분을 분석하여 발열량을 산출하는 방식이다.

46 ⭐빈출

다음 중 폐기물 선별방법으로 가장 거리가 먼 것은?

① 산화선별
② 공기선별
③ 자석선별
④ 스크린선별

> ② 공기선별은 가벼운 물질을 공기로 날려 무거운 것과 분리한다.
> ③ 자석선별은 철과 같은 자성체 금속을 자력으로 분리한다.
> ④ 스크린선별은 크기 차이에 따라 거름망을 사용해 분리한다.

47

쓰레기 1톤을 건조시킨 후 무게를 측정하였더니 $550kg$이 되었다면 수분함량은?

① 35%
② 45%
③ 55%
④ 85%

> 건조과정을 거쳐 수분이 증발하였으므로 건조 전후의 무게차를 이용하여 계산한다.
> $$\frac{1,000 - 550}{1,000} \times 100 = 45\%$$

48 ⭐빈출

쓰레기의 발생량을 산정하는 방법 중 비교적 정확하게 파악할 수 있는 장점이 있으나 작업량이 많고 번거로운 단점이 있는 것은?

① 직접계근법
② 물질수지법
③ 중량환산법
④ 적재차량계수분석법

> 직접계근법은 실제 쓰레기를 현장에서 직접 계량하여 발생량을 측정하는 방법으로, 가장 정확한 데이터를 얻을 수 있으나 많은 인력과 시간이 소요되어 작업이 번거롭다. 반면, 물질수지법, 중량환산법, 적재차량계수분석법 등은 간접적인 산정법으로 작업 부담은 적지만 정확도는 상대적으로 낮다.

49 ⭐빈출

밀도가 $450kg/m^3$인 생활폐기물을 매립하기 위해 $850kg/m^3$로 압축하였다면 압축비는?

① 1.54
② 1.73
③ 1.89
④ 2.11

> 무게는 압축 전·후를 비교하였을 때 동일하다.
> ㉠ 압축 전
>   부피 : $1m^3$
>   무게 : $\frac{450kg}{m^3} \times 1m^3 = 450kg$
> ㉡ 압축 후
>   무게 : $450kg$
>   부피 : $450kg \times \frac{m^3}{850kg} = 0.5294m^3$
> ㉢ 압축비
>   압축비 $= \frac{V_1}{V_2} = \frac{1m^3}{0.5294m^3} = 1.8889$

50 ⭐빈출

인구 180,000명인 도시에서 1일 1인당 2.5kg의 원단위로 폐기물이 발생된 경우 그 발생량은? (단, 폐기물 밀도는 $500kg/m^3$ 이다.)

① $180m^3/day$
② $360m^3/day$
③ $720m^3/day$
④ $900m^3/day$

단위에 유의한다.

$$\frac{2.5kg}{\text{인} \cdot day} \times 180,000\text{인} \times \frac{m^3}{500kg} = 900m^3/day$$
$$kg \rightarrow m^3$$

51 ⭐빈출

고형폐기물의 파쇄처리 목적으로 거리가 먼 것은?

① 특정 성분의 분리
② 겉보기 밀도의 증가
③ 비표면적의 증가
④ 부식효과 방지

고형폐기물을 파쇄처리하면 비표면적의 증가로 부식이 촉진된다.

52

폐기물을 소각 시 활용할 수 있는 열량은 폐기물의 총 발열량에서 소각할 때, 연소가스 중의 수분이 수증기로 배출되는 응축열을 뺀 값이다. 수증기 $1kg$의 응축열(0℃ 기준)은 약 몇 $kcal$인가?

① $400kcal$
② $500kcal$
③ $600kcal$
④ $700kcal$

0℃에서 물 1kg이 증발할 때 필요한 열량인 물의 증발잠열은 약 $600kcal/kg$이다.

53

옥탄(C_8H_{18})을 이론공기량으로 완전연소시킬 때, 질량기준 공기연료비(AFR, Air/Fuel Ratio)는?

① 12
② 15
③ 18
④ 22

$C_8H_{18} + 12.5O_2 \rightarrow 8CO_2 + 9H_2O$

㉠ 이론공기량

$$12.5mol \times \frac{32g}{mol} \times \frac{1}{0.232} = 1,724.1379g$$

㉡ 연료량 : $1mol \times \frac{114g}{mol} = 114g$

㉢ AFR 계산

$$AFR = \frac{1,724.1379}{114} = 15.1240$$

54 ⭐빈출

다음 중 RDF(Refuse Derived Fuel)의 구비조건으로 옳지 않은 것은?

① 함수율이 높을 것
② 조성이 균일할 것
③ 재의 양이 적을 것
④ 칼로리가 높을 것

함수율은 낮아야 한다.

55

다음 설명하는 매립시설로 가장 적합한 것은?

폐기물에 포함된 수분, 폐기물의 분해시 생성되는 수분, 빗물에 유입되는 침출수의 유출을 방지하기 위한 것으로 매립이 시작되면 보수 및 복구가 불가능하므로 완벽하게 설계·시공해야 한다. 사용되는 재료는 합성고무 및 합성수지계 막이나 점토가 사용된다.

① 덮개시설
② 차수시설
③ 저류 구조물
④ 지하수 검사시설

차수시설
매립시설 바닥과 측면에 설치하여 침출수가 외부로 유출되는 것을 막는 기능을 하며, 점토층이나 합성 차수막으로 구성되어 침출수 유출 방지와 지하수 오염을 예방한다.

정답   50 ④   51 ④   52 ③   53 ②   54 ①   55 ②

56

하나의 파면 상의 모든 점이 파원이 되어 각각 2차적인 구면파를 사출하여 그 파면들을 둘러싸는 면이 새로운 파면을 만드는 현상을 의미하는 것은?

① 도플러효과
② 마스킹효과
③ 비트효과
④ 호이겐스원리

① 도플러효과 : 파원의 이동에 따른 주파수 변화 현상
② 마스킹효과 : 큰 소리에 의해 작은 소리가 들리지 않는 청각 현상
③ 비트효과 : 두 주파수가 근접할 때 생기는 진폭 변동 현상

57

측정음압 $1Pa$일 때 음압레벨은 몇 dB인가?

① $50dB$
② $77dB$
③ $84dB$
④ $94dB$

$$음압레벨(SPL) = 20\log\left(\frac{P}{P_0}\right)$$
$$= 20\log\left(\frac{1N/m^2}{2\times10^{-5}N/m^2}\right) = 93.9794dB$$
여기서, $P_0 = 2\times10^{-5}N/m^2$, $P = 1$, $Pa = 1N/m^2$이다.

58

다음 중 가청주파수의 범위로 옳은 것은?

① $20Hz$ 이하
② $20\sim20,000Hz$
③ $20\sim20,000kHz$
④ $20,000kHz$ 이상

가청주파수는 사람의 귀로 들을 수 있는 음파의 주파수 범위를 뜻하며, 일반적으로 20Hz에서 20,000Hz 정도의 범위가 해당된다.

59

다음 인체의 청각기관 중 외이(外耳)에 해당하는 것은?

① 고막
② 이소골
③ 이관
④ 와우각

- 외이 : 귀바퀴, 외이도, 고막
- 중이 : 추골, 침골, 등골로 구성된 이소골, 유스타키오관(이관, 귀관)
- 내이 : 와우각(전정계, 달팽이관, 고실계 등), 3개의 반고리관

60 빈출

1초당 10회 진동하는 파동의 파장이 $5m$이면 이 파동의 전파속도는 몇 $m/\sec$인가?

① $2m/\sec$
② $50m/\sec$
③ $500m/\sec$
④ $1,000m/\sec$

$$주파수(f) = \frac{속도(C)}{파장(\lambda)}$$
$$10Hz = \frac{Vm/\sec}{5m}$$
$$V = 50m/\sec$$

Chapter 11

2020년 3회 | CBT 기출복원문제

01

사이클론에서 처리가스량의 5~10%를 흡인하여 선회기류의 흐트러짐을 방지하고 유효원심력을 증대시키는 효과는?

① 축류효과(Axial effect)
② 나선효과(Herical effect)
③ 먼지상자효과(dust box effect)
④ 블로다운효과(Blowdown effect)

> 블로다운효과 : 사이클론 하부의 더스트박스에서 처리 가스량의 5~10%를 별도로 흡인하여 난류현상을 억제하고, 포집된 먼지의 재비산 및 장치 내 분진 순환과 축적을 방지해 집진효율을 더욱 높이는 작용을 말한다.

02

$PM - 10$이 의미하는 것은?

① 총 질량이 $10kg$ 이상인 강하 먼지
② 공기역학적 직경 $10\mu m$ 이하인 미세먼지
③ 공기역학적 직경이 $10mm$ 이하인 미세먼지
④ 시료 채취기간 10일 동안의 먼지농도

> 공기역학적 직경이란 실제 입자와 같은 낙하(침강)속도를 가지면서 밀도 $1g/cm^3$인 구형입자의 직경으로 환산한 값이다.

03

가솔린 자동차에서 배출되는 가스를 저감하는 기술로 가장 거리가 먼 것은?

① 기관 개량
② 삼원촉매장치
③ 증발가스 방지장치
④ 입자상물질 여과장치

> ① 기관 개량은 연소효율을 높여 배출가스 저감에 도움이 되는 기술이다.
> ② 삼원촉매장치는 가솔린 자동차 배출가스 내 CO, HC, NO_X 등의 오염물질을 줄이는 대표적 후처리 기술이다.
> ③ 증발가스 방지장치는 연료탱크 등에서 발생하는 증발가스를 차단하여 대기오염을 감소시키는 기술이다.
> ④ 입자상물질(Particulate Matter, PM) 여과장치는 주로 디젤 차량에서 매연을 줄이기 위해 사용되며, 가솔린 차량에서는 일반적이지 않다.

04

HF를 제거하고자 효율 90%의 흡수탑 3대를 직렬로 설치하였다. HF 유입농도가 $3,000ppm$이라면 처리가스 중의 HF 농도는?

① $0.3ppm$
② $3ppm$
③ $9ppm$
④ $30ppm$

> 효율은 제거되는 농도를 의미한다. 출구의 농도를 계산하기 위해서는 제거되는 농도를 제외해 주어야 한다.
> ㉠ 1단계 흡수탑을 통과하는 출구 농도
> $3,000ppm \times (1 - 0.9) = 300ppm$
> ㉡ 2단계 흡수탑에 유입되는 입구 농도 : $300ppm$
> ㉢ 2단계 흡수탑을 통과하는 출구 농도
> $300ppm \times (1 - 0.9) = 30ppm$
> ㉣ 3단계 흡수탑에 유입되는 입구 농도 : $30ppm$
> ㉤ 3단계 흡수탑을 통과하는 출구 농도
> $30ppm \times (1 - 0.9) = 3ppm$

정답 　01 ④　02 ②　03 ④　04 ②

05 ⭐빈출

연료의 연소에서 검댕발생을 줄일 수 있는 방법으로 가장 적합한 것은?

① 과잉공기율을 적게 한다.
② 고체연료는 분말화 한다.
③ 연소실의 온도를 낮게 한다.
④ 중요연소 시에는 분무유적을 크게 한다.

> ① 과잉공기율을 적정하게 한다.
> ③ 연소실의 온도를 높게 한다.
> ④ 중요연소 시에는 분무유적을 작게 한다.

06

황산화물(SO_x)은 주로 석탄의 연소, 석유의 연소, 원유의 정제를 위한 정유공정 등에서 발생하는데, 이러한 배출가스 중의 탈황방법으로 적절하지 않은 것은?

① 흡수법
② 흡착법
③ 산화법
④ 수소화법

> 탈황방법에는 처리대책과 억제대책이 있다.
> • 처리대책 : 흡수법, 흡착법, 산화법
> • 억제대책 : 수소화법

07

다음 중 산성비에 관한 설명으로 가장 거리가 먼 것은?

① 독일에서 발생한 슈바르츠발트(검은 숲이란 뜻)의 고사현상은 산성비에 의한 대표적인 피해이다.
② 바젤협약은 산성비 방지를 위한 대표적인 국제협약이다.
③ 산성비에 의한 피해로는 파르테논 신전과 아크로폴리스 같은 유적의 부식 등이 있다.
④ 산성비의 원인물질로 H_2SO_4, HCl, HNO_3 등이 있다.

> 바젤협약은 유해폐기물의 국가간 이동 및 처리에 관한 국제협약이다.

08 ⭐빈출

다음 유해가스 처리방법 중 황산화물 처리방법이 아닌 것은?

① 금속산화물법
② 선택적 촉매환원법
③ 흡착법
④ 석회세정법

> 선택적 촉매환원법은 질소산화물의 처리방법이다.

09

석탄의 탄화도가 증가하면 감소하는 것은?

① 휘발분
② 고정탄소
③ 착화온도
④ 발열량

> 탄화도가 증가하면,
> • 증가하는 것 : 연료비, 고정탄소, 착화온도, 발열량
> • 감소하는 것 : 휘발분, 비열, 매연발생률

10 ⭐빈출

압력이 $740mmHg$인 기체는 몇 atm인가?

① $0.974atm$
② $1.1013atm$
③ $1.471atm$
④ $10.33atm$

> $$740mmHg \times \frac{1atm}{760mmHg} = 0.9736atm$$

11

대기환경보전법규상 연료사용량을 고체연료 환산계수로 환산할 때 기준이 되는 연료는?

① 경유
② 무연탄
③ 등유
④ 중유

> 연료별 사용량에 무연탄을 기준으로 한 환산계수를 곱하여 연료사용량을 산정한다.

12 ⭐빈출

다음 대기오염물질 중 물리적 성상이 다른 것은?

① 먼지   ② 매연
③ 오존   ④ 비산재

> 오존은 가스상 물질이다.

13 ⭐빈출

전기집진장치의 집진효율을 Deutsch-Anderson식으로 구할 때 직접적으로 필요한 인자가 아닌 것은?

① 집진극 면적   ② 입자의 이동속도
③ 처리가스량   ④ 입자의 점성력

> $$\eta = 1 - e^{-\frac{A \cdot We}{Q}}$$
> A : 집진면적(m^2)
> We : 분진의 겉보기 이동속도($m/\sec$)
> Q : 유량($m^2/\sec$)

14 ⭐빈출

지구의 대기권은 고도에 따른 기온의 분포에 의해 몇 개의 권역으로 구분하는데, 다음 설명에 해당하는 것은?

> - 고도가 높아짐에 따라 온도가 상승한다.
> - 공기의 상승이나 하강과 같은 수직 이동이 없는 안정한 상태를 유지한다.
> - 지면으로부터 20~30km 사이에 오존이 많이 분포하고 있는 오존층이 있다.

① 대류권   ② 성층권
③ 중간권   ④ 열권

> ① 대류권 : 지표면에서 약 11km 높이까지로, 고도가 올라갈수록 기온이 낮아지고 대류현상이 활발해 기상현상이 많이 발생한다. 지구 대기질량의 약 80%가 이 층에 있다.
> ② 성층권 : 대류권 위로 약 50km까지, 고도가 높아질수록 기온이 상승한다. 이 층에는 오존층이 있어 자외선을 흡수하고, 대류가 적어 기상 변화가 적다.

> ③ 중간권 : 성층권 위 약 80km까지, 고도가 올라갈수록 기온이 다시 낮아진다. 대류는 있으나 수증기가 거의 없어 기상현상은 거의 없고, 유성이 대부분 이 층에서 타 버린다.
> ④ 열권 : 중간권 위로 500~1,000km까지, 대기 밀도가 매우 낮고 온도가 매우 높다(태양 활동에 따라 1,000도 이상 상승 가능). 공기 분자가 희박해 운동 속도로 온도를 나타내며, 오로라와 국제우주정거장이 존재하는 층이다.

15

매연의 지상농도에 영향을 주는 인자에 관한 설명으로 가장 거리가 먼 것은?

① 최대 착지농도 지점은 대기가 안정할수록 멀어진다.
② 농도는 풍속에 반비례한다.
③ 유효연돌고가 증가하면 농도는 증가한다.
④ 농도는 오염물질 배출량에 비례한다.

> 유효연돌고가 증가하면 농도는 감소한다.

16 ⭐빈출

BOD 400mg/L, 유량 3,000m^3/day인 폐수를 $MLSS$ 3,000mg/L인 포기조에서 체류시간을 8시간으로 운전하고자 할 때 F/M비($BOD-MLSS$부하)는?

① 0.2   ② 0.4
③ 0.6   ④ 0.8

> F/M비 : L_s($kg\,BOD/kg\,MLSS \cdot day$)
>
> $$L_s = \frac{Q \times BOD_{in}}{X \times \forall}$$
> $$= \frac{3,000 \times 400}{3,000 \times 1,000} = 0.4\ kg\,BOD/kg\,MLSS \cdot day$$
>
> 여기서,
> L_s : $kg\,BOD/kg\,MLSS \cdot day$
> Q : 3,000m^3/day
> BOD_{in} : 400mg/L
> $X(MLSS)$: 3,000mg/L
> $\forall$ (부피) : $m^3 \rightarrow \forall = Q \times HRT$
> $$= \frac{3,000m^3}{day} \times 8hr \times \frac{day}{24hr}$$
> $$= 1,000m^3$$

정답   12 ③   13 ④   14 ②   15 ③   16 ②

17 ⭐빈출

활성탄을 이용하여 흡착법으로 A폐수를 처리하고자 한다. 폐수 내 오염물질의 농도를 $30mg/L$에서 $10mg/L$로 줄이는데 필요한 활성탄의 양은? (단, $\dfrac{X}{M}=KC^{1/n}$ 사용, $K=0.5$, $n=1$)

① $3.0mg/L$　　　② $3.3mg/L$
③ $4.0mg/L$　　　④ $4.6mg/L$

$$\frac{X}{M}=KC^{1/n}$$
$$\frac{(30-10)}{M}=0.5\times10^{1/1}$$
$$M : 4.0mg/L$$

18

상수도의 정수처리장에서 정수처리의 일반적인 순서로 가장 적합한 것은?

① 플록형성지 - 침전지 - 여과지 - 소독
② 침전지 - 소독 - 플록형성지 - 여과지
③ 여과지 - 플록형성지 - 소독 - 침전지
④ 여과지 - 소독 - 침전지 - 플록형성지

- 플록형성지(응집지) : 응집제를 투입하여 플록 형성
- 침전지 : 플록을 침전시킴.
- 여과지 : 침전지에서 제거되지 않은 미세한 입자를 여과
- 소독 : 물속의 세균과 미생물을 제거

19

수로형 침사지에서 폐수처리를 위해 유지해야 하는 폐수의 유속으로 가장 적합한 것은?

① $30m/sec$　　　② $10m/sec$
③ $5m/sec$　　　④ $0.3m/sec$

침사지에서는 토사 및 입자상 물질을 침전시키기 위해 유속이 너무 빠르면 입자가 퇴적되지 않고 유출되고, 너무 느리면 침전효율은 높지만 시설이 비효율적이다.

20

급속모래여과는 다음 중 어떤 오염물질을 처리하기 위하여 설치되는가?

① 용존 유기물
② 암모니아성 질소
③ 부유물질
④ 색도

급속모래여과는 응집·침전공정을 통해 뭉쳐진 부유물질을 빠른 속도로 여과지에서 제거하는 공정이다.

21

개방유로의 유량측정에 주로 사용되는 것으로서 일정한 수위와 유속을 유지하기 위해 침사지의 폐수가 배출되는 출구에 설치하는 것은?

① 그릿(grit)　　　② 스크린(screen)
③ 배출관(out-flow tube)　④ 위어(weir)

① 그릿(grit) : 폐수 내 모래, 돌, 자갈 등 무거운 입자를 제거하는 장치이다.
② 스크린(screen) : 큰 고형 이물질(쓰레기 등)을 걸러내는 장치로 봉스크린이 있다.
③ 배출관(out-flow tube) : 처리된 폐수를 배출하는 관으로, 최종적으로 폐수가 나가는 통로 역할을 한다.

22

침전지의 용량결정을 위하여 폐수의 체류시간과 함께 필수적으로 조사하여야 하는 항목은?

① 유입폐수의 전해질 농도
② 유입폐수의 용존산소 농도
③ 유입폐수의 유량
④ 유입폐수의 경도

침전지 용량은 주어진 폐수 유입량에 따라 결정되므로, 유량 조사가 가장 중요하다. 체류시간과 유량을 기준으로 침전지의 크기와 형태를 설계하며, 유입 유속과 표면부하율 등을 고려해 최적 설계가 이루어진다.

23 빈출

염소살균 능력이 높은 것부터 배열된 것은?

① $OCl^- > NH_2Cl > HOCl$
② $HOCl > NH_2Cl > OCl^-$
③ $HOCl > OCl^- > NH_2Cl$
④ $NH_2Cl > OCl^- > HOCl$

> $HOCl > OCl^- >$ 클로라민류의 순이다.

24

$3kg$의 박테리아($C_5H_7O_2N$)를 완전히 산화시키려고 할 때 필요한 산소의 양(kg)은? (단, 질소는 모두 암모니아로 무기화된다.)

① 4.25
② 3.47
③ 2.14
④ 1.42

> $C_5H_7O_2N + 5O_2 \rightarrow 5CO_2 + 2H_2O + NH_3$
> $C_5H_7O_2N : 5O_2 = 113g : 5 \times 32g$
> $113g : 5 \times 32g = 3kg : \square$
> $\square = \dfrac{5 \times 32 \times 3}{113} = 4.2477kg$

25

불소 제거를 위한 폐수처리 방법으로 가장 적합한 것은?

① 화학침전
② P/L공정
③ 살수여상
④ UCT공정

> 불소는 칼슘과 반응하여 불용성인 CaF_2 형태로 침전되므로, 소석회[$Ca(OH)_2$] 등의 칼슘원과 황산 등을 투입해 pH를 조절하여 침전시키는 화학침전법이 가장 널리 사용된다.
> ② P/L공정[플런지 석회공정(Plunge Lime Process)]
> ③ 살수여상 : 유기물을 제거하기 위한 생물학적 처리 공정
> ④ UCT공정 : 주로 폐수처리에서 인(P)과 질소(N)를 제거하기 위한 생물학적 처리 공정

26 빈출

지하수를 사용하기 위해 수질 분석을 하였더니 칼슘이온 농도가 $40mg/L$이고, 마그네슘이온 농도가 $36mg/L$이었다. 이 지하수의 총경도($as\ CaCO_3$)는?

① $16mg/L$
② $76mg/L$
③ $120mg/L$
④ $250mg/L$

> 경도 $= \sum \left(경도유발물질농도 \times \dfrac{CaCO_3당량}{경도유발물질\ 당량} \right)$
> $= \sum \left(40mg/L \times \dfrac{50}{40/2} + 36mg/L \times \dfrac{50}{24/2} \right)$
> $= 250\,mg/L\ as\ CaCO_3$

27 빈출

폭 $2m$, 길이 $15m$인 침사지에 $100cm$ 수심으로 폐수가 유입될 때 체류시간이 60초라면 유량은?

① $1,800m^3/hr$
② $2,160m^3/hr$
③ $2,280m^3/hr$
④ $2,460m^3/hr$

> 유량(Q) $= \dfrac{부피(\forall)}{체류시간(HRT)}$
> $= \dfrac{(2 \times 15 \times 1)m^3}{60\sec \times \dfrac{hr}{3,600\sec}} = 1,800m^3/hr$

28

폐수에 화학약품을 첨가하여 침전성이 나쁜 콜로이드상 고형물과 침전속도가 느린 부유물 입자를 침전이 잘되는 플록으로 만드는 조작은?

① 중화
② 살균
③ 응집
④ 이온교환

> 응집은 폐수에 응집제를 넣어 미세한 입자들이 서로 엉키게 하여 플록을 형성하게 하는 과정이다. 응집에는 무기 응집제(황산알루미늄, 폴리염화알루미늄 등)가 주로 사용된다.

29 빈출

하수저리장에서의 스크린(screen)의 목적을 옳게 기술한 것은?

① 폐수로부터 용해성 유기물을 제거
② 폐수로부터 콜로이드 물질을 제거
③ 폐수로부터 협잡물 또는 큰 부유물 제거
④ 폐수로부터 침강성 입자를 제거

스크린은 하수 내 큰 고형물, 쓰레기, 플라스틱 등 비교적 큰 입자와 이물질을 걸러내는 장치이다.

30

알칼리도 자료가 이용되는 분야와 거리가 먼 것은?

① 응집제 투입 시 적정 pH 유지 및 응집효과 촉진
② 물의 연수화과정에서 석회 및 소오다회의 소요량 계산에 고려
③ 부산물 회수의 경제성 여부
④ 폐수와 슬러지의 완충용량계산

알칼리도는 응집제 투입 시 적정 유지와 응집효과 촉진, 물의 연수화 과정에서 석회 및 소오다회의 소요량 계산, 폐수와 슬러지의 완충용량 계산 등에 주로 활용된다.

31

물이 얼어 얼음이 되는 것과 같이 물질의 상태가 액체 상태에서 고체 상태로 변하는 현상은?

① 융해   ② 응고
③ 액화   ④ 승화

① 융해 : 고체 → 액체
② 응고 : 액체 → 고체
③ 액화 : 기체 → 액체
④ 승화 : 고체 ↔ 기체

32 빈출

A공장폐수를 채취한 뒤 다음과 같은 실험결과를 얻었다. 이때 부유물질의 농도(mg/L)는?

- 시료의 부피 : $250mL$
- 유리섬유 여지 무게 : $1.3751g$
- 여과 후 건조된 유리섬유 여지 무게 : $1.3859g$
- 회화 시킨 후의 유리섬유 여지 무게 : $1.3767g$

① $6.4mg/L$
② $33.6mg/L$
③ $36.8mg/L$
④ $43.2mg/L$

$$부유물질(mg/L) = (b-a) \times \frac{1,000}{V}$$
$$= (1.3859 - 1.3751) \times \frac{1,000}{0.25}$$
$$= 43.2mg/L$$

a : 유리섬유 여지 무게(g)
b : 여과 후 건조된 유리섬유 여지 무게(g)
V : 시료의 부피(L)

33

다음 중 "공기를 좋아하는" 미생물로 물속의 용존산소를 섭취하는 미생물은?

① 혐기성 미생물
② 임의성 미생물
③ 통기성 미생물
④ 호기성 미생물

① 혐기성 미생물 : 산소가 없는 환경에서만 성장하는 미생물로 산소가 있으면 죽거나 활동하지 못한다.
② 임의성 미생물(통성혐기성 미생물) : 산소가 있거나 없어도 모두 성장할 수 있는 미생물로, 산소가 있으면 호흡, 없으면 발효로 에너지를 얻는다.

정답   29 ③   30 ③   31 ②   32 ④   33 ④

34

폐수를 화학적으로 산화처리할 때 사용되는 오존처리에 대한 설명으로 옳은 것은?

① 생물학적 분해불가능 유기물 처리에도 적용할 수 있다.
② 2차 오염물질인 트리할로메탄을 생성한다.
③ 별도 장치가 필요 없어 유지비가 적다.
④ 색과 냄새 유발성분은 제거할 수 없다.

② 2차 오염물질인 트리할로메탄을 생성한다. : 염소소독
③ 별도 장치가 필요 없어 유지비가 적다. : 염소소독
④ 색과 냄새 유발성분은 제거할 수 없다. : 염소소독

35

다음 중 6가 크롬(Cr^{6+}) 함유 폐수를 처리하기 위한 가장 적합한 방법은?

① 아말감법   ② 환원침전법
③ 오존산화법   ④ 충격법

6가 크롬 환원침전법은 독성이 강한 6가 크롬(Cr^{6+})을 독성이 적은 3가 크롬(Cr^{3+})으로 환원시킨 후 침전시켜 제거하는 방법이다. 이 과정은 주로 산성조건(pH 3 이하)에서 이루어지며, 환원제로는 황산제1철($FeSO_4$), 아황산가스(SO_2), 아황산나트륨($Na_2S_2O_5$) 등이 사용된다. 6가 크롬이 3가 크롬으로 환원되면 중화과정을 거쳐 수산화크롬[$Cr(OH)_3$] 형태로 침전되어 물리적으로 제거하기 쉽다.

36

연소가스 성분 중에서 저온 부식을 유발시키는 물질은?

① CO_2 ② H_2O
③ CH_4 ④ SO_x

연료 중 유황 성분이 연소 후 황산화물로 변환되고, 이들이 연소가스 내 수증기와 만나 낮은 온도에서 응축되어 황산이 생성된다. 이 황산이 금속 표면에 부착되어 저온 부식을 유발하며, 주로 150℃ 이하에서 발생한다. 따라서 저온 부식 방지를 위해 연소가스 온도를 산노점 이상으로 유지하는 것이 중요하다.

37 ⭐빈출

폐기물 매립을 위한 파쇄의 효과와 가장 거리가 먼 것은?

① 부등침하를 가능한 한 억제
② 겉보기 비중의 감소 및 균질화 촉진
③ 연소효과의 촉진
④ 퇴비의 경우 분해효과 촉진

겉보기 비중의 증가 및 균질화 촉진

38

혐기성 위생매립지로부터 발생되는 침출수의 특성에 대한 설명으로 틀린 것은?

① 색 : 엷은 다갈색~암갈색을 보이며 색도 2.0 이하이다.
② pH : 매립지 초에는 pH 6~7의 약산성을 나타내는 수가 많다.
③ COD : 매립지 초에는 BOD값보다 약간 적으나 시간의 경과와 더불어 BOD값보다 높아진다.
④ P : 침출수에는 많은 양이 포함되어 있으므로 화학적인 인의 제거가 필요하다.

N : 침출수에는 많은 양이 포함되어 있으므로 질소의 제거가 필요하다.

39

지정폐기물의 정의 및 그 특징에 관한 설명으로 가장 거리가 먼 것은?

① 생활폐기물 중 환경부령으로 정하는 폐기물을 의미한다.
② 유독성 물질을 함유하고 있다.
③ 2차 혹은 3차 환경오염의 유발 가능성이 있다.
④ 일반적으로 고도의 처리기술이 요구된다.

"지정폐기물"이란 사업장폐기물 중 폐유·폐산 등 주변 환경을 오염시킬 수 있거나 의료폐기물(醫療廢棄物) 등 인체에 위해(危害)를 줄 수 있는 해로운 물질로서 대통령령으로 정하는 폐기물을 말한다.

정답   34 ① 35 ② 36 ④ 37 ② 38 ④ 39 ①

40

다음 중 "고상폐기물"을 정의할 때 고형물의 함량기준은?

① 3% 이상
② 5% 이상
③ 10% 이상
④ 15% 이상

고형물 함량	폐기물 분류
5% 미만	액상폐기물
5~15%	반고상폐기물
15% 이상	고상폐기물

41 ⭐빈출

쓰레기의 중간처리 과정에서 수직형 공기선별기를 사용하여 선별할 수 있는 물질은?

① 철
② 유리
③ 금속
④ 플라스틱

공기선별기(Air Classifier)는 가벼운 유기물과 무거운 무기물을 분리한다.

42

폐기물에 의한 환경오염과 가장 관계가 깊은 사건은?

① 씨프린스호 사건
② 러브캐널 사건
③ 런던스모그 사건
④ 미나마타병 사건

러브캐널 사건 : 1970년대에 러브캐널이라 불리는 큰 웅덩이에 독성화학물질이 유입되면서 생긴 환경오염 사건이다.

43 ⭐빈출

폐기물 중간처리 기술로서의 압축의 목적이 아닌 것은?

① 부피감소
② 소각의 용이
③ 운반비의 감소
④ 매립지 수명연장

압축은 소각에 용이하지 못하다.

44

쓰레기 발생량에 영향을 미치는 요인에 관한 설명으로 가장 적합한 것은?

① 기후에 따라 쓰레기 발생량과 종류가 달라진다.
② 수거빈도가 잦으면 쓰레기 발생량이 감소하는 경향이 있다.
③ 쓰레기통의 크기가 클수록 쓰레기 발생량이 감소하는 경향이 있다.
④ 재활용품의 회수 및 재이용률이 높을수록 쓰레기 발생량은 증가한다.

② 수거빈도가 잦으면 쓰레기 발생량이 증가하는 경향이 있다.
③ 쓰레기통의 크기가 클수록 쓰레기 발생량이 증가하는 경향이 있다.
④ 재활용품의 회수 및 재이용률이 높을수록 쓰레기 발생량은 감소한다.

45

폐기물을 매립한 평탄한 지면으로부터 폭이 좁은 수로를 $200m$ 간격으로 굴착하였더니 지면으로부터 각각 $4m$, $6m$ 깊이에 지하수면이 형성되었다. 대수층의 두께가 20m이고 투수계수가 $0.1m/day$이라면 대수층 폭 $10m$당 침출수의 유량은?

① $0.10m^3/day$
② $0.15m^3/day$
③ $0.20m^3/day$
④ $0.25m^3/day$

$$Q = C \cdot I \cdot A$$
$$= 0.1 \times 0.01 \times 200 = 0.2 m^3/day$$

Q : 유량(m^3/day)

C : 투수계수 → $0.1m/day$

I : 동수경사 → $I = \dfrac{H}{L} = \dfrac{6-4}{200} = 0.01$

A : 면적(m^2) → $20m \times 10m = 200m^2$

46

폐기물 중의 열량을 재활용하기 위한 방법 중 소각과 열분해의 공정상 차이점으로 가장 적절한 것은?

① 공기의 공급 여부
② 처리온도의 높고 낮음
③ 폐기물의 유해성 존재여부
④ 폐기물 중의 탄소성분 여부

> 소각은 산소(공기)를 공급하여 폐기물을 완전히 연소시키는 과정으로 고온(800~1,000℃)에서 빠르게 이루어진다.
> 열분해는 산소가 없는 무산소 또는 저산소 환경에서 폐기물을 분해하여 유용한 가스, 액체, 고체 연료를 생산한다.

47

수집운반 차에서의 시료채취 방법이 틀린 것은?

① 무작위 채취방식을 택한다.
② 수집 운반차 2~3대 간격으로 채취한다.
③ 1대에서 $10kg$ 이상씩 채취한다.
④ 기계식 압축차의 경우 배출 초기에서만 채취한다.

> 기계식 압축차의 경우 배출 초기부터 마지막 단계까지 균등하게 채취한다.

48 빈출

5,000,000명이 거주하는 도시에서 1주일 동안 $100,000m^3$의 쓰레기를 수거하였다. 쓰레기의 밀도가 $0.4ton/m^3$이면 1인 1일 쓰레기 발생량은?

① $0.8kg/$인·일
② $1.14kg/$인·일
③ $2.14kg/$인·일
④ $8kg/$인·일

> 1인 1일 쓰레기 발생량을 산정하기 위해 $kg/$인·일의 단위에 유의한다.
>
> $$\frac{100,000m^3}{7일} \times \frac{0.4ton}{m^3} \times \frac{10^3kg}{1ton} \times \frac{1}{5,000,000인}$$
>
> $$m^3 \rightarrow ton \quad ton \rightarrow kg$$
>
> $$= 1.1428kg/인·일$$

49 빈출

수분함량이 25%(W/W)인 쓰레기를 건조시켜 수분함량이 10%(W/W)인 쓰레기로 만들려면 쓰레기 1톤당 약 얼마의 수분을 증발시켜야 하는가?

① $46kg$
② $83kg$
③ $167kg$
④ $250kg$

> $$SL_1(1-X_1) = SL_2(1-X_2)$$
> $$1,000kg(1-0.25) = SL_2(1-0.1)$$
> $$SL_2 = 833.3333kg$$
> 증발시켜야 할 수분 $= SL_1 - SL_2 = 1,000 - 833.3333$
> $$= 166.6666kg$$

50 빈출

분뇨의 특성과 거리가 먼 것은?

① 유기물 농도 및 염분함량이 낮다.
② 질소농도가 높다.
③ 토사와 협잡물이 많다.
④ 시간에 따라 크게 변한다.

> 유기물 농도 및 염분함량이 높다.

51

퇴비화 시 부식질의 역할로 옳지 않은 것은?

① 토양능의 완충능을 증가시킨다.
② 토양의 구조를 양호하게 한다.
③ 가용성 무기질소의 용출량을 증가시킨다.
④ 용수량을 증가시킨다.

> 가용성 무기질소의 용출량을 감소시킨다.

정답 46 ① 47 ④ 48 ② 49 ③ 50 ① 51 ③

52 ⭐빈출

폐기물의 최종처분으로 실시하는 내륙매립공법이 아닌 것은?

① 셀공법
② 압축매립공법
③ 박층뿌림공법
④ 도랑형공법

- 내륙매립공법 : 셀공법, 압축매립공법, 샌드위치공법, 도랑형공법
- 해안매립공법 : 박층뿌림공법, 순차투입법, 수중투기공법

53

폐기물의 기름성분 분석방법 중 중량법(노말헥산 추출시험방법)에 관한 설명으로 옳지 않은 것은?

① 25℃의 물중탕에서 30분간 방치하고 따로 물 $20mL$를 취하여 시료의 시험방법에 따라 시험하여 바탕시험액으로 한다.
② 폐기물 중의 비교적 휘발되지 않는 탄화수소, 탄화수소유도체, 그리스유상물질 중 노말헥산에 용해되는 성분에 적용한다.
③ 시료에 적당한 응집제 또는 흡착제 등을 넣어 노말헥산 추출물질을 포집한 다음 노말헥산으로 추출하고 잔류물의 무게를 측정하여 노말헥산 추출물질의 양으로 한다.
④ 시료 적당량을 분액깔때기에 넣고 메틸오렌지 용액 (0.1 W/V%)을 2~3방울 넣고 황색이 적색으로 변할 때까지 염산(1+1)을 넣어 $pH4$ 이하로 조절한다.

80℃의 물중탕에서 30분간 방치하고 따로 물 $20mL$를 취하여 시료의 시험방법에 따라 시험하여 바탕시험액으로 한다.

54 ⭐빈출

슬러지처리공정 단위조작으로 가장 거리가 먼 것은?

① 혼합
② 탈수
③ 농축
④ 개량

슬러지처리공정은 슬러지 → 농축 → 개량 → 탈수 → 소각 → 매립이다.

55 ⭐빈출

소화조로 투입되는 휘발성 고형물의 양이 $4,500kg/day$이다. 이 분뇨의 휘발성 고형물은 전체 고형물의 2/3를 차지하고 분뇨는 5%의 고형물을 함유한다면 이때 소화조로 투입되는 분뇨의 양은 몇 m^3/day인가? (단, 분뇨의 비중은 1.0으로 본다.)

① 65
② 80
③ 100
④ 135

단위에 유의한다.

$$\frac{4,500kg}{day} \times \frac{3_{-총고형물}}{2_{-휘발성}} \times \frac{100_{-분뇨}}{5_{-총고형물}} \times \frac{m^3}{1,000kg}$$

$$VS \rightarrow TS \quad TS \rightarrow 분뇨 \quad kg \rightarrow m^3$$

$$= 135m^3/day$$

56 ⭐빈출

음이 온도가 일정치 않는 공기를 통과할 때 음파가 휘는 현상은?

① 회절
② 반사
③ 간섭
④ 굴절

① 회절(Diffraction) : 음파가 장애물이나 좁은 틈을 만나서 진행 방향이 휘거나 퍼져나가는 현상이다. 파장이 장애물 크기보다 크면 회절이 잘 일어난다.
② 반사(Reflection) : 음파가 매질 경계면에서 되돌아오는 현상으로, 입사각과 반사각이 같다. 울림, 에코 등이 반사의 예이다.
③ 간섭(Interference) : 두 개 이상의 음파가 만나 겹쳐지면서 소리가 커지거나 작아지는 현상으로, 보강간섭과 상쇄간섭이 있다.
④ 굴절(Refraction) : 음파가 온도, 밀도 등 물리적 상태가 다른 매질을 만날 때 진행 방향을 바꾸며 휘는 현상이다. 공기 온도 변화에 따른 음파 휨 현상이 대표적이다.

정답   52 ③ 53 ① 54 ① 55 ④ 56 ④

57

소음이 인체에 미치는 영향으로 가장 거리가 먼 것은?

① 혈압상승, 맥박 증가
② 타액분비량 증가, 위액산도 저하
③ 호흡수 감소 및 호흡깊이 증가
④ 혈당도 상승 및 백혈구 수 증가

> 소음이 인체에 미치는 영향은 호흡수 증가 및 호흡깊이 감소이다.

58 ⭐ 빈출

투과손실이 $32dB$인 벽체의 투과율은?

① 3.2×10^{-3}
② 3.2×10^{-4}
③ 6.3×10^{-3}
④ 6.3×10^{-4}

> $$TL = 10\log\left(\frac{1}{\tau}\right) = 10\log\left(\frac{I_{in}}{I_{out}}\right)$$
> $$32dB = 10\log\left(\frac{1}{\tau}\right)$$
> $$\left(\frac{1}{\tau}\right) = 10^{\frac{32}{10}}$$
> $$\tau = 10^{-\frac{32}{10}} = 6.3 \times 10^{-4}$$
> τ : 투과율
> I_{in} : 입사음의 세기
> I_{out} : 투과음의 세기

59

다음 (   )에 알맞은 것은?

> 한 장소에 있어서의 특정의 음을 대상으로 생각할 경우 대상소음이 없을 때 그 장소의 소음을 대상소음에 대한 (   )이라 한다.

① 정상소음
② 배경소음
③ 상대소음
④ 측정소음

> 배경소음은 특정 소음원이 없을 때 그 장소에서 존재하는 기본적인 소음을 의미한다. 쉽게 말해 주변 환경에서 항상 들리는 자연적이거나 인공적인 소음으로, 예를 들어 교통소음, 에어컨 가동 소리 등이 해당된다.

60

환경기준 중 소음측정방법에서 소음계의 청감보정회로는 원칙적으로는 어느 특성에 고정하여 측정하여야 하는가?

① A 특성
② B 특성
③ C 특성
④ D 특성

> A특성은 사람의 귀가 가장 민감하게 듣는 가청주파수 대역을 모사한 필터 특성으로, 생활소음 등 환경소음 측정에 표준으로 사용된다. 측정 시에는 동특성을 빠름(Fast)모드로 설정하는 것이 일반적이다.

01 ★빈출

농황산의 비중이 약 1.84, 농도는 75%라면 이 농황산의 몰 농도(mol/L)는? (단, 농황산의 분자량은 98이다.)

① 9 ② 11
③ 14 ④ 18

$$\frac{1.84kg}{L} \times \frac{75}{100} \times \frac{10^3 g}{1kg} \times \frac{mol}{98g} = 14.0816 mol/L$$

02

굴뚝에서 배출되는 가스의 유속을 측정하고자 피토우관을 굴뚝에 넣었더니 동압이 $5mmH_2O$이었다. 이때 배출가스의 유속은 얼마인가? (단, 피토우관계수는 0.85이고, 공기의 비중량은 1.3 kg/m^3이다.)

① $5.92m/\sec$ ② $7.38m/\sec$
③ $8.84m/\sec$ ④ $9.49m/\sec$

$$V = C\sqrt{\frac{2gP_v}{\gamma}}$$
$$= 0.85\sqrt{\frac{2 \times 9.8 \times 5}{1.3}} = 7.38m/\sec$$

여기서,
C : 피토우관계수
g : 중력가속도($m/\sec^2$)
P_v : 동압(mmH_2O)
γ : 배출가스의 밀도(kg/m^3)

03 ★빈출

고도에 따라 대기권을 분류할 때 지표로부터 가장 가까이 있는 것은?

① 열권 ② 대류권
③ 성층권 ④ 중간권

지표 → 대류권 → 성층권 → 중간권 → 열권 순서이다.

04 ★빈출

소각로에서 연소효율을 높일 수 있는 방법과 거리가 먼 것은?

① 공기와 연료의 혼합이 좋아야 한다.
② 온도가 충분히 높아야 한다.
③ 체류시간이 짧아야 한다.
④ 연료에 산소가 충분히 공급되어야 한다.

체류시간이 길수록 연소효율은 높아진다.

05

집진장치에 관한 설명으로 옳지 않은 것은?

① 중력집진장치는 $50\mu m$ 이상의 큰 입자를 제거하는데 유용하다.
② 원심력집진장치의 일반적인 형태가 사이클론이다.
③ 여과집진장치는 여과재에 먼지를 함유하는 가스를 통과시켜 입자를 분리, 포집하는 장치이다.
④ 전기집진장치는 함진가스 중의 먼지에 +전하를 부여하여 대전시킨다.

전기집진장치는 함진가스 중의 먼지에 −전하를 부여하여 대전시킨다.

06 ★빈출

다음 온실가스 중 지구온난화지수(GWP)가 가장 큰 것은?

① CH_4 ② SF_6
③ CO_2 ④ N_2O

지구온난화지수(GWP) : 이산화탄소 1kg을 기준으로 특정 온실가스가 대기 중에서 일정 기간 동안 그 기체 1kg의 온난화 효과가 어느 정도인가를 평가하는 척도

온실가스	CO_2	CH_4	N_2O	SF_6
GWP	1	21	310	23,900

정답 01 ③ 02 ② 03 ② 04 ③ 05 ④ 06 ②

07

산성비의 주된 원인물질로만 올바르게 나열된 것은?

① SO_2, NO_2, Hg
② CH_4, NO_2, HCl
③ CH_4, NH_3, HCN
④ SO_2, NO_2, HCl

> 산성비의 주된 원인 물질은 황산화물, 질소산화물, 염화수소 등이다.

08

〈보기〉에 해당하는 대기오염물질은?

—[보기]—

보통 백화현상에 의해 맥간반점을 형성하고 지표식물로는 자주개나리, 보리, 담배 등이 있고, 강한 식물로는 협죽도, 양배추, 옥수수 등이 있다.

① 황산화물
② 탄화수소
③ 일산화탄소
④ 질소산화물

> 황산화물은 백화현상에 의한 맥간반점 형성 및 식물 피해를 심하게 일으키는 대표적인 대기오염물질로, 화석연료 연소 시 주로 발생하며, 아황산가스(SO_2)가 대부분을 차지한다. 식물에 대한 독성이 강하며, 자주개나리, 보리, 담배 등 저항력이 약한 식물에 피해를 주고, 협죽도, 양배추, 옥수수 등은 저항력이 강하다.

09

대기오염공정시험기준상 각 오염물질에 대한 측정방법의 연결로 옳지 않은 것은?

① 일산화탄소 – 비분산 적외선 분석법
② 염소 – 질산은 적정법
③ 황화수소 – 메틸렌 블루법
④ 암모니아 – 인도페놀법

> 염소 측정방법 : 오르토톨리딘법

10

다음 중 주로 광화학반응에 의하여 생성되는 물질은?

① PAN
② CH_4
③ NH_3
④ HC

> 광화학반응에 의해 주로 생성되는 물질 : 오존(O_3), PAN[Peroxyacetyl nitrate, $CH_3C(O)O_2NO_2$], 과산화수소(H_2O_2), 아크롤레인(Acrolein, CH_2CHCHO), 케톤류(Ketones), 염소화 질소화합물($NOCl$) 등

11

유해가스 처리를 위한 흡착제 선택 시 고려해야 할 사항으로 옳지 않은 것은?

① 흡착효율이 우수해야 한다.
② 흡착제의 회수가 용이해야 한다.
③ 흡착제의 재생이 용이해야 한다.
④ 기체의 흐름에 대한 압력손실이 커야 한다.

> 기체의 흐름에 대한 압력손실이 작아야 한다.

12 빈출

연소조절에 의하여 NO_x 발생을 억제하는 방법 중 옳지 않은 것은?

① 연소 시 과잉공기를 삭감하여 저산소 연소시킨다.
② 연소의 온도를 높여서 고온연소를 시킨다.
③ 버너 및 연소실 구조를 개량하여 연소실 내의 온도분포를 균일하게 한다.
④ 화로 내에 물이나 수증기를 분무시켜서 연소시킨다.

> 고온연소 시 질소산화물의 발생량은 증가한다.

13 빈출

$0.3g/Sm^3$인 HCl의 농도를 ppm으로 환산하면?

① $116.4ppm$
② $137.7ppm$
③ $167.3ppm$
④ $184.1ppm$

기체의 ppm은 mL/Sm^3를 의미한다.

$1mol = mg$분자량 $= 22.4mL$이므로,

$$\frac{0.3g \times \dfrac{22.4L}{36.5g} \times \dfrac{10^3 mL}{L}}{Sm^3} = 184.1095mL/Sm^3$$

14 ⭐빈출

중량비로 수소가 15%, 수분이 1% 함유되어 있는 중유의 고위 발열량이 $13,000kcal/kg$이다. 이 중유의 저위발열량은?

① $11,368kcal/kg$
② $11,976kcal/kg$
③ $12,025kcal/kg$
④ $12,184kcal/kg$

저위발열량 = 고위발열량 − 물의 증발잠열
액체와 고체연료의 저위발열량 계산식
$$H_l = H_h - 600(9H + W)$$
$$= 13,000 - 600\left(9 \times \frac{15}{100} + \frac{1}{100}\right) = 12,184kcal/kg$$

15

다음 중 건조대기 중에 가장 많은 비율로 존재하는 비활성기체는?

① Hg
② Ne
③ Ar
④ Xe

대기 성분 : 질소(N_2) > 산소(O_2) > 아르곤(Ar) > 이산화탄소(CO_2) > 네온(Ne) > 헬륨(He) > 메탄(CH_4)

16 ⭐빈출

Stokes의 법칙에 의한 침강속도에 영향을 미치는 요소로 가장 거리가 먼 것은?

① 침전물의 밀도
② 침전물의 입경
③ 폐수의 밀도
④ 대기압

대기압은 영향을 미치지 않는다.

$$V_g = \frac{d_p^2(\rho_p - \rho)g}{18\mu}$$

V_g : 중력침강속도
d_p : 입자의 직경
ρ_p : 입자의 밀도
ρ : 유체의 밀도
g : 중력가속도
μ : 점성계수

17

수처리 시 사용되는 응집제와 거리가 먼 것은?

① 입상활성탄
② 소석회
③ 명반
④ 황산반토

입상활성탄은 흡착제이다.

18 ⭐빈출

$750g$의 Glucose$(C_6H_{12}O_6)$가 완전한 혐기성 분해를 할 경우 발생가능한 CH_4 가스량은? (단, 표준상태 기준)

① 187L
② 225L
③ 255L
④ 280L

$$C_6H_{12}O_6 \rightarrow 3CH_4 + 3CO_2$$
$C_6H_{12}O_6 : 3CH_4 = 180g : 3 \times 22.4L$
$180g : 3 \times 22.4L = 750g : \square$
$\square = 280L$

19 ⭐빈출

포기조의 용량이 $500m^3$, 포기조 내의 부유물질의 농도가 2,000 mg/L일 때 MLSS의 양은?

① $500kg$ MLSS
② $800kg$ MLSS
③ $1,000kg$ MLSS
④ $1,500kg$ MLSS

정답 　14 ④ 　15 ③ 　16 ④ 　17 ① 　18 ④ 　19 ③

총량(부하량) = 유량×농도

$$500m^3 \times \frac{2,000mg}{L} \times \frac{kg}{10^6 mg} \times \frac{10^3 L}{m^3} = 1,000kg$$

부피　　농도　　$mg \rightarrow kg$　$m^3 \rightarrow L$

20 빈출
활성슬러지공법에서 슬러지 반송의 주된 목적은?

① MLSS 조절　　　　② DO 공급
③ pH 조절　　　　　④ 소독 및 살균

반송슬러지는 포(폭)기조 내 미생물 농도를 충분히 유지하여 유기물 분해와 폐수처리 효과를 극대화하는 역할을 한다. 이를 통해 처리 효율이 높아지고 슬러지가 희석되는 것을 방지한다.

21
수돗물을 염소로 소독하는 가장 주된 이유는?

① 잔류염소 효과가 있다.
② 물과 쉽게 반응한다.
③ 유기물을 분해한다.
④ 생물농축 현상이 없다.

염소의 잔류효과가 수돗물을 깨끗하게 유지해 준다.

22
폐수처리공장에서 유입폐수 중에 포함된 모래, 기타 무기성의 부유물로 구성된 혼합물을 제거하는데 사용되는 시설은?

① 응집조　　　　　② 침사지
③ 부상조　　　　　④ 여과조

① 응집조 : 폐수 내 미세한 입자들이 응집제를 통해 서로 뭉쳐 큰 덩어리로 만드는 곳으로, 주로 부유물 제거 전 처리 단계이다.
② 침사지 : 무거운 모래 등 무기성 고형물을 중력 침전으로 분리하는 시설이다.
③ 부상조 : 미세기포를 발생시켜 가벼운 부유물을 물 표면으로 띄워 제거하는 장치이다.
④ 여과조 : 미세한 입자를 필터로 걸러내는 시설로, 침전 후 남은 미세 부유물을 제거한다.

23
위어(weir)의 설치 목적으로 가장 적합한 것은?

① pH 측정　　　　　② DO 측정
③ MLSS 측정　　　　④ 유량 측정

위어는 폐수처리 시설 내에서 폐수의 수위와 유량을 조절하여 처리 공정의 안정성과 효율을 유지하는 장치이다.

24
활성슬러지법은 여러 가지 변법이 개발되어 왔으며, 각 방법은 특별한 운전이나 제거효율을 달성하기 위하여 발전되었다. 다음 중 활성슬러지의 변법으로 볼 수 없는 것은?

① 다단포기법　　　　② 접촉안정법
③ 장기포기법　　　　④ 오존안정법

오존안정법은 활성슬러지법과는 처리 원리와 운전방식에서 차이가 크며, 주로 물리·화학적 산화법 또는 고도산화법(AOP)의 범주에 속하는 별도의 폐수처리기술로 분류된다.

25
다음 중 임호프콘(Imhoff cone)이 측정하는 항목으로 가장 적합한 것은?

① 전기음성도　　　　② 분원성대장균군
③ pH　　　　　　　④ 침전물질

임호프콘은 생활하수나 산업폐수 중에 포함된 슬러지의 고형물 부피를 측정하는 장치이다.

26
SVI와 SDI의 관계식으로 옳은 것은? (단, SVI : Sludge Volume Index, SD : Sludge Density Index)

① SVI = 100/SDI　　　② SVI = 10/SDI
③ SVI = 1/SDI　　　　④ SVI = SDI/1000

SVI = 100/SDI, SDI = 100/SVI

정답　　20 ①　21 ①　22 ②　23 ④　24 ④　25 ④　26 ①

27

하수처리장의 유입수 BOD가 $225mg/L$이고, 유출수의 BOD가 $55mg/L$이었다. 이 하수처리장의 BOD제거율은?

① 약 55%
② 약 76%
③ 약 83%
④ 약 95%

$$\eta = \left(1 - \frac{C_{out}}{C_{in}}\right) \times 100$$
$$= \left(1 - \frac{55}{225}\right) \times 100 = 75.5555\%$$

28

다음은 수질오염공정시험기준상 방울수에 대한 설명이다. (   ) 안에 알맞은 것은?

> 방울수라 함은 20℃에서 정제수 (㉠)을 적하할 때, 그 부피가 약 (㉡)되는 것을 뜻한다.

① ㉠ 10방울, ㉡ $1mL$
② ㉠ 20방울, ㉡ $1mL$
③ ㉠ 10방울, ㉡ $0.1mL$
④ ㉠ 20방울, ㉡ $0.1mL$

> 공정기준시험에서 방울수는 20℃에서 정제수 20방울을 떨어뜨릴 때 그 부피가 약 1mL가 되는 것을 뜻한다.

29

다음 포기조 내의 미생물 성장 단계 중 신진대사율이 가장 높은 단계는?

① 내생성장 단계
② 감소성장 단계
③ 감소와 내성성장 단계 중간
④ 대수성장 단계

> 미생물이 풍부한 영양분을 이용해 빠르게 증식하면서 신진대사도 활발히 이루어진다. 내생성장 단계, 감소성장 단계 등은 대사율이 낮거나 감소하는 단계이며, 신진대사가 가장 활발한 시기는 대수성장 단계이다.

30

회전원판식 생물학적 처리시설로 유량 $1,000m^3/day$, BOD $200mg/L$로 유입될 경우 BOD부하$(g/m^2 \cdot day)$는? (단, 회전원판의 지름은 $3m$, 300매로 구성되어 있으며, 두께는 무시하며, 양면을 기준으로 한다.)

① 29.4
② 47.2
③ 94.3
④ 107.6

$$BOD부하 = \frac{BOD유입량}{면적}$$
$$= \frac{\dfrac{1,000m^3}{day} \times \dfrac{200mg}{L} \times \dfrac{10^3L}{m^3} \times \dfrac{g}{10^3mg}}{\dfrac{\pi}{4}(3m)^2 \times 300매 \times 2(양면)}$$
$$= 47.1570g/m^2 \cdot day$$

31

탈질(denitrification)과정을 거쳐 질소성분이 최종적으로 변환된 질소의 형태는?

① $NO_2 - N$
② $NO_3 - N$
③ $NH_3 - N$
④ N_2

> 탈질과정 : $NO_3 - N \rightarrow NO_2 - N \rightarrow N_2$

32

공장폐수 $50mL$를 검수로 하여 산성 100℃ $KMnO_4$법에 의한 COD 측정을 하였을 때 시료적정에 소비된 $0.005M$ $KMnO_4$ 용액은 $5.13mL$이다. 이 폐수의 COD값은? (단, $0.005M$ $KMnO_4$ 용액의 역가는 0.98이고, 바탕시험 적정에 소비된 $0.005M$ $KMnO_4$ 용액은 $0.13mL$이다.)

① $9.8mg/L$
② $19.6mg/L$
③ $21.6mg/L$
④ $98mg/L$

$$COD(mg/L) = (b-a) \times f \times \frac{1,000}{V} \times 0.2$$

$$= (5.13 - 0.13) \times 0.98 \times \frac{1,000}{50} \times 0.2$$

$$= 19.6 mg/L$$

여기서,

a : 바탕시험 적정에 소비된 과망간산칼륨용액의 양(mL)

b : 시료의 적정에 소비된 과망간산칼륨용액의 양(mL)

f : 과망간산칼륨용액 농도계수(factor)

V : 시료의 양(mL)

33 ⭐비출

하천의 유량은 $1,000 m^3/day$, BOD농도 $26 ppm$이며, 이 하천에 흘러드는 폐수의 양이 $100 m^3/day$, BOD농도 $165 ppm$이라고 하면 하천과 폐수가 완전혼합된 후 BOD농도는? (단, 혼합에 의한 기타 영향 등은 고려하지 않는다.)

① $38.6 ppm$ ② $44.9 ppm$

③ $48.5 ppm$ ④ $59.8 ppm$

주어진 조건을 혼합공식에 대입한다.

$$C_m = \frac{C_1 Q_1 + C_2 Q_2}{Q_1 + Q_2}$$

$$= \frac{26 \times 1,000 + 165 \times 100}{1,000 + 100} = 38.6363 ppm$$

34 ⭐비출

다음 중 레이놀즈 수(Reynold's number)와 반비례하는 것은?

① 액체의 점성계수

② 입자의 지름

③ 액체의 밀도

④ 입자의 침강속도

액체의 점성계수는 반비례한다.

$$Re(\text{레이놀즈 수}) = \frac{\text{관성력}}{\text{점성력}} = \frac{D \cdot \rho \cdot V}{\mu}$$

μ : 액체의 점성계수

D : 입자의 지름

V : 입자의 속도

ρ : 유체의 밀도

35

염소살균에서 용존염소가 반응하여 물의 불쾌한 맛과 냄새를 유발하는 것은?

① 클로로페놀 ② PCB

③ 다이옥신 ④ CFC

클로로페놀은 염소가 수중의 페놀성 물질과 반응하여 생성되며, 특유의 강한 냄새와 맛을 유발한다.

36

퇴비화의 장점으로 가장 거리가 먼 것은?

① 폐기물의 재활용

② 높은 비료가치

③ 과정 중 낮은 Energy 소모

④ 낮은 초기 시설 투자비

퇴비화과정을 거친 퇴비는 비료가치가 낮다.

37 ⭐비출

다음 중 폐기물의 적환장이 필요한 경우와 거리가 먼 것은?

① 폐기물 처분장소가 수집장소로부터 $16 km$ 이상 멀리 떨어져 있을 때

② 작은 용량의 수집차량($15 m^3$ 이하)을 사용할 때

③ 작은 규모의 주택들이 밀집되어 있을 때

④ 상업지역에서 폐기물 수집에 대형 수거용기를 많이 사용할 때

상업지역에서 폐기물 수집에 소형 수거용기를 많이 사용할 때 적환장이 필요하다.

38 ⭐비출

쓰레기의 양이 $4,000 m^3$이며, 밀도는 $1.2 ton/m^3$이다. 적재용량이 $8 ton$인 차량으로 이 쓰레기를 운반한다면 몇 대의 차량이 필요한가?

① 120대 ② 400대

③ 500대 ④ 600대

정답 33 ① 34 ① 35 ① 36 ② 37 ④ 38 ④

$$4,000m^3 \times \frac{1.2ton}{m^3} \times \frac{1대}{8ton} = 600대$$

$$m^3 \rightarrow ton$$

39

A도시 쓰레기 성분 중 안타는 성분이 중량비로 약 60% 차지하였다. 지금 밀도가 $400kg/m^3$인 쓰레기가 $8m^3$ 있을 때 타는 성분 물질의 양은?

① $1.28ton$
② $1.92ton$
③ $3.21ton$
④ $19.2ton$

단위에 유의한다.

$$8m^3 \times \frac{400kg}{m^3} \times \frac{40}{100} \times \frac{ton}{10^3kg} = 1.28ton$$

40 ⭐빈출

유동상 소각로에서 유동상 매질이 갖추어야 할 특성으로 거리가 먼 것은?

① 불활성일 것
② 내마모성일 것
③ 융점이 낮을 것
④ 비중이 작을 것

융점이 높아야 한다.

41

쓰레기 소각로의 소각능력이 $120kg/m^2 \cdot hr$인 소각로가 있다. 하루에 8시간씩 가동하여 $12,000kg$의 쓰레기를 소각하려고 한다. 이때 소요되는 화격자의 넓이는 몇 m^2인가?

① 11.0
② 12.5
③ 14.0
④ 15.5

$$소각률 = \frac{소각량}{면적}$$

$$\frac{120kg}{m^2 \cdot hr} = \frac{12,000kg}{day} \times \frac{1day}{8hr} \times \frac{1}{\square}$$

$$day \rightarrow hr$$

$$\square = \frac{12,000kg}{day} \times \frac{1day}{8hr} \times \frac{m^2 \cdot hr}{120kg} = 12.5m^2$$

42

화격자 연소기의 특징으로 거리가 먼 것은?

① 연속적인 소각과 배출이 가능하다.
② 체류시간이 짧고 교반력이 강하여 수분이 많은 폐기물의 연소에 효과적이다.
③ 고온 중에서 기계적으로 구동하므로 금속부의 마모손실이 심한 편이다.
④ 플라스틱과 같이 열에 쉽게 용해되는 물질에 의해 화격자가 막힐 염려가 있다.

체류시간이 길고 교반력이 약하여 국부가열의 우려가 있다.

43

유해폐기물 처리를 위해 사용되는 용매추출법에서 용매의 선택기준으로 옳지 않은 것은?

① 끓는점이 낮아 회수성이 높을 것
② 밀도가 물과 다를 것
③ 분배계수가 낮아 선택성이 작을 것
④ 물에 대한 용해도가 낮을 것

선택성이 커야 한다.

44

매립지에서 매립 후 경과기간에 따라 매립가스(Landfill gas) 생성과정을 4단계로 구분할 때, 각 단계에 관한 설명으로 가장 거리가 먼 것은?

① 제1단계에서는 친산소성 단계로서 폐기물 내에 수분이 많은 경우에는 반응이 가속화되어 용존산소가 쉽게 고갈되어 2단계 반응에 빨리 도달한다.
② 제2단계에서는 산소가 고갈되어 혐기성 조건이 형성되며 질소가스가 발생하기 시작하며, 아울러 메탄가스도 생성되기 시작하는 단계이다.
③ 제3단계에서는 매립지 내부의 온도가 상승하여 약 55℃ 정도까지 올라간다.
④ 4단계에서는 매립가스 내 메탄과 이산화탄소의 함량이 거의 일정하게 유지된다.

정답   39 ①   40 ③   41 ②   42 ②   43 ③   44 ②

제2단계는 혐기성 단계이지만 메탄이 형성되지 않는 단계로서 혐기성으로 전이가 일어나는 단계이다.

② 3단계에 대한 설명이다.

제2단계는 호기성에서 혐기성으로 전환되는 단계로, 질소가스가 발생하는 것이 아니라 오히려 산 생성 박테리아에 의해 SO_4^{2-}와 NO_3^-가 환원되고, 아직 메탄(CH_4)은 생성되지 않는 단계이다. 질소가스는 발생하지 않는다.

45 ⭐빈출

쓰레기 수거대상인구가 550,000명이고, 쓰레기 수거실적이 220,000 ton/yr이라면 1인당 1일 쓰레기 발생량(kg)은? (단, 1년 365일로 계산)

① $1.1kg$
② $1.8kg$
③ $2.1kg$
④ $2.5kg$

단위에 유의한다.

$$1인\ 배출량 = \frac{폐기물발생량}{인구수}$$

$$\frac{\dfrac{220,000ton}{yr} \times \dfrac{10^3 kg}{ton} \times \dfrac{1yr}{365day}}{550,000인} = 1.0958kg$$

46

다음 중 유해폐기물의 국제적 이동의 통제와 규제를 주요 골자로 하는 국제협약(의정서)은?

① 교토의정서
② 바젤협약
③ 비엔나협약
④ 몬트리올의정서

① 교토의정서 : 기후변화협약에 따른 온실가스 감축과 관련된 협약이다.
③ 비엔나협약 : 오존층 파괴물질의 규제와 관련된 협약이다.
④ 몬트리올의정서 : 오존층 파괴물질의 규제와 관련된 협약이다.

47

짐머만공법이라고도 하며, 액상 슬러지에 열과 압력을 적용시켜 용존산소에 의해 화학적으로 슬러지 내의 유기물을 산화시키는 방법은?

① 호기성 산화
② 습식 산화
③ 화학적 안정화
④ 혐기성 소화

습식 산화는 고온고압 조건에서 산화제를 사용해 슬러지 내 유기물을 산화 분해하여 처리효율을 높이는 방식으로, 주로 폐수슬러지 처리에 활용된다.

48 ⭐빈출

도시에서 생활쓰레기를 수거할 때 고려할 사항으로 가장 거리가 먼 것은?

① 처음 수거지역은 차고지와 가깝게 설정한다.
② U자형 회전을 피하여 수거한다.
③ 교통이 혼잡한 지역은 출·퇴근 시간을 피하여 수거한다.
④ 쓰레기가 적게 발생하는 지점은 하루 중 가장 먼저 수거하도록 한다.

쓰레기가 많이 발생하는 지점은 하루 중 가장 먼저 수거하도록 한다.

49 ⭐빈출

소각로에서 완전연소를 위한 3가지 조건(일명 3T)으로 옳은 것은?

① 시간 - 온도 - 혼합
② 시간 - 온도 - 수분
③ 혼합 - 수분 - 시간
④ 혼합 - 수분 - 온도

완전연소를 위한 조건은 아래와 같이 구분된다.
• 3T : 시간(Time), 온도(Temperature), 혼합(Turbulence)
• 3TO : 시간(Time), 온도(Temperature), 혼합(Turbulence), 산소(Oxygen)

50 ⭐빈출

파쇄하였거나 파쇄하지 않은 폐기물로부터 철분을 회수하기 위해 가장 많이 사용되는 폐기물 선별방법은?

① 공기선별
② 스크린선별
③ 자석선별
④ 손선별

① 공기선별 : 공기 흐름으로 가벼운 물질을 분리
② 스크린선별 : 크기 차이로 입자를 분리
③ 손선별 : 사람이 육안으로 직접 분리

정답   45 ①   46 ②   47 ②   48 ④   49 ①   50 ③

51

다음 중 분뇨수거 및 저분계획을 세울 때 계획하는 우리나라 성인 1인당 1일 분뇨발생량의 평균범위로 가장 적합한 것은?

① 0.2~0.5L
② 0.9~1.1L
③ 2.3~2.5L
④ 3.0~3.5L

> 우리나라 성인 1인당 1일 분뇨발생량의 평균범위는 0.9~1.1L이다.

52 빈출

다음은 연소의 종류에 관한 설명이다. ( ) 안에 알맞은 것은?

> 목재, 석탄, 타르 등은 연소 초기에 가연성 가스가 생성되고, 이것이 긴 화염을 발생시키면서 연소하는데 이러한 연소를 (   )라 한다.

① 표면연소
② 분해연소
③ 확산연소
④ 자기연소

> ① 표면연소 : 코크스, 숯
> ② 분해연소 : 석탄, 목재, 중유
> ③ 확산연소 : 기체연료
> ④ 자기연소 : 니트로글리세린

53 빈출

폐기물의 파쇄작용이 일어나게 되는 힘의 3종류와 가장 거리가 먼 것은?

① 압축력
② 전단력
③ 수평력
④ 충격력

> 폐기물 파쇄기는 일반적으로 전단식, 충격식, 압축식 파쇄기로 분류되며, 각각 전단력, 충격력, 압축력을 이용한다.

54 빈출

스크린선별에 관한 설명으로 거리가 먼 것은?

① 스크린선별은 주로 큰 폐기물로부터 후속 처리장치를 보호하거나 재료를 회수하기 위해 많이 사용한다.
② 트롬엘 스크린은 진동 스크린의 형식에 해당한다.
③ 스크린의 형식은 진동식과 회전식으로 구분할 수 있다.
④ 회전 스크린은 일반적으로 도시폐기물 선별에 많이 사용하는 스크린이다.

> 트롬엘 스크린은 회전식 스크린의 형식에 해당한다.

55

다음 중 유기물의 혐기성 소화 분해 시 발생되는 물질로 거리가 먼 것은?

① 산소
② 알코올
③ 유기산
④ 메탄

> 산소는 유기물의 호기성 소화 분해 시 필요한 물질이다.

56

음향파워가 0.2$watt$이면 PWL은?

① 113dB
② 123dB
③ 133dB
④ 226dB

> $$PWL(dB) = 10 \times \log\left(\frac{W}{W_0}\right)$$
> $$= 10 \times \log\left(\frac{0.2}{10^{-12}}\right) = 113.0103dB$$
> $$W_0 = 10^{-12}(watt)$$

57

사람의 귀는 외이, 중이, 내이로 구분할 수 있다. 다음 중 내이에 관한 설명으로 옳지 않은 것은?

① 음의 전달 매질은 액체이다.
② 이소골에 의해 진동음압을 20배 정도 증폭시킨다.
③ 음의 대소는 섬모가 받는 자극의 크기에 따라 다르다.
④ 난원창은 이소골의 진동을 와우각 중의 림프액에 전달하는 진동판이다.

이소골은 중이에 해당한다.
• 외이 : 귀바퀴, 외이도, 고막
• 중이 : 추골, 침골, 등골로 구성된 이소골, 유스타키오관(이관, 귀관)
• 내이 : 와우각(전정계, 달팽이관, 고실계 등), 3개의 반고리관

58 ⭐빈출

아파트 벽의 음향투과율이 0.1%라면 투과손실은?

① $10dB$ ② $20dB$
③ $30dB$ ④ $50dB$

$$TL = 10\log\left(\frac{1}{\tau}\right) = 10\log\left(\frac{I_{in}}{I_{out}}\right)$$
$$= 10\log\left(\frac{1}{0.001}\right) = 30dB$$

τ : 투과율
I_{in} : 입사음의 세기
I_{out} : 투과음의 세기

59

소음계의 구성요소 중 음파의 미약한 압력변화(음압)를 전기신호로 변환하는 것은?

① 정류회로   ② 마이크로폰
③ 동특성조절기   ④ 청감보정회로

① 정류회로는 교류신호를 직류신호로 바꾸는 역할이다.
③ 동특성조절기는 주파수 특성을 조절한다.
④ 청감보정회로는 사람 귀의 감각 특성을 보정한다.

60

흡음재료 선택 및 사용상 유의점으로 거리가 먼 것은?

① 다공질 재료는 산란되기 쉬우므로 표면을 얇은 직물로 피복하는 행위는 금해야 한다.
② 다공질 재료의 표면을 도장하면 고음역에서 흡음율이 저하된다.
③ 실의 모서리나 가장자리 부분에 흡음재를 부착하면 효과가 좋아진다.
④ 막진동이나 판진동형의 것도 도장해도 차이가 없다.

다공질 재료는 산란되기 쉬우므로 표면을 얇은 직물로 피복하는 것이 좋다.

01 빈출

지상의 대기오염이 가장 심하게 나타날 수 있는 굴뚝의 연기형태는?

① 원추형(conning)
② 환상형(looping)
③ 부채형(fanning)
④ 훈증형(fumigation)

> ① 원추형(conning) : 가우시안분포를 나타낸다.
> ② 환상형(looping) : 최대착지농도가 높다.
> ③ 부채형(fanning) : 최대착지거리가 크다.
> ④ 훈증형(fumigation) : 지표의 오염도가 높다.

02

연소과정에서 주로 발생하는 질소산화물의 형태는?

① NO
② NO_2
③ NO_3
④ N_2O

> 연소과정에서 주로 발생하는 질소산화물의 형태는 NO(약 90~95%)이다.

03 빈출

어느 공장의 배출가스 양은 $50m^3/hr$이다. 배출가스 중의 SO_2 농도가 $470ppm$이라면 하루에 발생되는 SO_2의 양(kg)은? (단, 24시간 연속 가동기준, 표준상태기준)

① 1.33
② 1.61
③ 1.79
④ 1.94

> 총량 = 유량×농도
> 기체상에서의 ppm은 mL/Sm^3을 의미한다.
> $$\frac{470ml}{m^3} \times \frac{50m^3}{hr} \times \frac{24hr}{day} \times \frac{1L}{10^3ml} \times \frac{64g}{22.4L} \times \frac{1kg}{10^3g}$$
> 　농도　　　유량　$hr \to day$　$ml \to L$　$L \to g$　$g \to kg$
> $= 1.61kg/day$

04

다음 중 건조한 대기의 성분 중에서 가장 농도가 높은 것은?

① 메탄
② 헬륨
③ 아르곤
④ 이산화탄소

> 대기 성분 : 질소(N_2) > 산소(O_2) > 아르곤(Ar) > 이산화탄소(CO_2) > 네온(Ne) > 헬륨(He) > 메탄(CH_4)

05 빈출

지름이 $0.2m$, 유효높이가 $3m$인 원통형 여과포 32개를 사용하여 유량이 $20(m^3/min)$인 가스를 처리할 경우에 여과포의 표면여과속도는?

① 약 $0.13m/min$
② 약 $0.33m/min$
③ 약 $0.66m/min$
④ 약 $0.87m/min$

> ㉠ 주어진 조건에 의한 1개당 여과면적(B)을 구하면,
> $$B = \pi DH$$
> $$= \pi \times 0.2m \times 3m = 1.884m^2$$
> ㉡ 구한 면적과 유량을 이용하여 표면여과속도를 구하면,
> $$Q = AV \to V = \frac{Q}{A}$$
> $$V = \frac{Q}{A} = \frac{20m^3}{min} \times \frac{1}{1.884 \times 32m^2} = 0.3317m/min$$
> Q : 여과유량($20m^3/min$)
> A : 32개 여과포의 총 여과면적($1.884 \times 32m^2$)
> V : 여과속도

정답　01 ④　02 ①　03 ②　04 ③　05 ②

06

인체의 폐포에 가장 침착하기 쉬운 입자의 크기는?

① $0.05 \sim 0.5 \mu m$ ② $0.5 \sim 5.0 \mu m$
③ $5.0 \sim 50 \mu m$ ④ $50 \sim 100 \mu m$

폐포에 가장 침착하기 쉬운 입자의 크기는 $0.5 \sim 5.0 \mu m$ 이다.

07

다음과 같은 조건으로 가스가 배출될 때 통풍력은?

• 굴뚝높이 : $30m$
• 배기가스온도 : $250℃$
• 외기온도 : $20℃$
• 연소가스 공기비중 : $1.3 kg/Sm^3$

① $16 mmH_2O$ ② $46 mmH_2O$
③ $149 mmH_2O$ ④ $490 mmH_2O$

$$통풍력(mmH_2O) = 273 \times H \times \left[\frac{\gamma_a}{273 + T_a} - \frac{\gamma_g}{273 + T_g} \right]$$
$$= 273 \times 30m \times \left[\frac{1.3}{273 + 20} - \frac{1.3}{273 + 250} \right]$$
$$= 15.9803 mmH_2O$$

• 굴뚝높이 : $30m$ → H
• 배기가스온도 : $250℃$ → T_g
• 외기온도 : $20℃$ → T_a
• 연소가스 공기비중 : $1.3 kg/Sm^3$ → $\gamma_a = \gamma_a$

08 빈출

다음 중 분자량이 가장 큰 기체는?

① CO_2 ② H_2S
③ NH_3 ④ SO_2

① CO_2 = 12+16×2 = 44
② H_2S = 1×2+32 = 34
③ NH_3 = 14+1×3 = 17
④ SO_2 = 32+16×2 = 64

09

대기오염 제어시설 중 입자상 물질의 최소입경을 처리할 수 있는 집진기는?

① 여과집진기 ② 침강집진기
③ 중력집진기 ④ 원심집진기

입자상 물질의 최소입경을 처리할 수 있는 집진기는 여과집진기와 전기집진기이다.

10 빈출

중량비로 수소가 13.0%, 수분이 0.5%인 중유의 고발열량이 $11,000 kcal/kg$일 때, 저위발열량은?

① $10,125 kcal/kg$ ② $10,295 kcal/kg$
③ $10,335 kcal/kg$ ④ $10,475 kcal/kg$

저위발열량 = 고위발열량 – 물의 증발잠열
액체와 고체연료의 저위발열량 계산식
$$H_l = H_h - 600(9H + W)$$
$$= 11,000 - 600 \left(9 \times \frac{13}{100} + \frac{0.5}{100} \right) = 10,295 kcal/kg$$

11 빈출

다음 빈칸에 알맞은 내용은?

산성우는 대기 중의 (①)와 평형을 이룬 증류수의 pH (②) 이하의 pH를 나타내는 강수로 정의하기도 한다.

① ① 황화수소, ② 4.3
② ① 이산화질소, ② 5.6
③ ① 일산화질소, ② 4.3
④ ① 이산화탄소, ② 5.6

산성우는 대기 중의 이산화탄소와 평형을 이룬 증류수의 pH5.6 이하의 pH를 나타내는 강수로 정의하기도 한다.

정답   06 ② 07 ① 08 ④ 09 ① 10 ② 11 ④

12

광화학 산화물을 형성할 수 있는 물질로만 구성된 것은?

① SO_x, HC, 분진
② NO_x, CO, 분진
③ SO_x, CO_2, 자외선
④ NO_x, HC, 자외선

광화학 산화물을 형성하는 물질은 질소산화물(NO_x), 탄화수소(HC), 자외선 등이다.

13 ⭐빈출

원심력집진장치의 집진효율을 높이는 방법으로 맞는 것은?

① 사이클론 몸통의 직경을 크게 하고 길이를 길게 한다.
② 사이클론 몸통의 직경을 작게 하고 길이를 길게 한다.
③ 사이클론 몸통의 직경을 크게 하고 길이를 짧게 한다.
④ 사이클론 몸통의 직경을 작게 하고 길이를 짧게 한다.

원심력집진장치(사이클론)의 효율을 높이려면 몸통을 작게 하고 길이를 길게 하여 유속을 빠르게 하고 회전수를 늘려야 한다.

14 ⭐빈출

어떤 집진장치의 입구에서 분진의 농도가 $200mg/Sm^3$이고 출구에서의 농도는 $25mg/Sm^3$였다면 집진율은?

① 85.5%   ② 87.5%
③ 91.2%   ④ 95.7%

$$\eta = \left(1 - \frac{C_{out}}{C_{in}}\right) \times 100$$
$$= \left(1 - \frac{25}{200}\right) \times 100 = 87.5\%$$

15

프로판(C_3H_8) $1Sm^3$을 공기비 1.2로 완전연소시킬 때, 실제습연소가스량(Sm^3)은?

① 약 18   ② 약 22
③ 약 27   ④ 약 31

$$C_3H_8 + 5O_2 \rightarrow 3CO_2 + 4H_2O$$

㉠ 이론산소량 계산

　$C_3H_8 : 5O_2 = 1Sm^3 : \square$

　이론산소량 = $5Sm^3$

㉡ 이론공기량 = 이론산소량 / 0.21

　$= \dfrac{5}{0.21} = 23.8095 Sm^3$

㉢ 실제습연소가스량 = 연소생성물 + 이론공기 중 질소 + 과잉공기

　　　$= 7 Sm^3 + 18.8095 Sm^3 + 4.7619 Sm^3$
　　　$= 30.5714 Sm^3$

• 연소생성물($3CO_2 + 4H_2O$) = $7Sm^3$

　$C_3H_8 : 3CO_2 = 1Sm^3 : \square$

　$CO_2 = 3Sm^3$

　$C_3H_8 : 4H_2O = 1Sm^3 : \square$

　$H_2O = 4Sm^3$

• 이론공기 중 질소 = 이론공기 × 0.79

　　　$= 23.8095 \times 0.79 = 18.8095 Sm^3$

• 과잉공기 = 이론공기 × (공기비-1)

　　　$= 23.8095 \times (1.2-1) = 4.7619 Sm^3$

16 ⭐빈출

혐기성 소화조의 완충능력(Buffer capa-city)을 표현하는 것으로 가장 적절한 것은?

① 완충강도
② C/N비
③ 알칼리도
④ pH 변화율

혐기성 소화조에서는 pH를 안정적으로 유지하는 것이 매우 중요하며, 이를 위해 완충능력(buffer capacity)을 갖는 알칼리도(alkalinity)가 주요 지표로 사용된다. 알칼리도는 소화조 내에서 산성물질에 대한 저항력을 나타내어 pH 변화를 완충하며, 혐기성 미생물의 활성과 소화효율 안정에 기여한다.

17 ⭐빈출

환경오염공정시험방법의 온도 규정에서 상온이란?

① 0℃
② 4℃
③ 1~35℃
④ 15~25℃

구분	온도
상온	15℃~25℃
실온	1℃~35℃
찬 곳	0℃~15℃

18 ⭐빈출

$117ppm$의 $NaCl$용액의 농도는 몇 M인가? (단, 원자량 Na : 23, Cl : 35.5)

① 0.002
② 0.004
③ 0.025
④ 0.050

$NaCl = 23 + 35.5 = 58.5$
용액의 $ppm = mg/L$

$$\frac{117mg}{L} \times \frac{1g}{10^3mg} \times \frac{1mol}{58.5g} = 0.002mol/L$$
농도　　$mg \rightarrow g$　$g \rightarrow mol$

19 ⭐빈출

어떤 공장의 BOD 배출량이 400사람의 인구당량에 해당하며 수량은 $40m^3/day$이다. 이 공장폐수의 BOD농도는? (단, 한 사람이 하루에 배출하는 BOD는 50g이다.)

① $300mg/L$
② $400mg/L$
③ $500mg/L$
④ $600mg/L$

농도 $= \dfrac{\text{용질의 양}}{\text{용액의 양}} = \dfrac{\text{총량}}{\text{유량}}$

$$= \frac{\dfrac{20,000g}{day}}{\dfrac{40m^3}{day}} = \frac{500g}{m^3} \times \frac{10^3mg}{1g} \times \frac{1m^3}{10^3L} = 500mg/L$$
농도　　$g \rightarrow mg$　$m^3 \rightarrow L$

㉠ 유량 $= 40m^3/day$
㉡ 총량

$$\frac{50g}{\text{인} \cdot day} \times 400\text{인} = 20,000g/day$$

20

중(medium) 스크린에서 망의 유효간격으로 가장 적절한 것은?

① 1.2~5.0mm
② 5.0~25mm
③ 25~50mm
④ 50~75mm

- 소형 스크린 : 1.2~5.0mm
- 중형 스크린 : 25~50mm
- 대형 스크린 : 50~100mm

21 ⭐빈출

BOD가 $200mg/L$이고, 폐수량이 $1,500m^3/day$인 폐수를 활성슬러지법으로 처리하고자 한다. F/M비가 $0.4kg\,BOD/kg\,MLSS \cdot day$이라면 $MLSS$ $1,500mg/L$로 운전하기 위해서 요구되는 포기조 용적은?

① 500m³
② 600m³
③ 800m³
④ 900m³

F/M비 : $L_s(kg\,BOD/kg\,MLSS \cdot day)$

$$L_s = \frac{Q \times BOD_{in}}{X \times \forall}$$

$$0.4 = \frac{1,500 \times 200}{1,500 \times \forall}$$

$$\forall = \frac{1,500 \times 200}{1,500 \times 0.4} = 500m^3$$

L_s : $0.4kg\,BOD/kg\,MLSS \cdot day$
Q : $1,500m^3/day$
BOD_{in} : $200mg/L$
$X(MLSS)$: $1,500mg/L$

22

폐수의 살수여상 처리과정을 순서대로 바르게 연결한 것은?

① 유입수 → 살수여상 → 1차 침전 → 2차 침전 → 방류
② 유입수 → 스크린 → 1차 침전 → 살수여상 → 2차 침전 → 방류
③ 유입수 → 1차 침전 → 2차 침전 → 살수여상 → 방류
④ 유입수 → 1차 침전 → 소독 → 살수여상 → 2차 침전 → 방류

정답　　17 ④　18 ①　19 ③　20 ③　21 ①　22 ②

유입수는 먼저 스크린을 통과하여 큰 부유물을 제거한다. 1차 침전지에서는 무거운 오염물질들이 가라앉는다. 살수여상법에서 여재에 형성된 미생물막과 접촉하며 유기물을 생물학적으로 처리한다. 2차 침전지에서는 미생물 등을 침전시켜 제거하고, 처리된 물은 방류된다.

23 빈출

활성슬러지공법으로 하수처리 시 유지해주어야 할 포기조의 적정 DO농도(mg/L)는?

① 2
② 5
③ 8
④ 11

포기조의 목적은 호기성미생물에 적절한 산소를 공급해주는 것이다. 2~3mg/L의 DO를 유지해 주는 것이 바람직하다.

24 빈출

살수여상 운영 시 발생되는 문제점으로 볼 수 없는 것은?

① 파리 발생
② 연못화 현상
③ 냄새 발생
④ 팽화 현상

팽화현상은 활성슬러지법의 운영 시 발생되는 문제점이다.

25 빈출

0.1m 수산화나트륨 용액의 농도는 몇 ppm인가? (단, Na 원자량 23)

① 40
② 400
③ 4,000
④ 40,000

$NaOH = 23 + 16 + 1 = 40$
용액의 $ppm = mg/L$
$$\frac{0.1mol}{L} \times \frac{40g}{1mol} \times \frac{10^3mg}{1g} = 4,000mg/L$$
농도 $mol \rightarrow g$ $g \rightarrow mg$

26

유체의 점도단위로서 올바른 것은?

① $kg \cdot s/m$
② $kg/m \cdot s$
③ m^2/s
④ m/s

구분	단위
MKS 단위	$\frac{kg}{m \cdot sec} \cdot \frac{N \cdot sec}{m^2}$
CGS단위(Poise, P)	$\frac{g}{cm \cdot sec}$
cP(Centi Poise)	$\frac{mg}{mm \cdot sec}$

27

유기물질에 의해 오염된 물을 호기성 분해 시 발생하는 가스로 옳은 것은?

① CH_4
② HCl
③ CO_2
④ SO_2

호기성 분해는 산소가 존재하는 환경에서 유기물을 미생물이 분해하는 과정으로, 이 과정에서 탄소유기물이 이산화탄소와 물로 완전 분해된다.

28

침전지 유입부의 정류판의 기능은 무엇인가?

① 바람을 막아 표면난류 방지
② 침전지 내 적정수위 유지
③ 침전지 유입수의 균일한 분배, 분포
④ 침전 슬러지의 재부상 방지

유입수의 균일한 분배 및 분포를 위해 정류판, 정류벽을 설치한다.

29

수질오염공정시험기준상 적정법에 의한 DO 측정 시 표준적정액으로 옳은 것은?

① 0.1M - 전분용액
② 0.025M - $NaOH$
③ 0.025M - $Na_2S_2O_3$
④ 0.025M - $KMnO_4$

정답   23 ①   24 ④   25 ③   26 ②   27 ③   28 ③   29 ③

190   Part 02 8개년 CBT 기출복원문제(2018년~2025년)

이 시험기준은 시료에 황산망간과 알칼리성 요오드포타슘용액을 넣어 생기는 수산화제일망간이 시료 중의 용존산소에 의하여 산화되어 수산화제이망간으로 되고, 황산 산성에서 용존산소량에 대응하는 요오드를 유리한다. 유리된 요오드를 티오황산소듐($Na_2S_2O_3$)으로 청색 → 무색으로 될 때까지 적정하여 용존산소의 양을 정량하는 방법이다.

30

수질오염의 지표 중에서 SS는 무엇을 뜻하는가?

① 용존산소　　　　② 부유물질
③ 산도　　　　　　④ 경도

SS(Suspended Solids)는 부유물질을 뜻한다.

31 빈출

침사지의 목적은 무엇인가?

① 폐수에서 모래, 잔자갈 등의 무거운 입자 제거
② 수면에 부상하는 물질 제거
③ 부유성 유기물 제거
④ 용해성 중금속 제거

침사지는 일반적으로 입자가 큰 부유물인 모래, 자갈 등의 그릿(Grit)을 제거한다.

32

다음 중 급속여과지에 여과 시 손실수두에 영향을 미치는 영향인자가 아닌 것은?

① 여과속도　　　　② 여과면적
③ 모래층 두께　　　④ 모래입자의 크기

여과면적은 해당하지 않는다.

33

염소함량이 15%(질량기준) 염화석회를 사용하여 $1,000m^3$의 폐수를 소독하고자 한다. 염소주입량이 $2.5mg/L$일 때 소요되는 염화석회는 몇 kg인가?

① 24.1　　　　　② 19.4
③ 16.7　　　　　④ 12.2

총량 = 유량×농도
염소의 주입량

$$= \frac{2.5mg}{L} \times 1,000m^3 \times \frac{1kg}{10^6mg} \times \frac{10^3L}{m^3} = 2.5kg$$

농도　　　유량　　$mg \rightarrow kg$　$m^3 \rightarrow L$

염화석회의 양 : $2.5kg \times \dfrac{100}{15} = 16.6666kg$

염소 → 염화석회

34 빈출

인구 5,000인의 도시에 $3,000m^3/day$의 하수를 처리하는 처리장이 있다. 이 침전지의 부피가 $150m^3$라면 이론적인 하수 체류시간은?

① 0.5시간　　　　② 1.2시간
③ 1.7시간　　　　④ 2.2시간

$$체류시간(HRT) = \frac{부피(\forall)}{유량(Q)}$$

$$= \frac{150m^3}{\left(\dfrac{3,000m^3}{day} \times \dfrac{1day}{24hr}\right)} = 1.2hr$$

35 빈출

활성슬러지의 팽화(bulking)에 대한 설명으로 틀린 것은?

① 포기조 내 사상균에 의한 팽화에 의해 최종침전지에서 침전이 불량해진다.
② 팽화는 과도한 교반에 의해 floc의 파괴로 기인된다.
③ 팽화는 포기조 내 DO 부족에 기인하는 경우가 있다.
④ 팽화는 BOD/MLSS부하의 과대 또는 과소에 의한 경우도 있다.

주로 사상균의 과도 성장, DO 부족, 영양분 불균형, 과다 또는 과소 BOD/MLSS 부하 등에 의해 일어난다.

36 ⭐빈출

RDF 구비조건이라 볼 수 없는 것은?

① 열함량이 낮을 것
② 수분함량이 낮을 것
③ 염소 및 황함량이 낮을 것
④ 재의 함량이 낮을 것

> 열함량이 높아야 연료로서의 가치가 있다.

37

알칼리도 자료의 이용에 관한 내용으로 알맞지 않은 것은?

① 응집제 투입시 적정 pH 유지 및 응집효과 촉진
② 석회 및 소다회의 소요량 계산
③ 질산화 및 탈질에 소모되는 용존산소량 산정
④ 폐수와 슬러지의 완충용량 계산

> 질산화 및 탈질에 소모되는 용존산소량 산정은 알칼리도와 직접적인 관련이 적으며, 용존산소량 자체는 DO 측정과 관련된다.

38

분뇨처리의 살균방법 중 오존처리의 특징을 잘못 나타낸 것은?

① 화학물질이 남지 않는다.
② 염소와 같은 취미를 남기지 않는다.
③ 염소에 비하여 가격이 고가이다.
④ 염소에 비하여 소독의 잔류효과가 크다.

> 오존은 소독의 잔류효과가 없다.

39

혐기성 소화에 관한 설명으로 틀린 것은? (단, 호기성 소화와 비교함)

① 상등액 BOD가 높다.
② 슬러지의 비료가치가 크다.
③ 운전이 까다롭다.
④ 대규모 시설에 적합하다.

> 혐기성 소화슬러지의 비료가치는 작다.

40 ⭐빈출

미생물의 증식과정 중 영양소의 고갈로 미생물이 원형질을 분해하여 에너지를 얻는 내호흡 기간은?

① 지체기
② 대수증식기
③ 감소증식기
④ 사멸기

> **미생물의 증식 4단계**
> 지체기 → 대수성장기 → 감소성장기 → 내생호흡기
> ㉠ 지체기(유도기)
> • 미생물량 적고 증식속도 극히 느림, 새로운 환경에 적응
> ㉡ 대수(지수)성장기
> • F/M비 대단히 큼.
> • 독립성장 → floc 형성↓ → 침전율↓ → BOD 제거↓
> • 포기조 내의 미생물 성장단계 중 신진대사율이 가장 높은 단계
> ㉢ 감소성장기(정지기)
> • F/M비 점차 낮아짐.
> • floc 형성 시작 → 침전율 향상 → 수처리 이용가능
> ㉣ 내생호흡기(사멸기)
> • F/M비 극히 낮음, 자산화 과정
> • floc 형성 최대 → 침전율↑ → BOD 제거↑

41 ⭐빈출

폐기물 발생량 조사방법으로 알맞지 않은 것은?

① 적재차량계수분석
② 직접계근법
③ 물질성상분석법
④ 물질수지법

> 폐기물 발생량 조사방법으로 적재차량계수분석, 직접계근법, 물질수지법, 표본조사, 전수조사 등이 있다.

정답   36 ①   37 ③   38 ④   39 ②   40 ④   41 ③

42 ⭐빈출

어느 도시의 쓰레기를 분석한 결과 밀도는 $450kg/m^3$이고 비가연성 물질의 질량 백분율은 72%였다. 이 쓰레기 $10m^3$ 중에 함유된 가연성 물질의 질량은?

① 1,180kg   ② 1,260kg

③ 1,310kg   ④ 1,460kg

$$밀도(\rho) = \frac{질량(kg)}{부피(m^3)}$$
$$질량(kg) = 밀도(kg/m^3) \times 부피(m^3)$$
$$= \frac{450kg}{m^3} \times 10m^3 \times \frac{100-72}{100}$$
$$\;\;\;밀도 \;\;\;\; 부피 \;\;\; 폐기물 \to 가연성$$
$$= 1,260kg$$

43

도시폐기물의 퇴비화 공정을 설명한 것 중 옳지 않은 것은?

① 퇴비화는 미생물을 이용한 생화학적 공정이다.
② 하수처리장의 슬러지에는 퇴비화 미생물의 천적미생물이 존재하므로 사용하지 않아야 한다.
③ 퇴비화 공정은 퇴비화가 진행되는 동안에는 환경에 악영향을 거의 주지 않는다.
④ 퇴비화의 원료로는 주로 음식찌꺼기, 축산폐기물 등을 사용한다.

하수처리장의 슬러지는 퇴비화에 사용할 수 있다.

44 ⭐빈출

다음 폐기물 선별장치 중 건식방법이 아닌 것은?

① Trommel Screen
② Fluidized Bed Separator
③ Jigs
④ Ballistic Separator

Jigs는 사금을 선별하기 위해 오래전부터 사용되던 방법으로 물에 잠겨진 스크린 위로 분류하려는 폐기물을 넣고 수위를 변화시켜 무거운 물질과 가벼운 물질을 분별해내는 방법으로 습식방법에 해당된다.

45 ⭐빈출

위생처리장에 유입되는 분뇨량이 $1,000m^3/day$이고, BOD가 $20,000mg/L$이면 BOD 부하량은?

① $0.2ton/day$ ② $2ton/day$
③ $20ton/day$ ④ $200ton/day$

총량(부하량) = 유량 × 농도

부하량 : $\frac{20,000mg}{L} \times \frac{1,000m^3}{day} \times \frac{1ton}{10^9mg} \times \frac{10^3L}{m^3}$

$\;\;\;\;\;\;\;$ 농도 $\;\;\;\;\;\;\;$ 유량 $\;\;\;\; mg \to kg \;\;\; m^3 \to L$

$= 20ton/day$

46 ⭐빈출

밀도가 $1.0g/cm^3$인 폐기물 10kg에 5kg의 고형화 재료를 첨가하여 고형화시킨 결과 밀도가 $2.0g/cm^3$로 증가하였다. 이 경우 부피변화율은 얼마인가?

① 0.25   ② 0.50
③ 0.75   ④ 1.33

$$부피변화율 = \frac{V_2}{V_1}$$
$$= \frac{7,500}{10,000} = 0.75$$

㉠ 고형화 재료 첨가 전 부피(V_1)

$$밀도(\rho) = \frac{질량(g)}{부피(cm^3)}$$
$$부피(cm^3) = \frac{질량(g)}{밀도(\rho)}$$
$$V_1(cm^3) = \frac{10,000g}{1.0g/cm^3} = 10,000cm^3$$

㉡ 고형화 재료 첨가 후 부피(V_2)

$$밀도(\rho) = \frac{질량(g)}{부피(cm^3)}$$
$$부피(cm^3) = \frac{질량(g)}{밀도(\rho)}$$
$$V_2(cm^3) = \frac{15,000g}{2.0g/cm^3} = 7,500cm^3$$

정답   42 ②   43 ②   44 ③   45 ③   46 ③

47

추출에 사용되는 용매의 알맞은 선택기준으로만 묶여진 것은?

> ㉠ 분배계수가 높아 선택성이 클것
> ㉡ 끓는점이 높아 회수성이 높을 것
> ㉢ 물에 대한 용해도가 낮을 것
> ㉣ 밀도가 물과 같을 것

① ㉠, ㉡   ② ㉠, ㉢
③ ㉡, ㉢   ④ ㉡, ㉣

끓는점은 낮아야 하고, 밀도는 물과 달라야 한다.

48 ⭐빈출

고형 폐기물의 파쇄처리 목적이 아닌 것은?

① 특정성분의 분리
② 겉보기 비중의 증가
③ 비표면적의 증가
④ 부식효과 방지

파쇄처리를 하면 공기와 맞닿는 면적이 늘어나 부식은 촉진된다.

49 ⭐빈출

쓰레기를 압축시켜 용적감소율이 20%인 경우 압축비는?

① 0.80   ② 1.20
③ 1.25   ④ 2.0

$$압축비 = \frac{V_1}{V_2}$$

$$용적감소율 = \frac{V_1 - V_2}{V_1} \times 100 = \left(1 - \frac{V_2}{V_1}\right) \times 100$$

$$용적감소율 = \left(1 - \frac{1}{압축비}\right) \times 100$$

$$20 = \left(1 - \frac{1}{압축비}\right) \times 100$$

$$압축비 = \left(-\frac{20}{100} + 1\right)^{-1} = 1.25$$

50 ⭐빈출

폐기물을 연소시키기 위한 소각로의 한 형태로 소각로 내의 화상 위에서 폐기물을 태우는 방식으로 플라스틱과 같이 열에 의해 용융되는 물질의 소각에 적당하나 체류시간이 길고 교반력이 약하여 국부적으로 가열될 염려가 있는 소각로는?

① 고정상 소각로
② 화격자 소각로
③ 유동상 소각로
④ 열분해 용융 소각로

> ② 화격자 소각로 : 격자 위에 고체 폐기물을 적재해 연소하는 방식
> ③ 유동상 소각로 : 하부로부터 가스를 주입하여 모래를 띄운 후 이를 가열하여 상부로부터 폐기물을 주입하여 소각하는 방식
> ④ 열분해 용융 소각로 : 폐기물을 열분해 후 용융시키는 고온 처리 방식

51 ⭐빈출

소각장에서 폐기물을 연소시킬 때 조건으로 적절치 못한 것은?

① 공기/연료비가 적절해야 한다.
② 연료와 공기가 충분히 혼합되어야 한다.
③ 완전연소를 위해 가능한 체류시간이 짧아야 한다.
④ 점화온도가 유지되고 재의 방출이 최소화 될 수 있는 소각로 형태이어야 한다.

체류시간이 짧으면 완전연소가 어렵다.

52 ⭐빈출

쓰레기 수거노선을 설정하는데 유의하여야 할 내용으로 틀린 것은?

① U자형 회전을 피해 수거한다.
② 될 수 있는 한 한번 간 길은 가지 않는다.
③ 가능한 한 시계반대방향으로 수거노선을 정한다.
④ 출발점은 차고와 마지막 컨테이너는 처리장과 가깝도록 배치한다.

쓰레기 수거노선을 설정할 때는 가능한 시계방향으로 수거노선을 정한다.

53

소각에 비하여 열분해 공정의 특징이라 볼 수 없는 것은?

① 저산소 분위기 중에서 고온으로 가열한다.
② 액체 및 고체상태의 연료를 생산하는 공정이다.
③ NO_x 발생량이 적다.
④ 열분해 생성물의 질과 양의 안정적 확보가 용이하다.

> 열분해 생성물의 질과 양의 안정적 확보는 용이하지 못하다.

54 빈출

폐기물 소각을 위해 이론공기량만 공급하면 완전연소가 불가능하므로 실제로는 이론공기량보다 더 많은 양의 공기를 공급한다. 과잉공기비가 1.2이고, 이론공기량이 10(Sm^3/kg)이라면 실제 공기량은 얼마인가?

① $8.3 Sm^3/kg$ ② $10 Sm^3/kg$
③ $12 Sm^3/kg$ ④ $21 Sm^3/kg$

> 실제공기량 = 이론공기량 × 과잉공기비
> = 10 × 1.2 = 12 Sm^3/kg

55

수송차량 또는 쓰레기 투하방식에 따라 구분한 적환장의 형식으로 알맞지 않는 것은?

① 저장투하방식   ② 직접-저장 복합투하방식
③ 직접투하방식   ④ 간접투하방식

> 수송차량 또는 쓰레기 투하방식에 따른 적환장의 형식으로는 저장투하방식, 직접-저장 복합투하방식, 직접투하방식 등이 있다.

56

사람의 귀로 들을 수 있는 최소 음의 세기는?

① $2 \times 10^{-5} W/m^2$ ② $2 \times 10^{-8} W/m^2$
③ $10^{-12} W/m^2$ ④ $10^{-5} W/m^2$

> 최소가청음의 세기는 $10^{-12} W/m^2$이다.

57

0.1 W의 출력을 가진 싸이렌의 음향파워레벨은?

① $90 dB$ ② $100 dB$
③ $110 dB$ ④ $120 dB$

> $$PWL(dB) = 10 \times \log\left(\frac{W}{W_0}\right)$$
> $$= 10 \times \log\left(\frac{0.1}{10^{-12}}\right) = 110 dB$$
> $$W_0 = 10^{-12}(watt)$$

58

사람이 느끼는 최소 진동치는?

① $45 \pm 5 dB$ ② $55 \pm 5 dB$
③ $65 \pm 5 dB$ ④ $75 \pm 5 dB$

> 사람이 느끼는 최소 진동치는 $55 \pm 5 dB$이다.

59

한 대 통과 시 소음도가 $80 dB(A)$인 자동차가 동시에 두 대 지나가면 소음도[$dB(A)$]는?

① 81   ② 82
③ 83   ④ 84

> 합성소음도 $L_t[dB(A)] = 10\log\left[\left(10^{L_1/10} + 10^{L_2/10} + \cdots\right)\right]$
> $L_t[dB(A)] = 10\log\left[\left(10^{80/10} + 10^{80/10}\right)\right] = 83.0102 dB$

60

공기스프링에 관한 설명 중 틀린 것은?

① 설계 시 스프링의 높이, 스프링정수를 각각 독립적으로 광범위하게 설정할 수 있다.
② 사용진폭이 작아 댐퍼가 필요한 경우가 적다.
③ 부하능력이 광범위하다.
④ 자동제어가 가능하다.

> 사용진폭이 작아 댐퍼가 필요한 경우가 많다.

정답 53 ④ 54 ③ 55 ④ 56 ③ 57 ③ 58 ② 59 ③ 60 ②

01

과잉공기비 m을 크게 하였을 때의 연소 특성으로 옳지 않은 것은?

① 연소실의 연소온도가 낮아진다.
② 통풍력이 강하여 배기가스에 의한 열손실이 크다.
③ 배기가스 중 질소산화물의 함량이 많아진다.
④ 연소가스 중 CO 농도가 높아져 공해의 원인이 된다.

> 연소가스 중 CO 농도가 낮아지고 완전연소된다.

02 빈출

먼지의 종말침강속도 산정에 관한 설명으로 옳지 않은 것은?

① 먼지와 가스의 비중차에 반비례한다.
② 입경의 제곱에 비례한다.
③ 중력가속도에 비례한다.
④ 가스의 점도에 반비례한다.

> 먼지와 가스의 비중차에 비례한다.
> $$V_g = \frac{d_p^2(\rho_p - \rho)g}{18\mu}$$
> V_g : 중력침강속도
> d_p : 입자의 직경
> ρ_p : 입자의 밀도
> ρ : 유체의 밀도
> g : 중력가속도
> μ : 점성계수

03 빈출

어떤 집진장치의 집진효율이 99%이고 집진시설 유입구의 먼지 농도가 $10.5g/Sm^3$일 때, 출구 농도는?

① $0.0105g/Sm^3$
② $0.105g/Sm^3$
③ $1,050g/Sm^3$
④ $10.5g/Sm^3$

> $$\eta = \left(1 - \frac{C_{out}}{C_{in}}\right) \times 100$$
> $$99\% = \left(1 - \frac{C_{out}}{10.5}\right) \times 100$$
> $$C_{out} = -10.5 \times \left(\frac{99}{100} - 1\right) = 0.105g/Sm^3$$

04

휘발유, 디젤유 등의 연료를 사용하는 자동차에서 주로 배출되는 오염물질로 가장 거리가 먼 것은?

① 구리(Cu)
② 납(Pb)
③ 질소산화물(NO_x)
④ 일산화탄소(CO)

> 휘발유, 디젤유 등 연료를 사용하는 자동차에서 주로 배출되는 오염물질은 일산화탄소(CO), 질소산화물(NO_x), 그리고 납(Pb, 주로 과거 납첨가 휘발유 사용 시 문제된 물질) 등이 있다.

05 빈출

후드(hood)의 일반적 흡인요령으로 옳지 않은 것은?

① 충분한 포착속도를 유지한다.
② 후드의 개구면적을 가능한 한 크게 한다.
③ 가능한 한 후드를 발생원에 근접시킨다.
④ 국부적인 흡인방식을 택한다.

> 후드의 개구면적을 가능한 한 작게 한다.

정답   01 ④   02 ①   03 ②   04 ①   05 ②

06

다음 중 연료의 불완전연소 시 주로 발생되는 오염물질은?

① CO
② SO_2
③ NO_2
④ H_2O

CO는 불완전연소 시 발생하며, ②③④는 완전연소 시 발생된다.

07 빈출

원심력집진장치에 관한 설명으로 옳지 않은 것은?

① Blow down현상이 발생하면 입자 재비산으로 인하여 효율이 저하된다.
② 배기관경(내관)이 작을수록 입경이 작은 입자를 제거할 수 있다.
③ 입구유속에는 한계가 있지만, 그 한계 내에서는 입구유속이 빠를수록 효율이 높은 반면에 압력손실도 커진다.
④ 적당한 Dust Box의 모양과 크기도 효율에 영향을 미친다.

Blow down효과를 이용하면 효율이 증대된다.

08 빈출

가스상태의 오염물질을 물리적 흡착법으로 처리하려고 한다. 흡착효율을 높이기 위한 방법으로 옳은 것은?

① 접촉시간을 줄인다.
② 온도를 내린다.
③ 압력을 감소시킨다.
④ 흡착제의 표면적을 줄인다.

① 접촉시간을 늘인다.
③ 압력을 증가시킨다.
④ 흡착제의 표면적을 늘인다.

09

흡수장치에 관한 다음 설명 중 옳지 않은 것은?

① 충전탑은 온도변화가 큰 곳에 적응성이 크다.
② 스프레이탑은 구조가 간단하고 압력손실이 작다.
③ 사이클론 스크러버는 대용량의 가스처리가 가능하다.
④ 다공판탑은 포종탑에 비해 다량의 가스를 처리할 수 있다.

충전탑은 온도변화가 큰 곳에서는 적응성이 좋지 않다.

10

황화수소(H_2S) $2\,Sm^3$의 연소 시 필요한 이론산소량은?

① $1\,Sm^3$
② $2\,Sm^3$
③ $3\,Sm^3$
④ $4\,Sm^3$

$H_2S + 1.5\,O_2 \rightarrow SO_2 + H_2O$
이론산소량 계산
$H_2S : 1.5\,O_2 = 2\,Sm^3 : \square$
$\square$(이론산소량) $= 3\,Sm^3$

11 빈출

유해가스 처리기술 중 헨리법칙을 이용하여 오염가스를 제거하는 방법으로 가장 적합한 것은?

① 흡수
② 흡착
③ 연소
④ 집진

헨리의 법칙은 온도가 낮을수록, 압력이 높을수록 기체의 용해도는 커진다는 법칙으로 흡수와 관련이 있다.

12 빈출

탄소 87%, 수소 10%, 황 3%의 조성을 가진 중유 $2\,kg$을 완전연소시킬 때, 필요한 이론공기량(Sm^3)은?

① 8.69
② 14
③ 18
④ 21

액체연료의 이론산소량(Sm^3/kg) :
$1.867C + 5.6H + 0.7S - 0.7O$
$= 1.867 \times 0.87 + 5.6 \times 0.1 + 0.7 \times 0.03 = 2.2052\,Sm^3/kg$
이론공기량 = 이론산소량 / 0.21
$\quad = \dfrac{2.2052\,Sm^3}{kg} \times \dfrac{1}{0.21} \times 2\,kg$
$\quad = 21.0019\,Sm^3$

정답   06 ①   07 ①   08 ②   09 ①   10 ③   11 ①   12 ④

13

다음 압력 중 크기가 다른 하나는?

① $1atm$
② $760mmHg$
③ $1,013mbar$
④ $1.013N/m^2$

$1atm = 760mmHg = 1,013mbar = 101,325N/m^2 = 101,325Pa$

14

다음과 같은 특성이 있는 대기오염물질은?

- 가죽제품이나 고무제품을 각질화 시킨다.
- 마늘냄새 같은 특유의 냄새가 나는 가스상 오염물질이다.
- 대기 중에서 농도가 일정 기준을 초과하면 경보발령을 하고 있다.
- 자동차 등에서 배출된 질소산화물과 탄화수소가 광화학반응을 일으키는 과정에서 생성된다.

① 오존
② 암모니아
③ 황화수소
④ 일산화탄소

오존에 대한 설명이며, 오존은 강한 산화력을 가진 기체로, 고농도에서 눈, 코, 호흡기 자극 및 폐 손상을 일으킬 수 있다.

15

세정집진장치의 유지관리에 관한 설명으로 옳지 않은 것은?

① 먼지의 성상과 농도를 고려하여 액가스비를 결정한다.
② 목부는 처리가스의 속도가 매우 크기 때문에 마모가 일어나기 쉬우므로 수시로 점검하여 교환한다.
③ 기액분리기는 시설의 작동이 정지해도 잠시 공회전을 하여 부착된 먼지에 의한 산성의 세정수를 제거해야 한다.
④ 벤츄리형 세정기에서 집진효율을 높이기 위하여 될 수 있는 한 처리가스 온도를 높게 하여 운전하는 것이 바람직하다.

벤츄리형 세정기에서 집진효율을 높이기 위하여 될 수 있는 한 처리가스 온도를 낮게 하여 운전하는 것이 바람직하다.

16 ⭐빈출

슬러지 침전성을 나타내는 값으로 SVI가 사용된다. 다음 중 침전성이 양호한 SVI의 범위로 가장 적합한 것은?

① 1,000~2,000
② 500~1,000
③ 200~500
④ 50~150

SVI는 50~150 범위가 침전성이 양호한 상태를 나타내며, SVI가 200 이상인 경우 슬러지 팽화현상이 일어날 수 있다.

17

침전지 또는 농축조에 설치된 스크레이퍼의 사용목적으로 옳은 것은?

① 침전물을 부상시키기 위해
② 스컴(scum)을 방지하기 위해서
③ 슬러지(sludge)를 혼합하기 위해서
④ 슬러지(sludge)를 끌어 모으기 위해서

스크레이퍼는 침전조 바닥에 가라앉은 슬러지를 중앙으로 끌어모아 회수하는 장치로, 슬러지 제거효율을 높이는 역할을 한다.

18 ⭐빈출

염소혼화지에 $2,000m^3/day$의 처리수가 유입되고 혼화시간을 15분으로 했을 때, 혼화지 수로의 유효길이는? (단, 혼화지의 폭은 $1.0m$, 수심은 $0.8m$이다.)

① $12m$
② $15m$
③ $20m$
④ $26m$

$$체류시간(HRT) = \frac{부피(\forall)}{유량(Q)}$$

$$15\text{min} = \frac{(1 \times 0.8 \times \square)m^3}{\left(\dfrac{2,000m^3}{day} \times \dfrac{1day}{1,440\text{min}}\right)}$$

$$\square = \frac{\left(\dfrac{2,000m^3}{day} \times \dfrac{1day}{1,440\text{min}}\right) \times 15\text{min}}{(1 \times 0.8)m^2} = 26.0416m$$

정답   13 ④ 14 ① 15 ④ 16 ④ 17 ④ 18 ④

19

활성슬러지공법으로 처리하고 있는 어떤 폐수처리시설 포기조의 운영관리 자료 중 적절하지 않은 것은?

① SV가 20~30%이다.
② DO가 7~9mg/L이다.
③ MLSS가 3,000mg/L이다.
④ pH가 6~8이다.

> DO는 2mg/L 이상이다.

20

위어(Weir)의 설치 목적으로 가장 알맞은 것은?

① pH 측정　　　② DO 측정
③ MLSS 측정　　④ 유량 측정

> 3각위어와 4각위어를 설치하여 유량을 산정할 수 있다.

21

다음 중 수질오염지표에 관한 설명으로 옳지 않은 것은?

① pH : 산성 또는 알칼리성의 정도
② SS : 수중에 부유하고 있는 물질량
③ DO : 수중에 용해되어 있는 산소량
④ COD : 생화학적 산소요구량

> • COD : 화학적 산소요구량
> • BOD : 생화학적 산소요구량

22 ⭐빈출

용존산소가 충분한 조건의 수중에서 미생물에 의한 단백질 분해 순서를 올바르게 나타낸 것은?

① $NO_3^- \rightarrow NO_2^- \rightarrow NH_4^+ \rightarrow$ Amino acid
② $NH_4^+ \rightarrow NO_2^- \rightarrow NO_3^- \rightarrow$ Amino acid
③ Amino acid $\rightarrow NO_3^- \rightarrow NO_2^- \rightarrow NH_4^+$
④ Amino acid $\rightarrow NH_4^+ \rightarrow NO_2^- \rightarrow NO_3^-$

> 유기질소가 미생물에 의해 분해되어 암모니아성 질소가 되고, 암모니아성 질소가 아질산균에 의해 아질산성 질소로 산화된다. 이어서 아질산성 질소가 질산균에 의해 질산성 질소로 산화되어 완성된다.

23

다음 황산(1+2) 혼합용액은?

① 황산 1mL를 물에 희석하여 2mL로 한 용액
② 황산 1mL와 물 2mL를 혼합한 용액
③ 물 1mL에 황산 2mL를 혼합한 용액
④ 물 1mL에 황산을 가하여 전체 2mL로 한 용액

> 황산(1+2) 혼합용액은 황산 1mL와 물 2mL를 혼합한 용액으로 전량이 3mL이다.

24 ⭐빈출

어느 하천의 유량은 10,000m^3/day이며, SS는 100mg/L이다. SS의 10%가 침전된다면 그 침전양은?

① 400kg/day　　② 300kg/day
③ 200kg/day　　④ 100kg/day

> 총량(부하량) = 유량 × 농도
>
> 부하량 : $\dfrac{100mg}{L} \times \dfrac{10,000m^3}{day} \times \dfrac{1kg}{10^6mg} \times \dfrac{10^3L}{m^3} \times \dfrac{10}{100}$
>
> 　　　　　농도　　　　유량　　　$mg \rightarrow kg$　$m^3 \rightarrow L$
>
> 　　 $= 100kg/day$

25

BOD 측정에 관한 설명으로 옳지 않은 것은?

① BOD가 높은 하수는 희석해서 시험한다.
② 미생물이 없는 시료는 하천수 등으로 식종한다.
③ 측정값은 부란 전 DO의 80% 이상 소비되는 것을 채택한다.
④ DO가 과포화된 것은 수온을 23~25℃로 통기, 방냉하여 수온을 20℃로 한다.

> 측정값은 부란 전 DO의 40~70% 소비되는 것을 채택한다.

정답　19 ②　20 ④　21 ④　22 ④　23 ②　24 ④　25 ③

26 ⭐빈출

바닷물(해수)에 관한 설명으로 옳지 않은 것은?

① 해수는 수자원 중에서 97% 이상을 차지하나 사용목적이 극히 한정되어 있는 실정이다.
② 해수의 pH는 약 8.2 정도로 약 알칼리성을 띠고 있다.
③ 해수는 약전해질로 염소이온 농도가 약 10,000ppm 정도이다.
④ 해수의 주요성분 농도비는 거의 일정하다.

> 해수는 강전해질로 염소이온 농도가 약 19,000ppm 정도이다.

27

다음 중 SVI(Sludge Volume Index)와 SDI(Sludge Density Index)의 관계로 옳은 것은?

① $SVI = 100/SDI$ ② $SVI = 10/SDI$
③ $SVI = 1/SDI$ ④ $SVI = SDI/100$

> SVI = 100/SDI, SDI = 100/SVI

28

폐수처리공정 중 예비처리인 스크리닝(screening)에 관한 설명으로 옳지 않은 것은?

① 유입수 중의 부유협잡물을 제거하여 후속처리과정을 원활하게 할 목적으로 설치한다.
② 통과유속은 2m/sec 이하로 한다.
③ 사석의 퇴적방지를 위해 스크린으로 접근 유속은 0.45m/sec 이상이 되어야 한다.
④ 대부분 침사지 전방에 설치한다.

> 통과유속은 1m/sec 미만으로 한다.

29 ⭐빈출

부상법으로 처리해야 할 폐수의 성상으로 가장 적합한 것은?

① 수중에 용존유기물의 농도가 높은 경우
② 비중이 물보다 낮은 고형물이 많은 경우
③ 수온이 높은 폐수
④ 독성물질을 함유한 폐수

> 부상법은 폐수 내 물보다 가벼운 고형물이나 유기물이 부상하도록 하여 제거하는 방법이므로, 비중이 물보다 낮은 부유물이 많은 폐수처리를 위해 적합하다.

30

생물학적 처리방법과 그 설명이 잘못 연결된 것은?

① 회전원판법 - 미생물 부착성장형으로써, 슬러지의 반송이 필요 없다.
② 접촉산화법 - 생물막을 이용한 처리방식의 일종으로 포기조에 접촉여재를 침적하여 포기, 교반시켜 처리한다.
③ 살수여상법 - 연못화에 따른 악취, 파리의 이상변식 등의 문제점이 지적되고 있다.
④ 산화지법 - 수심 1m 이하의 경우 호기성 세균의 산소공급원은 조류와 균류이다.

> 산화지법 - 수심 1m 이하의 경우 호기성 세균의 산소공급원은 바람에 의한 표면포기와 조류에 의한 광합성에 의하여 공급된다.

31

다음 중 살수여상법으로 폐수를 처리할 때, 유지관리상 주의할 점이 아닌 것은?

① 파리의 발생   ② 여상의 폐쇄
③ 생물막의 탈락   ④ 슬러지의 팽화

> 슬러지의 팽화는 활성슬러지법에서의 운영상 문제점이다.

32

다음 폐수처리공법 중 고액분리 방법과 가장 거리가 먼 것은?

① 부상분리법   ② 전기투석법
③ 스크리닝   ④ 원심분리법

불용해성 성분의 분리 (고액분리법)	부상분리법, 스크리닝, 원심분리법
용해성 성분의 분리	전기투석법, 활성탄처리법, 오존산화법

정답   26 ③   27 ①   28 ②   29 ②   30 ④   31 ④   32 ②

33

다음 중 산화(oxidation)반응의 개념으로 옳지 않은 것은?

① 산소와 화합하는 현상
② 수소화합물에서 수소를 잃는 현상
③ 전자를 받아들이는 현상
④ 산화수가 증가하는 현상

> 전자를 받아들이는 현상은 환원이다. 산화는 전자를 내보낸다.

34 ⭐빈출

$0.01N-HCl$용액의 pH는 얼마인가? (단, HCl은 100% 이온화한다.)

① 1   ② 2
③ 3   ④ 4

> $HCl \rightleftharpoons H^+ + Cl^-$
> $N=nM$, 염산은 1가 이므로 $N=M$
> $HCl : H^+ = 1 : 1 = 0.01M : \square$
> $\square = 0.01M$
> $pH = -\log[H^+]$
> $\quad = -\log[0.01] = 2$

35 ⭐빈출

박테리아의 경험식은 $C_5H_7O_2N$이다. $1kg$의 박테리아를 완전히 산화시키려면 몇 kg의 산소가 필요한가? (단, 질소는 암모니아로 무기화된다.)

① 4.32
② 3.47
③ 2.14
④ 1.42

> $C_5H_7O_2N + 5O_2 \rightarrow 5CO_2 + 2H_2O + NH_3$
> $C_5H_7O_2N : 5O_2 = 113g : 5 \times 32g$
> $113g : 5 \times 32g = 1kg : \square$
> $\square = \dfrac{5 \times 32 \times 1}{113} = 1.4159kg$

36

폐기물관리체계 중 도시폐기물관리에서 가장 많은 비용을 차지하는 요소는?

① 처리   ② 저장
③ 처분   ④ 수집

> 도시폐기물 관리비용 중에서 수집(수거) 비용은 전체 비용의 상당 부분을 차지한다. 일반적으로 폐기물 처리, 저장, 처분보다 수집 작업이 노동력, 차량 운영비, 장비 유지비 등으로 인해 비용이 가장 크다. 특히 수집은 폐기물 발생지에서부터 처리시설까지의 운반을 포함해 많은 자원이 소요된다.

37 ⭐빈출

연간 $3,000,000ton$의 도시쓰레기를 $3,000$명의 인부가 수거한다면 수거인부의 수거능력(MHT)은? (단, 일평균작업시간 : 8 hr/day, 1년 작업일수 : $300days$)

① 1.7   ② 2.4
③ 3.1   ④ 4.5

> $MHT = \dfrac{Man \times Hr}{Ton}$
> $\quad = 3,000$인 $\times \dfrac{8hr}{day} \times \dfrac{300day}{yr} \times \dfrac{yr}{3,000,000ton}$
> $\quad = 2.4 man \cdot hr/ton$

38 ⭐빈출

함수율 97%인 슬러지 $3,600m^3$를 농축하여 함수율 94%로 낮추었을 때 슬러지의 부피는? (단, 슬러지 비중은 1이다.)

① $1,800m^3$ ② $2,000m^3$
③ $2,200m^3$ ④ $2,400m^3$

> $SL_1(1-X_1) = SL_2(1-X_2)$
> $3,600m^3(1-0.97) = SL_2(1-0.94)$
> $SL_2 = 1,800m^3$

정답   33 ③   34 ②   35 ④   36 ④   37 ②   38 ①

39 ⭐빈출

밀도가 $0.4 ton/m^3$인 쓰레기를 매립하기 위해 밀도 0.85 ton/m^3으로 압축하였다. 압축비는?

① 0.6 ② 1.8
③ 2.1 ④ 3.3

무게는 압축 전·후를 비교하였을 때 동일하다.
㉠ 압축 전
  부피 : $1m^3$
  무게 : $\frac{0.4 ton}{m^3} \times 1m^3 = 0.4 ton$
㉡ 압축 후
  무게 : $0.4 ton$
  부피 : $0.4 ton \times \frac{m^3}{0.85 ton} = 0.4705 m^3$
㉢ 압축비
  압축비 $= \frac{V_1}{V_2} = \frac{1m^3}{0.4705m^3} = 2.1253$

40 ⭐빈출

쓰레기 수거노선을 설정할 때의 유의사항으로 가장 거리가 먼 것은?

① 가능한 한 간선도로 부근에서 시작하고 끝나도록 한다.
② 언덕길은 내려가면서 수거한다.
③ 발생량이 많은 곳은 하루 중 가장 먼저 수거한다.
④ 가능한 한 시계반대방향으로 수거노선을 정한다.

가능한 한 시계방향으로 수거노선을 정한다.

41

함수율 50%인 쓰레기와 함수율 90%인 슬러지를 7 : 3으로 섞어 매립하고자 한다. 이 혼합물의 함수율은 얼마인가?

① 57% ② 62%
③ 70% ④ 73%

구분	구성비(%)	함수율(%)
A	7	50
B	3	90

$\frac{(7 \times 50) + (3 \times 90)}{10} = 62\%$

42 ⭐빈출

폐기물 관리체계의 3대 기본원칙(3R)이 아닌 것은?

① 감량화 ② 재활용
③ 파쇄화 ④ 재이용

폐기물 처리기술의 3대 기본원칙(3R) : 감량화(Reduction), 재이용(Reuse)/재활용(Recycle), 회수이용(Recovery)

43 ⭐빈출

Dulong 공식을 적용하여 슬러지의 건조 무게당 발열량을 구하는 방법은?

① 원소분석법 ② 근사치분석법
③ 열량계법 ④ 열분해법

원소분석법은 화학적 원소분석을 통해 구한 폐기물의 수소, 탄소, 질소, 산소 함량을 이용하여 발열량을 계산하는 Dulong 공식을 이용한다.

44 ⭐빈출

다음 중 소각로의 형식이라 볼 수 없는 것은?

① 펌프식 ② 화격자식
③ 유동상식 ④ 회전로식

② 화격자식 : 격자 위에 고체 폐기물을 적재해 연소하는 방식
③ 유동상식 : 하부로부터 가스를 주입하여 모래를 띄운 후 이를 가열하여 상부로부터 폐기물을 주입하여 소각하는 형식
④ 회전로식 : 원통형 로체가 회전하면서 폐기물을 혼합, 건조, 연소시킴.

45

유기성 폐기물 매립장(혐기성)에서 가장 많이 발생되는 가스는? [단, 정상상태(Steady State)이다.]

① 일산화탄소 ② 이산화탄소
③ 메탄 ④ 부탄

정상상태의 매립장에서 메탄이 약 55%, 이산화탄소가 약 40%, 기타 5%가 발생한다.

정답   39 ③ 40 ④ 41 ② 42 ③ 43 ① 44 ① 45 ③

46

슬러지 농축방법으로 적절하지 않은 것은?

① 명반 응집제 첨가 농축방법
② 중력식 농축방법
③ 원심분리 농축방법
④ 용존공기부상 농축방법

① 명반 응집제 첨가 방법은 주로 슬러지 개량 또는 응집제를 사용한 침전효율 증가를 위한 약품 처리 방식이지, 농축방법 자체로 분류되지 않는다.
② 중력식 농축방법은 슬러지를 중력에 의해 침전시켜 농축하는 전통적인 방법으로 적절하다.
③ 원심분리 농축방법은 원심력을 이용해 슬러지를 농축하는 효과적인 방법이다.
④ 용존공기부상 농축방법(DAF)은 미세한 기포를 이용해 슬러지를 부상시켜 농축하는 방법으로 적합하다.

47

소각시설의 연소온도를 높이기 위한 방법으로 옳지 않은 것은?

① 발열량이 높은 연료 사용
② 공기량의 과다주입
③ 연료의 예열
④ 연료의 완전연소

공기량의 과다주입은 연소실의 냉각효과를 가져올 수 있다.

48

폐기물의 재활용과 감량화를 도모하기 위해 실시할 수 있는 제도로 가장 거리가 먼 것은?

① 예치금제도
② 환경영향평가
③ 부담금제도
④ 쓰레기종량제

환경영향평가는 대상사업의 시행으로 인하여 환경에 미치는 유해한 영향을 사전에 예측·분석하여 환경에 미치는 영향을 줄일 수 있는 방안을 강구하는 평가절차로 폐기물의 재활용과 감량화와는 거리가 멀다.

49

짐머만(Zimmerman)공법이라고 불리며 액상 슬러지에 열과 압력을 작용시켜 용존산소에 의하여 화학적으로 슬러지 내의 유기물을 산화시키는 방법은?

① 혐기성 소화
② 호기성 소화
③ 습식 산화
④ 화학적 안정화

습식 산화는 고온고압 조건에서 산화제를 사용해 슬러지 내 유기물을 산화 분해하여 처리효율을 높이는 방식으로, 주로 폐수슬러지 처리에 활용된다.

50

슬러지의 혐기성 소화처리에 관한 설명으로 적절하지 않은 것은?

① 슬러지의 무게와 부피를 감소시킨다.
② 이용가치가 있는 부산물을 얻을 수 있다.
③ 병원균을 죽이거나 통제할 수 있다.
④ 호기성 소화보다 빠른 시간에 처리할 수 있다.

호기성 소화보다 소화속도가 느려 많은 시간이 필요하다.

51 ⭐

소각로의 종류 중 하부로부터 가스를 주입하여 모래를 띄운 후 이를 가열하여 상부에서 폐기물을 주입하여 소각하는 방법은?

① 유동상 소각로
② 회전식 소각로
③ 다단식 소각로
④ 화격자 소각로

② 회전식 소각로 : 원통형 로체가 회전하면서 폐기물을 혼합, 건조, 연소시킴.
③ 다단식 소각로 : 여러 단으로 구성되어 단계별로 연소 및 처리함.
④ 화격자 소각로 : 견고한 격자 위에 폐기물을 올려놓고 연소하는 고전적인 방식

52 빈출

소각시설의 언소온도가 너무 높을 때 주로 발생되는 대기오염물질은?

① 질소산화물
② 탄화수소류
③ 일산화탄소
④ 수증기와 재

온도가 너무 높으면 열적질소산화물(Thermal NO_x)의 발생량이 증가한다.

53

가로 $1.2m$, 세로 $2m$, 높이 $12m$의 연소실에서 저위발열량이 $10,000kcal/kg$인 중유를 1시간에 $10kg$씩 연소시킨다면 연소실의 열발생률은 얼마인가?

① $2,881kcal/m^3 \cdot hr$
② $3,472kcal/m^3 \cdot hr$
③ $4,985kcal/m^3 \cdot hr$
④ $5,644kcal/m^3 \cdot hr$

단위에 유의한다.

$$열발생률 = \frac{kcal}{m^3 \cdot hr} = \frac{시간당 발열량}{용적}$$

$$= \frac{10kg}{hr} \times \frac{10,000kcal}{kg} \times \frac{1}{(1.2 \times 2 \times 12)m^3}$$

$$= 3,472.2222kcal/m^3 \cdot hr$$

54

매립시설에서 복토의 목적과 거리가 먼 것은?

① 빗물 배제
② 화재 방지
③ 식물 성장 방지
④ 폐기물의 비산 방지

복토에 의해 식물 성장을 촉진한다.

55 빈출

완전연소를 위한 이론공기량을 산출하는 식으로 옳은 것은? (단, 부피기준임)

① 이론공기량 = 이론산소량 × 0.21
② 이론공기량 = 이론산소량 ÷ 0.21
③ 이론공기량 = 이론산소량 × 0.79
④ 이론공기량 = 이론산소량 ÷ 0.79

공기 중 산소의 부비피는 21%이므로 이론공기량 = 이론산소량 ÷ 0.21이다.

56 빈출

어느 벽체의 투과손실이 $32dB$이라면, 이 벽체의 투과율은?

① 6.3×10^{-4}
② 7.3×10^{-4}
③ 8.3×10^{-4}
④ 9.3×10^{-4}

$$TL = 10\log\left(\frac{1}{\tau}\right) = 10\log\left(\frac{I_{in}}{I_{out}}\right)$$

$$32dB = 10\log\left(\frac{1}{\tau}\right)$$

$$\left(\frac{1}{\tau}\right) = 10^{\frac{32}{10}}$$

$$\tau = 10^{-\frac{32}{10}} = 6.3 \times 10^{-4}$$

τ : 투과율
I_{in} : 입사음의 세기
I_{out} : 투과음의 세기

57

진동측정 시 진동픽업을 설치하기 위한 장소로 옳지 않은 것은?

① 경사 또는 요철이 없는 장소
② 완충물이 있고 충분히 다져서 단단히 굳은 장소
③ 복잡한 반사, 회절현상이 없는 지점
④ 온도, 전자기 등의 외부 영향을 받지 않는 곳

완충물이 없고 충분히 다져서 단단히 굳은 장소

정답   52 ①   53 ②   54 ③   55 ②   56 ①   57 ②

58

단진자의 길이가 2m일 때 그 주기는?

① 0.8초   ② 1.2초
③ 2.2초   ④ 2.8초

$$T = 2\pi\sqrt{\frac{l}{g}}$$
$$= 2\pi\sqrt{\frac{2m}{9.8m/\sec^2}} = 2.8384\sec$$

T : 단진자의 주기(s)

g : 중력가속도

l : 실의 길이

59

다음 중 공해진동에 관한 설명으로 옳지 않은 것은?

① 일반적으로 공해진동의 주파수 범위는 1~90Hz이다.
② 사람에게 불쾌감을 주는 진동을 말한다.
③ 공해진동레벨은 60dB부터 80dB까지가 많다.
④ 수직진동은 50Hz 이상에서 영향이 크다.

수직진동은 4~8Hz, 수평진동은 1~2Hz에서 영향이 크다. 진동의 역치는 50±5dB이다.

60 ⭐

진동수가 200Hz이고 속도가 50$m/\sec$인 파동의 파장은?

① 25cm   ② 50cm
③ 75cm   ④ 100cm

$$파장(\lambda) = \frac{속도(C)}{주파수(f)}$$
$$= \frac{50m/\sec}{200Hz} = 0.25m = 25cm$$

정답   58 ④ 59 ④ 60 ①

01

연소과정에서 주로 발생하는 질소산화물의 형태는?

① NO
② NO_2
③ NO_3
④ N_2O

연소과정에서 주로 발생하는 질소산화물의 형태는 NO(약 90~95%)이다.

02 빈출

대기가 매우 안정한 상태일 때 아침과 새벽에 잘 발생하고 굴뚝의 높이가 낮으면 지표 부근에 심각한 오염 문제를 발생시키는 연기의 모양은?

① 환상형
② 원추형
③ 구속형
④ 부채형

① 환상형(Looping) : 대기가 매우 불안정하고 난류가 심할 때 나타나며, 연기가 상하로 흔들리고 국지적인 고농도가 발생할 수 있다. 주로 맑고 바람이 약한 낮에 관찰된다.
② 원추형(Coning) : 대기가 약간 안정하거나 중립 상태일 때 발생하며, 연기가 원추모양으로 천천히 분산된다. 구름 긴 날이나 바람이 약할 때 주로 나타난다.
④ 구속형(Trapping) : 상하 두 개의 역전층 사이에 연기가 갇혀 확산이 제한되는 형태로, 오염이 심한 상태를 나타낸다.

03

링겔만 농도표와 관계가 깊은 것은?

① 매연측정
② 가스크로마토그래프
③ 오존농도측정
④ 질소산화물 성분분석

링겔만 농도표(링겔만 도표, Ringelmann chart)는 굴뚝에서 배출되는 매연의 농도를 측정하는 데 사용하는 기준표이다.
전백(밝은 흰색)에서 전흑(완전 검은색)까지 6단계로 나누어 매연의 검은 정도를 시각적으로 비교하여 농도를 평가한다.

04

산성비에 대한 설명으로 가장 거리가 먼 것은?

① 통상 pH가 5.6 이하인 비를 말한다.
② 산성비는 인공건축물의 부식을 더디게 한다.
③ 산성비는 토양의 광물질을 씻겨 내려 토양을 황폐화시킨다.
④ 산성비는 황산화물이나 질소산화물 등이 물방울에 녹아서 생긴다.

산성비는 인공건축물의 부식을 촉진한다.

05

디젤기관에서 많이 배출되며 탄화수소와 함께 광화학 스모그를 일으키는 반응에 영향을 미치는 배출가스는?

① 매연
② 황산화물
③ 질소산화물
④ 일산화탄소

질소산화물(NO_x)은 디젤엔진 배출가스 중 중요한 유해 성분으로, 대기 중 휘발성 유기화합물(탄화수소, HC)과 반응하여 오존과 같은 광화학 스모그의 전구물질 역할을 한다.
디젤엔진에서는 질소산화물이 전체 배출물질에서 50% 이상을 차지하며, 인체와 환경에 미치는 피해가 크다.

정답   01 ①   02 ④   03 ①   04 ②   05 ③

06

세정집진장치의 입자 포집원리에 관한 설명으로 가장 거리가 먼 것은?

① 미립자 확산에 의하여 액적과의 접촉을 쉽게 한다.
② 배기가스의 습도 감소로 인하여 입자가 응집하여 제거효율이 증가한다.
③ 액적에 입자가 충돌하여 부착한다.
④ 입자를 핵으로 한 증기의 응결에 의하여 응집성을 증가시킨다.

> 배기가스의 습도 증가로 인하여 입자가 응집하여 제거효율이 증가한다.

07 빈출

중량비가 C : 86%, H : 4%, O : 8%, S : 2%인 석탄을 연소할 경우 필요한 이론산소량(Sm^3/kg)은?

① 약 1.6   ② 약 1.8
③ 약 2.0   ④ 약 2.2

> 고체연료의 이론산소량(Sm^3/kg)
> $= 1.867C + 5.6H + 0.7S - 0.7O$
> $= 1.867 \times 0.86 + 5.6 \times 0.04 + 0.7 \times 0.02 - 0.7 \times 0.08$
> $= 1.7876 Sm^3/kg$

08 빈출

집진장치의 입구 더스트 농도가 $2.8g/Sm^3$이고, 출구 더스트 농도가 $0.1g/Sm^3$일 때 집진율(%)은?

① 86.9   ② 94.2
③ 96.4   ④ 98.8

> $\eta = \left(1 - \dfrac{C_{out}}{C_{in}}\right) \times 100$
> $= \left(1 - \dfrac{0.1}{2.8}\right) \times 100 = 96.4285\%$

09

가스상 물질과 먼지를 동시에 제거할 수 있으면서 압력손실이 큰 집진장치는?

① 원심력집진장치
② 여과집진장치
③ 세정집진장치
④ 전기집진장치

> 가스상 물질과 먼지를 동시에 제거할 수 있는 집진장치는 세정집진장치이다. 세정집진장치 중 벤츄리스크러버의 압력손실은 300~800 mmH_2O로 크기 때문에 가스속도를 60~90$m/\sec$로 매우 높게 운전해야 처리가 가능하다.

10

수세법을 이용하여 제거시킬 수 있는 오염물질로 가장 거리가 먼 것은?

① NH_3 ② SO_2
③ NO_2 ④ Cl_2

> 질소산화물은 난용성기체로 물에 잘 녹지 않는다.

11 빈출

액체 부탄 $20kg$을 1기압, 25℃에서 완전기화시킬 때의 부피(m^3)는?

① 5.45   ② 8.43
③ 12.38   ④ 16.43

> $1kmol = kg$분자량 $= 22.4Sm^3$이므로,
> $C_4H_{10} = 12 \times 4 + 1 \times 10 = 58$
>
> $20kg \times \dfrac{1kmol}{58kg} \times \dfrac{22.4Sm^3_{-STP}}{1kmol} \times \dfrac{(273+25)K}{273K}$
> $= 8.4314 m^3$
> 0℃ → 25℃로 온도가 증가하였으므로 부피는 증가하며(분자에 큰 수), 압력은 변화가 없으므로 압력에 의한 보정은 하지 않는다.

정답   06 ②   07 ②   08 ③   09 ③   10 ③   11 ②

12

도심지역에서 열방출이 많고 외부로 확산이 안되기 때문에 교외지역에 비해 도심지역의 온도가 높게 나타나는 현상은?

① 온실효과
② 습윤단열감율
③ 열섬효과
④ 건조단열감율

> 열섬현상(열섬효과) : 대기오염으로 인한 지구환경 변화 중 도시지역의 공장, 자동차 등에서 배출되는 고온의 가스와 냉난방시설로부터 배출되는 더운 공기가 상승하면서 주변의 찬 공기가 도시로 유입되어 도시지역의 대기오염물질에 의한 거대한 지붕을 만드는 현상

13 빈출

집진장치에 관한 설명으로 옳은 것은?

① 사이클론은 여과집진장치에 해당된다.
② 중력집진장치는 고효율 집진장치에 해당된다.
③ 여과집진장치는 수분이 많은 먼지처리에 적합하다.
④ 전기집진장치는 코로나 방전을 이용하여 집진하는 장치이다.

> ① 사이클론은 원심력집진장치에 해당된다.
> ② 중력집진장치는 저효율 집진장치에 해당된다.
> ③ 여과집진장치는 수분이 많은 먼지처리에 적합하지 않다.

14

다음 집진장치의 원리와 특성에 대한 설명으로 옳은 것은?

① 전기집진장치는 입자를 중력에 의해 분리, 포집하는 장치로서 입경이 $100\mu m$ 이상일 때 적용한다.
② 관성력집진장치는 중력과 관성력을 동시에 이용하는 장치로서 원리와 구조는 간단하지만 압력손실이 크고 운전비가 높다.
③ 여과집진장치는 여러 종류의 먼지를 집진할 수 있어 가장 많이 사용되지만 200℃ 이상의 고온 가스를 처리하기는 어렵다.
④ 중력집진장치에서 배기관 지름이 작을수록 입경이 작은 먼지를 제거할 수 있고 블로다운으로 집진된 먼지의 재비산을 방지하여 효율을 높일 수 있다.

> ① 중력집진장치는 입자를 중력에 의해 분리, 포집하는 장치로서 입경이 $100\mu m$ 이상일 때 적용한다.
> ② 관성력집진장치는 중력과 관성력을 동시에 이용하는 장치로서 원리와 구조는 간단하고 압력손실이 작고 운전비가 적게 든다.
> ④ 원심력집진장치에서 배기관 지름이 작을수록 입경이 작은 먼지를 제거할 수 있고 블로다운으로 집진된 먼지의 재비산을 방지하여 효율을 높일 수 있다.

15 빈출

물리적 흡착과 화학적 흡착에 대한 비교설명으로 옳은 것은?

① 물리적 흡착과정은 가역적이기 때문에 흡착제의 재생이나 오염가스의 회수에 매우 편리하다.
② 물리적 흡착은 온도의 영향을 받지 않는다.
③ 물리적 흡착은 화학적 흡착보다 분자 간의 인력이 강하기 때문에 흡착과정에서의 발열량도 크다.
④ 물리적 흡착에서는 용질의 분자량이 적을수록 유리하게 흡착한다.

> ② 물리적 흡착은 온도의 영향을 받는다.
> ③ 화학적 흡착은 물리적 흡착보다 분자 간의 인력이 강하기 때문에 흡착과정에서의 발열량도 크다.
> ④ 물리적 흡착에서는 용질의 분자량이 클수록 유리하게 흡착한다.

16 빈출

생물학적 고도처리방법 중 활성슬러지공법의 포기조 앞에 혐기성조를 추가시킨 것으로 혐기성조, 호기성조로 구성되고, 질소제거가 고려되지 않아 높은 효율의 N, P의 동시제거가 어려운 공법은?

① A/O공법
② A_2/O공법
③ VIP공법
④ UCT공법

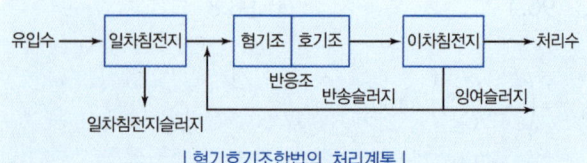

| 혐기호기조합법의 처리계통 |

- 혐기조 : 인의 방출
- 호기조 : 인의 과잉섭취

정답   12 ③ 13 ④ 14 ③ 15 ① 16 ①

17

생물학적 원리를 이용하여 영양염류(인 또는 질소)를 효과적으로 제거할 수 있는 공법이라 볼 수 없는 것은?

① $M-A/S$
② A/O
③ $Bardenpho$
④ UCT

M-A/S는 일반적으로 전통 활성슬러지(Activated Sludge) 공정을 의미하며, 유기물을 제거하는 공법이다.

18

수질오염공정시험기준상 6가 크롬의 자외선/가시선 분광법 측정 원리에 관한 설명으로 (   )에 알맞은 것은?

6가 크롬에 다이페닐카바자이드를 작용시켜 생성하는 (㉠)의 착화합물의 흡광도를 (㉡)nm에서 측정하여 6가 크롬을 정량한다.

① ㉠ 적자색, ㉡ 253.7
② ㉠ 적자색, ㉡ 540
③ ㉠ 청색, ㉡ 253.7
④ ㉠ 청색, ㉡ 540

6가 크롬에 다이페닐카바자이드를 작용시켜 생성하는 적자색의 착화합물의 흡광도를 540nm에서 측정하여 6가 크롬을 정량한다.

19 빈출

염소는 폐수 내의 질소화합물과 결합하여 무엇을 형성하는가?

① 유리염소
② 클로라민
③ 액체염소
④ 암모니아

폐수 내에 존재하는 암모니아성 질소(NH_3-N)와 염소가 반응하면 유리염소가 암모니아와 결합하여 클로라민(Chloramine)을 생성한다.
클로라민 : NH_2Cl, $NHCl_2$, NCl_3 등

20

농축대상 슬러지량이 $500m^3/day$이고, 슬러지의 고형물 농도가 $15g/L$일 때, 농축조의 고형물 부하를 $2.6kg/m^2 \cdot hr$로 하기 위해 필요한 농축조의 면적(m^2)은? (단, 슬러지의 비중은 1.0이고, 24시간 연속가동 기준이다.)

① 110.4
② 120.2
③ 142.4
④ 156.3

단위에 유의한다.

$$\text{고형물의 면적부하} = \frac{\text{고형물 부하량}}{\text{면적}}$$

$$\frac{500m^3}{day} \times \frac{15g}{L} \times \frac{kg}{10^3g} \times \frac{10^3L}{m^3} \times \frac{day}{24hr} \times \frac{1}{\square m^2}$$

$$= 2.6kg/m^2 \cdot hr$$

$$\square = 120.1923$$

21

조류를 이용한 산화지($Oxidation\,pond$)법으로 폐수를 처리할 경우에 가장 중요한 영향 인자는?

① 햇빛
② 물의 색깔
③ 산화지의 표면모양
④ 산화지 바닥 흙입자 모양

산화지 내에서 조류의 광합성 작용으로 폐수 내 영양염류인 질소와 인을 제거하는 데, 이 과정에 햇빛(태양광)이 필수적이다.

22 빈출

$MLSS$농도가 1,000mg/L이고, BOD농도가 200mg/L인 2,000m^3/day의 폐수가 포기조로 유입될 때 $BOD/MLSS$부하($kg\,BOD/kg\,MLSS$)는? (단, 포기조의 용적은 1,000m^3이다.)

① 0.1
② 0.2
③ 0.3
④ 0.4

정답   17 ① 18 ② 19 ② 20 ② 21 ① 22 ④

F/M비 : $L_s(kg\,BOD/kg\,MLSS \cdot day)$

$$L_s = \frac{Q \times BOD_{in}}{X \times \forall}$$

$$= \frac{2,000 \times 200}{1,000 \times 1,000} = 0.4\,kg\,BOD/kg\,MLSS \cdot day$$

여기서,

L_s : $kg\,BOD/kg\,MLSS \cdot day$ Q : $2,000m^3/day$

BOD_{in} : $200mg/L$ $X(MLSS)$: $1,000mg/L$

$\forall$ (부피) : $1,000m^3$

23 ⭐빈출

수질오염방지시설의 처리능력 또는 설계 시에 사용되는 다음 용어 중 그 성격이 나머지 셋과 다른 것은?

① F/M비   ② SVI

③ 용적부하   ④ 슬러지부하

F/M비는 처리 시설 내의 생물량과 유입수의 비율, 용적부하는 처리 시설 내의 용량과 유입수의 양, 슬러지부하는 처리 시설 내에서 생성되는 슬러지의 양을 각각 말하는데, SVI는 슬러지의 부피와 무게의 비율로 슬러지의 침강성을 평가하는 지표로서 성격이 다르다.

24 ⭐빈출

시판되는 황산의 농도가 96($W/W\%$), 비중 1.84일 때 노르말 농도(N)는?

① 18   ② 24

③ 36   ④ 48

$$\frac{1.84kg}{L} \times \frac{96}{100} \times \frac{10^3 g}{1kg} \times \frac{eq}{(98/2)g} = 36.0489\,eq/L$$

25

접촉산화법(호기성 침지여상)에 관한 설명으로 가장 거리가 먼 것은?

① 매체로서는 벌집형, 모듈(Module)형, 벌크(Bulk)형 등이 쓰인다.

② 부하변동과 유해물질에 대한 내성이 높다.

③ 운전 휴지기간에 대한 적응력이 낮다.

④ 처리수의 투시도가 높다.

운전 휴지기간에 대한 적응력이 높다.

26 ⭐빈출

미생물성장곡선에서 다음 설명과 같은 특성을 보이는 단계는?

- 살아 있는 미생물들이 조금밖에 없는 양분을 두고 서로 경쟁하고, 신진대사율은 큰 비율로 감소한다.
- 미생물은 그들 자신의 원형질을 분해시켜 에너지를 얻는 자산화 과정을 겪게 되어 전체 원형질 무게는 감소된다.

① 지체기   ② 대수성장기

③ 감소성장기   ④ 내생호흡기

미생물의 증식 4단계

지체기 → 대수성장기 → 감소성장기 → 내생호흡기

㉠ 지체기(유도기)
- 미생물량 적고 증식속도 극히 느림, 새로운 환경에 적응

㉡ 대수(지수)성장기
- F/M비 대단히 큼.
- 독립성장 → floc 형성↓ → 침전율↓ → BOD 제거↓
- 포기조 내의 미생물 성장단계 중 신진대사율이 가장 높은 단계

㉢ 감소성장기(정지기)
- F/M비 점차 낮아짐.
- floc 형성 시작 → 침전율 향상 → 수처리 이용가능

㉣ 내생호흡기(사멸기)
- F/M비 극히 낮음, 자산화 과정
- floc 형성 최대 → 침전율↑ → BOD 제거↑

27

생물농축에 관한 설명으로 틀린 것은?

① 생물농축은 먹이연쇄를 통하여 이루어진다.

② 생체 내에서 분해가 쉽고, 배설률이 크면 농축이 되질 않는다.

③ 농축계수란 유해물의 수중 농도를 생물의 체내 농도로 나눈 값을 말한다.

④ 미나마타병은 생물농축에 의한 공해병이다.

생물농축이란 환경농도(배경농도)보다 고농도로 생물체내에 측적되어 있는 현상을 말한다. 농축계수란 생물의 체내 농도를 유해물의 수중 농도(배경농도)로 나눈 값을 말한다.

정답   23 ②   24 ③   25 ③   26 ④   27 ③

28

SVI = 150인 경우 반송슬러지 농도(mg/L)는?

① 8,452   ② 6,667

③ 5,486   ④ 4,570

SVI와 반송슬러지 농도와의 관계식을 이용한다.

반송슬러지 = $\dfrac{1}{SVI} \times 10^6$

$= \dfrac{1}{150} \times 10^6 = 6,666.6666 mg/L$

※ 단위를 맞춰보면,

$SVI = 150 mL/g$

$\dfrac{g}{150 mL} \times \dfrac{10^3 mg}{g} \times \dfrac{10^3 mL}{L} = 6,666.6666 mg/L$

$g \rightarrow mg \quad mL \rightarrow L$

29 빈출

지하수의 특성으로 가장 거리가 먼 것은?

① 광화학반응 및 호기성 세균에 의한 유기물 분해가 주를 이룬다.
② 국지적 환경조건의 영향을 크게 받는다.
③ 지표수에 비해 경도가 높고, 용해된 광물질을 보다 많이 함유한다.
④ 비교적 깊은 곳의 물일수록 지층과의 보다 오랜 접촉에 의해 용매효과는 커진다.

지표수는 광화학반응 및 호기성 세균에 의한 유기물 분해가 주를 이룬다.

30 빈출

농촌마을의 발생 하수를 산화지로 처리할 때 유입 BOD농도가 $100 g/m^3$이고 유량이 $3,000 m^3/day$이며 필요한 산화지의 면적은 $3ha$라면 BOD부하량($kg/ha \cdot day$)은?

① 10   ② 50

③ 100   ④ 200

BOD면적부하($kg\,BOD/ha \cdot day$)

BOD면적 부하 $= \dfrac{BOD_{in} 총량}{면적}$

$$= \dfrac{\dfrac{100g}{m^3} \times \dfrac{3,000 m^3}{day} \times \dfrac{kg}{10^3 g}}{3 ha} = 100 kg/ha \cdot day$$

31 빈출

아연과 성질이 유사한 금속으로 체내 칼슘균형을 깨뜨려 이따이이따이병과 같은 골연화증의 원인이 되는 것은?

① Hg ② Cd

③ PCB ④ Cr^{6+}

아연과 화학적 성질이 비슷한 카드뮴은 신체 내 칼슘 흡수를 방해해 골연화증을 유발하고, 일본에서 발생한 이타이이타이병의 주요 발병 원인으로 알려져 있다.

32

SS측정은 다음 어느 분석법에 해당되는가?

① 용량법   ② 중량법

③ 용매추출법   ④ 흡광측정법

미리 무게를 단 유리섬유여과지(GF/C)를 여과장치에 부착하여 일정량의 시료를 여과시킨 다음 항량으로 건조하여 무게를 달아 여과 전·후의 유리섬유여과지의 무게차를 산출하여 부유물질의 양을 구하는 방법이다.

33

활성슬러지공법으로 생활하수처리 시 과량의 유기물이 유입되었을 때 가장 적절한 응급조치는?

① 영양물질 투입
② 응집 전처리
③ 슬러지반송율 증가
④ 산기기 추가 설치

슬러지 반송을 증가시켜 포기조 내의 과량의 유기물에 대한 적절한 $MLSS$농도를 맞춘다.

34

도시화가 진행될수록 하천의 홍수와 갈수현상이 심화되는 이유는?

① 대기오염물질의 증가
② 생활하수 배출량의 증가
③ 생활용수 사용량의 증가
④ 지면 포장으로 강수의 침투성 저하

> 급격한 도시화로 인해 도로, 건물 등 불투수성 표면(아스팔트, 콘크리트 등)이 증가하면서 빗물이 지하로 스며들지 못하고 표면에 고이게 된다. 이로 인해 강우 시 하천으로 유출되는 물의 양이 증가해 홍수가 발생하기 쉬워진다.
> 또한 지하 침투가 감소하면 지하수 보충이 줄어들어 가뭄 시 하천의 자연유량이 감소하여 갈수현상이 심화된다.

35

모래, 자갈, 뼛조각 등과 같은 무기성의 부유물로 구성된 혼합물을 의미하는 것은?

① 스크린
② 그릿
③ 슬러지
④ 스컴

> Grit은 모래, 자갈, 뼛조각 등과 같은 무기성 부유물질을 의미하며 침사지(Grit Chamber)에서 침전에 의해 제거되기 쉽다.

36 ⭐빈출

메탄 $8kg$을 완전연소시키는데 필요한 이론산소량(kg)은?

① 16
② 32
③ 48
④ 64

> $CH_4 + 2O_2 \rightarrow CO_2 + 2H_2O$
> $CH_4 : 2O_2 = 16kg : 2 \times 32kg$
> $16kg : 2 \times 32kg = 8kg : \square$
> 이론산소량 $= 32kg$

37

폐기물 발생특성에 관한 설명으로 옳은 것만 모두 나열된 것은?

> ㉠ 쓰레기통이 작을수록 발생량은 감소한다.
> ㉡ 계절에 따라 쓰레기 발생량이 다르다.
> ㉢ 재활용률이 증가할수록 발생량은 감소한다.

① ㉠, ㉡
② ㉠, ㉢
③ ㉡, ㉢
④ ㉠, ㉡, ㉢

> 폐기물의 발생량은 쓰레기통 크기, 계절, 재활용률의 영향을 받는다.

38 ⭐빈출

수분 및 고형물 함량 측정에 필요한 실험기구와 거리가 먼 것은?

① 증발접시
② 전자저울
③ jar-test
④ 데시케이터

> jar-테스터는 응집제의 종류와 투입량 결정에 사용되는 실험기구이다.

39

폐기물 소각 후 발생한 폐열의 회수를 위해 열교환기를 설치하였다. 다음 중 열교환기 종류가 아닌 것은?

① 과열기
② 비열기
③ 재열기
④ 공기예열기

> ① 과열기(super heater) : 생성된 증기를 더 높은 온도로 가열하는 장치
> ③ 재열기(reheater) : 터빈 전단의 고온 증기를 재가열하는 장치
> ④ 공기예열기(air preheater) : 연소용 공기를 예열하는 장치

40 ⭐빈출

소화 슬러지의 발생량은 투입량의 15%이고 함수율 90%이다. 탈수기에서 함수율을 70%로 한다면 케이크의 부피(m^3)는? (단, 투입량은 $150kL$이다.)

① 7.5
② 8.7
③ 9.5
④ 10.7

정답   34 ④ 35 ② 36 ② 37 ④ 38 ③ 39 ② 40 ①

$$150kL(=m^3) \times \frac{10_{-TS}}{100_{-SL}} \times \frac{15}{100} \times \frac{100_{-cake}}{30_{-TS}} = 7.5m^3$$

$$TS \to cake$$
$$SL \to TS \quad SL \to 소화SL$$

41 ⭐빈출

도시지역의 쓰레기 수거량은 $1,792,500 ton/yr$이다. 이 쓰레기를 1,363명이 수거한다면 수거능력(MHT)은? (단, 1일 작업시간은 8시간, 1년 작업일수는 310일이다.)

① 1.45　　　　　② 1.77
③ 1.89　　　　　④ 1.96

$$MHT = \frac{Man \times Hr}{Ton}$$
$$= 1,363인 \times \frac{8hr}{day} \times \frac{310day}{yr} \times \frac{yr}{1,792,500ton}$$
$$= 1.8857man \cdot hr/ton$$

42 ⭐빈출

도시폐기물을 위생매립하였을 때 일반적으로 매립초기(1단계 ~ 2단계)에 가장 많은 비율로 발생되는 가스는?

① CH_4　　　　　② CO_2
③ H_2S　　　　　④ NH_3

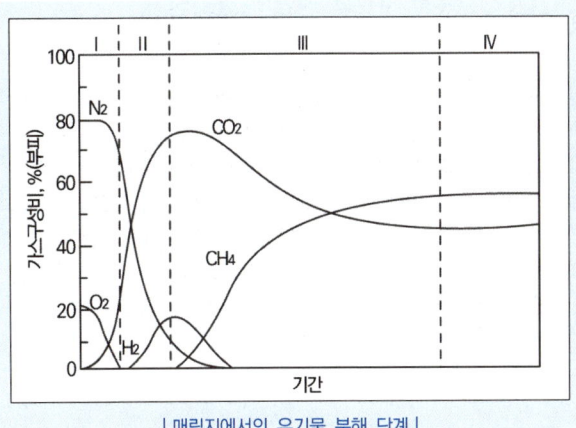

| 매립지에서의 유기물 분해 단계 |

43 ⭐빈출

처음 부피가 $1,000m^3$인 폐기물을 압축하여 $500m^3$인 상태로 부피를 감소시켰다면 체적감소율(%)은?

① 2　　　　　② 10
③ 50　　　　　④ 100

$$부피감소율 = \left(\frac{V_1 - V_2}{V_1}\right) \times 100$$
$$= \left(\frac{1,000 - 500}{1,000}\right) \times 100 = 50\%$$

44

배출가스를 냉각시키거나 유해가스 또는 악취 물질이 함유되어 있어 이들을 같이 제거하고자 할 때 사용하는 집진장치로 적합한 것은?

① 중력집진장치
② 원심력집진장치
③ 여과집진장치
④ 세정집진장치

세정집진장치는 액체(주로 물)를 사용하여 배출가스 내의 분진뿐만 아니라 유해가스 및 악취 성분도 함께 제거할 수 있는 장치이다. 또한 가스를 냉각시켜 처리하기 때문에 고온의 배출가스 처리에 적합하다.
중력집진장치, 원심력집진장치, 여과집진장치는 분진제거에 효과적이다.

45 ⭐빈출

다음 중 적환장의 위치로 적당하지 않은 곳은?

① 수거지역의 무게중심에서 가능한 가까운 곳
② 주요간선 도로에서 멀리 떨어진 곳
③ 작업에 의한 환경피해가 최소인 곳
④ 적환장 설치 및 작업이 가장 경제적인 곳

주요간선 도로에서 가까운 곳

46

생활폐기물의 발생량을 표현하는데 사용하는 단위는?

① $kg/$인·일　　② $kL/$인·일
③ $m^3/$인·일　　④ $ton/$인·일

하루에 1인이 발생시키는 생활폐기물의 발생량은 kg으로 나타낸다.

47

슬러지 내의 수분 중 일반적으로 가장 많은 양을 차지하며 고형물질과 직접 결합해 있지 않기 때문에 농축 등의 방법으로 용이하게 분리할 수 있는 수분은?

① 간극수
② 모관결합수
③ 부착수
④ 내부수

간극수는 슬러지 내의 수분 중 일반적으로 가장 많은 양을 차지하며, 고형물질과 직접 결합해 있지 않기 때문에 농축 등의 방법으로 용이하게 분리할 수 있다.

48

폐기물 발생량 산정법 중 직접계근법의 단점은?

① 밀도를 고려해야 한다.
② 작업량이 많다.
③ 정확한 값을 알기 어렵다.
④ 폐기물의 성분을 알아야 한다.

직접계근법은 폐기물을 직접 계량하는 방법으로 가장 정확하지만 작업량이 많고, 번거로운 단점이 있다.

49

도시의 쓰레기를 분석한 결과 밀도는 $450kg/m^3$이고 비가연성 물질의 질량백분율은 72%였다. 이 쓰레기 $10m^3$ 중에 함유된 가연성 물질의 질량(kg)은?

① 1,180　　② 1,260
③ 1,310　　④ 1,460

$$밀도(\rho) = \frac{질량(kg)}{부피(m^3)}$$

$$질량(kg) = 밀도(kg/m^3) \times 부피(m^3)$$

$$= \frac{450kg}{m^3} \times 10m^3 \times \frac{100-72}{100}$$

　　밀도　　부피　　폐기물 → 가연성

$$= 1,260kg$$

50

화상 위에서 쓰레기를 태우는 방식으로 플라스틱처럼 열에 열화, 용해되는 물질의 소각과 슬러지, 입자상물질의 소각에 적합하지만 체류시간이 길고 국부적으로 가열될 염려가 있는 소각로는?

① 고정상　　② 화격자
③ 회전로　　④ 다단로

고정상 소각로는 화격자 위에 폐기물을 올려 태우는 방식으로, 플라스틱 같은 열에 약하거나 용융되는 물질과 슬러지, 입자상 폐기물 소각에 적합하다.
그러나 소각처리 시간이 길고 교반력이 약해 국부적으로 가열되는 현상이 발생할 수 있다. 연소효율은 좋지 않아 잔재가 많이 남는 단점이 있다.

51 ⭐빈출

폐기물 발생량 조사방법에 해당하지 않는 것은?

① 적재차량계수분석법　　② 원단위계산법
③ 직접계근법　　④ 물질수지법

① 적재차량계수분석법 : 쓰레기의 발생량을 산정하는 방법 중 일정기간 동안 특정지역의 쓰레기 수거차량의 대수를 조사하여 이 값에 밀도를 곱하여 중량으로 환산하는 방법이다.
③ 직접계근법 : 쓰레기를 실제로 저울에 달아서 중량을 정확하게 측정하는 방법으로, 가장 정확하지만 비용과 시간이 많이 든다.
④ 물질수지법 : 특정 공정이나 시설에서 출입하는 물질의 양을 질량보존법칙(물질수지식)에 따라 계산하여 배출량을 산정하는 방법이다.

52

폐기물의 물리화학적 처리방법 중 용매추출에 사용되는 용매의 선택기준이 옳은 것만 모두 나열된 것은?

> ㉠ 분배계수가 높아 선택성이 클 것
> ㉡ 끓는점이 높아 회수성이 높을 것
> ㉢ 물에 대한 용해도가 낮을 것
> ㉣ 밀도가 물과 같을 것

① ㉠, ㉡   ② ㉠, ㉢
③ ㉡, ㉢   ④ ㉡, ㉣

㉡ 끓는점이 낮고 회수성이 높을 것
㉣ 밀도가 물과 다를 것

53 빈출

퇴비화 공정에 관한 설명으로 가장 적합한 것은?

① 크기를 고르게 할 필요없이 발생된 그대로의 상태로 숙성시킨다.
② 미생물을 사멸시키기 위해 최적온도는 90℃ 정도로 유지한다.
③ 충분히 물을 뿌려 수분을 100%에 가깝게 유지한다.
④ 소비된 산소의 보충을 위해 규칙적으로 교반한다.

① 크기를 고르게 할 필요가 있다.
② 최적온도는 50~60℃ 정도로 유지한다.
③ 수분을 50~60%로 유지한다.

54 빈출

폐기물과 선별방법이 가장 올바르게 연결된 것은?

① 광물과 종이 – 광학선별
② 목재와 철분 – 자석선별
③ 스티로폼과 유리조각 – 스크린선별
④ 다양한 크기의 혼합폐기물 – 부상선별

① 광물과 종이 – 공기선별
③ 스티로폼과 유리조각 – 부상선별
④ 다양한 크기의 혼합폐기물 – 스크린선별

55

폐기물처리에서 파쇄(shredding)의 목적으로 가장 거리가 먼 것은?

① 부식효과 억제
② 겉보기 비중의 증가
③ 특정 성분의 분리
④ 고체물질간의 균일혼합효과

파쇄를 통해 부식효과는 촉진된다.

56

다공질 흡음제에 해당하지 않는 것은?

① 암면   ② 비닐시트
③ 유리솜   ④ 폴리우레탄폼

다공질 흡음제는 표면과 내부에 미세한 구멍이 있어서 음파가 그 틈 사이의 공기로 전파되면서 벽과의 마찰이나 점성저항으로 음의 일부가 열로 변환되어 소멸되는 재료를 말한다. 대표적인 다공질 흡음제에는 암면, 유리솜, 폴리우레탄폼 등이 포함된다.

57

귀의 구성 중 내이에 관한 설명으로 틀린 것은?

① 난원창은 이소골의 진동을 와우각 중의 림프액에 전달하는 진동판이다.
② 음의 전달 매질은 액체이다.
③ 달팽이관은 내부에 림프액이 들어있다.
④ 이관은 내이의 기압을 조정하는 역할을 한다.

이관은 중이의 기압을 조정한다.

정답   52 ②   53 ④   54 ②   55 ①   56 ②   57 ④

58

흡음기구에 의한 흡음재료를 분류한 것으로 볼 수 없는 것은?

① 다공질 흡음재료
② 공명형 흡음재료
③ 판진동형 흡음재료
④ 반사형 흡음재료

- 흡음기구에 의한 흡음재료의 분류 : 다공질형, 공명형, 판진동형
- 다공질 흡음재료는 섬유, 발포재료 등으로 중·고음역 흡음에 효과적이며, 대표적 재료는 유리솜, 암면, 세라믹 등이 있다.
- 공명형 흡음재료는 구멍이나 틈이 있는 재료로 특정 주파수에서 소리를 공명시켜 흡수하는 방식이다.
- 판진동형 흡음재료는 얇은 판이 진동하여 음에너지를 소모하는 형식이다.

59

소음계의 기본구조 중 "측정하고자 하는 소음도가 지시계기의 범위 내에 있도록 하기 위한 감쇠기"를 의미하는 것은?

① 증폭기
② 마이크로폰
③ 동특성조절기
④ 레벨레인지 변환기

- ① 증폭기 : 마이크로폰이 받아들인 약한 신호를 증폭하는 장치이다.
- ② 마이크로폰 : 소리를 전기신호로 변환하는 센서이다.
- ③ 동특성조절기 : 주파수 가중치 등 소리의 주파수 특성을 조절하는 장치이다.

60 빈출

진동에 의한 장애는?

① 난청
② 중이염
③ 레이노씨 현상
④ 피부염

레이노씨 현상(Raynaud's Phenomenon)은 주로 "진동"에 의한 외상과 손가락, 발가락 등 말초혈관이 추위나 스트레스 등에 과민반응을 보이며 발작적으로 혈관이 수축하는 현상으로 알려져 있다. 특히 진동에 의한 외상이 대표적인 유발 원인 중 하나로 꼽힌다.

01

다음 세정집진장치 중 스로트부 가스속도가 60~90$m/\sec$ 정도인 것은?

① 충전탑
② 분무탑
③ 제트스크러버
④ 벤츄리스크러버

> 벤츄리스크러버의 압력손실은 300~800mmH_2O로 가장 크기 때문에 가스속도를 60~90$m/\sec$ 정도로 매우 높게 운전해야 처리가 가능하다.

02 빈출

사이클론의 집진효율을 높이는 블로다운효과를 위해 호퍼부에서 처리가스량의 몇 % 정도를 흡인하는가?

① 0.1~0.5%
② 5~10%
③ 100~120%
④ 150~180%

> 사이클론에 있어서 처리가스량의 5~10%를 흡인하여 선회기류의 흐트러짐을 방지하고 유효원심력을 증대시키는 효과를 말한다.

03 빈출

다음 중 산성비에 관한 설명으로 가장 거리가 먼 것은?

① 독일에서 발생한 슈바르츠발트(검은 숲이란 뜻)의 고사 현상은 산성비에 의한 대표적인 피해이다.
② 바젤협약은 산성비 방지를 위한 대표적인 국제협약이다.
③ 산성비에 의한 피해로는 파르테논 신전과 아크로폴리스 같은 유적의 부식 등이 있다.
④ 산성비의 원인물질로는 H_2SO_4, HCl, HNO_3 등이 있다.

> 바젤협약은 유해폐기물의 국가간 이동 및 처리에 관한 국제협약이다.

04 빈출

바람을 일으키는 3가지 힘에 해당하지 않는 것은?

① 응집력
② 전향력
③ 마찰력
④ 기압경도력

> 바람을 일으키는 3가지 힘은 기압경도력, 전향력, 마찰력이다.

05

다음 중 일반적으로 배기가스의 입구처리 속도가 증가하면 제거효율이 커지며, 블로다운효과와 관련된 집진장치는?

① 중력집진장치
② 원심력집진장치
③ 전기집진장치
④ 여과집진장치

> 블로다운효과 : 사이클론 하부의 더스트박스에서 처리 가스량의 5~10%를 별도로 흡인하여 난류현상을 억제하고, 포집된 먼지의 재비산 및 장치 내 분진 순환과 축적을 방지해 집진효율을 더욱 높이는 작용을 말한다.

06 빈출

화학흡착의 특성에 해당되는 것은? (단, 물리흡착과 비교)

① 온도범위가 낮다.
② 흡착열이 낮다.
③ 여러 층의 흡착층이 가능하다.
④ 흡착제의 재생이 이루어지지 않는다.

> 화학적 흡착은 흡착제의 재생이 이루어지지 않는 비가역적 특성이 있고, 물리적 흡착은 흡착제의 재생이 이루어지는 가역적 특성이 있다.

정답 01 ④ 02 ② 03 ② 04 ① 05 ② 06 ④

07 ⭐빈출

다음 중 주로 광화학반응에 의하여 생성되는 물질은?

① CH_4

② PAN

③ NH_3

④ HC

> **광화학반응에 의해 주로 생성되는 물질**
> 오존(O_3), PAN[Peroxyacetyl nitrate, $CH_3C(O)O_2NO_2$], 과산화수소(H_2O_2), 아크롤레인(Acrolein, CH_2CHCHO), 케톤류(Ketones), 염소화 질소화합물($NOCl$) 등

08

일산화탄소의 특성으로 옳지 않은 것은?

① 무색, 무취의 기체이다.

② 물에 잘 녹고, CO_2로 쉽게 산화된다.

③ 연료 중 탄소의 불완전연소 시에 발생한다.

④ 헤모글로빈과의 결합력이 강하다.

> 일산화탄소는 물에 잘 녹지 않고 CO_2로 쉽게 산화되지 않는다.

09 ⭐빈출

집진장치에 관한 설명으로 옳은 것은?

① 사이클론은 여과집진장치에 해당된다.

② 중력집진장치는 고효율 집진장치에 해당된다.

③ 여과집진장치는 수분이 많은 먼지처리에 적합하다.

④ 전기집진장치는 코로나 방전을 이용하여 집진하는 장치이다.

> ① 사이클론은 원심력집진장치에 해당된다.
> ② 중력집진장치는 저효율 집진장치에 해당된다.
> ③ 여과집진장치는 수분이 많은 먼지처리에 적합하지 않다.

10

액화천연가스의 주성분은?

① 나프타

② 메탄

③ 부탄

④ 프로판

> **가스의 주요성분**
> • LNG(액화천연가스) : 메탄
> • LPG(액화석유가스) : 부탄, 프로판

11 ⭐빈출

탄소 $12kg$을 완전연소시키는데 필요한 이론산소량(Sm^3)은? (단, 표준상태 기준)

① 11.2

② 22.4

③ 53.3

④ 106.7

> $C + O_2 \rightarrow CO_2$
> $12kg : 22.4Sm^3 = 12kg : \square$
> ($1kmol = kg$분자량 $= 22.4Sm^3$)
> $\square = 22.4Sm^3$

12

건조한 대기의 구성성분 중 질소, 산소 다음으로 많은 부피를 차지하고 있는 것은?

① 아르곤

② 이산화탄소

③ 네온

④ 오존

> 대기 성분 : 질소(N_2) > 산소(O_2) > 아르곤(Ar) > 이산화탄소(CO_2) > 네온(Ne) > 헬륨(He) > 메탄(CH_4)

13

다음 대기오염물질 중 1차 생성오염물질인 것은?

① CO_2

② PAN

③ O_3

④ H_2O_2

> • 1차 오염물질 : SO_x, NO_x, HC, CO_2, NH_3
> • 2차 오염물질 : SO_x, NO_x, PAN, O_3, H_2O_2, $NOCl$
> • 1, 2차 오염물질 : NO, NO_2, SO_2, SO_3, H_2SO_4, 알데히드류, 유기산류

14

여과집진장치의 특징으로 가장 거리가 먼 것은?

① 폭발성, 점착성 및 흡습성의 먼지제거에 매우 효과적이다.
② 가스 온도에 따라 여재의 사용이 제한된다.
③ 수분이나 여과속도에 대한 적용성이 낮다.
④ 여과재의 교환으로 유지비가 고가이다.

> 여과집진장치는 폭발성, 점착성 및 흡습성의 먼지제거에 효과적이지 못하다.

15 빈출

수소가 15%, 수분이 0.5% 함유된 중유의 저위발열량이 10,300 $kcal/kg$일 때, 고위발열량은?

① $9,487\,kcal/kg$
② $10,805\,kcal/kg$
③ $11,113\,kcal/kg$
④ $12,300\,kcal/kg$

> 저위발열량 = 고위발열량 - 물의 증발잠열
> 액체와 고체연료의 저위발열량 계산식
> $$H_l = H_h - 600(9H + W)$$
> $$10,300\,kcal/kg = H_h - 600\left(9 \times \frac{15}{100} + \frac{0.5}{100}\right)$$
> $$H_h = 11,113\,kcal/kg$$

16 빈출

0.1M 수산화나트륨용액의 농도는 몇 ppm인가?

① 40
② 400
③ 4,000
④ 40,000

> $NaOH = 23 + 16 + 1 = 40$
> 용액의 $ppm = mg/L$
> $$\frac{0.1\,mol}{L} \times \frac{40g}{1\,mol} \times \frac{10^3\,mg}{1g} = 4,000\,mg/L$$
> 농도　　$mol \to g$　$g \to mg$

17

다음 중 불소 제거를 위한 폐수처리방법으로 가장 적합한 것은?

① 화학침전
② P/L공정
③ 살수여상
④ UCT공정

> • 불소는 칼슘과 반응하여 불용성인 CaF_2 형태로 침전되므로, 소석회[$Ca(OH)_2$] 등의 칼슘원과 황산 등을 투입해 pH를 조절하여 침전시키는 화학침전법이 가장 널리 사용된다.
> • P/L공정[플런지 석회공정(Plunge Lime Process)], UCT공정 : 주로 폐수처리에서 인(Phosphorus)과 질소(Nitrogen)를 제거하기 위한 생물학적 처리 공정
> • 살수여상 : 유기물을 제거하기 위한 생물학적 처리 공정

18 빈출

jar-test와 가장 관련이 깊은 것은?

① 응집제 선정과 주입량 결정
② 흡착제(물리, 화학) 선정과 적용
③ 경도결정
④ 최적 알칼리도 선정

> jar-테스터는 응집제의 종류와 투입량 결정에 사용되는 실험기구이다.

19

하천에서 질소화합물의 분해과정에 관한 설명으로 가장 거리가 먼 것은?

① 유기물에 함유된 유기질소는 점차 무기질소로 변한다.
② 질산화 미생물에 의해 최종적으로 질산성 질소로 변한다.
③ 질산성 질소가 다량 검출되면 오염물질이 인근에서 배출되었다고 의심할 수 있다.
④ 유기질소가 다량 검출되면 수인성 전염병을 유발하는 각종 세균의 존재 가능성을 의심할 수 있다.

> 암모니아성 질소가 다량 검출되면 오염물질이 인근에서 배출되었다고 의심할 수 있다.

정답　　14 ① 　15 ③ 　16 ③ 　17 ① 　18 ① 　19 ③

20 빈출

A식품 제조공장에서 배출되고 있는 폐수의 BOD_5의 값이 480 mg/L이고, 탈산소계수가 $0.2/day$라면 최종 BOD_u 값은? (단, 상용대수 적용)

① $497mg/L$ ② $517mg/L$
③ $526mg/L$ ④ $533mg/L$

BOD공식을 이용한다.
소모 $BOD = BOD_u \times (1-10^{-kt}) \rightarrow BOD_5$
$BOD_5 = BOD_u \times (1-10^{-k\times5})$
$480 = BOD_u \times (1-10^{-0.2\times5})$
$BOD_u = 533.3333\,mg/L$

21

유기물을 호기성으로 완전분해 시 최종산물은?

① 이산화탄소와 메탄
② 일산화탄소와 메탄
③ 이산화탄소와 물
④ 일산화탄소와 물

호기성 분해는 산소가 존재하는 환경에서 유기물을 미생물이 분해하는 과정으로, 이 과정에서 탄소유기물이 이산화탄소와 물로 완전 분해된다.

22

다음 중 활성슬러지공법으로 폐수를 처리하는 경우 침전성이 좋은 슬러지가 최종침전지에서 떠오르는 슬러지 부상(sludge rising)을 일으키는 원인으로 가장 적합한 것은?

① 층류형성
② 이온전도도 차
③ 탈질작용
④ 색도 차

침전성이 좋은 슬러지가 떠오르는 슬러지 부상문제는 주로 과포기나 저부하에 의해 포기조에서 상당한 질산화가 진행되는 경우 침전조에서 침전슬러지를 오래 방치할 때 탈질이 진행되어 야기된다.

23 빈출

대표적인 부착성장식 생물학적 처리공법 중 하나로 미생물이 부착된 매체에 하수를 뿌려주어 유기물을 제거하는 공법은?

① 산화지법   ② 소화조법
③ 살수여상법   ④ 활성슬러지법

살수여상법은 대표적인 부착 성장식 생물학적 처리공법으로 매질(media)로 채워진 탱크에 의해서 폐수를 뿌려주면 매질 표면에 붙어 있는 미생물이 유기물을 섭취하여 제거한다. 여재의 크기가 균일하지 않거나 매질이 파손되는 경우에는 연못화 현상이 일어날 수 있다.

24

A공장폐수의 BOD가 $800ppm$이다. 유입폐수량 $1,000m^3/hr$일 때 1일 BOD 부하량은? (단, 폐수의 비중은 1.00이고, 24시간 연속 가동한다.)

① $19.2ton$ ② $20.2ton$
③ $21.2ton$ ④ $22.2ton$

총량(부하량) = 유량×농도
$$\underset{\text{유량}}{\frac{1,000m^3}{hr}} \times \underset{\text{농도}}{\frac{800mg}{L}} \times \underset{mg \rightarrow ton}{\frac{ton}{10^9mg}} \times \underset{m^3 \rightarrow L}{\frac{10^3L}{m^3}} \times \underset{hr \rightarrow day}{\frac{24hr}{day}}$$
$$= 19.2ton/day$$

25

〈보기〉와 같은 특성을 가지는 수질오염물질은?

┌─────[보기]─────┐
• 안료, 화학전지 제조나 도금공장 등에서 발생된다.
• 광산폐수에 함유된 이 물질 때문에 일본에서는 이타이이타이병이 발생했다.
• 급성 중독은 위장 점막에 염증을 일으키며 기침, 현기증, 복통 등의 증상을 나타낸다.
└──────────────┘

① Cr ② Cu
③ Hg ④ Cd

카드뮴은 아연과 화학적 성질이 비슷하며 신체 내 칼슘 흡수를 방해해 골연화증을 유발하고, 일본에서 발생한 이타이이타이병의 주요 발병 원인으로 알려져 있다.

정답   20 ④   21 ③   22 ③   23 ③   24 ①   25 ④

26 빈출

〈보기〉와 같은 특성을 가지는 수원은?

─────────[보기]─────────
- 일반적으로 무기물이 풍부하고 지표수보다 깨끗하다.
- 연중 수온의 변화가 적으므로 수원으로서 많이 이용되고 있다.
- 일년 내내 온도가 거의 일정하다.

① 호수
② 하천수
③ 지하수
④ 바닷물

① 호수 : 비교적 정체된 수역의 담수로 계절적 수질 변화가 있다.
② 하천수 : 흐르는 담수로 용존산소가 풍부하지만 오염 가능성 있다.
④ 바닷물 : 염분이 높은 해수이다.

27

무기환원제에 의한 크롬 함유 폐수의 처리공정이다. 이에 관한 설명으로 옳지 않은 것은?

① 알칼리를 주입하여 수산화물로 침전시켜 제거한다.
② 3가 크롬을 함유한 폐수는 $NaClO$환원제를 사용하여 6가 크롬으로 환원시켜 처리한다.
③ 폐수의 색깔 변화는 황색에서 청록색으로 변하므로 반응의 완결을 알 수 있다.
④ 환원반응은 pH 2~3이 적절하고 pH가 낮을수록 반응속도가 빠르나 비경제적이며 pH 4 이상이 되면 반응속도가 급격히 떨어진다.

6가 크롬을 함유한 폐수는 3가 크롬으로 환원시켜 처리한다.

28 빈출

입자의 침전속도 $0.5m/day$, 유입유량 $50m^3/day$, 침전지 표면적 $50m^2$, 깊이 $2m$인 침전지에서의 침전효율은?

① 20%
② 50%
③ 70%
④ 90%

$$\eta = \frac{입자의\ 침전속도}{표면부하율}$$
$$= \frac{0.5m/day}{\frac{50m^3/day}{50m^2}} = 0.5 \rightarrow 50\%$$

여기서,

$$표면부하율 = \frac{유량}{침전되는\ 단면적} = \frac{VH}{L} \rightarrow 100\%\ 제거되는$$

입자의 침강속도

29 빈출

살수여상 운전 시 발생하는 일반적인 문제점으로 거리가 먼 것은?

① 악취의 발생
② 연못화 현상
③ 파리의 발생
④ 슬러지 팽화

슬러지 팽화는 활성슬러지공법의 문제점으로 플록의 침전성이 불량하여 농축이 잘 되지 않는 것을 말한다.

30

다음 중 비점오염원에 해당하는 것은?

① 농경지
② 세차장
③ 축산단지
④ 비료공장

세차장, 축산단지, 비료공장은 점오염원에 해당한다.

31

바닷물(해수)에 관한 설명으로 옳지 않은 것은?

① 해수는 수자원 중에서 97% 이상을 차지하나 사용목적이 극히 한정되어 있는 실정이다.
② 해수의 pH는 약 8.2 정도로 약알칼리성을 띠고 있다.
③ 해수는 약전해질로 염소이온농도가 약 $35ppm$ 정도이다.
④ 해수의 주요성분 농도비는 거의 일정하다.

해수는 강전해질로 염소이온농도가 약 $19,000ppm$ 정도이다.

정답   26 ③   27 ②   28 ②   29 ④   30 ①   31 ③

32

물이 얼어 얼음이 되는 것과 같이 물질의 상태가 액체 상태에서 고체 상태로 변하는 것을 무엇이라 하는가?

① 융해   ② 응고
③ 액화   ④ 승화

> ① 융해 : 고체 → 액체
> ② 응고 : 액체 → 고체
> ③ 액화 : 기체 → 액체
> ④ 승화 : 고체 ↔ 기체

33

$0.01 M$ 염산(HCl)용액의 pH는 얼마인가? (단, 이 농도에서 염산은 100% 해리한다.)

① 1   ② 2
③ 3   ④ 4

> $HCl \rightleftharpoons H^+ + Cl^-$
> $HCl : H^+ = 1 : 1 = 0.01M : \square$
> $\square = 0.01M$
> $pH = -\log[H^+]$
> $\quad = -\log[0.01] = 2$

34

물분자의 구조와 관련된 설명으로 옳지 않은 것은?

① 분자구조와 비극성의 효과로 작은 쌍극자를 갖는다.
② 산소는 전기음성도가 매우 커서 공유결합을 하고 있다.
③ 산소원자와 수소원자가 공유결합하고, 2개의 고립전자쌍이 산소원자에 남아 있다.
④ 고립전자쌍은 서로 반발력을 형성하여 분자 모형은 104.5°의 각도를 가진다.

> 분자구조와 극성의 효과로 쌍극자를 갖는다.

35 ⭐빈출

생물학적 고도처리방법 중 활성슬러지공법의 포기조 앞에 혐기성조를 추가시킨 것으로 혐기성조, 호기성조로 구성되고, 질소 제거가 고려되지 않아 높은 효율의 N, P의 동시 제거는 곤란한 공법은?

① A/O공법   ② A_2/O공법
③ VIP공법   ④ UCT공법

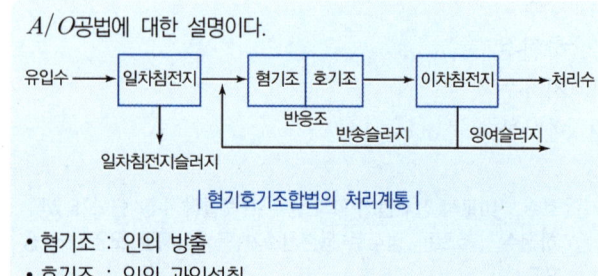

> A/O공법에 대한 설명이다.
>
> | 혐기호기조합법의 처리계통 |
>
> • 혐기조 : 인의 방출
> • 호기조 : 인의 과잉섭취

36

혐기성 소화방법으로 쓰레기를 처분하려고 한다. 연료에 쓰일 수 있는 가스를 많이 얻으려면 다음 중 어떤 성분이 특히 많아야 유리한가?

① 질소   ② 탄소
③ 산소   ④ 인

> 연료에 쓰일 수 있는 가스인 메탄(CH_4)을 많이 생성하기 위해서는 탄소의 성분이 많아야 유리하다.

37

매립 시 발생되는 매립가스 중 악취를 유발시키는 물질은?

① CH_4 ② CO_2
③ NH_3 ④ CO

> NH_3, H_2S 등이 악취를 유발한다.

38

물의 증발잠열은 약 얼마인가? (단, 기준 0℃)

① $300kcal/kg$
② $600kcal/kg$
③ $900kcal/kg$
④ $1,200kcal/kg$

0℃에서 물 $1kg$이 증발할 때 필요한 열량인 물의 증발잠열은 약 $600kcal/kg$이다.

39

슬러지를 가열(210℃ 정도)·가압(210atm 정도)시켜 슬러지 내의 유기물이 공기에 의해 산화되도록 하는 공법은?

① 가열 건조
② 습식 산화
③ 혐기성 산화
④ 호기성 소화

습식 산화는 고온고압 조건에서 산화제를 사용해 슬러지 내 유기물을 산화 분해하여 처리효율을 높이는 방식으로, 주로 폐수슬러지 처리에 활용된다.

40

다음 폐기물 분석항목 중 폐기물공정시험기준상 원자흡수분광광도법으로 분석하는 것은?

① 감염성미생물
② 유기인
③ 폴리클로리네이티드바이페닐
④ 6가 크롬

① 감염성미생물 : 아포균 검사법, 세균배양 검사법, 멸균테이프 검사법
② 유기인 : 기체크로마토그래피
③ 폴리클로리네이티드바이페닐 : 기체크로마토그래피
④ 6가 크롬 : 원자흡수분광광도법, 원자발광분광법, 자외선/가시선 분광법

41 ⭐빈출

폐기물의 파쇄작업 시 발생하는 문제점과 가장 거리가 먼 것은?

① 먼지 발생
② 폐수 발생
③ 폭발 발생
④ 소음·진동 발생

폐기물 매립 시 침출수의 문제가 발생할 수 있다.

42 ⭐빈출

통상적으로 소각로의 설계기준이 되는 것을 의미하는 것은?

① 고위발열량
② 저위발열량
③ 고위발열량과 저위발열량의 기하평균
④ 고위발열량과 저위발열량의 산술평균

통상적인 소각로 설계기준 발열량은 폐기물 1kg을 완전연소했을 때 발생하는 열량으로, 정확한 설계는 폐기물의 특성을 분석한 저위발열량을 기준으로 한다.

43

건조된 고형물(dry solid)의 비중이 1.42이고, 건조 이전의 dry solid 함량이 38%, 건조중량이 $400kg$일 때 슬러지 케일의 비중은?

① 1.32
② 1.28
③ 1.21
④ 1.13

$$\frac{SL}{\rho_{SL}} = \frac{TS}{\rho_{TS}} + \frac{W}{\rho_w}, \quad \frac{100}{\rho_{SL}} = \frac{38}{1.42} + \frac{62}{1.0}, \quad \rho_{SL} = 1.1266$$

여기서,

SL : 슬러지의 양, TS : 고형물(건조 이전의 dry solid) 양
W : 수분의 양, ρ_{SL} : 슬러지의 비중
ρ_{TS} : 고형물(건조 이전의 dry solid)의 비중, ρ_w : 수분의 비중

44 ⭐빈출

A폐기물의 조성이 탄소 42%, 산소 34%, 수소 8%, 황 2%, 회분 14%이었다. 이때 고위발열량을 구하면?

① 약 $4,070kcal/kg$
② 약 $4,120kcal/kg$
③ 약 $4,300kcal/kg$
④ 약 $4,730kcal/kg$

Dulong의 고위발열량식을 이용한다.

$$Dulong 식(H_h) = 8,100C + 34,250\left(H - \frac{O}{8}\right) + 2,250S$$
$$= 8,100 \times 0.42 + 34,250\left(0.08 - \frac{0.34}{8}\right)$$
$$+ 2,250 \times 0.02 = 4,731.375kcal/kg$$

정답   38 ② 39 ② 40 ④ 41 ② 42 ② 43 ④ 44 ④

45 ⭐빈출

다음 중 Optical Sorter(광학분류기)를 이용하기에 가장 적당한 것은?

① 종이와 플라스틱의 분리
② 색유리와 일반유리의 분리
③ 딱딱한 물질과 물렁한 물질의 분리
④ 유기물과 무기물의 분리

① 종이와 플라스틱의 분리 : 정전기 분리기
② 색유리와 일반유리의 분리 : 광학분류기(Optical Sorter)
③ 딱딱한 물질과 물렁한 물질의 분리 : 회전 드럼 선별기나 스크린 분류기
④ 유기물과 무기물의 분리 : 공기선별기(Air Classifier)

46 ⭐빈출

400,000명이 거주하는 A지역에서 1주일 동안 $8,000m^3$의 쓰레기를 수거하였다. 이 지역의 쓰레기 발생원 단위가 $1.37kg/$ 인·일이면 쓰레기의 밀도(ton/m^3)는?

① 0.28
② 0.38
③ 0.48
④ 0.58

밀도의 단위에 유의한다.

$$\frac{1.37kg}{인·day} \times 400,000인 \times \frac{ton}{10^3kg} \times \frac{7day}{8,000m^3}$$
$$= 0.4795ton/m^3$$

47

가로 $1.2m$, 세로 $2m$, 높이 $12m$의 연소실에서 저위발열량이 $12,000kcal/kg$인 중유를 1시간에 $10kg$씩 연소시킨다면 연소실의 열발생률은 얼마인가?

① $2,888kcal/m^3·hr$
② $3,472kcal/m^3·hr$
③ $4,167kcal/m^3·hr$
④ $5,644kcal/m^3·hr$

단위에 유의한다.

$$열발생률 = \frac{kcal}{m^3·hr} = \frac{시간당 발열량}{용적}$$
$$= \frac{10kg}{hr} \times \frac{12,000kcal}{kg} \times \frac{1}{(1.2 \times 2 \times 12)m^3}$$
$$= 4,166.6666kcal/m^3·hr$$

48 ⭐빈출

다음 중 폐기물의 퇴비화 시 적정 C/N비로 가장 적합한 것은?

① 1~2
② 1~10
③ 5~10
④ 25~50

폐기물의 퇴비화 공정에서 유지시켜 주어야 할 최적 조건
㉠ 온도 : 50~60℃
㉡ 수분 : 50~60%
㉢ C/N비율 : 25~50
㉣ pH : 5.5~8

49 ⭐빈출

다음 중 적환장을 설치할 필요성이 가장 낮은 경우는?

① 공기수송 방식을 사용하는 경우
② 폐기물 수집에 대형 컨테이너를 많이 사용하는 경우
③ 처분장이 원거리에 있어 도중에 불법 투기의 가능성이 있는 경우
④ 처분장이 멀리 떨어져 있어 소형 차량에 의한 수송이 비경제적일 경우

폐기물 수집에 소형 컨테이너를 많이 사용하는 경우 적환장을 설치해야 한다.

50 ⭐빈출

하부로부터 가스를 주입하여 모래를 부상시켜 이를 가열하고 상부에서 폐기물을 주입하여 태우는 형식의 소각로는?

① 고정상 소각로
② 화격자 소각로
③ 유동층 소각로
④ 열분해 용융 소각로

① 고정상 소각로 : 고형물이 움직이지 않고 고정된 상태에서 연소하는 형식
② 화격자 소각로 : 격자 위에 고체 폐기물을 적재해 연소하는 방식
④ 열분해 용융 소각로 : 폐기물을 열분해 후 용융시키는 고온 처리 방식

정답   45 ②   46 ③   47 ③   48 ④   49 ②   50 ③

51

다음 폐수처리법 중 고액분리방법이 아닌 것은?

① 부상분리　　　　② 전기투석
③ 원심분리　　　　④ 스크리닝

불용해성 성분의 분리 (고액분리법)	부상분리법, 스크리닝, 원심분리법
용해성 성분의 분리	전기투석법, 활성탄처리법, 오존산화법

52

슬러지의 안정화 방법으로 볼 수 없는 것은?

① 혐기성 소화　　　② 살수여상법
③ 호기성 소화　　　④ 퇴비화

살수여상은 유기물의 안정화 방법이다.

53 빈출

혐기성 소화탱크에서 유기물 80%, 무기물 20%인 슬러지를 소화처리하여 소화슬러지의 유기물이 75%, 무기물이 25%가 되었다. 이때 소화효율은?

① 25%　　　　　　② 45%
③ 75%　　　　　　④ 85%

$$\eta = \left(1 - \frac{VS_2/FS_2}{VS_1/FS_1}\right) \times 100$$
$$= \left(1 - \frac{75/25}{80/20}\right) \times 100 = 75\%$$

54

유기성 폐기물 매립장(혐기성)에서 가장 많이 발생되는 가스는? [단, 정상상태(Steady State)이다.]

① 일산화탄소　　　② 이산화질소
③ 메탄　　　　　　④ 부탄

정상상태의 매립장에서 메탄이 약 55%, 이산화탄소가 약 40%, 기타 5%가 발생한다.

55 빈출

다양한 크기를 가진 혼합 폐기물을 크기에 따라 자동으로 분류할 수 있으며, 주로 큰 폐기물로부터 후속 처리장치를 보호하기 위해 많이 사용되는 선별방법은?

① 손선별　　　　　② 스크린선별
③ 공기선별　　　　④ 자석선별

① 손선별 : 사람이 육안으로 직접 분리한다.
③ 공기선별 : 가벼운 물질을 공기로 날려 무거운 것과 분리한다.
④ 자석선별 : 철과 같은 자성체 금속을 자력으로 분리한다.

56 빈출

진동수가 $250Hz$이고 파장이 $5m$인 파동의 전파속도는?

① $50m/\sec$　　　　② $250m/\sec$
③ $750m/\sec$　　　④ $1,250m/\sec$

$$파장(\lambda) = \frac{속도(C)}{주파수(f)}$$
$$5m = \frac{\square m/\sec}{250Hz}$$
$$\square = 1,250$$

57

어느 벽체의 입사음의 세기가 $10^{-2}\ W/m^2$이고, 투과음의 세기가 $10^{-4}\ W/m^2$이었다. 이 벽체의 투과율과 투과손실은?

① 투과율 10^{-2}, 투과손실 $20dB$
② 투과율 10^{-2}, 투과손실 $40dB$
③ 투과율 10^2, 투과손실 $20dB$
④ 투과율 10^2, 투과손실 $40dB$

$$TL = 10\log\left(\frac{1}{\tau}\right) = 10\log\left(\frac{I_{in}}{I_{out}}\right)$$

㉠ 투과율 계산 : $\tau = \frac{I_{out}}{I_{in}} = \frac{10^{-4}}{10^{-2}} = 10^{-2}$

㉡ 투과손실 계산 : $TL = 10\log\left(\frac{1}{10^{-2}}\right) = 20dB$

τ : 투과율
I_{in} : 입사음의 세기
I_{out} : 투과음의 세기

58

소음계의 성능기준으로 옳지 않은 것은?

① 레벨레인지 변환기의 전환오차는 $5dB$ 이내이어야 한다.
② 측정가능 주파수 범위는 $31.5Hz$~$8kHz$ 이상이어야 한다.
③ 측정가능 소음도 범위는 35~$130dB$ 이상이어야 한다.
④ 지시계기의 눈금오차는 $0.5dB$ 이내이어야 한다.

> 레벨레인지 변환기의 전환오차는 $0.5dB$ 이내이어야 한다.

59

하중의 변화에도 기계의 높이 및 고유진동수를 일정하게 유지시킬 수 있으며, 부하능력이 광범위하나 사용진폭이 적은 것이 많으므로 별도의 댐퍼가 필요한 경우가 많은 방진재는?

① 방진고무
② 탄성블럭
③ 금속스프링
④ 공기스프링

> ① 방진고무 : 높은 감쇠력과 형상 자유도, 내부마찰에 의한 열화 특징이 있다.
> ② 탄성블럭 : 강도와 탄성계수가 높은 블럭 형태의 진동 완화재료이다.
> ③ 금속스프링 : 내구성 좋은 금속재료로 탄성 복원력이 강하나 진동 감쇠는 상대적으로 적다.

60

다음은 진동과 관련한 용어설명이다. (   ) 안에 알맞은 것은?

> (   )은(는) 1~$90Hz$ 범위의 주파수 대역별 진동가속도 레벨에 주파수 대역별 인체의 진동감각특성(수직 또는 수평감각)을 보정한 후의 값들을 dB 단위로 합산한 것이다.

① 진동레벨
② 등감각곡선
③ 변위진폭
④ 진동수

> ② 등감각곡선 : 사람의 진동 감각이 주파수에 따라 달라지는 곡선이다.
> ③ 변위진폭 : 진동할 때 얼마나 많이 움직이는지의 크기이다.
> ④ 진동수 : 1초에 진동하는 횟수(단위 : Hz)이다.

01

오염물질별 배출관련업종을 연결한 것으로 옳지 않은 것은?

① 아황산가스(SO_2) - 황산제조업, 제련소
② 황화수소(H_2S) - 석탄건류, 가스공업
③ 이황화탄소(CS_2) - 세라믹 제조공업, 도금공장
④ 질소산화물(NO_x) - 내연기관, 비료제조공업

이황화탄소(CS_2) - 비스코스섬유공업

02

일반적으로 광원으로부터 나오는 빛을 단색화장치(monochro-meter) 또는 필터(filter)에 의하여 좁은 파장 범위의 빛만을 선택하여 액층을 통과시킨 다음, 광전측광으로 하여 목적성분의 농도를 정량하는 분석방법은?

① 가스크로마토그래피법
② 흡광광도법
③ 원자흡광광도법
④ 비분산 적외선분석법

① 가스크로마토그래피법 : 기체시료 또는 기화한 액체나 고체시료를 운반가스(carrier gas)에 의하여 분리, 관내에 전개시켜 기체상태에서 분리되는 각 성분을 크로마토그래피 적으로 분석하는 방법으로 일반적으로 무기물 또는 유기물의 대기오염물질에 대한 정성, 정량 분석에 이용한다. 충전물로서 흡착성 고체분말을 사용할 경우에는 기체-고체 크로마토그래프, 적당한 담체 (solid support)에 고정상 액체를 함침시킨 것을 사용할 경우에는 기체-액체 크로마토그래프법이라 한다.
③ 원자흡광광도법 : 시료를 적당한 방법으로 해리시켜 중성원자로 증기화하여 생긴 기저상태(Ground State or Normal State)의 원자가 이 원자 증기층을 투과하는 특유파장의 빛을 흡수하는 현상을 이용하여 광전측광과 같은 개개의 특유 파장에 대한 흡광도를 측정하여 시료 중의 원소농도를 정량하는 방법으로 대기 또는 배출 가스 중의 유해 중금속, 기타 원소의 분석에 적용한다.

④ 비분산 적외선분석법 : 외선 영역에서 고유 파장 대역의 흡수 특성을 갖는 성분가스의 농도 분석을 비분산적외선 분석법으로 측정하는 방법에 대해 규정하며, 비분산적외선 분석법의 표준분석절차를 기술함으로서 비분산적외선분석법에 의한 측정의 정확성과 통일성을 갖추도록 함을 목적으로 한다.

03

대기오염방지기술 중 세정집진장치의 처리원리로 가장 거리가 먼 것은?

① 관성충돌
② 확산작용
③ 응집작용
④ 여과작용

여과작용에 의한 대기오염방지기술에는 여과집진장치(백필터)가 있다.

04 빈출

다음 (　　) 안에 들어갈 말로 알맞은 것은?

"정확히 단다"라 함은 규정한 양의 검체를 취하여 분석용 저울로 (　　)까지 다는 것을 뜻한다.

① 0.1g
② 0.01g
③ 0.001g
④ 0.0001g

무게를 "정확히 단다"라 함은 규정된 수치의 무게를 0.1mg(0.0001g)까지 다는 것을 말한다.

정답　01 ③　02 ②　03 ④　04 ④

05 ⭐

일반식 C_mH_n인 탄화수소 기체 $1Sm^3$가 연소되는데 필요한 이론공기량(Sm^3)은 얼마인가?

① $\dfrac{1}{0.21}\left(n + \dfrac{m}{4}\right)$ ② $\dfrac{1}{0.21}\left(m + \dfrac{n}{4}\right)$

③ $\dfrac{1}{0.23}\left(n + \dfrac{m}{4}\right)$ ④ $\dfrac{1}{0.23}\left(m + \dfrac{n}{4}\right)$

$$C_mH_n + \left(m + \dfrac{n}{4}\right)O_2 \rightarrow mCO_2 + \dfrac{n}{2}H_2O$$

$1Sm^3$의 탄화수소 기체가 연소할 때 필요한 이론산소량은 $\left(m + \dfrac{n}{4}\right)$이다.

이론공기량 = 이론산소량/0.21 = $\dfrac{1}{0.21}\left(m + \dfrac{n}{4}\right)$이다.

06

오존(O_3)에 관한 다음 설명 중 옳지 않은 것은?

① 무색, 무취의 산화력이 강한 기체이다.
② 눈 및 호흡기 점막에 강한 자극을 주며, 고무를 쉽게 노화시킨다.
③ 살균 및 탈취작용을 한다.
④ 태양으로부터 복사되는 유해 자외선을 차단하여 지표 생물권을 보호해 주는 역할을 한다.

오존은 기체상태에서 엷은 청색을 나타내며 특이한 취기가 있어 공기 중에 1/500,000 정도의 부피로 존재하더라도 감지할 수 있다.

07 ⭐

대기조건 중 고도가 높아질수록 기온이 증가하여 수직온도차에 의한 혼합이 이루어지지 않는 상태는?

① 과단열상태 ② 중립상태
③ 역전상태 ④ 등온상태

① 과단열상태 : 기온이 고도에 따라 정상보다 더 빠르게 감소하는 상태
② 중립상태 : 고도에 따른 기온 변화가 있어도 혼합과 안정이 균형을 이루는 상태
④ 등온상태 : 고도에 관계없이 기온이 일정한 상태

08 ⭐

표준상태에서 물 $5g$을 수증기로 만들 때 부피는 얼마인가?

① $5.22L$
② $6.22L$
③ $7.22L$
④ $8.22L$

표준상태에서 $1mol = g$분자량 = $22.4L$를 차지한다.

$$5g \times \underbrace{\dfrac{1mol}{18g}}_{g \rightarrow mol} \times \underbrace{\dfrac{22.4L}{1mol}}_{mol \rightarrow L} = 6.2222L$$

09

다음은 어떤 오염물질에 관한 설명인가?

- 적갈색의 자극성을 가진 기체이다.
- 공기에 대한 비중이 1.59이며, 공기보다 무겁다.
- 혈액 중 헤모글로빈과의 결합력이 O_2에 비해 아주 크다.

① 아황산가스
② 이산화질소
③ 염화수소
④ 일산화탄소

비중 = $\dfrac{\text{대상물질의 밀도}}{\text{기준물질의 밀도}}$이고

표준상태를 가정하면,

비중 = $\dfrac{\dfrac{\text{대상물질의 분자량}}{\text{대상물질의 부피}}}{\dfrac{\text{기준물질의 분자량}}{\text{기준물질의 부피}}} = \dfrac{\text{대상물질의 분자량}}{\text{기준물질의 분자량}}$이다.

주어진 비중과 기준물질인 공기의 분자량을 곱하면
1.59 × 29 = 46.11g

① 아황산가스(SO_2) : 64g
② 이산화질소(NO_2) : 46g
③ 염화수소(HCl) : 36.5g
④ 일산화탄소(CO) : 28g
비중이 1.59인 기체는 이산화질소이다.

10

함진가스를 방해판에 충돌시켜 기류의 급격한 방향전환을 이용하여 입자를 분리 · 포집하는 집진장치는?

① 중력집진장치
② 전기집진장치
③ 여과집진장치
④ 관성력집진장치

> ① 중력집진장치 : 공기 중의 입자가 중력에 의해 자연 침강하여 분리되는 원리를 이용한 집진장치이다.
> ② 전기집진장치 : 전기력을 이용해 입자에 전하를 부여한 후, 정전기력에 의해 입자를 분리 · 포집하는 방식이다.
> ③ 여과집진장치 : 집진 필터(여과재)를 이용해 입자를 물리적으로 포집하는 장치이다

11 ⭐빈출

연소 시 연소상태를 조절하여 질소산화물 발생을 억제하는 방법으로 가장 거리가 먼 것은?

① 저온도 연소
② 저산소 연소
③ 수증기 분무
④ 공급공기량의 과량 주입

> 공급공기량의 과량 주입은 일정구간에서 질소산화물의 발생을 촉진시킨다.

12

유해가스 흡수장치의 충전탑(packed tower)에서 충전물이 갖추어야 할 조건으로 적합하지 않은 것은?

① 가벼워야 한다.
② 비표면적이 작아야 한다.
③ 마찰저항이 작아야 한다.
④ 압력손실이 작아야 한다.

> 비표면적이 커야 충전물과 유해가스의 접촉이 유리하다.

13

효율 90%인 전기집진기를 효율 99%가 되도록 개조하고자 한다. 개조 전보다 집진극의 면적을 몇 배로 늘려야 하는가? (단, Deutsch-Anderson식 적용)

① 2배   ② 3배
③ 4배   ④ 9배

> $$\eta = 1 - e^{-\frac{A \cdot We}{Q}}$$
>
> A : 집진면적(m^2)
> We : 분진의 겉보기 이동속도(m/sec)
> Q : 유량(m^3/sec)
> ㉠ 90%일 때의 집진극 면적
>
> $$0.9 = 1 - e^{-\frac{A \cdot We}{Q}}$$
> $$\ln(-0.9 + 1) = -\frac{A \cdot We}{Q}$$
> $$A = 2.3025 \frac{Q}{We}$$
>
> ㉡ 99%일 때의 집진극 면적
>
> $$0.99 = 1 - e^{-\frac{A \cdot We}{Q}}$$
> $$\ln(-0.99 + 1) = -\frac{A \cdot We}{Q}$$
> $$A = 4.6051 \frac{Q}{We}$$
>
> 즉, 90%를 99%로 늘리기 위해서는 집진극의 면적을 2배로 늘려야 한다.

14 ⭐빈출

다음 중 대류권에 해당하는 사항으로만 옳게 연결된 것은?

> ㉠ 고도가 상승함에 따라 기온이 하락한다.
> ㉡ 오존의 밀도가 높은 오존층이 존재한다.
> ㉢ 지상으로부터 50~85km 사이의 층이다.
> ㉣ 공기의 수직이동에 의한 대류현상이 일어난다.
> ㉤ 눈이나 비가 내리는 등의 기상현상이 일어난다.

① ㉠, ㉡, ㉢   ② ㉡, ㉢, ㉣
③ ㉢, ㉣, ㉤   ④ ㉠, ㉣, ㉤

> ㉡ 오존의 밀도가 높은 오존층이 존재한다. : 성층권
> ㉢ 지상으로부터 50~85km 사이의 층이다. : 중간권

정답   10 ④   11 ④   12 ②   13 ①   14 ④

15 ★빈출

집진효율이 50%인 중력침강 집진장치와 99%인 여과식 집진장치가 직렬로 연결된 집진시설에서 중력침강 집진장치의 입구 먼지농도가 $1,000mg/Sm^3$이라면, 여과식 집진장치의 출구 먼지농도(mg/Sm^3)는?

① 1 ② 5
③ 10 ④ 50

집진율은 제거되는 농도를 의미한다. 출구의 농도를 계산하기 위해서는 제거되는 농도를 제외해 주어야 한다.
㉠ 중력집진장치를 통과하는 출구 먼지농도
$$\frac{1,000mg}{Sm^3} \times (1-0.5) = 500mg/Sm^3$$
㉡ 여과식 집진장치에 유입되는 입구 먼지농도 : $500mg/Sm^3$
㉢ 여과식 집진장치를 통과하는 출구 먼지농도
$$\frac{500mg}{Sm^3} \times (1-0.99) = 5mg/Sm^3$$

16

오염물질과 피해상태의 연결로 가장 거리가 먼 것은?

① 페놀 – 냄새 ② 인 – 부영양화
③ 유기물 – 용존산소 결핍 ④ 시안 – 골연화증

카드뮴 – 골연화증

17 ★빈출

$50m^3/hr$의 폐수가 24시간 균일하게 유입되는 폐수처리장의 침전지에서 이 침전지의 월류부하를 $100m^3/m \cdot day$로 할 때 월류위어의 유효길이는?

① 10m ② 12m
③ 15m ④ 50m

월류위어부하율 = $\dfrac{유량}{월류위어길이}$

$$\frac{100m^3}{m \cdot day} = \frac{50m^3}{hr} \times \frac{24hr}{day} \times \frac{1}{\square m}$$
$$hr \rightarrow day$$
□ = 12

18 ★빈출

하 · 폐수처리시설의 일반적인 처리계통으로 가장 적절한 것은?

① 침사지 – 침전지 – 소독조 – 포기조
② 침사지 – 포기조 – 소독조 – 침전지
③ 침전지 – 침사지 – 포기조 – 소독조
④ 침사지 – 침전지 – 포기조 – 소독조

하 · 폐수처리시설의 일반적인 처리계통(슬러지 처리계통 제외)
스크린 → 침사지 → 유량조정조 → 1차침전지 → 포기조 → 2차침전지 → 고도처리 → 소독 → 방류

19

상수처리를 위한 완속식 여과공법에서의 적당한 여과속도는?

① $5m/day$ ② $15m/day$
③ $50m/day$ ④ $150m/day$

• 급속여과지의 여과속도 : $120\sim150m/day$
• 완속여과지의 여과속도 : $4\sim5m/day$

20 ★빈출

유입수량이 $700m^3/day$이고, BOD가 $1,715mg/L$인 하수를 활성슬러지공법으로 처리하고자 할 때, 적당한 포기조의 용적은? (단, 포기조의 BOD 용적부하는 $1.0kg/m^3 \cdot day$이다.)

① 약 $2,100m^3$ ② 약 $1,715m^3$
③ 약 $1,200m^3$ ④ 약 $700m^3$

BOD용적부하 : $L_v(kg\,BOD/m^3 \cdot day)$

$$L_v = \frac{Q \times BOD_{in}}{\forall}$$

$$1.0kg/m^3 \cdot day = \frac{\dfrac{700m^3}{day} \times \dfrac{1,715mg}{L} \times \dfrac{1kg}{10^6mg} \times \dfrac{10^3L}{m^3}}{\forall}$$

$$\forall = \frac{700 \times 1,715 \times 10^{-3}}{1.0} = 1,200.5m^3$$

$L_v : 1.0kg\,BOD/m^3 \cdot day$
$Q : 700m^3/day$
$BOD_{in} : 1,715mg/L$

정답 15 ② 16 ④ 17 ② 18 ④ 19 ① 20 ③

21

산기식 포기방식의 포기조의 운영·관리사항 중 옳지 않은 것은?

① 활성슬러지의 색에 주의
② 활성슬러지의 냄새에 주의
③ 포기상황(포기강도)에 주의
④ DO가 $7mg/L$ 이상 유지에 주의

DO가 $2mg/L$ 이상 유지에 주의

22

생물학적 원리를 이용하여 영양염류(인또는 질소)를 효과적으로 제거할 수 있는 공법이라 볼 수 없는 것은?

① M-A/S
② A/O
③ Bardenpho
④ UCT

M-A/S는 일반적으로 전통 활성슬러지(Activated Sludge) 공정을 의미하며, 유기물을 제거하는 공법이다.

23

다음은 폐수처리에서 일반적으로 많이 사용되고 있는 무기응집제인 황산알루미늄에 관한 설명이다. 옳지 않은 것은?

① 결정은 부식성이 없어 취급이 용이하다.
② 철염에 비해 적정 pH의 범위가 좁다.
③ 저렴하고 무독성으로, 대량주입이 가능하다.
④ 철염에 비해 floc이 무거워 침전이 잘된다.

철염에 비해 floc이 가벼워 침전이 잘 되지 않는 편이다.

24

박테리아에 관한 설명으로 옳지 않은 것은?

① 단세포 미생물로서 용해된 유기물을 섭취한다.
② 막대기모양, 공모양, 나선모양 등이 있다.
③ 60%는 수분, 40%는 고형물질로 구성되어 있다.
④ 일반적인 화학조성은 $C_5H_7O_2N$으로 나타낼 수 있다.

80%는 수분, 20%는 고형물로 구성되어 있다.

25

활성슬러지법으로 처리한 슬러지의 탈수 후 무게가 $150kg$이고, 항량으로 건조한 후의 무게가 $35kg$이라면 탈수 후 슬러지의 수분함량(%)은?

① 46.7
② 56.7
③ 66.7
④ 76.7

건조과정을 거쳐 수분이 증발하였으므로 건조 전후의 무게차를 이용하여 계산한다.

$$\frac{150-35}{150} \times 100 = 76.6666\%$$

26 ⭐빈출

침전지에서 지름이 $0.1mm$이고 비중이 2.65인 모래입자가 침전하는 경우 침전속도는? (단, Stokes법칙을 적용, 물의 점도 : $0.01g/cm \cdot sec$)

① $0.625cm/sec$
② $0.726cm/sec$
③ $0.792cm/sec$
④ $0.898cm/sec$

$$V_g = \frac{d_p^2(\rho_p - \rho)g}{18\mu}$$

$$= \frac{0.01^2 \times (2.65-1) \times 980}{18 \times 0.01} = 0.898cm/sec$$

V_g : 중력침강속도(cm/sec)
d_p : 입자의 직경$(cm) \rightarrow 0.1mm = 0.01cm$
ρ_p : 입자의 밀도$(g/cm^3) \rightarrow 2.65g/cm^3$
ρ : 유체의 밀도$(g/cm^3) \rightarrow 1.0g/cm^3$
g : 중력가속도$(cm/sec^2) \rightarrow 980cm/sec^2$
μ : 점성계수$(g/cm \cdot sec) \rightarrow 0.01g/cm \cdot sec$

27 ⭐빈출

표준활성슬러지법으로 폐수를 처리하는 경우 F/M비$(kg\ BOD/kg MLSS \cdot day)$의 운전범위로 가장 적절한 것은?

① 0.03~0.06
② 0.2~0.4
③ 2~4
④ 3~6

정답 21 ④ 22 ① 23 ④ 24 ③ 25 ④ 26 ④ 27 ②

28

유기물의 호기성 분해 시 최종 산물은?

① 물과 이산화탄소
② 일산화탄소와 메탄
③ 이산화탄소와 메탄
④ 물과 일산화탄소

유기물의 대표적인 예로 포도당의 호기성 분해반응
$$C_6H_{12}O_6 + 6O_2 \rightleftharpoons 6CO_2 + 6H_2O$$

29

다음 중 수처리 시 사용되는 응집제와 거리가 먼 것은?

① PAC
② 소석회
③ 입상활성탄
④ 염화제2철

입상활성탄은 흡착제이다.

30 빈출

침전지에서 고형물질의 침강속도를 증가시키기 위한 가장 효율적인 조건은?

① 폐수와 고형물질간의 밀도차가 크고, 점성도가 작고, 고형물질의 입자 직경이 클수록 좋다.
② 폐수와 고형물질간의 밀도차가 작고, 점성도가 크고, 고형물질의 입자 직경이 작을수록 좋다.
③ 폐수와 고형물질간의 밀도차와는 관계 없이 점성도가 크고, 고형물질의 입자 직경이 클수록 좋다.
④ 폐수와 고형물질간의 밀도차가 크고, 점성도가 크고, 고형물질의 입자 직경이 작을수록 좋다.

31 빈출

산도(acidity)나 경도(hardness)는 무엇으로 환산하는가?

① 염화칼슘
② 탄산칼슘
③ 질산칼슘
④ 수산화칼슘

경도, 산도, 알칼리도는 탄산칼슘의 상당량으로 환산하여 나타낸다.

32

오존살균 시 급수계통에서 미생물의 증식을 억제하고, 잔류살균효과를 유지하기 위해 투입하는 제품은?

① 염소
② 활성탄
③ 실리카겔
④ 활성알루미나

염소는 잔류살균효과를 가지고 있다.

33

눈금이 있는 실린더에 슬러지 $1L$를 담아 30분간 침전시킨 결과 슬러지의 부피가 $180mL$였다. 이 슬러지의 SVI는? (단, $MLSS$ 농도는 $2,000mg/L$이다.)

① 20
② 50
③ 90
④ 111

$$SVI = \frac{SV_{30(mL)}}{MLSS} \times 10^3$$
$$= \frac{180}{2,000} \times 10^3 = 90$$

$$※ \; SVI = \frac{SV_{30(\%)}}{MLSS} \times 10^4$$

34 빈출

실험실에서 BOD를 측정할 때 배양조건으로 옳은 것은?

① 5℃에서 20일간 배양
② 5℃에서 20번 배양
③ 20℃에서 5일간 배양
④ 20℃에서 5번 배양

물속에 존재하는 생물화학적 산소요구량을 측정하기 위하여 시료를 20℃에서 5일간 저장하여 두었을 때 시료 중의 호기성 미생물의 증식과 호흡작용에 의하여 소비되는 용존산소의 양으로부터 측정하는 방법이다.

35 빈출

펜턴(fenton)반응에 대한 설명으로 옳은 것은?

① 황화수소의 난분해성을 유기물질 산화
② 오존의 난분해성 유기물질 산화
③ 과산화수소의 난분해성 유기물질 산화
④ 아질산의 난분해성 유기물질 산화

펜턴반응은 펜턴시약(과산화수소+철염)을 이용한 난분해성 유기물질의 산화반응이다.

36 빈출

'퇴비화' 반응에 관여하는 인자에 대한 설명 중 옳지 않은 것은?

① 수분함량 : 원료의 최적함수율은 50~60% 정도가 적당하다.
② pH : 퇴비화 미생물의 최적 생육 pH는 4.0~6.0이다.
③ C/N비 : C/N비가 너무 낮으면 유기질소의 암모니아화로 악취가 발생한다.
④ 입도 : 원료의 입도가 너무 작으면 퇴비 더미내 공기의 통기성이 좋지 않아 미생물 활성을 저해한다.

퇴비화 미생물의 최적 생육 pH는 5.5~8이다.

37

혐기성 소화방법으로 쓰레기를 처분하려고 한다. 연료로 쓰일 수 있는 가스를 많이 얻으려면 다음 중 어떤 성분이 특히 많아야 하는가?

① 질소
② 탄소
③ 산소
④ 인

원료 중의 탄소성분이 많을수록 연료로 쓰일 수 있는 메탄(CH_4)가스의 양은 많아진다.

38

'반고상폐기물'의 고형물 함량 범위로 알맞은 것은?

① 3% 이상 5% 미만
② 5% 미만
③ 5% 이상 15% 미만
④ 15% 이상

폐기물 분류	고형물 함량
액상폐기물	5% 미만
반고상폐기물	5~15%
고상폐기물	15% 이상

39 빈출

폐기물처리에서 '파쇄(Shredding)'의 목적과 거리가 먼 것은?

① 부식효과 억제
② 겉보기 비중의 증가
③ 특정 성분의 분리
④ 고체물질간의 균일혼합효과

파쇄처리를 하면 공기와 맞닿는 면적이 늘어나 부식은 촉진된다.

40 빈출

유동층 소각로에 관한 다음 설명 중 옳지 않은 것은?

① 소각로 바닥으로부터 뜨거운 공기 또는 상온의 공기를 송입하여 소각하는 방식이다.
② 가열된 유동층에 소각대상물을 연속적으로 투입함으로써 폐기물을 연소시킨다.
③ 유동층의 충진물은 활성이 강하고, 융점이 낮은 것이 좋다.
④ 폐기물은 로에 주입하기 전에 파쇄하여야 한다.

유동층의 충진물은 활성이 낮고, 융점이 높은 것이 좋다.

41 빈출

폐기물 소각로의 설계기준이 되는 발열량은?

① 고위발열량
② 저위발열량
③ 고위발열량과 저위발열량의 산술평균
④ 고위발열량과 저위발열량의 기하평균

통상적인 소각로 설계기준 발열량은 폐기물 1kg을 완전연소했을 때 발생하는 열량으로, 정확한 설계는 폐기물의 특성을 분석한 저위발열량을 기준으로 한다.

42 빈출

폐기물을 압축시킨 결과 용적감소율이 80%였다면, 이때 압축비는?

① 3
② 4
③ 5
④ 6

$$압축비 = \frac{V_1}{V_2}$$

$$용적감소율 = \frac{V_1 - V_2}{V_1} \times 100 = \left(1 - \frac{V_2}{V_1}\right) \times 100$$

$$= \left(1 - \frac{1}{압축비}\right) \times 100$$

$$80 = \left(1 - \frac{1}{압축비}\right) \times 100$$

$$압축비 = \left(-\frac{80}{100} + 1\right)^{-1} = 5$$

43 빈출

다음 중 폐기물의 퇴비화 공정에서 유지시켜 주어야 할 최적 조건으로 가장 적합한 것은?

① 온도 : $20 \pm 2℃$
② 수분 : 5~10%
③ C/N 비율 : 100~150
④ pH : 6~8

① 온도 : 50~60℃
② 수분 : 50~60%
③ C/N 비율 : 25~50

44 빈출

소각로에서 완전연소를 위한 세 가지 조건(일명 3T)으로 옳은 것은?

① 시간 - 온도 - 혼합
② 시간 - 온도 - 수분
③ 혼합 - 수분 - 시간
④ 혼합 - 수분 - 온도

완전연소를 위한 조건은 아래와 같이 구분된다.
• 3T : 시간(Time), 온도(Temperature), 혼합(Turbulence)
• 3TO : 시간(Time), 온도(Temperature), 혼합(Turbulence), 산소(Oxygen)

45 빈출

소각능력이 $400kg/m^2 \cdot hr$인 화격자 소각로에 유입되는 쓰레기의 양이 $15,000kg/day$이다. 하루 8시간 소각로를 운전한다고 할 때 필요한 화격자의 면적은?

① $5.74m^2$
② $4.69m^2$
③ $4.12m^2$
④ $5.15m^2$

$$소각률 = \frac{소각량}{면적}$$

$$\frac{400kg}{m^2 \cdot hr} = \frac{15,000kg}{day} \times \frac{1day}{8hr} \times \frac{1}{\square}$$

$$day \rightarrow hr$$

$$\square = \frac{15,000kg}{day} \times \frac{1day}{8hr} \times \frac{m^2 \cdot hr}{400kg} = 4.6875m^2$$

정답 40 ③ 41 ② 42 ③ 43 ④ 44 ① 45 ②

46 ⭐빈출

폐기물을 가벼운 것과 무거운 것으로 분리하기 위하여 중력이나 탄도학을 이용한 선별 방법은?

① 손선별
② 스크린선별
③ 자석선별
④ 관성선별

> ① 손선별 : 사람이 육안으로 직접 분리한다.
> ② 스크린선별 : 크기 차이에 따라 거름망을 사용해 분리한다.
> ③ 자석선별 : 철과 같은 자성체 금속을 자력으로 분리한다.

47 ⭐빈출

500,000명이 거주하는 한 지역에서 1주일 동안 $9,000m^3$의 쓰레기를 수거하였다. 쓰레기의 밀도가 $0.5ton/m^3$이면 1인 1일 쓰레기 발생량은 얼마인가?

① $1.29kg/$인·일
② $1.54kg/$인·일
③ $1.82kg/$인·일
④ $1.91kg/$인·일

> 1인 1일 쓰레기 발생량을 산정하기 위해 $kg/$인·일의 단위에 유의한다.
>
> $$\frac{9,000m^3}{7일} \times \frac{0.5ton}{m^3} \times \frac{10^3kg}{1ton} \times \frac{1}{500,000인}$$
> $$m^3 \rightarrow ton \quad ton \rightarrow kg$$
> $$= 1.2857kg/인·일$$

48 ⭐빈출

폐기물을 잘게 부수는 파쇄 장치에 작용하는 힘에 따라 분류할 때 적당하지 않은 것은?

① 임호프 파쇄기
② 전단식 파쇄기
③ 충격식 파쇄기
④ 압축식 파쇄기

> 폐기물 파쇄기는 일반적으로 전단식, 충격식, 압축식 파쇄기로 분류되며, 각각 전단력, 충격력, 압축력을 이용한다.

49

다음 그림은 폐기물을 매립한 후 발생하는 생성가스의 농도 변화를 단계적으로 나타낸 것이다. 유기물이 효소에 의해 발효되는 혐기성 비메탄 단계는?

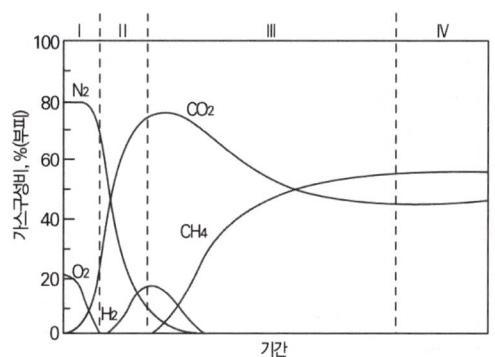

① Ⅰ
② Ⅱ
③ Ⅲ
④ Ⅳ

> **매립가스(Landfill gas) 생성 4단계**
> • 1단계(호기성단계) : 친산소성 단계로서 폐기물 내에 수분이 많은 경우에는 반응이 가속화 되어 용존산소가 쉽게 고갈되어 2단계 반응에 빨리 도달한다(O_2가 소모, CO_2 발생 시작, N_2는 서서히 소모됨).
> • 2단계(혐기성비메탄단계) : 혐기성단계이지만 메탄이 형성되지 않는 단계로서 혐기성으로 전이가 일어나는 단계이다(N_2가 급격히 소모됨).
> • 3단계(혐기성단계) : 매립지 내부의 온도가 상승하여 약 55℃ 정도까지 올라간다(CH_4가 발생하기 시작함).
> • 4단계(메탄생성단계) : 정상적인 혐기성단계로 매립가스 내 메탄과 이산화탄소의 함량이 거의 일정하게 유지된다.

50 ⭐빈출

다음 중 적환장의 위치로 적당하지 않은 곳은?

① 수거지역의 무게중심에서 가능한 가까운 곳
② 주요 간선도로에서 멀리 떨어진 곳
③ 작업에 의한 환경피해가 최소인 곳
④ 적환장 설치 및 작업이 가장 경제적인 곳

> 적환장은 주요 간선도로와 가까운 곳이 유리하다.

정답   46 ④   47 ①   48 ①   49 ②   50 ②

51

탄소 $1kg$이 연소할 때 이론적으로 필요한 산소의 질량은?

① $4.1kg$
② $3.6kg$
③ $3.2kg$
④ $2.7kg$

$C + O_2 \rightarrow CO_2$
$12g : 32g = 1kg : \square$
$\square = 2.6666kg$

52

유해폐기물의 물리·화학적 처리방법 중 휘발성 물질을 함유하는 유해 액상폐기물을 수증기와 압축시켜 휘발성분을 기화시킨 후 분리하는 공정으로, 특히 휘발성 물질이 고농도로 농축된 액상폐기물의 처리에 가장 적합한 방법은?

① 가압 부상
② 증발 농축
③ 공기 탈기
④ 증기 탈기

① 가압 부상 : 공기 또는 기포를 이용해 부상시켜 고액 분리를 하는 방법
② 증발 농축 : 용액 중 용매를 증발시켜 농축하는 방법
③ 공기 탈기 : 공기를 주입하여 이산화탄소나 산소 등을 제거하는 방식

53 ⭐빈출

폐기물 수집을 위한 적환장의 설치 이유로 가장 거리가 먼 것은?

① 작은 용량의 수집차량을 이용할 때
② 불법투기가 발생할 때
③ 상업지역의 수거에 대형용기를 사용할 때
④ 처분지가 수집장소로부터 비교적 멀리 떨어져 있을 때

상업지역의 수거에 소형용기를 사용할 때 적환장을 설치해야 한다.

54

슬러지를 농축시킴으로써 얻을 수 있는 이점과 가장 거리가 먼 것은?

① 슬러지 개량에 소요되는 약품비용이 절감된다.
② 후속공정에서 소화조의 부피를 감소시킬 수 있다.
③ 슬러지 탈수시설의 규모가 작아지므로 처리비용이 절감된다.
④ 소화조 내의 미생물과 양분의 접촉을 억제하여 효율을 증가시킨다.

소화조 내의 미생물과 양분의 접촉을 촉진하여 효율을 증가시킨다.

55

슬러지 탈수에 널리 이용되는 방법 중 하나로 처음에는 중력에 의해 탈수되다가 롤러에 의해 구동되는 한 개 또는 두 개의 탈수성 있는 면 사이의 압력으로 전단 및 압축탈수가 연속적으로 일어나는 형태의 탈수는?

① 가열건조
② 원심분리
③ 진공여과
④ 벨트프레스

① 가열건조 : 열로 건조하는 고에너지 방식
② 원심분리 : 회전원심력으로 고액 분리
③ 진공여과 : 진공을 이용한 여과 방식

56

다음 중 진동의 물리량을 나타내는 진동가속도레벨(VAL)의 식으로 옳은 것은? [단, a : 측정대상 진동의 가속도 실효치($m/\sec^2$), a_0 : 기준진동의 가속도 실효치($m/\sec^2$)]

① $VAL = 10\log_{10}\dfrac{a}{a_0}(dB)$

② $VAL = 10\log_{10}\dfrac{a_0}{a}(dB)$

③ $VAL = 20\log_{10}\dfrac{a}{a_0}(dB)$

④ $VAL = 20\log_{10}\dfrac{a_0}{a}(dB)$

진동가속도레벨은 진동의 가속도 크기를 데시벨(dB) 단위로 나타낸 것이다. 진동의 세기를 사람이 인지할 수 있는 정도로 표시하는 지표로 사용된다.

정답 51 ④ 52 ④ 53 ③ 54 ④ 55 ④ 56 ③

57

다음의 조건에 해당되는 방진재로 가장 적합한 것은?

> - 지지하중이 크게 변하는 경우에는 높이 조정변에 의해 그 높이를 조절할 수 있어 기계높이를 일정레벨로 유지시킬 수 있다.
> - 하중의 변화에 따라 고유진동수를 일정하게 유지할 수 있다.
> - 부하능력이 광범위하다.

① 공기스프링　　　　② 방진고무
③ 금속스프링　　　　④ 진동절연

> ② 방진고무 : 진동과 충격을 흡수하는 고무 재료로, 형상의 선택이 자유롭고 압축, 전단 등 다양한 변형에 대응할 수 있다.
> ③ 금속스프링 : 강한 탄성력을 가지고 있고 내부 마찰과 발열이 적어 내구성이 뛰어나다.
> ④ 진동절연 : 진동이 전달되는 것을 방지하거나 크게 줄이는 기술이나 방법을 의미한다.

58

출력이 $0.14watt$인 작은 점음원으로부터 $65m$ 떨어진 지점에서의 SPL은 약 몇 dB인가? [단, $SPL = PWL - 20\log(r) - 11$]

① 85　　　　② 71
③ 64　　　　④ 58

> $$SPL = PWL - 20\log(r) - 11$$
> $$= 111.4612 - 20\log(65) - 11 = 64.2029dB$$
> 음향파워레벨$(PWL) = 10\log\left(\dfrac{W}{W_0}\right)$
> $$= 10\log\left(\dfrac{0.14}{10^{-12}}\right) = 111.4612dB$$

59

음압이 10배가 되면 음압레벨은 몇 dB 증가하는가?

① 10　　　　② 20
③ 30　　　　④ 40

> 음압레벨$(SPL) = 20\log\left(\dfrac{P}{P_0}\right)$
>
> 음압이 10배 증가되었으므로
> $P_1 = 10$, $P_2 = 100$으로 가정하고 SPL을 계산하면
> $$SPL_1 = 20\log\left(\dfrac{10}{P_0}\right) = 20\log 10 - 20\log P_0$$
> $$= 20 - 20\log P_0$$
> $$SPL_2 = 20\log\left(\dfrac{100}{P_0}\right) = 20\log 100 - 20\log P_0$$
> $$= 20\log\left(\dfrac{100}{P_0}\right) = 40 - 20\log P_0$$
> $$SPL_2 - SPL_1 = (40 - 20\log P_0) - (20 - 20\log P_0) = 20dB$$

60

소음의 영향에 관한 설명으로 옳지 않은 것은?

① 노인성 난청은 고주파음(6,000Hz)에서부터 난청이 시작된다.
② 영구적 청력손실은 4,000Hz 정도에서부터 난청이 시작된다.
③ 가축의 산란율, 부화율, 우유량 등의 저하를 유발한다.
④ 신체적으로 할당도, 혈중 백혈구, 혈중 아드레날린 등을 저하시킨다.

> 신체적으로 할당도, 혈중 백혈구, 혈중 아드레날린 등을 증가시킨다.

01 빈출

대기환경보전법상 온실가스에 해당하지 않는 것은?

① NH_3
② CO_2
③ CH_4
④ N_2O

"온실가스"란 적외선 복사열을 흡수하거나 다시 방출하여 온실효과를 유발하는 대기 중의 가스상태 물질로서 이산화탄소, 메탄, 아산화질소, 수소불화탄소, 과불화탄소, 육불화황을 말한다.

02 빈출

런던스모그와 비교한 로스엔젤레스형 스모그 현상의 특성으로 옳은 것은?

① SO_2, 먼지 등이 주 오염물질
② 온도가 낮고 무풍의 지상조건
③ 습도가 높은 이른 아침
④ 침강성 역전층이 형성

① SO_2, 먼지 등이 주 오염물질 : 런던스모그
② 온도가 낮고 무풍의 지상조건 : 런던스모그
③ 습도가 높은 이른 아침 : 런던스모그

03 빈출

가솔린을 연료로 사용하는 자동차의 엔진에서 NO_x가 가장 많이 배출될 때의 운전 상태는?

① 감속
② 가속
③ 공회전
④ 저속($15km$)

주행상태에 따른 오염물질의 배출 특성

구분	HC	CO	NO_x
많이	감속	공회전(정지)	가속
적게	운행	운행	공회전

04

일반적으로 배기가스의 입구처리속도가 증가하면 제거효율이 커지며 블로다운효과와 관련된 집진장치는?

① 중력집진장치
② 원심력집진장치
③ 전기집진장치
④ 여과집진장치

블로다운효과 : 사이클론 하부의 더스트박스에서 처리 가스량의 5~10%를 별도로 흡인하여 난류현상을 억제하고, 포집된 먼지의 재비산 및 장치 내 분진 순환과 축적을 방지해 집진효율을 더욱 높이는 작용을 말한다.

05 빈출

유해가스 흡수장치의 흡수액이 갖추어야 할 조건으로 옳은 것은?

① 용해도가 작아야 한다.
② 휘발성이 커야 한다.
③ 점성이 작아야 한다.
④ 화학적으로 불안정해야 한다.

① 용해도가 커야 한다.
② 휘발성이 작아야 한다.
④ 화학적으로 안정해야 한다.

06 빈출

기체의 용해도에 대한 설명이 틀린 것은?

① 온도가 증가할수록 용해도가 커진다.
② 용해도는 기체의 압력에 비례한다.
③ 용해도가 작은 기체는 헨리상수가 크다.
④ 헨리의 법칙이 잘 적용되는 기체는 용해도가 작은 기체이다.

기체의 용해도는 온도가 증가할수록 작아진다.

정답   01 ①   02 ④   03 ②   04 ②   05 ③   06 ①

07

상층부가 불안정하고 하층부가 안정을 이루고 있을 때, 연기의 모양은?

① 고도
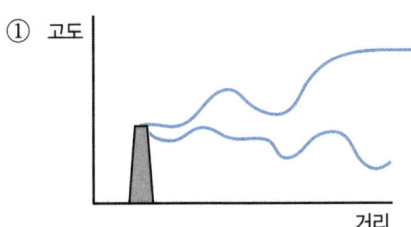
거리

② 고도
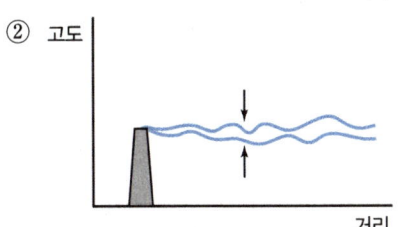
거리

③ 고도
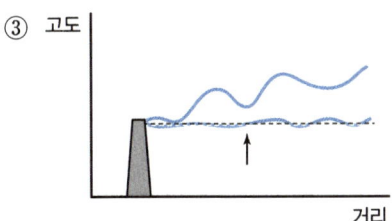
거리

④ 고도
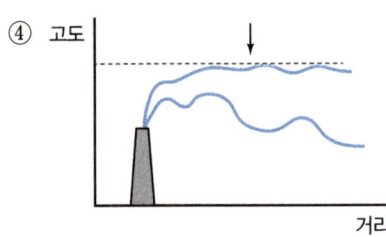
거리

① 환상형   ② 부채형
③ 지붕형   ④ 훈증형

08 ⭐빈출

직경이 $5\mu m$이고 밀도가 $3.7 g/cm^3$인 구형의 먼지입자가 공기 중에서 중력침강할 때 종말침강속도는? (단, 스톡스법칙 적용, 공기의 밀도 무시, 점성계수 $1.85 \times 10^{-5} kg/m \cdot sec$)

① 약 $0.27 cm/sec$
② 약 $0.32 cm/sec$
③ 약 $0.36 cm/sec$
④ 약 $0.41 cm/sec$

$$V_g = \frac{d_p^2(\rho_p - \rho)g}{18\mu}$$

$$= \frac{0.0005^2 \times 3.7 \times 980}{18 \times 1.85 \times 10^{-4}} = 0.2722 cm/sec$$

V_g : 중력침강속도

d_p : 입자의 직경 → $5\mu m \times \dfrac{1cm}{10^4 \mu m} = 0.0005cm$

ρ_p : 입자의 밀도 → $3.7 g/cm^3$

ρ : 유체의 밀도 → 무시함

g : 중력가속도 → $980 cm/sec^2$

μ : 점성계수 → $\dfrac{1.85 \times 10^{-5} kg}{m \cdot sec} \times \dfrac{10^3 g}{1 kg} \times \dfrac{1m}{100cm}$

$\qquad\qquad = 1.85 \times 10^{-4} g/cm \cdot sec$

09 ⭐빈출

후드의 설치 및 흡인요령으로 가장 적합한 것은?

① 후드를 발생원에 근접시켜 흡인시킨다.
② 후드의 개구면적을 점차적으로 크게 하여 흡인속도에 변화를 준다.
③ 에어커텐은 제거하고 행한다.
④ 배풍기(blower)의 여유량은 두지 않고 행한다.

② 후드의 개구면적을 점차적으로 작게 하여 흡인속도에 변화를 준다.
③ 에어커텐(Air Curtain)은 함께 가동한다.
④ 배풍기(Blower)의 여유량은 두고 행한다.

10

여과집진장치에 사용되는 다음 여포재료 중 가장 높은 온도에서 사용이 가능한 것은?

① 목면   ② 양모
③ 카네카론   ④ 글라스화이버

① 목면 : 80℃
② 양모 : 80℃
③ 카네카론 : 100℃
④ 글라스화이버 : 250℃

11 ⭐빈출

포집먼지의 중화가 적당한 속도로 행해지기 때문에 이상적인 전기 집진이 이루어질 수 있는 전기저항의 범위로 가장 적합한 것은?

① $10^2 \sim 10^4 \, \Omega \cdot cm$
② $10^5 \sim 10^{10} \, \Omega \cdot cm$
③ $10^{12} \sim 10^{14} \, \Omega \cdot cm$
④ $10^{15} \sim 10^{18} \, \Omega \cdot cm$

- 먼지의 고유저항이 낮으면($10^4 \, \Omega \cdot cm$ 이하) 집진판에 부착된 먼지가 전하를 쉽게 방출하여 부착력을 잃고 먼지가 떨어져 나가 재비산이 발생(재비산 영역)
- 중간 저항 범위($10^4 \sim 10^{11} \, \Omega \cdot cm$)에서는 정상적인 집진 성능을 보임(정상 영역)
- 저항이 더 커져 $10^{11} \, \Omega \cdot cm$ 부근에서는 스파크 발생으로 인해 전압 저하, 집진효율 저하가 나타남(스파크 빈발 영역)
- $10^{11} \sim 10^{13} \, \Omega \cdot cm$ 이상 매우 큰 저항 영역에서는 먼지층 발광과 역전리 현상 발생, 먼지 부유와 집진효율 급격 저하(역전리 영역)

12

연료의 연소과정에서 공기비가 너무 큰 경우 나타나는 현상으로 가장 적합한 것은?

① 배기가스에 의한 열손실이 커진다.
② 오염물의 농도가 커진다.
③ 미연분에 의한 매연이 증가한다.
④ 불완전연소되어 연소효율이 저하된다.

- ② 오염물의 농도는 작아진다.
- ③ 미연분에 의한 매연이 감소한다.
- ④ 완전연소되어 연소효율이 증가된다.

13

전기집진장치에 관한 설명으로 가장 거리가 먼 것은?

① 대량의 가스처리가 가능하다.
② 전압변동과 같은 조건변동에 쉽게 적응할 수 있다.
③ 초기 설비비가 고가이다.
④ 압력손실이 적어 소요동력이 적다.

전압변동과 같은 조건변동에 대응하기 어렵다.

14 ⭐빈출

20℃, $740 mmHg$에서 SO_2가스의 농도가 $5ppm$이다. 표준상태(STP)로 환산한 농도(ppm)는?

① 4.54
② 5.00
③ 5.51
④ 12.96

기체상태에서의 ppm은 mL/m^3이므로 온도와 압력이 변하여도 수치는 그대로이다.

15 ⭐빈출

사이클론으로 100% 집진할 수 있는 최소 입경을 의미하는 것은?

① 절단입경
② 기하학적 입경
③ 임계입경
④ 유체역학적 입경

- 임계입경 : 사이클론으로 100% 집진할 수 있는 최소 입경
- 절단입경 : 사이클론으로 50% 집진할 수 있는 최소 입경

16 ⭐빈출

C_2H_5OH이 물 $1L$에 $92g$ 녹아 있을 때 $COD(g/L)$값은? (단, 완전분해 기준)

① 48
② 96
③ 192
④ 384

$C_2H_5OH + 3O_2 \rightarrow 2CO_2 + 3H_2O$
C_2H_5OH $1mol(46g)$은 O_2 $3mol(32 \times 3 = 96g)$을 필요로 한다.
$46g : 96g = 92g/L : \square$
$\square = 192g/L$

정답   11 ②   12 ①   13 ②   14 ②   15 ③   16 ③

17

다음 용어 중 흡착과 가장 관련이 깊은 것은?

① 도플러효과 ② VAL
③ 플랑크상수 ④ 프로인들리히의 식

18

다음 〈보기〉에서 우리나라 하천수의 일반적인 수질적 특징만을 골라 묶어진 것은?

[보기]

ㄱ 계절에 따라 수위 변화가 심하다.
ㄴ 여름철과 겨울철에 성층이 형성된다.
ㄷ 수온이 비교적 일정하고 무기물이 풍부하다.
ㄹ 오염물의 이동, 분해, 희석 등 자정작용이 활발하다.

① ㄱ, ㄴ
② ㄴ, ㄷ
③ ㄷ, ㄹ
④ ㄱ, ㄹ

19

오존살균 시 급수계통에서 미생물의 증식을 억제하고 잔류살균효과를 유지하기 위해 투입하는 약품은?

① 염소
② 활성탄
③ 실리카겔
④ 활성알루미나

20

$125m^3/hr$의 폐수가 유입되는 침전지의 월류부하가 $100m^3/m \cdot day$일 경우 침전지 월류위어의 유효길이는?

① $10m$ ② $20m$
③ $30m$ ④ $40m$

21

폐수의 살균에 대한 설명으로 옳은 것은?

① NH_2Cl보다는 $HOCl$이 살균력이 작다.
② 보통 온도를 높이면 살균속도가 느려진다.
③ 같은 농도일 경우 유리잔류염소는 결합잔류염소보다 빠르게 작용하므로 살균능력도 훨씬 크다.
④ $HOCl$이 오존보다 더 강력한 산화제이다.

22

수질오염공정시험기준에 의거 페놀류를 측정하기 위한 시료의 보존방법(㉠)과 최대보존기간(㉡)으로 가장 적합한 것은?

① ㉠ 현장에서 용존산소 고정 후 어두운 곳 보관, ㉡ 8시간
② ㉠ 즉시 여과 후 4℃ 보관, ㉡ 48시간
③ ㉠ 20℃ 보관, ㉡ 즉시 측정
④ ㉠ 4℃ 보관, H_3PO_4로 $pH4$ 이하 조정한 후 $CuSO_4$ $1g/L$ 첨가, ㉡ 28일

정답   17 ④   18 ④   19 ①   20 ③   21 ③   22 ④

23 ★빈출

살수여상의 표면적이 $300m^2$, 유입분뇨량이 $1,500m^3/day$이다. 표면부하는 얼마인가?

① $2m^3/m^2 \cdot day$ ② $5m^3/m^2 \cdot day$
③ $15m^3/m^2 \cdot day$ ④ $18m^3/m^2 \cdot day$

$$수면적부하율 = \frac{유량}{침전되는 단면적} = \frac{VH}{L} = \frac{H}{HRT}$$
$$= \frac{1,500m^3/day}{300m^2} = 5m^3/m^2 \cdot day$$

24

어느 공장폐수의 Cr^{6+}이 $600mg/L$이고, 이 폐수를 아황산나트륨으로 환원처리하고자 한다. 폐수량이 $40m^3/day$일 때, 하루에 필요한 아황산나트륨의 이론량은? (단, Cr 원자량 52, Na_2SO_3 분자량 126)

$$2H_2CrO_4 + 3Na_2SO_3 + 3H_2SO_4 \rightarrow$$
$$Cr_2(SO_4)_3 + 3Na_2SO_4 + 5H_2O$$

① $72kg$
② $80kg$
③ $87kg$
④ $95kg$

㉠ Cr^{6+}의 총량 계산
총량(부하량) = 유량×농도

부하량 : $\dfrac{600mg}{L} \times \dfrac{40m^3}{day} \times \dfrac{1kg}{10^6mg} \times \dfrac{10^3L}{m^3}$

　　　농도　　유량　$mg \rightarrow kg$　$m^3 \rightarrow L$
　　　$= 24kg/day$

㉡ Na_2SO_3의 양 계산
$2Cr : 3Na_2SO_3 = 2 \times 52kg : 3 \times 126kg$
$2 \times 52kg : 3 \times 126kg = 24kg/day : \square$
$\square = 87.2307kg/day$

25

우리나라 강수량 분포의 특성으로 가장 거리가 먼 것은?

① 월별 강수량 차이가 큰 편이다.
② 하천수에 대한 의존량이 큰 편이다.
③ 6월과 9월 사이에 연 강수량의 약 2/3 정도가 집중되는 경향이 있다.
④ 세계 평균과 비교시 연간 총 강수량은 낮으나, 인구 1인당 가용수량은 높다.

인구 1인당 가용수량은 낮다.

26 ★빈출

생물학적으로 인을 제거하는 반응의 단계로 옳은 것은?

① 혐기 상태 → 인 방출 → 호기 상태 → 인 섭취
② 혐기 상태 → 인 섭취 → 호기 상태 → 인 섭취
③ 호기 상태 → 인 방출 → 혐기 상태 → 인 섭취
④ 호기 상태 → 인 섭취 → 혐기 상태 → 인 방출

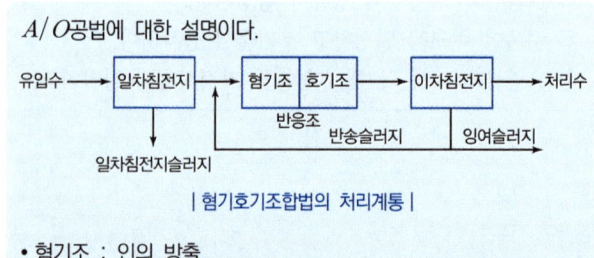

A/O공법에 대한 설명이다.

| 혐기호기조합법의 처리계통 |

• 혐기조 : 인의 방출
• 호기조 : 인의 과잉섭취

27

하수관로의 배수형식 중 하수를 방류할 때 일단 간선 하수 차집거에 모아 처리장으로 보내어 처리한 후 배출하는 방식으로 하천 유량이 하수량을 배출하기에는 부족하여 하천의 오염이 심할 것으로 예상되는 경우에 사용되는 방식은?

① 직각식
② 차집식
③ 선형식
④ 방사식

정답　　　23 ②　24 ③　25 ④　26 ①　27 ②

① 직각식 : 하수관거를 하천 등의 방류수면에 직각으로 배치하여 하수를 신속하게 배제하는 방식이다.
③ 선형식 : 하수도를 한 방향으로 경사지게 배치하여 하수를 한 곳으로 모으는 방식이다.
④ 방사식 : 하수를 여러 구역으로 나누어 중앙에서 여러 방향으로 퍼지게 배관하는 방식이다.

28

버섯은 어느 부류에 속하는가?

① 세균
② 균류
③ 조류
④ 원생동물

버섯은 균류에 속한다.

29

기름입자 A와 B의 지름은 동일하나 A의 비중은 0.88이고, B의 비중은 0.91이다. 이때의 A/B의 부상속도비는? (단, 기타 조건은 같다.)

① 1.03
② 1.33
③ 1.52
④ 1.61

$$V_F = \frac{d_p^2(\rho - \rho_p)g}{18\mu}$$

㉠ 비중이 0.88인 경우의 부상속도

$$V_F = \frac{d_p^2(1 - 0.88)g}{18\mu} = K \times 0.12$$

㉡ 비중이 0.91인 경우의 부상속도

$$V_F = \frac{d_p^2(1 - 0.91)g}{18\mu} = K \times 0.09$$

㉢ 부상속도 비

$$\frac{V_{F-0.88}}{V_{F-0.91}} = \frac{K \times 0.12}{K \times 0.09} = 1.3333$$

V_F : 부상속도
d_p : 입자의 직경
ρ_p : 입자의 밀도
ρ : 유체의 밀도
g : 중력가속도
μ : 점성계수

30

MLSS농도 $3,000mg/L$인 포기조 혼합액을 $1,000mL$ 메스실린더로 취해 30분간 정치시켰을 때 침강슬러지가 차지하는 용적은 $440mL$이었다. 이때 슬러지밀도지수(SDI)는?

① 146.7
② 73.4
③ 1.36
④ 0.68

㉠ SVI 계산

$$SVI = \frac{SV_{30(mL)}}{MLSS} \times 10^3$$

$$= \frac{440}{3,000} \times 10^3 = 146.6666$$

㉡ SDI 계산

$$SDI = 100/SVI = 100/146.6666 = 0.6818$$

31

다음 중 해역에서 적조발생의 주된 원인물질은?

① 수은
② 산소
③ 염소
④ 질소

적조현상은 부영양화 현상으로 인해 발생되며, 부영양화 현상의 주된 원인물질은 질소와 인이다.

32

오염물질을 배출하는 형태에 따라 점오염원과 비점오염원으로 구분된다. 다음 중 비점오염원에 해당하는 것은?

① 생활하수
② 농경지 배수
③ 축산폐수
④ 산업폐수

생활하수, 축산폐수, 산업폐수는 점오염원에 해당한다.

33

폐수처리 분야에서 미생물이라 하는 개체의 크기 기준으로 가장 적절한 것은?

① $1.0mm$ 이하
② $3.0mm$ 이하
③ $5.0mm$ 이하
④ $10.0mm$ 이하

정답 28 ② 29 ② 30 ④ 31 ④ 32 ② 33 ①

미생물 : $1.0mm$ 이하

34 빈출

$0.1M$ $NaOH$ $1,000mL$를 $0.3M$ H_2SO_4으로 중화 적정할 때 소비되는 이론적 황산량은?

① $126mL$ 　　　② $167mL$
③ $234mL$ 　　　④ $277mL$

$NV = N'V'$
산의 eq = 염기의 eq일 때 중화가 일어난다.
㉠ 염기의 eq
$$\frac{0.1mol}{L} \times 1L \times \frac{1eq}{1mol} = 0.1eq$$
㉡ 산의 eq = $0.1eq$
$$\frac{0.3mol}{L} \times \square L \times \frac{2eq}{1mol} = 0.1eq$$
$$\square = 0.1666L = 166.7mL$$

35 빈출

살수여상 처리과정에 주의해야 할 점으로 거리가 먼 것은?

① 악취 　　　② 연못화
③ 팽화 　　　④ 동결

슬러지 팽화현상은 활성슬러지공법의 처리과정에서 주의해야 할 점이다.

36 빈출

쓰레기 수거노선을 결정할 때 고려사항으로 옳지 않은 것은?

① 아주 많은 양의 쓰레기가 발생되는 발생원은 하루 중 가장 나중에 수거한다.
② 가능한 한 시계방향으로 수거노선을 정한다.
③ U자 회전을 피하여 수거한다.
④ 적은 양의 쓰레기가 발생하나 동일한 수거빈도를 받기를 원하는 수거지점은 가능한 한 같은 날 왕복 내에서 수거하도록 한다.

아주 많은 양의 쓰레기가 발생되는 발생원은 하루 중 가장 먼저 수거한다.

37 빈출

다음 중 퇴비화의 최적조건으로 가장 적합한 것은?

① 수분 50~60%, pH 5.5~8
② 수분 50~60%, pH 8.5~10
③ 수분 80~85%, pH 5.5~8
④ 수분 80~85%, pH 8.5~10

폐기물 퇴비화의 최적 조건
㉠ 온도 : 50~60℃
㉡ 수분 : 50~60%
㉢ C/N 비율 : 25~50
㉣ pH : 5.5~8

38 빈출

인구 50만명이 거주하는 도시에서 1주일 동안 $8,000m^3$의 쓰레기를 수거하였다. 쓰레기의 밀도가 $420kg/m^3$이라면 쓰레기 발생원 단위는?

① $0.91kg/$인·일 　　　② $0.96kg/$인·일
③ $1.03kg/$인·일 　　　④ $1.12kg/$인·일

1인 1일 쓰레기 발생량을 산정하기 위해 $kg/$인·일의 단위에 유의한다.
$$\frac{8,000m^3}{7일} \times \frac{420kg}{m^3} \times \frac{1}{500,000인} = 0.96kg/인·일$$

39 빈출

쓰레기를 건조시켜 함수율을 40%에서 20%로 감소시켰다. 건조 전 쓰레기의 중량이 1톤이었다면 건조 후 쓰레기의 중량은? (단, 쓰레기의 비중은 1.0으로 가정함.)

① $250kg$ 　　　② $500kg$
③ $750kg$ 　　　④ $1,000kg$

$$SL_1(1-X_1)=SL_2(1-X_2)$$
$$1{,}000kg(1-0.4)=SL_2(1-0.2)$$
$$SL_2=750kg$$

40 ⭐빈출

다음 중 폐기물의 퇴비화 시 적정 C/N비로 가장 적합한 것은?

① 1~2
② 1~10
③ 5~10
④ 25~50

폐기물의 퇴비화 공정에서 유지시켜 주어야 할 최적 조건
㉠ 온도 : 50~60℃
㉡ 수분 : 50~60%
㉢ C/N 비율 : 25~50
㉣ pH : 5.5~8

41

폐기물을 소각할 경우 필요한 폐열회수 및 이용설비가 아닌 것은?

① 과열기
② 부패조
③ 이코노마이저
④ 공기예열기

부패조는 미생물을 이용한 혐기성 처리방법이다.

42 ⭐빈출

적환장의 설치가 필요한 가장 거리가 먼 것은?

① 인구밀도가 높은 지역을 수집하는 경우
② 폐기물 수집에 소형 컨테이너를 많이 사용하는 경우
③ 처분장이 원거리에 있어 도중에 불법 투기의 가능성 이 있는 경우
④ 공기수송방식을 사용할 경우

인구밀도가 낮은 지역을 수집하는 경우 적환장의 설치가 필요하다.

43 ⭐빈출

폐기물 전단파쇄기에 관한 설명으로 틀린 것은?

① 전단파쇄기는 대개 고정칼, 회전칼과의 교합에 의하 여 폐기물을 전단한다.
② 전단파쇄기는 충격파쇄기에 비하여 파쇄속도는 느리 나, 이물질의 혼입에 대하여는 강하다.
③ 전단파쇄기는 파쇄물의 크기를 고르게 할 수 있다.
④ 전단파쇄기는 주로 목재류, 플라스틱류 및 종이류를 파쇄하는데 이용된다.

이물질의 혼입에 대하여 약하다.

44

연료의 연소에 필요한 이론공기량을 A_0, 공급된 실제공기량을 A라 할 때 공기비를 나타낸 식은?

① $\dfrac{A}{A_0}$
② $\dfrac{A_0}{A}$
③ $\dfrac{A-A_0}{A_0}$
④ $\dfrac{A-A_0}{A}$

$m=\dfrac{A}{A_0}$
A : 실제공기량
A_0 : 이론공기량
m : 공기비

45 ⭐빈출

폐기물 수거효율을 결정하고 수거작업 간의 노동력을 비교하기 위한 단위로 옳은 것은?

① $ton/man \cdot hour$
② $man \cdot hour/ton$
③ $ton \cdot man/hour$
④ $hour/ton \cdot man$

수거인부 1인이 쓰레기 1톤을 수거하는데 소요되는 총시간으로 MHT값이 낮을수록 수거효율이 높다.

46

매립지에서 발생될 침출수량을 예측하고자 한다. 이때 침출수 발생량에 영향을 받는 항목으로 가장 거리가 먼 것은?

① 강수량
② 유출량
③ 메탄가스의 함량
④ 폐기물 내 수분 또는 폐기물 분해에 따른 수분

> 메탄가스의 함량은 침출수와 거리가 멀다.

47 빈출

쓰레기를 수송하는 방법 중 자동화, 무공해화가 가능하고 눈에 띄지 않는다는 장점을 가지고 있으며 공기수송, 반죽수송, 캡슐수송 등의 방법으로 쓰레기를 수거하는 방법은?

① 모노레일 수거
② 관거 수거
③ 콘베이어 수거
④ 컨테이너 철도수거

> ① 모노레일 수거 : 레일 위를 주행하는 소형 차량을 이용해 쓰레기를 수거하고 운반하는 방법
> ③ 콘베이어 수거 : 벨트를 이용해 쓰레기를 계속해서 운반하는 방식
> ④ 컨테이너 철도수거 : 대량의 쓰레기를 적재한 컨테이너를 철도를 통해 운반하는 방법

48 빈출

쓰레기 발생량에 영향을 미치는 일반적인 요인에 관한 설명으로 옳은 것은?

① 쓰레기의 성분은 계절에 영향을 받는다.
② 수거빈도와 발생량은 반비례한다.
③ 쓰레기통이 클수록 발생량이 감소한다.
④ 재활용율이 높을수록 발생량이 증가한다.

> ② 수거빈도와 발생량은 비례한다.
> ③ 쓰레기통이 클수록 발생량이 증가한다.
> ④ 재활용율이 높을수록 발생량이 감소한다.

49 빈출

폐기물 매립지에서 발생하는 침출수 중 생물학적으로 난분해성인 유기물질을 산화분해시키는데 사용되는 펜턴시약의 성분으로 옳은 것은?

① H_2O_2와 $FeSO_4$
② $KMnO_4$와 $FeSO_4$
③ H_2SO_4와 $Al_2(SO_4)_3$
④ $Al_2(SO_4)_3$와 $KMnO_4$

> 펜턴반응은 펜턴시약(과산화수소+철염)을 이용한 난분해성 유기물질의 산화반응이다.

50

다음 중 슬러지 탈수방법으로 가장 거리가 먼 것은?

① 원심분리
② 산화지
③ 진공여과
④ 벨트프레스

> 산화지법 : 미생물의 생물학적 작용을 이용하여 하수 및 폐수를 자연정화시키는 공법으로, 라군(lagon)이라고도 하며, 시설비와 운영비가 적게 드는 이점이 있기 때문에 소규모 마을의 오수처리에 많이 이용된다. 슬러지 탈수방법과 거리가 멀다.

51

수거된 폐기물을 압축하는 이유로 거리가 먼 것은?

① 저장에 필요한 용적을 줄이기 위해
② 수송 시 부피를 감소시키기 위해
③ 매립지의 수명을 연장시키기 위해
④ 소각장에서 소각 시 원활한 연소를 위해

> 폐기물을 압축하면 소각 시 원활한 연소가 이루어지지 않는다.

정답   46 ③ 47 ② 48 ① 49 ① 50 ② 51 ④

52 ⭐빈출

탄소 $1kg$이 연소할 때 이론적으로 필요한 산소의 질량은?

① $4.1kg$

② $3.6kg$

③ $3.2kg$

④ $2.7kg$

$C + O_2 \rightarrow CO_2$

$12kg : 32kg = 1kg : \square$

$(1kmol = kg분자량 = 22.4Sm^3)$

$\square = 2.6666kg$

53 ⭐빈출

다음 중 효율적인 파쇄를 위해 파쇄대상물에 작용하는 3가지 힘에 해당되지 않는 것은?

① 충격력

② 정전력

③ 전단력

④ 압축력

파쇄대상물에 작용하는 3가지 힘 : 충격력, 전단력, 압축력

54

소각장에서 폐기물을 연소시킬 때 조건으로 가장 거리가 먼 것은?

① 완전연소를 위해 체류시간은 가능한 한 짧아야 한다.

② 연료와 공기가 충분히 혼합되어야 한다.

③ 공기/연료비가 적절해야 한다.

④ 점화온도가 적정하게 유지되고 재의 방출이 최소화 될 수 있는 소각로 형태이어야 한다.

완전연소를 위해 체류시간은 가능한 한 길어야 한다.

55

합성차수막 중 PVC의 특성으로 가장 거리가 먼 것은?

① 작업이 용이한 편이다.

② 접합이 용이한 편이다.

③ 대부분의 유기화학물질에 약한 편이다.

④ 자외선, 오존, 기후 등에 강한 편이다.

PVC는 자외선, 오존, 기후 등에 약한 편이다.

56

점음원에서 $5m$ 떨어진 지점의 음압레벨이 $60dB$이다. 음원으로부터 $10m$ 떨어진 지점의 음압레벨은?

① $30dB$

② $44dB$

③ $54dB$

④ $58dB$

㉠ $5m$ 지점의 PWL 계산

$PWL = SPL + 10\log(4\pi r^2)$

$\quad = 60 + 10\log(4 \times \pi \times 5^2) = 84.9714dB$

㉡ $10m$ 지점의 음압레벨 계산

$84.9714 = SPL + 10\log(4 \times \pi \times 10^2)$

$SPL = 53.9793dB$

57 ⭐빈출

방음대책을 음원대책과 전파경로대책으로 구분할 때 다음 중 음원대책이 아닌 것은?

① 공명방지

② 방음벽 설치

③ 소음기 설치

④ 방진 및 방사율 저감

방음벽 설치는 전파경로대책에 해당한다.

58

두 진동체의 고유진동수가 같을 때 한쪽을 울리면 다른 쪽도 울리는 현상은?

① 공명

② 진폭

③ 회절

④ 굴절

② 진폭 : 파동의 크기

③ 회절 : 장애물을 만나 파동이 휘어 퍼지는 현상

④ 굴절 : 매질 경계에서 파동의 진행 방향이 변경되는 현상

정답 52 ④ 53 ② 54 ① 55 ④ 56 ③ 57 ② 58 ①

59

형상의 선택이 비교적 자유롭고 압축, 전단 등의 사용방법에 따라 1개로 2축방향 및 회전방향의 스피링 정수를 광범위하게 선택할 수 있으나 내부마찰에 의한 발열 때문에 열화되는 방진재료는?

① 방진고무
② 공기스프링
③ 금속스프링
④ 직접지지관 스프링

② 공기스프링 : 공기 압력을 이용해 탄성력을 발휘하는 방진장치로, 내부 마찰이 거의 없고 발열도 적어 열화 문제가 적다. 스프링 정수 조절이 쉽고 설치 유연성도 높으나, 누출이나 압력 변화에 민감하다.

③ 금속스프링 : 강한 탄성력을 가지고 내구성이 높으며, 내부 마찰로 인한 발열이 거의 없어 열화가 적다. 그러나 형상과 설치 방식에 제한이 있다.

④ 직접지지관 스프링 : 특정 구조물에서 진동을 직접 지지하고 완화하는 역할을 하는 금속스프링 형태의 방진장치다. 내부 마찰이나 발열 문제는 적으나 설계와 설치가 복잡할 수 있다.

60

변동하는 소음의 에너지 평균 레벨로서 어느 시간 동안에 변동하는 소음레벨의 에너지를 같은 시간대의 정상 소음의 에너지로 치환한 값은?

① 소음레벨(SL)
② 등가소음레벨(L_{eq})
③ 시간율 소음도(L_n)
④ 주야등가소음도(L_{dn})

① 소음레벨 : 특정 순간이나 일정 시간 동안 측정된 소음의 크기를 나타내는 단위로, 데시벨(dB)로 표현한다.

③ 시간율 소음도 : 측정 시간 중 일정 비율 이상의 시간 동안 초과하는 소음레벨을 나타낸다. 예를 들어 L_{10}은 전체 측정 시간 중 10% 초과하는 소음레벨을 뜻한다.

④ 주야등가소음도 : 하루 24시간 동안 측정한 등가소음도에 야간(22:00~07:00) 소음에 10dB 가중치를 주어 산출한 값으로, 야간 소음 피해를 감안한 평가지표이다.

정답 59 ① 60 ②

01

연료의 연소 시 공기비가 클 경우에 나타나는 현상으로 가장 거리가 먼 것은?

① 연소실 내의 온도가 낮아짐
② 배기가스 중 NO_x량 증가
③ 배기가스에 의한 열손실의 증대
④ 불완전연소에 의한 매연 증대

> 불완전연소에 의한 매연 증대는 공기비가 작을 경우 나타나는 현상이다.

02 ⭐빈출

원심력집진장치에 관한 설명으로 옳지 않은 것은?

① 처리가능 입자는 $3~100\mu m$이며, 저효율 집진장치 중 집진율이 우수하고 경제적인 이유로 전처리장치로 많이 사용된다.
② 설치비와 유지비가 저렴한 편이다.
③ 점착성이나 딱딱한 입자가 함유된 배출가스에 적합하다.
④ 블로우다운효과와 관련이 있다.

> 점착성이나 딱딱한 입자가 함유된 배출가스에 부적합하다.

03

다음 중 선택적인 촉매환원법으로 질소산화물을 처리할 때 사용되는 환원제로 가장 적합한 것은?

① 수산화칼슘
② 암모니아
③ 염화수소
④ 불화수소

> 선택적 촉매환원기술(SCR : Selective Catalytic Reduction)
> 200~300℃에서 촉매에 암모니아, 수소, 일산화탄소 등 환원가스를 통과시켜 질소산화물을 N_2로 환원하는 기술이다

04

원형 송풍관의 길이가 $10m$, 내경이 $300mm$, 직관내 속도압이 $15mmH_2O$, 철판의 관마찰계수가 0.004일 때 이 송풍관의 압력손실은?

① $1mmH_2O$
② $4mmH_2O$
③ $8mmH_2O$
④ $18mmH_2O$

> 원형 송풍관의 압력손실 계산
> $$\triangle P = 4 \times f \times \frac{L}{D} \times \frac{\gamma \times V^2}{2g}$$
> $$= 4 \times 0.004 \times \frac{10}{0.3} \times 15mmH_2O = 8mmH_2O$$
> 여기서,
> $\triangle P$: 압력손실(mmH_2O)
> f : 관마찰계수
> L : 관의 길이(m)
> D : 관의 내경(m)
> $\frac{\gamma \times V^2}{2g}$: 속도압 또는 동압(mmH_2O)

05

다음 그림과 같은 집진원리를 갖는 집진장치는?

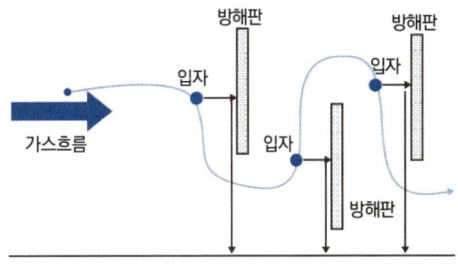

① 중력집진장치
② 관성력집진장치
③ 전기집진장치
④ 음파집진장치

정답   01 ④ 02 ③ 03 ② 04 ③ 05 ②

06

세정집진장치는 유수식, 가압수식, 회전식으로 분류될 수 있는데,
다음 중 유수식의 분류에 해당되는 것은?

① 분수형
② 벤츄리스크러버
③ 충전탑
④ 분무탑

- 유수식 세정집진장치는 집진기 내부에 일정량의 액체를 채워놓고
  처리가스를 통과시키면서 액적, 액막 등을 이용해 함진가스를 세
  정하는 방식이다.
- 유수식의 대표적인 종류에는 분수형, 가스선회형, 임펠라형, 로타
  형 등이 있다.
- 벤츄리스크러버(Venturi Scrubber), 충전탑(Packing tower),
  분무탑(Spray tower) 등은 가압수식 세정집진장치에 포함된다.

07

황록색의 유독한 기체로 물에 잘 녹으며 강한 자극성이 있는 기
체는?

① Cl_2
② NH_3
③ CO_2
④ CH_4

염소기체에 대한 설명이다.

08 ⭐

후드의 설치 및 흡인요령으로 가장 적합한 것은?

① 후드를 발생원에 근접시켜 흡인시킨다.
② 후드의 개구면적을 점차적으로 크게 하여 흡인속도에
   변화를 준다.
③ 에어커텐(Air Curtain)은 제거하고 행한다.
④ 배풍기(Blower)의 여유량은 두지 않고 행한다.

② 후드의 개구면적을 점차적으로 작게 하여 흡인속도에 변화를 준다.
③ 에어커텐(Air Curtain)은 함께 가동한다.
④ 배풍기(Blower)의 여유량은 두고 행한다.

09 ⭐

다음과 같은 특성을 가진 굴뚝 연기의 모양은?

- 대기의 상태가 하층부는 불안정하고 상층부는 안정할
  때 볼 수 있다.
- 하늘이 맑고 바람이 약한 날의 아침에 볼 수 있다.
- 지표면의 오염농도가 매우 높게 된다.

① 환상형
② 원추형
③ 훈증형
④ 구속형

① 환상형(Looping) : 대기가 매우 불안정하고 난류가 심할 때 나
  타나며, 연기가 상하로 흔들리고 국지적인 고농도가 발생할 수
  있다. 주로 맑고 바람이 약한 낮에 관찰된다.
② 원추형(Coning) : 대기가 약간 안정하거나 중립 상태일 때 발생
  하며, 연기가 원추모양으로 천천히 분산된다. 구름 낀 날이나 바
  람이 약할 때 주로 나타난다.
④ 구속형(Trapping) : 상하 두 개의 역전층 사이에 연기가 갇혀
  확산이 제한되는 형태로, 오염이 심한 상태를 나타낸다.

10 ⭐

섭씨온도 25℃는 절대온도로 몇 K인가?

① 25
② 45
③ 273
④ 298

절대온도 = 섭씨온도 + 273

11

다음 집진장치 중 일반적으로 동력비가 가장 적게 드는 것은?

① 벤츄리스크러버
② 사이클론
③ 살수탑
④ 중력집진장치

중력집진장치는 가스 흐름 내의 입자를 중력에 의해 자연스럽게 침
강시켜 분리하는 방식으로, 별도의 팬 동력이나 추가 동력 소모가
매우 적거나 거의 없다.

정답   06 ①   07 ①   08 ①   09 ③   10 ④   11 ④

12 빈출

황(S)의 함량이 2.0%인 중유를 시간당 $5 ton$으로 연소시킨다. 배출가스 중의 SO_2를 $CaCO_3$로 완전히 흡수시킬 때 필요한 $CaCO_3$의 양을 구하면? (단, 주유 중의 황성분은 전량 SO_2로 연소된다.)

① $278.3 kg/hr$
② $312.5 kg/hr$
③ $351.7 kg/hr$
④ $379.3 kg/hr$

$SO_2 + CaCO_3 + 0.5O_2 \rightarrow CaSO_4 + CO_2$

$S : CaCO_3 = 32g : 100g$

$32g : 100g = 0.1 ton/hr : \square$

$\square = \dfrac{100 \times 0.1}{32} = 0.3125 ton/hr = 312.5 kg/hr$

여기서 $S : \dfrac{5 ton}{hr} \times \dfrac{2}{100} = 0.1 ton/hr$

13 빈출

다음 중 집진장치에 관한 설명으로 옳은 것은?

① 사이클론은 여과식 집진장치에 해당한다.
② 중력집진장치는 고효율 집진장치에 해당한다.
③ 여과집진장치는 수분이 많은 점착성 먼지처리에 적합하다.
④ 전기집진장치는 코로나 방전을 이용하여 집진하는 장치이다.

① 사이클론은 원심력집진장치에 해당한다.
② 중력집진장치는 저효율 집진장치에 해당한다.
③ 여과집진장치는 수분이 많은 점착성 먼지처리에 부적합하다.

14 빈출

중력집진장치의 효율을 향상시키는 조건으로 거리가 먼 것은?

① 침강실 내의 배기가스의 기류는 균일해야 한다.
② 침강실의 높이가 높고, 길이가 짧을수록 집진율이 높아진다.
③ 침강실 내의 처리가스 유속이 작을수록 미립자가 포집된다.
④ 침강실의 입구폭이 클수록 미세입자가 포집된다.

침강실의 높이가 낮고, 길이가 길수록 집진율이 높아진다.

15 빈출

실제공기량(A)을 바르게 나타낸 식은? (단, A_0 : 이론공기량, m : 공기비, $m > 1$)

① $A = mA_0$
② $A = (m+1)A_0$
③ $A = (m-1)A_0$
④ $A = A_0/m$

$m = \dfrac{A}{A_0} \rightarrow A = mA_0$

A : 실제공기량
A_0 : 이론공기량
m : 공기비

16

다음 중 폐수를 응집침전으로 처리할 때 영향을 주는 주요 인자와 가장 거리가 먼 것은?

① 수온
② pH
③ DO
④ Colloid의 종류와 농도

용존산소(DO)는 생물학적 처리에 영향을 주는 주요 인자이다.

17

다음 중 생물학적 방법으로 가장 적합하게 처리할 수 있는 오염물질은?

① 중금속
② 유기물
③ 방사능
④ 시안 화합물

생물학적 방법을 통해 유기물을 가장 적합하게 처리할 수 있다.

정답   12 ②   13 ④   14 ②   15 ①   16 ③   17 ②

18 ⭐빈출

활성슬러지공법을 적용하고 있는 폐수종말처리시설에서 운진싱 발생하는 문제점에 관한 설명으로 옳지 않은 것은?

① 슬러지 팽화는 플록의 침전성이 불량하여 농축이 잘 되지 않는 것을 말한다.

② 슬러지 팽화의 원인 대부분은 각종 환경조건이 악화된 상태에서 사상성 박테리아나 균류 등의 성장이 둔화되기 때문이다.

③ 포기조에서 암갈색의 거품은 미생물 체류시간이 길고 과도한 과포기를 할 때 주로 발생한다.

④ 침전성이 좋은 슬러지가 떠오르는 슬러지 부상문제는 주로 과포기나 저부하에 의해 포기조에서 상당한 질산화가 진행되는 경우 침전조에서 침전슬러지를 오래 방치할 때 탈질이 진행되어 야기된다.

> 슬러지 팽화의 원인 대부분은 각종 환경조건이 악화된 상태에서 사상성 박테리아나 균류 등의 성장이 활성화되기 때문이다.

19 ⭐빈출

다음 중 수중의 알칼리도를 ppm 단위로 나타낼 때 기준이 되는 물질은?

① $Ca(OH)_2$
② CH_3OH
③ $CaCO_3$
④ HCl

> 알칼리도는 mg/L as $CaCO_3$로 표현한다.

20 ⭐빈출

지하수를 사용하기 위해 수질 분석을 하였더니 칼슘이온 농도가 $40mg/L$이고, 마그네슘이온 농도가 $36mg/L$이었다. 이 지하수의 총경도(as $CaCO_3$)는?

① $16mg/L$
② $76mg/L$
③ $120mg/L$
④ $250mg/L$

> $$경도 = \sum\left(경도유발물질 \ 농도 \times \frac{CaCO_3 당량}{경도유발물질 \ 당량}\right)$$
> $$= \sum\left(40mg/L \times \frac{50}{40/2} + 36mg/L \times \frac{50}{24/2}\right)$$
> $$= 250mg/L \ as \ CaCO_3$$

21

다음 폐수처리법 중 입자의 고액분리 방법과 가장 거리가 먼 것은?

① 전기투석
② 부상분리
③ 침전
④ 침사지

불용해성 성분의 분리 (고액분리법)	부상분리법, 스크리닝, 원심분리법, 침전, 침사
용해성 성분의 분리	전기투석법, 활성탄처리법, 오존산화법

22 ⭐빈출

〈보기〉와 같은 특성을 가지는 생물학적 폐수처리 방법은?

—————[보기]—————
- 대표적인 부착 성장식 생물학적 처리공법이다.
- 매질(media)로 채워진 탱크에 의해서 폐수를 뿌려주면 매질 표면에 붙어있는 미생물이 유기물을 섭취하여 제거한다.
- 여재의 크기가 균일하지 않거나 매질이 파손되는 경우에는 연못화 현상이 일어날 수 있다.

① 회전원판법　　　　② 살수여상법
③ 활성슬러지법　　　④ 산화지법

> ① 회전원판법 : 회전하는 원판 위 미생물막으로 폐수를 생물학적으로 분해하는 소형, 저에너지 처리법이다.
> ③ 활성슬러지법 : 미생물이 폐수 내 유기물을 분해하는 대표적 생물학적 처리법이다.
> ④ 산화지법 : 넓은 부지 내 산화지에서 자연조건으로 폐수를 정화하는 방법이다.

정답　　　　18 ② 19 ③ 20 ④ 21 ① 22 ②

23

다음 용어 중 흡착과 가장 관련이 깊은 것은?

① 도플러효과
② VAL
③ 플랑크상수
④ 프로인들리히의 식

① 도플러효과 : 소리나 빛 등 파동의 주파수가 이동하는 물체나 관측자의 상대적인 속도 때문에 변하는 현상이다
② VAL[진동가속도레벨(Vibration Acceleration Level)] : 측정 대상 진동의 가속도 실효치(rms)를 기준 가속도 실효치와 비교하여 로그 스케일로 변환한 값을 말한다
③ 플랑크상수 : 양자역학에서 빛의 에너지와 진동수 간의 관계를 나타내는 상수로, 주로 에너지 단위 계산에 쓰인다.

24

다음 중 콜로이드 물질의 크기 범위로 가장 적합한 것은?

① $0.001 \sim 1 \mu m$
② $10 \sim 50 \mu m$
③ $100 \sim 1000 \mu m$
④ $1000 \sim 10000 \mu m$

콜로이드 물질의 크기는 $0.001(1nm) \sim 1\mu m$ 이다.

25 ⭐빈출

A공장폐수의 최종 BOD값이 $200mg/L$이고 탈산소계수(K)가 0.2/day일 때, BOD_5값은?

[단, BOD소비식은 $Y = L_0(1 - 10^{-kt})$을 이용할 것]

① $90mg/L$
② $120mg/L$
③ $150mg/L$
④ $180mg/L$

BOD공식을 이용한다.
소모$BOD = BOD_u \times (1 - 10^{-kt}) \rightarrow BOD_5$
$$BOD_5 = BOD_u \times (1 - 10^{-k \times 5})$$
$$= 200 \times (1 - 10^{-0.2 \times 5})$$
$$= 180mg/L$$

26

위플의 자정단계에 관한 설명으로 옳지 않은 것은?

① 저하지대는 오염물질의 유입으로 수질이 저하되어 오염에 약한 고등생물은 오염에 강한 미생물로 교체된다.
② 활발한 분해지대는 용존산소가 가장 높아 활발한 분해가 일어나는 상태에 도달되고, 호기성 세균의 번식이 활발하다.
③ 회복지대는 수질이 점차 깨끗해지며, 기포의 발생이 감소하는 등 분해지대와는 반대현상이 장거리에 걸쳐 발생한다.
④ 정수지대는 마치 오염되지 않은 자연수처럼 보이며, 용존산소 농도가 증가하여 오염되지 않은 자연수계에서 살수 있는 식물이나 동물이 번식한다.

활발한 분해지대는 용존산소가 가장 낮아 활발한 분해가 일어나는 상태에 도달되고, 호기성 세균의 번식이 활발하다.

27

다음 중 물리적 예비처리공정으로 볼 수 없는 것은?

① 스크린
② 침사지
③ 유량조정조
④ 소화조

소화조는 슬러지 처리의 공정이다.

28 ⭐빈출

〈보기〉와 같은 특성을 가지는 수질오염물질은?

─────[보기]─────
• 은백색의 광택이 있고 경도가 높은 금속으로 도금과 합금재료로 많이 쓰인다.
• 6가 이온은 특히 독성이 강하여 3가 이온의 100배 정도 더 해롭다.
• 피부염, 피부궤양을 일으키며 흡입으로 코, 폐, 위장에 점막을 형성하고 폐암을 유발한다.

① 크롬
② 구리
③ 수은
④ 카드뮴

② 구리 : 윌슨병과 구리 중독
③ 수은 : 수은 중독, 미나마타병
④ 카드뮴 : 카드뮴 중독, 이타이이타이병

29 ⭐빈출

0.00001$M - HCl$용액의 pH는 얼마인가? (단, HCl은 100% 이온화한다.)

① 2
② 3
③ 4
④ 5

$HCl \rightleftharpoons H^+ + Cl^-$
$HCl : H^+ = 1 : 1 = 0.00001M : \square$
$\square = 0.00001M$
$pH = -\log[H^+]$
$\quad = -\log[0.00001] = 5$

30

다음 중 수질오염공정시험기준에 의거 페놀류를 측정하기 위한 시료의 보전방법(㉠)과 최대보존기간(㉡)으로 가장 적합한 것은?

① 현장에서 용존산소 고정 후 어두운 곳 보관 – 8시간
② 즉시여과 후 $4℃$ 보관 – 48시간
③ $20℃$ 보관 – 즉시 측정
④ $4℃$ 보관, H_3PO_4로 $pH4$ 이하 조정한 후 $CuSO_4$ $1g/L$ 첨가 – 28일

㉠ 시료의 보존방법 : $4℃$ 보관, H_3PO_4로 $pH4$ 이하로 조정한 후 $CuSO_4$ $1g/L$ 첨가
㉡ 최대보존기간 : 28일

31

우리나라 강수량 분포의 특성으로 가장 거리가 먼 것은?

① 월별 강수량 차이가 큰 편이다.
② 하천수에 대한 의존량이 큰 편이다.
③ 6월과 9월 사이에 연 강수량의 약 2/3 정도가 집중되는 경향이 있다.
④ 세계 평균과 비교시 연간 총 강수량은 낮으나, 인구 1인당 가용수량은 높다.

인구 1인당 가용수량은 낮다.

32 ⭐빈출

0.04M $NaOH$ 용액을 mg/L로 환산하면?

① $1.6mg/L$
② $16mg/L$
③ $160mg/L$
④ $1,600mg/L$

$NaOH = 23 + 16 + 1 = 40$
용액의 $ppm = mg/L$

$\underset{\text{농도}}{\dfrac{0.04mol}{L}} \times \underset{mol \rightarrow g}{\dfrac{40g}{1mol}} \times \underset{g \rightarrow mg}{\dfrac{10^3mg}{1g}} = 1,600mg/L$

33

식품공장폐수를 200배 희석하여 측정한 DO는 $8.6mg/L$이었고, 5일 동안 배양한 후 DO는 $4.2mg/L$이었다. 이 폐수의 생물화학적 산소요구량은?

① $750mg/L$
② $785mg/L$
③ $880mg/L$
④ $915mg/L$

$BOD_5 = [DO_1 - DO_2] \times P$
$\quad = [8.6 - 4.2] \times 200 = 880mg/L$

34 ⭐빈출

물 분자의 화학적 구조에 관한 설명으로 옳지 않은 것은?

① 물 분자는 1개의 산소원자와 2개의 수소원자가 공유결합하고 있다.
② 물 분자에는 2개의 고립전자쌍이 산소원자에 남아 있다.
③ 산소는 전기음성도가 매우 커서 공유결합을 하고 있으나 극성을 갖지는 않는다.
④ 물 분자의 산소는 음성전하를 가지며, 수소는 양성전하를 가지고 있어 인접한 분자 사이에 수소결합을 하고 있다.

정답   29 ④   30 ④   31 ④   32 ④   33 ③   34 ③

산소와 수소는 전기음성도 차이가 매우 커서 공유결합을 하고 있으며, 극성을 갖는다.

35
다음 중 수질오염공정시험기준에 따른 총질소 분석방법에 해당하는 것은?

① 굴절법
② 당도법
③ 전기전도도법
④ 자외선/가시선 분광법

총질소 분석방법 : 자외선/가시선 분광법(산화법, 카드뮴-구리 환원법, 환원증류-킬달법), 연속흐름법

36 ⭐빈출
폐기물 파쇄의 목적으로 옳지 않은 것은?

① 용적의 감소
② 입경분포의 균일화
③ 겉보기 밀도의 감소
④ 매립 시 부등침하 억제 효과

파쇄로 인해 겉보기 밀도는 증가한다.

37 ⭐빈출
소형차량으로 수거한 쓰레기를 대형차량으로 옮겨 운반하기 위해 마련하는 적환장의 위치로 적합하지 않은 곳은?

① 주요 간선도로에 인접한 곳
② 수송 측면에서 가장 경제적인 곳
③ 공중위생 및 환경피해가 최소인 곳
④ 가능한 한 수거지역에서 멀리 떨어진 곳

적환장은 가능한 한 수거지역에서 가까운 곳에 위치해야 한다.

38 ⭐빈출
밑면을 개방할 수 있는 바지선에 폐기물을 적재하여 대상지점에 투하하는 방식으로 내수배제가 곤란하고 수심이 깊은 지역 등에 적합한 해안매립공법은?

① 도랑식공법
② 셀공법
③ 샌드위치공법
④ 박층뿌림공법

① 도랑식공법 : 도랑형태의 공간에 매립하는 방법
② 셀공법 : 매립지를 여러 독립 셀로 나누어 순차 매립하는 방법
③ 샌드위치공법 : 차수층과 폐기물을 층층이 교대로 쌓는 매립 방법

39
폐기물의 초기 무게가 $250g$이고 건조 후 폐기물의 무게가 $200g$이라면 이때 수분함량(%)은?

① 15%
② 20%
③ 25%
④ 30%

건조과정을 거쳐 수분이 증발하였으므로 건조 전후의 무게차를 이용하여 계산한다.
$$\frac{250-200}{250} \times 100 = 20\%$$

40 ⭐빈출
다음 중 퇴비화의 최적조건으로 가장 적합한 것은?

① 수분 50~60%, pH 5.5~8 정도
② 수분 50~60%, pH 8.5~10 정도
③ 수분 80~85%, pH 5.5~8 정도
④ 수분 80~85%, pH 8.5~10 정도

폐기물의 퇴비화의 최적 조건
㉠ 온도 : 50~60℃
㉡ 수분 : 50~60%
㉢ C/N 비율 : 25~50
㉣ pH : 5.5~8

정답   35 ④ 36 ③ 37 ④ 38 ④ 39 ② 40 ①

41

유동상 소각로에서 유동상의 매질이 갖추어야 할 조건이 아닌 것은?

① 불활성
② 낮은 융점
③ 내마모성
④ 작은 비중

유동상의 매질은 높은 융점을 갖추어야 한다.

42 빈출

다음 중 매립지 내 가스(LFG : Landfill Gas)에서 주로 발생되는 성분으로 가장 거리가 먼 것은?

① 메탄
② 질소
③ 염소
④ 탄산가스

매립지 내 가스(LFG : Landfill Gas)에서 주로 발생되는 성분은 메탄(CH_4)과 이산화탄소(CO_2)로 전체의 약 98%를 차지하며, 그 외에 수소, 황화수소, 일산화탄소, 암모니아, 질소, 산소 등이 소량 포함되어 있다.

43

하수처리장에서 발생하는 슬러지를 혐기성으로 소화처리하는 목적으로 가장 거리가 먼 것은?

① 병원균의 사멸
② 독성 중금속 및 무기물의 제거
③ 무게와 부피감소
④ 메탄과 같은 부산물 회수

소화조에서 독성 중금속 및 무기물의 제거는 일어나지 않는다.

44

매립처분시설의 분류 중 폐기물에 포함된 수분, 폐기물 분해에 의하여 생성되는 수분, 매립지에 유입되는 강우에 의하여 발생하는 침출수의 유출방지와 매립지 내부로의 지하수 유입방지를 위해 설치하는 것은?

① 부패조
② 안정탑
③ 덮개시설
④ 차수시설

① 부패조 : 폐기물 매립 중 발생하는 유기성 폐기물의 부패를 촉진시켜 가스를 발생시키고, 혐기성 분해를 유도하는 처리시설이다.
② 안정탑 : 매립지에서 발생하는 가스를 안정화시키는 장치로, 가스의 폭발 위험을 줄이고 환경오염을 방지한다.
③ 덮개시설 : 매립지 상부를 덮어 악취, 파리 및 기타 해충의 서식, 침출수 발생을 줄여 환경 피해를 최소화한다.

45

A폐기물의 성분을 분석한 결과 가연성 물질의 함유율이 무게기준으로 50%이었다. 밀도가 $700kg/m^3$인 A폐기물 $10m^3$에 포함된 가연성 물질의 양은?

① $500kg$
② $1,500kg$
③ $2,500kg$
④ $3,500kg$

$$밀도(\rho) = \frac{질량(kg)}{부피(m^3)}$$

$$질량(kg) = 밀도(kg/m^3) \times 부피(m^3)$$

$$= \frac{700kg}{m^3} \times 10m^3 \times \frac{100-50}{100} = 3,500kg$$

밀도 　부피 　폐기물 → 가연성

46 빈출

다음 중 효율적인 파쇄를 위해 파쇄대상물에 작용하는 3가지 힘에 해당되지 않는 것은?

① 충격력
② 정전력
③ 전단력
④ 압축력

파쇄대상물에 작용하는 3가지 힘 : 충격력, 전단력, 압축력

정답　　　41 ②　 42 ③　 43 ②　 44 ④　 45 ④　 46 ②

47 ⭐빈출

폐기물관리법령상 지정폐기물 중 부식성폐기물의 "폐산" 기준으로 옳은 것은?

① 액체상태의 폐기물로서 수소이온농도지수가 2.0 이하인 것으로 한정한다.
② 액체상태의 폐기물로서 수소이온농도지수가 3.0 이하인 것으로 한정한다.
③ 액체상태의 폐기물로서 수소이온농도지수가 5.0 이하인 것으로 한정한다.
④ 액체상태의 폐기물로서 수소이온농도지수가 5.5 이하인 것으로 한정한다.

> • 폐알칼리 기준 : 수소이온농도지수가 12.5 이상
> • 폐산 기준 : 수소이온농도지수가 2.0 이하

48 ⭐빈출

쓰레기 수거노선을 설정하는데 유의하여야 할 사항으로 옳지 않은 것은?

① U자형 회전을 피해 수거한다.
② 될 수 있는 한 한번 간 길은 다시 가지 않는다.
③ 가능한 한 시계반대방향으로 수거노선을 정한다.
④ 출발점은 차고지와 가깝게 하고 수거된 마지막 컨테이너는 처분장과 가깝도록 배치한다.

> 가능한 한 시계방향으로 수거노선을 정한다.

49

습식산화법의 일종으로 슬러지에 통산 200~270℃ 정도의 온도와 70atm 정도의 압력을 가하여 산소에 의해 유기물을 화학적으로 산화시키는 공법은?

① 짐머만 공법
② 유동산화 공법
③ 내산화 공법
④ 포졸란 공법

> 습식 산화는 고온고압 조건에서 산화제를 사용해 슬러지 내 유기물을 산화 분해하여 처리효율을 높이는 방식으로, 주로 폐수슬러지 처리에 활용된다.

50

폐기물처리 시 에너지를 회수 또는 재활용할 수 있는 처리법으로 가장 거리가 먼 것은?

① 표준활성처리
② 열분해
③ 발효
④ RDF

> 표준활성처리는 미생물을 이용한 유기물의 처리법이다.

51

매립지 차수시설에 대한 설명 중 가장 거리가 먼 것은?

① 차수시설은 매립이 시작되면 복구가 불가능하다.
② 차수시설은 형태에 따라 매립지의 바닥 및 경사면의 차수를 위한 표면차수공과 매립지의 하류부 또는 주변부에 연직으로 설치하는 연직하수시설로 나누어진다.
③ 점토에 벤토나이트 등을 첨가하면 차수성을 향상시킬 수 있다.
④ 합성수지 및 고무계 차수막은 내화학성과 내구성이 높아 경사면 및 지반침하의 우려가 있는 곳에 직접 시공할 수 있다.

> 합성수지 및 고무계 차수막은 내화학성과 내구성이 낮아 경사면 및 지반침하의 우려가 있는 곳에 직접 시공할 수 없다.

52

유해폐기물을 "무기적 고형화"에 의한 처리방법에 관한 특성비교로 옳지 않은 것은? (단, 유기적 고형화 방법과 비교)

① 고도의 기술이 필요하며, 촉매 등 유해물질이 사용된다.
② 수용성이 작고, 수밀성이 양호하다.
③ 고화재료 구입이 용이하며, 재료가 무독성이다.
④ 상온, 상압에서 처리가 용이하다.

> 고도의 기술이 필요하지 않으며, 촉매 등 유해물질이 사용되지 않는다.

53

감열감량 및 유기물함량–중량법에 관한 설명으로 옳지 않은 것은?

① 시료를 황산암모늄용액(5%)을 넣고 가열하여 탄화시킨다.

② 시료에 시약을 넣고 가열하여 탄화한 후 $(600\pm25)℃$의 전기로 안에서 3시간 강열한 다음 데시케이터에서 식힌 후 무게를 단다.

③ 평량병 또는 증발접시는 백금제, 석영제 또는 사기제 도가니 또는 접시로 가급적 무게가 적은 것을 사용한다.

④ 데시케이터는 실리카겔과 염화칼슘이 담겨 있는 것을 사용한다.

> 시료를 황산암모늄용액(25%)을 넣고 가열하여 탄화시킨다.
> 폐기물의 강열감량 및 유기물 함량을 측정하는 방법은 시료를 질산암모늄용액(25%)을 넣고 가열하여 탄화시킨 다음, $(600 \pm 25)℃$의 전기로 안에서 3시간 강열하고 데시케이터에서 식힌 후 무게를 달아 증발접시의 무게 차이로부터 강열감량 및 유기물 함량(%)을 구한다.

54 ⭐빈출

매립시설에서 복토의 목적으로 가장 거리가 먼 것은?

① 빗물배제　　　　　② 화재방지
③ 식물성장방지　　　④ 폐기물의 비산방지

> 복토는 식물성장을 촉진시킨다.

55 ⭐빈출

화격자 소각로의 소각능률이 $220kg/m^2 \cdot hr$이고 $80,000kg$의 폐기물을 1일 8시간 소각한다면 이때 화격자의 면적(m^2)은?

① 41.6　　　　　② 45.4
③ 49.7　　　　　④ 54.6

> 소각률 $= \dfrac{소각량}{면적}$
>
> $\dfrac{220kg}{m^2 \cdot hr} = \dfrac{80,000kg}{day} \times \dfrac{1day}{8hr} \times \dfrac{1}{\square}$
>
> $day \rightarrow hr$
>
> $\square = \dfrac{80,000kg}{day} \times \dfrac{1day}{8hr} \times \dfrac{m^2 \cdot hr}{220kg} = 45.4545m^2$

56

음향파워가 $0.1\ Watt$일 때 PWL은?

① $1dB$　　　　　② $10dB$
③ $100dB$　　　　④ $110dB$

> $PWL(dB) = 10 \times \log\left(\dfrac{W}{W_0}\right)$
>
> $\qquad\qquad = 10 \times \log\left(\dfrac{0.1}{10^{-12}}\right) = 110dB$
>
> $W_0 = 10^{-12}(watt)$

57

점음원에서 $10m$ 떨어진 곳에서의 음압레벨이 $100dB$일 때, 이 음원으로부터 $20m$ 떨어진 곳의 음압레벨은?

① $92dB$　　　　　② $94dB$
③ $102dB$　　　　④ $101dB$

> ㉠ $10m$ 지점의 PWL 계산
> $PWL = SPL + 10\log(4\pi r^2)$
> $\qquad\quad = 100 + 10\log(4 \times \pi \times 10^2) = 130.9920dB$
> ㉡ $20m$ 지점의 음압레벨 계산
> $130.9920 = SPL + 10\log(4 \times \pi \times 20^2)$
> $SPL = 93.9793dB$

58 ⭐빈출

방음대책을 음원대책과 전파경로대책으로 분류할 때, 다음 중 주로 전파경로대책에 해당되는 것은?

① 방음벽 설치
② 소음기 설치
③ 발생원의 유속저감
④ 발생원의 공명방지

> ② 소음기 설치 : 음원대책
> ③ 발생원의 유속저감 : 음원대책
> ④ 발생원의 공명방지 : 음원대책

정답　　53 ①　54 ③　55 ②　56 ④　57 ②　58 ①

59

다음 중 다공질 흡음재에 해당하지 않는 것은?

① 암면   ② 비닐시트
③ 유리솜   ④ 폴리우레탄폼

다공질 흡음제는 표면과 내부에 미세한 구멍이 있어서 음파가 그 틈 사이의 공기로 전파되면서 벽과의 마찰이나 점성저항으로 음의 일부가 열로 변환되어 소멸되는 재료를 말한다. 대표적인 다공질 흡음제에는 암면, 유리솜, 폴리우레탄폼 등이 있다.

60 ⭐ 빈출

다음은 음의 크기에 관한 설명이다. ( ) 안에 알맞은 것은?

( ) 순음의 음세기레벨 $40dB$의 음크기를 $1 sone$이라 한다.

① $10 Hz$ ② $100 Hz$
③ $1,000 Hz$ ④ $10,000 Hz$

$1,000 Hz$ 순음의 음세기레벨 $40dB$의 음의 크기를 $1 sone$이라 한다.

$$sone = 2^{\frac{phon - 40}{10}}$$

Chapter 20

2022년 4회 | CBT 기출복원문제

01

다음 대기오염물질의 분류 중 발생원에서 직접 외기로 배출되는 1차 오염물질에 해당하는 것은?

① O_3　　　　② PAN
③ NH_3　　　　④ H_2O_2

• 1차 오염물질 : SO_x, NO_x, HC, CO_2, NH_3
• 2차 오염물질 : SO_x, NO_x, PAN, O_3, H_2O_2, $NOCl$
• 1, 2차 오염물질 : NO, NO_2, SO_2, SO_3, H_2SO_4, 알데히드류, 유기산류

02

다음 중 연소 시 질소산화물의 저감방법으로 가장 거리가 먼 것은?

① 배출가스 재순환　　② 2단연소
③ 과잉공기량 증대　　④ 연소부분 냉각

과잉공기량의 증대는 일정구간에서 질소산화물의 발생을 촉진시킨다.

03

다음 중 링겔만 농도표와 관계가 깊은 것은 어느 것인가?

① 매연 측정
② 가스크로마토그래프
③ 오존농도 측정
④ 질소산화물 성분분석

링겔만 농도표(링겔만 도표, Ringelmann chart)는 굴뚝에서 배출되는 매연의 농도를 측정하는 데 사용하는 기준표이다.
전백(밝은 흰색)에서 전흑(완전 검은색)까지 6단계로 나누어 매연의 검은 정도를 시각적으로 비교하여 농도를 평가한다.

04

표준상태에서 물 6.6g을 수증기로 만들 때 부피는?

① $5.16L$　　　　② $6.22L$
③ $7.24L$　　　　④ $8.21L$

표준상태에서 $1mol = g$분자량 $= 22.4L$를 차지한다.
$$6.6g \times \frac{1mol}{18g} \times \frac{22.4L}{1mol} = 8.2133L$$
$$g \to mol \quad mol \to L$$

05

수소 15%, 수분 0.5%인 중유의 고위발열량이 $12,600kcal/kg$일 때, 저위발열량($kcal/kg$)은?

① $11,357kcal/kg$　　② $11,446kcal/kg$
③ $11,787kcal/kg$　　④ $11,992kcal/kg$

저위발열량 = 고위발열량 – 물의 증발잠열
액체와 고체연료의 저위발열량 계산식
$$H_l = H_h - 600(9H + W)$$
$$= 12,600 - 600(9 \times \frac{15}{100} + \frac{0.5}{100}) = 11,787kcal/kg$$

06

흡착법에 관한 설명으로 옳지 않은 것은?

① 물리적 흡착은 Van der Waals 흡착이라고도 한다.
② 물리적 흡착은 낮은 온도에서 흡착량이 많다.
③ 화학적 흡착인 경우 흡착과정이 주로 가역적이며 흡착제의 재생이 용이하다.
④ 흡착제는 단위질량당 표면적이 큰 것이 좋다.

물리적 흡착인 경우 흡착과정이 주로 가역적이며 흡착제의 재생이 용이하다.

정답　01 ③　02 ③　03 ①　04 ④　05 ③　06 ③

07 빈출

환경체감률에 따른 대기 안정도를 나타낸 그림 중 역전상태를 나타낸 것은? (단, 실선은 환경체감률, 점선은 건조단열체감률이다.)

① 고도
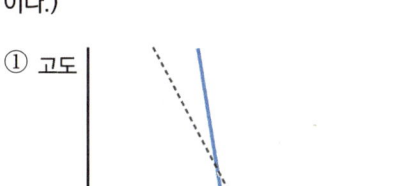
기온

② 고도
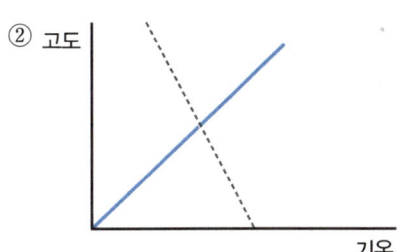
기온

③ 고도
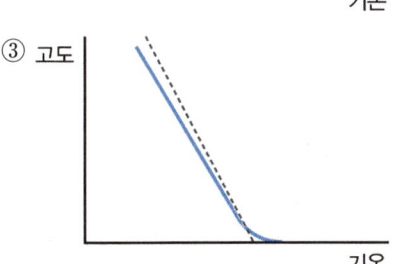
기온

④ 고도
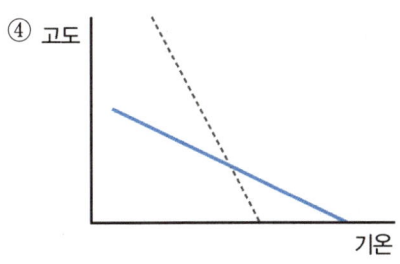
기온

① 약한 안정(미단열)
③ 중립
④ 과단열(불안정)

08

과잉공기비 m을 크게($m > 1$)하였을 때의 연소특성으로 옳지 않은 것은?

① 연소가스 중 CO 농도가 높아져 산업공해의 원인이 된다.
② 통풍력이 강하여 배기가스에 의한 열손실이 크다.
③ 배기가스의 온도저하 및 SO_x, NO_x 등의 생성물이 증가한다.
④ 연소실의 냉각효과를 가져온다.

연소가스 중 CO 농도가 낮아지고 완전연소된다.

09

충전탑(packed tower)에 채워지는 충전물의 구비조건으로 틀린 것은?

① 단위용적에 대하여 비표면적이 작을 것
② 마찰저항이 작을 것
③ 압력손실이 작고 충전밀도가 클 것
④ 내식성과 내열성이 클 것

단위용적에 대하여 비표면적이 클 것

10 빈출

다음 중 헨리의 법칙에 관한 설명으로 가장 적합한 것은?

① 기체의 용매에 대한 용해도가 높은 경우에만 헨리의 법칙이 성립한다.
② HCl, HF, SO_2 등은 헨리의 법칙이 잘 적용되는 가스이다.
③ 일정온도에서 특정 유해가스의 압력은 용해가스의 액중농도에 비례한다.
④ 헨리정수는 온도변화에 상관없이 동일성분 가스는 항상 동일한 값을 가진다.

① 기체의 용매에 대한 용해도가 낮은 경우에만 헨리의 법칙이 성립한다.
② HCl, HF, SO_2 등은 헨리의 법칙이 잘 적용되지 않는 가스이다.
④ 헨리정수는 온도변화에 영향이 있다.

정답   07 ② 08 ① 09 ① 10 ③

11 ⭐빈출

다음 중 중력집진장치에 대한 설명으로 옳지 않은 것은?

① 침강실 입구폭이 클수록 유속이 느려지며 미세한 입자가 포집된다.
② 취급입경은 $0.1 \sim 10 \mu m$이며, 유지비용은 비싼편이다.
③ 운전 시 압력손실은 $5 \sim 15 mmH_2O$로 낮다.
④ 침강실의 높이가 낮고, 수평길이가 길수록 집진율이 높아진다.

> 취급입경은 $20 \mu m$ 이상이며, 유지비용은 저렴한 편이다.

12 ⭐빈출

A기체와 물이 30℃에서 평형상태에 있다. 기상에서의 A의 분압이 $40 mmHg$일 때, 수중에서의 A기체의 액중농도는? [단, 30℃에서, A기체의 물에 대한 헨리상수는 $1.60 \times 10(atm \cdot m^3/kmol)$이다.]

① $2.29 \times 10^{-3} kmol/m^3$
② $3.29 \times 10^{-3} kmol/m^3$
③ $2.29 \times 10^{-2} kmol/m^3$
④ $3.29 \times 10^{-2} kmol/m^3$

> $P = H \times C$
> $0.0526 = 1.6 \times 10 \times C$
> $C = 3.2875 \times 10^{-3} kmol/m^3$
> P : 압력$(atm) \rightarrow 40 mmHg \times \dfrac{1atm}{760mmHg} = 0.0526atm$
> H : 헨리상수$(atm \cdot m^3/kmol) \rightarrow 1.6 \times 10\, atm \cdot m^3/kmol$
> C : 농도$(kmol/m^3)$

13

온실효과 및 온난화에 관한 설명 중 옳지 않은 것은?

① 교토의정서는 지구온난화 규제 및 방지와 관련한 국제협약이다.
② 온실효과를 일으키는 물질로는 CO_2, CH_4, N_2O 등이 있다.
③ CO_2는 바닷물에 잘 녹기 때문에 현재 해양은 대기가 함유하는 CO_2의 약 60배 정도를 함유한다.
④ 대기 중의 CO_2는 태양광선 중 자외선을 흡수하여 온실효과를 일으킨다.

> 대기 중의 O_3는 태양광선 중 자외선을 흡수하여 온실효과를 일으킨다.

14

직경이 $300mm$인 관에 $18m^3/\min$의 유량으로 유체가 흐르고 있다. 이 관 단면에서의 유체 유속$(m/\sec)$은?

① 약 $3.1m/\sec$ ② 약 $4.2m/\sec$
③ 약 $5.3m/\sec$ ④ 약 $8.1m/\sec$

> $Q = A \times V$
> 흡수탑은 원형이므로
> $Q = \dfrac{\pi}{4} D^2 \times V$
> $\dfrac{18m^3}{\min} = \dfrac{\pi}{4}(0.3m)^2 \times \dfrac{Vm}{\sec} \times \dfrac{60\sec}{\min}$
> $V = \left(\dfrac{18m^3}{\min} \times \dfrac{\min}{60\sec} \times \dfrac{4}{\pi} \times \dfrac{1}{(0.3m)^2} \right) = 4.2441m$

15

다음 중 백필터(Bag filter)의 특징으로 틀린 것은?

① 폭발성 및 점착성 먼지 제거가 곤란하다.
② 수분에 대한 적응성이 낮으며, 유지비용이 많이 든다.
③ 여과속도가 클수록 집진효율이 커진다.
④ 가스 온도에 따른 여재의 사용이 제한된다.

> 여과속도가 작을수록 집진효율이 커진다.

16 ⭐빈출

다음 중 해수의 특성에 관한 설명으로 옳지 않은 것은?

① 해수 내 전체 질소 중 35% 정도는 암모니아성 질소, 유기질소 형태이다.
② 해수의 pH는 약 5.6 정도로 약산성이다.
③ 해수의 주요 성분 농도비는 거의 일정하다.
④ 해수의 Mg/Ca비는 담수에 비하여 큰 편이다.

> 해수의 pH는 약 8.2 정도로 약알칼리성이다.

정답   11 ②   12 ②   13 ④   14 ②   15 ③   16 ②

17

직경 $1m$의 콘크리트관을 20℃의 물이 동수구배 0.01로 흐르고 있다. 매닝(manning)공식에 의해 평균 유속을 구하면?
(단, $n = 0.014$이다.)

① $1.42m/\sec$　　　　② $2.83m/\sec$
③ $4.62m/\sec$　　　　④ $5.71m/\sec$

$$V = \frac{1}{n}R^{\frac{2}{3}}I^{\frac{1}{2}}$$
$$= \frac{1}{0.014} \times 0.25^{\frac{2}{3}} \times 0.01^{\frac{1}{2}} = 2.8346m/\sec$$

여기서,
$n = 0.014$
$I = 0.01$
$$R(경심) = \frac{A(단면적)}{P(윤변)} = \frac{D}{4} = \frac{1}{4} = 0.25$$

18

A폐수의 응집처리를 위해 Jar-Test를 하였다. 폐수시료 300 mL에 대하여 0.2%의 황산알루미늄 15mL를 넣었을 때 가장 좋은 결과가 나왔다. 이 경우 황산알루미늄의 사용량은 폐수시료에 대하여 몇 mg/L인가?

① $10mg/L$
② $50mg/L$
③ $100mg/L$
④ $150mg/L$

$$농도 = \frac{용질}{용액} = \frac{\dfrac{0.2g}{100mL} \times 15mL \times \dfrac{10^3mg}{1g}}{300mL \times \dfrac{1L}{10^3mL}} = 100mg/L$$

19 빈출

생물학적 원리를 이용한 하·폐수 고도처리공법 중 A/O공법의 일반적인 공정의 순서로 가장 적합한 것은?

① 혐기조 → 호기조 → 침전지
② 무산소조 → 호기조 → 무산소조 → 재포기조
③ 호기조 → 무산소조 → 침전지
④ 혐기조 → 무산소조 → 호기조 → 무산소조 → 침전지

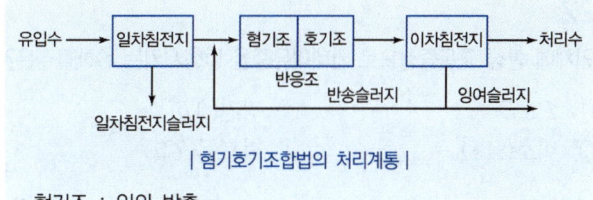

| 혐기호기조합법의 처리계통 |

• 혐기조 : 인의 방출
• 호기조 : 인의 과잉섭취

20 빈출

0.01$N-NaOH$ 용액의 농도를 ppm으로 옳게 나타낸 것은?

① 40　　　　　　② 400
③ 4,000　　　　　④ 40,000

$$NaOH = 23 + 16 + 1 = 40$$
용액의 $ppm = mg/L$

$$\underset{농도}{\frac{0.01eq}{L}} \times \underset{eq \to mol}{\frac{1mol}{1eq}} \times \underset{mol \to g}{\frac{40g}{1mol}} \times \underset{g \to mg}{\frac{10^3mg}{1g}} = 400mg/L$$

21 빈출

다음 중 활성슬러지공법으로 하수처리 시 주로 사상성 미생물의 이상번식으로 2차침전지에서 침전성이 불량한 슬러지가 침전되지 못하고 유출되는 현상을 의미하는 것은 어느 것인가?

① 슬러지벌킹　　　② 슬러지시딩
③ 연못화　　　　　④ 역세

② 슬러지시딩 : 폐수처리 초기나 새로운 시스템 도입 시 활성슬러지를 외부에서 주입하여 미생물 군집을 빠르게 형성시키는 방법이다.
③ 연못화 : 살수여상법의 장애현상이다.
④ 역세 : 침전지나 여과지의 막힘을 제거하기 위해 물이나 공기를 반대로 흐르게 하여 세척하는 과정이다.

22

인체에 만성 중독증상으로 카네미유증을 발생시키는 유해물질은?

① PCB
② 망간(Mn)
③ 비소(As)
④ 카드뮴(Cd)

② 망간 : 파킨슨 증후군 및 신경계 장애
③ 비소 : 피부암, 폐암, 신경계 이상
④ 카드뮴 : 신장 장애, 폐 손상, 이타이이타이병

23 ⭐빈출

A공장의 최종 방류수 $4,000m^3/day$에 염소를 $60kg/day$로 주입하여 방류하고 있다. 염소주입 후 잔류염소량이 $3mg/L$이었다면 이때 염소요구량은 몇 mg/L인가?

① $12mg/L$
② $17mg/L$
③ $20mg/L$
④ $23mg/L$

㉠ 염소주입농도

$$농도 = \frac{용질}{용액} = \frac{\dfrac{60kg}{day}}{\dfrac{4,000m^3}{day}}$$

$$= \frac{60kg}{4,000m^3} \times \frac{10^6mg}{kg} \times \frac{m^3}{10^3L} = 15mg/L$$

㉡ 염소요구량
염소주입량 = 염소요구량 + 염소잔류량
$15mg/L = \square mg/L + 3mg/L$
$\square = 12$

24

수질오염공정시험기준상 적정법에 의한 DO 측정 시 표준적정액으로 옳은 것은?

① $0.025M \ Na_2S_2O_3$
② $0.025M \ Na_2C_2O_4$
③ $0.025M \ KMnO_4$
④ $0.025M \ K_2Cr_2O_7$

이 시험기준은 시료에 황산망간과 알칼리성 요오드포타슘액을 넣어 생기는 수산화제일망간이 시료 중의 용존산소에 의하여 산화되어 수산화제이망간으로 되고, 황산 산성에서 용존산소량에 대응하는 요오드를 유리한다. 유리된 요오드를 티오황산소듐($Na_2S_2O_3$)으로 청색 → 무색으로 될 때까지 적정하여 용존산소의 양을 정량하는 방법이다.

25 ⭐빈출

다음 중 활성슬러지공법으로 폐수를 처리하는 경우 침전성이 좋은 슬러지가 최종침전지에서 떠오르는 슬러지 부상(sludge rising)을 일으키는 원인으로 가장 적합한 것은?

① 층류 형성
② 이온전도도 차
③ 탈질 작용
④ 색도 차

슬러지 부상은 최종침전지에서 미생물이 탈질화 반응(denitrification)을 통해 질산염을 질소가스로 환원시키면서 생성된 질소(N_2) 기포가 슬러지를 부상시키는 현상이다.
이 질소 기포가 슬러지 덩어리에 붙어 부력을 증가시켜 슬러지가 떠오르는 원인이 된다.
주로 용존산소가 부족한 환경에서 일어나며, 잉여 슬러지 인출이 부족하거나 슬러지 부피지수(SVI)가 높을 때 발생하기 쉽다.

26

다음 중 황산알루미늄에 비하여 처리수의 pH 강하가 적고 알칼리 소비량도 적은 무기성 고분자 응집제는?

① PAC(poly aluminium chloride)
② ABS(alkyl benzene sulfonate)
③ PCB(polychlorinated biphenyl)
④ PCDD(polychlorinated dibeno pdioxin)

② ABS(alkyl benzene sulfonate) : 음이온계면활성제
③ PCB(polychlorinated biphenyl) : 폴리클로네이티드바이페닐
④ PCDD(polychlorinated dibeno pdioxin) : 다이옥신

27

수질오염공정시험기준상 생물화학적 산소요구량 측정방법에 관한 설명으로 옳지 않은 것은?

① 시료를 20℃에서 5일간 저장하여 두었을 때 시료 중의 호기성 미생물의 증식과 호흡작용에 의하여 소비되는 용존산소의 양으로부터 측정하는 방법이다.
② pH가 6.5~8.5의 범위를 벗어나는 시료는 염산(1+1) 또는 40% 수산화나트륨용액으로 시료를 중화하는데 이때 넣어주는 산 또는 알칼리의 양은 시료량의 5%가 넘지 않도록 하여야 한다.
③ 공장폐수나 혐기성 발효의 상태에 있는 시료는 호기성 산화에 필요한 미생물을 식종하여야 한다.
④ 수온이 20℃ 이하이거나 20℃일 때의 용존산소 함유량이 포화량 이상으로 과포화되어 있을 때에는 수온을 23~25℃로 하여 15분간 통기하고 방냉하여 수온을 20℃로 한다.

> pH가 6.5 ~ 8.5의 범위를 벗어나는 산성 또는 알칼리성 시료는 염산용액($1M$) 또는 수산화나트륨용액($1M$)으로 시료를 중화하여 pH 7~7.2로 맞춘다. 다만, 이때 넣어주는 염산 또는 수산화나트륨의 양이 시료량의 0.5%가 넘지 않도록 하여야 한다. pH가 조정된 시료는 반드시 식종을 실시한다.

28 빈출

다음 중 용존공기 부상법에서 공기와 고형물 간의 비를 나타내는 것은?

① A/S비   ② F/M비
③ C/N비   ④ SVI

> ② F/M비 : BOD와 MLSS의 비율
> ③ C/N비 : 탄소와 수소의 비율
> ④ SVI : 슬러지부피지수

29

다음은 수질오염공정시험기준상 방울수에 대한 설명이다. ( ) 안에 알맞은 것은?

> 방울수라 함은 20℃에서 정제수 (㉠)을 적하할 때, 그 부피가 약 (㉡)되는 것을 뜻한다.

① ㉠ 10방울, ㉡ $1mL$
② ㉠ 20방울, ㉡ $1mL$
③ ㉠ 10방울, ㉡ $0.1mL$
④ ㉠ 20방울, ㉡ $0.1mL$

> 공정기준시험에서 방울수는 20℃에서 정제수 20방울을 떨어뜨릴 때 그 부피가 약 $1mL$가 되는 것을 뜻한다.

30 빈출

스토크스법칙에 따른 입자의 침전속도에 관한 설명으로 틀린 것은?

① 침전속도는 입자와 물의 밀도차에 비례한다.
② 침전속도는 중력가속도에 비례한다.
③ 침전속도는 입자지름의 제곱에 반비례한다.
④ 침전속도는 물의 점도에 반비례한다.

> 침전속도는 입자지름의 제곱에 비례한다.
> $$V_g = \frac{d_p^2(\rho_p - \rho)g}{18\mu}$$
> V_g : 중력침강속도, d_p : 입자의 직경
> ρ_p : 입자의 밀도, ρ : 유체의 밀도
> g : 중력가속도, μ : 점성계수

31 빈출

pH 9인 용액의 $[OH^-]$농도(mol/L)는?

① 10^{-1}
② 10^{-5}
③ 10^{-9}
④ 10^{-11}

> ㉠ pOH를 계산
> $pOH = 14 - pH$
> $= 14 - 9 = 5$
> ㉡ $[OH^-]$를 계산
> $pOH = -\log[OH^-]$
> $5 = -\log[OH^-]$
> $[OH^-] = 10^{-5}$

정답   27 ②   28 ①   29 ②   30 ③   31 ②

32 빈출

살수여상에서 발생하는 연못화 현상의 원인으로 가장 거리가 먼 것은?

① 유기물 부하량이 너무 적어 처리가 되지 않을 경우
② 매질이 너무 작거나 균일하지 못한 경우
③ 미생물 점막이 과도하게 탈리되어 공극을 메울 경우
④ 최초침전지에서 현탁고형물이 충분히 제거 되지 않을 경우

유기물 부하량이 많을 경우 연못화 현상이 발생한다.

33

활성슬러지공법으로 하(폐)수를 처리하는 과정에서 발생하는 각종 슬러지에 관한 설명으로 옳은 것은?

① 1차슬러지(primary setting sludge)는 포기조 바닥에 퇴적된 슬러지이다.
② 잉여슬러지(excess sludge)는 최초침전지에서 발생한 슬러지로 포기조에 투입된다.
③ 반송슬러지(return sludge)는 최종침전지에서 발생하는 활성슬러지로 포기조에 재투입되는 슬러지이다.
④ 소화슬러지(digested sludge)는 혐기성 소화조 내부에서 안정화되지 못하고 부상하는 스컴의 일종이다.

① 1차슬러지(primary setting sludge)는 주로 1차침전지 바닥에 퇴적된 슬러지이다.
② 잉여슬러지(excess sludge)는 주로 2차침전지에서 발생한 슬러지로 농축조에 투입된다.
④ 소화슬러지(digested sludge)는 혐기성 소화조 내부에서 안정화된 슬러지의 일종이다.

34 빈출

함수율 98%(중량)의 슬러지를 농축하여 함수율 94%(중량)인 농축 슬러지를 얻었다. 이때 슬러지의 용적은 어떻게 변화하는가? (단, 슬러지 비중은 모두 1.0으로 가정한다.)

① 원래의 1/2   ② 원래의 1/3
③ 원래의 1/6   ④ 원래의 1/9

$$SL_1(1-X_1)=SL_2(1-X_2), \quad SL_1(1-0.98)=SL_2(1-0.94)$$
$$\frac{SL_2}{SL_1}=\frac{1-0.98}{1-0.94}=\frac{1}{3}$$

35

유기물 과다유입에 따른 수질오염현상으로 가장 거리가 먼 것은?

① DO 농도의 감소
② 혐기상태로 변화
③ 어패류의 폐사현상
④ BOD 농도의 감소

BOD 농도의 증가이다.

36 빈출

수분함유량 10%인 쓰레기를 건조시켜 수분함유량을 5%로 하기 위해 쓰레기 1톤당 증발시켜야 하는 수분의 양은? (단, 쓰레기 비중은 1.0)

① $10.0kg$ ② $41.4kg$
③ $52.6kg$ ④ $100kg$

$$SL_1(1-X_1)=SL_2(1-X_2)$$
$$1,000kg(1-0.1)=SL_2(1-0.05)$$
$$SL_2=947.3684kg$$
$$제거해야\ 할\ 수분 = SL_1-SL_2=1,000-947.3684$$
$$=52.6316kg$$

37

쓰레기의 성상분석 및 시료 채취방법으로 가장 거리가 먼 것은?

① 지역 쓰레기의 성상 파악을 위해서는 적어도 연 4회의 측정이 필요하다.
② 수분의 평균치를 알기 위해서는 비오는 날의 수집은 피하는 것이 바람직하다.
③ 1회의 시료채취는 적어도 쓰레기의 축소작업 개시부터 24시간 이내에 완료하는 것이 바람직하다.
④ 쓰레기 시료 채취작업은 될 수 있는 한 신속하게 진행한다.

1회의 시료채취는 쓰레기의 축소작업 개시부터 가능한 바르게(일반적으로 30분 이내)에 완료하는 것이 바람직하다.

정답   32 ①   33 ③   34 ②   35 ④   36 ③   37 ③

38

슬러지 내의 수분 중 일반적으로 가장 많은 양을 차지하며 고형물질과 직접 결합해 있지 않기 때문에 농축 등의 방법으로 용이하게 분리할 수 있는 수분은?

① 간극수
② 모관결합수
③ 부착수
④ 내부수

간극수는 슬러지 내의 수분 중 일반적으로 가장 많은 양을 차지하며, 고형물질과 직접 결합해 있지 않기 때문에 농축 등의 방법으로 용이하게 분리할 수 있다.

39

폐기물공정시험기준(방법)에 의거 기름성분을 중량법(노말헥산 추출시험방법)으로 분석하는 방법에 관한 설명으로 옳지 않은 것은?

① 노말헥산층에 용해되는 물질을 노말헥산으로 추출하여 증발시킨 잔류물의 무게로부터 구하는 방법이다.
② 정량범위는 $5 \sim 200 mg$이고, 표준편차율은 $5 \sim 20\%$이다.
③ 전기맨틀의 온도를 $105 \sim 110℃$로 유지하면서 $1 mL/min$의 속도로 증류한다.
④ 수분 제거를 위해 무수황산나트륨을 넣는다.

증발용기가 알루미늄박으로 만든 접시 또는 비커일 경우에는 용기의 표면을 깨끗이 닦고 80℃로 유지한 전기열판 또는 전기맨틀에 넣어 노말헥산을 날려 보낸다.

40

수거된 폐기물을 압축하는 이유로 거리가 먼 것은?

① 저장에 필요한 용적을 줄이기 위해
② 수송 시 부피를 감소시키기 위해
③ 매립지의 수명을 연장시키기 위해
④ 소각장에서 소각 시 원활한 연소를 위해

폐기물을 압축하면 소각 시 원활한 연소가 이루어지지 않는다.

41

다음 중 슬러지 탈수방법으로 가장 거리가 먼 것은?

① 원심분리
② 산화지
③ 진공여과
④ 벨트프레스

산화지법은 미생물의 생물학적 작용을 이용하여 하수 및 폐수를 자연정화시키는 공법으로, 라군(lagon)이라고도 하며, 시설비와 운영비가 적게 드는 이점이 있기 때문에 소규모 마을의 오수처리에 많이 이용된다. 슬러지 탈수방법과 거리가 멀다.

42

"열분해"에 대한 설명으로 가장 적합한 것은?

① 일반적으로 이론공기가 공급된 상태에서 스팀을 주입하는 방법이다.
② 공기가 부족한 상태에서 폐기물을 연소시켜 고체, 액체 및 기체 상태의 연료를 생산하는 공정이다.
③ 수소가 많은 상태에서 액체연료를 회수하는 방법이다.
④ 200~350℃ 정도의 산소가 없는 상태에서 고압의 조건으로 유기물을 분해하여 기체의 연료를 회수하는 방법이다.

① 일반적으로 산소가 없거나 매우 부족한 상태(무산소 또는 저산소 조건)에서 유기물을 고온으로 가열하여 분해하는 열화학 공정이다.
③ 열분해된 가스에 수소가 많이 포함되어 있다.
④ 산소가 없는 상태에서 고압의 조건으로 유기물을 분해하여 기체의 연료를 회수하는 방법으로, 고온 열분해는 보통 700~900℃ 이상 올라가는 경우도 있다.

[열분해 온도 범위]
• 저온 열분해 : 약 200~300℃, 목재나 바이오매스 등 비교적 쉽게 분해되는 물질에 사용
• 중온 열분해 : 약 450~750℃, 플라스틱·폐타이어 등 산업폐기물 처리에 널리 쓰이며, 오일 및 가스 수율이 높아짐.
• 고온 열분해 : 700~900℃ 이상, 복잡한 유기물질의 효율적 분해와 합성가스 생산에 적합

43

다음 중 슬러지의 탈수 특성을 나타내는 인자로 가장 적합한 것은?

① 여과비저항
② 균등계수
③ 알칼리도
④ 유효경

여과비저항이 높으면 탈수가 용이하지 않다.

정답   38 ① 39 ③ 40 ④ 41 ② 42 ② 43 ①

44 ⭐빈출

나음 중 폐기물의 퇴비화 공정에서 유지시켜 주어야 할 최적 조건으로 가장 적합한 것은?

① 온도 : 20±2℃
② 수분 : 5~10%
③ C/N 비율 : 100~150
④ pH : 6~8

> ① 온도 : 50~60℃
> ② 수분 : 50~60%
> ③ C/N 비율 : 25~50

45 ⭐빈출

폐기물을 압축시킨 결과 용적감소율이 75%였다면 이때의 압축비는?

① 3
② 4
③ 5
④ 6

> 압축비 $= \dfrac{V_1}{V_2}$
>
> 용적감소율 $= \dfrac{V_1 - V_2}{V_1} \times 100 = \left(1 - \dfrac{V_2}{V_1}\right) \times 100$
>
> 용적감소율 $= \left(1 - \dfrac{1}{압축비}\right) \times 100$
>
> $75 = \left(1 - \dfrac{1}{압축비}\right) \times 100$
>
> 압축비 $= \left(-\dfrac{75}{100} + 1\right)^{-1} = 4$

46 ⭐빈출

A고체연료의 탄소, 수소, 산소 및 황의 무게비가 각각 85%, 5%, 9%, 1%일 때, 완전연소에 필요한 이론공기량은? (단, 표준상태 기준)

① $1.81\,Sm^3/kg$
② $2.45\,Sm^3/kg$
③ $8.62\,Sm^3/kg$
④ $10.54\,Sm^3/kg$

> 고체연료의 이론산소량(Sm^3/kg) :
> $1.867C + 5.6H + 0.7S - 0.7O$
> $= 1.867 \times 0.85 + 5.6 \times 0.05 + 0.7 \times 0.01 - 0.7 \times 0.09$
> $= 1.8109\,Sm^3/kg$

> 이론공기량 = 이론산소량 / 0.21
> $= \dfrac{1.8109\,Sm^3}{kg} \times \dfrac{1}{0.21} = 8.6235\,Sm^3$

47 ⭐빈출

생활쓰레기를 매립하였을 경우 다음 중 매립초기(2단계)에 가스 구성비(부피%)가 가장 큰 것은? (단, 2단계는 혐기성 단계이나 메탄이 형성되지 않는 단계이다.)

① CO_2
② C_3H_8
③ H_2S
④ O_3

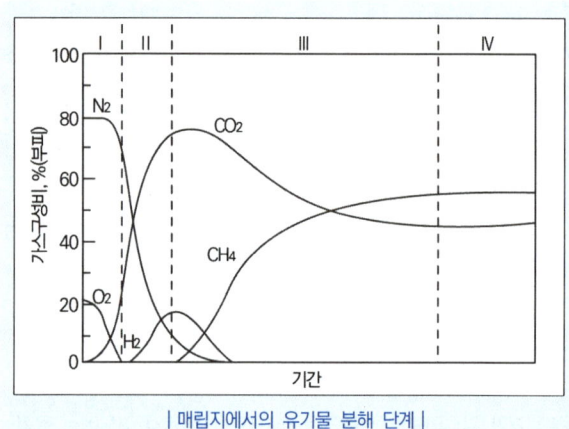

| 매립지에서의 유기물 분해 단계 |

48 ⭐빈출

다음 중 쓰레기 발생량 산정방법으로 가장 거리가 먼 것은?

① 적재차량계수분석법
② 직접계근법
③ 물질수지법
④ 직접경향분석법

> ① 적재차량계수분석법 : 쓰레기의 발생량을 산정하는 방법 중 일정기간 동안 특정지역의 쓰레기 수거차량의 대수를 조사하여 이 값에 밀도를 곱하여 중량으로 환산하는 방법이다.
> ② 직계근법 : 쓰레기를 실제로 저울에 달아서 중량을 정확하게 측정하는 방법으로, 가장 정확하지만 비용과 시간이 많이 든다.
> ④ 물질수지법 : 특정 공정이나 시설에서 출입하는 물질의 양을 질량보존법칙(물질수지식)에 따라 계산하여 배출량을 산정하는 방법이다.

정답   44 ④ 45 ② 46 ③ 47 ① 48 ④

49

다음은 폐기물의 고화처리방법에 관한 설명이다. 가장 적합한 것은?

> 가장 흔히 사용되는 고화처리방법 중 하나이며, 고화제로는 포틀랜드 시멘트가 사용되고, 고농도의 중금속 폐기물처리에 적합하다.

① 석회기초법
② 피막형성법
③ 시멘트기초법
④ 자가시멘트법

> ① 석회기초법 : 석회＋포졸란으로 폐기물을 단단하게 굳히는 저비용 방법
> ② 피막형성법 : 폐기물 표면에 보호피막을 만들어 유해물질 용출을 억제하는 방법
> ③ 자가시멘트법 : 폐기물 자체가 시멘트처럼 작용해 고형화되는 특수 폐기물 처리법

50

폐기물의 강열감량 및 유기물함량 시험조건에 관한 설명으로 틀린 것은?

① 백금제, 석영제 또는 사기제 도가니 등을 사용한다.
② 강열온도는 $600\pm25℃$로 한다.
③ 시료는 전기로 안에서 1시간 강열한다.
④ 시료에 25% 질산암모늄용액을 넣어 적신다.

> 시료는 전기로 안에서 3시간 강열한다.
> 폐기물의 강열감량 및 유기물 함량을 측정하는 방법은 시료를 질산암모늄용액(25 %)을 넣고 가열하여 탄화시킨 다음, $(600\pm25)℃$의 전기로 안에서 3시간 강열하고 데시케이터에서 식힌 후 무게를 달아 증발접시의 무게 차이로부터 강열감량 및 유기물 함량(%)을 구한다.

51 ⭐빈출

다음 중 MHT에 대한 설명으로 옳지 않은 것은?

① $man\cdot hr/ton$을 뜻한다.
② 폐기물의 수거효율을 평가하는 단위로 쓰인다.
③ MHT가 클수록 수거효율이 좋다.
④ 수거작업 간의 노동력을 비교하기 위한 것이다.

> MHT가 작을수록 수거효율이 좋다.

52 ⭐빈출

소각로 내의 화상 위에서 폐기물을 태우는 방식으로 플라스틱과 같이 열에 의해 용융되는 물질이 소각에 적당하나 연소효율이 나쁘고 체류시간이 길고 교반력이 약하여 국부적으로 가열될 염려가 있는 소각로 형식으로 가장 적합한 것은?

① 액체 주입형 소각로
② 고정상 소각로
③ 유동상 소각로
④ 열분해 용융 소각로

> ① 액체 주입형 소각로 : 액상 폐기물을 미립화하여 분무노즐을 통해 소각로 내로 주입해 연소시키는 방식
> ③ 유동상 소각로 : 하부로부터 가스를 주입하여 모래를 띄운 후 이를 가열하여 상부로부터 폐기물을 주입하여 소각하는 방식
> ④ 열분해 용융 소각로 : 폐기물을 열분해 후 용융시키는 고온 처리 방식

53

연소가스의 잉여열을 이용하여 보일러에 주입되는 물을 예열함으로써 보일러드럼에 발생되는 열응력을 감소시켜 보일러의 효율을 높이는 장치는?

① 과열기(super heater)
② 재열기(reheater)
③ 절탄기(economizer)
④ 공기예열기(air preheater)

> ① 과열기(super heater) : 생성된 증기를 더 높은 온도로 가열하는 장치
> ② 재열기(reheater) : 터빈 전단의 고온 증기를 재가열하는 장치
> ④ 공기예열기(air preheater) : 연소용 공기를 예열하는 장치

54 ⭐빈출

폐기물을 분리하여 재활용고자 할 때 철금속류를 회수하는 가장 적합한 방법은?

① Air Seperation
② Hand Seperation
③ Magnetic Seperation
④ Screening

정답   49 ③   50 ③   51 ③   52 ②   53 ③   54 ③

① Air Seperation(공기분리법) : 가벼운 물질과 무거운 물질을 분리
② Hand Seperation(손선별) : 사람의 손으로 선별하는 방법으로 규모가 크거나 세밀한 분리에는 비효율적
③ Magnetic Seperation : 자력선별
④ Screening(체선별) : 입자 크기에 따른 분리

55 ⭐빈출

A도시에 인구 100,000명이 거주하고, 1인당 쓰레기 발생량은 평균 $0.9kg$/인·일이다. 이 쓰레기를 50명이 수거한다면 수거능력(MHT)은? (단, 1일 작업시간은 8시간, 1년 작업일수는 300일이다.)

① $3.46MHT$
② $3.65MHT$
③ $3.87MHT$
④ $3.98MHT$

$$MHT = \frac{Man \times Hr}{Ton}$$

$$= 50인 \times \frac{8hr}{day} \times \frac{300day}{yr}$$

$$\times \frac{yr}{100,000인 \times \frac{0.9kg}{인·일} \times 365일 \times \frac{ton}{10^3 kg}}$$

$$= 3.6529 man \cdot hr / ton$$

56

다음 중 진동레벨계의 성능기준으로 옳지 않은 것은?

① 측정가능 주파수 범위 : $1{\sim}90Hz$ 이상
② 측정가능 진동레벨 범위 : $45{\sim}120dB$ 이상
③ 레벨렌지 변환기의 전환오차 : $0.5dB$
④ 지시계기의 눈금오차 : $1dB$ 이내

지시계기의 눈금오차 : $0.5dB$ 이내

57

다음 중 종파(소밀파)에 해당하는 것은?

① 물결파
② 전자기파
③ 음파
④ 지진파의 S파

㉠ 횡파(고정파) : 파동의 진행방향과 매질의 진동방향이 직각인 파장
   예 물결(수면)파, 지진파(S파)
㉡ 종파(소밀파) : 파동의 진행방향과 매질의 진동방향이 평행인 파장
   예 음파, 지진파(P파)

58

$80dB$의 소음과 $90dB$의 소음이 동시에 발생할 경우 합성소음 레벨은?

① 약 $80dB$
② 약 $85dB$
③ 약 $90dB$
④ 약 $93dB$

$$합성소음도\, L_t[dB(A)] = 10\log\left[\left(10^{L_1/10} + 10^{L_2/10} + \cdots\right)\right]$$
$$= 10\log\left[\left(10^{80/10} + 10^{90/10}\right)\right]$$
$$= 90.4139 dB$$

59

파동이 진행할 때 장애물 뒤쪽으로 음이 전파되는 현상을 무엇이라 하는가?

① 회절
② 굴절
③ 음선
④ 흡음

② 굴절 : 파동이 한 매질에서 다른 매질로 이동할 때 속도와 방향이 변화하는 현상
③ 음선 : 음파를 활용한 분리 또는 진동 기반 선별 기술과 관련된 개념
④ 흡음 : 소리의 에너지가 물질 내에 흡수되어 소음을 줄이는 물리적 현상

60

다음 중 소음·진동과 관련된 용어의 정의로 옳지 않은 것은?

① 반사음은 한 매질 중의 음파가 다른 매질의 경계면에 입사한 후 진행방향을 변경하여 본래의 매질 중으로 되돌아오는 음을 말한다.
② 정상소음은 시간적으로 변동하지 아니 하거나 또는 변동폭이 작은 소음을 말한다.
③ 등가소음도는 임의의 측정시간동안 발생한 변동소음의 총 에너지를 같은 시간 내의 정상소음의 에너지로 등가하여 얻어진 소음도를 말한다.
④ 지발발파는 수 시간 내에 시간차를 두고 발파하는 것을 말한다.

지발발파는 수초 내에 시간차를 두고 발파하는 것을 말한다.

정답   55 ②   56 ④   57 ③   58 ③   59 ①   60 ④

Chapter 21

2023년 1회 | CBT 기출복원문제

01

다음 〈보기〉와 같은 특성을 가진 대기오염물질은?

──────[보기]──────
• 상온에서 공기 중으로 쉽게 휘발되는 성질을 가진 톨루엔, 자일렌 등의 물질을 말한다.
• 건축자재, 접착제, 페인트, 세탁용제, 각종 유기용매 등으로부터 발생된다.
• 새로 지은 집, 새 가구를 들여 놓았을 때 맡을 수 있는 냄새 등이 이에 해당된다.
─────────────────

① H_2S ② NH_3
③ NO_x ④ VOC_s

> 휘발성 유기화합물(VOC_s)에 대한 설명이다.

02

대기오염으로 인한 지구환경 변화 중 도시지역의 공장, 자동차 등에서 배출되는 고온의 가스와 냉난방시설로부터 배출되는 더운 공기가 상승하면서 주변의 찬 공기가 도시로 유입되어 도시지역의 대기오염물질에 의한 거대한 지붕을 만드는 현상은?

① 라니냐 현상   ② 열섬 현상
③ 엘니뇨 현상   ④ 오존층 파괴 현상

> ① 라니냐 현상 : 태평양 해수면온도 하락 현상
> ③ 엘니뇨 현상 : 태평양 해수면온도 상승 현상
> ④ 오존층 파괴 현상 : 성층권 오존농도 감소 현상

03

다음 중 압력손실이 가장 큰 집진장치는?

① 중력집진장치   ② 전기집진장치
③ 원심력집진장치   ④ 벤튜리스크러버

> **집진장치별 압력손실**
> ㉠ 중력집진장치 : $10{\sim}15mmH_2O$
> ㉡ 원심력집진장치 : $50{\sim}150mmH_2O$
> ㉢ 전기집진장치 : $10{\sim}20mmH_2O$
> ㉣ 벤튜리스크러버 : $300{\sim}800mmH_2O$
> ㉤ 관성력집진장치 : $20mmH_2O$ 이상
> ㉥ 여과집진장치 : $100{\sim}200mmH_2O$

04 빈출

다음 〈보기〉에서 설명하는 기체에 관한 법칙은?

──────[보기]──────
일정온도에서 기체 중의 특정 성분의 분압 $P(atm)$와 액체 중의 농도 $C(kmol/m^3)$ 사이에는 $P = HC$의 비례관계가 성립한다.
─────────────────

① 보일의 법칙   ② 샤를의 법칙
③ 헨리의 법칙   ④ 보일-샤를의 법칙

> ① 보일의 법칙 : 온도 일정 시 압력과 부피의 반비례관계
> ② 샤를의 법칙 : 압력 일정 시 부피와 온도의 비례관계
> ④ 보일-샤를의 법칙 : 압력, 부피, 온도 모두 고려한 이상기체 상태 방정식

05

가스 중의 유해물질 또는 회수가치가 있는 가스를 흡착법으로 이용하고자 할 때, 다음 중 흡착제로 사용할 수 없는 것은?

① 활성탄   ② 알루미나
③ 실리카겔   ④ 석영

> 석영은 주로 모래나 유리의 주성분으로, 다공성이 부족하고 흡착효과가 미미하여 가스흡착용 흡착제로 부적합하다.

정답   01 ④ 02 ② 03 ④ 04 ③ 05 ④

06 빈출

황성분 1%인 중유를 $20\,ton/hr$로 연소시킬 때 배출되는 SO_2를 석고($CaSO_4$)로 회수하고자 할 때 회수되는 석고의 양은? (단, 24시간 연속가동되며, 연소율 : 100%, 탈황률 : 90%, 원자량 S : 32, Ca : 40)

① $5.38\,kg/min$ ② $6.42\,kg/min$
③ $12.75\,kg/min$ ④ $14.17\,kg/min$

$SO_2 + CaCO_3 + 0.5O_2 \rightarrow CaSO_4 + CO_2$

$S : CaSO_4 = 32g : 136g$

$32g : 136g = 0.18ton/hr : \square$

$\square = \left(\dfrac{136 \times 0.18}{32}\right)\dfrac{ton}{hr} \times \dfrac{10^3 kg}{ton} \times \dfrac{hr}{60min} = 12.75\,kg/min$

여기서 $S : \dfrac{20ton}{hr} \times \dfrac{1}{100} \times \dfrac{90}{100} = 0.18ton/hr$
황성분   탈황률

07 빈출

사이클론 스크러버에 관한 설명으로 틀린 것은?

① 용해성이 좋은 가스에 효과적이다.
② 사이클론의 직경을 크게 하면 효율이 증가한다.
③ 대용량 가스 처리가 가능하다.
④ 비교적 구조가 간단하다.

사이클론의 직경을 작게 하면 효율이 증가한다.

08

다음 중에서 폐에서 헤모글로빈과 결합하여 카르복시헤모글로빈을 형성하는 물질은 어느 것인가?

① 암모니아 ② 황화수소
③ 과산화수소 ④ 일산화탄소

일산화탄소는 산소보다 약 200배 이상 헤모글로빈과 결합력이 강해, 혈액 내 산소운반을 방해하여 산소부족을 유발한다.

09

유해가스 측정을 위한 시료채취 방법으로 틀린 것은?

① 시료채취관은 배출가스 등에 의해 부식되지 않는 재질의 관을 사용한다.
② 시료채취관은 굴뚝 벽에 최대한 닿도록 끼워 넣는다.
③ 가스 중에 먼지가 혼입되는 것을 방지하기 위하여 시료채취관에 여과재를 넣어둔다.
④ 시료채취 위치는 가스의 유속이 현저하게 변화하지 않고 수분이 적은 곳으로 한다.

시료채취관은 굴뚝 벽에 닿지 않도록 한다.

10 빈출

A중유 연소 가열로의 연소 배출가스를 분석하였더니 용량비로서 질소 : 80%, 탄산가스 : 12%, 산소 8%의 결과치를 얻었다. 이때 공기비는?

① 약 1.6 ② 약 1.4
③ 약 1.2 ④ 약 1.1

완전연소 시 공기비 계산

$m = \dfrac{21}{21 - O_2}$

$= \dfrac{21}{21 - 8} = 1.6153$

11 빈출

탄소 $6kg$을 완전연소하기 위해 필요한 이론공기량은? (단, 표준상태 기준)

① $11.2\,Sm^3$ ② $22.4\,Sm^3$
③ $53.3\,Sm^3$ ④ $106\,Sm^3$

$C + O_2 \rightarrow CO_2$

㉠ 이론산소량 계산 : $12kg : 22.4Sm^3 = 6kg : \square$
  ($1kmol = kg$분자량 $= 22.4Sm^3$)
  $\square = 11.2Sm^3$

㉡ 이론공기량 계산 : $11.2Sm^3 \times \dfrac{1}{0.21} = 53.3333Sm^3$

12 ⭐빈출

액체 프로판(C_3H_8) $100kg$을 기화시켰을 때 표준상태에서 부피는?

① $44.0\,Sm^3$ ② $47.3\,Sm^3$

③ $50.9\,Sm^3$ ④ $53.7\,Sm^3$

표준상태에서 $1kmol = kg$분자량 $= 22.4\,Sm^3$를 차지한다.

$$100kg \times \frac{1kmol}{44kg} \times \frac{22.4\,Sm^3}{1kmol} = 50.90\,Sm^3$$
$$kg \to kmol \quad kmol \to Sm^3$$

13

자동차 배기구에서 배출되는 유해성분으로 가장 거리가 먼 것은?

① NO_x ② CO

③ HC ④ O_3

오존은 광학적인 반응을 통해 생성되는 물질이다.

14

다음 여과집진장치의 탈진방법으로 가장 거리가 먼 것은?

① 진동형   ② 세정형

③ 역기류형   ④ Pulse jet형

① 진동형 : 여과포를 진동시켜 분진을 떨쳐내는 방식이다.
③ 역기류형 : 여과포에 반대방향으로 공기를 불어넣어 분진을 떨쳐내는 방식이다.
④ Pulse jet형(충격기류형) : 순간적으로 고압공기를 펄스형태로 분사하여 여과포에 붙은 먼지를 탈진한다.

15

충전탑(packed tower)에서 충전물의 구비조건으로 틀린 것은?

① 단위용적에 대한 표면적이 커야 한다.
② 공극률이 크며, 압력손실이 적어야 한다.
③ 액의 홀드업(hold up)이 커야 한다.
④ 마찰저항이 작아야 한다.

액의 홀드업(hold up)이 작아야 한다.

16

지구상의 담수 중 가장 큰 비율을 차지하고 있는 것은?

① 호수
② 하천
③ 빙설 및 빙하
④ 지하수

해수가 약 97%로 가장 많은 비율을 차지하며 빙하가 약 2.15%로 담수 중에서 가장 많은 양을 차지한다.

17 ⭐빈출

일반적인 폐수처리공정에서 최적 응집제 투입량을 결정하기 위한 쟈-테스트(Jar-Test)에 관한 설명으로 가장 적합한 것은?

① 응집제 투입량 대 상징수의 SS 잔류량을 측정하여 최적 응집제 투입량을 결정
② 응집제 투입량 대 상징수의 알칼리도를 측정하여 최적 응집제 투입량을 결정
③ 응집제 투입량 대 상징수의 용존산소를 측정하여 최적 응집제 투입량을 결정
④ 응집제 투입량 대 상징수의 대장균군수를 측정하여 최적 응집제 투입량을 결정

jar-테스터는 응집제의 종류와 투입량 결정에 사용되는 실험기구이다.

18

Jar-Test를 실시한 결과 pH 7.3에서 $500mL$의 폐수에 0.2% $Al_2(SO_4)_3 \cdot 18H_2O$(밀도 $1.0g/cm^3$)용액 $20mL$를 넣었을 경우 가장 효과가 좋았다면 이 폐수 $100m^3/day$를 처리하기 위해 소요되는 적정 응집제 투입량(kg/day)은?

① 8   ② 10
③ 12   ④ 14

$$\frac{1.0g}{cm^3} \times \frac{0.2}{100} \times \frac{cm^3}{mL} \times 20mL \times \frac{1}{500mL} \times \frac{10^6 mL}{m^3}$$
$$\times \frac{100m^3}{day} \times \frac{kg}{10^3 g} = 8kg/day$$

정답   12 ③   13 ④   14 ②   15 ③   16 ③   17 ①   18 ①

19

다음 중 산화에 해당하는 것은?

① 수소와 화합
② 산소를 잃음
③ 전자를 얻음
④ 산화수 증가

수소와 화합, 산소를 잃음, 전자를 얻음은 환원에 해당한다.

20 ⭐빈출

도시 폐수처리 계통도의 처리순서가 가장 적합하게 나열된 것은?

① 유입수 → 침사지 → 1차침전지 → 포기조 → 최종침전지 → 염소소독조 → 유출수
② 유입수 → 염소소독조 → 침사지 → 1차침전지 → 포기조 → 최종침전지 → 유출수
③ 유입수 → 침사지 → 1차침전지 → 최종침전지 → 염소소독조 → 포기조 → 유출수
④ 유입수 → 1차침전지 → 침사지 → 포기조 → 최종침전지 → 염소소독조 → 유출수

일반적인 활성슬러지공법에서는 먼저 폐수를 침사지에서 큰 입자를 제거하고 1차침전지에서 부유 고형물을 제거한다. 그 후 포(폭)기조에서 미생물이 유기물을 분해하며, 최종침전지에서 활성슬러지를 침전시켜 분리하고, 마지막으로 염소접촉조에서 소독 후 배출된다.

21 ⭐빈출

A폐수를 활성탄을 이용하여 흡착법으로 처리하고자 한다. 폐수 내 오염물질의 농도를 $30mg/L$에서 $10mg/L$로 줄이는데 필요한 활성탄의 양은? (단, $X/M = KC^{1/n}$ 사용, $K : 0.5$, $n : 1$)

① $3.0mg/L$
② $3.3mg/L$
③ $4.0mg/L$
④ $4.6mg/L$

$$\frac{X}{M} = KC^{1/n}$$

$$\frac{(30-10)}{M} = 0.5 \times 10^{1/1}$$

$M : 4.0mg/L$

22 ⭐빈출

나음 중 6가 크롬(Cr^{+6}) 힘유 폐수를 처리하기 위한 가장 적합한 방법은?

① 아말감법
② 환원침전법
③ 오존산화법
④ 충격법

6가 크롬 환원침전법은 독성이 강한 6가 크롬(Cr^{+6})을 독성이 적은 3가 크롬(Cr^{+3})으로 환원시킨 후 침전시켜 제거하는 방법이다. 이 과정은 주로 산성조건(pH 3 이하)에서 이루어지며, 환원제로는 황산제1철($FeSO_4$), 아황산가스(SO_2), 아황산나트륨($Na_2S_2O_5$) 등이 사용된다. 6가 크롬이 3가 크롬으로 환원되면 중화과정을 거쳐 수산화크롬[$Cr(OH)_3$] 형태로 침전되어 물리적으로 제거하기 쉽다.

23 ⭐빈출

농도를 알 수 없는 염산 $50mL$를 완전히 중화시키는데 $0.4N$ 수산화나트륨 $25mL$가 소모되었다. 이 염산의 농도는?

① $0.2N$
② $0.4N$
③ $0.6N$
④ $0.8N$

$NV = N'V'$
산의 eq = 염기의 eq일 때 중화가 일어난다.
㉠ 염기성 용액의 eq
$$\frac{0.4eq}{L} \times 25mL \times \frac{L}{10^3mL} = 0.01eq$$
㉡ 산성 용액의 eq = $0.01eq$
$$\frac{\Box eq}{L} \times 50mL \times \frac{L}{10^3mL} = 0.01eq$$
$\Box = 0.2$

정답   19 ④   20 ①   21 ③   22 ②   23 ①

24

A폐수의 산성 100℃에서 과망간산칼륨에 의한 화학적 산소요구량 측정실험의 결과가 다음과 같을 때 COD값은 얼마인가? (단, $0.005M-KMnO_4$의 역가는 1.001이다.)

항목	시료의 양	시료의 적정에 소비된 $0.005M-KMnO_4$ 용액	바탕시험 적정에 소비된 $0.005M-KMnO_4$ 용액
소비량 (mL)	40	4.5	0.2

① $21.5mg/L$
② $50.5mg/L$
③ $107.6mg/L$
④ $200.2mg/L$

$$COD(mg/L) = (b-a) \times f \times \frac{1,000}{V} \times 0.2$$
$$= (4.5-0.2) \times 1.001 \times \frac{1,000}{40} \times 0.2$$
$$= 21.5215mg/L$$

여기서,
a : 바탕시험 적정에 소비된 과망간산칼륨용액의 양(mL)
b : 시료의 적정에 소비된 과망간산칼륨용액의 양(mL)
f : 과망간산칼륨용액 농도계수(factor)
V : 시료의 양(mL)

25 빈출

지하수 수질 특성으로 가장 거리가 먼 것은?

① 유속이 느린 편이다.
② 국지적인 환경조건의 영향을 받지 않는다.
③ 세균에 의한 유기물 분해가 주된 생물작용이다.
④ 연중 수온이 거의 일정하다.

국지적인 환경조건의 영향을 받는다.

26

폐수처리에 이용되는 미생물의 구분 중 다음 (   ) 안에 가장 적합한 것은?

미생물은 산소의 섭취 유무에 따라 분류하기도 하는데 (   ) 미생물은 용존산소가 아닌 SO_4^{2-}, NO_3^- 등과 같은 산화물을 용존산소로 섭취하기 때문에 그 결과 황화수소, 암모니아, 질소 등을 발생시킨다.

① 자산성
② 호기성
③ 혐기성
④ 통기성

• 호기성 미생물은 산소가 존재하는 환경에서 살아가며, 산소를 이용해 유기물을 분해하고 에너지를 생성하는 미생물이다.
• 혐기성 미생물은 산소가 없거나 산소를 피하는 환경에서 살아가며, 산소 대신 다른 물질(예 질산염, 황산염)을 이용해 에너지를 얻는 미생물이다.

27

다음 중 해양오염 현상으로 거리가 먼 것은 어느 것인가?

① 적조
② 부영양화
③ 용존산소 과포화
④ 온열배수 유입

용존산소의 부족현상이 수질오염 현상이다.

28 빈출

물속에서 침강하고 있는 입자에 스토크스(Stokes)의 법칙이 적용된다면 입자의 침강속도에 가장 큰 영향을 주는 변화인자는?

① 입자의 밀도
② 물의 밀도
③ 물의 점도
④ 입자의 직경

입자직경의 제곱에 비례한다.

$$V_g = \frac{d_p^2(\rho_p - \rho)g}{18\mu}$$

V_g : 중력침강속도

d_p : 입자의 직경

ρ_p : 입자의 밀도

ρ : 유체의 밀도

g : 중력가속도

μ : 점성계수

29

무기성 부유물질, 자갈, 모래, 뼈 등 토사류를 제거하여 기계장치 및 배관의 손상이나 막힘을 방지하는 시설로 가장 적합한 것은?

① 침전지　　　　　② 침사지
③ 조정조　　　　　④ 부상조

① 침전지 : 미세 부유물 제거용
③ 조정조 : 유량 및 수질 조절용
④ 부상조 : 기름 등 부유성 물질 분리용

30 빈출

물분자가 극성을 가지는 이유로 가장 적합한 것은?

① 산소와 수소의 원자량의 차
② 산소와 수소의 전기음성도의 차
③ 산소와 수소의 끓는점의 차
④ 산소와 수소의 온도변화에 따른 밀도의 차

산소와 수소의 전기음성도 차이로 인해 산소는 부분적인 음전하, 수소는 부분적인 양전하를 갖게 되어 극성분자가 된다.

31

폐수를 화학적으로 산화처리할 때 사용되는 오존처리에 대한 설명으로 옳은 것은?

① 생물학적 분해불가능 유기물처리에도 적용할 수 있다.
② 2차 오염물질인 트리할로메탄을 생성한다.
③ 별도 장치가 필요 없어 유지비가 적다.
④ 색과 냄새 유발성분은 제거할 수 없다.

② 2차 오염물질인 트리할로메탄을 생성한다. : 염소처리
③ 별도 장치가 필요 없어 유지비가 적다. : 염소처리
④ 색과 냄새 유발성분은 제거할 수 없다. : 염소처리

32 빈출

다음 중 수중의 알칼리도를 ppm 단위로 나타낼 때 기준이 되는 물질은?

① $Ca(OH)_2$
② CH_3OH
③ $CaCO_3$
④ HCl

알칼리도는 $mg/L\ as\ CaCO_3$로 표현한다.

33 빈출

혐기성조/호기성조의 과정을 거치면서 질소 제거는 고려되지 않지만 하·폐수 내의 유기물 산화와 생물학적으로 인(P)을 제거하는 공법으로 가장 적합한 것은?

① A/O공법
② A_2/O공법
③ S/L공법
④ 4단계 Bardenpho공법

A/O공법에 대한 설명이다.

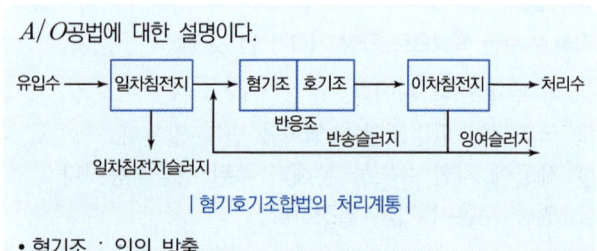

| 혐기호기조합법의 처리계통 |

• 혐기조 : 인의 방출
• 호기조 : 인의 과잉섭취

34 ⭐빈출

박테리아의 경험식은 $C_5H_7O_2N$이다. 이 $3kg$의 박테리아를 완전히 산화시키려면 몇 kg의 산소가 필요한가? (단, 질소는 모두 암모니아로 무기화된다.)

① 4.25   ② 3.47
③ 2.14   ④ 1.42

$C_5H_7O_2N + 5O_2 \rightarrow 5CO_2 + 2H_2O + NH_3$
$C_5H_7O_2N : 5O_2 = 113g : 5 \times 32g$
$113g : 5 \times 32g = 3kg : \square$
$\square = \dfrac{5 \times 32 \times 3}{113} = 4.2477kg$

35

여과지 운전 중에 발생하는 주요 문제점과 거리가 먼 것은?

① 진흙덩어리의 축적
② 모래층에 공기 기포를 생성
③ 여재층의 수축
④ 슬러지벌킹 발생

슬러지벌킹현상은 활성슬러지법에서의 문제점이다.

36 ⭐빈출

다음 〈보기〉에서 설명하는 소각로 형식은?

─────[보기]─────
• 복동식과 흔들이식이 있다.
• 연속적인 소각과 배출이 가능하다.
• 수분이 많거나 발열량이 낮은 폐기물도 어느 정도 소각이 가능하다.
• 플라스틱과 같이 열에 쉽게 용융되는 폐기물의 연소에는 적합하지 않다.
• 고온에서 기계적으로 구동하여 금속부의 마멸이 심할수 있다.
──────────────

① 다단로   ② 회전로
③ 유동상 소각로   ④ 화격자 소각로

① 다단로 : 여러 단계의 연소실을 직렬로 배열하여 연료를 점진적으로 연소시키는 소각방식이다. 연소효율을 높이고 연소온도의 제어가 가능하다. 보통 고체 폐기물을 단계적으로 처리할 때 사용된다.
② 회전로 : 회전하는 원통형 드럼 내에서 폐기물을 소각하는 방식이다. 드럼이 천천히 회전하여 폐기물이 잘 혼합되고 연소가 균일하게 이루어진다. 고체 및 슬러지 폐기물 처리에 적합하다.
③ 유동상 소각로 : 고온의 뜨거운 가스를 하부에서 불어올려 다량의 미세한 모래(석영 모래)를 부상시켜 유동층을 형성한다. 폐기물을 상부에서 주입하여 이 유동층에서 빠르고 완전하게 소각하는 방식이다. 연소효율이 높고 배출가스가 깨끗해 주로 산업폐기물 소각에 사용된다.

37

폐기물 안정화에 관한 설명으로 거리가 먼 것은?

① 폐기물의 물리적 성질을 변화시켜 취급하기 쉬운 물질을 만든다.
② 오염물질의 손실과 전달이 발생할 수 있는 표면적을 감소시킨다.
③ 폐기물 내 오염물질의 용존성 및 용해성을 증가시킨다.
④ 오염물질의 독성을 감소시킨다.

폐기물 내 오염물질의 용존성 및 용해성을 감소시킨다.

38 ⭐빈출

폐기물 고체연료(RDF)의 구비조건으로 틀린 것은?

① 함수율이 높을 것
② 열량이 높을 것
③ 대기오염이 적을 것
④ 성분 배합률이 균일할 것

함수율은 낮아야 한다.

39 ⭐빈출

밀도 $0.9ton/m^3$, 부피 $1,000m^3$의 쓰레기를 석재 유효용량이 $13ton$인 차량으로 동시에 운반하고자 한다면 몇 대의 차량이 필요한가?

① 68대
② 70대
③ 72대
④ 75대

$$1,000m^3 \times \frac{0.9ton}{m^3} \times \frac{대}{13ton} = 69.2307 ≒ 70대$$

40 ⭐빈출

함수율이 97%인 슬러지 $3,850m^3$를 농축하여 함수율 94%로 낮추었을 때 슬러지의 부피는? (단, 슬러지 비중은 1.0이다.)

① $1,800m^3$ ② $1,925m^3$
③ $2,200m^3$ ④ $2,400m^3$

$$SL_1(1-X_1) = SL_2(1-X_2)$$
$$3,850m^3(1-0.97) = SL_2(1-0.94)$$
$$SL_2 = 1,925m^3$$

41

다음 중 슬러지 농축의 장점으로 가장 거리가 먼 것은?

① 후속 처리시설인 소화조의 부피를 감소시킬 수 있다.
② 슬러지 탈수시설의 규모가 작아지므로 슬러지 처리비용이 절감된다.
③ 슬러지 개량에 소요되는 약품의 종류를 줄일 수 있다.
④ 슬러지의 부피가 감소되므로 슬러지 수송의 경우 수송관과 펌프의 용량이 적어도 가능하다.

슬러지 개량에 소요되는 약품의 양을 줄일 수 있다. 종류와는 무관하다.

42 ⭐빈출

다음 중 적환장을 설치할 필요성이 가장 낮은 경우는?

① 공기수송 방식을 사용할 경우
② 폐기물 수집에 대형 컨테이너를 많이 사용할 경우
③ 처분장이 원거리에 있어 도중에 불법 투기의 가능성이 있는 경우
④ 처분장이 멀리 떨어져 있어 소형 차량에 의한 수송이 비경제적일 경우

폐기물 수집에 소형 컨테이너를 많이 사용할 경우 적환장을 설치해야 한다.

43

슬러지의 탈수방법으로 가장 거리가 먼 것은?

① belt press
② screw ion press
③ filter press
④ vacuum filtration

① belt press(벨트 프레스), ③ filter press(필터 프레스), ④ vacuum filtration(진공 여과)은 모두 슬러지 탈수에 널리 사용되는 기계적 탈수 방법이다.

44 ⭐빈출

폐기물 파쇄에 관한 다음 설명 중 가장 거리가 먼 것은?

① 전단식 파쇄기는 고정칼이나 왕복칼 또는 회전칼을 이용하여 폐기물을 절단한다.
② 충격식 파쇄기는 대량 처리가 가능하다.
③ 충격식 파쇄기는 연성이 있는 물질에는 부적합한 편이다.
④ 전단식 파쇄기는 유리나 목질류 등을 파쇄하는데 이용되며, 해머밀은 대표적인 전단식 파쇄기에 해당한다.

충격식 파쇄기는 유리나 목질류 등을 파쇄하는데 이용되며, 해머밀은 대표적인 충격식 파쇄기에 해당한다.

정답   39 ②   40 ②   41 ③   42 ②   43 ②   44 ④

45

일반적인 메탄가스의 성질로 가장 적합한 것은?

① 무색, 악취, 가연성
② 무색, 무취, 가연성
③ 황색, 악취, 불연성
④ 황색, 무취, 불연성

메탄(CH_4)은 무색, 무취의 가연성 탄화수소이다.

46

폐기물의 자원화와 가장 관계가 먼 것은?

① RDF
② Pyrolysis
③ Land fill
④ Composting

③ Land fill(매립)은 자원화와 관계가 멀다.
① RDF(Refuse Derived Fuel) : 폐기물을 재활용한 고형연료
② Pyrolysis : 열분해
④ Composting : 퇴비화

47 ⭐빈출

유기물을 완전연소시키기 위한 폐기물의 연소 성능 필요조건 항목(3T)으로 가장 거리가 먼 것은?

① 온도　　　　　　② 기압
③ 체류시간　　　　④ 혼합

완전연소를 위한 조건은 아래와 같이 구분된다.
• 3T : 시간(Time), 온도(Temperature), 혼합(Turbulence)
• 3TO : 시간(Time), 온도(Temperature), 혼합(Turbulence), 산소(Oxygen)

48 ⭐빈출

쓰레기 수거 시 수거작업 간의 노동력을 비교하기 위하여 사용하는 MHT를 가장 옳게 설명한 것은?

① 작업자 1인이 쓰레기 1톤을 수거하는 데 소요되는 총 시간
② 쓰레기 1톤을 1시간 동안 수거하는데 필요한 작업자 수
③ 작업자 1인이 1시간 동안 수거할 수 있는 쓰레기 총량
④ 쓰레기 1톤을 1시간 동안 수거할 때 총 수거효율

MHT : man · hr/ton

49

폐기물 매립지 입지선정 시 적격기준 항목으로 거리가 먼 것은?

① 토지 : 주민 밀집지역인 곳
② 토양 : 주변 토양 복토재 사용 가능성이 있는 곳
③ 지형 및 지질 : 경제성 있는 매립용량 확보가 가능한 곳
④ 수문 : 강우배제 침출수 발생 제어가 용이한 곳

매립지는 주민이 밀집한 곳에 설치하기 어렵다.

50

발열량이 $800kcal/kg$인 폐기물을 하루에 6톤씩 소각한다. 소각로 연소실의 용적이 $125m^3$이고, 1일 운전시간이 8시간이면 연소실의 열발생률은?

① $3,600kcal/m^3 \cdot hr$
② $4,000kcal/m^3 \cdot hr$
③ $4,400kcal/m^3 \cdot hr$
④ $4,800kcal/m^3 \cdot hr$

단위에 유의한다.

$$열발생률 = \frac{kcal}{m^3 \cdot hr} = \frac{\text{시간당 발열량}}{\text{용적}}$$

$$= \frac{6,000kg}{day} \times \frac{800kcal}{kg} \times \frac{day}{8hr} \times \frac{1}{125m^3}$$

$$= 4,800kcal/m^3 \cdot hr$$

정답　45 ②　46 ③　47 ②　48 ①　49 ①　50 ④

51 빈출

폐기물 오염을 측정하기 위한 시료의 축소방법으로 거리가 먼 것은?

① 구획법
② 교호삽법
③ 사등분법
④ 원추사분법

① 구획법 : 대시료를 여러 개의 구획으로 나눈 후 각 구획에서 시료를 채취하는 방법
② 교호삽법 : 원추형으로 쌓은 후 교대로 위치를 바꾸며 시료를 채취하는 방법
④ 원추사분법 : 원추형으로 쌓은 시료를 4등분하여 축소하는 방법

52

퇴비화가 진행되었을 때 나타나는 특징으로 거리가 먼 것은?

① 병원균이 사멸되어 거의 없다.
② 수분 보유능력과 양이온 교환능력이 낮아진다.
③ C/N비가 10~20 정도로 낮다.
④ 악취가 거의 없고 안정화된다.

수분 보유능력과 양이온 교환능력이 높아진다.

53 빈출

통상적으로 소각로의 설계기준이 되는 진발열량을 의미하는 것은?

① 고위발열량
② 저위발열량
③ 고위발열량과 저위발열량의 가하평균
④ 고위발열량과 저위발열량의 산술평균

통상적인 소각로 설계기준 발열량은 폐기물 1kg을 완전연소했을 때 발생하는 열량으로, 정확한 설계는 폐기물의 특성을 분석한 저위발열량을 기준으로 한다.

54

지하수 상·하류 두 지점의 수두차가 $4m$, 두 지점 사이의 수평거리가 $500m$, 투수계수가 $20m/day$이면, 투수단면적 $200\ m^2$의 지하수 유입량은? (단, $Q = kA\triangle h/\triangle L$이다.)

① $5m^3/day$
② $10m^3/day$
③ $16m^3/day$
④ $32m^3/day$

$$Q = kA\triangle h/\triangle L$$
$$= 20m/day \times 200m^2 \times 4m/500m$$
$$= 32m^3/day$$

55 빈출

수분함량이 25%인 쓰레기를 건조시켜 수분함량이 5%인 쓰레기가 되도록 하려면 쓰레기 1톤당 증발시켜야 하는 수분량은 약 얼마인가? (단, 쓰레기 비중은 1.0으로 가정함)

① $40kg$
② $129kg$
③ $175kg$
④ $210kg$

$$SL_1(1-X_1) = SL_2(1-X_2)$$
$$1,000kg(1-0.25) = SL_2(1-0.05)$$
$$SL_2 = 789.4736kg$$
증발시켜야할 수분 $= SL_1 - SL_2 = 1,000 - 789.4736$
$$= 210.5264kg$$

56

진동 감각에 대한 인간의 느낌을 설명한 것으로 옳지 않은 것은?

① 진동수 및 상대적인 변위에 따라 느낌이 다르다.
② 수직진동은 주파수 4~8Hz에서 가장 민감하다.
③ 수평진동은 주파수 1~2Hz에서 가장 민감하다.
④ 인간이 느끼는 진동가속도의 범위는 0.01~10Gal이다.

인간이 느끼는 진동가속도의 범위는 1~1,000Gal이다.

57

다음 중 소음레벨에 관한 설명으로 가장 적합한 것은?

① 변동하는 소음의 에너지 평균값으로 어떤 시간대에서 변동하는 소음에너지를 같은 시간 동안의 정상소음에 너지로 치환한 값이다.
② 소음에 의해 대화에서 방해되는 정도를 표현하기 위해 사용한다.
③ 소음계의 주파수 보정회로를 A에 놓고 측정하였을 때의 지시값을 말한다.
④ 항공기에 의해 어느 지역에 장시간 동안 노출되는 소음을 평가하는 척도이다.

> ① 등가소음도 : 임의의 측정시간 동안 발생한 변동소음의 총 에너지를 같은 시간 내의 정상소음의 에너지로 등가하여 얻어진 소음도를 말한다.
> ② 회화방해레벨(대화방해레벨)에 대한 설명이다.
> ④ 항공기 소음에 장시간 노출 소음을 평가하는 척도로는 WECPNL 등이 있으며, 일반 소음레벨과 구분된다.

58 ⭐빈출

주파수가 $100Hz$, 속도가 $20m/\sec$인 파동의 파장은?

① $0.2m$
② $0.5m$
③ $2.0m$
④ $5.0m$

> 파장$(\lambda) = \dfrac{속도(C)}{주파수(f)}$
>
> $= \dfrac{20m/\sec}{100Hz} = 0.2m$

59 ⭐빈출

어느 벽체의 입사음의 세기가 $10^{-2}W/m^2$이고, 투과음의 세기가 $10^{-4}W/m^2$이었다. 이 벽체의 투과율과 투과손실은?

① 투과율 10^{-2}, 투과손실 $20dB$
② 투과율 10^{-2}, 투과손실 $40dB$
③ 투과율 10^2, 투과손실 $20dB$
④ 투과율 10^2, 투과손실 $40dB$

> $$TL = 10\log\left(\frac{1}{\tau}\right) = 10\log\left(\frac{I_{in}}{I_{out}}\right)$$
>
> ㉠ 투과율 계산
> $$\tau = \frac{I_{out}}{I_{in}} = \frac{10^{-4}}{10^{-2}} = 10^{-2}$$
>
> ㉡ 투과손실 계산
> $$TL = 10\log\left(\frac{1}{10^{-2}}\right) = 20dB$$
>
> τ : 투과율
> I_{in} : 입사음의 세기
> I_{out} : 투과음의 세기

60

$1,000Hz$에서 정상적인 성인의 귀로 가청할 수 있는 최소 음압 실효치는?

① $2 \times 10^{-5}N/m^2$
② $5 \times 10^{-5}N/m^2$
③ $2 \times 10^{-12}N/m^2$
④ $5 \times 10^{-12}N/m^2$

> 최소 음압실효치는 $2 \times 10^{-5}N/m^2$이다.

정답   57 ③ 58 ① 59 ① 60 ①

01 ⭐빈출

중력집진장치에서 먼지의 침강속도 산정에 관한 설명으로 옳지 않은 것은?

① 중력가속도에 비례한다.
② 입경의 제곱에 비례한다.
③ 먼지와 가스의 비중차에 반비례한다.
④ 가스의 점도에 반비례한다.

먼지와 가스의 비중차에 비례한다.

$$V_g = \frac{d_p^2(\rho_p - \rho)g}{18\mu}$$

V_g : 중력침강속도, d_p : 입자의 직경
ρ_p : 입자의 밀도, ρ : 유체의 밀도
g : 중력가속도, μ : 점성계수

02

NO 가스를 산화흡수법으로 제거하고자 한다. 이 방법의 산화제로 적합하지 않은 것은?

① CO
② O_3
③ $KMnO_4$
④ $NaClO_2$

CO는 환원제로 사용된다.

03 ⭐빈출

집진율이 각각 90%와 98%인 두 개의 집진장치를 직렬로 연결하였다. 1차 집진장치 입구의 먼지농도가 $5.9g/m^3$일 경우 2차 집진장치 출구에서 배출되는 먼지농도는?

① $11.8mg/m^3$
② $15.7mg/m^3$
③ $18.3mg/m^3$
④ $21.1mg/m^3$

집진율은 제거되는 농도를 의미한다. 출구의 농도를 계산하기 위해서는 제거되는 농도를 제외해 주어야 한다.

ⓐ 1차 집진장치를 통과하는 출구 먼지농도

$$\frac{5.9g}{m^3} \times (1 - 0.9) = 0.59g/m^3$$

ⓑ 2차 집진장치에 유입되는 입구 먼지농도 : $0.59g/m^3$
ⓒ 2차 집진장치를 통과하는 출구 먼지농도

$$\frac{0.59g}{m^3} \times (1 - 0.98) = 0.0118g/m^3 = 11.8mg/m^3$$

04

유해가스를 배출시키기 위해 설치한 가로 $30cm$, 세로 $50cm$인 직사각형 송풍관의 상당직경(D_e)은? (단, 간이식에 의함)

① $37.5cm$
② $38.5cm$
③ $39.5cm$
④ $40.0cm$

$$D_0 = \frac{2ab}{(a+b)} = \frac{2 \times 30 \times 50}{(30+50)} = 37.5cm$$

05 ⭐빈출

대기환경보전법상 용어의 정의로 옳지 않은 것은?

① "기후·생태계 변화유발물질"이란 지구온난화 등으로 생태계의 변화를 가져올 수 있는 기체상 물질로서 온실가스와 환경부령으로 정하는 것을 말한다.
② "매연"이란 연소할 때에 생기는 유리탄소가 주가 되는 미세한 입자상 물질을 말한다.
③ "먼지"란 대기 중에 떠다니거나 흩날려 내려오는 입자상 물질을 말한다.
④ "온실가스"란 자외선 복사열을 흡수하여 온실효과를 유발하는 대기 중의 가스상태 물질로서 이산화탄소, 메탄, 아산화질소, 수소불화탄소, 과불화탄소, 육불화황을 말한다.

"온실가스"란 적외선 복사열을 흡수하거나 다시 방출하여 온실효과를 유발하는 대기 중의 가스상태 물질로서 이산화탄소, 메탄, 아산화질소, 수소불화탄소, 과불화탄소, 육불화황을 말한다.

정답   01 ③ 02 ① 03 ① 04 ① 05 ④

06 빈출

탄소 $12kg$이 완전연소하는데 필요한 이론공기량(Sm^3)은?

① 22.4　　　　　　　② 32.4
③ 86.7　　　　　　　④ 106.7

$$C + O_2 \rightarrow CO_2$$

㉠ 이론산소량 계산

$12kg : 22.4Sm^3 = 12kg : \square$

$(1kmol = kg분자량 = 22.4Sm^3)$

$\square = 22.4Sm^3$

㉡ 이론공기량 계산

$22.4Sm^3 \times \dfrac{1}{0.21} = 106.6666Sm^3$

07

대기오염공정시험기준상 굴뚝 배출가스 중 질소산화물의 연속자동측정방법이 아닌 것은?

① 용액전도율법
② 적외선흡수법
③ 자외선흡수법
④ 화학발광법

대기오염공정시험방법상 굴뚝 배출가스 중 질소산화물의 분석방법
(주 시험방법은 자동측정법이다.)
• 자동측정법 : 전기화학식(정전위 전해법), 화학발광법, 적외선흡수법, 자외선흡수법
• 자외선/가시선분광법 : 아연환원 나프틸에틸렌다이아민법

08 빈출

다음 중 헨리법칙이 가장 잘 적용되는 기체는 어느 것인가?

① O_2　　　　　　　② HCl
③ SO_2　　　　　　④ HF

헨리의 법칙을 적용하기 어려운 기체는 친수성기체이다.
• 난용성기체 : CO, NO, O_2
• 친수성기체 : HF, HCl, SO_2

09

〈보기〉에 해당하는 국지풍은?

[보기]
• 해안지방에서 낮에는 태양열에 의하여 육지가 바다보다 빨리 온도가 상승하므로, 육지의 공기가 팽창되어 상승기류가 생기게 된다.
• 이때, 바다에서 육지로 $8\sim15km$ 정도까지 바람이 불게 되며, 주로 여름에 빈발한다.

① 해풍
② 육풍
③ 산풍
④ 곡풍

② 육풍 : 육지에서 바다 쪽으로 부는 바람을 말한다. 주로 밤에 육지 표면이 빠르게 냉각되어 기압이 높아지면서 바다 쪽으로 바람이 흐르는 현상이다. 해륙풍 중 하나로, 바다와 육지의 온도 차이에 의해 발생한다.

③ 산풍 : 밤에 산 정상에서 골짜기 방향으로 부는 바람을 말한다. 산이 빠르게 냉각되어 차가워진 공기가 무거워져 산 정상에서 골짜기로 내려오는 하강풍이다. 주로 야간에 발생하며 산골짜기 지역의 국지풍이다.

④ 곡풍 : 낮에 골짜기에서 산 정상 방향으로 부는 바람을 의미한다. 산 정상과 비탈이 햇볕에 의해 빠르게 가열되어 산 정상의 공기가 팽창하고 밀도가 낮아지므로, 골짜기의 공기가 산 쪽으로 올라가는 상승기류 역할을 한다.

10

메탄 $1mol$이 완전연소할 경우 건조연기 배기가스 중의 CO_2 농도는 몇 %인가? (단, 부피기준)

① 11.73
② 16.25
③ 21.03
④ 23.82

$$CO_{2max}(\%) = \frac{CO_2 \, 발생량}{건조배출가스} \times 100$$

$$CH_4 + 2O_2 \rightarrow CO_2 + 2H_2O$$

㉠ 이론산소량 계산

$$CH_4 : 2O_2 = 1kmol : 2 \times 22.4 Sm^3$$
$$= 44.8 Sm^3$$

㉡ 이론공기량 = 이론산소량 / 0.21

$$= \frac{44.8}{0.21} = 213.3333 Sm^3$$

㉢ 건조배출가스량 = 건조연소생성물 + 이론공기 중 질소

$$= 22.4 Sm^3 + 168.5333 Sm^3$$
$$= 190.9333 Sm^3$$

• 건조연소생성물(CO_2) = $22.4 Sm^3$

$$CH_4 : 1CO_2 = 1mol : 22.4 Sm^3$$
$$CO_2 = 22.4 Sm^3$$

• 이론공기 중 질소 = 이론공기 × 0.79

$$= 213.3333 \times 0.79 = 168.5333 Sm^3$$

㉣ $CO_{2max}(\%) = \dfrac{CO_2 \, 발생량}{건조배출가스} \times 100$

$$= \frac{22.4}{190.9333} \times 100 = 11.7318\%$$

11 빈출

대기 중 광화학반응에 의한 광화학 스모그가 잘 발생하는 조건으로 가장 거리가 먼 것은?

① 일사량이 클 때
② 역전이 생성될 때
③ 대기 중 반응성 탄화수소, NO_x, O_3 등의 농도가 높을 때
④ 습도가 높고, 기온이 낮은 아침일 때

습도가 낮고, 기온이 높은 낮일 때

12

다음 업종 중 불화수소가 주된 배출원에 해당하는 것은?

① 고무가공, 인쇄공업
② 인산비료, 알루미늄제조
③ 내연기관, 폭약제조
④ 코크스 연소로, 제철

불화수소(HF)는 알루미늄 제련 공정과 인산비료 제조 공정에서 주로 배출돼 대기오염물질로 관리된다. 특히 알루미늄 제련소에서는 합성 빙정석 제조 공정에 불산을 사용하며, 인산비료 제조업에서도 불화수소가 배출된다.

13 빈출

A집진장치의 집진효율은 99%이다. 이 집진시설 유입구의 먼지 농도가 $13.5 g/Sm^3$일 때 집진장치의 출구농도는?

① $0.0135 mg/Sm^3$
② $135 mg/Sm^3$
③ $1,350 mg/Sm^3$
④ $13.5 mg/Sm^3$

$$\eta = \left(1 - \frac{C_{out}}{C_{in}}\right) \times 100$$

$$99\% = \left(1 - \frac{C_{out}}{13.5}\right) \times 100$$

$$C_{out} = -13.5 \times \left(\frac{99}{100} - 1\right) = 0.135 g/m^3 = 135 mg/m^3$$

14

다음 흡수장치 중 장치 내의 가스속도를 가장 크게 해야 하는 것은?

① 분무탑
② 벤츄리스크러버
③ 충전탑
④ 기포탑

벤츄리스크러버의 압력손실은 300~800 mmH_2O로 가장 크기 때문에 가스속도를 매우 높게 운전해야 처리가 가능하다.

정답   10 ①   11 ④   12 ②   13 ②   14 ②

15

기체연료를 버너노즐로 분출시켜 외부공기와 혼합하여 연소시키는 방법은?

① 확산연소법   ② 사전혼합연소법
③ 화격자연소법   ④ 미분탄연소법

> ② 사전혼합연소법 : 연료와 공기가 미리 섞여 점화되는 빠른 속도의 연소방식이다.
> ③ 화격자연소법 : 고체연료를 그리드 위에서 연소시키는 방법으로 주로 고체연료에 쓰인다.
> ④ 미분탄연소법 : 미세 석탄입자를 공기 중에 분산시켜 연소하는 방식으로 발전소에서 주로 사용된다.

16 빈출

침사지에서 폐수의 평균유속이 $0.3m/sec$, 유효수심이 1.0m, 수면적부하가 $1,800m^3/m^2 \cdot day$일 때, 침사지의 유효길이는?

① $20.2m$ ② $14.4m$
③ $10.6m$ ④ $7.5m$

> $$수면적부하율 = \frac{유량}{침전되는 단면적} = \frac{VH}{L}$$
> $$\frac{1,800m^3}{m^2 \cdot day} \times \frac{1day}{86,400sec} = \frac{0.3m/sec \times 1m}{L}$$
> $$L = 14.4m$$

17 빈출

A폐수를 활성탄을 이용하여 흡착법으로 처리하고자 한다. 폐수 내 오염물질의 농도를 $30mg/L$에서 $10mg/L$로 줄이는 데 필요한 활성탄의 양은? (단, $\frac{X}{M} = KC^{1/n}$ 사용, $K = 0.5$, $n = 1$)

① $3.0mg/L$ ② $3.3mg/L$
③ $4.0mg/L$ ④ $4.6mg/L$

> $$\frac{X}{M} = KC^{1/n}$$
> $$\frac{(30-10)}{M} = 0.5 \times 10^{1/1}$$
> $$M = 4.0mg/L$$

18

염소를 이용하여 살균할 때 주입된 염소량과 남아있는 염소량과의 차이를 다음 중 무엇이라 하는가?

① 염소요구량
② 유리염소량
③ 잔류염소량
④ 클로라민

> 염소주입량 = 염소요구량(염소소모량) + 염소잔류량

19

다음 중 황산(1+2) 혼합용액은?

① 물 $1mL$에 황산을 가하여 전체 $2mL$로 한 용액
② 황산 $1mL$를 물에 희석하여 전체 $2mL$로 한 용액
③ 물 $1mL$와 황산 $2mL$를 혼합한 용액
④ 황산 $1mL$와 물 $2mL$를 혼합한 용액

> 황산(1+2) 혼합용액은 황산 $1mL$와 물 $2mL$를 혼합한 용액으로 전량이 $3mL$이다.

20

다음은 수질오염공정시험기준상 6가 크롬의 흡광광도법 측정원리이다. ( ) 안에 알맞은 것은 어느 것인가?

> 6가 크롬에 다이페닐카바자이드를 작용시켜 생성하는 (①)의 착화합물의 흡광도를 (②)nm에서 측정하여 6가 크롬을 정량한다.

① ① 적자색, ② 253.7
② ① 적자색, ② 540
③ ① 청색, ② 253.7
④ ① 청색, ② 540

> 6가 크롬에 다이페닐카바자이드를 작용시켜 생성하는 적자색의 착화합물의 흡광도를 $540nm$에서 측정하여 6가 크롬을 정량한다.

정답   15 ①   16 ②   17 ③   18 ①   19 ④   20 ②

01 PART
02 PART
03 PART
04 PART

21

다음 (   ) 안에 가장 적합한 수질오염물질은?

> 물속에 있는 (   )의 대부분은 산업폐기물과 광산폐기물에서 유입된 것이며, 아연정련업, 도금공업, 화학공업(염료, 촉매, 염화비닐 안정제), 기계제품제조업(자동차부품, 스프링, 항공기) 등에서 배출된다. 그 처리법으로 응집침전법, 부상분리법, 여과법, 흡착법 등이 있다.

① 수은　　　　　　　② 페놀
③ PCB　　　　　　　④ 카드뮴

> 카드뮴은 아연과 화학적 성질이 비슷하며 신체 내 칼슘 흡수를 방해해 골연화증을 유발하고, 일본에서 발생한 이타이이타이병의 주요 원인으로 알려져 있다.

22

폐수처리장에서 개방유로의 유량측정에 이용되는 것으로 단면의 형상에 따라 삼각, 사각 등이 있는 것은?

① 확산기(diffuser)
② 산기기(aerator)
③ 위어(weir)
④ 피토전극기(pitot electrometer)

> ① 확산기(diffuser) : 폐수처리장에서 미생물에 산소를 공급하기 위해 공기를 미세한 기포 형태로 액체에 분산시키는 장치다.
> ② 산기기(aerator) : 폐수나 수처리 과정에서 공기를 공급하여 물 속의 산소 농도를 높이고 미생물의 분해활동을 촉진한다. 기계적 교반이나 공기 주입 방식을 통해 산소를 주입한다.
> ④ 피토전극기(pitot electrometer) : 유동속도를 측정하는 장치로, 하천이나 관로 내 유체의 속도를 전기적으로 측정한다.

23 ⭐빈출

$7,000 m^3/day$의 하수를 처리하는 침전지의 유입하수의 SS농도가 $400 mg/L$ 유출하수의 SS농도가 $200 mg/L$라면 이 침전지의 SS제거율은?

① 3%　　　　　　　② 25%
③ 50%　　　　　　　④ 70%

$$\eta = \left(1 - \frac{C_{out}}{C_{in}}\right) \times 100$$
$$= \left(1 - \frac{200}{400}\right) \times 100 = 50\%$$

24

다음 중 응집침전을 위한 폐수처리에서 일반적으로 가장 널리 사용되는 응집제는?

① 염화칼슘　　　　　② 석회
③ 수산화나트륨　　　④ 황산알루미늄

> ① 염화칼슘 : 살균, 중금속 및 인 침전, pH 조절, 제설 등에 사용
> ② 석회 : pH 조절과 금속이온 침전에 사용
> ③ 수산화나트륨 : 강한 알칼리제로 pH 조절용

25 ⭐빈출

산도(acidity)나 경도(hardness)는 무엇으로 환산하는가?

① 염화칼슘　　　　　② 수산화칼슘
③ 질산칼슘　　　　　④ 탄산칼슘

> 산도(acidity)나 경도(hardness)는 탄산칼슘으로 환산하여 mg/L as $CaCO_3$로 표현한다.

26 ⭐빈출

BOD, SS의 제거율이 비교적 높고, 악취나 파리의 발생이 거의 없으며, 설치면적은 적게 드나, 슬러지 팽화의 문제점이 있고, 슬러지 생성량이 비교적 많은 처리방법은?

① 활성슬러지법　　　② 회전원판법
③ 산화지법　　　　　④ 살수여상법

> ② 회전원판법 : 디스크(원판) 표면에 미생물이 부착되어 회전하며 폐수를 접촉, 유기물을 분해하는 처리법이다.
> ③ 산화지법 : 미생물 군집이 토양 등 고정상에 자연적으로 번식하면서 유기물을 분해하는 방식이다.
> ④ 살수여상법 : 탱크에 쇄석 등의 여재를 채우고 위에서 폐수를 뿌려 쇄석 표면에 번식하는 미생물이 폐수와 접촉하여 유기물을 섭취분해하여 폐수를 생물학적으로 처리하는 방식이다.

정답　　　21 ④　22 ③　23 ③　24 ④　25 ④　26 ①

27 ⭐ 빈출

다음 중 회분식 배양조건에서 시간에 따른 박테리아의 성장곡선을 순서대로 옳게 나열한 것은?

① 유도기 → 사멸기 → 대수성장기 → 정지기
② 유도기 → 사멸기 → 정지기 → 대수성장기
③ 대수성장기 → 정지기 → 유도기 → 사멸기
④ 유도기 → 대수성장기 → 정지기 → 사멸기

> **미생물의 증식 4단계**
> 지체기 → 대수성장기 → 감소성장기 → 내생호흡기
> ㉠ 지체기(유도기)
> • 미생물량 적고 증식속도 극히 느림, 새로운 환경에 적응
> ㉡ 대수(지수)성장기
> • F/M비 대단히 큼.
> • 독립성장 → floc 형성↓ → 침전율↓ → BOD 제거↓
> • F/M비 점차 낮아짐.
> • 포기조 내의 미생물 성장단계 중 신진대사율이 가장 높은 단계
> ㉢ 감소성장기(정지기)
> • floc 형성 시작 → 침전율 향상 → 수처리 이용가능
> ㉣ 내생호흡기(사멸기)
> • F/M비 극히 낮음, 자산화 과정
> • floc 형성 최대 → 침전율↑ → BOD 제거↑

28 ⭐ 빈출

효과적인 응집을 위해 실시하는 약품교반 실험장치(Jar-Test)의 일반적인 실험순서가 바르게 나열된 것은?

① 정치침전 → 상징수 분석 → 응집제 주입 → 급속교반 → 완속교반
② 급속교반 → 완속교반 → 응집제 주입 → 정치침전 → 상징수 분석
③ 상징수 분석 → 정치침전 → 완속교반 → 급속교반 → 응집제 주입
④ 응집제 주입 → 급속교반 → 완속교반 → 정치침전 → 상징수 분석

> 보통 응집제를 먼저 주입한 후, 급속 교반으로 재료를 빠르게 혼합하고, 이어 완속교반으로 응집 입자를 성장시킨다. 그 다음 정치침전으로 응집된 입자를 침전시키고, 최종적으로 상등액(위의 맑은 물)을 분석한다.

29

다음 중 BOD $600ppm$, SS $40ppm$인 폐수를 처리하기 위한 공정으로 가장 적합한 것은?

① 활성슬러지법
② 역삼투법
③ 이온교환법
④ 오존소화법

> 유기물의 농도가 높아 생물학적 처리에 의한 유기물 제거가 고려되어야 한다.

30 ⭐ 빈출

염산(HCl) $0.001mol/L$의 pH는? (단, 이 농도에서 염산은 100% 해리한다.)

① 2
② 2.5
③ 3
④ 3.5

> $$HCl \rightleftharpoons H^+ + Cl^-$$
> $$HCl : H^+ = 1 : 1 = 0.001M : \square$$
> $$\square = 0.001M$$
> $$pH = -\log[H^+]$$
> $$= -\log[0.001] = 3$$

31

자연수에 존재하는 다음 이온 중 알칼리도를 유발하는 데 가장 크게 기여하는 것은?

① OH^-
② CO_3^-
③ HCO_3^-
④ NH_4^+

> 알칼리도 유발 정도 : $OH^- > HCO_3^- > CO_3^{2-}$

정답 27 ④ 28 ④ 29 ① 30 ③ 31 ①

32

상수도계획 시 여과에 관한 설명으로 옳지 않은 것은?

① 완속여과를 채용할 경우, 색도, 철, 망간도 어느 정도 제거된다.
② 완속여과는 생물막에 의한 세균, 탈질제거와 생화학적 산화반응에 의해 다양한 수질인자에 대응할 수 있다.
③ 급속여과의 여과속도는 $70 \sim 90 m/day$를 표준으로 하고, 침전은 필수적이나, 약품사용은 필요치 않다.
④ 급속여과는 탁도 유발물질의 제거효과는 좋으나 세균은 안심할 정도로의 제거가 어려운 편이다.

> 급속여과의 여과속도는 $120 \sim 150 m/day$를 표준으로 하고 약품 사용이 필요하다.
> 급속여과지는 원수 중의 현탁물질을 약품으로 응집시킨 후에 입상 여과층에서 비교적 빠른 속도로 물을 통과시켜 여재에 부착시키거나 여과층에서 체거름작용으로 탁질을 제거하는 고액분리공정을 총칭한다. 제거대상이 되는 현탁물질을 미리 응집시켜 부착 또는 체거름되기 쉬운 상태의 플록으로 형성하는 것이 필요하다.

33 빈출

물 분자가 극성을 가지는 이유로 가장 적합한 것은?

① 산소와 수소의 원자량의 차
② 산소와 수소의 전기음성도의 차
③ 산소와 수소의 끓는점의 차
④ 산소와 수소의 온도변화에 따른 밀도의 차

> 산소와 수소의 전기음성도 차이로 인해 산소는 부분적인 음전하, 수소는 부분적인 양전하를 갖게 되어 극성분자가 된다.

34 빈출

시간당 $200 m^3$의 폐수가 유입되는 침전조의 위어(weir)의 유효 길이가 $50 m$라면 월류부하는?

① $2 m^3/m \cdot hr$
② $4 m^3/m \cdot hr$
③ $8 m^3/m \cdot hr$
④ $15 m^3/m \cdot hr$

> 월류위어부하율 $= \dfrac{\text{유량}}{\text{월류위어길이}}$
> $= \dfrac{200 m^3}{hr} \times \dfrac{1}{50 m} = 4 m^3/m \cdot hr$

35

유기물질의 질산화 과정에서 아질산이온(NO_2^-)이 질산이온(NO_3^-)으로 변할 때 주로 관여하는 것은?

① 디프테리아
② 니트로박터
③ 니트로소모나스
④ 카로티노모나스

> 질산화 과정에서 관여하는 미생물은 니트로소모나스와 니트로박터이다.
> • $NH_3 - N \rightarrow NO_2 - N$: 니트로소모나스(Nitrosomonas)
> • $NO_2 - N \rightarrow NO_3 - N$: 니트로박터(Nitrobacter)

36

폐기물 파쇄 전후의 입자크기와 입자크기 분포를 이해하는 것은 폐기물 특성을 파악하는 데 매우 중요하다. 대표적으로 사용하는 특성 입경은 입자의 무게기준으로 몇 %가 통과할 수 있는 체 눈의 크기를 말하는가?

① 36.8%
② 50%
③ 63.2%
④ 80.7%

> 63.2% 입도는 입자 크기 분포의 한 기준점을 나타내는 값을 의미한다.

37 빈출

다음 중 내륙매립공법의 종류가 아닌 것은?

① 도랑형공법
② 압축매립공법
③ 샌드위치공법
④ 박층뿌림공법

> • 내륙매립공법 : 셀공법, 압축매립공법, 샌드위치공법, 도랑형공법
> • 해안매립공법 : 박층뿌림공법, 순차투입법, 수중투기공법

정답   32 ③   33 ②   34 ②   35 ②   36 ③   37 ④

38

매립처분시설의 분류 중 폐기물에 포함된 수분, 폐기물 분해에 의하여 생성되는 수분, 매립지에 유입되는 강우에 의하여 발생하는 침출수의 유출방지와 매립지 내부로의 지하수 유입방지를 위해 설치하는 것은?

① 부패조　　　　　　　② 안정탑
③ 덮개시설　　　　　　④ 차수시설

① 부패조 : 폐기물 매립 중 발생하는 유기성 폐기물의 부패를 촉진시켜 가스를 발생시키고, 혐기성 분해를 유도하는 처리시설이다.
② 안정탑 : 매립지에서 발생하는 가스를 안정화시키는 장치로, 가스의 폭발 위험을 줄이고 환경오염을 방지한다.
③ 덮개시설 : 매립지 상부를 덮어 악취, 파리 및 기타 해충의 서식, 침출수 발생을 줄여 환경 피해를 최소화한다.

39

침출수를 혐기성 여상으로 처리하고자 한다. 유입유량이 1,000 m^3/day이고, BOD가 $500mg/L$, 처리효율이 90%라면 이 때 혐기성 여상에서 발생되는 메탄가스의 양은? (단, $1.5m^3$ $gas/BODkg$, 가스 중 메탄함량 60%)

① $350m^3/day$　　　　② $405m^3/day$
③ $510m^3/day$　　　　④ $550m^3/day$

총량(부하량) → 가스발생량 → 메탄가스발생량
㉠ 총량(부하량)

부하량 : $\dfrac{500mg}{L} \times \dfrac{1,000m^3}{day} \times \dfrac{1kg}{10^6mg} \times \dfrac{10^3L}{m^3} \times \dfrac{90}{100}$
　　　　농도　　　유량　$mg \to kg$　$m^3 \to L$　제거율
$= 450kg/day$

㉡ 가스발생량 : $450kg \times \dfrac{1.5m^3_{gas}}{BOD_{kg}} = 675m^3_{gas}$

㉢ 메탄가스발생량 : $675m^3_{gas} \times \dfrac{60}{100} = 405m^3/day$

40 ⭐빈출

하부에서 뜨거운 가스로 모래를 가열시켜 부상시키고, 상부에서는 폐기물을 주입하여 소각시키는 형태의 소각로는?

① 액체주입형 소각로　　② 화격자 소각로
③ 회전형 소각로　　　　④ 유동상 소각로

① 액체주입형 소각로 : 액체 폐기물을 주입하여 소각하는 방식
② 화격자 소각로 : 고정 또는 이동 화격자를 이용하여 폐기물을 연소하는 방식
③ 회전형 소각로 : 회전하는 드럼 내에서 폐기물을 소각하는 형태

41

어느 슬러지 건조상의 길이가 $40m$이고, 폭은 $25m$이다. 여기에 $30cm$ 깊이로 슬러지를 주입할 때 전체 건조기간 중 슬러지의 부피가 70% 감소하였다면 건조된 슬러지의 부피는 몇 m^3가 되겠는가?

① $50m^3$　　　　　　　② $70m^3$
③ $90m^3$　　　　　　　④ $110m^3$

건조상의 부피를 계산한 후 건조된 슬러지를 계산한다.
$40m \times 25m \times 0.3m \times (1-0.7) = 90m^3$

42

슬러지 내의 수분을 제거하기 위한 탈수 및 건조방법에 해당하지 않는 것은?

① 산화지법
② 슬러지건조상법
③ 원심분리법
④ 벨트프레스법

산화지법은 미생물의 생물학적 작용을 이용하여 하수 및 폐수를 자연정화시키는 공법으로, 라군(lagon)이라고도 하며, 시설비와 운영비가 적게 드는 이점이 있기 때문에 소규모 마을의 오수처리에 많이 이용된다. 슬러지 내의 수분 제거와 관계가 없다.

43

$1,792,500 ton/yr$의 쓰레기를 $2,725$명의 인부가 수거하고 있다면 수거인부의 수거능력(MHT)은? (단, 수거인부의 1일 작업시간은 8시간, 1년 작업일수는 310일이다.)

① 2.16　　　　　　　　② 2.95
③ 3.24　　　　　　　　④ 3.77

$$MHT = \frac{Man \times Hr}{Ton}$$
$$= 2,725인 \times \frac{8hr}{day} \times \frac{310day}{yr} \times \frac{yr}{1,792,500ton}$$
$$= 3.7701 man \cdot hr/ton$$

44 빈출

화격자 소각로의 장점에 해당되는 것은?

① 체류시간이 짧고 교반력이 강하다.
② 연속적인 소각과 배출이 가능하다.
③ 열에 쉽게 용융되는 물질의 소각에 적합하다.
④ 가동·정지 조작이 간편하며, 구동부분의 마모 손실이 적다.

화격자 소각로의 단점은 아래와 같다.
㉠ 체류시간이 길고 교반력이 약하다.
㉡ 열에 쉽게 용융되는 물질의 소각에 부적합하다.
㉢ 가동·정지 조작이 불편하다.

45 빈출

일정 기간 동안 특정지역의 쓰레기 수거 차량의 대수를 조사하여 이 값에 폐기물의 겉보기 비중을 보정하여 중량으로 환산하여 폐기물 발생량을 조사하는 방법을 무엇이라 하는가?

① 직접계근법
② 적재차량계수분석법
③ 간접계근법
④ 대수조사법

① 직접계근법 : 쓰레기를 실제로 저울에 달아서 중량을 정확하게 측정하는 방법으로, 가장 정확하지만 비용과 시간이 많이 든다.

46 빈출

폐기물 고체연료(RDF)의 구비조건으로 옳지 않은 것은?

① 열량이 높을 것
② 함수율이 높을 것
③ 대기오염이 적을 것
④ 성분 배합률이 균일할 것

함수율이 낮을 것

47 빈출

소각로를 설계할 때 가장 기본이 되는 폐기물 발열량인 고위발열량(HHV)과 저위발열량(LHV)과의 관계로 옳은 것은? [단, 발열량의 단위는 $kcal/kg$, W는 수분함량(%)이며, 수소함량은 무시한다.]

① $LHV = HHV + 6W$
② $LHV = HHV - 6W$
③ $HHV = LHV + 9W$
④ $HHV = HHV - 9W$

저위발열량 = 고위발열량 − 물의 증발잠열
$LHV = HHV - 6W$

48 빈출

폐기물의 파쇄작용이 일어나게 되는 힘의 3종류와 가장 거리가 먼 것은?

① 압축력
② 전단력
③ 원심력
④ 충격력

원심력은 해당하지 않는다.

49 빈출

폐기물을 파쇄시키는 목적으로 적합하지 않은 것은?

① 분리 및 선별을 용이하게 한다.
② 매립 후 빠른 지반침하를 유도한다.
③ 부피를 감소시켜 수송효율을 증대시킨다.
④ 비표면적이 넓어져 소각을 용이하게 한다.

파쇄를 함으로써 매립 후 지반침하를 방지한다.

50 ⭐빈출

다음 중 일반적인 슬러지처리 계통도로 가장 적합한 것은?

① 슬러지 → 농축 → 개량 → 탈수 → 소각 → 매립
② 슬러지 → 소화 → 탈수 → 개량 → 농축 → 매립
③ 슬러지 → 탈수 → 건조 → 개량 → 소각 → 매립
④ 슬러지 → 개량 → 탈수 → 농축 → 소각 → 매립

> • 농축 : 슬러지 부피를 줄여 후속 처리 용량 감소 및 비용 절감
> • 안정화 : 병원균 감소와 유기물 분해를 통해 위생적 안정화
> • 개량 : 슬러지의 물리·화학적 성질 변화로 탈수성 향상
> • 탈수 : 슬러지 함수율 감소로 부피 축소 및 취급 용이
> • 소각 및 최종처분 : 최종산물의 위생적이면서 안전한 처분

51

다음 중 분뇨수거 및 처분계획을 세울 때 계획하는 우리나라 성인 1인당 1일 분뇨배출량의 평균범위로 가장 적합한 것은?

① 0.2~0.5L
② 0.9~1.1L
③ 2.3~2.5L
④ 3.0~3.5L

> 우리나라 성인 1인당 1일 분뇨발생량의 평균범위는 0.9~1.1L이다.

52 ⭐빈출

파쇄하였거나 파쇄하지 않은 폐기물로부터 철분을 회수하기 위해 가장 많이 사용되는 폐기물 선별방법은?

① 공기선별
② 스크린선별
③ 자석선별
④ 손선별

> ① 공기선별 : 공기 흐름으로 가벼운 물질을 분리
> ② 스크린선별 : 크기 차이로 입자를 분리
> ④ 손선별 : 사람이 육안으로 직접 분리

53 ⭐빈출

관거(pipe-line)를 이용한 폐기물 수거방법에 관한 설명으로 가장 거리가 먼 것은?

① 폐기물 발생빈도가 높은 곳이 경제적이다.
② 가설 후에 경로변경이 곤란하다.
③ 35km 이상의 장거리 수송에 현실성이 있다.
④ 큰 폐기물은 파쇄, 압축 등의 전처리를 해야 한다.

> 장거리 수송에 현실성이 없다.

54

연료를 연소시킬 때 실제 공급된 공기량을 A, 이론공기량을 A_0라 할 때, 과잉공기율을 옳게 나타낸 것은?

① $\dfrac{A-A_0}{A}$ ② $\dfrac{A-A_0}{A_0}$

③ $\dfrac{A}{A_0}+1$ ④ $\dfrac{A}{A_0}-1$

> 과잉공기율은 이론공기량에 대한 과잉공기량의 비율이다.
> $$\frac{과잉공기량}{이론공기량} = \frac{A-A_0}{A_0}$$
> A : 실제공기량
> A_0 : 이론공기량

55 ⭐빈출

에탄가스 1Sm^3의 완전연소에 필요한 이론공기량은?

① 8.67Sm^3 ② 10.67Sm^3
③ 12.67Sm^3 ④ 16.67Sm^3

> $C_2H_6 + 3.5O_2 \rightarrow 2CO_2 + 3H_2O$
> ㉠ 이론산소량 계산
> $C_2H_6 : 3.5O_2 = 1Sm^3 : \square$
> 이론산소량($\square$) = 3.5Sm^3
> ㉡ 이론공기량
> 이론공기량 = 이론산소량 / 0.21
> $$= \frac{3.5}{0.21} = 16.6666Sm^3$$

정답
50 ① 51 ② 52 ③ 53 ③ 54 ② 55 ④

56 ★빈출

A벽체의 투과손실이 $32dB$일 때, 이 벽체의 투과율은?

① 6.3×10^{-4}
② 7.3×10^{-4}
③ 8.3×10^{-4}
④ 9.3×10^{-4}

$$TL = 10\log\left(\frac{1}{\tau}\right) = 10\log\left(\frac{I_{in}}{I_{out}}\right)$$

$$32dB = 10\log\left(\frac{1}{\tau}\right)$$

$$\left(\frac{1}{\tau}\right) = 10^{\frac{32}{10}}$$

$$\tau = 10^{-\frac{32}{10}} = 6.3 \times 10^{-4}$$

τ : 투과율
I_{in} : 입사음의 세기
I_{out} : 투과음의 세기

57

〈보기〉는 소음의 표현이다. ( ) 안에 알맞은 것은?

[보기]

1( )은 $1,000Hz$ 순음의 음세기 레벨 $40dB$의 음크기를 말한다.

① SIL
② PNL
③ Sone
④ NNI

① SIL(Sound Intensity Level, 음의 세기레벨) : 기준 음의 세기에 대한 임의 음의 세기 비를 대수적으로 나타낸 값이다.
② PNL(Perceived Noise Level, 지각소음레벨) : 항공기 소음 등의 시끄러운 정도를 인간이 지각하는 시끄러움으로 수치화한 값이다.
④ NNI(Noise and Number Index, 소음 및 횟수 지수) : 항공기 소음의 시끄러움을 평가하기 위해 소음의 물리적 측정값과 비행 횟수 등 사회적 반응을 합성하여 만든 척도이다.

58

금속스프링의 장점이라 볼 수 없는 것은?

① 환경요소(온도, 부식, 용해 등)에 대한 저항성이 크다.
② 최대변위가 허용된다.
③ 공진 시에 전달률이 매우 크다.
④ 저주파 차진에 좋다.

공진 시 전달률은 작다.

59

인체 귀의 구조 중 고막의 진동을 쉽게 할 수 있도록 외이와 중이의 기압을 조정하는 것은?

① 고막
② 고실창
③ 달팽이관
④ 유스타키오관

① 고막 : 소리를 받아 진동시킨다.
② 고실창 : 진동을 내이(달팽이관)에 전달한다.
③ 달팽이관 : 진동을 전기신호로 바꾸어 뇌로 보낸다.

60

음향출력 $100\,W$인 점음원이 반자유공간에 있을 때 $10m$ 떨어진 지점의 음의 세기(W/m^2)는?

① 0.08
② 0.16
③ 1.59
④ 3.18

$$I = \frac{W}{S} = \frac{100\,W}{2\pi10^2m^2} = 0.1591\,W/m^2$$

I : 음의 세기(W/m^2), W : 출력, S : 면적($2\pi r^2$)

정답   56 ①   57 ③   58 ③   59 ④   60 ②

2023년 3회 | CBT 기출복원문제

01

벤츄리스크러버의 특징으로 옳지 않은 것은?

① 소형으로 대용량의 가스처리가 가능하다.
② 목부의 처리가스 속도는 보통 60~$90 m/\sec$ 정도이다.
③ 압력손실은 300~$800 mmH_2O$ 정도이다.
④ 물방울 입경과 먼지의 입경의 비는 충돌 효율면에서 3 : 1 전후가 좋다.

물방울 입경과 먼지의 입경의 비는 충돌 효율면에서 150 : 1 전후가 좋다.

02

다음 중 연료의 연소과정에서 공기비가 너무 큰 경우 나타나는 현상으로 가장 적합한 것은?

① 배기가스에 의한 열손실이 커진다.
② 오염물의 농도가 커진다.
③ 미연분에 의한 매연이 증가한다.
④ 불완전연소되어 연소효율이 저하된다.

② 오염물의 농도는 작아진다.
③ 미연분에 의한 매연이 감소한다.
④ 완전연소되어 연소효율이 증가된다.

03

전기집진장치에 관한 설명으로 가장 거리가 먼 것은?

① 대량의 가스처리가 가능하다.
② 전압변동과 같은 조건변동에 쉽게 적용할 수 있다.
③ 초기 설비비가 고가이다.
④ 압력손실이 적어 소요동력이 적다.

전압변동과 같은 조건변동에 대응하기 어렵다.

04 빈출

프로판가스(C_3H_8) $10 kg$을 완전연소하는데 필요한 이론공기량(Sm^3)은?

① $62.2 Sm^3$
② $84.2 Sm^3$
③ $104.2 Sm^3$
④ $121.2 Sm^3$

$C_3H_8 + 5O_2 \rightarrow 3CO_2 + 4H_2O$
㉠ 이론산소량 계산
　$C_3H_8 : 5O_2 = 44kg : 5 \times 22.4Sm^3$
　$1kmol = kg분자량 = 22.4Sm^3$
　$44kg : 5 \times 22.4Sm^3 = 10kg : \square Sm^3$
　$\square(이론산소량) = 25.4545$
㉡ 이론공기량 = 이론산소량 / 0.21
　$= \dfrac{25.4545}{0.21} = 121.2121 Sm^3$

05 빈출

중력집진장치의 집진효율 향상조건으로 옳지 않은 것은?

① 침강실 내의 배기가스 기류는 균일해야 한다.
② 침강실 내의 처리가스 속도가 작을수록 미립자가 포집된다.
③ 침강실의 높이가 높고, 길이가 짧을수록 집진효율이 높아진다.
④ 침강실의 입구폭이 클수록 유속이 느려지며, 미세한 입자가 포집된다.

침강실의 높이가 낮고, 길이가 길수록 집진효율이 높아진다.

06

대기의 상층은 안정되어 있고, 하층은 불안정하여 굴뚝에서 발생한 오염물질이 아래로 지표면에까지 확산되어 오염을 발생시킬 수 있는 연기의 형태는?

① Fanning형
② Looping형
③ Fumigation형
④ Trapping형

훈증형(Fumigation)은 대기 상층이 안정되어 있으나 하층이 불안정한 상태에서 나타나는 연기형태로, 굴뚝에서 배출된 오염물질이 지표면 가까이로 내려와 확산되어 오염을 유발한다.
① Fanning(부채형) : 역전상태
② Looping(환상형) : 매우 불안정상태
④ Trapping(구속형) : 상하 두 개의 역전층 사이에 연기가 갇혀 확산이 제한되는 형태

07

바람에 관여하는 힘과 거리가 먼 것은?

① 지균력
② 마찰력
③ 전향력
④ 기압경도력

지균력은 대기 상층에서 마찰력이 없는 상태에서 기압경도력과 전향력이 평형을 이루는 상태에서 나타나는 바람(지균풍)과 관련된 힘이다.

08

굴뚝의 유효높이와 관련된 인자에 관한 설명으로 옳지 않은 것은?

① 배기가스의 유속이 빠를수록 증가한다.
② 외기의 온도차가 작을수록 증가한다.
③ 풍속이 작을수록 증가한다.
④ 굴뚝의 통풍력이 클수록 증가한다.

외기의 온도차가 클수록 증가한다.

09

흡수법을 사용하여 오염물질을 처리하고자 할 때 흡수액의 구비조건으로 옳지 않은 것은?

① 휘발성이 적을 것
② 점성이 클 것
③ 부식성이 없을 것
④ 용해도가 클 것

흡수액의 점성은 작아야 한다.

10

질소산화물을 촉매환원법으로 처리하는 방법에 관한 설명으로 옳지 않은 것은?

① 비선택적 환원제로는 메탄이 사용된다.
② 선택적 환원제로는 암모니아, 수소, 일산화탄소 등이 사용된다.
③ 선택적 촉매환원법의 촉매는 백금, 산화알루미늄계, 산화철계, 산화티타늄계 등이 사용된다.
④ 탄화수소, 수소, 일산화탄소는 산소가 공존하여도 선택적으로 질소산화물과 반응하며, 암모니아는 산소와 우선적으로 반응한다.

산소는 탄화수소, 수소, 일산화탄소가 공존하여도 선택적으로 질소산화물과 반응하며, 암모니아는 산소와 우선적으로 반응한다.

11

대기층의 구조에 관한 설명으로 옳지 않은 것은?

① 오존농도의 고도분포는 지상으로부터 약 $10\,km$ 부근인 성층권에서 $35\,ppm$ 정도의 최대 농도를 나타낸다.
② 대류권에서는 고도증가에 따라 기온이 하락한다.
③ 열권은 지상 $80\,km$ 이상에 위치한다.
④ 중간권 중 상부 $80\,km$ 부근은 지구대기층 중 가장 기온이 낮다.

오존농도의 고도분포는 지상으로부터 약 $25\,km$ 부근인 성층권에서 $10\,ppm$ 정도의 최대 농도를 나타낸다.

정답   06 ③ 07 ① 08 ② 09 ② 10 ④ 11 ①

12

후드(Hood)는 여러 가지 생산공정에서 발생되는 열이나 대기오염물질을 함유하는 공기를 포획하여 환기시키는 장치이다. 이러한 후드의 형식(종류)에 해당하지 않는 것은?

① 배기형 후드　　　　② 포위형 후드
③ 수형 후드　　　　　④ 외부식 후드

> ② 포위식 후드 : 발생원이 후드 안에 있는 경우로 커버형 후드, 글로브 박스형 후드, 부스형 후드, 드래프트 챔버형 후드 등이 있다.
> ③ 수형 후드(리시버식 후드) : 발생원이 이동하는 경우로 천개형 후드, 그라인더용 후드 등이 있다.
> ④ 외부식 후드 : 발생원과 후드가 떨어져 있는 경우 사용되며 슬롯형 후드, 그리드형 후드, 루버용 후드 등이 있다.

13

에탄(C_2H_6) $1Sm^3$를 완전연소시킬 때, 건조배출가스 중의 $CO_{2\,max}$(%)는?

① 11.7%　　　　　　② 13.2%
③ 15.7%　　　　　　④ 18.7%

> $$CO_{2\,max}(\%) = \frac{CO_2\ 발생량}{건조배출가스} \times 100$$
> $$C_2H_6 + 3.5O_2 \rightarrow 2CO_2 + 3H_2O$$
> ㉠ 이론산소량 계산 : $C_2H_6 : 3.5O_2 = 1Sm^3 : \square$
> 　　　　　　　$\square$(이론산소량) $= 3.5Sm^3$
> ㉡ 이론공기량 : 이론공기량 = 이론산소량 / 0.21
> 　　　　　　　$= \frac{3.5}{0.21} = 16.6666Sm^3$
> ㉢ 건조배출가스량 = 건조연소생성물 + 이론공기 중 질소
> 　　　　　　　$= 2Sm^3 + 13.1666Sm^3 = 15.1666Sm^3$
> ・ 건조연소생성물($2CO_2$) $= 2Sm^3$
> 　　$C_2H_6 : 2CO_2 = 1Sm^3 : \square$
> 　　$\square(CO_2) = 2Sm^3$
> ・ 이론공기 중 질소 = 이론공기 × 0.79
> 　　　　　　　$= 16.6666 \times 0.79 = 13.1666Sm^3$
> ㉣ $CO_{2\,max}(\%) = \frac{CO_2\ 발생량}{건조배출가스} \times 100$
> 　　　　　　$= \frac{2}{15.1666} \times 100 = 13.1868\%$

14

세정집진장치의 특징으로 거리가 먼 것은?

① 고온의 가스를 처리할 수 있다.
② 폐수처리장치가 필요하다.
③ 점착성 및 조해성 먼지를 처리할 수 없다.
④ 포집된 먼지의 재비산 염려가 거의 없다.

> 세정집진장치는 점착성 및 조해성 먼지를 처리할 수 있다.

15

건조한 대기의 조성을 부피농도가 높은 순서대로 올바르게 나열된 것은?

① 질소 > 산소 > 아르곤 > 이산화탄소
② 산소 > 질소 > 이산화탄소 > 아르곤
③ 이산화탄소 > 산소 > 질소 > 아르곤
④ 산소 > 이산화탄소 > 아르곤 > 질소

> 대기 성분 : 질소(N_2) > 산소(O_2) > 아르곤(Ar) > 이산화탄소(CO_2) > 네온(Ne) > 헬륨(He) > 메탄(CH_4)

16 ⭐빈출

다음 지구상에 존재하는 담수 중 가장 많은 부분을 차지하는 형태는?

① 호소수　　　　　　② 하천수
③ 지하수　　　　　　④ 빙설 및 빙하

> 해수가 약 97%로 가장 많은 비율을 차지하며, 빙하가 약 2.15%로 담수 중에서 가장 많은 양을 차지한다.

17

폐수처리에 있어서 활성탄은 주로 어떤 목적으로 사용되는가?

① 흡착　　　　　　　② 중화
③ 침전　　　　　　　④ 부유

> 활성탄은 냄새, 색도, 미세입자 등의 흡착처리에 적합하다.

정답　12 ①　13 ②　14 ③　15 ①　16 ④　17 ①

18 (빈출)

염소(Cl_2) 가스를 물에 흡수시켰을 때 살균력은 pH가 낮은 쪽이 유리하다고 한다. pH 9 이상에서 물속에 많이 존재하는 것으로 옳은 것은?

① OCl^-보다 $HOCl$이 많이 존재한다.
② $HOCl$보다 OCl^-이 많이 존재한다.
③ pH에 관계없이 항상 $HOCl$이 많이 존재한다.
④ NH_3가 없는 물속에서는 NH_2Cl_2이 많이 존재한다.

> pH가 낮을수록 $HOCl$의 비율이 증가하며, $HOCl$이 OCl^-보다 소독력이 크다.

19 (빈출)

BOD 용적부하($kgBOD/m^3 \cdot day$)식에 관한 설명으로 옳은 것은?

① 유입폐수 BOD(mg/L)에 유입유량(m^3/day)과 10^{-3}을 곱한 값을 포기조 용적(m^3)으로 나눈 값이다.
② 유입폐수 BOD(mg/L)에 유출유량(m^3/day)과 10^{-3}을 곱한 값을 포기조 용적(m^3)으로 나눈 값이다.
③ 유입폐수 BOD(mg/L)에 유입유량(m^3/day)과 10^{-3}을 곱한 값에 미생물(MLSS) 용적(m^3)을 곱한 값이다.
④ 유입폐수 BOD(mg/L)에 유출유량(m^3/day)과 10^{-3}을 곱한 값에 미생물(MLSS) 용적(m^3)을 곱한 값이다.

> BOD용적부하 : $L_v(kgBOD/m^3 \cdot day)$
>
> $$L_v = \frac{Q \times BOD_{in}}{\forall} \times 10^{-3}$$
>
> $Q : m^3/day$, $BODin : mg/L$, $\forall : m^3$

20

0℃ 얼음과 0℃ 물 $1L$의 무게 차이는 몇 g인가? (단, 물과 얼음의 밀도는 0℃에서 각각 $0.9998g/cm^3$, $0.9167g/cm^3$이고, 기타 조건은 무시한다.)

① 49.2
② 62.9
③ 70.3
④ 83.1

> 밀도 $= \dfrac{질량}{부피}$ → 질량 = 밀도 × 부피
>
> ㉠ 0℃ 얼음
>
> $$\frac{0.9998g}{cm^3} \times \frac{cm^3}{mL} \times \frac{10^3 mL}{L} \times 1L = 999.8g$$
>
> ㉡ 0℃ 물
>
> $$\frac{0.9167g}{cm^3} \times \frac{cm^3}{mL} \times \frac{10^3 mL}{L} \times 1L = 916.7g$$
>
> ㉢ 0℃ 얼음 - 0℃ 물 = 999.8 - 916.7 = 83.1g

21 (빈출)

A도시에서 발생하는 $2,000m^3/day$ 하수를 1차침전지에서 침전속도가 $2m/day$보다 큰 입자들을 완전히 제거하기 위해 요구되는 1차침전지의 표면적으로 가장 적합한 것은?

① $100m^2$ 이상
② $500m^2$ 이상
③ $1,000m^2$ 이상
④ $4,000m^2$ 이상

> $$\eta = \frac{입자의 \ 침전속도}{표면부하율}$$
>
> η이 100%인 침전지는 입자의 침전속도 = 표면부하율의 관계가 성립된다.
>
> $$\frac{2m}{day} = \frac{2,000m^3/day}{표면적}$$
>
> 표면적 = $1,000m^2$
> 여기서,
>
> 표면부하율 $= \dfrac{유량}{침전되는 \ 단면적} = \dfrac{VH}{L}$ → 100% 제거되는 입자의 침강속도

22

다음 오염물질 함유 폐수 중 알칼리 조건하에서 염소처리(산화)가 필요한 것은?

① 시안(CN)
② 알루미늄(Al)
③ 6가 크롬(Cr^{6+})
④ 아연(Zn)

> 시안화물은 일반적으로 알칼리성 조건(예 pH 10 이상)에서 염소 산화 처리를 하여 시안(CN^-)을 무해한 물질로 분해한다. 알칼리 염소법은 시안 폐수를 처리하는 데 효과적인 방법으로 알려져 있다.

23

정수시설에서 오존처리에 관한 설명으로 가장 거리가 먼 것은?

① 오존은 강력한 산화력이 있어 원수 중의 미량 유기물질의 성상을 변화시켜 탈색효과가 뛰어나다.
② 맛과 냄새 유발물질의 제거에 효과적이다.
③ 소독효과가 우수하면서도 소독 부산물을 적게 형성한다.
④ 잔류성이 뛰어나 잔류 소독효과를 얻기 위해 염소를 추가로 주입할 필요가 없다.

오존처리는 잔류성이 없어 잔류 소독효과를 얻기 위해 염소를 추가로 주입할 필요가 있다.

24

다음 중 부상법의 종류에 해당하지 않는 것은?

① 진공부상   ② 산화부상
③ 공기부상   ④ 용존공기부상

① 진공부상법(Vacuum Flotation) : 진공상태에서 공기를 분산시켜 기포를 형성하여 고형물을 부유시켜 분리하는 방법이다.
③ 공기부상법(Dispersed Air Flotation) : 부상법 중 하나로, 물속에 공기를 직접 분산시켜 미세 기포를 만들어 고형물을 부상시켜 제거하는 방법이다.
④ 용존공기부상법(Dissolved Air Flotation, DAF) : 물속에 고압으로 녹인 공기를 감압하여 미세 기포를 만들어 슬러지나 부유물질을 띄워서 분리하는 방식이다. 주로 폐수처리에서 많이 사용된다.

25

상수처리장에서 처리된 물을 일시 저류하는 정수지의 설치 기능과 이 시설을 지하에 설치하는 이유로 가장 거리가 먼 것은?

① 살균제(Cl_2)와 충분한 시간동안 접촉시키기 위해 설치한다.
② 지상에 설치 시 처리수에 미량의 영양염류가 존재하면 조류가 광합성을 하고 증식하여 수질이 악화될 수 있다.
③ 살균제가 태양광과 접촉하면 분해하여 손실이 일어날 수 있다.
④ 바람의 영향을 받지 않고 처리수 중의 고형물질과 유해중금속을 침전제거 시킬 수 있다.

정수지는 처리된 깨끗한 물을 일시 저장하여 급수량 변동에 대응하고, 소독제(주로 염소)와 충분한 접촉 시간을 확보하여 미생물 살균을 효과적으로 수행하는 기능을 한다.
지하에 설치하는 이유로는, 지상에 설치 시 미량 영양염류에 의한 조류번식과 광합성으로 인한 수질악화를 방지하고, 살균제가 태양광에 노출되어 분해되는 것을 막기 위함이 있다.

26 빈출

C_2H_5OH의 완전산화 시 $ThOD/TOC$의 비는?

① 1.92   ② 2.67
③ 3.31   ④ 4

$C_2H_5OH + 3O_2 \rightarrow 2CO_2 + 3H_2O$
㉠ $ThOD = 96g/mol$
  C_2H_5OH 1mol은 O_2 3mol를 필요로 하며
  양은 $32 \times 3 = 96g$이다.
㉡ $TOC = 24g/mol$
  C_2H_5OH 1mol에는 탄소원자 2개가 존재하며
  양은 $12 \times 2 = 24g$이다.
㉢ $ThOD/TOC$
  $$\frac{ThOD}{TOC} = \frac{96g/mol}{24g/mol} = 4$$

27 빈출

경도(Hardness)에 관한 설명으로 거리가 먼 것은?

① Na^+은 농도가 높을 때는 경도와 비슷한 작용을 하여 유사경도라 한다.
② 2가 이상의 양이온 금속의 양을 수산화칼슘으로 환산하여 ppm 단위로 표시한다.
③ 센물속의 금속이온들은 세제나 비누와 결합하여 세탁효과를 떨어뜨린다.
④ 경도 중 CO_3^{2-}, HCO_3^- 등과 결합한 형태로 있을 때 이를 탄산경도라 하고, 이 성분은 물을 끓일 때 침전제거되므로 일시경도라 한다.

경도는 2가 이상의 양이온 금속의 양을 탄산칼슘으로 환산하여 ppm 단위로 표시한다.

정답   23 ④   24 ②   25 ④   26 ④   27 ②

28 빈출

혐기성조-호기성조의 과정을 거치면서 질소 제거는 고려되지 않지만 하·폐수 내의 유기물 산화와 생물학적으로 인(P)을 제거하는 공법으로 가장 적합한 것은?

① A/O공법
② A_2/O공법
③ UCT공법
④ Bardenpho공법

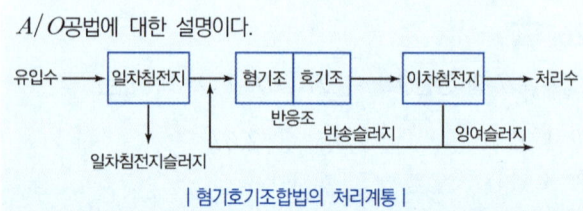

A/O공법에 대한 설명이다.

유입수 → 일차침전지 → 혐기조 → 호기조 → 이차침전지 → 처리수
반응조
일차침전지슬러지 / 반송슬러지 / 잉여슬러지

| 혐기호기조합법의 처리계통 |

• 혐기조 : 인의 방출
• 호기조 : 인의 과잉섭취

29 빈출

농황산의 비중이 1.84, 농도는 $70wt\%$ 정도라면 이 농황산의 몰농도(mol/L)는? (단, 농황산의 분자량은 98)

① 10
② 13
③ 15
④ 16

$$\frac{1.84kg}{L} \times \frac{70}{100} \times \frac{10^3g}{1kg} \times \frac{mol}{98g} = 13.1428mol/L$$

30 빈출

다음 중 슬러지 팽화의 지표로서 가장 관계가 깊은 것은?

① 함수율
② SVI
③ TSS
④ NBDCOD

SVI가 200 이상이면 슬러지 팽화의 우려가 있다.

31 빈출

$1mM$의 수산화칼슘이 녹아 있는 수용액의 pH는 얼마인가? (단, 수산화칼슘은 완전해리된다.)

① 2.7
② 4.5
③ 9.5
④ 11.3

$Ca(OH)_2 \rightleftarrows Ca^{2+} + 2OH^-$

$Ca(OH)_2 : 2OH^- = 1 : 2$

$OH^- : 2 \times 10^{-3}M$

$pH = -\log(H^+) = 14 - pOH = 14 - [-\log(OH^-)]$
$\quad = 14 - [-\log(2 \times 10^{-3})] = 11.3$

32

위플에 의한 하천의 자정과정을 오염원으로부터 하천유하거리에 따라 단계별로 옳게 구분한 것은?

① 분해지대 → 활발한 분해지대 → 회복지대 → 정수지대
② 분해지대 → 활발한 분해지대 → 정수지대 → 회복지대
③ 활발한 분해지대 → 분해지대 → 회복지대 → 정수지대
④ 활발한 분해지대 → 분해지대 → 정수지대 → 회복지대

• 분해지대 : 오염물이 유입되는 하류지역으로, 물의 물리·화학적 성질이 저하되고 용존산소(DO)가 감소한다.
• 활발한 분해지대 : DO가 거의 없거나 매우 낮아 혐기성 분해가 활발하게 일어난다.
• 회복지대 : 유기물이 고갈되고 DO가 다시 증가하면서 물이 점차 깨끗해지는 단계이다.
• 정수지대 : 하천이 거의 오염되지 않은 상태처럼 DO가 정상화되고 BOD가 감소한다.

33 빈출

지하수의 수질특성에 관한 설명으로 옳지 않은 것은?

① 지하수는 국지적 환경조건의 영향을 크게 받기 쉽다.
② 지하수는 대기와의 접촉이 제한 또는 차단되어 있기 때문에 수질성분들이 대체로 환원상태로 존재하는 경우가 많다.
③ 지하수는 햇빛을 받을 수 없으므로 광합성 반응이 일어나지 않으며, 세균에 의한 유기물의 분해가 주된 생물 작용이 되고 있다.
④ 지하수의 연평균 수온변화는 지표수에 비해 현저히 크고 일반적으로 약 2℃ 이상이다.

지하수의 연평균 수온변화는 지표수에 비해 현저히 작다.

정답 28 ① 29 ② 30 ② 31 ④ 32 ① 33 ④

34 ⭐빈출

A공장폐수의 BOD_5 값이 $240mg/L$이고, 탈산소계수(K)가 $0.2/day$이다. 최종 BOD값은? (단, 사용대수 기준)

① $237mg/L$
② $267mg/L$
③ $297mg/L$
④ $327mg/L$

> BOD공식을 이용한다.
> 소모 $BOD = BOD_u \times (1 - 10^{-kt})$ → BOD_5
> $BOD_5 = BOD_u \times (1 - 10^{-k \times 5})$
> $240 = BOD_u \times (1 - 10^{-0.2 \times 5})$
> $BOD_u = 266.6666ppm$

35 ⭐빈출

하수처리장의 침사지 부피가 $12m^3$이고 유입되는 유량이 60 m^3/hr이라면 체류시간은?

① 0.2분
② 12분
③ 30분
④ 60분

> 체류시간(HRT) $= \dfrac{부피(\forall)}{유량(Q)}$
> $= \dfrac{12m^3}{\left(\dfrac{60m^3}{hr} \times \dfrac{hr}{60min}\right)} = 12min$

36

유해폐기물의 물리·화학적 처리방법 중 휘발성 물질을 함유하는 유해 액상 폐기물을 수증기와 접촉시켜 휘발성 성분을 기화시킨 후 분리하는 공정으로 특히 휘발성 물질이 고농도로 농축된 액상 폐기물의 처리에 가장 적합한 방법은?

① 가압 부상
② 전해 산화
③ 공기 탈기
④ 증기 탈기

> 증기 탈기 공정은 액상 폐기물을 수증기와 접촉시켜 휘발성 물질을 기화시켜 분리하는 방법으로, 연속식 또는 회분식(batch type)으로 운전된다. 이 공정은 고농도의 휘발성 유해물질이 농축된 액상 폐기물 처리에 적합하며, 수증기의 열을 이용해 효율적으로 휘발성 성분을 제거한다.

37

어떤 물질을 분석한 결과 $1,500ppm$의 결과를 얻었다. 이것을 %로 환산하면?

① 0.15%
② 1.5%
③ 15%
④ 150%

> $1\% = 10,000ppm$
> $1,500ppm \times \dfrac{1\%}{10,000ppm} = 0.15\%$

38 ⭐빈출

다음은 파쇄기의 특성에 관한 설명이다. ( ) 안에 가장 적합한 것은?

> ( )는 기계의 압착력을 이용하여 파쇄하는 장치로써 나무나 플라스틱류, 콘크리트덩이, 건축폐기물의 파쇄에 이용되며, Rotary Mill식, Impact crucher 등이 있다. 이 파쇄기는 마모가 적고, 비용이 적게 소요되는 장점이 있으나 고무, 연질플라스틱류의 파쇄는 어렵다.

① 전단파쇄기
② 압축파쇄기
③ 충격파쇄기
④ 컨베이어 파쇄기

> ① 전단파쇄기 : 대개 고정칼, 회전칼과의 교합에 의하여 폐기물을 전단한다.
> ③ 충격파쇄기 : 고속회전하는 망치나 칼날 등으로 충격을 가하여 폐기물을 부수는 장치이다.

39 ⭐빈출

쓰레기 수거노선을 설정할 때의 유의사항으로 가장 거리가 먼 것은?

① 가능한 한 간선도로 부근에서 시작하고 끝나도록 한다.
② 언덕길은 내려가면서 수거한다.
③ 발생량이 많은 곳은 하루 중 가장 먼저 수거한다.
④ 가능한 한 시계 반대방향으로 수거노선을 정한다.

> 가능한 한 시계방향으로 수거노선을 정한다.

정답 34 ② 35 ② 36 ④ 37 ① 38 ② 39 ④

40

다음 국제적 협약 중 산류성유기오염물질(POP_s)을 국제적으로 규제하기 위해 채택된 협약은?

① 스톡홀름협약
② 런던협약
③ 바젤협약
④ 노테르담협약

> ② 런던협약 : 해양투기 규제
> ③ 바젤협약 : 유해폐기물 이동 및 처리 규제
> ④ 노테르담협약 : 특정 유해농약 및 화학물질 수출입 사전승인 절차 규제

41 빈출

폐기물을 분쇄하여 세립화 및 균일화하는 것을 파쇄라 한다. 파쇄의 장점으로 가장 거리가 먼 것은?

① 조성을 균일하게 하여 정상 연소 시 연소효율을 향상시킨다.
② 폐기물 입자의 표면적이 증가되어 미생물 작용이 촉진되어 매립 시 조기안정화를 꾀할 수 있다.
③ 부피가 커져 운반비는 증가하나 고밀도 매립을 할 수 있으며, 토양으로의 산화 및 환원작용이 빨라진다.
④ 조대 쓰레기에 의한 소각로의 손상을 방지할 수 있다.

> 부피가 작아져 운반비가 감소하고 고밀도 매립을 할 수 있으며, 토양으로의 산화 및 환원작용이 빨라진다.

42 빈출

관거(pipe-line)를 이용한 폐기물 수거방법에 관한 설명으로 가장 거리가 먼 것은?

① 폐기물 발생빈도가 높은 곳이 경제적이다.
② 가설 후에 경로변경이 곤란하다.
③ $25km$ 이상의 장거리 수송에 현실성이 있다.
④ 큰 폐기물은 파쇄, 압축 등의 전처리를 해야 한다.

> 장거리 수송에 현실성이 없다.

43

각종 폐수처리공정에서 발생되는 슬러지를 소화시키는 목적으로 거리가 먼 것은?

① 유기물을 분해시켜 안정화시킨다.
② 슬러지의 무게와 부피를 감소시킨다.
③ 병원균을 죽이거나 통제할 수 있다.
④ 함수율을 높여 수송을 용이하게 할 수 있다.

> 슬러지를 소화시킴으로 슬러지의 탈수성을 향상시켜 최종처분비용을 절감할 수 있다.

44 빈출

다음 중 매립지 내 가스(LFG : Landfill Gas)에서 주로 발생되는 성분으로 가장 거리가 먼 것은?

① 메탄
② 질소
③ 염소
④ 탄산가스

> 매립지 내 가스(LFG : Landfill Gas)에서 주로 발생되는 성분은 메탄(CH_4)과 이산화탄소(CO_2)로 전체의 약 98%를 차지하며, 그 외에 수소, 황화수소, 일산화탄소, 암모니아, 질소, 산소 등이 소량 포함되어 있다.

45 빈출

쓰레기 전환연료(RDF)의 구비조건으로 거리가 먼 것은?

① 칼로리가 높을 것
② 함수율이 높을 것
③ 재의 양이 적을 것
④ 조성이 균일할 것

> RDF는 함수율이 적어야 한다.

46

슬러지의 탈수성을 개량하기 위한 약품으로 적절하지 않은 것은?

① 명반
② 철염
③ 염소
④ 고분자 응집제

> 염소는 산화 및 소독에 사용되는 물질로, 슬러지의 탈수성 개량목적에는 적합하지 않다.

정답 40 ① 41 ③ 42 ③ 43 ④ 44 ③ 45 ② 46 ③

47

침출수를 혐기성 여상으로 처리하고자 한다. 유입유량이 1,000 m^3/day, BOD가 $500mg/L$, 처리효율의 90%라면, 이때 혐기성 여상에서 발생되는 메탄가스의 양은? (단, $1.5m^3_{-Gas}/BODkg$, 가스 중 메탄함량은 60%이다.)

① $350m^3/day$ ② $405m^3/day$
③ $510m^3/day$ ④ $550m^3/day$

총량(부하량) → 가스발생량 → 메탄가스발생량

㉠ 총량(부하량)

$$부하량 : \frac{500mg}{L} \times \frac{1,000m^3}{day} \times \frac{1kg}{10^6mg} \times \frac{10^3L}{m^3} \times \frac{90}{100}$$

          농도   유량 $mg \rightarrow kg$ $m^3 \rightarrow L$ 제거율

$$= 450kg/day$$

㉡ 가스발생량

$$450kg \times \frac{1.5m^3_{gas}}{BOD_{kg}} = 675m^3_{gas}$$

㉢ 메탄가스발생량

$$675m^3_{gas} \times \frac{60}{100} = 405m^3_{-CH_4}$$

48

혐기성 소화조 운영 중 소화가스 발생량 저하 원인으로 가장 거리가 먼 것은?

① 유기물의 과부하
② 소화조내 온도저하
③ 소화조내의 pH 상승(8.5 이상)
④ 과다한 유기산 생성

유기물의 부하가 낮을 때 소화가스 발생량이 저하된다.

49 ⭐빈출

A도시의 쓰레기 수거량은 $1,792,500 ton/yr$이다. 이 쓰레기를 1,363명이 수거한다면 수거능력(MHT)은? (단, 1일 작업시간은 8시간, 1년 작업일수는 310일이다.)

① 1.45   ② 1.77
③ 1.89   ④ 1.96

$$MHT = \frac{Man \times Hr}{Ton}$$

$$= 1,363인 \times \frac{8hr}{day} \times \frac{310day}{yr} \times \frac{yr}{1,792,500ton}$$

$$= 1.8857 man \cdot hr/ton$$

50 ⭐빈출

쓰레기의 발생량을 산정하는 방법 중 일정 기간 동안 특정지역의 쓰레기 수거차량의 대수를 조사하여 이 값에 밀도를 곱하여 중량으로 환산하는 방법은?

① 물질수지법
② 직접계근법
③ 적재차량계수분석법
④ 적환법

① 물질수지법 : 특정 공정이나 시설에서 출입하는 물질의 양을 질량보존법칙(물질수지식)에 따라 계산하여 배출량을 산정하는 방법이다.
② 직접계근법 : 쓰레기를 실제로 저울에 달아서 중량을 정확하게 측정하는 방법으로, 가장 정확하지만 비용과 시간이 많이 든다.
④ 적환법 : 쓰레기 수거·운반 과정에서 중간집하장(적환장)에서 폐기물의 무게를 측정하여 발생량을 산정하는 방법이다.

51 ⭐빈출

화격자 소각로의 장점으로 가장 적합한 것은?

① 체류시간이 짧고 교반력이 강하다.
② 연속적인 소각과 배출이 가능하다.
③ 열에 쉽게 용해되는 물질의 소각에 적합하다.
④ 수분이 많은 물질의 소각에 적합하며, 금속부의 마모손실이 적다.

① 체류시간이 길고 교반력이 약하다.
③ 열에 쉽게 용해되는 물질의 소각에 부적합하다.
④ 수분이 많은 물질의 소각에 적합하며, 금속부의 마모손실이 많다.

52 빈출

심머만(Zimmerman)공법이라고도 불리며 액상 슬러지에 열과 압력을 작용시켜 용존산소에 의하여 화학적으로 슬러지 내의 유기물을 산화시키는 방법은?

① 혐기성 소화
② 호기성 소화
③ 습식 산화
④ 화학적 안정화

습식 산화는 고온고압 조건에서 산화제를 사용해 슬러지 내 유기물을 산화 분해하여 처리효율을 높이는 방식으로, 주로 폐수슬러지 처리에 활용된다.

53

폐기물의 물리화학적 처리방법 중 용매추출에 사용되는 용매의 선택기준이 옳은 것만으로 묶어진 것은?

⊙ 분배계수가 높아 선택성이 클 것
ⓒ 끓는점이 높아 회수성이 높을 것
ⓒ 물에 대한 용해도가 낮을 것
ⓔ 밀도가 물과 같을 것

① ⊙, ⓒ
② ⊙, ⓒ
③ ⓒ, ⓒ
④ ⓒ, ⓔ

ⓒ 끓는점이 낮아 회수성이 높을 것
ⓔ 밀도가 물과 다를 것

54 빈출

함수율이 20%인 폐기물을 건조시켜 함수율 2.3%가 되도록 하려면 폐기물 1,000kg당 증발시켜야 할 수분의 양은? (단, 폐기물의 비중은 1.0)

① 약 127kg
② 약 158kg
③ 약 181kg
④ 약 192kg

$SL_1(1-X_1)=SL_2(1-X_2)$
$1,000kg(1-0.2)=SL_2(1-0.023)$
$SL_2=818.8331kg$
증발시켜야 할 수분 $= SL_1 - SL_2 = 1,000 - 818.8331$
$\qquad\qquad = 181.1669kg$

55

합성차수막 중 PVC의 특성으로 가장 거리가 먼 것은?

① 작업이 용이한 편이다.
② 접합이 용이한 편이다.
③ 대부분의 유기화학물질에 약한 편이다.
④ 자외선, 오존, 기후 등에 강한 편이다.

PVC는 자외선, 오존, 기후에 약하다.

56

음압이 10배가 되면 음압레벨은 몇 dB 증가하는가?

① 10
② 20
③ 30
④ 40

음압레벨$(SPL) = 20\log\left(\dfrac{P}{P_0}\right)$

음압이 10배 증가되었으므로
$P_1 = 10$, $P_2 = 100$으로 가정하고 SPL을 계산하면
$SPL_1 = 20\log\left(\dfrac{10}{P_0}\right) = 20\log 10 - 20\log P_0$
$\qquad = 20 - 20\log P_0$
$SPL_2 = 20\log\left(\dfrac{100}{P_0}\right) = 20\log 100 - 20\log P_0$
$\qquad = 20\log\left(\dfrac{100}{P_0}\right) = 40 - 20\log P_0$
$SPL_2 - SPL_1 = (40 - 20\log P_0) - (20 - 20\log P_0) = 20dB$

57

다음 중 표시단위가 다른 것은?

① 투과율
② 음압레벨
③ 투과손실
④ 음의 세기레벨

투과율은 단위가 없다. 음압레벨, 투과손실, 음의 세기레벨은 dB을 사용한다.

58

난청이란 4분법에 의한 청력손실이 옥타브밴드 중심 주파수 500~2,000Hz 범위에서 몇 dB 이상인 경우인가?

① 5

② 10

③ 20

④ 25

난청이란 4분법에 의한 청력손실이 옥타브밴드 중심 주파수 500, 1,000, 2,000, 4,000Hz 범위에서 평균 25dB 이상인 경우를 말한다. 특히 500~2,000Hz 범위의 청력손실이 25dB 이상일 때 난청으로 평가하는 것이 일반적이다.

59

방음벽 설계 시 유의점으로 옳지 않은 것은?

① 벽의 투과손실은 회절감쇠치보다 적어도 5dB 이상 크게 하는 것이 바람직하다.

② 방음벽 설계 시 음원의 지향성과 크기에 대한 상세한 조사가 필요하다.

③ 벽의 길이는 점음원일 때 벽높이의 5배 이상, 선음원일 때 음권과 수음점 간의 직선거리의 2배 이상으로 하는 것이 바람직하다.

④ 음원의 지향성이 수음측 방향으로 클 때에는 벽에 의한 감쇠치가 계산치보다 작게 된다.

음원의 지향성이 수음측 방향으로 클 때에는 벽에 의한 감쇠치가 계산치보다 크게 된다.

60

음향파워가 $0.01\,watt$이면 PWL은 얼마인가?

① $1dB$

② $10dB$

③ $100dB$

④ $1,000dB$

$$PWL(dB) = 10 \times \log\left(\frac{W}{W_0}\right)$$
$$= 10 \times \log\left(\frac{0.01}{10^{-12}}\right) = 100dB$$
$$W_0 = 10^{-12}(watt)$$

정답   58 ④   59 ④   60 ③

01 빈출

연료가 완전연소하기 위한 조건으로 가장 거리가 먼 것은?

① 공기의 공급이 충분해야 한다.
② 연소용 공기를 예열하여 공급한다.
③ 공기와 연료의 혼합이 잘 되어야 한다.
④ 연소실 내의 온도를 낮게 유지해야 한다.

연소실 내의 온도를 높게 유지해야 한다.

02

열대 태평양 남미 해안으로부터 중태평양에 이르는 넓은 범위에서 해수면의 온도가 평균보다 0.5℃ 이상 높은 상태가 6개월 이상 지속되는 현상으로 스페인어로 아기예수를 의미하는 것은?

① 라니냐 현상
② 업웰링 현상
③ 뢴트겐 현상
④ 엘니뇨 형상

① 라니냐 현상 : 태평양 해수면온도 하락 현상
② 업웰링 현상 : 해저의 차가운 영양염류가 풍부한 물이 표층으로 올라오는 현상
③ 뢴트겐 현상 : 방사선과 관련된 물리적 현상

03

대기환경보전법상 ( )에 들어갈 용어는?

( )(이)란 연소할 때 생기는 유리탄소가 응결하여 입자의 지름이 1미크론 이상이 되는 입자상물질을 말한다.

① VOC_S
② 검댕
③ 콜로이드
④ 1차 대기오염물질

① VOC_S : 휘발성 유기화합물
③ 콜로이드 : $1nm \sim 1\mu m$의 크기를 가진 입자
④ 1차 대기오염물질 : 배출원에서 직접 배출되는 오염물질

04 빈출

200℃, $650mmHg$ 상태에서 $100m^3$의 배출가스를 표준상태로 환산(Sm^3)하면?

① 40.7
② 44.6
③ 49.4
④ 98.8

$$100m^3 \times \frac{273K}{(273+200)K} \times \frac{650mmHg}{760mmHg} = 49.3629Sm^3$$

200℃ → 0℃로 온도가 감소하였으므로 부피는 감소하며(분모에 큰 수), $650mmHg$에서 $1atm = 760mmHg$로 압력이 증가하였으므로 부피는 감소한다(분모에 큰 수).

05 빈출

중력집진장치에서 먼지의 침강속도 산정에 관한 설명으로 틀린 것은?

① 중력가속도에 비례한다.
② 입경의 제곱에 비례한다.
③ 먼지와 가스의 비중차에 반비례한다.
④ 가스의 점도에 반비례한다.

먼지와 가스의 비중차에 비례한다.

$$V_g = \frac{d_p^2(\rho_p - \rho)g}{18\mu}$$

V_g : 중력침강속도 d_p : 입자의 직경
ρ_p : 입자의 밀도 ρ : 유체의 밀도
g : 중력가속도 μ : 점성계수

정답   01 ④   02 ④   03 ②   04 ③   05 ③

06 ⭐빈출

대기상태에 따른 굴뚝연기의 모양으로 옳은 것은?

① 역전 상태 – 부채형
② 매우 불안정 상태 – 원추형
③ 중립 상태 – 환상형
④ 상층 불안정, 하층 안정 상태 – 훈증형

② 매우 불안정 상태 – 환상형
③ 중립 상태 – 원추형
④ 상층 불안정, 하층 안정 상태 – 지붕형

07

촉매산화법으로 악취물질을 함유한 가스를 산화·분해하여 처리하고자 할 때 적합한 연소온도 범위는?

① 100~150℃
② 300~400℃
③ 650~800℃
④ 850~1,000℃

촉매산화법은 일반적인 열적 연소에 비해 낮은 온도에서 산화반응이 가능하며, 보통 200~350℃, 또는 250~450℃ 범위에서 촉매가 활성화되어 악취성분이나 VOC_S를 효과적으로 산화 분해한다. 300~400℃ 정도가 촉매활성 및 제거효율이 가장 높은 범위로 보며, 이 온도대에서 반응속도가 빠르고 촉매 수명도 유지된다.

08

내연기관, 폭약제조, 비료제조 등에서 발생되며 빛의 흡수가 현저하여 시정거리 단축의 원인으로 작용하는 대기오염물질은?

① SO_2
② NO_2
③ CO
④ NH_3

질소산화물에 대한 설명으로 고온의 영역에서 주로 생성된다.

09 ⭐빈출

집진율이 각각 90%와 98%인 두 개의 집진장치를 직렬로 연결하였다. 1차 집진장치 입구의 먼지농도가 $5.9g/m^3$일 경우, 2차 집진장치 출구에서 배출되는 먼지농도(mg/m^3)는?

① 11.8
② 15.7
③ 18.3
④ 21.1

집진율은 제거되는 농도를 의미한다. 출구의 농도를 계산하기 위해서는 제거되는 농도를 제외해 주어야 한다.
㉠ 1차 집진장치를 통과하는 출구 먼지농도

$$\frac{5.9g}{m^3}\times(1-0.9)=0.59g/m^3$$

㉡ 2차 집진장치에 유입되는 입구 먼지농도 : $0.59g/m^3$
㉢ 2차 집진장치를 통과하는 출구 먼지농도

$$\frac{0.59g}{m^3}\times(1-0.98)\times\frac{10^3mg}{1g}=11.8mg/m^3$$

10

유해가스 처리장치로 부적합한 것은?

① 충전탑
② 분무탑
③ 벤츄리형 세정기
④ 중력집진장치

중력집진장치는 저효율의 집진장치로 직경이 큰 입자상 물질의 제거에 적합하다.

11

그림과 같은 집진원리를 갖는 집진장치는?

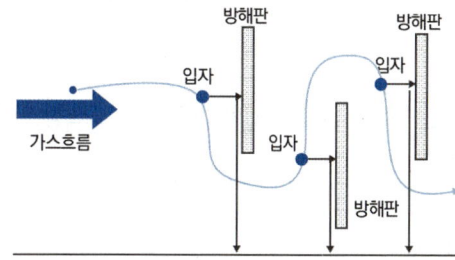

① 중력집진장치
② 관성력집진장치
③ 전기집진장치
④ 음파집진장치

관성력집진장치
함진가스를 방해판에 충돌시켜 기류의 급격한 방향전환을 이용하여 입자를 분리·포집하는 집진장치

12

비행기나 자동차에 사용되는 휘발유의 옥탄가를 높이기 위하여 사용되며, 차량에 의한 대기오염물질인 유기연(Organic lead)은?

① 염기성 탄산납
② 3산화납
③ 4에틸납
④ 아질산납

> 4에틸납은 휘발유의 옥탄가를 높여 엔진의 노킹 현상을 줄이는 첨가제로 쓰이지만, 연소 시 유기연을 생성하여 환경오염물질이 된다. 과거에 많이 사용되었으나 환경문제로 인해 사용이 제한되고 있다.

13 ⭐빈출

흡착법에 관한 설명으로 틀린 것은?

① 물리적 흡착은 Van der Waals 흡착이라고도 한다.
② 물리적 흡착은 낮은 온도에서 흡착량이 많다.
③ 화학적 흡착인 경우 흡착과정이 주로 가역적이며 흡착제의 재생이 용이하다.
④ 흡착제는 단위질량당 표면적이 큰 것이 좋다.

> 물리적 흡착인 경우 흡착과정이 주로 가역적이며 흡착제의 재생이 용이하다.

14

호흡으로 인체에 유입되어 폐질환을 유발하는 호흡성 먼지의 크기(μm)는?

① 0.5~1.0
② 10.0~50.0
③ 50.0~100
④ 100~500

> 호흡성 먼지의 크기는 0.5~1.0(μm)이다.

15

수당량이 $2,500 cal/℃$ 인 봄베열량계를 사용하여 시료 $2.3g$을 $10cm$ 퓨즈로 연소시켰다. 평형온도는 연소 전 21.31℃에서 연소 후 23.61℃일 때 발열량(cal/g)은? (단, 퓨즈의 연소열은 $2.3cal/cm$이다.)

$$Q = \frac{\text{수당량} \times \text{온도 상승값} - \text{퓨즈의 연소열}}{\text{시료의 질량}}$$

① 2,470
② 2,480
③ 2,490
④ 2,500

> 주어진 식을 이용한다.
>
> $Q = \dfrac{\text{수당량} \times \text{온도 상승값} - \text{퓨즈의 연소열}}{\text{시료의 질량}}$
>
> $= \dfrac{\dfrac{2,500 cal}{℃} \times (23.61 - 21.31)℃ - \dfrac{2.3 cal}{cm} \times 10cm}{2.3g}$
>
> $= 2,490 cal/g$

16 ⭐빈출

폐수처리공정에서 최적 응집제 투입량을 결정하기 위한 Jar-Test에 관한 설명으로 가장 적합한 것은?

① 응집제 투입량 대 상징수의 SS 잔류량을 측정하여 최적 응집제 투입량을 결정
② 응집제 투입량 대 상징수의 알칼리도를 측정하여 최적 응집제 투입량을 결정
③ 응집제 투입량 대 상징수의 용존산소를 측정하여 최적 응집제 투입량을 결정
④ 응집제 투입량 대 상징수의 대장균군수를 측정하여 최적 응집제 투입량을 결정

> jar-테스터는 응집제의 종류와 투입량 결정에 사용되는 실험기구이다.

17 ⭐빈출

인체에 만성 중독증상으로 카네미유증을 발생시키는 유해물질은?

① PCB
② 망간(Mn)
③ 비소(As)
④ 카드뮴(Cd)

> ② 망간 : 파킨슨 증후군 및 신경계 장애
> ③ 비소 : 피부암, 폐암, 신경계 이상
> ④ 카드뮴 : 신장 장애, 폐 손상, 이타이이타이병

18 ⭐빈출

산도(acidty)나 경도(hardness)는 무엇으로 환산하는가?

① 탄산칼슘
② 탄산나트륨
③ 탄화수소나트륨
④ 수산화나트륨

> 산도(acidty)나 경도(hardness)는 탄산칼슘으로 환산하여 mg/L as $CaCO_3$로 표현한다.

19 ⭐빈출

폐수량 $700m^3/day$, 유입하는 폐수의 오탁물 농도 $700mg/L$, 침전지로부터 유출하는 처리수의 오탁물 농도는 $70mg/L$이었다. 발생된 슬러지의 함수율이 98%일 때 제거하여야 할 슬러지량(m^3/day)은? (단, 슬러지 비중은 1.0이다.)

① 11.7
② 14.7
③ 22.1
④ 29.4

> 제거된 오탁물의 총량은 발생하는 슬러지의 TS와 같다.
> $$\frac{700m^3}{day} \times \frac{(700-70)mg}{L} \times \frac{10^3 L}{m^3} \times \frac{kg}{10^6 mg} \times \frac{100_{-SL}}{2_{-TS}}$$
> 유량 　　제거된 농도 　　　　　　　　　　$TS \rightarrow SL$
> $$\times \frac{m^3}{10^3 kg} = 22.05m^3/day$$

20 ⭐빈출

스톡스법칙에 따라 침전하는 구형입자의 침전속도는 입자직경(D)과 어떤 관계가 있는가?

① $D^{1/2}$에 비례
② D에 비례
③ D에 반비례
④ D^2에 비례

입자직경의 제곱에 비례한다.

$$V_g = \frac{d_p^2(\rho_p - \rho)g}{18\mu}$$

V_g : 중력침강속도, d_p : 입자의 직경
ρ_p : 입자의 밀도, ρ : 유체의 밀도
g : 중력가속도, μ : 점성계수

21

급속여과와 비교한 완속여과의 장점으로 옳은 것은?

① 비침전성 Floc의 제거에 쓰인다.
② 여과속도는 $100{\sim}200m/day$이다.
③ 여층이 얇고 역세척 설비를 갖추고 있다.
④ 세균 제거가 효과적이다.

> ①, ②, ③ : 급속여과에 대한 설명이다.

22

질소, 인 등이 강이나 호수에 지나치게 유입될 때 발생할 수 있는 현상은?

① 빈영양화
② 저영양화
③ 산영양화
④ 부영양화

> 부영양화현상은 정체성 수역으로 질소, 인 등이 유입되어 발생한다.

23

$120ppm$의 $NaCl$의 농도(M)는? (단, 원자량은 Na : 23, Cl : 35.5이다.)

① 0.0015
② 0.0017
③ 0.0021
④ 0.01

> $NaCl = 23 + 35.5 = 58.5$
> 용액의 $ppm = mg/L$
> $$\frac{120mg}{L} \times \frac{1g}{10^3 mg} \times \frac{1mol}{58.5g} = 0.0021mol/L$$
> 농도 　　$mg \rightarrow g$ 　　$g \rightarrow mol$

정답　17 ①　18 ①　19 ③　20 ④　21 ④　22 ④　23 ③

24

수처리 시 사용되는 응집제의 종류가 아닌 것은?

① PAC
② 소석회
③ 입상활성탄
④ 염화제2철

활성탄은 흡착제의 종류이다.

25 ⭐빈출

활성슬러지법에서 $MLSS$가 의미하는 것은?

① 포기조 혼합액 중의 부유물질
② 처리장 유입폐수 중의 부유물질
③ 유입폐수 중의 여과된 물질
④ 처리장 방류폐수 중의 부유물질

활성슬러지법에서 MLSS는 보통 "Mixed Liquor Suspended Solids"의 약자로, 포기조 내 혼합액 중 부유성 고형물 농도를 의미한다. 이는 미생물과 부유물질이 섞여 있는 상태의 고형물 농도를 나타내며, 활성슬러지 내 미생물의 농도지표로 주로 사용된다.

26 ⭐빈출

유기물과 무기물의 함량이 각각 80%, 20%인 슬러지를 소화처리한 후 유기물과 무기물의 함량이 모두 50%로 되었을 때 소화율(%)은?

① 50
② 67
③ 75
④ 83

$$\eta = \left(1 - \frac{VS_2/FS_2}{VS_1/FS_1}\right) \times 100$$
$$= \left(1 - \frac{50/50}{80/20}\right) \times 100 = 75\%$$

27

부상법의 종류에 해당하지 않는 것은?

① 용존공기부상법
② 침전부상법
③ 공기부상법
④ 진공부상법

① 용존공기부상법(Dissolved Air Flotation, DAF) : 물속에 고압으로 녹인 공기를 감압하여 미세 기포를 만들어 슬러지나 부유물질을 띄워서 분리하는 방식이다. 주로 폐수처리에서 많이 사용된다.
③ 공기부상법(Dispersed Air Flotation) : 부상법 중 하나로, 물속에 공기를 직접 분산시켜 미세 기포를 만들어 고형물을 부상시켜 제거하는 방법이다.
④ 진공부상법(Vacuum Flotation) : 진공상태에서 공기를 분산시켜 기포를 형성하여 고형물을 부유시켜 분리하는 방법이다.

28 ⭐빈출

독성이 있는 6가를 독성이 없는 3가로 pH 2~4에서 환원시키고, 다시 3가를 pH 8~11에서 침전시켜 처리하는 폐수는?

① 납 함유 폐수
② 비소 함유 폐수
③ 크롬 함유 폐수
④ 카드뮴 함유 폐수

6가 크롬 환원침전법은 독성이 강한 6가 크롬(Cr^{6+})을 독성이 적은 3가 크롬(Cr^{3+})으로 환원시킨 후 침전시켜 제거하는 방법이다. 이 과정은 주로 산성조건(pH 3 이하)에서 이루어지며, 환원제로는 황산제1철($FeSO_4$), 아황산가스(SO_2), 아황산나트륨($Na_2S_2O_5$) 등이 사용된다. 6가 크롬이 3가 크롬으로 환원되면 중화과정을 거쳐 수산화크롬[$Cr(OH)_3$] 형태로 침전되어 물리적으로 제거하기 쉽다.

29 ⭐빈출

침사지에서 지름 $10^{-2}\,mm$이고 비중이 2.65인 모래입자가 20℃인 물속에서 침전하는 속도(cm/sec)는? (단, Stoke's 법칙에 따르며 물의 밀도 $1g/cm^3$, 물의 점성계수 $0.01g/cm \cdot sec$이다.)

① 8.98×10^{-2}
② 8.98×10^{-3}
③ 9.34×10^{-2}
④ 9.34×10^{-3}

정답 24 ③ 25 ① 26 ③ 27 ② 28 ③ 29 ②

$$V_g = \frac{d_p^2(\rho_p - \rho)g}{18\mu}$$

$$= \frac{0.001^2 \times (2.65 - 1) \times 980}{18 \times 0.01} = 8.9833 \times 10^{-3}\,cm/\sec$$

V_g : 중력침강속도

d_p : 입자의 직경 → $10^{-2}mm \times \dfrac{1cm}{10mm} = 0.001cm$

ρ_p : 입자의 밀도 → $2.65g/cm^3$

ρ : 유체의 밀도 → $1.0g/cm^3$

g : 중력가속도 → $980cm/\sec^2$

μ : 점성계수 → $0.01g/cm\cdot\sec$

30

산업폐수에 관한 일반적인 설명으로 가장 거리가 먼 것은?

① 주로 악성폐수가 많다.
② 업종 및 생산방식에 따라 수질이 거의 일정하다.
③ 중금속 등의 오염물질 함량이 생활하수에 비해 높다.
④ 같은 업종일지라도 생산규모에 따라 배수량이 달라진다.

업종 및 생산방식에 따라 수질이 다양하다.

31

염소 주입 시 물속의 오염물을 산화시키고 처리수에 남아 있는 염소의 양은?

① 잔류염소량
② 염소요구량
③ 투입염소량
④ 파괴염소량

염소소독 시의 잔류염소는 유리잔류염소의 형태로 남게 된다. 이를 잔류염소량이라 한다.

32

에탄올(C_2H_5OH)의 완전산화 시 $ThOD/TOC$의 비는?

① 1.92
② 2.67
③ 3.31
④ 4

$$C_2H_5OH + 3O_2 \rightarrow 2CO_2 + 3H_2O$$

㉠ $ThOD = 96g/mol$
   C_2H_5OH 1mol은 O_2 3mol를 필요로 하며
   양은 $32 \times 3 = 96g$이다.

㉡ $TOC = 24g/mol$
   C_2H_5OH 1mol에는 탄소원자 2개가 존재하며
   양은 $12 \times 2 = 24g$이다.

㉢ $ThOD/TOC$
   $$\frac{ThOD}{TOC} = \frac{96g/mol}{24g/mol} = 4$$

33 빈출

표준활성슬러지법으로 폐수를 처리하는 경우 F/M비($kg\,BOD/kg\,SS\cdot day$)의 운전범위로 가장 적합한 것은?

① 0.02~0.04
② 0.2~0.4
③ 2~4
④ 4~8

F/M비 : 0.2~0.4(0.5)

$$F/M비 = \frac{Q \times BOD_{in}}{X \times \forall}$$

Q : 유입 유량
BODin : 유입BOD
X : MLSS 농도
∀ : 포기조 부피

34 빈출

지하수의 일반적인 특징으로 가장 거리가 먼 것은?

① 유속이 느리다.
② 세균에 의한 유기물 분해가 주된 생물작용이다.
③ 연중 수온이 거의 일정하다.
④ 국지적인 환경조건의 영향을 적게 받는다.

지하수는 국지적인 환경조건의 영향을 많이 받는다.

35 ⭐빈출

하수의 고도처리를 위한 A_2/O공법의 조구성으로 가장 거리가 먼 것은?

① 혐기조
② 혼합조
③ 포기조
④ 무산소조

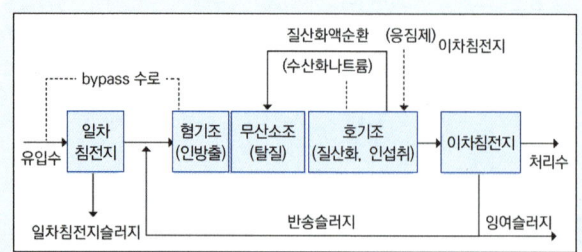

| 혐기무산소호기조합법의 처리계통 |

- 혐기조 : 인의 방출
- 무산소조 : 탈질
- 호기조(포기조) : 질산화, 인의 과잉섭취

36

퇴비화의 장점으로 거리가 먼 것은?

① 초기 시설투자비가 낮다.
② 비료로서 가치가 뛰어나다.
③ 토양개량제로 사용가능하다.
④ 운영 시 소요되는 에너지가 낮다.

퇴비화된 퇴비는 비료로서 가치가 낮다.

37 ⭐빈출

우수 침투방지와 매립지 상부의 식재를 위해 최종복토를 할 경우 매립 두께(cm)는?

① 10~30
② 30~60
③ 60~90
④ 90~120

- 일일복토 : 매일 실시하며 15cm 이상 실시한다.
- 중간복토 : 매립이 7일 이상 정지되었을 때 실시하며 30cm 이상 실시한다.
- 최종복토 : 최종매립이 완료된 후 실시하며 60cm 이상 실시하되 식재의 수종에 따라 1.5~2m까지도 복토할 수 있다.

38 ⭐빈출

화격자 소각로에 관한 설명으로 가장 거리가 먼 것은?

① 연속적인 소각과 배출이 가능하다.
② 화격자는 주입된 폐기물을 이동시켜 적절히 연소되게 하고, 화격자 사이로 공기가 유통되도록 한다.
③ 플라스틱과 같이 열에 쉽게 용융되는 물질의 연소에 적합하다.
④ 수분이 많거나 발열량이 낮은 폐기물도 소각시킬 수 있다.

플라스틱과 같이 열에 쉽게 용융되는 물질의 연소에 적합하지 않다.

39

우리나라 수거분뇨의 pH는 대략 어느 범위에 속하는가?

① 1.0~2.5
② 4.0~5.5
③ 7.0~8.5
④ 10~12

우리나라 수거분뇨의 pH는 대략 7.0~8.5 범위이다.

40

슬러지나 폐기물을 토지주입 시 중금속류의 성질에 관한 설명으로 가장 거리가 먼 것은?

① Cr : Cr^{3+}는 거의 불용성으로 토양 내에서 존재한다.
② Pb : 토양 내에 침전되어 있어 작물에 거의 흡수되지 않는다.
③ Hg : 토양 내에서 활성도가 커 작물에 의한 흡수가 용이하고 강우에 의해 쉽게 지표로 용해되어 나온다.
④ Zn : 모래를 제외한 대부분의 토양에 영구적으로 흡착되나 보통 Cu나 Ni보다 장기간 용해상태로 존재한다.

③ Hg : 토양 내에서 활성도가 작고 작물에 의한 흡수가 용이하지 않아 강우에 의해 쉽게 지표로 용해되어 나온다.

정답   35 ②   36 ②   37 ③   38 ③   39 ③   40 ③

41 ⭐빈출

밀도가 $1g/cm^3$인 폐기물 $10kg$에 고형화 재료 $2kg$을 첨가하여 고형화시켰더니 밀도가 $1.2g/cm^3$로 증가했다. 이 경우 부피변화율은?

① 0.7
② 0.8
③ 0.9
④ 1.0

$$부피변화율 = \frac{V_2}{V_1}$$

$$= \frac{10,000}{10,000} = 1$$

㉠ 고형화 재료 첨가 전 부피(V_1)

$$밀도(\rho) = \frac{질량(g)}{부피(cm^3)}$$

$$부피(cm^3) = \frac{질량(g)}{밀도(\rho)}$$

$$V_1(cm^3) = \frac{10,000g}{1.0g/cm^3} = 10,000cm^3$$

㉡ 고형화 재료 첨가 후 부피(V_2)

$$밀도(\rho) = \frac{질량(g)}{부피(cm^3)}$$

$$부피(cm^3) = \frac{질량(g)}{밀도(\rho)}$$

$$V_2(cm^3) = \frac{12,000g}{1.2g/cm^3} = 10,000cm^3$$

42 ⭐빈출

폐기물 발생량 조사방법으로 틀린 것은?

① 적재차량계수분석법
② 직접계근법
③ 물질성상분석법
④ 물질수지법

① 적재차량계수분석법 : 쓰레기의 발생량을 산정하는 방법 중 일정기간 동안 특정지역의 쓰레기 수거차량의 대수를 조사하여 이 값에 밀도를 곱하여 중량으로 환산하는 방법이다.
② 직접계근법 : 쓰레기를 실제로 저울에 달아서 중량을 정확하게 측정하는 방법으로, 가장 정확하지만 비용과 시간이 많이 든다.
④ 물질수지법 : 특정 공정이나 시설에서 출입하는 물질의 양을 질량보존법칙(물질수지식)에 따라 계산하여 배출량을 산정하는 방법이다.

43

소각로 내의 화상 위에서 폐기물을 태우는 방식으로 플라스틱과 같이 열에 의해 용융되는 물질의 소각에 적당하나 연소효율이 나쁘고 체류시간이 길고 교반력이 약하여 국부적으로 가열될 염려가 있는 소각로 형식으로 가장 적합한 것은?

① 액체 주입형 소각로
② 고정상 소각로
③ 유동상 소각로
④ 열분해 용융 소각로

① 액체 주입형 소각로 : 액상 폐기물을 미립화하여 분무노즐을 통해 소각로 내로 주입해 연소시키는 방식
③ 유동상 소각로 : 하부로부터 가스를 주입하여 모래를 띄운 후 이를 가열하여 상부로부터 폐기물을 주입하여 소각하는 방식
④ 열분해 용융 소각로 : 폐기물을 열분해 후 용융시키는 고온 처리 방식

44

폐기물이 발생되어 최종처분되기까지 폐기물관리에 관련되는 활동 중 작은 수거차량으로부터 큰 운반차량으로 폐기물을 옮겨 싣거나 수거된 폐기물을 최종처분장까지 장거리 수송하는 기능 요소는?

① 발생
② 적환 및 운송
③ 처리 및 회수
④ 최종처분

적환은 작은 수거차량에서 큰 운송차량으로 폐기물을 중간에 옮겨 싣는 과정이며, 운송은 최종 처분장까지 폐기물을 장거리로 이동하는 단계를 말한다. 이는 효율적인 폐기물관리와 비용 절감을 위해 중요한 과정이다.

45

매립지에서 복토를 하는 목적으로 틀린 것은?

① 악취 발생 억제
② 쓰레기 비산방지
③ 화재방지
④ 식물 성장방지

복토는 식물 성장을 촉진시킨다.

46 빈출

유해폐기물 침출수 처리 중 펜턴처리에 사용되는 약품으로 옳은 것은?

① $Pt + Ca(OH)_2$
② $Hg + Na_2SO_4$
③ $NaCl + NaOH$
④ $Fe + H_2O_2$

> 펜턴반응은 펜턴시약(과산화수소+철염)을 이용한 난분해성 유기물질의 산화반응이다.

47

밀도가 $0.8ton/m^3$인 쓰레기 $1,000m^3$를 적재용량 $4ton$인 차량으로 운반한다면 필요 차량수는?

① 100대
② 150대
③ 200대
④ 250대

> $$1,000m^3 \times \frac{0.8ton}{m^3} \times \frac{1대}{4ton} = 200대$$
> $$m^3 \to ton$$

48

건조고형물의 함량이 15%인 슬러지를 건조시켜 얻은 고형물 중 회분이 25%, 휘발분이 75%라고 할 때 슬러지의 비중은? (단, 수분, 회분, 휘발분의 비중은 1.0, 2.0, 1.20이다.)

① 1.01
② 1.04
③ 1.09
④ 1.13

> $$\frac{SL}{\rho_{SL}} = \frac{FS}{\rho_{FS}} + \frac{VS}{\rho_{VS}} + \frac{W}{\rho_w}$$
> $$\frac{100}{\rho_{SL}} = \frac{15 \times 0.25}{2.0} + \frac{15 \times 0.75}{1.2} + \frac{85}{1.0}$$
> $$\rho_{SL} = 1.0389$$
> 여기서,
> SL : 슬러지의 양 VS : 휘발분의 양
> FS : 회분의 양 W : 수분의 양
> ρ_{SL} : 슬러지의 비중 ρ_{VS} : 휘발분의 비중
> ρ_{FS} : 회분의 비중 ρ_w : 수분의 비중

49 빈출

황화수소 $1Sm^3$의 이론연소공기량(Sm^3)은? (단, 표준상태 기준, 황화수소는 완전연소되어 물과 아황산가스로 변화된다.)

① 5.6
② 7.1
③ 8.7
④ 9.3

> $$H_2S + 1.5O_2 \to SO_2 + H_2O$$
> ㉠ 이론산소량 계산 : $H_2S : 1.5O_2 = 1Sm^3 : \square$
> $\square$(이론산소량) $= 1.5Sm^3$
> ㉡ 이론공기량 = 이론산소량 / 0.21
> $$= \frac{1.5}{0.21} = 7.1428Sm^3$$

50 빈출

쓰레기 발생량과 성상에 영향을 미치는 요인에 관한 설명으로 가장 거리가 먼 것은?

① 수집빈도가 높을수록, 그리고 쓰레기통이 클수록 발생량이 감소하는 경향이 있다.
② 일반적으로 도시의 규모가 커질수록 쓰레기 발생량이 증가한다.
③ 쓰레기 관련 법규는 쓰레기 발생량에 매우 중요한 영향을 미친다.
④ 대체로 생활수준이 증가하면 쓰레기 발생량도 증가하며 다양화된다.

> 수집빈도가 높을수록, 그리고 쓰레기통이 클수록 발생량이 증가하는 경향이 있다.

51 빈출

폐기물 수거노선을 결정할 때 고려사항으로 거리가 먼 것은?

① 가능한 한 시계방향으로 수거노선을 정한다.
② 출발점은 차고지와 가깝게 한다.
③ 수거인원 및 차량형식이 같은 기존 시스템의 조건들을 서로 관련시킨다.
④ 쓰레기 발생량이 가장 많은 곳을 하루 중 가장 나중에 수거한다.

> 쓰레기 발생량이 가장 많은 곳을 하루 중 가장 먼저 수거한다.

정답   46 ④ 47 ③ 48 ② 49 ② 50 ① 51 ④

52

폐기물 압축의 목적이 아닌 것은?

① 물질회수 전처리
② 부피 감소
③ 운반비 감소
④ 매립지 수명 연장

> 물질회수 전처리는 파쇄의 목적이다.

53

발생된 폐기물을 유용하게 사용하기 위한 에너지 회수방법에 대한 설명이 틀린 것은?

① 열량이 높고 함수율이 낮은 폐기물 고체연료(RDF)를 생산한다.
② 가연성 폐기물을 장기간 호기성 소화시켜 메탄가스를 생산한다.
③ 폐기물을 열분해시켜 재사용이 가능한 가스나 액체를 생산한다.
④ 쓰레기 소각장에서 발생한 폐열을 실내수영장에 이용한다.

> 가연성 폐기물을 장기간 혐기성 소화시켜 메탄가스를 생산한다.

54

일반적인 폐기물의 위생매립공법이 아닌 것은?

① 도랑식(Trench method)
② 지역식(Area method)
③ 경사식(slope or Ramp method)
④ 혐기식(Anaerobic method)

> 도랑식(Trench method), 지역식(Area method), 경사식(Slope or Ramp method)은 모두 대표적인 위생매립공법으로, 폐기물을 차수시설과 복토시설을 갖추어 환경 피해를 최소화하면서 매립하는 방법이다.

55 ⭐ 빈출

쓰레기 적환장을 설치하기에 가장 적합한 경우는?

① 산업폐기물과 같이 유해성이 큰 경우
② 인구밀도가 높은 지역을 수집하는 경우
③ 음식물 쓰레기와 같이 부패성이 있는 경우
④ 처분장이 멀어 소형차량 수송이 비경제적인 경우

> 처분장이 멀어 소형차량 수송이 비경제적인 경우 적환장을 설치하기 적합하다.

56

음압과 음압레벨에 관한 설명으로 가장 거리가 먼 것은?

① 음원이 존재할 때, 이 음을 전달하는 물질의 압력변화 부분을 음압이라 한다.
② 음압의 단위는 압력의 단위인 Pa(파스칼)($1Pa = 1N/m^2$)이다.
③ 가청음압의 범위는 정적 공기압력과 비교하여 200~2,000Pa이다.
④ 인간의 귀는 선형적이 아니라 대수적으로 반응하므로 음압측정 시에는 Pa단위를 직접 사용하지 않고 dB단위를 사용한다.

> 가청음압레벨의 범위는 0~130dB이다.

57

흡음재료의 선택 및 사용상의 유의점에 관한 설명으로 가장 거리가 먼 것은?

① 벽면 부착 시 한 곳에 집중시키기 보다는 전체 내벽에 분산시켜 부착한다.
② 흡음재는 전면을 접착제로 부착하는 것보다는 못으로 시공하는 것이 좋다.
③ 다공질재료는 산란하기 쉬우므로 표면에 얇은 직물로 피복하는 것이 바람직하다.
④ 다공질재료의 흡음률을 높이기 위해 표면에 종이를 바르는 것이 권장되고 있다.

> 다공질재료의 표면에 종이를 바르지 않는 것이 좋다.

정답   52 ①   53 ②   54 ④   55 ④   56 ③   57 ④

58

각각 음향파워레벨이 $89dB$, $91dB$, $95dB$인 음의 평균파워레벨(dB)은?

① 92.4
② 95.5
③ 97.2
④ 101.7

평균음향파워레벨 $L_t\,[dB]$

$= 10\log\left[\dfrac{1}{n}\left(10^{L_1/10} + 10^{L_2/10} + \cdots\right)\right]$

$= 10\log\left[\dfrac{1}{3}\left(10^{89/10} + 10^{91/10} + 10^{95/10}\right)\right]$

$= 92.4017dB$

59

소음계의 성능기준으로 가장 거리가 먼 것은?

① 레벨레인지 변환기의 전환오차는 $5dB$ 이내이어야 한다.
② 측정가능주파수 범위는 $31.5Hz{\sim}8kHz$ 이상이어야 한다.
③ 측정가능소음도 범위는 $35{\sim}130dB$ 이상이어야 한다.
④ 지시계기의 눈금오차는 $0.5dB$ 이내이어야 한다.

레벨레인지 변환기의 전환오차는 $0.5dB$ 이내이어야 한다.

60

일정한 장소에 고정되어 있어 소음 발생시간이 지속적이고 시간에 따른 변화가 없는 소음은?

① 공장소음
② 교통소음
③ 항공기소음
④ 궤도소음

교통소음, 항공기소음, 궤도소음 등은 이동하는 소음원에서 발생하며 소음의 강도와 특성이 시간에 따라 변할 수 있다.

2024년 1회 | CBT 기출복원문제

01

다음 중 집진장치에 대한 설명으로 옳은 것은?

① 사이클론은 여과집진장치에 해당된다.
② 중력집진장치는 고효율 집진장치에 해당된다.
③ 여과집진장치는 수분이 많은 먼지 처리에 적합하다.
④ 전기집진장치는 코로나 방전을 이용하여 집진하는 장치이다.

① 사이클론은 원심력집진장치에 해당된다.
② 중력집진장치는 저효율 집진장치에 해당된다.
③ 여과집진장치는 수분이 많은 먼지 처리에 적합하지 않다.

02

배출가스량과 이동속도를 감안한 덕트의 단면적과 관경을 산정하는 공식은? [단, A 관의 단면적(m^2), Q 배출가스량($m^3/\min$), V 덕트 내 유속($m/\sec$), D 덕트의 직경(m)]

① $A = \dfrac{Q}{A}$, $D = \left(\dfrac{4A}{\pi}\right)^2$
② $A = \dfrac{Q}{V}$, $D = \left(\dfrac{4A}{\pi}\right)^{1/2}$
③ $A = \dfrac{Q}{V \times 60}$, $D = \left(\dfrac{4A}{\pi}\right)^2$
④ $A = \dfrac{Q}{V \times 60}$, $D = \left(\dfrac{4A}{\pi}\right)^{1/2}$

유량(Q) = 유속(V) × 단면적(A), 원의 단면적(A) = $\dfrac{\pi}{4}D^2$을 이용한다.

$Q = V \times A \rightarrow A = \dfrac{Q}{V}$이고 유량의 단위가 $m^3/\min$, 유속의 단위가 m/sec이므로 단위환산을 하면 $A = \dfrac{Q}{V \times 60}$이 된다.

$\left(\dfrac{m^3/\min}{\dfrac{m}{\sec} \times \dfrac{60\sec}{\min}} = m^2\right)$

$A = \dfrac{\pi}{4}D^2 \rightarrow D = \left(\dfrac{4A}{\pi}\right)^{\frac{1}{2}}$

03

대기오염공정시험기준상 굴뚝 배출가스 중 질소산화물을 분석하는데 사용되는 방법은?

① 아연환원 나프틸에틸렌다이아민법
② 중화적정법
③ 침전적정법
④ 아르세나조Ⅲ법

• 황산화물 분석방법 : 침전적정법(아르세나조Ⅲ법), 자동측정법
• 질소산화물 분석방법 : 자동측정법, 아연환원 나프틸에틸렌다이아민법

04

다음 가스 흡수장치 중 장치 내의(겉보기) 가스속도가 가장 큰 것은?

① 충전탑
② 분무탑
③ 제트스크러버
④ 벤츄리스크러버

벤츄리스크러버의 압력손실은 $300 \sim 800mmH_2O$로 가장 크기 때문에 가스속도를 매우 높게 운전해야 처리가 가능하다.

05

다음 중 충전탑의 충전물이 갖추어야 할 조건으로 틀린 것은?

① 비표면적이 커야 한다.
② 마찰저항이 커야 한다.
③ 공극률이 커야 한다.
④ 내식성과 내열성이 커야 한다.

마찰저항이 작아야 한다.

정답   01 ④   02 ④   03 ①   04 ④   05 ②

06

일반적으로 배기가스의 입구 처리속도가 증가하면 제거효율이 커지는 것으로 가장 알맞은 집진장치는?

① 중력집진장치　　② 원심력집진장치
③ 전기집진장치　　④ 여과집진장치

> 원심력집진장치는 입구 처리속도가 일정구간 증가하면 원심력이 증대되어 제거효율이 증가한다.

07

다음 대기오염물질 중 물리적 상태가 다른 하나는?

① 먼지　　　　　② 매연
③ 검댕　　　　　④ 황산화물

> • 입자상 물질 : 먼지, 매연, 검댕
> • 가스상 물질 : 황산화물

08 ⭐빈출

중량비가 C : 86%, H : 4%, O : 8%, S : 2%인 석탄을 연소할 경우 필요한 이론산소량은?

① 약 $1.6Sm^3/kg$
② 약 $1.8Sm^3/kg$
③ 약 $2.0Sm^3/kg$
④ 약 $2.2Sm^3/kg$

> 고체연료의 이론산소량(Sm^3/kg)
> $= 1.867C + 5.6H + 0.7S - 0.7O$
> $= 1.867 \times 0.86 + 5.6 \times 0.04 + 0.7 \times 0.02 - 0.7 \times 0.08$
> $= 1.7876 Sm^3/kg$

09 ⭐빈출

대기오염방지시설 중 가스상 물질을 처리할 수 있는 흡착장치와 거리가 먼 것은?

① 고정층 흡착장치　　② 촉매층 흡착장치
③ 이동층 흡착장치　　④ 유동층 흡착장치

> ① 고정층 흡착장치 : 흡착제가 고정된 층에 가스를 통과시켜 오염물질을 흡착하는 방식이다. 가장 일반적인 흡착장치이다.
> ③ 이동층 흡착장치 : 흡착제가 이동하면서 흡착과 탈착이 연속적으로 일어나는 방식이다.
> ④ 유동층 흡착장치 : 흡착제가 유동층 상태로 공중에 부유하며 흡착하는 방식으로, 가스와 흡착제의 접촉면적이 넓어 효율적이다.

10 ⭐빈출

pH의 정의로 옳은 것은?

① $pH = -\log[H^+]$
② $pH = \log[H^+]$
③ $pH = -\log[OH^-]$
④ $pH = \log[OH^-]$

> $pH = -\log[H^+]$, $pOH = -\log[OH^-]$

11

원형송풍관이 아닌 사각송풍관일 경우 원형송풍관의 지름에 해당하는 사각송풍관의 상당지름을 구하여 계산하는데, 가로 $45cm$, 세로 $55cm$인 직사각형 후드의 상당지름은?

① $37.5cm$　　　② $44.5cm$
③ $49.5cm$　　　④ $50.5cm$

> $D_0 = \dfrac{2ab}{(a+b)} = \dfrac{2 \times 45 \times 55}{(45+55)} = 49.5cm$

12

산성비의 원인물질로만 올바르게 나열된 것은?

① SO_2, NO_2, NH_3
② CH_4, NO_2, HCl
③ CH_4, NH_3, HCN
④ SO_2, NO_2, HCl

> 산성비의 주된 원인 물질은 황산화물, 질소산화물, 염화수소 등이다.

13

다음 중 유효굴뚝높이에 영향을 미치는 인자와 가장 거리가 먼 것은?

① 굴뚝의 높이　　　　② 풍속

③ 풍향　　　　　　　④ 배출가스의 온도

유효굴뚝높이에 영향을 미치는 인자는 배출가스의 온도, 배출속도, 풍속, 굴뚝의 높이, 대기안정도 등이며, 풍향은 관계가 없다.

14

전기집진장치에 관한 설명으로 옳지 않은 것은?

① $0.1\mu m$ 이하의 미세입자까지 포집이 가능하다.

② 압력손실이 커서 동력비가 많이 소요된다.

③ 약 350℃ 전후의 고온가스를 처리할 수 있다.

④ 전압변동과 같은 조건에 쉽게 적용하기 어렵다.

세정집진장치에 속하는 벤츄리스크러버는 압력손실이 커서 동력비가 많이 소요된다.

15 빈출

프로판(C_3H_8) $22kg$을 완전연소시키기 위해 10%의 과잉공기를 사용했을 경우 필요한 공기의 양(Sm^3)은?

① 112　　　　　　　② 123

③ 293　　　　　　　④ 587

$C_3H_8 + 5O_2 \rightarrow 3CO_2 + 4H_2O$

㉠ 이론산소량 계산

$C_3H_8 : 5O_2 = 44kg : 5 \times 22.4Sm^3$

$1kmol = kg분자량 = 22.4Sm^3$

$44kg : 5 \times 22.4Sm^3 = 22kg : \square Sm^3$

$\square$ (이론산소량) $= 56$

㉡ 이론공기량 = 이론산소량 / 0.21

$= \dfrac{56}{0.21} = 266.6666 Sm^3$

㉢ 실제공기량 = 이론공기량 × 과잉공기비

$= 266.6666 \times 1.1 = 293.3332 Sm^3$

16

불소 제거를 위하여 가장 많이 이용되는 폐수처리 방법은?

① 화학침전　　　　　② 물리침전

③ 생물침전　　　　　④ 자연침전

불소는 칼슘과 반응하여 불용성인 CaF_2 형태로 침전되므로, 소석회[$Ca(OH)_2$] 등의 칼슘원과 황산 등을 투입해 pH를 조절하여 침전시키는 화학침전법이 가장 널리 사용된다.

17 빈출

다음 농도표시 중에 가장 낮은 농도는?

① $0.44mg/L$　　　　② $0.44\mu g/mL$

③ $0.44ppm$　　　　④ $44ppb$

동일한 농도로 단위환산을 한다.

① $0.44mg/L$

② $0.44\mu g/mL$

$\dfrac{0.44\mu g}{mL} \times \dfrac{1mg}{10^3\mu g} \times \dfrac{10^3 mL}{1L} = 0.44mg/L$

$\mu g \rightarrow mg \quad mL \rightarrow L$

③ $0.44ppm = 0.44mg/L$

④ $44ppb = 0.044ppm = 0.044mg/L$

$1ppm = 1,000ppb$

18 빈출

$0.0001M - HCl$ 용액의 pH는 얼마인가? (단, HCl은 100% 이온화한다.)

① 2　　　　　　　　② 3

③ 4　　　　　　　　④ 5

$HCl \rightleftharpoons H^+ + Cl^-$

$HCl : H^+ = 1 : 1 = 0.0001M : \square$

$\square = 0.0001M$

$pH = -\log[H^+]$

$= -\log[0.0001] = 4$

정답　13 ③　14 ②　15 ③　16 ①　17 ④　18 ③

19

하·폐수처리공정 중 활성탄의 일반적인 용도로 가장 거리가 먼 것은?

① 응집, 침전한 후 색깔의 제거
② 다량의 기름 제거
③ 냄새가 나는 물의 탈취
④ 하수 중의 미량 중금속의 제거

활성탄은 냄새, 색도, 미세입자 등의 처리에 적합하다.

20

탈질(denitification)과정을 거쳐 질소성분이 최종적으로 변환된 질소의 형태는?

① $NO_2 - N$
② $NO_3 - N$
③ $NH_3 - N$
④ N_2

탈질과정 : $NO_3 - N \rightarrow NO_2 - N \rightarrow N_2$

21

DO 측정 시 종말점에서의 색깔 변화는?

① 청색 → 무색
② 적색 → 무색
③ 무색 → 청색
④ 무색 → 적색

이 시험기준은 시료에 황산망간과 알칼리성 요오드포타슘용액을 넣어 생기는 수산화제일망간이 시료 중의 용존산소에 의하여 산화되어 수산화제이망간으로 되고, 황산 산성에서 용존산소량에 대응하는 요오드를 유리한다. 유리된 요오드를 티오황산소듐으로 청색 → 무색으로 될 때까지 적정하여 용존산소의 양을 정량하는 방법이다.

22

"생석회"의 분자식으로 옳은 것은?

① $CaCO_3$
② CaO_3
③ CaO
④ $Ca(OH)_2$

① $CaCO_3$: 탄산칼슘
④ $Ca(OH)_2$: 수산화칼슘(소석회)

23

폐수를 응집침전시킬 때의 고려사항 중 가장 거리가 먼 것은?

① pH
② 교반속도
③ 용존산소량
④ 응집제 첨가량

용존산소량은 생물학적 처리에서 중요한 인자이다.

24 ⭐빈출

살수여상법 유지관리 시 주의사항으로 거리가 먼 것은?

① 냄새의 발생
② 연못화 현상
③ 파리의 발생
④ 슬러지 팽화

슬러지 팽화는 활성슬러지법의 운영상 유의해야 할 사항이다.

25 ⭐빈출

하천의 유량은 $1,000 m^3/day$, BOD농도 $26 ppm$이며, 이 하천에 흘러드는 폐수의 양이 $100 m^3/day$, BOD농도 $165 ppm$이라고 하면 하천과 폐수가 완전 혼합된 후의 BOD농도는?

① $38.6 ppm$
② $40.9 ppm$
③ $44.5 ppm$
④ $49.8 ppm$

주어진 조건을 혼합공식에 대입한다.

$$C_m = \frac{C_1 Q_1 + C_2 Q_2}{Q_1 + Q_2}$$
$$= \frac{26 \times 1,000 + 165 \times 100}{1,000 + 100} = 38.6363 ppm$$

26 ⭐빈출

어느 도시의 생활하수량이 $22,000 ton/day$이고, BOD가 $100 mg/L$일 때, $4,550 m^3$의 포기조로 처리할 경우 BOD 용적부하($kg BOD/m^3 \cdot day$)는?

① 0.32
② 0.40
③ 0.48
④ 0.52

BOD용적부하 : $L_v (kg\,BOD/m^3 \cdot day)$

$$L_v = \frac{Q \times BOD_{in}}{\forall}$$

$$= \frac{\dfrac{22,000m^3}{day} \times \dfrac{100mg}{L} \times \dfrac{1kg}{10^6 mg} \times \dfrac{10^3 L}{m^3}}{4,550m^3}$$

$$= 0.4835 kg/m^3 \cdot day$$

27

폐수량이 $1,500 m^3/day$, BOD $150 mg/L$의 총 BOD 부하량은?

① $2.25 kg/day$
② $22.5 kg/day$
③ $225 kg/day$
④ $2250 kg/day$

총량(부하량) = 유량×농도

$$\underset{\text{유량}}{\frac{1,500m^3}{day}} \times \underset{\text{농도}}{\frac{150mg}{L}} \times \underset{mg \to kg}{\frac{kg}{10^6 mg}} \times \underset{m^3 \to L}{\frac{10^3 L}{m^3}} = 225 kg/day$$

28 ⭐빈출

침전지에서 침전물의 침전효율을 높이는 조건으로 가장 적합한 것은? (단, 기타 물리적 조건이 같은 경우이다.)

① 침전탱크의 깊이(m)를 유속(m/hr)으로 나눈 값이 작을수록 높아진다.
② 침전탱크의 폭(m)을 유속(m/hr)으로 나눈 값이 클수록 높아진다.
③ 침전탱크의 크기(m^3)를 유량(m^3/hr)으로 나눈 값이 작을수록 높아진다.
④ 침전탱크의 크기(m^3)를 유량(m^3/hr)으로 나눈 값이 클수록 높아진다.

④ 체류시간이 클수록 효율은 증가한다.

29

카드뮴은 다음 어떤 공장에서 주로 배출되는가?

① 도자기 제조공장
② 염산 제조공장
③ 코크스 제조공장
④ 도금 공장

아연정련업, 도금공업, 화학공업(염료, 촉매, 염화비닐 안정제), 기계제품제조업(자동차부품, 스프링, 항공기) 등에서 배출된다.

30

폐수처리방법 중 부상처리에 대한 설명으로 맞는 것은?

① 생물학적 처리방식의 일종
② 가벼운 입자 제거
③ 부상 촉진제로 물 사용
④ 폐수와 부유물 결합

① 물리적 처리방식의 일종
③ 부상 촉진제로 공기 사용
④ 폐수와 부유물 분리

31

다음은 생물학적 처리방법에 대한 설명이다. 옳지 않은 것은?

① 주로 유기성 폐수의 처리에 적용한다.
② 미생물을 이용한 처리방법으로 호기성처리방법은 부패조 등이 있다.
③ 살수여상은 부착 성장식 생물학적 처리공법이다.
④ 산화지는 자연에 의하여 처리하기 때문에 활성슬러지법에 비해 적정처리가 어렵다.

미생물을 이용한 처리방법으로 호기성처리방법은 포기조 등이 있다.

32

폐수처리에 있어서 스크린(Screen) 조작으로 옳은 것은?

① 수로 흐름을 용이하게 하기 위해 큰 고형물(나무조각, 플라스틱 등)을 제거하는 조작이다.
② 화학적 플록을 제거하는 조작이다.
③ 비교적 밀도가 크고, 입자의 크기가 작은 고형물을 제거하는 조작이다.
④ BOD와 관계가 있는 유기물인 가용성 물질을 제거하는 조작이다.

② 화학적 플록을 제거하는 조작이다. : 침전지
③ 비교적 밀도가 크고, 입자의 크기가 작은 고형물을 제거하는 조작이다. : 침전지
④ BOD와 관계가 있는 유기물인 가용성 물질을 제거하는 조작이다. : 포기조, 침전지

33 빈출

지표수와 상대비교 시 지하수의 수질특성에 대한 설명 중 옳지 않은 것은?

① 지질특성에 영향을 받는다.
② 환경변화에 대한 반응이 느리다.
③ 미생물에 의한 생화학적 자정작용이나 화학적 자정능력이 약하다.
④ 수온변화가 심하다.

지하수의 수온변화는 크지 않다.

34 빈출

수질오염방지시설의 처리능력 또는 설계 시에 사용되는 다음 용어 중 그 성격이 나머지 셋과 다른 것은?

① F/M비
② SVI
③ 용적부하
④ 슬러지부하

F/M비는 처리 시설 내의 생물량과 유입수의 비율, 용적부하는 처리 시설 내의 용량과 유입수의 양, 슬러지부하는 처리 시설 내에서 생성되는 슬러지의 양을 각각 말하는데, SVI는 슬러지의 부피와 무게의 비율로 슬러지의 침강성을 평가하는 지표로서 성격이 다르다.

35

침사지 내의 평균유속은 보통 얼마로 유지하는 것이 적당한가?

① $0.3m/\sec$
② $1.5m/\sec$
③ $2.5m/\sec$
④ $3.0m/\sec$

침사지 내의 평균 유속은 보통 $0.3m/\sec$로 한다.

36 빈출

폐기물을 분석하기 위한 시료의 축소화 방법으로만 옳게 나열된 것은?

① 구획법, 교호삽법, 원추4분법
② 구획법, 교호삽법, 직접계근법
③ 교호삽법, 물질수지법, 원추4분법
④ 구획법, 교호삽법, 적재차량계수법

• 구획법 : 대시료를 여러 개의 구획으로 나눈 후 각 구획에서 시료를 채취하는 방법
• 교호삽법 : 원추형으로 쌓은 후 교대로 위치를 바꾸며 시료를 채취하는 방법
• 원추4분법 : 원추형으로 쌓은 시료를 4등분하여 축소하는 방법

37 빈출

분뇨의 특성에 해당하지 않는 것은?

① 다량의 유기물을 함유하고 있다.
② pH는 4~4.5 범위의 산성이다.
③ 고액분리가 어렵다.
④ 음식섭취와 밀접한 관계가 있다.

pH는 6.8~7.2 범위의 중성이다.

38

슬러지 소각의 장점으로 가장 거리가 먼 것은?

① 병원균의 사멸로 위생적이며 안전하다.
② 슬러지 용적이 감소된다.
③ 시설비 및 유지관리비가 저렴하다.
④ 다른 처리법에 비해 소요면적이 적다.

정답   32 ①   33 ④   34 ②   35 ①   36 ①   37 ②   38 ③

시설비 및 유지관리비가 많이 든다.

39 ⭐빈출

일정 기간 동안 특정지역의 쓰레기 수거 차량의 대수를 조사하여 이 값에 폐기물의 겉보기 비중을 보정하여 중량으로 환산하여 폐기물 발생량을 조사하는 방법을 무엇이라 하는가?

① 직접계근법
② 적재차량계수분석법
③ 간접계근법
④ 대수조사법

> ① 직접계근법 : 쓰레기를 실제로 저울에 달아서 중량을 정확하게 측정하는 방법으로, 가장 정확하지만 비용과 시간이 많이 든다.

40

쓰레기의 저위발열량을 측정하기 위한 방법과 가장 거리가 먼 것은?

① 추정식에 의한 방법
② 단열열량계에 의한 방법
③ 원소분석에 의한 방법
④ 직접연소에 의한 방법

> 고위발열량 측정 : 직접연소에 의한 방법

41 ⭐빈출

폐기물의 선별방법으로 가장 거리가 먼 것은?

① 흡착선별
② 공기선별
③ 자석선별
④ 스크린선별

> ① 흡착은 주로 가스나 액체 속 오염물질 제거에 쓰이는 방법이다.
> ② 공기선별은 가벼운 물질을 공기로 날려 무거운 것과 분리한다.
> ③ 자석선별은 철과 같은 자성체 금속을 자력으로 분리한다.
> ④ 스크린선별은 크기 차이에 따라 거름망을 사용해 분리한다.

42 ⭐빈출

탄소 $8kg$을 완전연소시키는데 필요한 이론산소량(Sm^3)은?

① $11.2Sm^3$
② $14.9Sm^3$
③ $18.7Sm^3$
④ $20.6Sm^3$

> $C + O_2 \rightarrow CO_2$
> $12kg : 22.4Sm^3 = 8kg : \square$
> ($1kmol = kg$분자량 $= 22.4Sm^3$)
> $\square = 14.9333Sm^3$

43 ⭐빈출

밀도가 $350kg/m^3$인 폐기물을 $750kg/m^3$이 되도록 압축시켰을 때의 부피감소율은?

① 약 72%
② 약 68%
③ 약 53%
④ 약 47%

> 무게는 압축 전·후를 비교하였을 때 동일하다.
> ㉠ 압축 전 : 부피 $1m^3$
> 무게 $\dfrac{350kg}{m^3} \times 1m^3 = 350kg$
> ㉡ 압축 후 : 무게 $350kg$
> 부피 $350kg \times \dfrac{m^3}{750kg} = 0.4666m^3$
> ㉢ 부피감소율
> 부피감소율 $= \left(\dfrac{V_1 - V_2}{V_1} \right) \times 100$
> $= \left(\dfrac{1 - 0.4666}{1} \right) \times 100 = 53.33\%$

44 ⭐빈출

화격자 소각로의 장점에 해당되는 것은?

① 체류시간이 짧고 교반력이 강하다.
② 연속적인 소각과 배출이 가능하다.
③ 열에 쉽게 용융되는 물질의 소각에 적합하다.
④ 가동·정지 조작이 간편하며, 구동부분의 마모 손실이 적다.

> 화격자 소각로의 단점은 아래와 같다.
> ㉠ 체류시간이 길고 교반력이 약하다.
> ㉡ 열에 쉽게 용융되는 물질의 소각에 부적합하다.
> ㉢ 가동·정지 조작이 불편하다.

45 ⭐빈출

1차침전지에서 인발한 슬러지의 함수율이 99%이었다. 이 슬러지를 함수율 97%로 농축시켰더니 $33m^3$이 되었다면 1차침전지에서 인발한 슬러지 양(m^3)은? (단, 슬러지의 비중은 모두 1이다.)

① 80
② 99
③ 135
④ 150

$$SL_1(1-X_1)=SL_2(1-X_2)$$
$$SL_1(1-0.99)=33m^3(1-0.97)$$
$$SL_1=99m^3$$

46 ⭐빈출

호기성 단계의 매립지에서 매립초기에 시간에 따른 발생량 증가폭이 큰 가스는? [단, 기체 구성비(%)]

① 수소
② 메탄
③ 질소
④ 이산화탄소

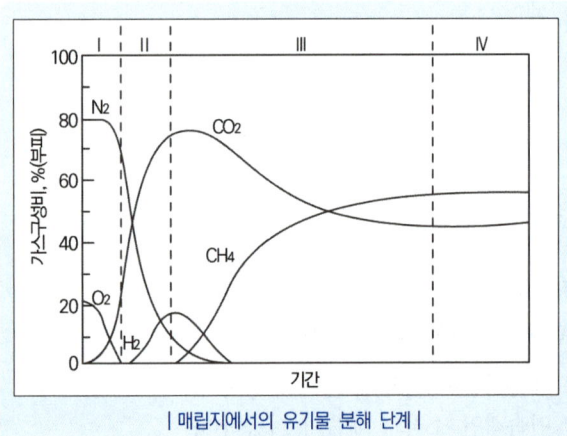

| 매립지에서의 유기물 분해 단계 |

47

폐기물 퇴비화에 대한 설명이다. 옳지 않은 것은?

① 호기성 미생물에 의해 유기물을 분해한다.
② 퇴비화한 후에는 C/N비가 높아진다.
③ 초기단계에서는 분해되기 쉬운 당류, 아미노산 등이 분해된다.
④ 퇴비화 결과 암갈색의 부식질이 생성된다.

퇴비화한 후에는 C/N비가 낮아진다.

48

어떤 물질을 분석한 결과 $1,500ppm$의 결과를 얻었다. 이것을 %로 환산하면 얼마나 되겠는가?

① 0.15%
② 1.5%
③ 15%
④ 150%

$$1\% = 10,000ppm$$
$$1,500ppm \times \frac{1\%}{10,000ppm} = 0.15\%$$

49 ⭐빈출

호기성 소화법과 상대비교 시 혐기성 소화법의 단점이 아닌 것은?

① 슬러지 생성량이 많고, 탈수가 불량하다.
② 미생물의 성장속도가 느리다.
③ 암모니아와 H_2S에 의한 악취 발생의 문제가 크다.
④ 운전조건의 변화에 따른 적응시간이 길다.

호기성 소화법은 슬러지 생성량이 많고, 탈수가 불량하다.

50

화학약품을 이용하여 응집한 슬러지를 탈수하기 위해 사용하는 탈수장치와 가장 거리가 먼 것은?

① 가압 탈수기
② 부상 탈수기
③ 원심 탈수기
④ 벨트프레스 탈수기

가압 탈수기, 원심 탈수기, 벨트프레스 탈수기는 모두 슬러지의 고액분리를 위해 흔히 사용되는 기계적 압착 또는 원심력을 이용한 탈수장치이다.

정답   45 ② 46 ④ 47 ② 48 ① 49 ① 50 ②

51 ⭐

인구 100,000명의 중소도시에 발생되는 쓰레기의 양이 200 m^3/day(밀도 $750kg/m^3$)이다. 적재량 5ton 트럭으로 운반하려면 1일 소요되는 트럭 대수는? (단, 트럭은 1회 운행)

① 12대
② 18대
③ 24대
④ 30대

단위에 유의한다.

트럭 수 $= \dfrac{\text{폐기물 발생량}}{\text{트럭 1대당 적재량}}$

$= \dfrac{\dfrac{200m^3}{day} \times \dfrac{750kg}{m^3} \times \dfrac{ton}{10^3kg}}{\dfrac{5ton}{\text{대}}} = 30$대

52 ⭐

황 함유량이 2.5%이고 비중이 0.87인 중유를 $350L/hr$로 태우는 경우 SO_2발생량(Sm^3/hr)은? (단, 황성분은 전량이 SO_2로 전환되며, 표준상태 기준)

① 약 2.7
② 약 3.6
③ 약 4.6
④ 약 5.3

$S + O_2 \rightarrow SO_2$

$S : SO_2 = 32kg : 22.4Sm^3$

($1kmol$ = kg분자량 = $22.4Sm^3$)

㉠ 유황의 함유량 계산

$\dfrac{350L}{hr} \times \dfrac{0.87kg}{L} \times \dfrac{2.5}{100} = 7.6125kg/hr$

㉡ SO_2 발생량 계산

$32kg : 22.4Sm^3 = 7.6125kg : \square Sm^3$

$\square = \dfrac{22.4 \times 7.6125}{32} = 5.3287$

53

쓰레기를 압축하는 목적으로 가장 거리가 먼 것은?

① 저장이 쉽도록 한다.
② 운반비를 줄일 수 있다.
③ 부피를 감소시켜 운반이 쉽도록 한다.
④ 재활용 물질을 분리·선별할 때 쉽도록 한다.

쓰레기를 압축하면 재활용 물질을 분리 선별하기 어렵다.

54 ⭐

RDF에 대한 설명으로 틀린 것은?

① RDF는 Refues Derived Fuel의 약자이다.
② 폐기물 중의 가연성 성분만을 선별하여 함수율, 불순물, 입경 등을 조절하여 연료화시킨 것이다.
③ 부패하기 쉬운 유기물질로 구성되어 있기 때문에 수분함량이 증가하면 부패한다.
④ 시설비 및 동력비가 저렴하며, 운전이 용이하다.

시설비 및 동력비가 저렴하지 않으며, 운전이 용이하지 않다.

55 ⭐

수거대상인구가 550,000명이고, 수거실적이 220,000톤/년이라면 1인 1일 폐기물발생량(kg)은? (단, 1년 365일로 계산한다.)

① $1.1kg$
② $1.3kg$
③ $1.5kg$
④ $2.1kg$

단위에 유의한다.

1인 배출량 $= \dfrac{\text{폐기물 발생량}}{\text{인구수}}$

$= \dfrac{\dfrac{220,000ton}{yr} \times \dfrac{10^3kg}{ton} \times \dfrac{1yr}{365day}}{550,000\text{인}}$

$= 1.0958kg$

56

한 대 통과 시 소음도가 $77dB(A)$인 자동차가 동시에 두 대가 지나가면 소음도[$dB(A)$]는?

① 80
② 82
③ 83
④ 84

합성소음도 $L_t[dB(A)] = 10\log\left[\left(10^{L_1/10} + 10^{L_2/10} + \cdots\right)\right]$
$= 10\log\left[\left(10^{77/10} + 10^{77/10}\right)\right]$
$= 80.0102dB$

정답　　51 ④　52 ④　53 ④　54 ④　55 ①　56 ①

57

진동발생원의 진동을 측정한 결과 가속도진폭이 $0.02\,m/\sec^2$ 이었다. 이를 진동가속도레벨(VAL)로 나타내면 몇 dB인가?

① $57dB$　　　　② $60dB$
③ $66dB$　　　　④ $67dB$

$$VAL(dB) = 20\log\left(\frac{A}{A_r}\right)$$
$$= 20\log\left(\frac{0.02}{10^{-5}}\right) = 66.0205dB$$

A : 측정 진동가속도 실효치$(m/\sec^2)$
A_r : 기준가속도$(m/\sec^2)$

58

가청주파수의 범위로 알맞은 것은?

① $20Hz$ 이하
② $20\sim20,000Hz$
③ $20,000Hz$ 이상
④ $200kHz$ 이하

가청주파수는 사람의 귀로 들을 수 있는 음파의 주파수 범위를 뜻하며, 일반적으로 $20Hz$에서 $20,000Hz$ 정도의 범위가 해당된다.

59

발음원이 이동할 때 그 진행 방향쪽에서는 원래 발음원의 음보다 고음으로 진행 반대쪽에서는 저음으로 되는 현상을 무엇이라 하는가?

① 도플러효과
② 회절
③ 지향효과
④ 마스킹효과

② 회절 : 파동이 장애물을 만나 우회하는 현상
③ 지향효과 : 음원의 방향성 관련 현상
④ 마스킹효과 : 한 소리가 다른 소리를 덮는 현상

60 빈출

투과율이 0.05인 건축재료의 투과손실은?

① $8dB$
② $10dB$
③ $13dB$
④ $15dB$

$$TL = 10\log\left(\frac{1}{\tau}\right) = 10\log\left(\frac{I_{in}}{I_{out}}\right)$$
$$= 10\log\left(\frac{1}{0.05}\right) = 13.0102dB$$

τ : 투과율
I_{in} : 입사음의 세기
I_{out} : 투과음의 세기

01

사이클론의 집진효율에 관한 설명으로 거리가 먼 것은?

① 입자의 입경 및 밀도가 작을수록 집진효율은 감소한다.
② 함진가스의 점도와 장치의 크기가 작을수록 집진효율은 증가한다.
③ 사이클론의 반경을 크게 할수록 집진효율은 증가한다.
④ 일정 한계 내에서 함진가스의 유입속도를 크게 하면 집진효율은 증가한다.

사이클론의 반경을 작게 할수록 집진효율은 증가한다.

02

다음 중 광화학스모그 발생과 가장 거리가 먼 것은?

① 질소산화물
② 일산화탄소
③ 올레핀계 탄화수소
④ 태양광선

일산화탄소는 불완전연소 시 발생하는 1차 오염물질이다.

03 ⭐빈출

35℃ 750$mmHg$ 상태에서 NO_2 150g이 차지하는 부피(L)는?

① 약 51L
② 약 62L
③ 약 84L
④ 약 92L

1mol = g분자량 = 22.4L이므로,
NO_2 = 14 + 32 = 46g/mol

$150g \times \dfrac{1mol}{46g} \times \dfrac{22.4L_{-STP}}{1mol} \times \dfrac{(273+35)K}{273K} \times \dfrac{760mmHg}{750mmHg}$

= 83.5068L

0℃ → 35℃로 온도가 증가하였으므로 부피는 증가하며(분자에 큰 수), 1atm = 760$mmHg$에서 750$mmHg$로 압력이 감소하였으므로 부피는 증가한다(분자에 큰 수).

04 ⭐빈출

메탄(CH_4)의 고위발열량이 9,150$kcal/Sm^3$일 때, 저위발열량은?

① 9,020$kcal/Sm^3$
② 8,540$kcal/Sm^3$
③ 8,190$kcal/Sm^3$
④ 7,250$kcal/Sm^3$

$CH_4 + 2O_2 \rightarrow CO_2 + 2H_2O$

저위발열량 = 고위발열량 − 물의 증발잠열
기체연료의 저위발열량 계산식

$H_l = H_h - 480 \times \sum iH_2O$

$= 9,150 - 480 \times 2 = 8,190 kcal/Sm^3$

05 ⭐빈출

황 함유량이 3.2%인 중유 10ton을 완전연소할 때 생성되는 SO_2의 부피는? (단, 표준상태를 기준으로 하며, 중유 중의 황은 전량 SO_2로 배출된다고 가정한다.)

① 32Sm^3
② 64Sm^3
③ 140Sm^3
④ 224Sm^3

$S + O_2 \rightarrow SO_2$

$S : SO_2 = 32kg : 22.4Sm^3$

(1$kmol$ = kg분자량 = 22.4Sm^3)

㉠ 유황의 함유량 계산

$10ton \times \dfrac{10^3 kg}{ton} \times \dfrac{3.2}{100} = 320kg$

㉡ SO_2 발생량 계산

$32kg : 22.4Sm^3 = 320kg : \square Sm^3$

$\square = \dfrac{22.4 \times 320}{32} = 224$

06

대기환경보전법상 특정대기유해물질이 아닌 것은?

① 석면
② 시안화수소
③ 망간화합물
④ 사염화탄소

07

다음 대기오염물질 중 1차 생성오염물질인 것은?

① CO_2
② PAN
③ O_3
④ H_2O_2

- 1차 오염물질 : SO_x, NO_x, HC, CO_2, NH_3
- 2차 오염물질 : SO_x, NO_x, PAN, O_3, H_2O_2, $NOCl$
- 1, 2차 오염물질 : NO, NO_2, SO_2, SO_3, H_2SO_4, 알데히드류, 유기산류

08

대기환경보전법상 온실가스에 해당하지 않는 것은?

① NH_3
② CO_2
③ CH_4
④ N_2O

09

탄소 85%, 수소 13%, 황 2% 조성의 중유 $4.5kg$을 완전연소시키기 위한 이론공기량(Sm^3)은?

① 약 $33Sm^3$
② 약 $38Sm^3$
③ 약 $44Sm^3$
④ 약 $50Sm^3$

액체연료의 이론산소량(Sm^3/kg)
$= 1.867C + 5.6H + 0.7S - 0.7O$
$= 1.867 \times 0.85 + 5.6 \times 0.13 + 0.7 \times 0.02 = 2.3289 Sm^3/kg$
이론공기량 = 이론산소량 / 0.21
$$= \frac{2.3289 Sm^3}{kg} \times \frac{1}{0.21} \times 4.5kg = 49.905 Sm^3$$

10

SO_2 기체와 물이 30℃에서 평형상태에 있다. 기상에서의 SO_2 분압이 $44mmHg$일 때, 액상에서의 SO_2 농도는? (단, 30℃에서 SO_2 기체의 물에 대한 헨리상수는 $1.6 \times 10\, atm \cdot m^3/kmol$이다.)

① $2.51 \times 10^{-4} kmol/m^3$
② $2.51 \times 10^{-3} kmol/m^3$
③ $3.62 \times 10^{-4} kmol/m^3$
④ $3.63 \times 10^{-3} kmol/m^3$

$P = H \times C$
$0.0578 = 1.6 \times 10 \times C$
$C = 3.6125 \times 10^{-3} kmol/m^3$
P : 압력(atm) → $44mmHg \times \dfrac{1atm}{760mmHg} = 0.0578atm$
H : 헨리상수($atm \cdot m^3/kmol$) → $1.6 \times 10\, atm \cdot m^3/kmol$
C : 농도($kmol/m^3$)

11

원심력집진장치에서 50%의 집진율을 보이는 입자의 크기를 일컫는 용어는?

① 극한입경
② 절단입경
③ 중간입경
④ 임계입경

- 임계입경 : 100% 제거되는 입자의 최소 입경
- 절단입경 : 50% 제거되는 입자의 최소 입경

정답   06 ③   07 ①   08 ①   09 ④   10 ④   11 ②

12

에탄(C_2H_6) $1\,Sm^3$를 완전연소시킬 때, 건조배출가스 중의 $CO_{2\max}$(%)는?

① 11.7%
② 13.2%
③ 15.7%
④ 18.7%

$$CO_{2\max}(\%) = \frac{CO_2\,발생량}{건조배출가스} \times 100$$

$$C_2H_6 + 3.5O_2 \rightarrow 2CO_2 + 3H_2O$$

㉠ 이론산소량 계산

$C_2H_6 : 3.5O_2 = 1Sm^3 : \square$

$\square$(이론산소량) $= 3.5Sm^3$

㉡ 이론공기량 = 이론산소량 / 0.21

$= \dfrac{3.5}{0.21} = 16.6666Sm^3$

㉢ 건조배출가스량 = 건조연소생성물 + 이론공기 중 질소건조배출가스량

$= 2Sm^3 + 13.1666Sm^3 = 15.1666Sm^3$

• 건조연소생성물($2CO_2$) $= 2Sm^3$

$C_2H_6 : 2CO_2 = 1Sm^3 : \square$

$CO_2 = 2Sm^3$

• 이론공기 중 질소 = 이론공기 × 0.79

$= 16.6666 \times 0.79 = 13.1666Sm^3$

㉣ $CO_{2\max}(\%) = \dfrac{CO_2\,발생량}{건조배출가스} \times 100$

$= \dfrac{2}{15.1666} \times 100 = 13.1868\%$

13 ⭐빈출

상층부가 불안정하고 하층부가 안정을 이루고 있을 때, 연기의 모양은?

① 고도
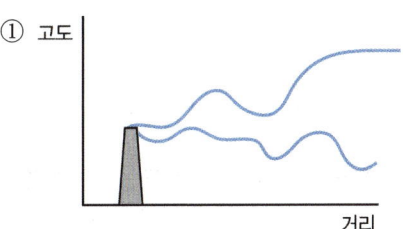
거리

② 고도
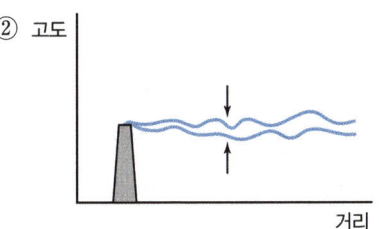
거리

③ 고도
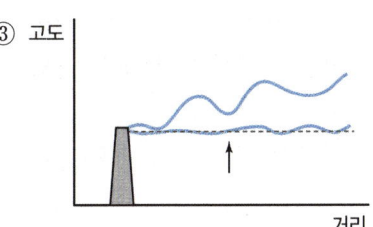
거리

④ 고도
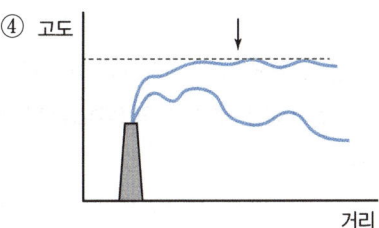
거리

① 환상형
② 부채형
③ 지붕형
④ 훈증형

14

여과집진장치의 주된 집진원리와 가장 거리가 먼 것은?

① 증습
② 관성충돌
③ 확산
④ 차단

여과집진장치의 주된 집진원리는 관성충돌, 접촉차단, 확산, 중력침강이다.

15

다음 중 기체연료의 특징으로 가장 거리가 먼 것은?

① 연료 속에 황이 포함되지 않은 것이 많다.
② 점화와 소화가 용이하다.
③ 다른 연료에 비해 연료비가 비싸며, 저장이 곤란하다.
④ 재 속의 금속산화물이 주요 장해요인으로 작용한다.

기체연료는 재가 거의 발생하지 않는다.

16 빈출

원형침전지에 유입되는 폐수의 평균유량은 $62.5 m^3/hr$이고, 월류부하를 $90 m^3/m \cdot day$로 하려면 월류위어의 (유효)길이는? (단, 24시간 연속가동기준)

① $13.67m$
② $14.44m$
③ $15.67m$
④ $16.67m$

$$월류위어부하율 = \frac{유량}{월류위어길이}$$

$$\frac{90m^3}{m \cdot day} = \frac{62.5m^3}{hr} \times \frac{24hr}{day} \times \frac{1}{\Box m}$$
$$hr \rightarrow day$$

$\Box = 16.6666$

17 빈출

$C_2H_5NO_2$ $150g$ 분해에 필요한 이론적 산소요구량(g)은? (단, 최종분해산물은 CO_2, H_2O, HNO_3이다.)

① $89g$
② $94g$
③ $112g$
④ $224g$

$C_2H_5NO_2 + 3.5O_2 \rightarrow 2CO_2 + 2H_2O + HNO_3$
$C_2H_5NO_2$ $1mol(75g)$은 O_2 $3.5mol(32 \times 3.5 = 112g)$을 필요로 한다.
$75g : 112g = 150g : \Box$
$\Box = 224g$

18

스크린 설치목적으로 가장 거리가 먼 것은?

① 슬러지 생산량 증가
② 펌프손상 방지
③ 약품처리 시 부하 감소
④ 유기물 부하 감소

스크린(주로 수처리 공정에서 사용되는 그물망 등)은 폐수 내 큰 부유물이나 고형물을 걸러내어 주로 펌프 손상 방지, 약품처리 시 부하 감소, 유기물 부하 감소 등의 목적으로 설치된다.

19 빈출

인구 5,500명이 사는 도시에 $3,500 m^3/day$의 원수를 처리하는 하수처리시설이 있다. 이 시설의 침전지의 부피가 $150 m^3$일 때, 이론적인 하수 체류시간은?

① 약 1시간
② 약 1시간 20분
③ 약 1시간 50분
④ 약 2시간 15분

$$체류시간(HRT) = \frac{부피(\forall)}{유량(Q)}$$

$$= \frac{150m^3}{\frac{3,500m^3}{day} \times \frac{day}{24hr}} = 1.0285시간$$

20 ⭐빈출

생물학적 처리공법으로 하수 내의 질소를 처리할 때, 탈질이 주로 이루어지는 공정은?

① 탈인조   ② 포기조
③ 무산소조   ④ 침전조

- 혐기조 : 인의 방출
- 무산소조 : 탈질
- 호기조 : 질산화, 인의 과잉섭취

21 ⭐빈출

$0.5M\ H_2SO_4$ $10mL$를 $1M\ NaOH$로 중화할 때 소요되는 $NaOH$의 양은?

① $5mL$ ② $10mL$
③ $15mL$ ④ $20mL$

$NV = N'\ V'$
산의 eq = 염기의 eq일 때 중화가 일어난다.
㉠ 산성 용액의 eq

$$\frac{0.5mol}{L} \times 10mL \times \frac{2eq}{1mol} \times \frac{L}{10^3mL} = 0.01eq$$

㉡ 염기성 용액의 $eq = 0.01eq$

$$\frac{1mol}{L} \times \square mL \times \frac{1eq}{1mol} \times \frac{L}{10^3mL} = 0.01eq$$

$$\square = 10$$

22

연속회분식 활성슬러지법(SBR)에 관한 설명으로 거리가 먼 것은?

① 슬러지 반송이 필요 없다
② 유입기를 혐기상태로 할 경우 용존산소가 거의 없도록 할 수 있어 포기 시 산소전달효율을 극대화 할 수 있다.
③ 반응조 일부만 사용하므로 단로(short circuiting)현상이 자주 발생하고, 침전효율은 낮다.
④ 방류수질이 기준치에 미달할 경우 처리시간을 연장할 수 있다.

SBR은 한 개의 반응조에 시간차를 두고 반응조 전부를 사용한다.

23

수질오염의 지표에서 수중의 DO농도가 증가하는 것은?

① 동물의 호흡 작용
② 불순물의 산화 작용
③ 유기물의 분해 작용
④ 조류의 광합성 작용

조류는 미세조류를 포함해 빠른 증식과 높은 광합성 효율로 대기 중 이산화탄소를 흡수하고 산소를 방출하여 생태계에서 중요한 역할을 한다.

24

어느 유역의 강우강도는 $I = 100mm/hr$로 표시되고, 유역면적 $A = 1.5km^2$에서 유출되는 유량을 합리식에 의해 예측할 때 몇 $m^3/\sec$인가? (단, 유출계수 $C = 0.5$이다.)

① 13.89   ② 17.21
③ 20.83   ④ 31.44

$$Q = \frac{1}{360} C \cdot I \cdot A$$
$$= \frac{1}{360} \times 0.5 \times 100 \times 150 = 20.8333m^3/\sec$$

Q : 유량($m^3/\sec$)
C : 유출계수
I : 강우강도(mm/hr)
A : 면적(ha)

$$1.5km^2 \times \frac{100ha}{1km^2} = 150ha$$

25

다음 오염물질에 따른 인체의 피해현상으로 가장 거리가 먼 것은?

① PCB - 황달, 피부장애
② 페놀 - 불쾌한 맛과 취기
③ 시안 - 칼슘대사장애
④ 메틸수은 - 중추신경장애

시안 - 산소결핍증상(세포호흡 방해), 호흡곤란, 의식장애 등

26

다음 중 염소살균의 가장 큰 장점은?

① 대장균을 선택적으로 살균한다.
② 낮은 농도에서도 효과적이며, 충분한 양 투여시 지속적인 살균효과를 나타낸다.
③ 독성유해화학물질도 제거할 수 있고, 특히 냄새 제거에 탁월한 효능을 나타낸다.
④ 플랑크톤 제거에 가장 효과적이다.

> 염소는 지속적인 살균효과를 나타내는 잔류성이 있다.

27 ⭐빈출

염소의 살균력에 관한 설명으로 가장 거리가 먼 것은?

① 온도가 높을수록 살균속도가 빨라진다.
② 오존은 $HOCl$보다 더 강력한 산화제이다.
③ 같은 농도의 경우 NH_2Cl이 $HOCl$보다 살균력이 강하다.
④ 같은 농도의 경우 유리잔류염소는 결합잔류염소보다 살균력이 강하다.

> 같은 농도의 경우 NH_2Cl이 $HOCl$보다 살균력이 약하다.
> 염소결합에 따른 살균강도는 $HOCl > OCl^- >$ 클로라민류 순이다.

28

경도(Hardness)에 관한 설명으로 거리가 먼 것은?

① Na^+은 농도가 높을 때는 경도와 비슷한 작용을 하여 유사경도라 한다.
② 세탁효과를 떨어뜨려 세제 소모량을 증가시킨다.
③ 2가 이상의 양이온 및 음이온 농도의 합으로 표시한다.
④ 가열하면 침전되어 제거되는 경도를 일시경도라 한다.

> 2가 이상의 양이온 농도의 합을 탄산칼슘의 상당량으로 표시한다.

29

용존산소의 용해율에 대한 설명으로 맞는 것은?

① 압력이 낮을수록 용해율 증가
② 수온이 높을수록 용해율 증가
③ 염분의 농도가 높을수록 용해율 증가
④ 물의 흐름이 난류일 때 용해율 감소

> ① 압력이 낮을수록 용해율 감소
> ② 수온이 높을수록 용해율 감소
> ④ 물의 흐름이 난류일 때 용해율 증가

30 ⭐빈출

활성슬러지공법에서 슬러지 반송의 주된 목적은?

① 영양물질 공급   ② pH 조절
③ DO 조절   ④ MLSS 조절

> 반송슬러지는 포(폭)기조 내 미생물 농도(MLSS)를 충분히 유지하여 유기물 분해와 폐수처리 효과를 극대화하는 역할을 한다. 이를 통해 처리효율이 높아지고 슬러지가 희석되는 것을 방지한다.

31

폐수처리에 있어서 활성탄은 어떤 목적으로 주로 사용되는가?

① 흡착   ② 중화
③ 침전   ④ 부유

> 활성탄은 다공성 구조와 넓은 표면적으로 인해 폐수 내 유기물, 잔류염소, 농약 등 다양한 오염물질을 효과적으로 흡착하여 제거하는데 사용된다.

32

다음 중 표준대기압($1\,atm$)이 아닌 것은?

① $760\,mmHg$ ② $14.7\,PSI$
③ $10.33\,mH_2O$ ④ $1,013\,N/m^2$

> $1\,atm = 760\,mmHg = 1,013\,mbar = 101,325\,N/m^2$
> $= 101,325\,Pa = 10.33\,mH_2O = 14.7\,PSI$

정답   26 ② 27 ③ 28 ③ 29 ③ 30 ④ 31 ① 32 ④

33 ⭐빈출

지하수의 주요 특징으로 틀린 것은?

① 유속이 대체로 느리다.
② 국지적인 환경조건의 영향이 적다.
③ 세균에 의한 유기물의 분해가 주된 생물 작용이 된다.
④ 연중 수온의 변화가 매우 적다.

국지적인 환경조건의 영향이 크다.

34 ⭐빈출

폐수처리 과정 중 응집제를 넣어 완속교반하는 주된 목적은?

① 입자를 미세하게 하기 위하여
② 크고 무거운 floc을 만들기 위해
③ 응집제와 폐수입자의 접촉을 위하여
④ 응집제를 확산시키기 위하여

완속교반은 급속교반으로 생성된 미세한 입자들이 서로 뭉쳐 큰 플록으로 성장할 수 있도록 도와주는 과정이다.

35

부유물의 농도와 부유물 입자의 특성에 따른 침전현상의 4가지 형태가 아닌 것은?

① 독립침전
② 응집침전
③ 지역침전
④ 분리침전

- Ⅰ형침전 : 독립침전, 자유침전
- Ⅱ형침전 : 응집침전, 응결침전
- Ⅲ형침전 : 방해침전, 계면침전, 지역침전
- Ⅳ형침전 : 압밀침전, 압축침전

36 ⭐빈출

쓰레기를 압축시켜 45% 용적감소율이 있었다면 압축비는?

① 1.25　　　　　② 1.54
③ 1.67　　　　　④ 1.82

$$압축비 = \frac{V_1}{V_2}$$

$$용적감소율 = \frac{V_1 - V_2}{V_1} \times 100 = \left(1 - \frac{V_2}{V_1}\right) \times 100$$

$$용적감소율 = \left(1 - \frac{1}{압축비}\right) \times 100$$

$$45 = \left(1 - \frac{1}{압축비}\right) \times 100$$

$$압축비 = \left(-\frac{45}{100} + 1\right)^{-1} = 1.8181$$

37 ⭐빈출

다음 중 효율적인 파쇄를 위해 파쇄대상물에 작용하는 힘의 종류에 해당되지 않는 것은?

① 충격력　　　　② 전단력
③ 운반력　　　　④ 압축력

폐기물 파쇄기는 일반적으로 전단식, 충격식, 압축식 파쇄기로 분류되며, 각각 전단력, 충격력, 압축력을 이용한다.

38

폐기물을 안정화 및 고형화시킬 때의 폐기물 특성으로 거리가 먼 것은?

① 오염물질의 독성 증가
② 폐기물 취급 및 물리적 특성 향상
③ 오염물질이 이동되는 표면적 감소
④ 폐기물 내에 있는 오염물질의 용해성 제한

오염물질의 독성은 감소한다.

39 ⭐빈출

다음 중 해안매립공법에 해당하는 것은?

① 셀공법　　　　② 압축매립공법
③ 박층뿌림공법　　④ 샌드위치공법

- 내륙매립공법 : 셀공법, 압축매립공법, 샌드위치공법, 도랑형공법
- 해안매립공법 : 박층뿌림공법, 순차투입법, 수중투기공법

정답　　33 ②　34 ②　35 ④　36 ④　37 ③　38 ①　39 ③

40 빈출

다음 중 고체 폐기물의 파쇄 목적이 아닌 것은?

① 겉보기 밀도의 증가
② 입자크기의 균질화
③ 소각 시 연소촉진
④ 비표면적 감소

비표면적 증가

41

폐기물의 성상분석 및 시료채취에 대한 설명으로 가장 거리가 먼 것은?

① 폐기물 분석에는 많은 노력과 시간이 요구되며, 적어도 계절별로 1회씩 연 4회 측정이 필요하다.
② 수분의 평균값을 알기 위해서는 비오는 날의 수집은 피하는 것이 바람직하다.
③ 1회의 시료채취는 쓰레기의 축소작업 개시부터 24시간 이후에 완료하는 것이 바람직하다.
④ 수집운반차로부터 가능한 한 대표적인 시료채취를 위하여 무작위 채취방식을 택하여야 한다.

1회의 시료채취는 쓰레기의 축소작업 개시부터 가능한 빠르게(일반적으로 30분 이내) 완료하는 것이 바람직하다.

42

밀도가 $350 kg/m^3$인 폐기물의 가연 성분이 무게비로 35%였다. 이 폐기물 $6m^3$ 중에 포함되어 있는 가연성 물질의 양은?

① $735 kg$
② $1,175 kg$
③ $1,225 kg$
④ $1,317 kg$

단위에 유의한다.

$$6m^3 \times \frac{350kg}{m^3} \times \frac{35}{100} = 735kg$$
$$m^3 \to kg \quad 폐기물 \to 가연성$$

43 빈출

A도시 지역의 쓰레기 수거량은 $4,500,000 ton/yr$이다. 이 쓰레기를 6,000명의 인부가 수거한다면 수거능력은? (단, 1일 작업시간은 8시간, 1년 작업일수는 300일이다.)

① $2.8 MHT$
② $3.0 MHT$
③ $3.2 MHT$
④ $3.8 MHT$

$$MHT = \frac{Man \times Hr}{Ton}$$
$$= 6,000인 \times \frac{8hr}{day} \times \frac{300day}{yr} \times \frac{yr}{4,500,000ton}$$
$$= 3.2 man \cdot hr/ton$$

44 빈출

이론공기량이 $6.5 Sm^3/kg$이고 공기비가 1.2일 때 실제로 공급된 공기량은?

① $4.3 Sm^3/kg$
② $5.4 Sm^3/kg$
③ $7.8 Sm^3/kg$
④ $8.3 Sm^3/kg$

실제공기량 = 이론공기량 × 과잉공기비
= 6.5 × 1.2 = $7.8 Sm^3/kg$

45

폐기물의 퇴비화에 대한 설명으로 옳지 않은 것은?

① 퇴비화의 주요 목적은 폐기물 중에 함유된 분해 가능한 유기물질을 생물학적으로 안정시키고 비료 및 토양개량제로 사용할 수 있게 하는 것이다.
② 퇴비화 공정은 유기성 폐기물의 호기성 산화분해가 주 과정으로 여러 종류의 중온 및 고온성 미생물이 관여한다.
③ 퇴비화가 완성되면 악취가 없는 안정한 유기물로 병원균이 거의 없으며, 토양 중의 여러 가지 양이온을 흡착할 수 있는 능력이 증가한다.
④ 퇴비화 과정은 호기성 분해가 일어나므로 공기를 공급하여 일반적으로 3~4시간 이내에 완성된다.

퇴비화 과정은 혐기성 분해가 일어난다.

정답   40 ④   41 ③   42 ①   43 ③   44 ③   45 ④

46

상부에서는 부유물의 침전이 일어나고, 하부에서는 침전물의 혐기성 소화가 하나의 탱크에서 이루어지는 소규모 분뇨처리시설은? (단, 상부와 하부는 분리되어 있으나, 개구가 있어 폐수로 채워진다.)

① 원심분리탱크　　② 저류탱크
③ 임호프탱크　　　④ 활성슬러지조

임호프탱크는 상부에 침전조가 있어서 부유물을 침전시키고, 하부에는 침전된 슬러지를 혐기성 미생물에 의한 소화가 발생하는 구조이다. 상부와 하부는 분리되어 있으나 폐수로 연결된 개구가 있어 유체가 왕복 순환할 수 있다. 소규모 분뇨처리에 적합하며 이러한 구조적 특징 때문에 분뇨 및 오염물질 분리와 소화를 동시에 수행하는 데 사용된다.
① 원심분리탱크는 원심력을 이용한 분리장치
② 저류탱크는 단순 저장목적
④ 활성슬러지조는 미생물 활성화에 의한 생물학적 처리공정

47

다음 중 로타리킬른 방식의 장점으로 거리가 먼 것은?

① 드럼이나 대형용기를 파쇄하지 않고 그대로 투입할 수 있다.
② 예열이나 혼합 등 전처리가 거의 필요 없다.
③ 열효율이 높고, 적은 공기비로도 완전연소가 가능하다.
④ 습식가스 세정시스템과 함께 사용할 수 있다.

습식가스 세정시스템과 함께 사용할 수 없으며, 주로 건식으로 사용한다.

48

생슬러지 등을 pH 12 이상에서 3시간 정도 접촉하여 미생물이 생존할 수 없게 하고, 부패, 냄새 발생, 보건상의 위험을 감소시키는 화학적 안정화방법은?

① 염소산화안정화　　② 석회안정화
③ 열접촉안정화　　　④ 촉매안정화

① 염소산화안정화는 염소를 이용한 산화 및 미생물 사멸방법이다.
③ 열접촉안정화는 고온·고압 환경에서 미생물과 유기물 안정화를 진행한다.
④ 촉매안정화는 촉매를 활용하여 화학적 분해를 촉진하는 방법이다.

49

다음 중 폐기물 중간처리공정에 해당하지 않는 것은?

① 압축
② 파쇄
③ 선별
④ 매립

매립은 최종처리공정이다.

50 ⭐

인구 750명인 마을에서 적재함의 부피가 $5m^3$인 차량으로 7일 동안 쓰레기를 4회 수거하였다. 적재 시의 쓰레기 밀도가 $0.5 \, ton/m^3$이면, 이 마을의 1인 1일 쓰레기 발생량은?

① $1.2kg/$인·일
② $1.9kg/$인·일
③ $2.2kg/$인·일
④ $2.5kg/$인·일

1인 1일 쓰레기 발생량을 산정하기 위해 $kg/$인·일의 단위에 유의한다.

$$\frac{5m^3 \times 4회}{7일} \times \frac{0.5ton}{m^3} \times \frac{10^3 kg}{1ton} \times \frac{1}{750인} = 1.9047kg/인·일$$
$$m^3 \rightarrow ton \quad ton \rightarrow kg$$

51 ⭐

다음 중 분뇨의 특성으로 가장 거리가 먼 것은?

① 고농도 유기물을 함유하며, 고액분리가 쉽다.
② 분과 뇨의 구성비는 약 1 : 8~10 정도이고, 질소화합물의 함유형태는 분의 경우 VS의 12~20% 정도이다.
③ 하수슬러지에 비해 염분 및 질소 농도가 높은 편이다.
④ 토사 및 협잡물을 다량 함유한다.

고농도 유기물을 함유하며, 고액분리가 어렵다.

정답　　46 ③　47 ④　48 ②　49 ④　50 ②　51 ①

52 빈출

고형물 함량이 5%인 액상 폐기물 $1,000kg$을 증발 농축시켜 고형물 함량을 30%로 했을 경우 제거해야 할 수분은? (단, 비중은 모두 1.0 기준)

① 약 $672kg$
② 약 $744kg$
③ 약 $833kg$
④ 약 $880kg$

$SL_1(1-X_1) = SL_2(1-X_2)$
$1,000kg(1-0.95) = SL_2(1-0.7)$
$SL_2 = 166.6666kg$
증발시켜야 할 수분 $= SL_1 - SL_2 = 1,000 - 166.6666$
$= 833.3334kg$

53 빈출

다음 중 퇴비화의 최적조건으로 가장 적합한 것은?

① 수분 50~60%, pH 5.5~8 정도
② 수분 50~60%, pH 8.5~10 정도
③ 수분 80~85%, pH 5.5~8 정도
④ 수분 80~85%, pH 8.5~10 정도

폐기물의 퇴비화의 최적 조건
㉠ 온도 : 50~60℃
㉡ 수분 : 50~60%
㉢ C/N 비율 : 25~50
㉣ pH : 5.5~8

54

다음 중 슬러지 건조 시 가장 늦게 증발되는 수분형태는?

① 간극모관결합수
② 내부수
③ 표면부착수
④ 모관결합수

간극수 → 모관결합수 → 표면부착수 → 내부수 순서로 증발된다.

55 빈출

주로 사업장 폐기물의 발생량을 추산할 때 이용하는 방법으로 원료물질의 유입과 생산물질의 유출 관계를 근거로 계산하는 방법은?

① 직접계근법
② 성분분석법
③ 물질수지법
④ 적재차량계수법

① 직접계근법 : 쓰레기를 실제로 저울에 달아서 중량을 정확하게 측정하는 방법으로, 가장 정확하지만 비용과 시간이 많이 든다.
④ 적재차량계수법 : 쓰레기의 발생량을 산정하는 방법 중 일정기간 동안 특정지역의 쓰레기 수거차량의 대수를 조사하여 이 값에 밀도를 곱하여 중량으로 환산하는 방법이다.

56

다음 중 다공질 흡음제가 아닌 것은?

① 암면
② 비닐시트
③ 유리솜
④ 폴리우레탄폼

다공질 흡음제는 표면과 내부에 미세한 구멍이 있어서 음파가 그 틈 사이의 공기로 전파되면서 벽과의 마찰이나 점성저항으로 음의 일부가 열로 변환되어 소멸되는 재료를 말한다. 대표적인 다공질 흡음제에는 암면, 유리솜, 폴리우레탄폼 등이 포함된다.

57

음파가 난입사하고 질량법칙이 적용되는 경우, 교실의 단일벽 면밀도가 $330kg/m^2$이면, $0.15kHz$에서의 투과손실은?
[단, $TL(dB) = 18\log(m \cdot f) - 44$ 적용]

① $26.6dB$
② $36.6dB$
③ $40.5dB$
④ $56.6dB$

$TL = 18\log(m \cdot f) - 44$
$= 18\log(330 \times 150) - 44 = 40.5028dB$
m : 면밀도(kg/m^3)
f : 주파수$(Hz) \rightarrow 0.15kHz = 150Hz$

58

레이노씨 현상(Raynaud's Phenome non)은 주로 어떤 원인으로 인해 발생하는가?

① 소음
② 진동
③ 빛
④ 먼지

> 레이노씨 현상(Raynaud's Phenomenon)은 주로 "진동"에 의한 외상과 손가락, 발가락 등 말초혈관이 추위나 스트레스 등에 과민반응을 보이며 발작적으로 혈관이 수축하는 현상으로 알려져 있다. 특히 진동에 의한 외상이 대표적인 유발 원인 중 하나로 꼽힌다.

59

정재파관내법을 사용하여 시료의 흡음성능을 측정하였더니 1,000 Hz, 순음인 sine파의 정재파비가 1.5이었다면, 이 흡음재의 흡음률은 얼마인가?

① 0.86
② 0.90
③ 0.92
④ 0.96

> $$a_t = \frac{4n}{(1+n)^2}$$
> $$= \frac{4 \times 1.5}{(1+1.5)^2} = 0.96$$
> n : 정재파비

60

진동측정에 사용되는 용어의 정의로 틀린 것은?

① 배경진동 : 한 장소에 있어서의 특정의 진동을 대상으로 생각할 경우 대상진동이 없을 때 그 장소의 진동을 대상진동에 대한 배경진동이라 한다.
② 정상진동 : 시간적으로 변동하지 아니 하거나 또는 변동폭이 작은 진동을 말한다.
③ 측정진동레벨 : 대상진동레벨에 관련 시간대에 대한 평가진동레벨 발생시간의 백분율, 시간별, 지역별 등의 보정치를 보정한 후 얻어진 진동레벨을 말한다.
④ 충격진동 : 단조기의 사용, 폭약의 발파시 등과 같이 극히 짧은 시간 동안에 발생하는 높은 세기의 진동을 말한다.

> **평가진동레벨**
> 대상진동레벨에 관련 시간대에 대한 평가진동레벨 발생시간의 백분율, 시간별, 지역별 등의 보정치를 보정한 후 얻어진 진동레벨을 말한다.

01

대기오염공정시험기준상 굴뚝 배출가스 중 질소산화물을 분석하는데 사용되는 방법은?

① 아연환원 나프틸에틸렌다이아민법
② 중화적정법
③ 침전적정법
④ 아르세나조Ⅲ법

- 황산화물 분석방법 : 침전적정법(아르세나조Ⅲ법), 자동측정법
- 질소산화물 분석방법 : 자동측정법, 아연환원 나프틸에틸렌다이아민법

02 빈출

다음 중 연소 시 질소산화물의 저감방법으로 가장 거리가 먼 것은?

① 배출가스 재순환
② 2단연소
③ 과잉공기량 증대
④ 연소부분 냉각

공급공기량의 증대는 일정구간에서 질소산화물의 발생을 촉진시킨다.

03 빈출

흡수장치의 흡수액이 갖추어야 할 조건으로 옳지 않은 것은?

① 용해도가 작아야 한다.
② 점성이 작아야 한다.
③ 휘발성이 작아야 한다.
④ 화학적으로 안정해야 한다.

용해도가 커야 한다.

04 빈출

흡수법을 사용하여 오염물질을 제거하고자 한다. 헨리법칙에 가장 잘 적용되는 물질과 가장 거리가 먼 것은?

① NO_2　　　　② CO
③ SO_2　　　　④ NO

헨리의 법칙을 적용하기 어려운 기체는 친수성기체이다.
- 난용성기체 : CO, NO, O_2, NO_2
- 친수성기체 : HF, HCl, SO_2

05 빈출

탄소 $18kg$이 완전연소하는데 필요한 이론공기량(Sm^3)은?

① 107　　　　② 160
③ 203　　　　④ 208

$$C + O_2 \rightarrow CO_2$$
㉠ 이론산소량 계산
$$12kg : 22.4Sm^3 = 18kg : \square$$
$(1kmol = kg분자량 = 22.4Sm^3)$
$$\square = 33.6Sm^3$$
㉡ 이론공기량 계산
$$33.6Sm^3 \times \frac{1}{0.21} = 160\,Sm^3$$
산소 → 공기

06

다음 중 압력손실이 가장 큰 집진장치는?

① 중력집진장치　　　　② 전기집진장치
③ 원심력집진장치　　　　④ 벤츄리스크러버

벤츄리스크러버의 압력손실은 $300 \sim 800\,mmH_2O$로 가장 크기 때문에 가스속도를 매우 높게 운전해야 처리가 가능하다.

 정답　　01 ①　02 ③　03 ①　04 ④　05 ②　06 ④

07

다음 중 연료 탄수소비(C/H)가 가장 작은 연료는?

① 중유
② 휘발유
③ 경유
④ 등유

> 탄수소비(C/H) 순서 : 중유 > 경유 > 등유 > 휘발유

08 ⭐빈출

런던스모그와 로스엔젤레스스모그에 대한 비교로 옳지 않은 것은?

	항목	런던스모그	LA스모그
①	발생시 기온	기온 4℃ 이하	24~32℃
②	발생시 습도	85% 이상	70% 이하
③	발생 시간	이른 아침	한 낮
④	발생한 달	7~9월	12월~1월

> 런던스모그는 겨울인 12월~1월에 발생하였고 LA스모그는 여름인 7~9월에 발생하였다.

09 ⭐빈출

흡착법에 관한 설명으로 옳지 않은 것은?

① 물리적 흡착은 Van der Waals 흡착이라고도 한다.
② 물리적 흡착은 낮은 온도에서 흡착량이 많다.
③ 화학적 흡착인 경우 흡착과정이 주로 가역적이며 흡착제의 재생이 용이하다.
④ 흡착제는 단위질량당 표면적이 큰 것이 좋다.

> 물리적 흡착인 경우 흡착과정이 주로 가역적이며, 흡착제의 재생이 용이하다.

10 ⭐빈출

측정하고자 하는 입자와 동일한 침강속도를 가지며 밀도가 $1g/m^3$인 구형입자로 정의되는 직경은?

① 마틴 직경
② 등속도 직경
③ 스토크스 직경
④ 공기역학 직경

> ① 마틴 직경(Martin Diameter) : 입자의 투영면적을 2등분하는 선의 길이로, 입자의 투영면적을 반으로 나누는 가상의 직선길이이다.
> ③ 스토크스 직경(Stokes Diameter) : 입자와 동일한 침강속도 및 밀도를 가진 구형입자의 직경을 의미하며, 입자의 실제밀도와 침강속도를 고려하여 정의한다.

11

상온에서 무색투명하고 일반적으로 불쾌한 자극성 냄새를 내는 액체이며 끓는점은 46.45℃($760mmHg$)이고 인화점은 –30℃ 정도인 것은?

① SO_2
② HF
③ Cl_2
④ CS_2

> 이황화탄소(CS_2)는 인화점이 매우 낮아 연소가 쉽다. 분자량은 76으로 공기보다 약 2.64배 무겁다.

12

과잉공기비 m을 크게($m > 1$)하였을 때의 연소 특성으로 옳지 않은 것은?

① 연소가스 중 CO 농도가 높아져 산업공해의 원인이 된다.
② 통풍력이 강하여 배기가스에 의한 열손실이 크다.
③ 배기가스의 온도저하 및 SO_x, NO_x 등의 생성물이 증가한다.
④ 연소실의 냉각효과를 가져온다.

> 과잉공기비 m을 작게($m < 1$) 하였을 경우 연소가스 중 CO 농도가 높아져 산업공해의 원인이 된다.

정답 07 ② 08 ④ 09 ③ 10 ④ 11 ④ 12 ①

13

여과집진장치에 사용되는 다음 여포재료 중 가장 높은 온도에서 사용이 가능한 것은?

① 목면
② 양모
③ 카네카론
④ 글라스화이버

① 목면 : 80℃
② 양모 : 80℃
③ 카네카론 : 100℃
④ 글라스화이버 : 250℃

14 빈출

중력집진장치의 효율향상 조건이라 볼 수 없는 것은?

① 침강실 내의 처리가스 속도를 작게 한다.
② 침강실 내의 배기가스 기류를 균일하게 한다.
③ 침강실의 높이는 작고, 길이는 길게 한다.
④ 침강실의 Blow down 효과를 유발하여 난류현상을 유발한다.

원심력집진장치는 침강실의 Blow down 효과를 유발하여 난류현상을 유발한다.

15

SO_2의 1일 평균농도는 0℃, $1atm$에서 $100\mu g/Sm^3$이다. ppm으로 환산하면 얼마인가? (단, SO_2의 분자량 : 64)

① 0.035
② 0.35
③ 3.5
④ 35

기체의 ppm은 mL/Sm^3를 의미한다.
$1mol$ = g분자량 = $22.4L$ 이므로,

$$\dfrac{100\mu g \times \dfrac{g}{10^6 \mu g} \times \dfrac{22.4L}{64g} \times \dfrac{10^3 mL}{L}}{Sm^3} = 0.035\,mL/Sm^3$$

16

침전지 유입부에 설치하는 정류판(baffle)의 기능으로 가장 적합한 것은?

① 침전지 유입수의 균일한 분배와 분포
② 침전지 내의 침사물 수집
③ 바람을 막아 표면난류 방지
④ 침전 슬러지의 재부상 방지

정류판은 침전지로 유입되는 유체의 흐름을 균일하게 해주는 역할을 한다.

17 빈출

BOD $400mg/L$, 유량 $3,000m^3/day$인 폐수를 MLSS $3,000mg/L$인 포기조에서 체류시간을 8시간으로 운전하고자 한다. 이때 F/M비(BOD-MLSS 부하)는?

① 0.2
② 0.4
③ 0.6
④ 0.8

F/M비 : $L_s(kg\,BOD/kg\,MLSS \cdot day)$

$$L_s = \dfrac{Q \times BOD_{in}}{X \times \forall}$$

$$= \dfrac{3,000 \times 400}{3,000 \times 1,000} = 0.4\,kg\,BOD/kg\,MLSS \cdot day$$

여기서,

L_s : $kg\,BOD/kg\,MLSS \cdot day$

Q : $3,000m^3/day$

BOD_{in} : $400mg/L$

$X(MLSS)$: $3,000mg/L$

$\forall$ (부피) : $m^3 \rightarrow \forall = Q \times HRT$

$$= \dfrac{3,000m^3}{day} \times 8hr \times \dfrac{day}{24hr}$$

$$= 1,000m^3$$

18

다음 중 적조현상을 발생시키는 주된 원인물질은?

① Cd ② P

③ Hg ④ Cl

적조현상은 부영양화 현상으로 인해 발생되며, 부영양화 현상의 주된 원인물질은 질소와 인이다.

19

다음 수처리공정 중 스톡스(Stokes)법칙이 가장 잘 적용되는 공정은?

① 1차소화조 ② 1차침전지

③ 살균조 ④ 포기조

스톡스법칙은 부유 입자가 유체 내에서 침전할 때 입자의 침전속도를 예측하는 법칙으로, 주로 입자의 크기, 입자와 액체의 밀도 차, 액체의 점성 등의 영향을 받는다.
따라서 입자가 침전하는 공정, 즉 입자가 비교적 독립적으로 가라앉는 침전지에서 스톡스법칙이 잘 적용된다.

20 ⭐빈출

$C_2H_5NO_2$ 150g 분해에 필요한 이론적 산소요구량(g)은? (단 최종분해산물은 CO_2, H_2O, HNO_3이다.)

① 89g ② 94g

③ 112g ④ 224g

$C_2H_5NO_2 + 3.5O_2 \rightarrow 2CO_2 + 2H_2O + HNO_3$
$C_2H_5NO_2$ 1mol(75g)은 O_2 3.5mol($32 \times 3.5 = 112g$)을 필요로 한다.
$75g : 112g = 150g : \square$
$\square = 224g$

21 ⭐빈출

wipple이 구분한 하천의 자정작용 단계 중 용존산소의 농도가 아주 낮거나 때로는 거의 없어 부패상태에 도달하게 되는 지대는?

① 정수지대 ② 회복지대

③ 분해지대 ④ 활발한 분해지대

Whipple이 구분한 하천 자정작용 4단계의 각 단계별 특징

㉠ 분해지대
• 오염물이 유입되는 하류지역으로, 물의 물리적·화학적 성질이 저하되고 용존산소(DO)가 감소한다.
• 오염에 약한 고등생물은 줄고 오염에 강한 미생물, 특히 Fungi(균류)가 증가한다.
• 유기성 부유물 침전과 CO_2 증가가 나타난다.

㉡ 활발한 분해지대
• DO가 거의 없거나 매우 낮아 혐기성 분해가 활발하게 일어난다.
• 부패상태에 도달하며 악취를 유발하는 H_2S, NH_3 등이 발생한다.
• 호기성 미생물은 사라지고 혐기성 미생물로 대체된다.

㉢ 회복지대
• 유기물이 고갈되고 DO가 다시 증가하면서 물이 점차 깨끗해지는 단계이다.
• 혐기성 미생물에서 다시 호기성 미생물로 전환되며, 조류가 번성한다.
• 아질산염과 질산염 형태의 질소 화합물이 존재하고, 원생동물 및 물고기 등의 생물이 서식하기 시작한다.

㉣ 정수지대
• 하천이 거의 오염되지 않은 상태처럼 DO가 정상화되고 BOD가 감소한다.
• 호기성 세균이 번성하며 청정한 물고기들이 다시 서식한다.
• 수질이 가장 깨끗하고 안정된 상태이다.

22

$Cr_2O_7^{2-}$ 이온에서 크롬(Cr)의 산화수는?

① -5 ② -6

③ +5 ④ +6

산화수 규칙을 이용하면,
$Cr_2O_7^{2-} : 2 \times Cr + (-2) \times 7 = -2$
$Cr : +6$

23

침진지 또는 농축조에서 설치된 스크레이퍼의 사용목적으로 가장 적합한 것은?

① 침전물을 부상시키기 위해서
② 스컴(Scum)을 방지하기 위해서
③ 슬러지(Sludge)를 혼합하기 위해서
④ 슬러지(Sludge)를 끌어 모으기 위해서

> 스크레이퍼는 침전조 바닥에 가라앉은 슬러지를 중앙으로 끌어모아 회수하는 장치로, 슬러지 제거효율을 높이는 역할을 한다.

24

다음 중 물질 순환속도가 가장 느린 것은?

① 망간
② 탄소
③ 수소
④ 산소

> 탄소, 산소, 수소는 생물학적 및 대기권, 수권에서의 빠른 화학적 반응 및 생물 순환 때문에 빠른 순환속도를 가진다.

25 ⭐빈출

A공장의 BOD 배출량은 400인의 인구당량에 해당한다. A공장의 폐수량이 $200 m^3/day$일 때 이 공장폐수의 BOD(mg/L) 값은? (단, 1인이 하루에 배출하는 BOD는 $50g$이다.)

① 100
② 150
③ 200
④ 250

> $$농도 = \frac{용질의 양}{용액의 양} = \frac{총량}{유량}$$
>
> $$= \frac{\dfrac{50g}{day} \times 400인}{\dfrac{200m^3}{day}} = \frac{100g}{m^3} \times \frac{10^3 mg}{1g} \times \frac{1m^3}{10^3 L}$$
>
> 농도 $g \to mg$ $m^3 \to L$
>
> $= 100 mg/L$
>
> ㉠ 유량 $= 200 m^3/day$
> ㉡ 총량
> $$\frac{50g}{인 \cdot day} \times 400인 = 20,000 g/day$$

26 ⭐빈출

다음 중 6가 크롬(Cr^{6+}) 함유 폐수를 처리하기 위한 가장 적합한 방법은?

① 아말감법
② 환원침전법
③ 오존산화법
④ 충격법

> 6가 크롬 환원침전법은 독성이 강한 6가 크롬(Cr^{6+})을 독성이 적은 3가 크롬(Cr^{3+})으로 환원시킨 후 침전시켜 제거하는 방법이다. 이 과정은 주로 산성조건$(pH~3~이하)$에서 이루어지며, 환원제로는 황산제1철$(FeSO_4)$, 아황산가스(SO_2), 아황산나트륨$(Na_2S_2O_5)$ 등이 사용된다. 6가 크롬이 3가 크롬으로 환원되면 중화과정을 거쳐 수산화크롬$[Cr(OH)_3]$ 형태로 침전되어 물리적으로 제거하기 쉽다.

27 ⭐빈출

폐수 중의 오염물질을 제거할 때 부상이 침전보다 좋은 점을 설명한 것으로 가장 적합한 것은?

① 침전속도가 느리고 작거나 가벼운 입자를 짧은 시간 내에 분리시킬 수 있다.
② 침전에 의해 분리되기 어려운 유해 중금속을 효과적으로 분리시킬 수 있다.
③ 침전에 의해 분리되기 어려운 색도 및 경도 유발물질을 효과적으로 분리시킬 수 있다.
④ 침전에 의해 분리되기 어려운 색도 및 경도 유발물질을 효과적으로 분리시킬 수 있다.

> 부상은 미세한 공기방울과 함께 가벼운 부상성 입자를 물 표면으로 띄워 제거하는 방식으로, 침전이 어려운 작고 가벼운 오염물질을 효과적으로 분리할 수 있다. 침전은 무거운 입자를 가라앉히는 데 효과적이다.

28

다음 폐수처리공법 중 고액분리방법과 가장 거리가 먼 것은?

① 부상분리법
② 전기투석법
③ 스크리닝
④ 원심분리법

> | 불용해성 성분의 분리 | 부상분리법, 스크리닝, 원심분리법, 침전, 침사 |
> | --- | --- |
> | 용해성 성분의 분리 | 전기투석법, 활성탄처리법, 오존산화법 |

정답   23 ④ 24 ① 25 ① 26 ② 27 ① 28 ②

29 ⭐

명반(alum)을 폐수에 첨가하여 응집처리할 때, 투입조에 약품 주입 후 응집조에서 완속교반을 행하는 주된 목적은?

① 명반이 잘 용해되도록 하기 위해
② floc과 공기와의 접촉을 원활히 하기 위해
③ 형성되는 floc을 가능한 한 뭉쳐 밀도를 키우기 위해
④ 생성된 floc을 가능한 한 미립자로 하여 수량을 증가 시키기 위해

완속교반은 급속교반으로 생성된 미세한 입자들이 서로 뭉쳐 큰 플록으로 성장할 수 있도록 도와주는 과정이다.

30 ⭐

액체염소의 주입으로 생성된 유리염소, 결합잔류염소의 살균력의 크기를 바르게 나열한 것은?

① $HOCl$ > Chloramine > OCl^-
② OCl^- > $HOCl$ > Chloramine
③ $HOCl$ > OCl^- > Chloramine
④ OCl^- > Chloramine > $HOCl$

HOCl > OCl^- > 클로라민류의 순이다.

31 ⭐

A침전지가 $6,000m^3/day$의 하수를 처리한다. 유입수의 SS 농도가 $150mg/L$, 유출수의 SS 농도가 $90mg/L$이라면 이 침전지의 SS 제거율(%)은?

① 60%
② 50%
③ 40%
④ 30%

$$\eta = \left(1 - \frac{C_{out}}{C_{in}}\right) \times 100$$
$$= \left(1 - \frac{90}{150}\right) \times 100 = 40\%$$

32 ⭐

함수율 98%(중량)의 슬러지를 농축하여 함수율 94%(중량)인 농축 슬러지를 얻었다. 이때 슬러지의 용적은 어떻게 변화되는가? (단, 슬러지 비중은 모두 1.0으로 가정한다.)

① 원래의 1/2
② 원래의 1/3
③ 원래의 1/6
④ 원래의 1/9

$$SL_1(1-X_1) = SL_2(1-X_2)$$
$$SL_1(1-0.98) = SL_2(1-0.94)$$
$$\frac{SL_2}{SL_1} = \frac{1-0.98}{1-0.94} = \frac{1}{3}$$

33

폐수처리에서 여과공정에 사용되는 여재로 가장 거리가 먼 것은?

① 모래
② 무연탄
③ 규조토
④ 유리

① 모래 : 전통적으로 가장 널리 쓰이는 여과재로, 입자가 일정하고 내구성이 좋아 부유물질 제거에 효과적이다.
② 무연탄 : 활성탄과 유사한 성질로 미세한 입자 제거와 유기물 흡착에 적합하다.
③ 규조토 : 미세한 다공성 구조로 부유물질과 유기물 제거에 적합하며 여과재로 널리 사용된다.
④ 유리 : 일반적인 폐수여과 공정에서 여재로 사용하는 경우는 드물고, 주로 여과막이나 특수 필터 재료로 사용되며, 직접적인 다공성 여재로는 적합하지 않다.

34

4℃에서 순수한 물의 밀도는 $1g/cm^3$이다. 이때 물 $1L$의 질량은 얼마인가?

① $1g$
② $10g$
③ $100g$
④ $1,000g$

밀도 $= \dfrac{질량}{부피}$ → 질량 = 밀도 × 부피

$$\frac{1g}{cm^3} \times \frac{cm^3}{mL} \times \frac{10^3 mL}{L} \times 1L = 1,000g$$

35

침출수 내 난분해성 유기물을 펜턴산화법에 의해 처리하고자 할 때, 사용되는 시약의 구성으로 옳은 것은?

① 과산화수소 + 철
② 과산화수소 + 구리
③ 질산 + 철
④ 질산 + 구리

> 펜턴반응은 펜턴시약(과산화수소+철염)을 이용한 난분해성 유기물질의 산화반응이다.

36

다음 〈보기〉 중 물리적 흡착의 특징을 모두 고른 것은?

─────[보기]─────
㉠ 흡착과 탈착이 비가역적이다.
㉡ 온도가 낮을수록 흡착량이 많다.
㉢ 흡착이 다층(multi-layers)에서 일어난다.
㉣ 분자량이 클수록 잘 흡착된다.

① ㉠, ㉡
② ㉡, ㉣
③ ㉠, ㉡, ㉢
④ ㉡, ㉢, ㉣

> 물리적 흡착은 흡착과 탈착이 가역적이다.

37

슬러지를 농축시킴으로써 얻는 이점으로 가장 거리가 먼 것은?

① 소화조 내에서 미생물과 양분이 잘 접촉할 수 있으므로 효율이 증대된다.
② 슬러지 개량에 소모되는 약품이 적게 든다.
③ 후속처리시설인 소화조 부피를 감소시킬 수 있다.
④ 난분해성 중금속이 완전 제거가 용이하다.

> 슬러지를 농축시킴으로써 난분해성 중금속이 완전 제거되지 않는다.

38

합성차수막 중 PVC의 장점으로 가장 거리가 먼 것은?

① 작업이 용이하다.
② 강도가 높다.
③ 접합이 용이하다.
④ 자외선, 오존, 기후에 강하다.

> PVC는 자외선, 오존, 기후에 약하다.

39

압축비 1.67로 쓰레기를 압축하였다면 압축 전과 압축 후의 체적감소율은 몇 %인가? (단, 압축비는 V_i / V_f 이다.)

① 30.12
② 40.12
③ 50.12
④ 60.12

> 압축비 $= \dfrac{V_1}{V_2}$
>
> 체적감소율 $= \dfrac{V_1 - V_2}{V_1} \times 100 = \left(1 - \dfrac{V_2}{V_1}\right) \times 100$
>
> $= \left(1 - \dfrac{1}{1.67}\right) \times 100 = 40.1197\%$

40

소각시설의 연소온도를 높이기 위한 방법으로 옳지 않은 것은?

① 발열량이 높은 연료사용
② 공기량의 과다주입
③ 연료의 예열
④ 연료의 완전연소

> 공기량의 과다주입은 연소실의 냉각효과를 가져올 수 있다.

41

다음 중 로타리킬른 방식의 장점으로 거리가 먼 것은?

① 열효율이 높고, 적은 공기비로도 완전연소가 가능하다.
② 예열이나 혼합 등 전처리가 거의 필요 없다.
③ 드럼이나 대형용기를 파쇄하지 않고 그대로 투입할 수 있다.
④ 공급장치의 설계에 있어서 유연성이 있다.

> 열효율이 낮고, 적은 공기비로 완전연소가 어렵다.

42 ⭐빈출

폐기물 발생량의 산정방법으로 가장 거리가 먼 것은?

① 적재차량계수분석
② 직접계수법
③ 간접계수법
④ 물질수지법

> ① 적재차량계수분석 : 쓰레기의 발생량을 산정하는 방법 중 일정 기간 동안 특정지역의 쓰레기 수거차량의 대수를 조사하여 이 값에 밀도를 곱하여 중량으로 환산하는 방법이다.
> ② 직접계수법 : 쓰레기를 실제로 저울에 달아서 중량을 정확하게 측정하는 방법으로, 가장 정확하지만 비용과 시간이 많이 든다.
> ④ 물질수지법 : 특정 공정이나 시설에서 출입하는 물질의 양을 질량보존법칙(물질수지식)에 따라 계산하여 배출량을 산정하는 방법이다.

43 ⭐빈출

다음 중 해안매립공법에 해당하는 것은?

① 셀공법
② 도랑형공법
③ 순차투입공법
④ 샌드위치공법

> • 내륙매립공법 : 셀공법, 압축매립공법, 샌드위치공법, 도랑형공법
> • 해안매립공법 : 박층뿌림공법, 순차투입법, 수중투기공법

44

폐기물 시료 $100kg$를 달아 건조시킨 후의 시료 중량을 측정하였더니 $40kg$이었다. 이 폐기물의 수분함량($W/W, \%$)은?

① 40%
② 50%
③ 60%
④ 80%

> 건조과정을 거쳐 수분이 증발하였으므로 건조 전후의 무게차를 이용하여 계산한다.
> $$\frac{100-40}{100} \times 100 = 60\%$$

45 ⭐빈출

폐기물을 파쇄하는 이유로 옳지 않은 것은?

① 겉보기 밀도의 증가
② 고체의 치밀한 혼합
③ 부식효과 방지
④ 비표면적의 증가

> 파쇄처리를 하면 공기와 맞닿는 면적이 늘어나 부식은 촉진된다.

46

다음 중 유기성 폐기물의 퇴비화 특성으로 가장 거리가 먼 것은?

① 생성되는 퇴비는 비료가치가 높으며, 퇴비완성 시 부피감소율이 70% 이상으로 큰 편이다.
② 초기 시설투자비가 낮고, 운영 시 소요 에너지도 낮은편이다.
③ 다른 폐기물의 처리기술에 비해 고도의 기술수준이 요구되지 않는다.
④ 퇴비제품의 품질표준화가 어렵고, 부지가 많이 필요한 편이다.

> 생산된 퇴비는 비료가치가 낮으며, 퇴비완성 시 부피감소율이 작은 편이다.

정답 　41 ①　42 ③　43 ③　44 ③　45 ③　46 ①

47

다음 중 유기성 액상 폐기물을 호기성 분해시킬 때, 미생물이 가장 활발하게 활동하는 기간은?

① 고정기
② 대수증식기
③ 휴지기
④ 사멸기

> 가장 활발하게 미생물이 활동하는 기간은 대수증식기이다.

48 빈출

폐기물 분석을 위한 시료의 축소방법에 해당하지 않는 것은?

① 구획법
② 원추4분법
③ 교호삽법
④ 면제분할법

> ① 구획법 : 대시료를 여러 개의 구획으로 나눈 후 각 구획에서 시료를 채취하는 방법
> ② 원추4분법 : 원추형으로 쌓은 시료를 4등분하여 축소하는 방법
> ③ 교호삽법 : 원추형으로 쌓은 후 교대로 위치를 바꾸며 시료를 채취하는 방법

49 빈출

폐기물의 발열량에 대한 설명으로 옳지 않은 것은?

① 발열량은 연료의 단위량(기체연료는 $1Sm^3$, 고체와 액체연료는 $1kg$)이 완전연소할 때 발생하는 열량($kcal$)이다.
② 고위발열량은 폐기물 중의 수분 및 연소에 의해 생성된 수분의 응축열을 포함하는 열량이다.
③ 열량계로 측정되는 열량은 저위발열량이다.
④ 실제연소시설에는 고위발열량에서 응축열을 공제한 잔여열량이 유효하게 이용된다.

> 열량계로 측정되는 열량은 고위발열량이다.

50 빈출

쓰레기 수거노선을 결정하는데 유의할 사항으로 옳지 않은 것은?

① 가능한 한 한번 간 길은 가지 않는다.
② U자형 회전을 피해 수거한다.
③ 발생량이 많은 곳은 하루 중 가장 먼저 수거한다.
④ 가능한 한 반시계 방향으로 수거노선을 정한다.

> 가능한 한 시계 방향으로 수거노선을 정한다.

51

발열량 $800kcal/kg$인 폐기물을 하루에 6톤씩 소각한다. 소각로 연소실의 용적이 $125m^3$이고 1일 운전시간이 8시간이면 연소실의 열 발생률은?

① $3,600kcal/m^3 \cdot hr$
② $4,000kcal/m^3 \cdot hr$
③ $4,400kcal/m^3 \cdot hr$
④ $4,800kcal/m^3 \cdot hr$

> 단위에 유의한다.
> $$열발생률 = \frac{kcal}{m^3 \cdot hr} = \frac{시간당 발열량}{용적}$$
> $$= \frac{6,000kg}{day} \times \frac{800kcal}{kg} \times \frac{day}{8hr} \times \frac{1}{125m^3}$$
> $$= 4,800kcal/m^3 \cdot hr$$

52

퇴비화 시 부식질의 역할로 옳지 않은 것은?

① 토양의 완충능을 증가시킨다.
② 토양의 구조를 양호하게 한다.
③ 가용성 무기질소의 용출량을 증가시킨다.
④ 용수량을 증가시킨다.

> 가용성 무기질소의 용출량을 감소시킨다.

53 ⭐

인구 240,327명의 도시에서 $150,000 \, ton/yr$의 쓰레기를 수거하였다. 이 도시의 1인 1일 쓰레기 발생량은?

① $1.71 \, kg/$인·일
② $1.75 \, kg/$인·일
③ $1.81 \, kg/$인·일
④ $1.85 \, kg/$인·일

> 1인 1일 쓰레기 발생량을 산정하기 위해 $kg/$인·일의 단위에 유의한다.
>
> $$\frac{150,000 \, ton}{yr} \times \frac{10^3 kg}{1 ton} \times \frac{yr}{365일} \times \frac{1}{240,327인}$$
>
> $$ton \rightarrow kg \quad yr \rightarrow 일$$
>
> $$= 1.7099 \, kg/인·일$$

54 ⭐

도시폐기물을 계략분석(proximate analysis) 시 구성되는 4가지 성분으로 거리가 먼 것은?

① 수분
② 질소분
③ 휘발성 고형물
④ 고정탄소

> 폐기물의 4성분은 수분, 가연분(휘발성 고형물), 회분, 고정탄소 등이다.

55

분뇨의 특성과 거리가 먼 것은?

① 유기물 농도 및 염분함량이 낮다.
② 질소농도가 높다.
③ 토사와 협잡물이 많다.
④ 시간에 따라 크게 변한다.

> 유기물 농도 및 염분함량이 높다.

56

손으로 소음계를 잡고 측정할 경우 소음계는 측정자의 몸으로부터 얼마 이상 떨어져야 하는가?

① $0.1 \, m$ 이상
② $0.2 \, m$ 이상
③ $0.3 \, m$ 이상
④ $0.5 \, m$ 이상

> 손으로 소음계를 잡고 측정할 경우 소음계는 측정자의 몸으로부터 0.5m 이상 떨어져야 한다.

57

파동의 특성을 설명하는 용어로 옳지 않은 것은?

① 파동의 가장 높은 곳을 마루라 한다.
② 매질의 진동방향과 파동의 진행방향이 직각인 파동을 횡파라고 한다.
③ 마루와 마루 또는 골과 골 사이의 거리를 주기라 한다.
④ 진동의 중앙에서 마루 또는 골까지의 거리를 진폭이라 한다.

> 마루와 마루 또는 골과 골 사이의 거리를 파장이라 한다.

58 ⭐

방진대책을 발생원, 전파경로, 수진측 대책으로 분류할 때 다음 중 전파경로 대책에 해당하는 것은?

① 가진력을 감쇠시킨다.
② 진동원의 위치를 멀리하여 거리 감쇠를 크게 한다.
③ 동적 흡진한다.
④ 수진측의 강성을 변경시킨다.

> ① 발생원 대책
> ③ 수진측 대책
> ④ 수진측 대책

정답 53 ① 54 ② 55 ① 56 ④ 57 ③ 58 ②

59

길이 $10m$, 폭 $10m$, 높이 $10m$인 실내의 바닥, 천장, 벽면의 흡음율이 모두 0.0161일 때 sabine의 식을 이용하여 잔향시간($\sec$)을 구하면?

① 0.17
② 1.7
③ 16.7
④ 167

$$T = \frac{0.161 \times \forall}{A_m \times S}$$

$$= \frac{0.161 \times (10 \times 10 \times 10)m^3}{0.0161 \times 600m^2} = 16.6666\sec$$

여기서,

T : 잔향시간($\sec$)

$\forall$: 부피(m^3) → $10 \times 10 \times 10 = 1,000m^3$

A_m : 평균흡음율 → 0.0161

S : 면적 → $(2 \times 10 \times 10) + (10 + 10 + 10 + 10) \times 10$

$\quad = 600m^2$

60

점음원에서 $5m$ 떨어진 지점의 음압레벨이 $60dB$이다. 이 음원으로부터 $10m$ 떨어진 지점의 음압레벨은?

① $30dB$
② $44dB$
③ $54dB$
④ $58dB$

㉠ $5m$ 지점의 PWL 계산

$$PWL = SPL + 10\log(4\pi r^2)$$

$$= 60 + 10\log(4 \times \pi \times 5^2) = 84.9714dB$$

㉡ $10m$ 지점의 음압레벨 계산

$$84.9714 = SPL + 10\log(4 \times \pi \times 10^2)$$

$$SPL = 53.9793dB$$

Chapter 28

2024년 4회 | CBT 기출복원문제

01

〈보기〉에서 설명하는 대기오염물질은?

[보기]
자동차 등에서 배출된 질소산화물과 탄화수소가 광화학 반응을 일으키는 과정에서 생성되며, 가죽제품이나 고무제품을 각질화 시킨다. 대기환경보전법상 대기 중 농도가 일정기준을 초과하면 경보를 발령하고 있다.

① VOC_s
② O_3
③ CO_2
④ CFC

① VOC_s(휘발성 유기화합물) : 대기 중에서 쉽게 증발하는 여러 유기화합물들의 총칭이다. 주로 석유정제, 도장, 자동차 배기가스, 건축자재 등에서 배출되며, 광화학반응으로 오존 및 2차 미세먼지(Secondary Organic Aerosol)의 전구체가 된다. 일부는 악취를 유발하고 벤젠 등 발암성, 신경독성 물질도 포함되어 있다. 인체와 환경에 해롭고, 오존 생성을 촉진하는 주요 원인물질로 대기질 관리의 대상이다.
③ CO_2(이산화탄소) : 주로 화석연료 연소에서 발생하는 대표적인 온실가스로 지구온난화의 주범이다. 인체에 낮은 농도에서 직접적 유해성은 없고, 대기오염경보 대상은 아니며, 오존 및 광화학 스모그와는 관련이 없다.
④ CFC(염화불화탄소) : 냉매, 에어로졸, 세정제 등에서 사용됐던 합성 화학물질로, 대기 중 방출 시 성층권 오존층을 파괴한다. 지상 대기오염 및 경보와는 직접적 관련이 없고, 오존층 파괴의 주범으로 국제적으로 사용이 금지 또는 엄격히 제한된다.

02

유해가스의 처리에 사용되는 충전탑의 내부에 채워 넣는 충전물이 갖추어야 할 조건으로 옳지 않은 것은?

① 공극률이 커야 한다.
② 단위용적에 대하여 표면적이 작아야 한다.
③ 마찰저항이 작아야 한다.
④ 충전밀도가 커야 한다.

단위용적에 대하여 표면적이 커야 한다.

03 빈출

연소조절에 의한 NO_x 발생의 억제방법으로 옳지 않은 것은?

① 2단연소를 실시한다.
② 과잉공기량을 삭감시켜 운전한다.
③ 배기가스를 재순환시킨다.
④ 부분적인 고온영역을 만들어 연소효율을 높인다.

부분적인 고온영역을 만들게 되면 NO_x의 발생이 증가한다.

04

다음 중 냉장고의 냉매와 스프레이용의 분사제 등 CFC 화학물질이 대기에 미치는 가장 주된 오염현상은?

① 산성비
② 오존층 파괴
③ 도플러효과
④ Rayleigh현상

CFC는 대기 중에서 안정적으로 존재하다가 성층권에 도달하면 강한 자외선(UV)에 의해 분해되어 염소원자를 방출하고, 이 염소가 오존(O_3) 분자를 연쇄적으로 파괴한다. 그 결과 오존층이 얇아지며, 지표로 도달하는 자외선 양이 증가하여 인체와 생태계에 심각한 영향을 미친다.
① 산성비 : pH 5.6 이하인 비로 정의되며, 식물과 수생 생물, 건축물 등에 피해를 준다.
③ 도플러효과 : 소리나 빛 등 파동의 원천과 관찰자의 상대적인 운동 때문에 파동의 주파수나 파장이 변하는 현상이다.
④ Rayleigh 현상 : 입자 크기가 파장에 비해 매우 작을 때 발생하는 빛의 산란 현상으로, 하늘이 파랗게 보이는 원인이다. 태양빛이 대기 중 작은 분자에 산란되면서 파장 중 짧은 파장(파란색)이 더 강하게 산란되는 현상이다.

정답   01 ②   02 ②   03 ④   04 ②

05

다음 중 물에 대한 용해도가 가장 큰 기체는? (단, 온도는 30℃ 기준이며, 기타조건은 동일하다.)

① SO_2 　　　　② CO_2
③ HCl 　　　　④ H_2

기체의 용해도
$HCl > HF > NH_3 > SO_2 > Cl_2 > H_2S > CO_2 > O_2 > CO$

06 ⭐빈출

CH_4 90%, CO_2 6%, O_2 4%인 기체연료 $1Sm^3$에 대하여 $10Sm^3$의 공기를 사용하여 연소하였다. 이때 공기비는?

① 1.19 　　　　② 1.49
③ 1.79 　　　　④ 2.09

㉠ CH_4의 이론산소량 계산
$CH_4 + 2O_2 \rightarrow CO_2 + 2H_2O$
$CH_4 : 2O_2 = 1 : 2 = 0.9Sm^3 : \square$
$\square = 1.8Sm^3$
㉡ 연료 중 O_2의 양 : $0.04Sm^3$
㉢ 연료의 이론산소량 : $1.8 - 0.04 = 1.76Sm^3$
㉣ 이론공기량 계산
$1.76Sm^3 \times \dfrac{1}{0.21} = 8.3809Sm^3$
㉤ 공기비 계산
$m = \dfrac{A}{A_0} = \dfrac{10}{8.3809} = 1.1931$

07

다음 중 1차 및 2차 오염물질에 모두 해당될 수 있는 것은?

① 이산화탄소 　　　　② 납
③ 알데하이드 　　　　④ 일산화탄소

• 1차 오염물질 : SO_x, NO_x, HC, CO_2, NH_3
• 2차 오염물질 : SO_x, NO_x, PAN, O_3, H_2O_2, $NOCl$
• 1, 2차 오염물질 : NO, NO_2, SO_2, SO_3, H_2SO_4, 알데히드류, 유기산류

08

〈보기〉에 해당하는 대기오염물질은?

[보기]
보통 백화현상에 의해 맥간반점을 형성하고 지표식물로는 자주개나리, 보리, 담배 등이 있고, 강한 식물로는 협죽도, 양배추, 옥수수 등이 있다.

① 황산화물
② 탄화수소
③ 일산화탄소
④ 질소산화물

황산화물은 백화현상에 의한 맥간반점 형성 및 식물 피해를 심하게 일으키는 대표적인 대기오염물질로, 화석연료 연소 시 주로 발생하며, 아황산가스(SO_2)가 대부분을 차지한다. 식물에 대한 독성이 강하며, 자주개나리, 보리, 담배 등 저항력이 약한 식물에 피해를 주고, 협죽도, 양배추, 옥수수 등은 저항력이 강하다.

09 ⭐빈출

집진장치의 입구 더스트 농도가 $2.8g/Sm^3$이고 출구 더스트 농도가 $0.1g/Sm^3$일 때 집진율(%)은?

① 86.9 　　　　② 94.2
③ 96.4 　　　　④ 98.8

$\eta = \left(1 - \dfrac{C_{out}}{C_{in}}\right) \times 100$
$= \left(1 - \dfrac{0.1}{2.8}\right) \times 100 = 96.4285\%$

10 ⭐빈출

싸이클론의 집진효율 향상조건으로 옳지 않은 것은?

① 일정 한계 내에서 입구 가스의 속도를 빠르게 한다.
② 배기관의 지름을 크게 한다.
③ 고농도일 때는 병렬연결을 한다.
④ 블로우다운(blow down)효과를 이용한다.

배기관의 지름을 작게 한다.

11

유해가스 측정을 위한 시료채취장치가 순서대로 바르게 구성된 것은?

① 굴뚝 – 시료채취관 – 여과재 – 흡수병 – 건조제 – 흡인 펌프 – 가스미터
② 굴뚝 – 건조제 – 흡인펌프 – 가스미터 – 시료채취관 – 여과재 – 흡수병
③ 굴뚝 – 시료채취관 – 가스미터 – 여과재 – 흡수병 – 건조제 – 흡인펌프
④ 굴뚝 – 가스미터 – 흡인펌프 – 건조제 – 흡수병 – 시료채취관 – 여과재

> 가스상 물질의 측정을 위해 굴뚝 – 시료채취관 – 여과재 – 흡수병 – 건조제 – 흡인펌프 – 가스미터 순으로 시료채취장치를 구성한다.

12 빈출

여과식집진장치에서 지름이 $0.3m$ 길이가 $3m$인 원통형 여과포 18개를 사용하여 유량이 $30m^3/\min$인 가스를 처리할 경우에 여과포의 표면 여과속도는 얼마인가?

① $0.39m/\min$
② $0.59m/\min$
③ $0.79m/\min$
④ $0.99m/\min$

> ㉠ 주어진 조건에 의한 여과면적을 구하면,
> $A = \pi DHn$
> $\quad = \pi \times 0.3 \times 3m \times 18개 = 50.8938m^2$
> ㉡ 구한 면적과 유량을 이용하여 여과속도를 구하면,
> $Q = AV$
> $\dfrac{30m^3}{\min} = 50.8938m^2 \times \dfrac{Vm}{\min}$
> $V = 0.5894m/\min$
> 여기서,
> Q : 여과유량($30m^3/\min$)
> A : 여과포의 총면적($50.8938m^2$)
> V : 여과속도

13

다음 중 유체의 흐름을 판별하는 레이놀즈 수를 나타낸 식은?

① 점성력/관성력
② 관성력/점성력
③ 탄성력/마찰력
④ 마찰력/탄성력

> $$Re(\text{레이놀즈 수}) = \frac{\text{관성력}}{\text{점성력}} = \frac{D \cdot \rho \cdot V}{\mu}$$
> μ : 액체의 점도
> D : 입자의 지름
> V : 입자의 속도
> ρ : 유체의 밀도

14 빈출

아황산가스의 대기환경 중 기준치가 $0.06ppm$이라면 몇 $\mu g/Sm^3$ 인가? (단, 모두 표준상태로 가정한다.)

① 85.7
② 99.7
③ 135.7
④ 171.4

> 표준상태에서 $1kmol = kg$분자량 $= 22.4Sm^3$를 차지한다.
> $$\frac{0.06mL}{Sm^3} \times \frac{64mg}{22.4mL} \times \frac{10^3\mu g}{1mg} = 171.4285\mu g/Sm^3$$
> $\quad mL \to mg \quad mg \to \mu g$

15

〈보기〉와 같이 정의되는 입자의 직경은?

> ─────[보기]─────
> 측정하고자 하는 입자와 동일한 침강속도를 가지며, 밀도 가 $1g/cm^3$인 구형입자의 직경을 말한다.

① 휘렛직경(Feret Diameter)
② 마틴직경(Martin Diameter)
③ 공기역학직경(Aerodynamic Diameter)
④ 스토크스직경(Stokes Diameter)

> ① 휘렛직경(Feret Diameter) : 입자의 투영된 이미지에서 입자 끝과 끝을 연결하는 가장 긴 선의 길이로, 캘리퍼(caliper)로 측정하는 것과 비슷하다. 즉, 입자의 특정 방향에서 볼 때 끝과 끝 사이의 거리이다.
> ② 마틴직경(Martin Diameter) : 입자의 투영면적을 2등분하는 선의 길이로, 입자의 투영면적을 반으로 나누는 가상의 직선길이이다.
> ④ 스토크스직경(Stokes Diameter) : 입자와 동일한 침강속도 및 밀도를 가진 구형입자의 직경을 의미하며, 입자의 실제밀도와 침강속도를 고려하여 정의한다.

16

나음 중 살수여상법으로 폐수를 처리할 때 유시관리상 주의할 점이 아닌 것은?

① 슬러지의 팽화
② 여상의 폐쇄
③ 생물막의 탈락
④ 파리의 발생

> 슬러지의 팽화는 활성슬러지법의 유지관리상 주의할 점이다.

17 ⭐빈출

Cr^{6+} 함유 폐수처리법으로 가장 적합한 것은?

① 환원 → 침전 → 중화
② 환원 → 중화 → 침전
③ 중화 → 침전 → 환원
④ 중화 → 환원 → 침전

> 6가 크롬 환원침전법은 독성이 강한 6가 크롬(Cr^{6+})을 독성이 적은 3가 크롬(Cr^{3+})으로 환원시킨 후 침전시켜 제거하는 방법이다. 이 과정은 주로 산성 조건(pH 3 이하)에서 이루어지며, 환원제로는 황산제1철($FeSO_4$), 아황산가스(SO_2), 아황산나트륨($Na_2S_2O_5$) 등이 사용된다. 6가 크롬이 3가 크롬으로 환원되면 중화과정을 거쳐 수산화크롬[$Cr(OH)_3$] 형태로 침전되어 물리적으로 제거하기 쉽다.

18

$300mL$ BOD병에 분석대상 시료를 0.2% 넣고, 나머지는 희석수로 채운 다음 최초의 DO농도를 측정한 결과 6.8mg/L이었으며, 5일간 배양 후의 DO농도는 2.6mg/L이었다. 이 시료의 $BOD_5(mg/L)$는?

① 8,200
② 6,300
③ 4,800
④ 2,100

> $$BOD_5 = [DO_1 - DO_2] \times P$$
> $$= [6.8 - 2.6] \times \frac{100}{0.2} = 2,100mg/L$$

19

화학적 산소요구량(COD)에 대한 설명 중 옳지 않은 것은?

① 미생물에 의해 분해되지 않은 물질도 측정이 가능하다.
② 염소이온의 방해는 황산은을 첨가함으로써 감소시킬 수 있다.
③ BOD 시험치보다 빨리 구할 수 있으므로 폐수처리시설 운영 시 유용하게 사용가능하다.
④ 우리나라는 알칼리성 100℃에서 $K_2Cr_2O_7$를 이용하여 측정하도록 규정하고 있다.

> 우리나라는 산성 100℃에서 과망간산칼륨법을 이용하여 측정하도록 규정하고 있다.

20

염소는 폐수 내의 질소화합물과 결합하여 무엇을 형성하는가?

① 유리염소
② 클로라민
③ 액체염소
④ 암모니아

> 폐수 내에 존재하는 암모니아성 질소($NH_3 - N$)와 염소가 반응하면 클로라민(Chloramine)을 생성한다.
> 클로라민 : NH_2Cl, $NHCl_2$, NCl_3 등

21 ⭐빈출

에탄올의 농도가 $250mg/L$인 폐수의 이론적인 화학적 산소요구량은?

① 397.3mg/L
② 415.6mg/L
③ 457.5mg/L
④ 521.7mg/L

> $$C_2H_5OH + 3O_2 \rightarrow 2CO_2 + 3H_2O$$
> C_2H_5OH $1mol(46g)$은 O_2 $3mol(32 \times 3 = 96g)$을 필요로 한다.
> $46g : 96g = 250mg/L : \square$
> $\square = 521.7391mg/L$

22

다음 중 용존산소에 영향을 주는 인자에 대한 설명으로 옳지 않은 것은?

① 물의 온도가 높을수록 용존산소량은 감소한다.
② 불순물의 농도가 높을수록 용존산소량은 감소한다.
③ 물의 흐름이 난류일 때 산소의 용해도가 낮다.
④ 현재 물속에 녹아 있는 용존산소량이 적을수록 용해 속도가 증가한다.

물의 흐름이 난류일 때 산소의 용해도가 높다.

23

다음 비점오염원에 해당하는 것은?

① 농경지 배수
② 폐수처리장 방류수
③ 축산폐수
④ 공장의 산업폐수

점오염원 : 폐수처리장 방류수, 축산폐수, 공장의 산업폐수

24

활성슬러지법은 여러 가지 변법이 개발되어 왔으며, 각 방법은 특별한 운전이나 제거효율을 달성하기 위하여 발전되었다. 다음 중 활성슬러지의 변법으로 볼 수 없는 것은?

① 다단포기법
② 접촉안정법
③ 장기포기법
④ 오존안정법

오존안정법은 활성슬러지법과는 처리원리와 운전방식에서 차이가 크며, 주로 물리·화학적 산화법 또는 고도산화법(AOP)의 범주에 속하는 별도의 폐수처리기술로 분류된다.

25

여과지의 운전 중 발생하는 주요 문제점으로 가장 거리가 먼 것은?

① 진흙덩어리의 축적
② 공기결합
③ 여재층의 수축
④ 슬러지벌킹 발생

슬러지벌킹 현상은 활성슬러지법의 주요 문제점이다.

26

$234ppm$의 $NaCl$용액의 농도는 몇 M인가? (단, 원자량은 Na : 23, Cl : 35.5이며, 용액의 비중은 1.0)

① 0.002
② 0.004
③ 0.025
④ 0.050

$$NaCl = 23 + 35.5 = 58.5$$
용액의 $ppm = mg/L$
$$\frac{234mg}{L} \times \frac{1g}{10^3mg} \times \frac{1mol}{58.5g} = 0.004mol/L$$
농도 $\quad mg \rightarrow g \quad g \rightarrow mol$

27

$MLSS$농도가 $2,500mg/L$인 혼합액을 $1L$ 메스실린더에 취하여 30분 후 슬러지부피를 측정한 결과 $350mL$이었다. SVI는?

① 80
② 100
③ 120
④ 140

$$SVI = \frac{SV_{30(mL)}}{MLSS} \times 10^3$$
$$= \frac{350}{2,500} \times 10^3 = 140$$
$$※ \ SVI = \frac{SV_{30(\%)}}{MLSS} \times 10^4$$

28

폭 $2m$, 길이 $15m$인 침사지에 $100cm$ 수심으로 폐수가 유입할 때 체류시간이 50초라면 유량은?

① $2,000m^3/hr$
② $2,160m^3/hr$
③ $2,280m^3/hr$
④ $2,460m^3/hr$

$$\text{유량}(Q) = \frac{\text{부피}(\forall)}{\text{체류시간}(HRT)}$$

$$= \frac{(2 \times 15 \times 1)m^3}{50\sec \times \frac{hr}{3,600\sec}} = 2,160 m^3/hr$$

29

질소의 고도처리방법 중 폐수의 pH를 11 이상으로 높여 기체 상태의 암모니아로 전환시킨 다음, 공기를 불어넣어 제거하는 방법은?

① 탈기
② 막분리법
③ 세포합성
④ 이온교환

탈기법은 폐수의 pH를 알칼리성(보통 pH 10 이상, 대개 11 이상)으로 조절해 암모늄이온을 기체상태인 암모니아로 바꾸고, 공기나 가스를 통해 암모니아를 기체로 분리시켜 제거하는 물리·화학적 처리법이다.
막분리법은 물리적 분리, 세포합성은 생물학적 처리, 이온교환법은 이온을 교환하는 화학적 방법이다.

30 ⭐빈출

$200 m^3$의 포기조에 BOD $370 mg/L$인 폐수가 $1,250 m^3/day$의 유량으로 유입되고 있다. 이 포기조의 BOD 용적부하는?

① $1.78 kg/m^3 \cdot day$
② $2.31 kg/m^3 \cdot day$
③ $2.98 kg/m^3 \cdot day$
④ $3.12 kg/m^3 \cdot day$

BOD용적부하 : $L_v(kg\,BOD/m^3 \cdot day)$

$$L_v = \frac{Q \times BOD_{in}}{\forall}$$

$$= \frac{\frac{1,250 m^3}{day} \times \frac{370 mg}{L} \times \frac{1 kg}{10^6 mg} \times \frac{10^3 L}{m^3}}{200 m^3}$$

$$= 2.3125 kg/m^3 \cdot day$$

31 ⭐빈출

펜턴(Fenton) 산화반응에 대한 설명으로 옳은 것은?

① 황화수소의 난분해성 유기물질 산화
② 과산화수소의 난분해성 유기물질 산화
③ 오존의 난분해성 유기물질 산화
④ 아질산의 난분해성 유기물질 산화

펜턴(Fenton)산화반응은 산성조건에서 과산화수소(H_2O_2)가 2가 철이온(Fe^{2+})의 존재하에 반응하여 매우 강한 산화성 수산기(OH)를 생성하고, 이 활성산소종이 난분해성 유기물질을 산화하여 분해하는 방법이다. 즉, 펜턴산화반응은 과산화수소를 이용한 난분해성 유기물 산화 공정이다.

32

다음 중 다른 살균방법에 비해 염소살균을 더 선호하는 이유로 가장 적합한 것은?

① 잔류염소의 효과
② 부반응의 억제
③ 특정온도에서의 반응성 증가
④ 인체에 대한 면역성 증가

염소는 잔류살균효과를 가지고 있다.

33 ⭐빈출

펄프공장에서 배출되는 폐수의 BOD_5의 값이 $260 mg/L$이고 탈산소계수[k, (상용대수 베이스)]가 $0.2/day$라면 최종 BOD (mg/L)는?

① 265
② 289
③ 312
④ 352

BOD공식을 이용한다.
소모 $BOD = BOD_u \times (1 - 10^{-kt}) \rightarrow BOD_5$
$BOD_5 = BOD_u \times (1 - 10^{-k \times 5})$
$260 = BOD_u \times (1 - 10^{-0.2 \times 5})$
$BOD_u = 288.8888 ppm$

정답   29 ①   30 ②   31 ②   32 ①   33 ②

34

총인을 아스코르빈산 환원법에 의해 흡광도 측정을 할 때 880 nm에서 측정이 불가능할 경우 측정파장값으로 옳은 것은?

① 220nm
② 468nm
③ 710nm
④ 690nm

> 총인 아스코르빈산 환원법은 시료 중의 유기물을 산화·분해하여 모든 인 화합물을 인산염(PO_4^{3-}) 형태로 전환시킨 후, 인산염이 몰리브덴산암모늄과 반응하여 생성된 몰리브덴산인암모늄을 아스코르빈산으로 환원시킨다. 이때 생성된 몰리브덴산 청의 흡광도를 880 nm(또는 710nm)에서 측정하여 인산염인의 양을 정량하는 방법이다.

35 빈출

다음 〈보기〉 중 물리적 흡착의 특징을 모두 고른 것은?

─────[보기]─────
㉠ 흡착과 탈착이 비가역적이다.
㉡ 온도가 낮을수록 흡착량은 많다.
㉢ 흡착이 다층(multi-layers)에서 일어난다.
㉣ 분자량이 클수록 잘 흡착된다.

① ㉠, ㉡
② ㉡, ㉣
③ ㉠, ㉡, ㉢
④ ㉡, ㉢, ㉣

> 물리적 흡착은 흡착과 탈착이 가역적이다.

36 빈출

폐기물의 발생원에서 처리장까지의 거리가 먼 경우 중간지점에 설치하여 운반비용을 절감시키는 역할을 하는 것은?

① 적환장
② 소화조
③ 살포장
④ 매립지

> 처리장까지 먼 경우 적환장을 설치하여 운반비용을 절감할 수 있다.

37 빈출

쓰레기 1톤을 수거하는데 수거인부 1인이 소요하는 총 시간을 뜻하는 용어는?

① MHS
② MHT
③ MTS
④ MTH

> MHT : man · hr/ton

38 빈출

수분함량이 20%인 쓰레기를 건조시켜 5%가 되도록 하려면 쓰레기 1톤당 증발시켜야 할 수분의 양은?

① 126.1kg
② 132.3kg
③ 157.9kg
④ 184.7kg

> $SL_1(1-X_1) = SL_2(1-X_2)$
> $1,000kg(1-0.2) = SL_2(1-0.05)$
> $SL_2 = 842.1052kg$
> 증발시켜야 할 수분 $= SL_1 - SL_2 = 1,000 - 842.1052$
> $= 157.8948kg$

39 빈출

폐기물을 압축시켰을 때 부피감소율이 75%이었다면 압축비는?

① 1.5
② 2.0
③ 2.5
④ 4.0

> 압축비 $= \dfrac{V_1}{V_2}$
> 용적감소율 $= \dfrac{V_1 - V_2}{V_1} \times 100 = \left(1 - \dfrac{V_2}{V_1}\right) \times 100$
> 용적감소율 $= \left(1 - \dfrac{1}{압축비}\right) \times 100$
> $75 = \left(1 - \dfrac{1}{압축비}\right) \times 100$
> 압축비 $= \left(-\dfrac{75}{100} + 1\right)^{-1} = 4$

정답   34 ③   35 ④   36 ①   37 ②   38 ③   39 ④

40

분뇨의 특성으로 옳지 않은 것은?

① 분뇨는 연중 배출량 및 특성변화 없이 일정하다.
② 분뇨는 대량의 유기물을 함유하고 점도가 높다.
③ 분뇨에 포함되어 있는 질소화합물은 소화 시 소화조 내의 pH 강하를 막아 준다.
④ 분뇨는 도시하수에 비해 고형물 함유도가 높다.

분뇨는 연중 배출량 및 특성변화가 있다.

41

폐기물 매립지의 덮개시설에 대한 설명으로 가장 거리가 먼 것은?

① 덮개시설은 매립 후 안전한 사후관리를 위해 필요하다.
② 덮개흙으로 가장 적합한 것은 clay이며, 투수계수가 큰 것이 좋다.
③ 덮개흙은 연소가 잘 되지 않아야 한다.
④ 덮개시설은 악취, 비산, 해충 및 야생동물번식, 화재 방지 등을 위해 설치한다.

투수계수가 큰 것은 좋지 않다.

42 ⭐빈출

다음 중 슬러지 처리의 일반적인 계통도로 옳은 것은?

① 농축 – 안정화 – 개량 – 탈수 – 소각 – 최종처분
② 안정화 – 탈수 – 농축 – 개량 – 소각 – 최종처분
③ 안정화 – 농축 – 탈수 – 소각 – 개량 – 최종처분
④ 농축 – 탈수 – 개량 – 안정화 – 소각 – 최종처분

- 농축 : 슬러지 부피를 줄여 후속 처리 용량 감소 및 비용 절감
- 안정화 : 병원균 감소와 유기물 분해를 통해 위생적 안정화
- 개량 : 슬러지의 물리·화학적 성질 변화로 탈수성 향상
- 탈수 : 슬러지 함수율 감소로 부피 축소 및 취급 용이
- 소각 및 최종처분 : 최종산물의 위생적이면서 안전한 처분

43

A도시 쓰레기를 분류하여 성분별로 수분함량을 측정한 결과가 아래와 같다. 이 폐기물의 평균 수분함량은?

성분	구성비(중량%)	수분함량(%)
음식물	30	80
종이류	40	10
섬유류	5	5
플라스틱류	10	1
유리류	10	1
금속류	5	2

① 3.13%
② 13.33%
③ 28.55%
④ 41.22%

$$\frac{(30 \times 80) + (40 \times 10) + (5 \times 5) + (10 \times 1) + (10 \times 1) + (5 \times 2)}{100}$$
$$= 28.55\%$$

44 ⭐빈출

중량비로 수소가 15%, 수분이 1%인 연료의 고위발열량이 9,500 $kcal/kg$일 때 저위발열량은?

① $8,684 kcal/kg$
② $8,968 kcal/kg$
③ $9,271 kcal/kg$
④ $9,554 kcal/kg$

저위발열량 = 고위발열량 – 물의 증발잠열
액체와 고체연료의 저위발열량 계산식
$$H_l = H_h - 600(9H + W)$$
$$= 9,500 - 600\left(9 \times \frac{15}{100} + \frac{1}{100}\right) = 8,684 kcal/kg$$

45

매립지의 복토기능으로 거리가 먼 것은?

① 화재발생 방지
② 우수의 이동 및 침투방지로 침출수량 최소화
③ 유해가스 이동성 향상
④ 매립지의 압축효과에 따른 부등침하의 최소화

복토는 유해가스의 이동성을 방해한다.

정답   40 ①   41 ②   42 ①   43 ③   44 ①   45 ③

46 ⭐빈출

다음 중 연료형태에 따른 연소의 종류에 해당하지 않는 것은?

① 분해연소
② 조연연소
③ 증발연소
④ 표면연소

> ① 분해연소 : 석탄, 목재, 중유
> ③ 증발연소 : 휘발유, 경유, 왁스
> ④ 표면연소 : 코크스, 숯
> ※ 자기연소 : 니트로글리세린

47

무기성 고형화에 대한 설명으로 가장 거리가 먼 것은?

① 다양한 산업폐기물에 적용이 가능하다.
② 수밀성과 수용성이 높아 다양한 적용이 가능하나 처리비용은 고가이다.
③ 고형화 재료에 따라 고화체의 체적 증가가 다양하다.
④ 상온 및 상압하에서 처리가 가능하다.

> 수밀성이 높아 다양한 적용이 가능하며 처리비용은 저가이다.

48 ⭐빈출

폐기물처리에서 "파쇄(shredding)"의 목적과 거리가 먼 것은?

① 부식효과 억제
② 겉보기 비중의 증가
③ 특정 성분의 분리
④ 고체물질 간의 균일혼합효과

> 파쇄는 부식효과를 촉진시킨다.

49 ⭐빈출

쓰레기의 발생량을 산정하는 방법 중 일정 기간 동안 특정지역의 쓰레기 수거차량의 대수를 조사하여 이 값에 밀도를 곱하여 중량으로 환산하는 방법은?

① 물질수지법
② 직접계근법
③ 적재차량계수분석법
④ 적환법

> ① 물질수지법 : 특정 공정이나 시설에서 출입하는 물질의 양을 질량보존법칙(물질수지식)에 따라 계산하여 배출량을 산정하는 방법이다.
> ② 직접계근법 : 쓰레기를 실제로 저울에 달아서 중량을 정확하게 측정하는 방법으로, 가장 정확하지만 비용과 시간이 많이 든다.
> ④ 적환법 : 쓰레기 수거·운반 과정에서 중간집하장(적환장)에서 폐기물의 무게를 측정하여 발생량을 산정하는 방법이다.

50

다음 중 폐기물의 중간처리가 아닌 것은?

① 압축
② 파쇄
③ 선별
④ 매립

> 매립은 최종처리이다.

51

다음 중 매립지에서 유기물이 혐기성 분해될 때 가장 늦게 일어나는 단계는?

① 가수분해 단계
② 알콜발효 단계
③ 메탄 생성 단계
④ 산 생성 단계

> **매립가스(Landfill gas) 생성 4단계**
> • 1단계(호기성단계) : 친산소성 단계로서 폐기물 내에 수분이 많은 경우에는 반응이 가속화 되어 용존산소가 쉽게 고갈되어 2단계 반응에 빨리 도달한다(O_2가 소모, CO_2 발생 시작, N_2는 서서히 소모됨).
> • 2단계(혐기성비메탄단계) : 혐기성 단계이지만 메탄이 형성되지 않는 단계로서 혐기성으로 전이가 일어나는 단계이다(N_2가 급격히 소모됨).
> • 3단계(혐기성단계) : 매립지 내부의 온도가 상승하여 약 55℃ 정도까지 올라간다(CH_4가 발생하기 시작함).
> • 4단계(메탄생성단계) : 정상적인 혐기성 단계로 매립가스 내 메탄과 이산화탄소의 함량이 거의 일정하게 유지된다.

52

슬러지나 분뇨의 탈수 가능성을 나타내는 것은?

① 균등계수
② 알칼리도
③ 여과비저항
④ 유효경

> 여과비저항이 높으면 탈수가 용이하지 않다.

53

차수시설에 관한 설명으로 옳지 않은 것은?

① 점토의 경우 급경사면을 포함한 어떤 지반에도 효과적으로 적용가능하고, 부등침하가 발생하지 않는다.
② 점토의 경우 양이온 교환능력 등에 의한 오염물질의 정화기능도 가지고 있을 뿐 아니라 벤토나이트 등을 첨가하면 차수성을 향상시킬 수 있다.
③ 연직차수막은 매립지 바닥에 수평방향으로 불투수층이 넓게 분포하고 있는 경우에 수직 또는 경사로 불투수층을 시공한다.
④ 합성고무 및 합성수지계 차수막은 자체의 차수성은 우수하나 두께가 얇아서 찢어지거나 접합이 불완전하면 차수성이 떨어진다.

> 점토는 일반적으로 부등침하가 발생할 수 있으며, 특히 급경사면이나 불균질한 지반에 단독으로 적용 시 침하나 균열 가능성이 있다.

54

폐기물의 기름성분 분석방법 중 중량법(노말헥산 추출시험방법)에 관한 설명으로 옳지 않은 것은?

① 25℃의 물 중탕에서 30분간 방치하고, 따로 물 20mL를 취하여 시료의 시험방법에 따라 시험하여 바탕시험액으로 한다.
② 정량범위는 5~200mg이고 표준편차율은 5~20%이다.
③ 시료에 적당한 응집제 등을 넣어 노말헥산 추출물질을 포집한 다음 노말헥산으로 추출하고 잔류물의 무게를 측정하여 노말헥산 추출물질의 양으로 한다.
④ 시료적당량을 분액 깔때기에 넣고 메틸오렌지용액(0.1 W/V%)을 2~3방울 넣고 황색이 적색으로 변할 때까지 염산(1+1)을 넣어 pH 4.0 이하로 조절한다.

> 80℃의 물 중탕에서 10분간 방치하고, 따로 물 20mL를 취하여 시료의 시험방법에 따라 시험하여 바탕시험액으로 한다.

55 ⭐빈출

탄소 6kg을 완전연소시킬 때 필요한 이론산소량(Sm^3)은?

① 6Sm^3
② 11.2Sm^3
③ 22.4Sm^3
④ 53.3Sm^3

> $C + O_2 \rightarrow CO_2$
> $12kg : 22.4Sm^3 = 6kg : \square$
> ($1kmol = kg$분자량 $= 22.4Sm^3$)
> $\square = 11.2Sm^3$

56

음압레벨 90dB인 기계 1대가 가동 중이다. 여기에 음압레벨 88dB인 기계 1대를 추가로 가동시킬 때 합성음압레벨은?

① 92dB
② 94dB
③ 96dB
④ 98dB

> 합성음압레벨 $L_t[dB(A)] = 10\log\left[\left(10^{L_1/10} + 10^{L_2/10} + \cdots\right)\right]$
> $= 10\log\left[\left(10^{90/10} + 10^{88/10}\right)\right]$
> $= 92.1244dB$

57

파동의 특성을 설명하는 용어로 옳지 않은 것은?

① 파동의 가장 높은 곳을 마루라 한다.
② 매질의 진동방향과 파동의 진행방향이 직각인 파동을 횡파라고 한다.
③ 마루와 마루 또는 골과 골 사이의 거리를 주기라 한다.
④ 진동의 중앙에서 마루 또는 골까지의 거리를 진폭이라 한다.

> 마루와 마루 또는 골과 골 사이의 거리를 파장이라 한다.

정답   52 ③   53 ①   54 ①   55 ②   56 ①   57 ③

58 ⭐빈출

방음대책을 음원대책과 전파경로대책으로 구분할 때 음원대책에 해당하는 것은?

① 거리감쇠
② 소음기 설치
③ 방음벽 설치
④ 공장건물 내벽의 흡음처리

> 음원대책은 소음 발생원에서 소음을 줄이는 방법으로, 소음기 설치나 음원기계의 밀폐, 음원 커버 설치 등이 포함된다.
> 전파경로대책은 소음이 전달되는 경로에서 차단하거나 감쇠하는 방안으로, 예를 들어 방음벽 설치, 거리감쇠, 공장건물 내벽의 흡음처리 등이 이에 해당한다.

59

소음과 관련된 용어의 정의 중 "측정소음도에서 배경소음을 보정한 후 얻어지는 소음도"를 의미하는 것은?

① 대상소음도
② 배경소음도
③ 등가소음도
④ 평가소음도

> ② 배경소음도 : 주변 환경에서 지속적으로 존재하는 소음수준으로, 측정대상 소음 이외의 소음이다.
> ③ 등가소음도(Leq) : 일정 기간 동안 변화하는 소음을 에너지적으로 평균한 값으로, 소음 환경의 대표적인 수치이다.
> ④ 평가소음도 : 측정된 소음도를 규정된 평가방법에 따라 종합적으로 정리한 소음수준으로, 환경기준과 비교할 때 사용된다.

60

소음의 배출허용기준 측정방법에서 소음계의 청감보정회로는 어디에 고정하여 측정하여야 하는가?

① A특성
② B특성
③ D특성
④ F특성

> A특성은 사람의 귀가 가장 민감하게 듣는 가청주파수 대역을 모사한 필터 특성으로, 생활소음 등 환경소음 측정에 표준으로 사용된다. 측정 시에는 동특성을 빠름(Fast) 모드로 설정하는 것이 일반적이다.

정답   58 ②   59 ①   60 ①

01 빈출

다음 중 오존층의 두께를 표시하는 단위는?

① VAL
② OTL
③ Pa
④ $Dobson$

> 오존층의 두께를 표시하는 단위는 $Dobson$으로 $100 Dobson = 1mm$이다.

02 빈출

다음 중 온실가스의 주 원인물질로 가장 적합한 것은?

① 이산화탄소
② 암모니아
③ 황산화물
④ 프로필렌

> "온실가스"란 적외선 복사열을 흡수하거나 다시 방출하여 온실효과를 유발하는 대기 중의 가스상태 물질로서 이산화탄소, 메탄, 아산화질소, 수소불화탄소, 과불화탄소, 육불화황을 말한다. 주 원인물질은 이산화탄소이다.

03

연료의 완전연소 조건으로 가장 거리가 먼 것은?

① 공기(산소)의 공급이 충분해야 한다.
② 공기와 연료의 혼합이 잘 되어야 한다.
③ 연소실 내의 온도를 가능한 한 낮게 유지해야 한다.
④ 연소를 위한 체류시간이 충분해야 한다.

> 연소실 내의 온도를 가능한 한 높게 유지해야 한다.

04 빈출

다음 중 여과집진장치의 효율 향상조건으로 거리가 먼 것은?

① 간헐식 털어내기 방식은 높은 집진율을 얻는 경우에 적합하고, 연속식 털어내기 방식은 고농도의 함진가스 처리에 적합하다.
② 필요에 따라 유리섬유의 실리콘 처리 등을 하여 적합한 여포재를 선택하도록 한다.
③ 겉보기 여과속도가 클수록 미세한 입자를 포집한다.
④ 여포의 파손 및 온도, 압력 등을 상시 파악하여 기능의 손상을 방지한다.

> 겉보기 여과속도가 작을수록 미세한 입자를 포집한다.

05 빈출

메탄 $5 Sm^3$를 공기비 1.2로 완전연소시킬 때 필요한 실제공기량(Sm^3)은?

① 47.6
② 50.3
③ 53.9
④ 57.1

> $CH_4 + 2O_2 \rightarrow CO_2 + 2H_2O$
> ㉠ 이론산소량 계산
> $$CH_4 : 2O_2 = 1Sm^3 : 2Sm^3 = 5Sm^3 : \square$$
> $$\square = 10Sm^3$$
> ㉡ 이론공기량 계산
> $$10Sm^3 \times \frac{1}{0.21} = 47.6190\,Sm^3$$
> ㉢ 실제공기량 계산
> 실제공기량 = 이론공기량 × 과잉공기비
> $$= 47.6190Sm^3 \times 1.2 = 57.1428 Sm^3$$

06 ⭐빈출

다음 중 후드(Hood)를 이용하여 오염물질을 효율적으로 흡인하는 요령으로 거리가 먼 것은?

① 발생원에 후드를 가급적으로 접근시킨다.
② 국부적인 흡인방식으로 주 발생원을 대상으로 한다.
③ 후드의 개구면적을 가급적으로 넓게 한다.
④ 충분한 포착속도를 유지한다.

> 후드의 개구면적을 가급적 좁게 한다.

07

일산화탄소의 특성으로 옳지 않은 것은?

① 무색, 무취의 기체이다.
② 물에 잘 녹고, CO_2로 쉽게 산화된다.
③ 연료 중 탄소의 불완전연소 시에 발생한다.
④ 헤모글로빈과 결합력이 강하다.

> 일산화탄소는 물에 잘 녹지 않고 CO_2로 쉽게 산화되지 않는다.

08 ⭐빈출

질소산화물을 촉매환원법으로 처리할 때 어떤 물질로 환원되는가?

① N_2
② HNO_3
③ CH_4
④ NO_2

> 선택적 촉매환원기술(SCR : Selective Catalytic Reduction)
> 200~300℃에서 촉매에 암모니아, 수소, 일산화탄소 등 환원가스를 통과시켜 질소산화물을 N_2로 환원하는 기술이다.
> • $6NO_2 + 8NH_3 \rightarrow 7N_2 + 12H_2O$
> • $6NO + 4NH_3 \rightarrow 5N_2 + 6H_2O$
> • $4NO + 4NH_3 + O_2 \rightarrow 4N_2 + 6H_2O$ (산소가 공존하는 상태)

09 ⭐빈출

다음과 같은 특성을 지닌 굴뚝연기의 모양은?

> • 대기의 상태가 하층부는 불안정하고 상층부는 안정할 때 볼 수 있다.
> • 하늘이 맑고 바람이 약한 날의 아침에 볼 수 있다.
> • 지표면의 오염농도가 매우 높게 된다.

① 환상형
② 원추형
③ 훈증형
④ 구속형

> ① 환상형(Looping) : 대기가 매우 불안정하고 난류가 심할 때 나타나며, 연기가 상하로 흔들리고 국지적인 고농도가 발생할 수 있다. 주로 맑고 바람이 약한 낮에 관찰된다.
> ② 원추형(Coning) : 대기가 약간 안정하거나 중립 상태일 때 발생하며, 연기가 원추모양으로 천천히 분산된다. 구름 낀 날이나 바람이 약할 때 주로 나타난다.
> ④ 구속형(Trapping) : 상하 두 개의 역전층 사이에 연기가 갇혀 확산이 제한되는 형태로, 오염이 심한 상태를 나타낸다.

10 ⭐빈출

다음 설명하는 대기권으로 적합한 것은?

> • 지면으로부터 약 $11 \sim 50 km$까지의 권역이다.
> • 고도가 높아지면서 온도가 상승하는 층이다.
> • 오존이 많이 분포하여 태양광선 중의 자외선을 흡수한다.

① 열권
② 중간권
③ 성층권
④ 대류권

> ① 대류권 : 지표면부터 약 11km까지, 기상현상 활발
> ② 성층권 : 약 12~50km까지, 오존층 존재, 온도 상승
> ③ 중간권 : 약 50~80km까지, 온도 하락
> ④ 열권 : 약 80km 이상, 온도 급상승, 전리층 형성

11

전기집진장치에 관한 설명으로 옳지 않은 것은?

① 관성력집진장치에 비해 집진효율이 높다
② 압력손실이 커서 동력비가 많이 소요된다.
③ 약 350℃ 정도의 고온가스를 처리할 수 있다.
④ 전압변동과 같은 조건변동에 쉽게 적응하기 어렵다.

> 압력손실이 $10 \sim 20 mmH_2O$로 작다.

12 ⭐빈출

황(S)의 함량이 1.0%인 중유를 시간당 $10 ton$으로 연소시킨다. 배출가스 중의 SO_2를 $CaCO_3$로 완전히 흡수시킬 때 필요한 $CaCO_3$의 양을 구하면? (단, 주유 중의 황성분은 전량 SO_2로 연소된다.)

① 약 $0.9 ton/hr$ ② 약 $0.6 ton/hr$
③ 약 $0.3 ton/hr$ ④ 약 $0.1 ton/hr$

$$SO_2 + CaCO_3 + 0.5O_2 \rightarrow CaSO_4 + CO_2$$
$$S : CaCO_3 = 32g : 100g$$
$$32g : 100g = 0.1 ton/hr : \square$$
$$\square = \frac{100 \times 0.1}{32} = 0.3125 ton/hr$$
$$여기서 \ S : \frac{10 ton}{hr} \times \frac{1}{100} = 0.1 ton/hr$$

13

대기오염물질과 주요 발생원의 연결로 가장 적합한 것은?

① 납 – 비료 및 암모니아 제조공업
② 수은 – 알루미늄공업, 유리공업
③ 벤젠 – 석유정제, 포르말린 제조
④ 브롬 – 석면제조, 니켈광산

① 납 – 연료의 납 첨가물이나 금속 제련, 배터리 제조에서 발생
② 수은 – 금속 제련, 살충제, 온도계, 압력계 제조에서 발생
④ 브롬 – 화학공업에서 발생

14 ⭐빈출

직렬로 조합된 집진장치의 총 집진율은 99%이었다. 2차 집진장치의 집진율이 96%라면 1차 집진장치의 집진율은?

① 75% ② 82%
③ 90% ④ 94%

$$\eta_T = 1 - (1 - \eta_1)(1 - \eta_2)$$
$$0.99 = 1 - (1 - \eta_1)(1 - 0.96)$$
$$\eta_1 = 0.75 \rightarrow 75\%$$

15 ⭐빈출

직경이 $5\mu m$이고 밀도가 $3.7 g/cm^3$인 구형의 먼지입자가 공기 중에서 중력침강할 때 종말침강속도는? (단, 스톡스법칙 적용, 공기의 밀도 무시, 점성계수 $1.85 \times 10^{-5} kg/m \cdot sec$)

① 약 $0.27 cm/\sec$
② 약 $0.32 cm/\sec$
③ 약 $0.36 cm/\sec$
④ 약 $0.41 cm/\sec$

$$V_g = \frac{d_p^2(\rho_p - \rho)g}{18\mu}$$
$$= \frac{0.0005^2 \times 3.7 \times 980}{18 \times 1.85 \times 10^{-4}} = 0.2722 cm/\sec$$

V_g : 중력침강속도

d_p : 입자의 직경 $\rightarrow 5\mu m \times \dfrac{1cm}{10^4 \mu m} = 0.0005 cm$

ρ_p : 입자의 밀도 $\rightarrow 3.7 g/cm^3$

ρ : 유체의 밀도 $\rightarrow$ 무시함

g : 중력가속도 $\rightarrow 980 cm/\sec^2$

μ : 점성계수 $\rightarrow \dfrac{1.85 \times 10^{-5} kg}{m \cdot sec} \times \dfrac{10^3 g}{1kg} \times \dfrac{1m}{100cm}$
$= 1.85 \times 10^{-4} g/cm \cdot \sec$

16

염소의 수중 용해상태가 다음 표와 같을 때, 살균력이 가장 큰 것은?

구분	OCl^-	$HOCl$
㉠	80%	20%
㉡	60%	40%
㉢	40%	60%
㉣	20%	80%

① ㉠ ② ㉡
③ ㉢ ④ ㉣

$HOCl$이 OCl^-보다 살균효과가 크다.

17

다음 중 상향류 혐기성 슬러지상(UASB)의 특징으로 가장 거리가 먼 것은?

① 기계적인 교반이나 여재가 필요없기 때문에 비용이 적게 든다.
② 수리학적 체류시간을 작게 할 수 있어 반응조 용량이 축소된다.
③ 고형물의 농도가 높아도 고형물 및 미생물 유실의 염려가 없다.
④ 미생물 체류시간을 적절히 조절하면 저농도 유기성 폐수의 처리도 가능하다.

> 고형물의 농도가 높으면 고형물 및 미생물 유실의 염려가 있다.

18

미생물의 생물학적 작용을 이용하여 하수 및 폐수를 자연정화시키는 공법으로, 라군(lagon)이라고도 하며, 시설비와 운영비가 적게 드는 이점이 있기 때문에 소규모 마을의 오수처리에 많이 이용되는 것은?

① 산화지법   ② 소화조법
③ 회전원판법   ④ 살수여상법

> ② 소화조법 : 하수 및 슬러지의 유기물을 미생물이 분해하여 안정화시키는 방법으로, 보통 혐기성 또는 호기성 소화조 내에서 이루어진다.
> ③ 회전원판법 : 회전하는 원판 위에 미생물막을 형성하여 하수를 통과시켜 처리하는 생물막 공법이다. 회전원판이 회전하면서 산소를 공급하고 유기물을 분해한다.
> ④ 살수여상법 : 여과재 위에 하수를 살수하여 미생물막이 유기물을 분해하는 방식의 생물막 처리법이며, 보통 2차 처리에 이용된다.

19

응집실험에서 폐수 $500mL$에 $0.2\%-Al_2(SO_4)_3 \cdot 18H_2O$ 용액 $25mL$를 주입하였을 때 최적조건으로 나타났다. 같은 폐수를 $2,000m^3/day$로 처리하는 경우 필요한 응집제의 양(kg/day)은? (단, 응집용액의 밀도는 $1.0g/mL$이다.)

① 200   ② 300
③ 400   ④ 500

> 응집제 양 = 응집제주입률×처리유량
> 응집제 양 = 응집제 주입률 × 처리 유량
> $$\frac{0.2g}{100mL} \times 25mL \times \frac{1}{500mL} \times \frac{2,000m^3}{day} \times \frac{kg}{10^3g} \times \frac{10^6mL}{m^3}$$
> $$= 200kg/day$$

20 ⭐빈출

유독한 6가 크롬이 함유된 폐수를 처리하는 과정에서 환원제로 사용하기에 적합한 것은?

① O_3
② Cl_2
③ $FeSO_4$
④ $NaOCl$

> 6가 크롬 환원침전법은 독성이 강한 6가 크롬(Cr^{6+})을 독성이 적은 3가 크롬(Cr^{3+})으로 환원시킨 후 침전시켜 제거하는 방법이다. 이 과정은 주로 산성조건(pH 3 이하)에서 이루어지며, 환원제로는 황산제1철($FeSO_4$), 아황산가스(SO_2), 아황산나트륨($Na_2S_2O_5$) 등이 사용된다. 6가 크롬이 3가 크롬으로 환원되면 중화과정을 거쳐 수산화크롬[$Cr(OH)_3$] 형태로 침전되어 물리적으로 제거하기 쉽다.

21 ⭐빈출

1차 원형침전지의 깊이가 $4m$이고, 표면적 $1m^2$에 대해서 $30m^3/day$로 폐수가 유입된다면 이때의 체류시간은?

① $2.3hr$
② $3.2hr$
③ $5.5hr$
④ $6.1hr$

> $$체류시간(HRT) = \frac{부피(\forall)}{유량(Q)}$$
> $$= \frac{(4 \times 1)m^3}{\left(\frac{30m^3}{day} \times \frac{1day}{24hr}\right)} = 3.2hr$$

정답   17 ③ 18 ① 19 ① 20 ③ 21 ②

22 빈출

물속에서 침강하고 있는 입자에 스토크스(Stokes)의 법칙이 적용된다면 입자의 침강속도에 가장 큰 영향을 주는 변화인자는?

① 입자의 밀도
② 물의 밀도
③ 물의 점도
④ 입자의 직경

입자직경의 제곱에 비례한다.

$$V_g = \frac{d_p^2(\rho_p - \rho)g}{18\mu}$$

V_g : 중력침강속도 d_p : 입자의 직경

ρ_p : 입자의 밀도 ρ : 유체의 밀도

g : 중력가속도 μ : 점성계수

23 빈출

물의 특성으로 옳지 않은 것은?

① 물의 밀도는 4℃에서 최소가 된다.
② 분자량이 유사한 다른 화합물에 비해 비열이 큰 편이다.
③ 화학 구조적으로 극성을 띠어 많은 물질들을 녹일 수 있다.
④ 상온에서 알칼리금속이나 알칼리토금속 또는 철과 반응하여 수소를 발생시킨다.

물의 밀도는 4℃에서 최대가 된다.

24

수질관리를 위해 대장균군을 측정하는 주목적으로 가장 타당한 것은?

① 유기물질의 오염정도를 측정하기 위하여
② 수질의 미생물 성장가능 여부를 알기 위하여
③ 공장폐수의 유입여부를 알기 위하여
④ 다른 수인성 병원균의 존재 가능성을 알기 위하여

대장균 유무를 통해 다른 수인성 병원균의 존재 가능성을 알 수 있다.

25

MLSS 농도 $3,000 mg/L$인 포기조 혼합액을 $1,000 mL$ 메스실린더로 취해 30분간 정치시켰을 때 침강슬러지가 차지하는 용적은 $440 mL$이었다. 이때 슬러지밀도지수(SDI)는?

① 146.7
② 73.4
③ 1.36
④ 0.68

㉠ SVI 계산

$$SVI = \frac{SV_{30(mL)}}{MLSS} \times 10^3$$

$$= \frac{440}{3,000} \times 10^3 = 146.6666$$

㉡ SDI 계산

$$SDI = 100/SVI = 100/146.6666 = 0.6818$$

26 빈출

$500g$의 $C_6H_{12}O_6$가 완전한 혐기성 분해를 한다고 가정할 때 발생 가능한 CH_4 가스용적으로 옳은 것은? (단, 표준상태 기준)

① $22.4L$
② $62.2L$
③ $186.7L$
④ $1,339.3L$

$C_6H_{12}O_6 \rightarrow 3CH_4 + 3CO_2$

$C_6H_{12}O_6 : 3CH_4 = 180g : 3 \times 22.4L$

$180g : 3 \times 22.4L = 500g : \square$

$\square = 186.6666L$

27 빈출

표준활성슬러지법으로 폐수를 처리하는 경우 F/M비($kg\,BOD/kg\,SS \cdot day$)의 운전범위로 가장 적합한 것은?

① 0.02~0.04
② 0.2~0.4
③ 2~4
④ 4~8

F/M비 : 0.2~0.4(0.5)

$$F/M비 = \frac{Q \times BOD_{in}}{X \times \forall}$$

Q : 유입 유량   BODin : 유입BOD
X : MLSS 농도 $\forall$: 포기조 부피

정답   22 ④   23 ①   24 ④   25 ④   26 ③   27 ②

28

공장폐수 $100mL$를 검수로 하여 산성 100℃ $KMnO_4$법에 의한 COD 측정을 하였을 때 시료적정에 소비된 $0.005M$ $KMnO_4$ 용액은 $5.13mL$이다. 이 폐수의 COD값은? (단, $0.005M$ $KMnO_4$ 용액의 역가는 0.98이고, 바탕시험 적정에 소비된 $0.005M$ $KMnO_4$ 용액은 $0.13mL$이다.)

① $9.8mg/L$
② $19.6mg/L$
③ $21.6mg/L$
④ $98mg/L$

$$COD(mg/L) = (b-a) \times f \times \frac{1,000}{V} \times 0.2$$
$$= (5.13 - 0.13) \times 0.98 \times \frac{1,000}{100} \times 0.2$$
$$= 9.8mg/L$$

여기서,
a : 바탕시험 적정에 소비된 과망간산칼륨용액의 양(mL)
b : 시료의 적정에 소비된 과망간산칼륨용액의 양(mL)
f : 과망간산칼륨용액 농도계수(factor)
V : 시료의 양(mL)

29 빈출

$0.04M$ $NaOH$용액을 mg/L로 환산하면?

① $1.6mg/L$
② $16mg/L$
③ $160mg/L$
④ $1,600mg/L$

$NaOH = 23 + 16 + 1 = 40$
용액의 $ppm = mg/L$
$$\frac{0.04mol}{L} \times \frac{40g}{1mol} \times \frac{10^3mg}{1g} = 1,600mg/L$$
농도 $mol \to g$ $g \to mg$

30

농축대상 슬러지량이 $500m^3/day$이고, 슬러지의 고형물 농도가 $15g/L$일 때, 농축조의 고형물 부하를 $2.6kg/m^2 \cdot hr$로 하기 위해 필요한 농축조의 면적(m^2)은? (단, 슬러지의 비중은 1.0이고, 24시간 연속가동 기준이다.)

① 110.4
② 120.2
③ 142.4
④ 156.3

단위에 유의한다.
$$고형물의\ 면적부하 = \frac{고형물\ 부하량}{면적}$$
$$= \frac{500m^3}{day} \times \frac{15g}{L} \times \frac{kg}{10^3g} \times \frac{10^3L}{m^3} \times \frac{day}{24hr} \times \frac{1}{\square m^2}$$
$$= 2.6kg/m^2 \cdot hr$$
$$\square = 120.1923$$

31 빈출

유기물과 무기물의 함량이 각각 80%, 20%인 슬러지를 소화 처리한 후 유기물과 무기물의 함량이 모두 50%로 되었을 때 소화율(%)은?

① 50
② 67
③ 75
④ 83

$$\eta = \left(1 - \frac{VS_2/FS_2}{VS_1/FS_1}\right) \times 100$$
$$= \left(1 - \frac{50/50}{80/20}\right) \times 100 = 75\%$$

32

수질오염공정시험기준상 산성 100℃ 과망간산칼륨에 의한 화학적 산소요구량 측정 시 적정온도로 가장 적합한 것은?

① 25~30℃
② 60~80℃
③ 110~120℃
④ 185~200℃

옥살산나트륨용액($0.0125M$) $10mL$를 정확하게 넣고 60℃~80℃를 유지하면서 과망간산칼륨용액($0.005M$)을 사용하여 액의 색이 옅은 홍색을 나타낼 때까지 적정한다.

정답   28 ①   29 ④   30 ②   31 ③   32 ②

33 ⭐빈출

지름이 $20m$, 깊이가 $3m$인 원형 침전지에서 시간당 $416.7m^3$의 하수를 처리하는 경우 수면적 부하는? (단, 24시간 연속가동)

① $31.8m^3/m^2 \cdot day$
② $36.6m^3/m^2 \cdot day$
③ $42.0m^3/m^2 \cdot day$
④ $48.3m^3/m^2 \cdot day$

$$수면적부하율 = \frac{유량}{침전되는 단면적} = \frac{VH}{L}$$

$$= \frac{\dfrac{416.7m^3}{hr} \times \dfrac{24hr}{day}}{(\dfrac{\pi}{4} \times 20^2)m^2}$$

$$= 31.8335m^3/m^2 \cdot day$$

34

다음 중 수질오염공정시험기준상 폐수의 총인 측정실험에서 분해되기 쉬운 유기물을 함유한 시료의 전처리를 위해 사용되는 시약은?

① 수산화칼륨
② 과황산칼륨
③ 중크롬산칼륨
④ 질산칼륨

과황산칼륨은 시료에 포함된 유기물질을 산화 분해하여 인 화합물을 인산염($PO_4{}^{3-}$) 형태로 전환시키고, 이후 몰리브덴산암모늄과 반응시켜 총인 양을 측정할 수 있도록 하는 역할을 한다.

35

경도(Hardness)에 관한 설명으로 거리가 먼 것은?

① Na^+은 농도가 높을 때는 경도와 비슷한 작용을 하여 유사경도라 한다.
② 세탁효과를 떨어뜨려 세제 소모량을 증가시킨다.
③ 2가 이상의 양이온 및 음이온 농도의 합으로 표시한다.
④ 가열하면 침전되어 제거되는 경도를 일시경도라 한다.

2가 이상의 양이온 농도의 합을 탄산칼슘의 상당량으로 표시한다.

36 ⭐빈출

분뇨의 일반적인 특성에 대한 설명 중 틀린 것은?

① 유기물을 많이 함유하고 있다.
② 고액분리가 쉽다.
③ 토사 및 협잡물을 다량 함유하고 있다.
④ 염분 및 질소의 농도가 높다.

고액분리가 어렵다.

37 ⭐빈출

인구 100,000명의 중소도시에 발생되는 쓰레기의 양이 200 m^3/day(밀도 $750kg/m^3$)이다. 적재량 $5ton$ 트럭으로 운반하려면 1일 소요되는 트럭 대수는? (단, 트럭은 1회 운행)

① 12대 　　　　② 18대
③ 24대 　　　　④ 30대

단위에 유의한다.

$$트럭수 = \frac{폐기물 발생량}{트럭 1대당 적재량}$$

$$= \frac{\dfrac{200m^3}{day} \times \dfrac{750kg}{m^3} \times \dfrac{ton}{10^3 kg}}{\dfrac{5ton}{대}} = 30대$$

38 ⭐빈출

폐기물의 중간처리 공정 중 금속, 유리, 플라스틱 등 재활용 가능한 성분을 분리하기 위한 것은?

① 압축
② 건조
③ 선별
④ 파쇄

선별은 폐기물에서 재활용 가능한 성분을 인간이나 기계가 물리적으로 분리하는 과정이다.
압축은 부피를 줄이기 위한 과정이고, 건조는 수분을 제거하는 과정이며, 파쇄는 폐기물을 작은 조각으로 부수는 과정이다.

정답　　33 ①　34 ②　35 ③　36 ②　37 ④　38 ③

39

연소 시 연소온도를 높일 수 있는 조건으로 가장 거리가 먼 것은?

① 완전연소시킨다.
② 연소용 공기를 예열한다.
③ 과잉공기량을 많게 한다.
④ 발열량이 높은 연료를 사용한다.

> 일정 범위 이상의 과잉공기량은 연소실의 냉각효과를 가져온다.

40

폐기물 시료 $100kg$을 달아 건조시킨 후의 시료 중량을 측정하였더니 $40kg$이었다. 이 폐기물의 수분함량(%, W/W)은?

① 40%
② 50%
③ 60%
④ 80%

> $$\frac{100-40}{100} \times 100 = 60\%$$

41

다음 중 슬러지 개량(conditioning)의 주목적은?

① 악취 제거
② 슬러지의 무해화
③ 탈수성 향상
④ 부패 방지

> 슬러지의 개량은 탈수성 향상에 목적이 있으며, 약품처리, 열처리, 세정, 동결 등의 방법이 있다.

42 빈출

A도시 쓰레기의 조성이 탄소 55%, 수소 10%, 산소 30%, 질소 3%, 황 1%, 회분 1%일 때, 고위발열량($kcal/kg$)은? [단, $HHV(kcal/kg) = 81C + 342.5\left(H - \frac{O}{8}\right) + 22.5S$이다.]

① 약 4,518
② 약 5,318
③ 약 6,118
④ 약 6,618

> $$HHV(kcal/kg) = 81C + 342.5\left(H - \frac{O}{8}\right) + 22.5S$$
> $$= 81 \times 55 + 342.5\left(10 - \frac{30}{8}\right) + 22.5 \times 1$$
> $$= 6,618.125 kcal/kg$$

43 빈출

유해폐기물의 국가 간 불법적인 교역을 통제하기 위한 국제협약은?

① 교토의정서
② 바젤협약
③ 리우협약
④ 몬트리올의정서

> ① 교토의정서 : 기후변화협약에 따른 온실가스 감축과 관련된 협약이다.
> ② 바젤협약 : 유해폐기물의 국가 간 이동 및 처리에 관한 국제협약이다.
> ③ 리우협약 : 지구온난화 방지와 생물다양성 보존과 관련된 협약이다.
> ④ 몬트리올의정서 : 오존층 파괴물질의 규제와 관련된 협약이다.

44

기계적인 탈수방법에 관한 다음 각 설명 중 가장 거리가 먼 것은?

① 원심분리 탈수를 이용하기 위해서는 슬러지의 고형물의 비중이 물보다 작아야 하며, 정기적 보수는 거의 불필요하다.
② 필터프레스는 여과천으로 덮여있는 판 사이로 슬러지를 공급시켜 가동한다.
③ 진공 탈수에는 rotary drum형, belt형, coil형 등이 있다.
④ 원심분리 탈수에는 basket형, disk nozzle형, solid bowl형 등이 있다.

> 원심분리 탈수를 이용하기 위해서는 슬러지의 고형물의 비중이 물보다 커야 하며, 정기적 보수는 필요하다.

45

다단로 소각에 대한 내용으로 틀린 것은?

① 체류시간이 길어 특히 휘발성이 적은 폐기물의 연소에 유리하다.
② 온도반응이 비교적 신속하여 보조연료 사용조절이 용이하다.
③ 다량의 수분이 증발되므로 수분함량이 높은 폐기물의 연소도 가능하다.
④ 물리·화학적 성분이 다른 각종 폐기물을 처리할 수 있다.

체류시간이 길어 온도반응이 더디고 보조연료 사용조절이 어렵다.

46 빈출

폐기물관리법령상 지정폐기물 중 부식성폐기물의 "폐산" 기준으로 옳은 것은?

① 액체상태의 폐기물로서 수소이온농도지수가 2.0 이하인 것으로 한정한다.
② 액체상태의 폐기물로서 수소이온농도지수가 3.0 이하인 것으로 한정한다.
③ 액체상태의 폐기물로서 수소이온농도지수가 5.0 이하인 것으로 한정한다.
④ 액체상태의 폐기물로서 수소이온농도지수가 5.5 이하인 것으로 한정한다.

• 폐알칼리 기준 : 수소이온농도지수가 12.5 이상
• 폐산 기준 : 수소이온농도지수가 2.0 이하

47

폐기물공정시험기준(방법)상 용어의 정의 중 "항량으로 될 때까지 건조한다."의 의미로 가장 적합한 것은?

① 같은 조건에서 1시간 더 건조할 때 전후 무게의 차가 g당 $0.3mg$ 이하일 때를 말한다.
② 같은 조건에서 1시간 더 건조할 때 전후 무게의 차가 g당 $0.5mg$ 이하일 때를 말한다.
③ 같은 조건에서 1시간 더 건조할 때 전후 무게의 차가 g당 $1.0mg$ 이하일 때를 말한다.
④ 같은 조건에서 1시간 더 건조할 때 전후 무게의 차가 g당 $5mg$ 이하일 때를 말한다.

"항량으로 될 때까지 건조한다."는 같은 조건에서 1시간 더 건조할 때 전후 무게의 차가 g당 $0.3mg$ 이하일 때를 말한다.

48 빈출

퇴비화 공정에 관한 설명으로 가장 적합한 것은?

① 크기를 고르게 할 필요없이 발생된 그대로의 상태로 숙성시킨다.
② 미생물을 사멸시키기 위해 최적온도는 90℃ 정도로 유지한다.
③ 충분히 물을 뿌려 수분을 100%에 가깝게 유지한다.
④ 소비된 산소의 보충을 위해 규칙적으로 교반한다.

① 크기를 고르게 할 필요가 있다.
② 최적온도는 50~60℃ 정도로 유지한다.
③ 수분을 50~60%로 유지한다.

49 빈출

인구 2,650,000명인 도시에서 1,145,000ton/yr의 쓰레기가 발생하였다. 이 도시의 1인당 1일 쓰레기 발생량은?

① $0.98kg/$인·일
② $1.19kg/$인·일
③ $1.51kg/$인·일
④ $2.14kg/$인·일

1인 1일 쓰레기 발생량을 산정하기 위해 $kg/$인·일의 단위에 유의한다.
$$\frac{1,145,000 ton}{yr} \times \frac{10^3 kg}{1 ton} \times \frac{1}{2,650,000인} \times \frac{yr}{365일}$$
$$= 1.1837 kg/인·일$$

정답 45 ② 46 ① 47 ① 48 ④ 49 ②

50 ⭐빈출

다음 중 효율적인 파쇄를 위해 파쇄대상물에 작용하는 3가지 힘에 해당되지 않는 것은?

① 충격력
② 정전력
③ 전단력
④ 압축력

> 폐기물 파쇄기는 일반적으로 전단식, 충격식, 압축식 파쇄기로 분류되며, 각각 전단력, 충격력, 압축력을 이용한다.

51 ⭐빈출

RDF에 대한 설명으로 틀린 것은?

① 소각로에서 사용할 경우 부식발생으로 수명이 단축될 수 있다.
② 폐기물 중의 가연성 물질만을 선별하여 함수율, 불순물, 입경 등을 조절하여 연료화 시킨 것이다.
③ 부패하기 쉬운 유기물질로 구성되어 있기 때문에 수분함량이 증가하면 부패한다.
④ RDF 소각로의 경우 시설비 및 동력비가 저렴하며, 운전이 용이하다.

> RDF 소각로의 경우 시설비 및 동력비가 저렴하지 않으며, 운전이 까다롭다.

52

폐기물 매립지의 덮개시설에 대한 설명으로 가장 거리가 먼 것은?

① 덮개시설은 매립 후 안전한 사후관리를 위해 필요하다.
② 덮개흙으로 가장 적합한 것은 clay이며, 투수계수가 큰 것이 좋다.
③ 덮개흙은 연소가 잘 되지 않아야 한다.
④ 덮개시설은 악취, 비산, 해충 및 야생동물번식, 화재방지 등을 위해 설치한다.

> 투수계수가 큰 것은 좋지 않다.

53 ⭐빈출

처음 부피가 $1,000 m^3$인 폐기물을 압축하여 $500 m^3$인 상태로 부피를 감소시켰다면 체적감소율은?

① 2%
② 10%
③ 50%
④ 100%

> $$체적감소율 = \frac{V_1 - V_2}{V_1} \times 100 = \left(1 - \frac{V_2}{V_1}\right) \times 100$$
> $$= \frac{1,000 - 500}{1,000} \times 100 = 50\%$$

54 ⭐빈출

함수율이 25%인 폐기물을 건조시켜 함수율 10%가 되도록 하려면 폐기물 $1,000 kg$당 증발시켜야 할 수분의 양은? (단, 폐기물의 비중은 1.0)

① $46 kg$
② $83 kg$
③ $167 kg$
④ $250 kg$

> $$SL_1(1 - X_1) = SL_2(1 - X_2)$$
> $$1,000 kg(1 - 0.25) = SL_2(1 - 0.1)$$
> $$SL_2 = 833.3333 kg$$
> 증발시켜야 할 수분 $= SL_1 - SL_2 = 1,000 - 833.3333$
> $$= 166.6666 kg$$

55 ⭐빈출

도시폐기물의 개략분석(proxomate analysis) 시 4가지 구성성분에 해당하지 않는 것은?

① 다이옥신
② 휘발성 고형물
③ 고정탄소
④ 회분

> 폐기물의 4성분은 수분, 가연분(휘발성 고형물), 회분, 고정탄소 등이다.

56

60$phon$의 소리는 50$phon$의 소리에 비해 몇 배 크게 들리는가?

① 2배 ② 3배
③ 4배 ④ 5배

$$sone = 2^{\frac{phon-40}{10}}$$

60$phon$일 때 : $sone = 2^{\frac{60-40}{10}} = 4$

50$phon$일 때 : $sone = 2^{\frac{50-40}{10}} = 2$

따라서 2배 크게 들린다.

57

음의 세기레벨이 80dB인 전동기 3대가 동시에 가동된다면 합성소음레벨은?

① 약 81dB
② 약 83dB
③ 약 85dB
④ 약 89dB

합성음압레벨

$$\begin{aligned} L_t[dB(A)] &= 10\log\left[\left(10^{L_1/10} + 10^{L_2/10} + \cdots\right)\right] \\ &= 10\log\left[\left(10^{80/10} + 10^{80/10} + 10^{80/10}\right)\right] \\ &= 84.7712dB \end{aligned}$$

58 빈출

소음원의 형태가 점음원의 경우 음원으로부터 거리가 2배 멀어질 때 음압레벨의 감쇠치는?

① 1dB ② 3dB
③ 6dB ④ 9dB

$$\begin{aligned} SPL &= 20\log\left(\frac{r_2}{r_1}\right) \\ &= 20\log\left(\frac{2}{1}\right) = 6.0204dB \end{aligned}$$

59 빈출

투과손실이 32dB인 벽체의 투과율은?

① 3.2×10^{-3}
② 3.2×10^{-4}
③ 6.3×10^{-3}
④ 6.3×10^{-4}

$$TL = 10\log\left(\frac{1}{\tau}\right) = 10\log\left(\frac{I_{in}}{I_{out}}\right)$$

$$32dB = 10\log\left(\frac{1}{\tau}\right)$$

$$\left(\frac{1}{\tau}\right) = 10^{\frac{32}{10}}$$

$$\tau = 10^{-\frac{32}{10}} = 6.3 \times 10^{-4}$$

τ : 투과율
I_{in} : 입사음의 세기
I_{out} : 투과음의 세기

60

소음제어를 위한 방법 중 기류음(공기음)의 발생대책이 아닌 것은?

① 분출유속의 저감
② 관의 곡률 완화
③ 밸브의 다단화
④ 가진력의 억제

① 분출유속의 저감 : 분출되는 공기의 속도를 줄여서 소음을 감소시키는 방법으로 기류음 발생 억제에 해당한다.
② 관의 곡률 완화 : 관의 곡률을 완화하여 공기흐름의 난류와 와류발생을 줄여 소음을 억제한다.
③ 밸브의 다단화 : 밸브 내부에 여러 단계를 설치해 압력 강하를 분산시키고 소음을 줄이는 방법이다.
④ 가진력의 억제 : 가진력 억제는 기계 진동으로 인해 발생하는 소음의 원인인 가진력을 줄여 소음을 감소시키는 것으로, 발생원 대책에 해당한다.

정답 56 ① 57 ③ 58 ③ 59 ④ 60 ④

01

다음과 같은 피해를 주는 대기오염물질은 어느 것인가?

> • 식물에 미치는 영향은 급성이거나 만성이며, 잎 뒤쪽 표피 밑의 세포가 피해를 입기 시작하며, 보통 백화현상에 의해 맥간반점을 형성한다.
> • 지표식물로는 자주개나리, 보리, 참깨, 담배 등이 있으며 강한 식물로는 양배추, 무궁화, 옥수수 등이 있다.

① 아황산가스
② 일산화탄소
③ 오존
④ 불화수소가스

> 황산화물은 백화현상에 의한 맥간반점 형성 및 식물 피해를 심하게 일으키는 대표적인 대기오염물질로, 화석연료 연소 시 주로 발생하며, 아황산가스(SO_2)가 대부분을 차지한다. 식물에 대한 독성이 강하며, 자주개나리, 보리, 담배 등 저항력이 약한 식물에 피해를 주고, 협죽도, 양배추, 옥수수 등은 저항력이 강하다.

02 빈출

흡착에 관한 다음 설명 중 옳지 않은 것은 어느 것인가?

① 물리적 흡착은 가역적이므로 흡착제의 재생이나 오염가스의 회수에 유리하다.
② 물리적 흡착에서 흡착량은 온도의 영향을 받지 않는다.
③ 물리적 흡착은 대체로 용질의 분압이 높을수록 증가하고 분자량이 클수록 잘 흡착된다.
④ 화학적 흡착은 물리적 흡착보다 분자 간의 결합력이 강하기 때문에 흡착과정에서 발열량이 더 크다.

> 물리적 흡착은 온도의 영향을 받는다.

03 빈출

A전기집진장치의 집진극 면적/처리유량이 $A/Q : 200(m/sec)^{-1}$ 로 운전되고 있다. 입구 먼지농도 $C_i : 100g/m^3$, 출구 먼지농도 $C_o : 1.23g/m^3$일 때 이 먼지의 겉보기 이동속도는?

① $0.013m/sec$
② $0.022m/sec$
③ $0.029m/sec$
④ $0.036m/sec$

> $$\eta = 1 - e^{-\frac{A \cdot We}{Q}}$$
> $$0.9877 = 1 - e^{-200 \times We}$$
> $$\ln(-0.9877 + 1) = -200 \times We$$
> $$We = \frac{\ln(-0.9877 + 1)}{-200} = 0.02199 m/sec$$
> 여기서, $\eta = \left(1 - \frac{1.23}{100}\right) \times 100 = 98.77\%$
>
> A : 집진면적(m^2)
> We : 분진의 겉보기 이동속도(m/sec)
> Q : 유량(m^3/sec)

04 빈출

다음은 연소에 관한 설명이다. (   ) 안에 알맞은 것은?

> 목재, 석탄, 타르 등은 연소초기에 열분해에 의해 가연성 가스가 생성되고 이것이 긴 화염을 발생시키면서 연소하는데 이러한 연소를 (   )라 한다.

① 표면연소
② 분해연소
③ 증발연소
④ 확산연소

> • 표면연소 : 코크스, 숯
> • 분해연소 : 석탄, 목재, 중유
> • 증발연소 : 휘발유, 경유, 왁스
> • 확산연소 : 기체연료
> • 자기연소 : 니트로글리세린

정답   01 ①   02 ②   03 ②   04 ②

05

배출가스 중 아황산가스를 접촉산화법에 의해 산화시켜 황산으로 회수하고자 할 때 사용되는 촉매로 적합한 것은?

① V_2O_5, K_2SO_4
② SiO_2, $KMnO_4$
③ MgO, $KHSO_4$
④ Al_2SO_3, $CaCO_3$

> 오산화바나듐(V_2O_5)은 주된 활성 성분으로, 이산화황(SO_2)을 삼산화황(SO_3)으로 산화시키는 반응을 촉진한다.
> 황산칼륨(K_2SO_4)은 알칼리금속 산화물로서 촉매의 안정성과 성능을 향상시키는 역할을 한다.
> 이 촉매는 다공성 이산화규소(SiO_2) 지지체 위에 오산화바나듐과 황산칼륨이 포함된 형태로 존재하며, 340~680℃ 범위에서 사용된다. 촉매 내 바나듐과 칼륨의 몰비는 효율을 최적화하는 데 중요하며, 이러한 조합이 접촉산화법에서 높은 전환율과 내구성을 제공한다.

06

다음 설명하는 장치분석법에 해당하는 것은 어느 것인가?

> 이 방법은 기체시료 또는 기화(氣化)한 액체나 고체시료를 운반가스(carrier gas)에 의하여 분리, 관내에 전개시켜 기체상태에서 분리되는 각 성분을 분석하는 방법으로 일반적으로 무기물 또는 유기물의 대기오염물질에 대한 정성(定性), 정량(定量)분석에 이용한다.

① 흡광광도법
② 원자흡광광도법
③ 가스크로마토그래프법
④ 비분산적외선분석법

> ① 흡광광도법 : 물질이 특정 파장의 빛을 흡수하는 정도를 측정하여 농도나 성분을 분석하는 방법이다. 빛의 흡수량이 물질의 농도와 비례하는 원리를 이용한다.
> ② 원자흡광광도법 : 시료 내 금속원자가 특정 파장의 빛을 흡수하는 성질을 이용해 금속원소의 농도를 정량분석하는 방법이다. 주로 금속분석에 사용된다.
> ④ 비분산적외선분석법 : 특정 파장의 적외선을 통해 기체 성분을 측정하는 방법으로, 분산기 없이 적외선 흡수량을 측정한다. 주로 이산화탄소, 일산화탄소 등의 분석에 활용된다.

07 ⭐빈출

직경 $20cm$, 유효높이 $16m$인 여과자루를 사용하여 농도기 5 g/m^3인 배출가스를 $1,200 m^3/min$으로 처리하였다. 여과속도가 $2cm/sec$일 때 필요한 여과자루 수는?

① 95
② 96
③ 100
④ 107

> ㉠ 주어진 조건에 의한 1개당 여과면적(B)을 구하면,
> $$B = \pi DH$$
> $$= \pi \times 0.2m \times 16m = 10.0530 m^2/개$$
> ㉡ 구한 면적과 유량을 이용하여 여과자루 수를 구하면,
> $$Q = AV$$
> $$\frac{1,200 m^3}{min} = (10.0530 \times \square) m^2 \times \frac{2cm}{sec} \times \frac{m}{100cm}$$
> $$\times \frac{60sec}{min}$$
> $$\square = 99.4727 ≒ 100개$$
> 여기서,
> Q : 여과유량($1,200 m^3/min$)
> A : 여과자루의 총면적($10.0530 \times \square m^2$)
> V : 여과속도($2cm/sec$)

08 ⭐빈출

중력집진장치에서 효율 향상조건으로 옳지 않은 것은?

① 침강실 처리가스 속도가 작을수록 미립자가 포집된다.
② 침강실 입구폭이 클수록 유속이 느려지며 미세한 입자가 포집된다.
③ 침강실 내의 배기가스 기류는 균일하여야 한다.
④ 침강실의 높이가 높고 수평거리가 짧을수록 집진율이 높아진다.

> 침강실의 높이가 낮고 수평거리가 길수록 집진율이 높아진다.

정답   05 ① 06 ③ 07 ③ 08 ④

09 ★빈출

황(S)함량이 2.0%인 중유를 시간당 $5ton$으로 연소시킨다. 배출가스 중의 SO_2를 $CaCO_3$로 완전히 흡수시킬 때 필요한 $CaCO_3$의 양을 구하면? (단, 중유 중의 황성분은 전량 SO_2로 연소된다.)

① $278.3kg/hr$
② $312.5kg/hr$
③ $351.7kg/hr$
④ $379.3kg/hr$

$SO_2 + CaCO_3 + 0.5O_2 \rightarrow CaSO_4 + CO_2$
$S : CaCO_3 = 32g : 100g$
$32g : 100g = 0.1ton/hr : \square$
$\square = \dfrac{100 \times 0.1}{32} = 0.3125ton/hr = 312.5kg/hr$

여기서 $S : \dfrac{5ton}{hr} \times \dfrac{2}{100} = 0.1ton/hr$

10

다음 중 전기집진장치에서 먼지의 겉보기 전기저항이 $10^{12}\,\Omega \cdot cm$ 보다 높은 경우 투입하는 물질로 거리가 먼 것은?

① $NaCl$
② NH_3
③ H_2SO_4
④ soda lime(소다회)

암모니아가스를 주입하면 먼지의 전기저항이 올라간다.

11

효율 90%인 전기집진기를 효율 99.9%가 되도록 개조하고자 한다. 개조 전보다 집진극의 면적을 몇 배로 늘려야 하는가?

(단, Deutsch Anderson식 $\eta = 1 - e^{-\frac{A \cdot We}{Q}}$ 을 적용하고, 기타 조건은 고려하지 않는다.)

① 2배   ② 3배
③ 6배   ④ 9배

$\eta = 1 - e^{-\frac{A \cdot We}{Q}}$

A : 집진면적(m^2)
We : 분진의 겉보기 이동속도(m/sec)
Q : 유량(m^3/sec)
㉠ 90%일 때의 집진극 면적
$0.9 = 1 - e^{-\frac{A \cdot We}{Q}}$
$\ln(-0.9 + 1) = -\dfrac{A \cdot We}{Q}$
$A = 2.3025\dfrac{Q}{We}$
㉡ 99.9%일 때의 집진극 면적
$0.999 = 1 - e^{-\frac{A \cdot We}{Q}}$
$\ln(-0.999 + 1) = -\dfrac{A \cdot We}{Q}$
$A = 6.9077\dfrac{Q}{We}$

즉, 90%를 99.9%로 늘리기 위해서는 집진극의 면적을 약 3배로 늘려야 한다.

12 ★빈출

집진효율이 50%인 중력집진장치와 집진효율이 99%인 여과집진장치가 직렬로 연결된 집진시설이 있다. 중력집진장치로 유입되는 먼지의 농도가 $3,000mg/Sm^3$일 때, 여과집진장치 출구의 먼지농도는?

① $1mg/Sm^3$
② $5mg/Sm^3$
③ $10mg/Sm^3$
④ $15mg/Sm^3$

집진율은 제거되는 농도를 의미한다. 출구의 농도를 계산하기 위해서는 제거되는 농도를 제외해 주어야 한다.
㉠ 중력집진장치를 통과하는 출구 먼지농도
$\dfrac{3,000mg}{Sm^3} \times (1 - 0.5) = 1,500mg/Sm^3$
㉡ 여과집진장치에 유입되는 입구 먼지농도 : $1,500mg/Sm^3$
㉢ 여과집진장치를 통과하는 출구 먼지농도
$\dfrac{1,500mg}{Sm^3} \times (1 - 0.99) = 15mg/Sm^3$

13 ★빈출

대기오염공정시험방법상 시험의 기재 및 용어에 관한 설명으로 틀린 것은?

① "정확히 단다"라 함은 규정한 양의 검체를 취하여 분석용 저울로 0.1mg까지 다는 것을 뜻한다.
② 시험조작 중 "즉시"란 1분 이내에 표시된 조작을 하는 것을 뜻한다.
③ "항량이 될 때까지 건조한다 또는 강열한다."라 함은 따로 규정이 없는 한 보통의 건조방법으로 1시간 더 건조 또는 강열할 때 전후의 무게의 차가 매 g당 0.3 mg 이하일 때를 뜻한다.
④ "감압 또는 진공"이라 함은 따로 규정이 없는 한 15 mmHg 이하를 뜻한다.

> 시험조작 중 "즉시"란 30초 이내에 표시된 조작을 하는 것을 뜻한다.

14 ★빈출

대기오염방지시설 중 유해가스상 물질을 처리할 수 있는 흡착장치의 종류와 가장 거리가 먼 것은?

① 고정층 흡착장치
② 촉매층 흡착장치
③ 이동층 흡착장치
④ 유동층 흡착장치

> ① 고정층 흡착장치 : 흡착제가 고정된 층에 가스를 통과시켜 오염물질을 흡착하는 방식이다. 가장 일반적인 흡착장치이다.
> ③ 이동층 흡착장치 : 흡착제가 이동하면서 흡착과 탈착이 연속적으로 일어나는 방식이다.
> ④ 유동층 흡착장치 : 흡착제가 유동층 상태로 공중에 부유하며 흡착하는 방식으로, 가스와 흡착제의 접촉면적이 넓어 효율적이다.

15 ★빈출

다음 중 연소조절에 의한 질소산화물의 발생을 억제하는 방법으로 거리가 먼 것은?

① 과잉공기공급량을 증가시킨다.
② 연소부분을 냉각시킨다.
③ 배출가스를 재순환시킨다.
④ 2단연소시킨다.

> 공급공기량의 증대는 일정구간에서 질소산화물의 발생을 촉진시킨다.

16 ★빈출

탈산소계수가 0.1/day인 어떤 유기물질의 BOD_5가 200mg/L 이었다. 3일 후에 남아있는 BOD값은? (단, 상용대수 적용)

① 192.3mg/L
② 189.4mg/L
③ 184.6mg/L
④ 146.6mg/L

> BOD공식을 이용한다.
> 소모 $BOD = BOD_u \times (1 - 10^{-kt}) \rightarrow BOD_5$
> 잔존 $BOD = BOD_u \times 10^{-kt} \rightarrow$ 3일 후 남아있는 BOD
> ㉠ BOD_u 계산
> $$BOD_5 = BOD_u \times (1 - 10^{-k \times 5})$$
> $$200 = BOD_u \times (1 - 10^{-0.1 \times 5})$$
> $$BOD_u = 292.4950 ppm$$
> ㉡ 3일 후 남아있는 BOD
> 잔존 $BOD = BOD_u \times 10^{-kt}$
> $$= 292.4950 \times 10^{-0.1 \times 3}$$
> $$= 146.5947 ppm$$

17 ★빈출

다음 중 불소 제거를 위한 폐수처리방법으로 가장 적합한 것은?

① 화학침전
② P/L공정
③ 살수여상
④ UCT공정

> 불소는 칼슘과 반응하여 불용성인 CaF_2 형태로 침전되므로, 소석회[$Ca(OH)_2$] 등의 칼슘원과 황산 등을 투입해 pH를 조절하여 침전시키는 화학침전법이 가장 널리 사용된다.
> ② P/L공정[플런지 석회공정(Plunge Lime Process)]
> ③ 살수여상 : 유기물을 제거하기 위한 생물학적 처리공정
> ④ UCT공정 : 주로 폐수처리에서 인(Phosphorus)과 질소(Nitrogen)를 제거하기 위한 생물학적 처리공정

정답　　　13 ②　14 ②　15 ①　16 ④　17 ①

18 빈출

다음 중 $1N$ H_2SO_4 용액으로 옳은 것은 어느 것인가?

① 용액 $1mL$ 중 H_2SO_4 $98g$ 함유
② 용액 $1,000mL$ 중 H_2SO_4 $98g$ 함유
③ 용액 $1,000mL$ 중 H_2SO_4 $49g$ 함유
④ 용액 $1mL$ 중 H_2SO_4 $49g$ 함유

> H_2SO_4는 2가로 $1N$에 상당하는 H_2SO_4는 $49g$이다.
> $1N$ $H_2SO_4 = 49g/1,000mL$

19 빈출

Ca^{2+}의 농도가 $40mg/L$, Mg^{2+}의 농도가 $24mg/L$인 물의 경도(mg/L as $CaCO_3$)는? (단, Ca의 원자량은 40, Mg의 원자량은 24이다.)

① 100
② 150
③ 200
④ 250

> 경도 $= \sum \left(경도유발물질농도 \times \dfrac{CaCO_3 당량}{경도유발물질\ 당량} \right)$
> $= \sum \left(40mg/L \times \dfrac{50}{40/2} + 24mg/L \times \dfrac{50}{24/2} \right)$
> $= 200\,mg/L$ as $CaCO_3$

20

알칼리도(Alkalinity)에 관한 설명으로 틀린 것은?

① 산을 중화시킬 수 있는 능력의 척도이다.
② 알칼리도 유발물질은 수산화물, 중탄산염, 탄산염 등이다.
③ 알칼리도는 화학적 응집, 물의 연수화, 부식제어를 위한 자료로 이용된다.
④ pH 7까지 낮추는 데 주입된 산의 양을 CaO ppm으로 환산한 값을 총알칼리도라 한다.

> pH 7까지 낮추는 데 주입된 산의 양을 $CaCO_3$ ppm으로 환산한 값을 총알칼리도라 한다.

21 빈출

유기물을 호기성으로 완전분해 시 최종산물은?

① 이산화탄소와 메탄
② 일산화탄소와 메탄
③ 이산화탄소와 물
④ 일산화탄소와 물

> 호기성 분해는 산소가 존재하는 환경에서 유기물을 미생물이 분해하는 과정으로, 이 과정에서 탄소유기물이 이산화탄소와 물로 완전분해된다.

22 빈출

침전현상의 분류 중 독립침전에 대한 설명으로 가장 적합한 것은?

① 부유물의 농도가 낮은 상태에서 응결하지 않는 입자와 침전으로 입자의 특성에 따라 침전한다.
② 서로 응결하여 입자가 점점 커져 속도가 빨라지는 침전이다.
③ 입자의 농도가 큰 경우의 침전으로 입자들이 너무 가까이 있을 때 행해지는 침전이다.
④ 입자들이 고농도로 있을 때의 침전으로 서로 접촉해 있을 때의 침전이다.

> ② 서로 응결하여 입자가 점점 커져 속도가 빨라지는 침전이다. : 응집침전
> ③ 입자의 농도가 큰 경우의 침전으로 입자들이 너무 가까이 있을 때 행해지는 침전이다. : 방해침전
> ④ 입자들이 고농도로 있을 때의 침전으로 서로 접촉해 있을 때의 침전이다. : 압밀침전

23

다음 중 비점오염원의 특징으로 거리가 먼 것은?

① 지표수 유출이 거의 없는 갈수 시 하천수 수질악화에 큰 영향을 미친다.
② 기상조건, 지질, 지형 등의 영향이 크다.
③ 빗물, 지하수 등에 의하여 희석되거나 확산되면서 넓은 장소로부터 배출된다.
④ 일간, 계절간의 배출량 변화가 크다.

> 지표수 유출이 많은 홍수 시 하천수 수질악화에 큰 영향을 미친다.

정답   18 ③   19 ③   20 ④   21 ③   22 ①   23 ①

24

다음은 어떤 중금속에 관한 설명인가?

> • 상온에서 유일하게 액체상태로 존재하는 금속이다.
> • 인체에 증기로 흡입 시 뇌 및 중추신경계에 큰 영향을 미친다.
> • 체내에 축적되어 Hunter-Russel 증후군을 일으킨다.

① Cr ② Hg
③ Mn ④ As

> ① Cr : 비중격천공, 폐암, 크롬 피부염
> ③ Mn : 망간증(파킨슨병 유사 증상)
> ④ As : 비소 중독증, 비소 관련 암 및 신경장애

25 ★빈출

pH 2인 용액의 수소이온 $[H^+]$ 농도(mol/L)는?

① 0.01   ② 0.1
③ 1   ④ 100

> $$[H^+] = 10^{-pH}$$
> $$= 10^{-2} = 0.01 mol/L$$

26 ★빈출

A공장의 BOD 배출량은 400인의 인구당량에 해당한다. A공장의 폐수량이 $200m^3/day$일 때, 이 공장의 $BOD(mg/L)$값은? (단, 1인이 하루에 배출하는 BOD는 $50g$이다.)

① 100   ② 150
③ 200   ④ 250

> $$농도 = \frac{용질의\ 양}{용액의\ 양} = \frac{총량}{유량}$$
> $$= \frac{\frac{50g}{day} \times 400인}{\frac{200m^3}{day}} = \frac{100g}{m^3} \times \frac{10^3 mg}{1g} \times \frac{1m^3}{10^3 L}$$
> 농도 $g \to mg$ $m^3 \to L$
> $$= 100mg/L$$
> ㉠ 유량 $= 200m^3/day$
> ㉡ 총량
> $$\frac{50g}{인 \cdot day} \times 400인 = 20,000g/day$$

27

다음 중 조류를 이용한 산화지(Oxidation pond)법으로 폐수를 처리할 경우에 가장 중요한 영향인자는?

① 산화지의 표면모양   ② 물의 색깔
③ 햇빛   ④ 산화지 바닥 흙 입자모양

> 조류는 광합성을 통해 폐수 내 유기물을 분해하는데, 이 과정에 햇빛(태양광)이 필수적이다.
> 햇빛이 충분해야 조류가 활발하게 성장하고 산소를 생산하여 호기성 미생물의 활동을 촉진한다.
> 산화지 내에서 조류의 광합성 작용으로 폐수 내 영양염류인 질소와 인을 제거하는 데도 햇빛이 중요하다.

28 ★빈출

수자원에 대한 일반적인 설명으로 틀린 것은?

① 호수는 미생물의 번식이 있고, 수온변화에 따른 성층이 형성된다.
② 지표수는 무기물이 풍부하고 지하수보다 깨끗하며 연중 수온이 일정하다.
③ 수량면에서는 무한하지만 사용목적이 극히 한정적인 수자원은 바닷물이다.
④ 호수는 물의 움직임이 적어 한번 오염이 되면 회복이 어렵다.

> 지하수는 무기물이 풍부하고 지표수보다 깨끗하며, 연중 수온이 일정하다.

29

신도시를 중심으로 설치되며 생활오수는 하수처리장으로, 우수는 별도의 관거를 통해 직접 수역으로 방류하는 배제방식은?

① 합류식   ② 분류식
③ 직각식   ④ 원형식

> • 합류식 : 오수와 우수를 같은 관거를 통해 방류
> • 분류식 : 오수와 우수를 별도의 관거를 통해 방류

30 ⭐

$62.5 m^3/hr$의 폐수가 24시간 균일하게 유입되는 폐수처리장의 침전지에서 이 침전지의 월류부하를 $100 m^3/m \cdot day$로 할 때 월류위어의 유효길이는?

① $10 m$　　　　　② $12 m$
③ $15 m$　　　　　④ $50 m$

> 월류위어부하율 $= \dfrac{유량}{월류위어길이}$
>
> $\dfrac{100 m^3}{m \cdot day} = \dfrac{62.5 m^3}{hr} \times \dfrac{24 hr}{day} \times \dfrac{1}{\Box m}$
>
> $\qquad\qquad\qquad hr \to day$
>
> $\Box = 15$

31 ⭐

다음 중 생물학적 원리를 이용하여 인(P)만을 효과적으로 제거하기 위한 고도처리 공법으로 가장 적합한 것은?

① A/O공법　　　　② A_2/O공법
③ 4단계 bardenpho공법　④ 5단계 bardenpho공법

> ② A_2/O공법 : 질소와 인의 동시제거
> ③ 4단계 bardenpho공법 : 질소제거
> ④ 5단계 bardenpho공법 : 질소와 인의 동시제거

32

다음 중 수질오염공정시험기준에 의거 페놀류를 측정하기 위한 시료의 보존방법(㉠)과 최대 보존기간(㉡)으로 가장 적합한 것은 어느 것인가?

① ㉠ 현장에서 용존산소 고정 후 어두운 곳 보관, ㉡ 8시간
② ㉠ 즉시 여과 후 4℃ 보관, ㉡ 48시간
③ ㉠ 4℃ 보관, H_3PO_4로 pH 4 이하 조정한 후 $CuSO_4$ $1 g/L$ 첨가, ㉡ 28일
④ ㉠ 20℃ 보관, ㉡ 즉시 측정

> ㉠ 시료의 보존방법 : 4℃ 보관, H_3PO_4로 $pH4$ 이하로 조정한 후 $CuSO_4$ $1 g/L$ 첨가
> ㉡ 최대보존기간 : 28일

33 ⭐

다음 중 크롬 함유 폐수처리 시 사용되는 크롬 환원제에 해당하지 않는 것은?

① $(NH_4)_2SO_4$　　　② Na_2SO_3
③ $FeSO_4$　　　　　④ SO_2

> 황산암모늄은 크롬 함유 폐수처리 시 사용되는 크롬 환원제에 해당하지 않는다.

34 ⭐

다음 설명에 해당하는 폐수처리공정은?

- 호기성 미생물을 이용한다.
- 대표적인 부착성장식 생물학적 공법이다.
- 쇄석이나 플라스틱과 같은 여재를 채운 탱크에 폐수를 뿌려주어 유기물을 섭취 분해한다.
- 연못화 현상이 일어나거나 파리번식과 악취발생 우려가 있다.

① 고정소각법　　　② 살수여상법
③ 라군법　　　　　④ 활성슬러지법

> 살수여상법은 폐수를 미생물이 부착된 쇄석이나 여재 위에 살포하여, 폐수가 여재를 통과하면서 여재 표면에 형성된 미생물이 폐수 중의 유기물을 섭취하고 분해하는 생물학적 처리법이다.

35

상수처리에 사용되는 오존살균에 관한 다음 설명 중 옳지 않은 것은?

① 저장이 어려우므로 오존발생기를 이용하여 현장에서 생산한다.
② 오존은 $HOCl$보다 더 강력한 산화제이다.
③ 상수의 최종살균을 위해 가장 권장되는 방법이다.
④ 수용액에서 오존은 매우 불안정하여 20℃의 증류수에서의 반감기는 20~30분 정도이다.

> 염소소독은 상수의 최종살균을 위해 가장 권장되는 방법이다.

정답　　30 ③　31 ①　32 ③　33 ①　34 ②　35 ③

36 ⭐빈출

20%의 수분을 포함하고 있는 폐기물을 연소시킨 결과 고위발열량은 2,500$kcal/kg$이었다. 저위발열량은? (단, 추정식에 의한다.)

① 2,480$kcal/kg$
② 2,380$kcal/kg$
③ 2,020$kcal/kg$
④ 1,860$kcal/kg$

> 저위발열량 = 고위발열량 − 물의 증발잠열
> 액체와 고체연료의 저위발열량 계산식
> $$H_l = H_h - 600(9H + W)$$
> $$= 2,500 - 600(9 \times 0 + \frac{20}{100}) = 2,380 kcal/kg$$

37

슬러지를 가열(210℃ 정도), 가압(120atm 정도)시켜 슬러지 내의 유기물이 공기에 의해 산화되도록 하는 공법은?

① 가열 건조
② 습식 산화
③ 혐기성 산화
④ 호기성 산화

> 습식 산화는 고온고압 조건에서 산화제를 사용해 슬러지 내 유기물을 산화 분해하여 처리효율을 높이는 방식으로, 주로 폐수슬러지 처리에 활용된다.

38 ⭐빈출

다음 중 폐기물의 고형화 처리방법에 해당되지 않는 것은?

① 시멘트 기초법
② 활성탄 흡착법
③ 유기중합체법
④ 열가소성 플라스틱법

> 활성탄 흡착법은 입자상 물질의 제거방법이다.

39

다음 원자흡광광도 측정에 사용되는 가연성 가스와 조연성 가스의 조합 중 불꽃의 온도가 높으므로 불꽃 중에서 해리하기 어려운 내화성 산화물을 만들기 쉬운 원소의 분석에 가장 적합한 것은?

① 아세틸렌 – 일산화이질소
② 프로판 – 공기
③ 수소 – 공기
④ 석탄가스 – 공기

> 아세틸렌 – 일산화이질소 불꽃은 매우 높은 온도를 가지며(약 2,700~3,000℃), 이로 인해 강한 내화성 산화물을 분해할 수 있다.

40

폐기물공정시험기준(방법)에 따라 폐기물 중의 카드뮴을 원자흡광광도계로 분석할 때 측정파장은?

① 123.6nm
② 228.8nm
③ 583.3nm
④ 880nm

> 폐기물공정시험기준(방법)에 따라 폐기물 중의 카드뮴을 원자흡광광도계로 분석할 때 측정파장은 228.8nm이다.

41 ⭐빈출

다음은 폐기물공정시험기준(방법)에 명시된 용기의 정의이다. ( ) 안에 알맞은 것은?

> ( )라 함은 취급 또는 저장하는 동안에 기체 또는 미생물이 침입하지 아니하도록 내용물을 보호하는 용기를 말한다.

① 밀폐용기
② 기밀용기
③ 밀봉용기
④ 차광용기

정답   36 ② 37 ② 38 ② 39 ① 40 ② 41 ③

① 밀폐용기 : 취급 또는 저장하는 동안에 이물질이 들어가거나 또는 내용물이 손실되지 아니하도록 보호하는 용기를 말한다.
② 기밀용기 : 취급 또는 저장하는 동안에 밖으로부터의 공기 또는 다른 가스가 침입하지 아니하도록 내용물을 보호하는 용기를 말한다.
③ 밀봉용기 : 취급 또는 저장하는 동안에 기체 또는 미생물이 침입하지 아니하도록 내용물을 보호하는 용기를 말한다.
④ 차광용기 : 광선이 투과하지 않는 용기 또는 투과하지 않게 포장을 한 용기이며 취급 또는 저장하는 동안에 내용물이 광화학적 변화를 일으키지 아니하도록 방지할 수 있는 용기를 말한다.

42 빈출

함수율 40%(W/W)인 폐기물을 건조시켜 함수율 20%(W/W)로 하였다면 중량은 어떻게 변화되는가? (단, 비중은 모두 1.0기준)

① 원래의 1/4로 된다.
② 원래의 1/2로 된다.
③ 원래의 3/4으로 된다.
④ 원래의 5/6로 된다.

$SL_1(1-X_1)=SL_2(1-X_2)$
$SL_1(1-0.40)=SL_2(1-0.20)$
$\dfrac{SL_2}{SL_1}=\dfrac{1-0.40}{1-0.20}=\dfrac{3}{4}$

43 빈출

탄소 $30kg$과 수소 $15kg$을 완전연소시키는 데 필요한 이론적인 산소의 양은? (단, 각각의 성분은 완전연소하여 이산화탄소와 물로 됨)

① $200kg$
② $240kg$
③ $280kg$
④ $320kg$

㉠ 탄소 연소 시 이론산소량 계산
$C+O_2 \rightarrow CO_2$
$C:O_2=12:32=30kg:\square$
$\square=80kg$
㉡ 수소 연소 시 이론산소량 계산
$H_2+0.5O_2 \rightarrow H_2O$
$H_2:0.5O_2=2:16=15kg:\square$
$\square=120kg$
㉢ 탄소와 산소 연소 시 이론산소량 = 80+120 = $200kg$

44 빈출

다음 중 하부로부터 가스를 주입하여 모래를 띄운 후 이를 가열하여 상부로부터 폐기물을 주입하여 소각하는 형식은?

① 유동상 소각로
② 회전식 소각로
③ 다단식 소각로
④ 화격자 소각로

유동상 소각로는 하부에서 가스를 주입하여 모래 등 불활성층을 띄운 후 이를 가열한다.
상부에서 폐기물을 주입하여 유동화된 매체와 폐기물이 잘 혼합되어 고온에서 효율적으로 소각하는 방식이다.
이 방식은 고온이 유지되고 연소효율이 높아 난연성 폐기물 소각에도 적합하다.
② 회전식 소각로 : 원통형 로체가 회전하면서 폐기물을 혼합, 건조, 연소시킴.
③ 다단식 소각로 : 여러 단으로 구성되어 단계별로 연소 및 처리함.
④ 화격자 소각로 : 견고한 격자 위에 폐기물을 올려놓고 연소하는 고전적인 방식

45

다음은 폐기물공정시험기준(방법)상 고상 또는 반고상 폐기물에 대한 지정폐기물의 매립방법을 결정하기 위한 용출시험 방법이다. (   ) 안에 적합한 것은?

시료 조제방법에 따라 조제한 시료 $100g$ 이상을 정확히 달아 정제수에 염산을 넣어 pH를 5.8~6.3으로 한 용매(mL)를 시료 : 용매 = (   )($W:V$)의 비로 $2,000mL$ 삼각플라스크에 넣어 혼합한다.

① 1 : 1
② 1 : 5
③ 1 : 10
④ 1 : 50

시료 조제방법에 따라 조제한 시료 $100g$ 이상을 정확히 달아 정제수에 염산을 넣어 pH를 5.8~6.3으로 한 용매(mL)를 시료 : 용매=(1:10)($W:V$)의 비로 $2,000mL$ 삼각플라스크에 넣어 혼합한다.

정답   42 ③   43 ①   44 ①   45 ③

46 ⭐빈출

관거(pipe-line)수거에 관한 설명으로 틀린 것은?

① 자동화, 무공해화가 가능하다.
② 가설 후에 경로 변경이 곤란하고 설치비가 높다.
③ 잘못 투입된 물건의 회수가 용이하다.
④ 큰 쓰레기는 파쇄, 압축 등의 전처리를 해야 한다.

> 잘못 투입된 물건의 회수가 어렵다.

47

다음 중 유기성 폐기물의 퇴비화 특성으로 가장 거리가 먼 것은?

① 생산된 퇴비는 비료가치가 높으며, 퇴비완성 시 부피 감소율이 70% 이상으로 큰 편이다.
② 초기 시설투자비가 낮고, 운영 시 소요 에너지도 낮은 편이다.
③ 다른 폐기물 처리기술에 비해 고도의 기술수준이 요구되지 않는다.
④ 퇴비제품의 품질 표준화가 어렵고, 부지가 많이 필요한 편이다.

> 생산된 퇴비는 비료가치가 낮으며, 퇴비완성 시 부피감소율이 작은 편이다.

48

착화온도에 관한 다음 설명 중 옳은 것은?

① 분자구조가 간단할수록 착화온도는 낮아진다.
② 발열량이 작을수록 착화온도는 낮아진다.
③ 활성화에너지가 작을수록 착화온도는 높아진다.
④ 화학결합의 활성도가 클수록 착화온도는 낮아진다.

> ① 분자구조가 간단할수록 착화온도는 높아진다.
> ② 발열량이 작을수록 착화온도는 높아진다.
> ③ 활성화에너지가 작을수록 착화온도는 낮아진다.

49

매립지에서 가스 생성과정을 크게 4단계로 분류할 때 각 단계에 관한 일반적인 설명으로 옳지 않은 것은?

① 1단계 : 호기성 단계로, O_2가 소모되며 CO_2발생이 시작된다.
② 2단계 : 호기성 전이단계로, NO_3^-가 산화되기 시작한다.
③ 3단계 : 혐기성 단계로 CH_4가 발생하기 시작한다.
④ 4단계 : 정상적인 혐기성 단계로, CH_4와 CO_2의 함량이 거의 일정하다.

> 2단계 : 호기성에서 혐기성으로 전이되는 단계로, NO_3^-이 환원되기 시작한다.

50 ⭐빈출

500,000명이 거주하는 지역에서 1주일 동안 $10,780m^3$의 쓰레기를 수거하였다. 쓰레기 밀도가 $0.5ton/m^3$이면 1인 1일 쓰레기 발생량은?

① $1.29kg/$인·일
② $1.54kg/$인·일
③ $1.82kg/$인·일
④ $1.91kg/$인·일

> 1인 1일 쓰레기 발생량을 산정하기 위해 $kg/$인·일의 단위에 유의한다.
> $$\frac{10,780m^3}{7일} \times \frac{0.5ton}{m^3} \times \frac{10^3kg}{1ton} \times \frac{1}{500,000인}$$
> $$m^3 \to ton \quad ton \to kg$$
> $$=1.54kg/인·일$$

51

$4,000,000ton/yr$의 쓰레기를 하루에 6,667명의 인부가 수거하고 있다면 수거능력(MHT)은? (단, 수거인부의 1일 작업시간은 8시간, 1년 작업일수는 300일로 한다.)

① 3   ② 4
③ 5   ④ 6

$$MHT = \frac{Man \times Hr}{Ton}$$

$$= 6,667\text{인} \times \frac{8hr}{day} \times \frac{300day}{yr} \times \frac{yr}{4,000,000ton}$$

$$= 4.0002 man \cdot hr/ton$$

52 빈출

다음 중 적환장의 위치로 적당하지 않은 곳은?

① 쉽게 간선도로에 연결될 수 있고 2차 보조 수송수단 에의 연결이 쉬운 곳
② 수거해야 할 쓰레기 발생지역의 무게중심으로부터 먼 곳
③ 공중의 반대가 적고 환경적 영향이 최소인 곳
④ 건설과 운용이 가장 경제적인 곳

수거해야 할 쓰레기 발생지역의 무게중심과 가까운 곳

53 빈출

다음은 폐기물 매립공법에 관한 설명이다. 가장 적합한 것은?

쓰레기를 매립하기 전에 이의 감량화를 목적으로 먼저 쓰레기를 일정한 더미형태로 압축하여 부피를 감소시킨 후 포장을 실시하여 매립하는 방법으로, 쓰레기 발생량 증가와 매립지 확보 및 사용연한 문제가 있어서 운반이 쉽고 안정성이 유리하다는 것과 지가(地價)가 비쌀 경우 유효한 방법이다.

① 압축매립공법
② 도랑형공법
③ 셀공법
④ 순차투입공법

② 도랑형공법 : 폐기물을 부피나 무게 단위로 분할하여 계량, 관리하는 방법으로 매립계획과 관리가 용이하다.
③ 셀공법 : 매립지를 여러 구획(셀)으로 나누어 단계적으로 매립과 복토를 반복하며 관리하는 방법이다.
④ 순차투입공법 : 폐기물을 일정 기간 동안 계속해서 순차적으로 투입하며 매립하는 방법으로, 매립 속도와 공간 활용이 효율적이다.

54

다음 중 슬러지 개량(conditioning)방법에 해당하지 않는 것은?

① 슬러지 세척
② 열처리
③ 약품처리
④ 관성분리

① 슬러지 세척 : 슬러지 중 불순물을 제거하기 위한 세척 과정으로 슬러지 개량방법에 포함된다.
② 열처리 : 슬러지를 고온으로 처리하여 탈수성을 개선하는 개량 방법이다.
③ 약품처리 : 응집제나 화학약품을 첨가하여 슬러지의 탈수성을 향상시키는 방법이다.
④ 관성분리 : 이는 슬러지 개량이 아닌, 물리적 분리공정이다.

55

다음은 폐기물관리법상 용어의 정의이다. (   ) 안에 알맞은 것은?

(   )이란 보건·의료기관, 동물병원, 시험·검사기관 등에서 배출되는 폐기물 중 인체에 감염 등 위해를 줄 우려가 있는 폐기물과 인체 조직 등 적출물, 실험동물의 사체 등 보건·환경보호상 특별한 관리가 필요하다고 인정되는 폐기물로서 대통령령으로 정하는 폐기물을 말한다.

① 병원폐기물
② 의료폐기물
③ 적출폐기물
④ 기관폐기물

의료폐기물에 대한 설명이다.

56 빈출

진동수가 $100Hz$, 속도가 $50m/\sec$인 파동의 파장은?

① $0.5m$
② $1m$
③ $1.5m$
④ $2m$

$$\text{파장}(\lambda) = \frac{\text{속도}(C)}{\text{주파수}(f)}$$

$$= \frac{50m/\sec}{100Hz} = 0.5m$$

57

다음 중 중이(中耳)에서 음의 전달매질은?

① 음파
② 공기
③ 림프액
④ 뼈

중이 내에서 음의 전달매질로서 중요한 역할을 하는 것은 뼈(이소골)의 진동이다.

58 ⭐빈출

어느 벽체에서 입사음의 세기가 $10^{-2}\,W/m^2$, 투과음의 세기가 $10^{-4}\,W/m^2$이다. 이 벽체의 투과손실은?

① $10dB$
② $15dB$
③ $20dB$
④ $30dB$

$$TL = 10\log\left(\frac{1}{\tau}\right) = 10\log\left(\frac{I_{in}}{I_{out}}\right)$$

㉠ 투과율 계산

$$\tau = \frac{I_{out}}{I_{in}} = \frac{10^{-4}}{10^{-2}} = 10^{-2}$$

㉡ 투과손실 계산

$$TL = 10\log\left(\frac{1}{10^{-2}}\right) = 20dB$$

τ : 투과율
I_{in} : 입사음의 세기
I_{out} : 투과음의 세기

59 ⭐빈출

다음은 소음·진동환경오염 공정시험기준에서 사용되는 용어의 정의이다. (   ) 안에 알맞은 것은?

> (   )란 임의의 측정시간 동안 발생한 변동소음의 총 에너지를 같은 시간 내의 정상소음의 에너지로 등가하여 얻어진 소음도를 말한다.

① 등가소음도
② 평가소음도
③ 배경소음도
④ 정상소음도

② 평가소음도 : 측정된 소음도에서 배경소음 등을 보정하여 실제로 평가하고자 하는 소음을 나타내는 지표이다.
③ 배경소음도 : 소음측정 지점에서 대상 소음원이 없을 때의 자연 및 주변 소음을 말하며, 소음분석 시 보정에 활용된다.
④ 정상소음도 : 일정한 시간 동안 지속적으로 발생하는 안정된 소음을 의미한다.

60

측정 소음레벨이 $84dB(A)$이고, 배경 소음레벨이 $75dB$일 때 대상 소음레벨은?

① $74dB$
② $83dB$
③ $84dB$
④ $85dB$

$$\begin{aligned}
합성소음도 &= L_t[dB(A)] \\
&= 10\log\left[\left(10^{L_1/10} - 10^{L_2/10}\right)\right] \\
&= 10\log\left[\left(10^{84/10} - 10^{75/10}\right)\right] \\
&= 83.4156dB
\end{aligned}$$

2025년 3회 | CBT 기출복원문제

01 ⭐빈출

다음 중 가장 낮은 농도는?

① $50ng/mL$ ② $20\mu g/100mL$

③ $0.5\mu g/10mL$ ④ $2ng/50\mu L$

> 동일한 농도로 단위 환산을 한다.
>
> ① $50ng/mL$
>
> ② $\dfrac{20\mu g \times \dfrac{10^3 ng}{1\mu g}}{100mL} = 200ng/mL$
>
> ③ $\dfrac{0.5\mu g \times \dfrac{10^3 ng}{1\mu g}}{10mL} = 50ng/mL$
>
> ④ $\dfrac{2ng}{50\mu L \times \dfrac{1mL}{10^3 \mu L}} = 40ng/mL$

02

1시간에 $7,200m^3$가 발생되는 배기가스를 $2m/sec$의 속도로 원형 송풍관을 통과시켜 전기집진장치로 보내려 할 때, 이 원형 송풍관의 반지름(R)은 몇 cm로 해야 하는가? (단, 기타 조건은 무시한다.)

① 42.8   ② 48.6

③ 56.4   ④ 59.7

> $Q = A \times V$
>
> 송풍관은 원형이므로
>
> $Q = \dfrac{\pi}{4}D^2 \times V$
>
> $\dfrac{7,200m^3}{hr} = \dfrac{\pi}{4}D^2 \times \dfrac{2.0m}{sec} \times \dfrac{3,600sec}{hr}$
>
> $D = \left(\dfrac{7,200m^3}{hr} \times \dfrac{sec}{2.0m} \times \dfrac{hr}{3,600sec} \times \dfrac{4}{\pi}\right)^{1/2} = 1.1283m$
>
> $R = \dfrac{D}{2} = \dfrac{1.1283m}{2} = 0.5641m = 56.41cm$

03

오염가스를 흡착하기 위하여 사용되는 흡착제와 가장 거리가 먼 것은?

① 활성탄

② 실리카겔

③ 마그네시아

④ 활성망간

> 활성망간은 주로 촉매나 산화제로 사용된다.

04 ⭐빈출

복사역전에 대한 설명 중 틀린 것은?

① 복사역전은 공중에서 일어난다.

② 맑고 바람이 없는 날 아침에 해가 뜨기 직전에 강하게 형성된다.

③ 복사역전이 형성될 경우 대기오염물질의 수직이동, 확산이 어렵게 된다.

④ 해가 지면서 열복사에 의한 지표면의 냉각이 시작되므로 복사역전이 형성된다.

> 복사역전은 지표면 부근에서 일어난다.

05 ⭐빈출

Sutton의 확산방정식에서 유효굴뚝높이(H_e)와 오염물질의 최대 착지농도($C_{\max}$)와의 관계를 바르게 나타낸 것은?

① $C_{\max} \propto H_e^2$ ② $C_{\max} \propto H_e^4$

③ $C_{\max} \propto H_e^{-2}$ ④ $C_{\max} \propto H_e^{-4}$

정답   01 ④   02 ③   03 ④   04 ①   05 ③

Sutton의 유효굴뚝높이와 최대착지농도의 관계식으로, 최대작지농도는 유효굴뚝높이의 제곱에 반비례한다.

$$C_{max} = \frac{2 \cdot Q}{\pi \cdot e \cdot U \cdot H_e^2} \times \frac{K_z}{K_y} \rightarrow C_{max} \propto He^{-2}$$

Q : 오염물질의 배출률(MT^{-1})

U : 풍속(LT^{-1})

K_z : 수직확산계수

K_y : 수평확산계수

06 ⭐빈출

집진율 99%로 운전되던 집진장치가 성능 저하로 집진율이 97%로 떨어졌다. 집진장치 입구의 함진농도가 일정하다고 할 때 출구의 함진농도는 어떻게 변하겠는가?

① 3% 증가
② 3배 증가
③ 2% 증가
④ 2배 증가

$$\eta = \left(1 - \frac{C_{out}}{C_{in}}\right) \times 100$$

㉠ 99%일 때 출구농도

$$99\% = \left(1 - \frac{C_{out}}{C_{in}}\right) \times 100$$

$$C_{out} = -C_{in} \times \left(\frac{99}{100} - 1\right) = 0.01\,C_{in}$$

㉡ 97%일 때 출구농도

$$97\% = \left(1 - \frac{C_{out}}{C_{in}}\right) \times 100$$

$$C_{out} = -C_{in} \times \left(\frac{97}{100} - 1\right) = 0.03\,C_{in}$$

㉢ 증가율

$$\frac{C_{out-97\%}}{C_{out-99\%}} = \frac{0.03\,C_{in}}{0.01\,C_{in}} = 3$$

07 ⭐빈출

전기집진장치에서 먼지의 고유저항과 집진율을 나타낸 다음 그림에서 ㉠~㉣ 영역을 순서대로 바르게 연결한 것은?

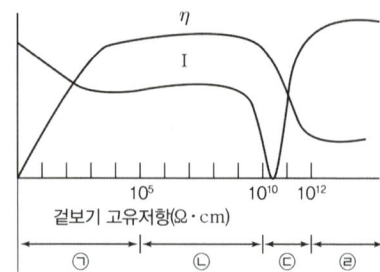

① ㉠ 재비산, ㉡ 정상, ㉢ 스파크빈발, ㉣ 역전리
② ㉠ 정상, ㉡ 스파크빈발, ㉢ 역전리, ㉣ 재비산
③ ㉠ 스파크빈발, ㉡ 역전리, ㉢ 재비산, ㉣ 정상
④ ㉠ 역전리, ㉡ 재비산, ㉢ 정상, ㉣ 스파크빈발

- 먼지의 고유저항이 낮으면($10^4 \Omega \cdot cm$ 이하) 집진판에 부착된 먼지가 전하를 쉽게 방출하여 부착력을 잃고 먼지가 떨어져 나가 재비산이 발생(재비산 영역)
- 중간 저항 범위(10^4~$10^{11}\Omega \cdot cm$)에서는 정상적인 집진 성능을 보임(정상 영역)
- 저항이 더 커져 $10^{11}\Omega \cdot cm$ 부근에서는 스파크 발생으로 인해 전압 저하, 집진효율 저하가 나타남(스파크 빈발 영역)
- 10^{11}~$10^{13}\Omega \cdot cm$ 이상 매우 큰 저항 영역에서는 먼지층 발광과 역전리 현상 발생, 먼지 부유와 집진효율 급격 저하(역전리 영역)

08 ⭐빈출

황성분이 2%인 중유를 10ton/hr로 연소하는 보일러에서 발생하는 배출가스 중 SO_2를 $CaCO_3$로 완전 탈황하는 경우, 이론상 필요한 $CaCO_3$의 양은? (단, 중유의 S는 모두 SO_2로 배출되며, $CaCO_3$ 분자량은 100이다.)

① 약 0.9ton/hr ② 약 0.6ton/hr
③ 약 0.3ton/hr ④ 약 0.1ton/hr

$$SO_2 + CaCO_3 + 0.5O_2 \rightarrow CaSO_4 + CO_2$$

$$S : CaCO_3 = 32g : 100g$$

$$32g : 100g = 0.2ton/hr : \square$$

$$\square = \frac{100 \times 0.2}{32} = 0.625ton/hr$$

여기서 $S : \dfrac{10ton}{hr} \times \dfrac{2}{100} = 0.2ton/hr$

정답   06 ② 07 ① 08 ②

09 ⭐빈출

물리흡착과 화학흡착에 대한 비교 설명 중 옳은 것은?

① 물리적 흡착과정은 가역적이기 때문에 흡착제의 재생이나 오염가스의 회수에 매우 편리하다.
② 물리적 흡착은 온도의 영향에 구애받지 않는다.
③ 물리적 흡착은 화학적 흡착보다 분자 간의 인력이 강하기 때문에 흡착과정에서의 발열량도 크다.
④ 물리적 흡착에서는 용질의 분자량이 작을수록 유리하게 흡착한다.

> ② 물리적 흡착은 온도의 영향을 받는다.
> ③ 화학적 흡착은 물리적 흡착보다 분자 간의 인력이 강하기 때문에 흡착과정에서의 발열량도 크다.
> ④ 물리적 흡착에서는 용질의 분자량이 클수록 유리하게 흡착한다.

10 ⭐빈출

30℃, $725mmHg$ 상태에서 CO_2 $44g$이 차지하는 부피는?

① $24.4L$
② $25.6L$
③ $26.1L$
④ $27.8L$

> $1mol$ = g분자량 = $22.4L$이므로,
> $CO_2 = 12 + 32 = 44g/mol$
> $44g \times \dfrac{1mol}{44g} \times \dfrac{22.4L_{-STP}}{1mol} \times \dfrac{(273+30)K}{273K} \times \dfrac{760mmHg}{725mmHg}$
> $= 26.0617L$
> 0℃ → 30℃로 온도가 증가하였으므로 부피는 증가하며(분자에 큰 수), $1atm = 760mmHg$에서 $725mmHg$로 압력이 감소하였으므로 부피는 증가한다(분자에 큰 수).

11 ⭐빈출

질소산화물의 발생을 억제하는 연소방법이 아닌 것은?

① 저과잉공기비 연소법
② 고온연소법
③ 2단연소법
④ 배기가스 재순환법

> 고온연소 시 질소산화물의 발생량은 증가한다.

12

전기집진장치의 집진효율을 Duetsch Anderson식으로 구할 때 직접적으로 필요한 인자가 아닌 것은?

① 집진극 면적
② 입자의 이동속도
③ 처리가스량
④ 입자의 점성력

> $\eta = 1 - e^{-\frac{A \cdot We}{Q}}$
> A : 집진면적(m^2)
> We : 분진의 겉보기 이동속도(m/sec)
> Q : 유량(m^3/sec)

13 ⭐빈출

대기 중 암모니아가스의 농도를 측정하였더니 $22mg/Sm^3$이었다. 이 농도를 ppm단위로 환산하면? (단, 암모니아의 분자량은 17임)

① $17ppm$
② $22.4ppm$
③ $29ppm$
④ $33.2ppm$

> 기체의 ppm은 mL/Sm^3를 의미한다.
> $1mmol$ = mg분자량 = $22.4mL$이므로,
> $\dfrac{22mg \times \dfrac{22.4mL}{17mg}}{Sm^3} = 28.9882mL/Sm^3$

14 ⭐빈출

다음 중 주로 광화학반응에 의하여 생성되는 물질은?

① CH_4
② PAN
③ NH_3
④ HC

> 광화학반응에 의해 주로 생성되는 물질 : 오존(O_3), PAN[Peroxyacetyl nitrate, $CH_3C(O)O_2NO_2$], 과산화수소(H_2O_2), 아크롤레인(Acrolein, CH_2CHCHO), 케톤류(Ketones), 염소화 질소 화합물$(NOCl)$ 등

정답 09 ① 10 ③ 11 ② 12 ④ 13 ③ 14 ②

15

다음 중 오염물질의 농도표시가 아닌 것은?

① ppm
② mg/Sm^3
③ $W/V\%$
④ $mmHg$

$mmHg$은 압력의 단위이다.

16 ⭐빈출

회분식으로 일정한 양의 에너지와 영양분을 한 번만 주고 미생물을 배양했을 때 미생물의 성장과정을 순서(초기 → 말기)대로 나타낸 것은?

① 대수성장기 → 유도기 → 정지기 → 사멸기
② 대수성장기 → 정지기 → 유도기 → 사멸기
③ 유도기 → 대수성장기 → 정지기 → 사멸기
④ 유도기 → 정지기 → 대수성장기 → 사멸기

미생물의 증식 4단계
지체기 → 대수성장기 → 감소성장기 → 내생호흡기
㉠ 지체기(유도기)
 • 미생물량 적고 증식속도 극히 느림, 새로운 환경에 적응
㉡ 대수(지수)성장기
 • F/M비 대단히 큼.
 • 독립성장 → floc 형성↓ → 침전율↓ → BOD 제거↓
 • F/M비 점차 낮아짐.
 • 포기조 내의 미생물 성장단계 중 신진대사율이 가장 높은 단계
㉢ 감소성장기(정지기)
 • floc 형성 시작 → 침전율 향상 → 수처리 이용가능
㉣ 내생호흡기(사멸기)
 • F/M비 극히 낮음, 자산화 과정
 • floc 형성 최대 → 침전율↑ → BOD 제거↑

17 ⭐빈출

명반(Alum)을 폐수에 첨가하여 응집처리를 할 때, 투입조에 약품주입 후 응집조에서 완속교반을 행하는 주된 목적은?

① 명반이 잘 용해되도록 하기 위해
② floc과 공기와의 접촉을 원활히 하기 위해
③ 형성되는 floc을 가능한 한 뭉쳐 밀도를 키우기 위해
④ 생성된 floc을 가능한 한 미립자로 하여 수량을 증가시키기 위해

완속교반은 급속교반으로 생성된 미세한 입자들이 서로 뭉쳐 큰 플록으로 성장할 수 있도록 도와주는 과정이다.

18 ⭐빈출

레이놀즈 수의 관계인자와 거리가 먼 것은?

① 입자의 지름
② 액체의 점도
③ 액체의 비표면적
④ 입자의 속도

$$Re(\text{레이놀즈수}) = \frac{\text{관성력}}{\text{점성력}} = \frac{D \cdot \rho \cdot V}{\mu}$$

μ : 액체의 점도 D : 입자의 지름
V : 입자의 속도 ρ : 유체의 밀도

19

염소주입 시 물속의 오염물을 산화시키고 처리수에 남아 있는 염소의 양을 무엇이라 하는가?

① 잔류염소량
② 염소요구량
③ 투입염소량
④ 파괴염소량

염소의 주입량 = 염소요구량 + 잔류염소량

20

다음 중 물리적 예비처리공정으로 볼 수 없는 것은?

① 스크린
② 침사지
③ 유량조정조
④ 소화조

소화조는 슬러지처리공정이다.

21 ⭐빈출

시간당 $225m^3$의 폐수를 유입하는 침전조가 있다. 위어의 유효길이를 $30m$라 하면 월류부하($m^3/m \cdot day$)는?

① 50
② 100
③ 180
④ 200

$$월류위어부하율 = \frac{유량}{월류위어길이}$$

$$= \frac{225m^3}{hr} \times \frac{24hr}{day} \times \frac{1}{30m}$$
$$hr \rightarrow day$$
$$= 180m^3/m \cdot day$$

22

폐수처리에 사용되는 응집제로 적당하지 않는 것은?

① 황산알루미늄   ② 석회
③ 염화 제2철   ④ 차아염소산나트륨

차아염소산나트륨은 소독에 사용된다.

23

산업폐수에 관한 일반적인 설명으로 거리가 먼 것은?

① 주로 악성폐수가 많다.
② 중금속 등의 오염물질 함량이 생활하수에 비해 높다.
③ 업종 및 생산방식에 따라 수질이 거의 일정하다.
④ 같은 업종일지라도 생산규모에 따라 배수량이 달라진다.

업종 및 생산방식에 따라 수질이 상이하다.

24

회전원판접촉법과 가장 관계가 먼 것은?

① 호기성처리   ② 고밀도폴리에틸렌
③ 폭기기   ④ 생물학적 처리

폭기기는 활성슬러지법과 관련이 있다.

25

탈산소계수가 $0.1/day$인 어떤 유기물질의 BOD_5가 $200ppm$이었다. 2일 후에 남아 있는 BOD값은? (단, 상용대수 적용)

① $192.3mg/L$ ② $189.4mg/L$
③ $184.6mg/L$ ④ $179.3mg/L$

BOD공식을 이용한다.

소모 $BOD = BOD_u \times (1 - 10^{-kt}) \rightarrow BOD_5$
잔존 $BOD = BOD_u \times 10^{-kt} \rightarrow$ 2일 후 남아있는 BOD

㉠ BOD_u 계산
$$BOD_5 = BOD_u \times (1 - 10^{-k \times 5})$$
$$200 = BOD_u \times (1 - 10^{-0.1 \times 5})$$
$$BOD_u = 292.4950ppm$$

㉡ 2일 후 남아있는 BOD
잔존 $BOD = BOD_u \times 10^{-kt}$
$$= 292.4950 \times 10^{-0.1 \times 2}$$
$$= 184.5518ppm$$

26 빈출

수질오염공정시험방법상 따로 규정이 없는 한 감압 또는 진공의 기준으로 옳은 것은?

① $5mmHg$ ② $10mmHg$
③ $15mmHg$ ④ $20mmHg$

"감압 또는 진공"이라 함은 따로 규정이 없는 한 $15mmHg$ 이하를 뜻한다.

27 빈출

폐수처리시설의 2차침전지에서 팽화현상은 주로 어떤 결과를 초래하는가?

① 활성슬러지를 부패시킨다.
② 포기조 산기관을 막는다.
③ 유출수의 SS농도가 높아진다.
④ 포기조 내의 이상난류를 발생시킨다.

2차침전지에서 발생하는 팽화현상은 활성슬러지가 잘 침전되지 않고 부풀어 오르는 현상으로, 주로 사상형 미생물의 과성장 등에 의해 발생한다. 이로 인해 침전 성능이 저하되어 유출수의 고형물(Suspended Solids, SS) 농도가 높아지는 문제가 발생한다.

정답   22 ④   23 ③   24 ③   25 ③   26 ③   27 ③

28

미생물의 생물학적 작용을 이용하여 하수 및 폐수를 자연정화시키는 공법으로, 라군(lagon)이라고도 하며, 시설비와 운영비가 적게 드는 이점이 있기 때문에 소규모 마을의 오수처리에 많이 이용되는 것은?

① 산화지법
② 소화조법
③ 회전원판법
④ 살수여상법

> ② 소화조법 : 하수 및 슬러지의 유기물을 미생물이 분해하여 안정화시키는 방법으로, 보통 혐기성 또는 호기성 소화조 내에서 이루어진다.
> ③ 회전원판법 : 회전하는 원판 위에 미생물막을 형성하여 하수를 통과시켜 처리하는 생물막 공법이다. 회전원판이 회전하면서 산소를 공급하고 유기물을 분해한다.
> ④ 살수여상법 : 여과재 위에 하수를 살수하여 미생물막이 유기물을 분해하는 방식의 생물막 처리법이며, 보통 2차 처리에 이용된다.

29

다음 오염물질 함유폐수 중 알칼리 조건하에서 염소처리(산화)가 필요한 것은?

① 시안(CN)
② 알루미늄(Al)
③ 6가 크롬(Cr^{6+})
④ 아연(Zn)

> $2CN^- + 5Cl_2 + 4H_2O \rightarrow 2CO_2 + N_2 + 8HCl + 2Cl^-$

30

다음 중 친온성 미생물의 성장속도가 가장 빠른 온도 분포는?

① 10℃ 부근
② 15℃ 부근
③ 20℃ 부근
④ 35℃ 부근

> • 극한저온성 미생물(Psychrophiles) : 약 -5℃~15℃
>   저온에서 성장하는 미생물, 0~10℃ 부근에서 최적 성장
> • 저온성 미생물(Psychrotrophs) : 약 0℃~30℃
>   냉장 온도에서도 성장 가능, 20~25℃ 부근에서 최적 성장
> • 친온성 미생물(Mesophiles) : 약 20℃~45℃
>   인간 체온과 비슷한 온도에서 번성, 30~40℃ 부근에서 최적 성장
> • 고온성 미생물(Thermophiles) : 약 45℃~80℃
>   고온 환경에 적응, 50~60℃ 부근에서 최적 성장
> • 극한고온성 미생물(Hyperthermophiles) : 약 80℃ 이상
>   온천이나 화산 근처 등 극한 고온환경에서 서식

31 빈출

침전지에서 입자가 100% 제거되기 위해서 요구되는 침전속도를 의미하는 것은?

① 침강속도
② 침전효율
③ 표면부하율
④ 유입속도

> 표면부하율 $= \dfrac{\text{유량}}{\text{침전되는 단면적}}$ 으로 100% 제거되는 침전속도를 의미한다.

32 빈출

폭 $8m$, 길이 $28m$, 높이가 $3m$인 침전지에 유입수량이 0.07 m^3/sec일 때 체류시간은?

① 약 2시간 40분
② 약 2시간 50분
③ 약 3시간 5분
④ 약 3시간 28분

> 체류시간$(HRT) = \dfrac{\text{부피}(\forall)}{\text{유량}(Q)}$
>
> $= \dfrac{(8 \times 28 \times 3)m^3}{\dfrac{0.07m^3}{sec}}$
>
> $= 9,600 sec = 160분 = 2시간 40분$

33

수질관리를 위해 대장균군을 측정하는 주목적으로 가장 타당한 것은?

① 유기물질의 오염정도를 측정하기 위하여
② 수질의 미생물 성장가능 여부를 알기 위하여
③ 공장폐수의 유입여부를 알기 위하여
④ 다른 수인성 병원균의 존재 가능성을 알기 위하여

> 대장균 유무를 통해 다른 수인성 병원균의 존재 가능성을 알 수 있다.

34 ⭐빈출

크롬의 환원에 사용되는 환원제가 아닌 것은?

① SO_2
② Na_2SO_3
③ $FeSO_4$
④ $Al_2(SO_4)_3$

> $Al_2(SO_4)_3$은 응집제이다.
>
> 6가 크롬 환원침전법은 독성이 강한 6가 크롬(Cr^{6+})을 독성이 적은 3가 크롬(Cr^{3+})으로 환원시킨 후 침전시켜 제거하는 방법이다. 이 과정은 주로 산성조건(pH 3 이하)에서 이루어지며, 환원제로는 황산제1철($FeSO_4$), 아황산가스(SO_2), 아황산나트륨($Na_2S_2O_5$) 등이 사용된다. 6가 크롬이 3가 크롬으로 환원되면 중화과정을 거쳐 수산화크롬[$Cr(OH)_3$] 형태로 침전되어 물리적으로 제거하기 쉽다.

35 ⭐빈출

침사지의 수면적부하 $1,800m^3/m^2 \cdot day$, 수평유속 0.32 m/sec, 유효수심 1.2m인 경우, 침사지의 유효길이는?

① 14.4m
② 16.4m
③ 18.4m
④ 20.4m

> $$수면적부하율 = \frac{유량}{침전되는 단면적} = \frac{VH}{L}$$
>
> $$\frac{1,800m^3}{m^2 \cdot day} \times \frac{1day}{86,400\text{sec}} = \frac{0.32m/\text{sec} \times 1.2m}{L}$$
>
> $$L = 18.432m$$

36 ⭐빈출

함수율 25%인 폐기물을 건조시켜 함수율 5%로 만들기 위해 폐기물 1톤당 증발시켜야 할 수분의 양은?

① 173.9kg
② 191.3kg
③ 204.7kg
④ 210.5kg

> $$SL_1(1-X_1) = SL_2(1-X_2)$$
>
> $$1,000kg(1-0.25) = SL_2(1-0.05)$$
>
> $$SL_2 = 789.4736kg$$
>
> 증발시켜야 할 수분 = $SL_1 - SL_2 = 1,000 - 789.4736$
> $$= 210.5264kg$$

37

폐기물 소각시설의 후연소실에 대한 설명으로 가장 거리가 먼 것은?

① 주연소실에서 생성된 휘발성 기체는 후연소실로 흘러 들어 연소된다.
② 깨끗하고 가연성인 액상 폐기물은 바로 후연소실로 주입될 수 있다.
③ 후연소실 내의 온도는 주연소실의 온도보다 보통 낮게 유지한다.
④ 연기 내의 가연성분의 완전산화를 위해 후연소실은 충분한 양의 잉여공기가 공급되어야 한다.

> 후연소실 내의 온도는 주연소실의 온도보다 보통 높게 유지한다.

38 ⭐빈출

A도시 쓰레기의 조성이 탄소 55%, 수소 10%, 산소 30%, 질소 3%, 황 1%, 회분 1%일 때, 고위발열량($kcal/kg$)은?

(단, $HHV(kcal/kg) = 81C + 342.5\left(H - \dfrac{O}{8}\right) + 22.5S$ 이다.)

① 약 4,518
② 약 5,318
③ 약 6,118
④ 약 6,618

> $$HHV(kcal/kg) = 81C + 342.5\left(H - \frac{O}{8}\right) + 22.5S$$
> $$= 81 \times 55 + 342.5\left(10 - \frac{30}{8}\right) + 22.5 \times 1$$
> $$= 6,618.125kcal/kg$$

39 ⭐빈출

폐기물 수거노선을 결정할 때 고려사항으로 거리가 먼 것은?

① 가능한 한 시계방향으로 수거노선을 정한다.
② 출발점은 차고지와 가깝게 한다.
③ 수거인원 및 차량형식이 같은 기존 시스템의 조건들을 서로 관련시킨다.
④ 쓰레기 발생량이 가장 많은 곳을 하루 중 가장 나중에 수거한다.

> 쓰레기 발생량이 가장 많은 곳을 하루 중 가장 먼저 수거한다.

정답 　　34 ④　35 ③　36 ④　37 ③　38 ④　39 ④

40

슬러지 농축으로 얻는 장점이 아닌 것은?

① 후속 처리시설인 소화조의 부피를 감소시킬 수 있다.
② 소화조에서 미생물과 양분의 접촉을 차단시킬 수 있다.
③ 슬러지 수송에 드는 비용을 절감할 수 있다.
④ 슬러지 개량에 소요되는 약품비를 절약할 수 있다.

소화조에서 미생물과 양분의 접촉을 도울 수 있다.

41

탄소 $75kg$과 수소 $15kg$을 완전연소시키는 데 필요한 이론적인 산소의 양은? (단, 각각의 성분은 완전연소하여 이산화탄소와 물로 됨)

① 180kg
② 240kg
③ 280kg
④ 320kg

㉠ 탄소 연소 시 이론산소량 계산
$$C + O_2 \rightarrow CO_2$$
$$C : O_2 = 12 : 32 = 75kg : \square$$
$$\square = 200kg$$
㉡ 수소 연소 시 이론산소량 계산
$$H_2 + 0.5O_2 \rightarrow H_2O$$
$$H_2 : 0.5O_2 = 2 : 16 = 15kg : \square$$
$$\square = 120kg$$
㉢ 탄소와 산소 연소 시 이론산소량 = 200 + 120 = 320kg

42

휘발유와 같이 끓는점이 낮은 기름의 연소는 주로 어떤 연소방식인가?

① 증발연소
② 분해연소
③ 표면연소
④ 자기연소

① 증발연소 : 휘발유, 경유, 왁스
② 분해연소 : 석탄, 목재, 중유
③ 표면연소 : 코크스, 숯
④ 자기연소 : 니트로글리세린

43

다음 중 Optical Sorter(광학분류기)를 이용하기에 가장 적당한 것은?

① 종이와 플라스틱의 분리
② 색유리와 일반유리의 분리
③ 딱딱한 물질과 물렁한 물질의 분리
④ 유기물과 무기물의 분리

① 종이와 플라스틱의 분리 : 정전기 분리기
② 색유리와 일반유리의 분리 : 광학분류기(Optical Sorter)
③ 딱딱한 물질과 물렁한 물질의 분리 : 회전 드럼 선별기나 스크린 분류기
④ 가벼운 유기물과 무거운 무기물의 분리 : 공기선별기(Air Classifier)

44

분뇨처리의 목적과 가장 거리가 먼 것은?

① 슬러지의 균일화
② 생물학적으로 안정화
③ 위생적으로 안전화
④ 최종 생성물의 감량화

① 슬러지의 균일화는 분뇨처리 과정에서 슬러지의 성상을 균일하게 만들어 처리효율을 높이고 후속처리 공정을 원활하게 하는 작업이다. 이는 처리 과정의 관리 목적에 부합한다.

45

슬러지 건조상에 관한 설명으로 틀린 것은?

① 설계를 위한 고려사항으로 일기, 슬러지 성질, 주거지역과의 거리, 지하토질의 우수성 등이다.
② 전형적인 구조는 두께가 $20\sim40cm$인 자갈로 된 층 위에 깊이가 $10\sim20cm$인 모래층이 위치하도록 한다.
③ $2\sim6cm$의 간격으로 배수관이 설치되는데, 최소 직경은 $10cm$이며 경사는 두지 않는다.
④ 운전비용이 적게 들고 슬러지 성상에 크게 민감하지 않고 생산된 케익에 수분이 많지 않은 반면, 소요부지가 많다.

자갈층에는 관경 $10cm$ 이상의 배수관을 1% 이상의 경사로 설치해야 한다.

정답 40 ② 41 ④ 42 ① 43 ② 44 ① 45 ③

46

매립지 차수시설에 대한 설명 중 가장 거리가 먼 것은?

① 차수시설은 매립이 시작되면 복구가 불가능하다.
② 차수시설은 형태에 따라 매립지의 바닥 및 경사면의 차수를 위한 표면차 수공과 매립지의 하류부 또는 주변부에 연직으로 설치하는 연직하수시설로 나누어진다.
③ 점토에 벤토나이트 등을 첨가하면 차수성을 향상시킬 수 있다.
④ 합성수지 및 고무계 차수막은 내화학성과 내구성이 높아 경사면 및 지반침하의 우려가 있는 곳에 직접 시공할 수 있다.

> 합성수지 및 고무계 차수막은 내화학성과 내구성이 낮아 경사면 및 지반침하의 우려가 있는 곳에 직접 시공할 수 없다.

47 ⭐빈출

폐기물 파쇄기에 관한 다음 설명 중 틀린 것은?

① 전단파쇄기는 대개 고정칼, 회전칼과의 교합에 의하여 폐기물을 전단한다.
② 전단파쇄기는 충격파쇄기에 비하여 파쇄속도는 느리나, 이물질의 혼입에 대하여는 강하다.
③ 전단파쇄기는 파쇄물의 크기를 고르게 할 수 있다.
④ 전단파쇄기는 주로 목재류, 플라스틱류 및 종이류를 파쇄하는데 이용된다.

> 전단파쇄기는 충격파쇄기에 비하여 파쇄속도는 느리고, 이물질의 혼입에 대하여는 약하다.

48

혐기성 소화조 운영 중 소화가스 발생량 저하 원인으로 가장 거리가 먼 것은?

① 유기물의 과부하
② 소화조 내 온도저하
③ 소화조 내의 pH 상승(8.5 이상)
④ 과다한 유기산 생성

> 유기물의 부하가 낮을 때 소화가스 발생량이 저하된다.

49

다음은 폐기물의 강열감량 및 유기물함량 분석방법(기준)에 관한 설명이다. ( ) 안에 알맞은 것은?

> 백금제, 석영제 또는 사기제 도가니를 미리 (①)에서 (②) 강열하고, 황산데시케이터 안에서 방냉한 다음, 그 무게를 정확히 달고 여기에 시료 적당량을 취하여 도가니와 시료의 무게를 정확히 단다. 여기서 (③)을 넣어 시료를 적시고, 천천히 가열하여 탄화시킨다.

① ① 600±25℃, ② 30분간, ③ 10% 황산은 용액
② ① 900±25℃, ② 1시간, ③ 10% 황산은 용액
③ ① 600±25℃, ② 30분간, ③ 25% 질산암모늄용액
④ ① 900±25℃, ② 1시간, ③ 25% 질산암모늄용액

> 백금제, 석영제 또는 사기제 도가니를 미리 600±25℃에서 30분간 강열하고, 황산데시케이터 안에서 방냉한 다음, 그 무게를 정확히 달고 여기에 시료 적당량을 취하여 도가니와 시료의 무게를 정확히 단다. 여기서 25% 질산암모늄용액을 넣어 시료를 적시고, 천천히 가열하여 탄화시킨다.

50 ⭐빈출

다음 중 슬러지의 혐기성 소화의 장점과 거리가 먼 것은?

① 병원균을 죽일 수 있다.
② 슬러지 발생량을 감소시킬 수 있다.
③ 메탄가스와 같은 가치있는 부산물을 얻을 수 있다.
④ 호기성 소화에 비해 처리시간이 짧아 경제적이다.

> 호기성 소화에 비해 처리시간이 길다.

51

폐기물부담금제도의 효과와 가장 거리가 먼 것은?

① 소비의 증대   ② 폐기물 발생량 억제
③ 자원의 낭비 방지   ④ 자원재활용의 촉진

> 부담금 부과로 폐기물 발생을 억제하여 소비 및 무분별한 폐기물 생성을 줄이고자 하는 목적이 있다.

정답   46 ④   47 ②   48 ①   49 ③   50 ④   51 ①

52 빈출

폐기물이 발생되어 최종처분되기까지 폐기물관리에 관련되는 활동 중 작은 수거차량에서 큰 운송차량으로 폐기물을 옮겨 싣거나, 수거된 폐기물을 최종처분장까지 장거리 수송하는 기능 요소는?

① 발생
② 적환 및 운송
③ 처리 및 회수
④ 최종처분

> 적환은 작은 수거차량에서 큰 운송차량으로 폐기물을 중간에 옮겨 싣는 과정이며, 운송은 최종 처분장까지 폐기물을 장거리로 이동하는 단계를 말한다. 이는 효율적인 폐기물관리와 비용 절감을 위해 중요한 과정이다.

53 빈출

현행 폐기물관리법령상 지정폐기물 중 부식성 폐기물의 폐산(㉠)과 폐알칼리(㉡)의 판정기준은? (단, 액체상태의 폐기물이며, 기타 조건은 제외)

① ㉠ pH 2.0 이하, ㉡ pH 12.5 이상
② ㉠ pH 3.0 이하, ㉡ pH 12.5 이상
③ ㉠ pH 2.0 이하, ㉡ pH 11.0 이상
④ ㉠ pH 3.0 이하, ㉡ pH 11.0 이상

> • 폐알칼리 기준 : 수소이온농도지수가 12.5 이상
> • 폐산 기준 : 수소이온농도지수가 2.0 이하

54 빈출

A도시에 인구 50,000명이 거주하고 있으며, 1인당 쓰레기 발생량이 평균 $0.9kg/$인·일이다. 이 쓰레기를 25명이 수거한다면 수거효율(MHT)은 얼마인가? (단, 1일 작업시간은 8시간, 1년 작업일수는 310일이다.)

① 2.52
② 3.14
③ 3.77
④ 4.44

> $$MHT = \frac{Man \times Hr}{Ton}$$
> $$= 25인 \times \frac{8hr}{day} \times \frac{310day}{yr} \times \frac{yr}{16,425ton}$$
> $$= 3.7747man \cdot hr/ton$$
> 여기서,
> $$연간쓰레기\ 발생량 = \frac{0.9kg}{인 \cdot 일} \times \frac{365일}{yr} \times 50,000인 \times \frac{1ton}{10^3kg}$$
> $$= 16,425ton/yr$$

55

도금, 피혁제조, 색소, 방부제, 약품제조업 등의 폐기물에서 주로 검출될 수 있는 성분은?

① As ② Cd
③ Cr ④ Hg

> ① As : 농약, 유리공업
> ② Cd : 아연정련
> ④ Hg : 살충제, 온도계

56 빈출

방음대책을 음원대책과 전파경로대책으로 구분할 때, 다음 중 전파경로대책에 해당하는 것은?

① 강제력 저감   ② 방사율 저감
③ 파동의 차단   ④ 지향성 변환

> 강제력 저감, 방사율 저감, 파동의 차단은 발생원대책에 해당된다.

정답   52 ②   53 ①   54 ③   55 ③   56 ④

57

음은 파동에 의해 전파되므로 장애물 뒤쪽의 암역(shadow zone)에도 어느 정도 음이 전달된다. 이는 소리가 장애물의 모퉁이를 돌아 전해지기 때문인데, 이 현상을 무엇이라 하는가?

① 반사   ② 굴절

③ 회절   ④ 간섭

- ① 반사 : 파동이 매질의 경계면에 부딪혀서 되돌아가는 현상
- ② 굴절 : 파동이 한 매질에서 다른 매질로 이동할 때 속도와 방향이 변화하는 현상
- ④ 간섭 : 두 개 이상의 파동이 만나 서로 겹쳐져 진폭이 증가하거나 감소하는 현상

58

가로 × 세로 × 높이가 각각 $3m × 5m × 2m$이고, 바닥, 벽, 천장의 흡음률이 각각 0.1, 0.2, 0.6일 때 이 방의 평균흡음률은?

① 0.13   ② 0.19

③ 0.27   ④ 0.31

- ㉠ 방의 바닥
  - 면적 : $3 × 5 = 15m^2$
  - 흡음률 : 0.1
- ㉡ 방의 벽
  - 면적 : $2 × (3+5) × 2 = 32m^2$
  - 흡음률 : 0.2
- ㉢ 방의 천장
  - 면적 : $3 × 5 = 15m^2$
  - 흡음률 : 0.6
- ㉣ 평균흡음률
  $$\frac{(15m^2 × 0.1) + (32m^2 × 0.2) + (15m^2 × 0.6)}{(15 + 32 + 15)m^2} = 0.2725$$

59

선음원의 거리감쇠에서 거리가 두 배로 되면 음압레벨의 감쇠치는?

① $1dB$ ② $2dB$

③ $3dB$ ④ $4dB$

$$SPL = 10\log\left(\frac{r_2}{r_1}\right)$$
$$= 10\log\left(\frac{2}{1}\right) = 3.0102dB$$

60

음향파워레벨(PWL)이 $100dB$일 때 음향출력(W)은?

① $0.01\,W$ ② $0.02\,W$

③ $0.10\,W$ ④ $0.20\,W$

$$PWL = 10\log\left(\frac{W}{W_0}\right)$$
$$100dB = 10\log\left(\frac{W}{10^{-12}}\right)$$
$$W = 10^{\frac{100dB}{10}} × 10^{-12} = 0.01\,W$$

정답   57 ③   58 ③   59 ③   60 ①

2025년 4회 | CBT 기출복원문제

01

다음 기체연료 중 저위발열량이 가장 큰 것은?

① 수소
② 메탄
③ 부탄
④ 에탄

> Dulong의 고위발열량식을 이용하여 저위발열량을 계산하면,
> $Dulong$ 식(H_h) : $8,100C + 34,250\left(H - \dfrac{O}{8}\right) + 2,250S$
> $H_l = H_h - 600(9H + W)$
> 즉, 탄소의 양이 가장 많은 부탄이 저위발열량이 가장 크다.
> 수소(H_2), 메탄(CH_4), 부탄(C_4H_{10}), 에탄(C_2H_6)

02 빈출

집진장치 출구가스의 먼지농도가 $0.02 g/m^3$, 먼지통과율은 0.5%일 때, 입구가스의 먼지농도(g/m^3)는?

① $3.5 g/m^3$
② $4.0 g/m^3$
③ $4.5 g/m^3$
④ $8.0 g/m^3$

> $\eta_{통과율} = \left(\dfrac{C_{out}}{C_{in}}\right) \times 100$
> $0.5\% = \left(\dfrac{0.02}{C_{in}}\right) \times 100$
> $C_{in} = \left(\dfrac{0.02}{0.5}\right) \times 100 = 4 g/m^3$

03 빈출

황함유량 1.5%인 액체연료 20톤을 이론적으로 완전연소시킬 때 생성되는 SO_2의 부피는? (단, 연료 중 황은 완전연소하여 100% SO_2로 전환된다.)

① $140 Sm^3$
② $170 Sm^3$
③ $210 Sm^3$
④ $250 Sm^3$

> $S + O_2 \rightarrow SO_2$
> $S : SO_2 = 32 kg : 22.4 Sm^3$
> $(1 kmol = kg분자량 = 22.4 Sm^3)$
> ㉠ 유황의 함유량 계산
> $20 ton \times \dfrac{10^3 kg}{ton} \times \dfrac{1.5}{100} = 300 kg$
> ㉡ SO_2 발생량 계산
> $32 kg : 22.4 Sm^3 = 300 kg : \square Sm^3$
> $\square = \dfrac{22.4 \times 300}{32} = 210$

04 빈출

감압 또는 진공이라 함은 따로 규정이 없는 한 얼마 이하를 의미하는가?

① $15 mmHg$ 이하
② $20 mmHg$ 이하
③ $30 mmHg$ 이하
④ $76 mmHg$ 이하

> "감압 또는 진공"이라 함은 따로 규정이 없는 한 $15 mmHg$ 이하를 뜻한다.

정답 01 ③ 02 ② 03 ③ 04 ①

05

다음 연소의 종류 중 니트로글리세린과 같이 공기 중의 산소 공급 없이 그 물질의 분자 자체에 함유하고 있는 산소를 이용하여 연소하는 것은?

① 분해연소
② 증발연소
③ 자기연소
④ 확산연소

- 표면연소 : 코크스, 숯
- 분해연소 : 석탄, 목재, 중유
- 증발연소 : 휘발유, 경유, 왁스
- 확산연소 : 기체연료
- 자기연소 : 니트로글리세린

06

〈보기〉와 같은 특성을 지닌 집진장치는?

―――[보기]―――
- 고농도 함진가스의 전처리에 사용될 수 있다.
- 배출가스의 유속은 보통 0.3~3m/sec 정도가 되도록 설계한다.
- 시설의 규모는 크지만 유지비가 저렴하다.
- 압력손실은 10~15mmH_2O 정도이다.

① 중력집진장치
② 원심력집진장치
③ 여과집진장치
④ 전기집진장치

집진장치의 압력손실
㉠ 중력집진장치 : 10~15mmH_2O
㉡ 원심력집진장치 : 50~150mmH_2O
㉢ 전기집진장치 : 10~20mmH_2O
㉣ 벤튜리스크러버 : 300~800mmH_2O
㉤ 관성력집진장치 : 20mmH_2O 이상
㉥ 여과집진장치 : 100~200mmH_2O

07

연소 시 연소상태를 조절하여 질소산화물 발생을 억제하는 방법으로 가장 거리가 먼 것은?

① 저온도 연소
② 저산소 연소
③ 공급공기량의 과량 주입
④ 수증기 분무

공급공기량의 증대는 일정구간에서 질소산화물의 발생을 촉진시킨다.

08

〈보기〉에 해당하는 대기오염물질은?

―――[보기]―――
- 상온에서 무색투명하고, 일반적으로 불쾌한 자극성 냄새를 내는 액체이다.
- 대단히 증발하기 쉬우며, 인화점이 −30℃ 정도이고, 대단히 연소하기 쉽다.
- 이 물질의 증기는 공기보다 2.64배 정도 무겁다.

① 아황산가스
② 이황화탄소
③ 이산화질소
④ 일산화질소

이황화탄소(CS_2)는 인화점이 매우 낮아 연소가 쉽다. 분자량은 76으로 공기보다 약 2.64배 무겁다.

09

A집진장치의 압력손실이 444mmH_2O, 처리가스량이 55m^3/sec인 송풍기의 효율이 77%일 때, 이 송풍기의 소요동력은?

① 256kW
② 286kW
③ 298kW
④ 311kW

$$P(kW) = \frac{\triangle H \times Q}{102 \times \eta}$$
$$= \frac{444 \times 55}{102 \times 0.77} = 310.9243$$

P : 소요동력(kW)
$\triangle H$: 압력손실(mmH_2O)
Q : 유량(m^3/sec)
η : 효율

정답 　　05 ③　06 ①　07 ③　08 ②　09 ④

10

다음 대기오염물질 중 특정대기유해물질에 해당하지 않는 것은?

① 프로필렌 옥사이드
② 석면
③ 벤지딘
④ 이산화황

> **대기환경보전법상 특정대기유해물질**
> 카드뮴, 시안화수소, 납, 폴리염화비페닐, 크롬, 비소, 수은, 프로필렌 옥사이드, 염소 및 염화수소, 불소화물, 석면, 니켈, 염화비닐, 다이옥신, 페놀, 베릴륨, 벤젠, 사염화탄소, 이황화메틸, 아닐린, 클로로포름, 포름알데히드, 아세트알데히드, 벤지딘, 1,3-부타디엔, 다환 방향족 탄화수소류, 에틸렌옥사이드, 디클로로메탄, 스틸렌, 테트라클로로에틸렌, 1,2-디클로로에탄, 에틸벤젠, 트리클로로에틸렌, 아크릴로니트릴, 히드라진 등이다.

11 ⭐빈출

런던형 스모그에 관한 설명으로 가장 거리가 먼 것은?

① 주로 아침 일찍 발생한다.
② 습도와 기온이 높은 여름에 주로 발생한다.
③ 복사역전 형태이다.
④ 시정거리가 $100m$ 이하이다.

> 런던형 스모그는 습도가 높고 기온이 낮은 겨울에 주로 발생한다.

12 ⭐빈출

〈보기〉 중 대류권에 해당하는 사항으로만 옳게 나열된 것은?

> ──────[보기]──────
> ㉠ 고도가 상승함에 따라 기온이 하락한다.
> ㉡ 오존의 밀도가 높은 오존층이 존재한다.
> ㉢ 지상으로부터 $50~85km$ 사이의 층이다.
> ㉣ 공기의 수직이동에 의한 대류현상이 일어난다.
> ㉤ 눈이나 비가 내리는 등의 기상현상이 일어난다.

① ㉠, ㉡, ㉢
② ㉠, ㉣, ㉤
③ ㉢, ㉣, ㉤
④ ㉡, ㉢, ㉣

> ㉡ 오존의 밀도가 높은 오존층이 존재한다. : 성층권
> ㉢ 지상으로부터 $50~85km$ 사이의 층이다. : 중간권

13

다음 실내공기오염물질 중 주로 단열재, 절연재, 브레이크, 방열재 등에서 발생되며 인체에 다량 흡입되면 피부질환, 호흡기질환, 폐암, 중피종 등을 유발시키는 것은?

① 총부유세균
② 석면
③ 오존
④ 일산화탄소

> ① 총부유세균 : 공기 중에 떠다니는 세균으로, 호흡기를 통해 감염이나 알레르기를 유발할 수 있다.
> ③ 오존 : 강한 산화력을 가진 기체로, 고농도에서 눈, 코, 호흡기 자극 및 폐 손상을 일으킬 수 있다.
> ④ 일산화탄소 : 연소 시 불완전연소로 생기며, 산소운반을 방해해 두통, 어지럼증, 심하면 사망을 유발할 수 있다.

14 ⭐빈출

관성력집진장치에서 집진율 향상조건으로 옳지 않은 것은?

① 일반적으로 충돌 직전의 처리가스의 속도가 적고, 처리 후의 출구 가스속도는 빠를수록 미립자의 제거가 쉽다.
② 기류의 방향전환 각도가 작고, 방향전환 횟수가 많을수록 압력손실은 커지나 집진은 잘된다.
③ 적당한 모양과 크기의 호퍼가 필요하다.
④ 함진가스의 충돌 또는 기류의 방향전환 직전의 가스속도가 빠르고, 방향전환 시의 곡률반경이 작을수록 미세입자의 포집이 가능하다.

> 관성력집진장치는 일반적으로 충돌 직전의 처리가스의 속도가 크고, 처리 후의 출구 가스속도는 느릴수록 미립자의 제거가 쉽다.

15 ⭐빈출

$0.3g/Sm^3$인 HCl의 농도를 ppm으로 환산하면? (단, 표준상태 기준)

① $116.4ppm$
② $137.7ppm$
③ $167.3ppm$
④ $184.1ppm$

정답   10 ④ 11 ② 12 ② 13 ② 14 ① 15 ④

기체의 ppm은 mL/Sm^3를 의미한다.

$1 mol = g$분자량 $= 22.4L$이므로,

$$\frac{0.3g \times \dfrac{22.4L}{36.5g} \times \dfrac{10^3 mL}{L}}{Sm^3} = 184.1095 mL/Sm^3$$

16 ⭐빈출

농도를 알 수 없는 염산 $50mL$를 완전히 중화시키는데 $0.4N$ 수산화나트륨 $25mL$가 소모되었다. 이 염산의 농도는?

① $0.2N$ ② $0.4N$
③ $0.6N$ ④ $0.8N$

$NV = N'V'$
산의 eq = 염기의 eq일 때 중화가 일어난다.
㉠ 염기성 용액의 eq

$$\frac{0.4eq}{L} \times 25mL \times \frac{L}{10^3 mL} = 0.01eq$$

㉡ 산성 용액의 $eq = 0.01eq$

$$\frac{\square eq}{L} \times 50mL \times \frac{L}{10^3 mL} = 0.01eq$$

$\square = 0.2$

17 ⭐빈출

탱크에 쇄석 등의 여재를 채우고 위에서 폐수를 뿌려 쇄석 표면에 번식하는 미생물이 폐수와 접촉하여 유기물을 섭취분해하여 폐수를 생물학적으로 처리하는 방식은?

① 활성슬러지법
② 호기성 산화지법
③ 회전원판법
④ 살수여상법

① 활성슬러지법 : 공기와 미생물을 이용해 폐수의 유기물을 분해하는 대표적인 생물학적 처리법이다.
② 호기성 산화지법 : 미생물 군집이 토양 등 고정상에 자연적으로 번식하면서 유기물을 분해하는 방식이다.
③ 회전원판법 : 디스크(원판) 표면에 미생물이 부착되어 회전하며 폐수를 접촉, 유기물을 분해하는 처리법이다.

18

어느 공장폐수의 Cr^{6+}이 $600 mg/L$이고, 이 폐수를 아황산나트륨으로 환원처리하고자 한다. 폐수량이 $40 m^3/day$일 때, 하루에 필요한 아황산나트륨의 이론량은? (단, Cr의 원자량은 52, Na_2SO_3의 분자량은 126, 반응식은 아래 식을 이용하여 계산하시오.)

$$2H_2CrO_4 + 3Na_2SO_3 + 3H_2SO_4 \rightarrow Cr_2(SO_4)_3 + 3Na_2SO_4 + 5H_2O$$

① $72kg$ ② $80kg$
③ $87kg$ ④ $95kg$

㉠ Cr^{6+}의 총량 계산
총량(부하량) = 유량 × 농도

부하량 : $\underset{\text{농도}}{\dfrac{600mg}{L}} \times \underset{\text{유량}}{\dfrac{40m^3}{day}} \times \underset{mg \rightarrow kg}{\dfrac{1kg}{10^6 mg}} \times \underset{m^3 \rightarrow L}{\dfrac{10^3 L}{m^3}}$

$= 24 kg/day$

㉡ Na_2SO_3의 양 계산
$2Cr : 3Na_2SO_3 = 2 \times 52kg : 3 \times 126kg$
$2 \times 52kg : 3 \times 126kg = 24kg/day : \square$
$\square = 87.2307 kg/day$

19 ⭐빈출

활성슬러지공법에 의한 운영상의 문제점으로 옳지 않은 것은?

① 거품 발생   ② 연못화 현상
③ Floc 해체 현상   ④ 슬러지부상 현상

연못화 현상은 살수여상공법의 운영상 문제점이다.

20

물의 깊이에 따라 나타나는 수온성층에 해당되지 않는 것은?

① 수온약층   ② 표수층
③ 변수층   ④ 심수층

물의 깊이에 따라 표수층 → 수온약층 → 심수층이다.

정답   16 ① 17 ④ 18 ③ 19 ② 20 ③

21 빈출

실험실에서 일반적으로 BOD를 측정할 때 배양조건은?

① 5℃에서 10일간 배양
② 5℃에서 20일간 배양
③ 20℃에서 5일간 배양
④ 20℃에서 10일간 배양

> 물속에 존재하는 생물화학적 산소요구량을 측정하기 위하여 시료를 20℃에서 5일간 저장하여 두었을 때 시료 중의 호기성 미생물의 증식과 호흡작용에 의하여 소비되는 용존산소의 양으로부터 측정하는 방법이다.

22

경도(Hardness)에 관한 설명으로 옳지 않은 것은?

① SO_4^{2-}, NO_3^-, Cl^- 와 화합물을 이루고 있을 때 나타나는 경도를 영구경도라고도 한다.
② 경도가 높은 물은 관로의 통수저항을 감소시켜 공업용수(섬유제지 등)로 적합하다.
③ 탄산경도는 일시경도라고도 한다.
④ Na^+ 은 경도를 유발하는 이온은 아니지만 그 농도가 높을 때 경도와 비슷한 작용을 하므로 유사경도라 한다.

> 경도가 높은 물은 관로의 통수저항을 증가시켜 공업용수(섬유제지 등)로 부적합하다.

23

오염물질과 피해형태의 연결로 가장 거리가 먼 것은?

① 페놀 – 냄새
② 인 – 부영양화
③ 유기물 – 용존산소 결핍
④ 시안 – 골연화증

> 카드뮴 – 골연화증

24

활성슬러지법의 미생물 성장은 35℃ 정도까지의 경우 10℃ 증가할 때마다 그 성장속도가 일반적으로 몇 배로 증가되는가?

① 2배로 증가
② 16배로 증가
③ 32배로 증가
④ 64배로 증가

> 활성슬러지법의 미생물 성장은 35℃ 정도까지의 경우 10℃ 증가할 때마다 그 성장속도가 2배로 증가한다.

25 빈출

생물학적 원리를 이용하여 폐수 중의 인과 질소를 동시에 제거하는 공정 중 혐기조의 역할로 가장 적합한 것은?

① 유기물 흡수, 인의 과잉 흡수
② 유기물 흡수, 인 방출
③ 유기물 흡수, 탈질소
④ 유기물 흡수, 질산화

> • 혐기조 : 인의 방출
> • 무산소조 : 탈질
> • 호기조 : 질산화, 인의 과잉섭취

26 빈출

물속에서 입자가 침강하고 있을 때 스톡스(Stokes)의 법칙이 적용된다고 한다. 다음 중입자의 침강속도에 영향을 주지 않는 인자는?

① 입자의 밀도
② 물의 밀도
③ 물의 경도
③ 입자의 직경

> 물의 경도는 해당되지 않는다.
>
> $$V_g = \frac{d_p^2(\rho_p - \rho)g}{18\mu}$$
>
> V_g : 중력침강속도
> d_p : 입자의 직경
> ρ_p : 입자의 밀도
> ρ : 유체의 밀도
> g : 중력가속도
> μ : 점성계수

정답　　21 ③　22 ②　23 ④　24 ①　25 ②　26 ③

27 빈출

부피 $150m^3$인 종말침전지로 유입되는 폐수량이 $900m^3/day$일 때, 이 침전지의 체류시간은?

① 3시간   ② 4시간
③ 5시간   ④ 6시간

$$체류시간(HRT) = \frac{부피(\forall)}{유량(Q)}$$
$$= \frac{150m^3}{\left(\frac{900m^3}{day} \times \frac{1day}{24hr}\right)} = 4hr$$

28 빈출

다음 중 지하수의 일반적인 수질특성에 관한 설명으로 옳지 않은 것은?

① 수온의 변화가 심하다.
② 무기물 성분이 많다.
③ 지질 특성에 영향을 받는다.
④ 지표면 깊은 곳에서는 무산소 상태로 될 수 있다.

지하수는 수온의 변화가 심하지 않다.

29

다음 중 생물학적 고도 폐수처리 방법으로 인을 제거할 수 있는 공법으로 가장 거리가 먼 것은?

① A/O공법
② Indore공법
③ Phostrip공법
④ Bardenpho공법

Indore공법은 퇴비화 등 유기물처리중심공법이다.

30

다음 중 해양오염 현상으로 거리가 먼 것은?

① 적조   ② 부영양화
③ 용존산소과포화   ④ 온열배수유입

용존산소의 부족현상이 수질오염 현상이다.

31 빈출

물의 성질에 관한 설명으로 옳지 않은 것은?

① 물분자 안의 수소는 부분적으로 양전하(+)를, 산소는 부분적으로 음전하(-)를 갖는다.
② 물은 분자량이 유사한 다른 화합물에 비하여 비열은 작고, 압축성이 크다.
③ 물은 4℃ 부근에서 최대 밀도를 나타낸다.
④ 일반적으로 물의 점도는 온도가 높아짐에 따라 작아진다.

물은 분자량이 유사한 다른 화합물에 비하여 비열이 크고, 압축성이 작다.

32 빈출

폐수의 화학적 산소요구량을 측정하기 위해 산성 100℃ 과망간산칼륨법으로 측정하였다. 바탕시험 적정에 소비된 $0.005M$과망간산칼륨 용액의 양이 $0.1mL$, 시료용액의 적정에 소비된 $0.005M$ 과망간산칼륨 용액의 양이 $5.1mL$일 때 COD(mg/L)는? (단, $0.005M$ 과망간산칼륨의 역가는 1.000, 시험에 사용한 시료의 양은 $100mL$이다.)

① $4.0mg/L$
② $6.0mg/L$
③ $8.0mg/L$
④ $10.0mg/L$

$$COD(mg/L) = (b-a) \times f \times \frac{1,000}{V} \times 0.2$$
$$= (5.1 - 0.1) \times 1.000 \times \frac{1,000}{100} \times 0.2$$
$$= 10mg/L$$

여기서,
a : 바탕시험 적정에 소비된 과망간산칼륨용액의 양(mL)
b : 시료의 적정에 소비된 과망간산칼륨용액의 양(mL)
f : 과망간산칼륨용액 농도계수(factor)
V : 시료의 양(mL)

정답   27 ②   28 ①   29 ②   30 ③   31 ②   32 ④

33 빈출

레이놀즈 수의 관계인자와 거리가 먼 것은?

① 입자의 지름
② 액체의 점도
③ 액체의 비표면적
④ 입자의 속도

$$Re\,(레이놀즈수) = \frac{관성력}{점성력} = \frac{D \cdot \rho \cdot V}{\mu}$$

μ : 액체의 점도 D : 입자의 지름
V : 입자의 속도 ρ : 유체의 밀도

34 빈출

하천의 유량은 $1,000\,m^3/day$, BOD농도 $26ppm$이며, 이 하천에 흘러드는 폐수의 양이 $100\,m^3/day$, BOD농도 $165ppm$이라고 하면 하천과 폐수가 완전 혼합된 후 BOD농도는? (단, 혼합에 의한 기타 영향 등은 고려하지 않는다.)

① $38.6ppm$
② $44.9ppm$
③ $48.5ppm$
④ $59.8ppm$

주어진 조건을 혼합공식에 대입한다.

$$C_m = \frac{C_1Q_1 + C_2Q_2}{Q_1 + Q_2}$$
$$= \frac{26 \times 1,000 + 165 \times 100}{1,000 + 100} = 38.6363ppm$$

35

다음 중 오염원별 하·폐수 발생량이 가장 많은 것은?

① 생활하수
② 공장폐수
③ 축산폐수
④ 매립지 침출수

생활하수가 가장 많은 하·폐수 발생원을 차지하며, 그 다음으로 공장폐수, 축산폐수, 매립지 침출수 순이다.

36 빈출

다음 중 수분 및 고형물 함량측정에 필요한 실험기구와 거리가 먼 것은?

① 증발접시
② 전자저울
③ Jar-테스터
④ 데시케이터

③ jar-테스터는 응집제의 종류와 투입량 결정에 사용되는 실험기구이다.
① 증발접시 : 시료를 가열하여 수분을 증발시키는 데 사용
② 전자저울 : 시료 무게 측정
④ 데시케이터 : 시료 건조 후 보관용

37 빈출

탄소 $6kg$이 이론적으로 완전연소할 때 발생하는 이산화탄소의 양(kg)은?

① $44kg$ ② $36kg$
③ $22kg$ ④ $12kg$

$C + O_2 \rightarrow CO_2$
이산화탄소량 계산
$12kg : 44kg = 6kg : \square$
(CO_2 분자량 : 44)
$\square = 22kg$

38 빈출

인구 100,000명이 거주하고 있는 도시에 1인 1일당 쓰레기 발생량이 평균 $1kg$이다. 적재용량 4.5톤 트럭을 이용하여 하루에 수거를 마치려면 최소 몇 대가 필요한가?

① 12대 ② 20대
③ 23대 ④ 32대

$$100,000명 \times \frac{1kg}{인 \cdot day} \times \frac{ton}{10^3kg} \times \frac{대}{4.5ton} = 22.2222 ≒ 23대$$

39

다음 폐기물의 감량화 방안 중 폐기물이 발생원에서 발생되지 않도록 사전에 조치하는 발생원 대책으로 거리가 먼 것은?

① 적정 저장량 관리
② 과대포장 사용안하기
③ 철저한 분리수거 실시
④ 폐기물로부터 회수에너지 이용

> 폐기물로부터 회수에너지 이용은 발생원 대책에 해당되지 않는다.

40 ⭐빈출

RDF(Refuse Derived Fuel)의 구비조건으로 가장 거리가 먼 것은?

① 열함량이 높고 동시에 수분함량이 낮아야 한다.
② 염소함량이 낮아야 한다.
③ 미생물 분해가 가능하며, 재의 함량이 높아야 한다.
④ 균질성이어야 한다.

> 미생물 분해가 불가능하며, 재의 함량이 낮아야 한다.

41 ⭐빈출

폐기물의 3성분이라 볼수 없는 것은?

① 수분   ② 무연분
③ 회분   ④ 가연분

> • 폐기물의 3성분 : 수분, 회분, 가연분
> • 폐기물의 4성분 : 수분, 회분, 고정탄소, 휘발분

42 ⭐빈출

폐기물의 저위발열량(LHV)을 구하는 식으로 옳은 것은? [단, HHV : 폐기물의 고위발열량($kcal/kg$), H : 폐기물의 원소분석에 의한 수소 조성비(kg/kg), W : 폐기물의 수분함량(kg/kg), 600 : 수증기 $1kg$의 응축열($kcal$)]

① $LHV = HHV - 600W$
② $LHV = HHV - 600(H + W)$
③ $LHV = HHV - 600(9H + W)$
④ $LHV = HHV + 600(9H + W)$

> 저위발열량 = 고위발열량 − 물의 증발잠열
> $$LHV = HHV - 600(9H + W)$$

43 ⭐빈출

밀도가 $0.4 ton/m^3$인 쓰레기를 매립하기 위해 밀도 $0.85 ton/m^3$으로 압축하였다. 압축비는?

① 0.6   ② 1.8
③ 2.1   ④ 3.3

> 무게는 압축 전·후를 비교하였을 때 동일하다.
> ㉠ 압축 전
>   부피 : $1m^3$
>   무게 : $\dfrac{0.4ton}{m^3} \times 1m^3 = 0.4ton$
> ㉡ 압축 후
>   무게 : $0.4ton$
>   부피 : $0.4ton \times \dfrac{m^3}{0.85ton} = 0.4705m^3$
> ㉢ 압축비
>   압축비 $= \dfrac{V_1}{V_2} = \dfrac{1m^3}{0.4705m^3} = 2.1253$

44 ⭐빈출

다음 중 일반적인 슬러지처리 계통도를 바르게 나열한 것은?

① 농축 → 안정화 → 개량 → 탈수 → 소각 → 최종처분
② 농축 → 안정화 → 소각 → 탈수 → 개량 → 최종처분
③ 안정화 → 개량 → 탈수 → 농축 → 소각 → 최종처분
④ 안정화 → 농축 → 탈수 → 개량 → 소각 → 최종처분

> • 농축 : 슬러지 부피를 줄여 후속 처리 용량 감소 및 비용 절감
> • 안정화 : 병원균 감소와 유기물 분해를 통해 위생적 안정화
> • 개량 : 슬러지의 물리·화학적 성질 변화로 탈수성 향상
> • 탈수 : 슬러지 함수율 감소로 부피 축소 및 취급 용이
> • 소각 및 최종처분 : 최종산물의 위생적이면서 안전한 처분

정답   39 ④ 40 ③ 41 ② 42 ③ 43 ③ 44 ①

45 ⭐빈출

도시에서 생활쓰레기를 수거할 때 고려할 사항으로 가장 거리가 먼 것은?

① 처음 수거지역은 차고지에서 가깝게 설정한다.
② U자형 회전을 피하여 수거한다.
③ 교통이 혼잡한 지역은 출·퇴근 시간을 피하여 수거한다.
④ 쓰레기가 적게 발생하는 지점은 하루 중 가장 먼저 수거하도록 한다.

> 아주 많은 양의 쓰레기가 발생되는 발생원은 하루 중 가장 먼저 수거한다.

46

연소가스의 잉여열을 이용하여 보일러에 주입되는 물을 예열함으로써 보일러 드럼에 발생되는 열응력을 감소시켜 보일러의 효율을 높이는 장치는?

① 과열기(super heater)
② 재열기(reheater)
③ 절탄기(economizer)
④ 공기예열기(air preheater)

> ① 과열기(super heater) : 생성된 증기를 더 높은 온도로 가열하는 장치
> ② 재열기(reheater) : 터빈 전단의 고온 증기를 재가열하는 장치
> ④ 공기예열기(air preheater) : 연소용 공기를 예열하는 장치

47 ⭐빈출

폐기물 수거효율을 결정하고 수거작업 간의 노동력을 비교하기 위한 단위로 옳은 것은?

① ton/man·hour
② man·hour/ton
③ ton·man/hour
④ hour/ton·man

> 수거인부 1인이 쓰레기 1톤을 수거하는데 소요되는 총시간으로 MHT값이 낮을수록 수거효율이 높다.

48

아래 그림과 같은 내륙매립공법은?

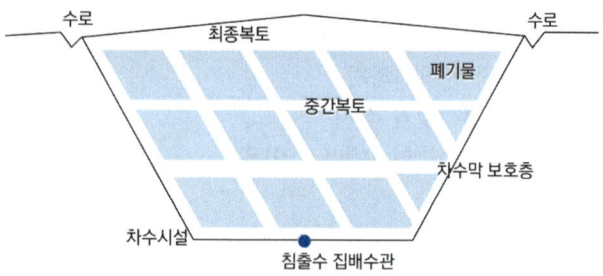

① 셀공법
② 수중투기공법
③ 순차투입공법
④ 박층뿌림공법

> 수중투기공법, 순차투입공법, 박층뿌림공법은 해안매립공법이다.

49 ⭐빈출

다음 중 안정된 매립지에서 가장 많이 발생되는 가스는?

① CH_4
② O_2
③ N_2
④ H_2S

> 매립지 내 가스(LFG : Landfill Gas)에서 주로 발생되는 성분은 메탄(CH_4)과 이산화탄소(CO_2)로 전체의 약 98%를 차지하며, 그 외에 수소, 황화수소, 일산화탄소, 암모니아, 질소, 산소 등이 소량 포함되어 있다.

50 ⭐빈출

소각로에서 완전연소를 위한 3가지 조건(일명 3T)으로 옳은 것은?

① 시간 - 온도 - 혼합
② 시간 - 온도 - 수분
③ 혼합 - 수분 - 시간
④ 혼합 - 수분 - 온도

정답   45 ④   46 ③   47 ②   48 ①   49 ①   50 ①

51 ⭐빈출

85%의 함수율을 갖고 있는 쓰레기를 건조시켜 함수율이 25%가 되었다면 쓰레기 1톤에 대하여 증발하는 수분의 양은? (단, 비중은 모두 1.0이다.)

① $600kg$
② $700kg$
③ $800kg$
④ $900kg$

$SL_1(1-X_1)=SL_2(1-X_2)$
$1,000kg(1-0.85)=SL_2(1-0.25)$
$SL_2=200kg$
증발한 수분 $=SL_1-SL_2=1,000-200=800kg$

52 ⭐빈출

폐기물 분석시료를 얻기 위한 시료의 축소방법 중 다음 〈보기〉에 해당하는 것은?

─────[보기]─────
① 대시료를 네모꼴로 얇게 균일한 두께로 편다.
② 이것을 가로 4등분, 세로 5등분하여 20개의 덩어리로 나눈다.
③ 20개의 각 부분에서 균등량씩 취한 다음, 혼합하여 하나의 시료로 한다.

① 균일법
② 구획법
③ 교호삽법
④ 원추사분법

① 균일법 : 대시료 전체를 균일하게 혼합하는 방법
③ 교호삽법 : 원추형으로 쌓은 후 교대로 위치를 바꾸며 시료를 채취하는 방법
④ 원추사분법 : 원형으로 쌓은 시료를 4등분하여 축소하는 방법

53 ⭐빈출

유해폐기물의 국가 간 불법적인 교역을 통제하기 위한 국제협약은?

① 교토의정서
② 바젤협약
③ 리우협약
④ 몬트리올의정서

① 교토의정서 : 기후변화협약에 따른 온실가스 감축과 관련된 협약이다.
② 바젤협약 : 유해폐기물의 국가간 이동 및 처리에 관한 국제협약이다.
③ 리우협약 : 지구온난화 방지와 생물다양성 보존과 관련된 협약이다.
④ 몬트리올의정서 : 오존층 파괴물질의 규제와 관련된 협약이다.

54

폐기물의 안정화에 관한 설명으로 거리가 먼 것은?

① 폐기물의 물리적 성질을 변화시켜 취급하기 쉬운 물질을 만든다.
② 오염물질의 손실과 전달이 발생할 수 있는 표면적을 감소시킨다.
③ 폐기물 내 오염물질의 용존성 및 용해성을 증가시킨다.
④ 오염물질의 독성을 감소시킨다.

폐기물의 안정화는 폐기물 내 오염물질의 용존성 및 용해성을 감소시킨다.

55 ⭐빈출

다음 중 적환장이 필요한 경우와 거리가 먼 것은?

① 수집장소와 처분장소가 비교적 먼 경우
② 작은 용량의 수집차량을 사용할 경우
③ 작은 규모의 주택들이 밀집되어 있는 경우
④ 상업지역에서 폐기물 수거에 대형 용기를 사용하는 경우

적환장은 상업지역에서 폐기물 수거에 소형 용기를 사용하는 경우 필요하다.

정답   51 ③ 52 ② 53 ② 54 ③ 55 ④

56 ⭐빈출

방음대책을 음원대책과 전파경로대책으로 구분할 때 다음 중 음원대책이 아닌 것은?

① 소음기 설치
② 방음벽 설치
③ 공명방지
④ 방진 및 방사율 저감

> 방음벽 설치는 전파경로대책에 해당된다.

57

소음통계레벨(LN)에 관한 설명으로 옳지 않은 것은?

① L_{50}은 중앙치라고 한다.
② L_{10}은 80%레인지 상단치라고 한다.
③ 총 측정시간의 $N(\%)$를 초과하는 소음레벨을 의미한다.
④ L_{90}은 L_{10}보다 큰 값을 나타낸다.

> L_{10}은 L_{90}보다 큰 값을 나타낸다.
> 소음통계레벨(LN)은 일정 기간 동안 측정한 소음 중에서 총 측정시간의 $N\%$를 초과하는 소음수준을 의미한다. 소음의 빈도분포를 파악하는 데 사용되며, 다양한 환경에서 소음의 특성을 평가할 때 유용하다.

58 ⭐빈출

아파트 벽의 음향투과율이 0.1%라면 투과손실은?

① $10dB$
② $20dB$
③ $30dB$
④ $50dB$

> $$TL = 10\log\left(\frac{1}{\tau}\right) = 10\log\left(\frac{I_{in}}{I_{out}}\right)$$
> $$= 10\log\left(\frac{1}{0.001}\right) = 30dB$$
> τ : 투과율
> I_{in} : 입사음의 세기
> I_{out} : 투과음의 세기

59

소음의 영향으로 옳지 않은 것은?

① 소음성난청은 소음이 높은 공장에서 일하는 근로자들에게 나타나는 직업병으로 $4,000\,Hz$ 정도에서부터 난청이 시작된다.
② 단순 반복작업보다는 보통 복잡한 사고, 기억을 필요로 하는 작업에 더 방해가 된다.
③ 혈중 아드레날린 및 백혈구 수가 감소한다.
④ 말초혈관 수축, 맥박증가 같은 영향을 미친다.

> 소음에 노출되면 혈중 아드레날린 및 백혈구 수가 증가한다.

60

다음 중 다공질 흡음재료에 해당하지 않는 것은?

① 암면
② 유리섬유
③ 발포수지재료(연속기포)
④ 석고보드

> 다공질 흡음재료는 내부에 많은 미세한 구멍이나 기포가 있어 음파가 이 틈을 통과하면서 진동으로 생긴 마찰과 점성저항으로 음을 흡수하는 재료이다.
> ① 암면 : 바위에서 유래한 광물섬유로 대표적인 다공질 흡음재
> ② 유리섬유 : 유리를 가늘게 섬유화하여 만든 다공질 흡음재
> ③ 발포수지재료(연속기포) : 미세한 기포가 연속적으로 분포된 발포 플라스틱 재료로 다공질 흡음 특성 있음.
> ④ 석고보드 : 주로 밀도가 높고 단단한 판재로 다공질 흡음재가 아니라 판상 흡음재 또는 차음재에 가깝다.

PART

03

최빈출 60제

빈출 01 #MHT #수거효율

A지역의 쓰레기 수거량은 연간 3,500,000톤이다. 이 쓰레기를 5,000명이 수거한다면 수거능력은 얼마인가? (단, 1일 작업시간은 8시간, 1년 작업일수는 300일)

① 2.34MHT   ② 3.43MHT

③ 3.87MHT   ④ 4.21MHT

$$MHT = \frac{Man \times Hr}{Ton}$$
$$= 5,000인 \times \frac{8hr}{day} \times \frac{300day}{yr} \times \frac{yr}{3,500,000ton}$$
$$= 3.4285 man \cdot hr/ton$$

빈출 02 #파장 #주파수

진동수가 330Hz이고, 속도가 33m/sec인 소리의 파장은?

① 0.1m   ② 1m   ③ 10m   ④ 100m

$$파장(\lambda) = \frac{속도(C)}{주파수(f)}$$
$$= \frac{33m/\sec}{330Hz} = 0.1m$$

빈출 03 #침전형태

다음 침전에 해당하는 것은?

> 입자들이 고농도로 있을 때의 침전현상으로서, 활성슬러지공법으로 폐수를 처리하는 경우에 최종침전지의 하부에서 일어난다. 이 침전은 슬러지 중력 농축공정에서 중요한 요소로, 포기조로의 반송을 위해 활성슬러지가 농축되어야 하는 활성슬러지공법의 최종침전지에서 특히 중요하다.

① 독립침전   ② 압축침전

③ 지역침전   ④ 응집침전

---

① 독립침전 : 부유물 농도가 낮아 입자들이 서로 응결하지 않고 각각 독립적으로 가라앉는 형태이다. 즉, 입자마다 별도로 침전하며 다른 입자와의 상호 작용이 없다.

② 압축침전 : 부유물 농도가 매우 높아 입자들이 서로 밀접하게 접촉하면서 물리적으로 압축되어 가라앉는 형태이다. 침전물 아래층이 압축되고 그 무게로 인해 위 쪽에 물이 빠져나가는 현상이 일어남.

③ 지역침전 : 부유물 농도가 커져서 입자들이 가까이 위치하며 서로 간섭해 가라앉는 형태이다. 입자들이 집합체를 이루면서 침전하고, 부유물과 위쪽 액체 사이에 뚜렷한 경계면이 형성된다.

④ 응집침전 : 부유물 입자들이 응결 또는 응집되어 큰 덩어리(플록) 형태로 침전하는 경우로, 독립침전보다 침전속도가 빠르다.

#미생물 성장곡선 #내생호흡기

미생물 성장곡선에서 〈보기〉와 같은 특성을 보이는 단계는?

──────[보기]──────

- 살아 있는 미생물들이 조금밖에 없는 양분을 두고 서로 경쟁하고, 신진대사율은 큰 비율로 감소한다.
- 미생물은 그들 자신의 원형질을 분해시켜 에너지를 얻는 자산화 과정을 겪게 되어 전체 원형질 무게는 감소된다.

① 지체기   ② 대수성장기
③ 감소성장기   ④ 내생호흡기

─────────────

미생물의 증식 4단계
지체기 → 대수성장기 → 감소성장기 → 내생호흡기
㉠ 지체기(유도기)
  - 미생물량 적고 증식속도 극히 느림, 새로운 환경에 적응
㉡ 대수(지수)성장기
  - F/M비 대단히 큼.
  - 독립성장 → floc 형성↓ → 침전율↓ → BOD 제거↓
  - 포기조 내의 미생물 성장단계 중 신진대사율이 가장 높은 단계
㉢ 감소성장기(정지기)
  - F/M비 점차 낮아짐.
  - floc 형성 시작 → 침전율 향상 → 수처리 이용가능
㉣ 내생호흡기(사멸기)
  - F/M비 극히 낮음, 자산화 과정
  - floc 형성 최대 → 침전율↑ → BOD 제거↑

#침전지 #체류시간 #유량 #부피

1차침전지의 깊이가 $4m$, 표면적 $1m^2$에 대해 30 m^3/day으로 폐수가 유입된다. 이때의 체류시간은?

① $2.3hr$ ② $3.2hr$
③ $5.5hr$ ④ $6.1hr$

─────────────

$$체류시간(HRT) = \frac{부피(\forall)}{유량(Q)}$$

$$= \frac{4 \times 1m^3}{\left(\dfrac{30m^3}{day} \times \dfrac{1day}{24hr}\right)} = 3.2hr$$

#압력손실 #소요동력 #송풍기

A집진장치의 압력손실이 $444mmH_2O$, 처리가스량이 $55m^3/sec$인 송풍기의 효율이 77%일 때, 이 송풍기의 소요동력은?

① $256kW$ ② $286kW$ ③ $298kW$ ④ $311kW$

─────────────

$$P(kW) = \frac{\triangle H \times Q}{102 \times \eta}$$

$$= \frac{444 \times 55}{102 \times 0.77} = 310.9243$$

P : 소요동력(kW) $\triangle H$: 압력손실(mmH_2O)

Q : 유량(m^3/sec) η : 효율

빈출 07 #헨리법칙 #난용성기체

다음 중 헨리법칙이 가장 잘 적용되는 기체는?

① O_2

② HCl

③ SO_2

④ HF

헨리의 법칙을 적용하기 어려운 기체는 친수성기체이다.

• 난용성기체 : CO, NO, O_2, NO_2

• 친수성기체 : HF, HCl, SO_2

빈출 08 #스토크스법칙 #침전속도

스토크스(Stokes)의 법칙에 따라 물속에서 침전하는 원형입자의 침전속도에 관한 설명으로 옳지 않은 것은?

① 침전속도는 입자의 지름의 제곱에 비례한다.

② 침전속도는 물의 점도에 반비례한다.

③ 침전속도는 중력가속도에 비례한다.

④ 침전속도는 입자와 물 간의 밀도차에 반비례한다.

침전속도는 입자와 물 간의 밀도차에 비례한다.

$$V_g = \frac{d_p^2(\rho_p - \rho)g}{18\mu}$$

V_g : 중력침강속도

d_p : 입자의 직경

ρ_p : 입자의 밀도

ρ : 유체의 밀도

g : 중력가속도

μ : 점성계수

빈출 09 #혐기성분해 #메탄가스

166.6g의 $C_6H_{12}O_6$가 완전한 혐기성 분해를 한다고 가정할 때 발생가능한 CH_4 가스용적으로 옳은 것은? (단, 표준상태 기준)

① $22.4L$

② $62.2L$

③ $186.7L$

④ $1,339.3L$

$C_6H_{12}O_6 \rightarrow 3CH_4 + 3CO_2$

$C_6H_{12}O_6 : 3CH_4 = 180g : 3 \times 22.4L$

$180g : 3 \times 22.4L = 166.6g : \square$

$\square = 62.1973L$

빈출 10 #pH #몰농도

0.1N 염산(HCl)용액의 예상되는 pH는 얼마인가? (단, 이 농도에서 염산용액은 100% 해리한다.)

① 1

② 2

③ 12

④ 13

$HCl \rightleftharpoons H^+ + Cl^-$

$N = nM$, 염산은 1가이므로 $N = M$

$HCl : H^+ = 1 : 1 = 0.1M : \square$

$\square = 0.1M$

$pH = -\log[H^+]$

$\quad = -\log[0.1] = 1$

$MLSS$농도가 $1,000mg/L$이고, BOD농도가 $200mg/L$인 $2,000m^3/day$의 폐수가 포기조로 유입될 때 $BOD/MLSS$ 부하는? (단, 포기조의 용적은 $1,000m^3$이다.)

① $0.1kg\,BOD/\,kg\,MLSS\cdot day$

② $0.2kg\,BOD/\,kg\,MLSS\cdot day$

③ $0.3kg\,BOD/\,kg\,MLSS\cdot day$

④ $0.4kg\,BOD/\,kg\,MLSS\cdot day$

F/M비 : $L_s(kg\,BOD/kg\,MLSS\cdot day)$

$$L_s = \frac{Q\times BOD_{in}}{X\times \forall}$$

$$= \frac{2,000\times 200}{1,000\times 1,000} = 0.4\,kg\,BOD/kg\,MLSS\cdot day$$

여기서,

L_s : $kg\,BOD/kg\,MLSS\cdot day$

Q : $2,000m^3/day$

BOD_{in} : $200mg/L$

$X(MLSS)$: $1,000mg/L$

$\forall$ (부피) : $1,000m^3$

효과적인 응집을 위해 실시하는 약품교반 실험장치(jar tester)의 일반적인 실험순서가 바르게 나열된 것은?

① 정치침전 → 상징수 분석 → 응집제 주입 → 급속교반 → 완속교반

② 급속교반 → 완속교반 → 응집제 주입 → 정치침전 → 상징수 분석

③ 상징수 분석 → 정치분석 → 완속교반 → 급속교반 → 응집제 주입

④ 응집제 주입 → 급속교반 → 완속교반 → 정치침전 → 상징수 분석

보통 응집제를 먼저 주입한 후, 급속교반으로 재료를 빠르게 혼합하고, 이어 완속교반으로 응집 입자를 성장시킨다. 그 다음 정치침전으로 응집된 입자를 침전시키고, 최종적으로 상등액(위의 맑은 물)을 분석한다.

아래에 알맞은 생물학적 처리공정으로 가장 적합한 것은?

- 설치면적이 적게 들며, 처리수의 수질이 양호하다.
- BOD, SS의 제거율이 높다.
- 수량 또는 수질의 영향을 많이 받는다.
- 슬러지 팽화가 문제점으로 지적된다.

① 산화지법　　　　　② 살수여상법

③ 회전원판법　　　　④ 활성슬러지법

---

① 산화지법 : 미생물의 생물학적 작용을 이용하여 하수 및 폐수를 자연정화시키는 공법으로, 라군(lagon)이라고도 하며, 시설비와 운영비가 적게 드는 이점이 있기 때문에 소규모 마을의 오수처리에 많이 이용된다.

② 살수여상법 : 여과재 위에 하수를 살수하여 미생물막이 유기물을 분해하는 방식의 생물막 처리법이며, 보통 2차 처리에 이용된다.

③ 회전원판법 : 회전하는 원판 위에 미생물막을 형성하여 하수를 통과시켜 처리하는 생물막 공법이다. 회전원판이 회전하면서 산소를 공급하고 유기물을 분해한다.

시료의 5일 BOD가 $212mg/L$이고, 탈산소계수값이 $0.15/day$(밑수 10)이면 이 시료의 최종 $BOD(mg/L)$는?

① 243　　　　　　② 258

③ 285　　　　　　④ 292

BOD공식을 이용한다.

소모 $BOD = BOD_u \times (1-10^{-kt}) \rightarrow BOD_5$

$BOD_5 = BOD_u \times (1-10^{-k\times 5})$

$212 = BOD_u \times (1-10^{-0.15\times 5})$

$BOD_u = 257.8535ppm$

에탄올(C_2H_5OH)의 농도가 $350mg/L$인 폐수의 이론적인 화학적 산소요구량은?

① $620mg/L$

② $730mg/L$

③ $840mg/L$

④ $950mg/L$

$C_2H_5OH + 3O_2 \rightarrow 2CO_2 + 3H_2O$

C_2H_5OH $1mol(46g)$은 O_2 $3mol(32 \times 3 = 96g)$을 필요로 한다.

$46g : 96g = 350mg/L : \square$

$\square = 730.4347mg/L$

A폐수를 활성탄을 이용하여 흡착법으로 처리하고자 한다. 폐수 내 오염물질의 농도를 $30mg/L$에서 $10mg/L$로 줄이는데 필요한 활성탄의 양은? (단, $X/M = KC^{1/n}$사용, K : 0.5, n : 1)

① $3.0mg/L$

② $3.3mg/L$

③ $4.0mg/L$

④ $4.6mg/L$

$\dfrac{X}{M} = KC^{1/n}$

$\dfrac{(30-10)}{M} = 0.5 \times 10^{1/1}$

$M = 4.0mg/L$

다음 중 적조현상을 발생시키는 주된 원인물질은?

① Cl

② P

③ Mg

④ Fe

적조현상은 부영양화 현상으로 인해 발생되며, 부영양화 현상의 주된 원인물질은 질소와 인이다.

A도시에서 발생하는 $2,000m^3/day$ 하수를 1차침전지에서 침전속도가 $2m/day$보다 큰 입자들을 완전히 제거하기 위해 요구되는 1차침전지의 표면적으로 가장 적합한 것은?

① $100m^2$ 이상

② $500m^2$ 이상

③ $1,000m^2$ 이상

④ $4,000m^2$ 이상

$\eta = \dfrac{\text{입자의 침전속도}}{\text{표면부하율}}$

η이 100%인 침전지는 입자의 침전속도 = 표면부하율의 관계가 성립된다.

$\dfrac{2m}{day} = \dfrac{2,000m^3/day}{\text{표면적}}$

표면적 = $1,000m^2$

여기서,

표면부하율 $= \dfrac{\text{유량}}{\text{침전되는 단면적}} = \dfrac{VH}{L} \rightarrow$ 100% 제거되는 입자의 침강속도

다음 중 하·폐수처리시설의 일반적인 처리계통으로 가장 적합한 것은?

① 침사지 − 1차침전지 − 소독조 − 포기조
② 침사지 − 1차침전지 − 포기조 − 소독조
③ 침사지 − 소독조 − 포기조 − 1차침전지
④ 침사지 − 포기조 − 소독조 − 1차침전지

- 침사지 : 모래·비중 큰 물질 제거
- 1차침전지 : 침전성 고형물 제거
- 포기조(생물반응조) : 유기물 처리
- 소독조 : 최종 소독 및 방류

하천이 유기물로 오염되었을 경우 자정과정을 오염원으로부터 하천 유하거리에 따라 분해지대, 활발한 분해지대, 회복지대, 정수지대의 4단계로 구분한다. 〈보기〉와 같은 특성을 나타내는 단계는?

━━━━━━[보기]━━━━━━
- 용존산소의 농도가 아주 낮거나 때로는 거의 없어 부패 상태에 도달하게 된다.
- 이 지대의 색은 짙은 회색을 나타내고, 암모니아나 황화수소에 의해 썩은 달걀냄새가 나게 되며 흑색과 점성질이 있는 퇴적물질이 생기고 기포방울이 수면으로 떠오른다.
- 혐기성 분해가 진행되어 수중의 탄산가스농도나 암모니아성 질소의 농도가 증가한다.

① 분해지대   ② 활발한 분해지대
③ 회복지대   ④ 정수지대

Whipple이 구분한 하천 자정작용 4단계의 각 단계별 특징

㉠ 분해지대
- 오염물이 유입되는 하류지역으로, 물의 물리적·화학적 성질이 저하되고 용존산소(DO)가 감소한다.
- 오염에 약한 고등생물은 줄고 오염에 강한 미생물, 특히 Fungi(균류)가 증가한다.
- 유기성 부유물 침전과 CO_2 증가가 나타난다.

㉡ 활발한 분해지대
- DO가 거의 없거나 매우 낮아 혐기성 분해가 활발하게 일어난다.
- 부패상태에 도달하며 악취를 유발하는 H_2S, NH_3 등이 발생한다.
- 호기성 미생물은 사라지고 혐기성 미생물이 대체된다.

㉢ 회복지대
- 유기물이 고갈되고 DO가 다시 증가하면서 물이 점차 깨끗해지는 단계이다.
- 혐기성 미생물에서 다시 호기성 미생물로 전환되며, 조류가 번성한다.
- 아질산염과 질산염 형태의 질소 화합물이 존재하고, 원생동물 및 물고기 등의 생물이 서식하기 시작한다.

㉣ 정수지대
- 하천이 거의 오염되지 않은 상태처럼 DO가 정상화되고 BOD가 감소한다.
- 호기성 세균이 번성하며 청정한 물고기들이 다시 서식한다.
- 수질이 가장 깨끗하고 안정된 상태이다.

염소살균능력이 높은 것부터 배열된 것은?

① $OCl^- > NH_2Cl > HOCl$

② $HOCl > NH_2Cl > OCl^-$

③ $HOCl > OCl^- > NH_2Cl$

④ $NH_2Cl > OCl^- > HOCl$

- 유리잔류염소 : 차아염소산($HOCl$)과 차아염소산이온(OCl^-) 형태로 존재하며 소독 · 살균력(산화력)이 매우 강함.
- 결합잔류염소 : 염소가 암모니아 등과 결합하여 만들어지는 클로라민류로, 살균력이 유리잔류염소보다 약함.

〈보기〉와 같은 특성을 가지는 수질오염물질은?

[보기]
- 은백색의 광택이 있고 경도가 높은 금속으로 도금과 합금재료로 많이 쓰인다.
- 6가 이온은 특히 독성이 강하여 3가 이온의 100배 정도 더 해롭다.
- 피부염, 피부궤양을 일으키며 흡입으로 코, 폐, 위장에 점막을 형성하고 폐암을 유발한다.

① 크롬

② 구리

③ 수은

④ 카드뮴

- ② 구리 : 윌슨병과 구리 중독
- ③ 수은 : 수은 중독, 미나마타병
- ④ 카드뮴 : 카드뮴 중독, 이타이이타이병

다음 〈보기〉에서 우리나라 하천수의 일반적인 수질적 특징만을 골라 묶어진 것은?

[보기]
- ㉠ 계절에 따라 수위 변화가 심하다.
- ㉡ 여름철과 겨울철에 성층이 형성된다.
- ㉢ 수온이 비교적 일정하고 무기물이 풍부하다.
- ㉣ 오염물의 이동, 분해, 희석 등 자정작용이 활발하다.

① ㉠, ㉡

② ㉡, ㉢

③ ㉢, ㉣

④ ㉠, ㉣

- ㉡ 여름철과 겨울철에 성층이 형성된다. : 호소수의 설명이다.
- ㉢ 수온이 비교적 일정하고 무기물이 풍부하다. : 지하수의 설명이다.

수분함유량 10%인 쓰레기를 건조시켜 수분함유량을 5%로 하기 위해 쓰레기 1톤당 증발시켜야 하는 수분의 양은? (단, 쓰레기 비중은 1.0)

① $10.0kg$

② $41.4kg$

③ $52.6kg$

④ $100kg$

$SL_1(1-X_1) = SL_2(1-X_2)$

$1,000kg(1-0.1) = SL_2(1-0.05)$

$SL_2 = 947.3684kg$

제거시켜야 할 수분 $= SL_1 - SL_2$

$\qquad\qquad = 1,000 - 947.3684$

$\qquad\qquad = 52.6316kg$

빈출 25 #살수여상 #연못화현상

살수여상에서 발생하는 연못화 현상의 원인으로 가장 거리가 먼 것은?

① 유기물 부하량이 너무 적어 처리가 되지 않을 경우
② 매질이 너무 작거나 균일하지 못한 경우
③ 미생물 점막이 과도하게 탈리되어 공극을 메울 경우
④ 최초침전지에서 현탁고형물이 충분히 제거되지 않을 경우

유기물 부하량이 많을 경우 연못화 현상이 발생한다.

빈출 27 #염소요구량 #염소주입량 #잔류염소량

A공장의 최종 방류수 $4,000m^3/day$에 염소를 $60kg/day$로 주입하여 방류하고 있다. 염소주입 후 잔류염소량이 $3mg/L$이었다면 이때 염소요구량은 몇 mg/L인가?

① $12mg/L$ ② $17mg/L$
③ $20mg/L$ ④ $23mg/L$

㉠ 염소주입농도

$$농도 = \frac{용질}{용액} = \frac{\dfrac{60kg}{day}}{\dfrac{4,000m^3}{day}} = \frac{60kg}{4,000m^3} \times \frac{10^6 mg}{kg} \times \frac{m^3}{10^3 L}$$

$$kg \rightarrow mg \quad m^3 \rightarrow L$$

$$= 15mg/L$$

㉡ 염소요구량

염소주입량 = 염소요구량 + 염소잔류량
$15mg/L = \square mg/L + 3mg/L$
$\square = 12$

빈출 26 #방울수 #20방울 #1mL #20℃

다음은 수질오염공정시험기준상 방울수에 대한 설명이다. ( ) 안에 알맞은 것은?

> 방울수라 함은 20℃에서 정제수 (㉠)을 적하할 때, 그 부피가 약 (㉡)되는 것을 뜻한다.

① ㉠ 10방울, ㉡ $1mL$
② ㉠ 20방울, ㉡ $1mL$
③ ㉠ 10방울, ㉡ $0.1mL$
④ ㉠ 20방울, ㉡ $0.1mL$

방울수라 함은 20℃에서 정제수 20방울을 적하할 때, 그 부피가 약 $1mL$가 되는 것을 뜻한다.

빈출 28 #해수 #약알칼리성

다음 중 해수의 특성에 관한 설명으로 옳지 않은 것은?

① 해수 내 전체 질소 중 35% 정도는 암모니아성 질소, 유기질소 형태이다.
② 해수의 pH는 약 5.6 정도로 약산성이다.
③ 해수의 주요 성분 농도비는 거의 일정하다.
④ 해수의 Mg/Ca비는 담수에 비하여 큰 편이다.

해수의 pH는 약 8.2 정도로 약알칼리성이다.

01 PART   02 PART   03 PART   04 PART

A기체와 물이 30℃에서 평형상태에 있다. 기상에서의 A의 분압이 $40mmHg$일 때, 수중에서의 A기체의 액중농도는? [단, 30℃에서, A기체의 물에 대한 헨리상수는 $1.60 \times 10(atm \cdot m^3/kmol)$이다.]

① $2.29 \times 10^{-3} kmol/m^3$

② $3.29 \times 10^{-3} kmol/m^3$

③ $2.29 \times 10^{-2} kmol/m^3$

④ $3.29 \times 10^{-2} kmol/m^3$

$P = H \times C$

$0.0526 = 1.6 \times 10 \times C$

$C = 3.2875 \times 10^{-3} kmol/m^3$

P : 압력(atm) → $40mmHg \times \dfrac{1atm}{760mmHg} = 0.0526atm$

H : 헨리상수$(atm \cdot m^3/kmol)$ → $1.6 \times 10\,atm \cdot m^3/kmol$

C : 농도$(kmol/m^3)$

환경체감률에 따른 대기안정도를 나타낸 그림 중 역전상태를 나타낸 것은? (단, 실선은 환경체감률, 점선은 건조단열체감률이다.)

①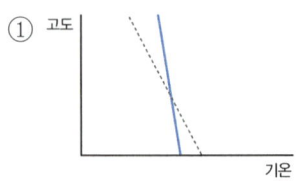

②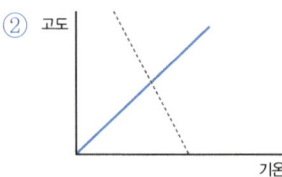

③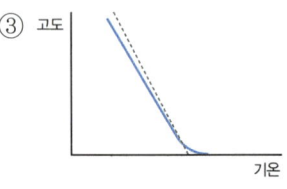

④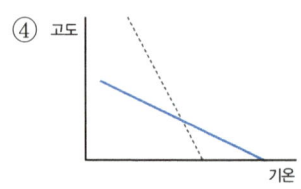

① 약한 안정(미단열)

③ 중립

④ 과단열(불안정)

흡착법에 관한 설명으로 옳지 않은 것은?

① 물리적 흡착은 Van der Waals 흡착이라고도 한다.

② 물리적 흡착은 낮은 온도에서 흡착량이 많다.

③ 화학적 흡착인 경우 흡착과정이 주로 가역적이며 흡착제의 재생이 용이하다.

④ 흡착제는 단위질량당 표면적이 큰 것이 좋다.

물리적 흡착인 경우 흡착과정이 주로 가역적이며 흡착제의 재생이 용이하다.

다음 중 연소 시 질소산화물의 저감방법으로 가장 거리가 먼 것은?

① 배출가스 재순환

② 2단연소

③ 과잉공기량 증대

④ 연소부분 냉각

공급공기량의 증대는 일정구간에서 질소산화물의 발생을 촉진시킨다.

유기물을 완전연소시키기 위한 폐기물의 연소성능필요조건 항목(3T)으로 가장 거리가 먼 것은?

① 온도
② 기압
③ 체류시간
④ 혼합

완전연소를 위한 조건은 아래와 같이 구분된다.
• 3T : 시간(Time), 온도(Temperature), 혼합(Turbulence)
• 3TO : 시간(Time), 온도(Temperature), 혼합(Turbulence), 산소(Oxygen)

다음 〈보기〉에서 설명하는 소각로 형식은?

[보기]
• 복동식과 흔들이식이 있다.
• 연속적인 소각과 배출이 가능하다.
• 수분이 많거나 발열량이 낮은 폐기물도 어느 정도 소각이 가능하다.
• 플라스틱과 같이 열에 쉽게 용융되는 폐기물의 연소에는 적합하지 않다.
• 고온에서 기계적으로 구동하여 금속부의 마멸이 심할 수 있다.

① 다단로
② 회전로
③ 유동상 소각로
④ 화격자 소각로

---

① 다단로 : 여러 단계의 연소실을 직렬로 배열하여 연료를 점진적으로 연소시키는 소각방식이다. 연소효율을 높이고 연소온도의 제어가 가능하다. 보통 고체폐기물을 단계적으로 처리할 때 사용된다.
② 회전로 : 회전하는 원통형 드럼 내에서 폐기물을 소각하는 방식이다. 드럼이 천천히 회전하여 폐기물이 잘 혼합되고 연소가 균일하게 이루어진다. 고체 및 슬러지 폐기물 처리에 적합하다.
③ 유동상 소각로 : 고온의 뜨거운 가스가 하부에서 불어올려 다량의 미세한 모래(석영 모래)를 부상시켜 유동층을 형성한다. 폐기물을 상부에서 주입하여 이 유동층에서 빠르고 완전하게 소각하는 방식이다. 연소효율이 높고 배출가스가 깨끗해 주로 산업폐기물 소각에 사용된다.

액체 프로판(C_3H_8) $100kg$을 기화시켰을 때 표준상태에서 부피는?

① $44.0Sm^3$
② $47.3Sm^3$
③ $50.9Sm^3$
④ $53.7Sm^3$

표준상태에서 $1kmol = kg$분자량 $= 22.4Sm^3$를 차지한다.

$$100kg \times \frac{1kmol}{44kg} \times \frac{22.4Sm^3}{1kmol} = 50.90Sm^3$$
$$kg \rightarrow kmol \quad kmol \rightarrow Sm^3$$

탄소 $6kg$을 완전연소하기 위해 필요한 이론공기량은? (단, 표준상태 기준)

① $11.2Sm^3$
② $22.4Sm^3$
③ $53.3Sm^3$
④ $106Sm^3$

$C + O_2 \rightarrow CO_2$
㉠ 이론산소량 계산
  $12kg : 22.4Sm^3 = 6kg : \square$
  ($1kmol = kg$분자량 $= 22.4Sm^3$)
  $\square = 11.2Sm^3$
㉡ 이론공기량 계산
  $$11.2Sm^3 \times \frac{1}{0.21} = 53.3333Sm^3$$

황성분 1%인 중유를 $20 ton/hr$로 연소시킬 때 배출되는 SO_2를 석고($CaSO_4$)로 회수하고자 할 때 회수되는 석고의 양은? (단, 24시간 연속가동되며, 연소율 :100%, 탈황률 : 90%, 원자량 S : 32, Ca : 40)

① $5.38 kg/min$

② $6.42 kg/min$

③ $12.75 kg/min$

④ $14.17 kg/min$

$SO_2 + CaCO_3 + 0.5 O_2 \rightarrow CaSO_4 + CO_2$

$S : CaSO_4 = 32g : 136g$

$32g : 136g = 0.18 ton/hr : \square$

$\square = \left(\dfrac{136 \times 0.18}{32} \right) \dfrac{ton}{hr} \times \dfrac{10^3 kg}{ton} \times \dfrac{hr}{60min} = 12.75 kg/min$

여기서, $S : \dfrac{20 ton}{hr} \times \dfrac{1}{100} \times \dfrac{90}{100} = 0.18 ton/hr$
황성분 탈황률

사이클론 스크러버에 관한 설명으로 틀린 것은?

① 용해성이 좋은 가스에 효과적이다.

② 사이클론의 직경을 크게 하면 효율이 증가한다.

③ 대용량 가스 처리가 가능하다.

④ 비교적 구조가 간단하다.

사이클론의 직경을 작게 하면 효율이 증가한다.

A집진장치의 집진효율은 99%이다. 이 집진시설 유입구의 먼지농도가 $13.5 g/Sm^3$일 때 집진장치의 출구농도는?

① $0.0135 mg/Sm^3$

② $135 mg/Sm^3$

③ $1,350 mg/Sm^3$

④ $13.5 mg/Sm^3$

$\eta = \left(1 - \dfrac{C_{out}}{C_{in}} \right) \times 100$

$99\% = \left(1 - \dfrac{C_{out}}{13.5} \right) \times 100$

$C_{out} = -13.5 \times \left(\dfrac{99}{100} - 1 \right) = 0.135 g/m^3 = 135 mg/m^3$

대기환경보전법상 용어의 정의로 옳지 않은 것은?

① "기후·생태계 변화유발물질"이란 지구온난화 등으로 생태계의 변화를 가져올 수 있는 기체상 물질로서 온실가스와 환경부령으로 정하는 것을 말한다.

② "매연"이란 연소할 때에 생기는 유리탄소가 주가 되는 미세한 입자상 물질을 말한다.

③ "먼지"란 대기 중에 떠다니거나 흩날려 내려오는 입자상 물질을 말한다.

④ "온실가스"란 자외선 복사열을 흡수하여 온실효과를 유발하는 대기 중의 가스상태 물질로서 이산화탄소, 메탄, 아산화탄소, 수소불화탄소, 과불화탄소, 육불화황을 말한다.

"온실가스"란 적외선 복사열을 흡수하거나 다시 방출하여 온실효과를 유발하는 대기 중의 가스상태 물질로서 이산화탄소, 메탄, 아산화질소, 수소불화탄소, 과불화탄소, 육불화황을 말한다.

집진율이 각각 90%와 98%인 두 개의 집진장치를 직렬로 연결하였다. 1차 집진장치 입구의 먼지농도가 $5.9g/m^3$ 일 경우 2차 집진장치 출구에서 배출되는 먼지농도는?

① $11.8mg/m^3$　　② $15.7mg/m^3$

③ $18.3mg/m^3$　　④ $21.1mg/m^3$

집진율은 제거되는 농도를 의미한다. 출구의 농도를 계산하기 위해서는 제거되는 농도를 제외해 주어야 한다.

㉠ 1차 집진장치를 통과하는 출구 먼지농도

$$\frac{5.9g}{m^3} \times (1-0.9) = 0.59g/m^3$$

㉡ 2차 집진장치에 유입되는 입구 먼지농도 : $0.59g/m^3$

㉢ 2차 집진장치를 통과하는 출구 먼지농도

$$\frac{0.59g}{m^3} \times (1-0.98) = 0.0118g/m^3 = 11.8mg/m^3$$

쓰레기의 발생량을 산정하는 방법 중 일정 기간 동안 특정지역의 쓰레기 수거차량의 대수를 조사하여 이 값에 밀도를 곱하여 중량으로 환산하는 방법은?

① 물질수지법

② 직접계근법

③ 적재차량계수분석법

④ 적환법

---

① 물질수지법 : 특정 공정이나 시설에서 출입하는 물질의 양을 질량보존법칙(물질수지식)에 따라 계산하여 배출량을 산정하는 방법이다.

② 직접계근법 : 쓰레기를 실제로 저울에 달아서 중량을 정확하게 측정하는 방법으로, 가장 정확하지만 비용과 시간이 많이 든다.

④ 적환법 : 쓰레기 수거·운반 과정에서 중간집하장(적환장)에서 폐기물의 무게를 측정하여 발생량을 산정하는 방법이다.

쓰레기 전환연료(RDF)의 구비조건으로 거리가 먼 것은?

① 칼로리가 높을 것

② 함수율이 높을 것

③ 재의 양이 적을 것

④ 조성이 균일할 것

RDF는 함수율이 낮아야 한다.

관거(pipe–line)를 이용한 폐기물 수거방법에 관한 설명으로 가장 거리가 먼 것은?

① 폐기물 발생빈도가 높은 곳이 경제적이다.

② 가설 후에 경로변경이 곤란하다.

③ $25km$ 이상의 장거리 수송에 현실성이 있다.

④ 큰 폐기물은 파쇄, 압축 등의 전처리를 해야 한다.

장거리 수송에 현실성이 없다.

폐기물을 분쇄하여 세립화 및 균일화하는 것을 파쇄라 한다. 파쇄의 장점으로 가장 거리가 먼 것은?

① 조성을 균일하게 하여 정상연소 시 연소효율을 향상시킨다.
② 폐기물 입자의 표면적이 증가되어 미생물 작용이 촉진되어 매립 시 조기안정화를 꾀할 수 있다.
③ 부피가 커져 운반비는 증가하나 고밀도 매립을 할 수 있으며, 토양으로의 산화 및 환원작용이 빨라진다.
④ 조대 쓰레기에 의한 소각로의 손상을 방지할 수 있다.

부피가 작아져 운반비가 감소하고 고밀도 매립을 할 수 있으며, 토양으로의 산화 및 환원작용이 빨라진다.

쓰레기 수거노선을 설정할 때의 유의사항으로 가장 거리가 먼 것은?

① 가능한 한 간선도로 부근에서 시작하고 끝나도록 한다.
② 언덕길은 내려가면서 수거한다.
③ 발생량이 많은 곳은 하루 중 가장 먼저 수거한다.
④ 가능한 한 시계 반대방향으로 수거노선을 정한다.

가능한 한 시계방향으로 수거노선을 정한다.

지하수의 수질특성에 관한 설명으로 옳지 않은 것은?

① 지하수는 국지적 환경조건의 영향을 크게 받기 쉽다.
② 지하수는 대기와의 접촉이 제한 또는 차단되어 있기 때문에 수질성분들이 대체로 환원상태로 존재하는 경우가 많다.
③ 지하수는 햇빛을 받을 수 없으므로 광합성 반응이 일어나지 않으며, 세균에 의한 유기물의 분해가 주된 생물작용이 되고 있다.
④ 지하수의 연평균 수온변화는 지표수에 비해 현저히 크고 일반적으로 약 2℃ 이상이다.

지하수의 연평균 수온변화는 지표수에 비해 현저히 작다.

농황산의 비중이 1.84, 농도는 $70wt\%$ 정도라면 이 농황산의 몰농도(mol/L)는? (단, 농황산의 분자량은 98)

① 10
② 13
③ 15
④ 16

$$\frac{1.84kg}{L} \times \frac{70}{100} \times \frac{10^3 g}{1kg} \times \frac{mol}{98g} = 13.1428 mol/L$$

#대류권 #성층권 #중간권 #열권

대기층의 구조에 관한 설명으로 옳지 않은 것은?

① 오존농도의 고도분포는 지상으로부터 약 $10km$ 부근인 성층권에서 $35ppm$ 정도의 최대농도를 나타낸다.
② 대류권에서는 고도증가에 따라 기온이 하락한다.
③ 열권은 지상 $80km$ 이상에 위치한다.
④ 중간권 중 상부 $80km$ 부근은 지구대기층 중 가장 기온이 낮다.

오존농도의 고도분포는 지상으로부터 약 $25km$ 부근인 성층권에서 $10ppm$ 정도의 최대농도를 나타낸다.

#연기형태 #확산 #역전 #불안정

대기의 상층은 안정되어 있고, 하층은 불안정하여 굴뚝에서 발생한 오염물질이 아래 지표면에까지 확산되어 오염을 발생시킬 수 있는 연기의 형태는?

① Fanning형
② Looping형
③ Fumigation형
④ Trapping형

훈증형(Fumigation)은 대기 상층이 안정되어 있으나 하층이 불안정한 상태에서 나타나는 연기형태로, 굴뚝에서 배출된 오염물질이 지표면 가까이로 내려와 확산되어 오염을 유발한다.
① Fanning(부채형) : 역전상태
② Looping(환상형) : 매우 불안정 상태
④ Trapping(구속형) : 상하 두 개의 역전층 사이에 연기가 갇혀 확산이 제한되는 형태

#흡수액 #점성 #휘발성 #부식성 #용해도

흡수법을 사용하여 오염물질을 처리하고자 할 때 흡수액의 구비조건으로 옳지 않은 것은?

① 휘발성이 적을 것
② 점성이 클 것
③ 부식성이 없을 것
④ 용해도가 클 것

흡수액의 점성은 작아야 한다.

#부피변화율 #고형화

밀도가 $1g/cm^3$인 폐기물 $10kg$에 고형화 재료 $2kg$을 첨가하여 고형화시켰더니 밀도가 $1.2g/cm^3$로 증가했다. 이 경우 부피변화율은?

① 0.7 ② 0.8
③ 0.9 ④ 1.0

$$밀도(\rho) = \frac{질량(g)}{부피(cm^3)} \rightarrow 부피(cm^3) = \frac{질량(g)}{밀도(\rho)}$$

$$부피변화율 = \frac{V_2}{V_1}$$

$$= \frac{10,000}{10,000} = 1$$

㉠ 고형화 재료 첨가 전 부피(V_1)

$$V_1(cm^3) = \frac{10,000g}{1.0g/cm^3} = 10,000cm^3$$

㉡ 고형화 재료 첨가 후 부피(V_2)

$$V_2(cm^3) = \frac{12,000g}{1.2g/cm^3} = 10,000cm^3$$

#차량 #적재량 #밀도

인구 100,000명의 중소도시에 발생되는 쓰레기의 양이 $200m^3/day$(밀도 $750kg/m^3$)이다. 적재량 $5ton$ 트럭으로 운반하려면 1일 소요되는 트럭 대수는? (단, 트럭은 1회 운행)

① 12대　　　　② 18대
③ 24대　　　　④ 30대

단위에 유의한다.

$$트럭 수 = \frac{폐기물\ 발생량}{트럭\ 1대당\ 적재량}$$

$$= \frac{\dfrac{200m^3}{day} \times \dfrac{750kg}{m^3} \times \dfrac{ton}{10^3 kg}}{\dfrac{5ton}{대}} = 30대$$

#매립 #매립가스 #메탄 #이산화탄소

호기성 단계의 매립지에서 매립 초기에 시간에 따른 발생량 증가폭이 큰 가스는? [단, 기체구성비(%)]

① 수소　　　　② 메탄
③ 질소　　　　④ 이산화탄소

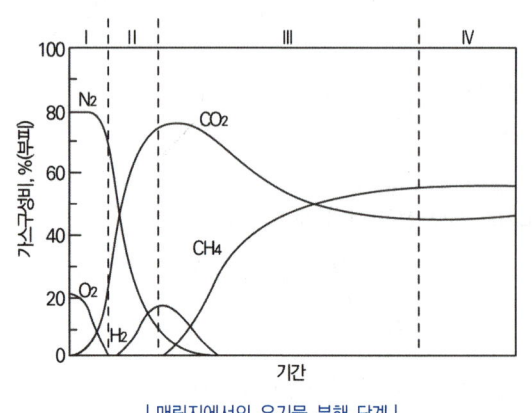

| 매립지에서의 유기물 분해 단계 |

#선별 #공기 #자석 #스크린

폐기물의 선별방법으로 가장 거리가 먼 것은?

① 흡착선별
② 공기선별
③ 자석선별
④ 스크린선별

---

① 흡착은 주로 가스나 액체 속 오염물질 제거에 쓰이는 방법이다.
② 공기선별은 가벼운 물질을 공기로 날려 무거운 것과 분리한다.
③ 자석선별은 철과 같은 자성체 금속을 자력으로 분리한다.
④ 스크린선별은 크기 차이에 따라 거름망을 사용해 분리한다.

#파쇄 #충격 #전단 #압축

다음 중 효율적인 파쇄를 위해 파쇄대상물에 작용하는 3가지 힘에 해당되지 않는 것은?

① 충격력
② 정전력
③ 전단력
④ 압축력

파쇄를 위해 파쇄대상물에 작용하는 3가지 힘은 충격력, 전단력, 압축력이다.
① 충격력 : 망치나 드럼 등이 대상물을 빠르고 강하게 때리는 힘
② 정전력 : 전하 차이로 발생하는 힘
③ 전단력 : 서로 다른 방향으로 힘을 주어 자르는 힘
④ 압축력 : 눌러서 부수는 힘

폐기물 관리체계의 3대 기본원칙(3R)이 아닌 것은?

① 감량화
② 재활용
③ 파쇄화
④ 재이용

폐기물 처리기술의 3대 기본원칙(3R) : 감량화(Reduction), 재이용(Reuse)/재활용(Recycle), 회수이용(Recovery)

다음 중 적환장이 필요한 경우와 거리가 먼 것은?

① 수집장소와 처분장소가 비교적 먼 경우
② 작은 용량의 수집차량을 사용할 경우
③ 작은 규모의 주택들이 밀집되어 있는 경우
④ 상업지역에서 폐기물 수거에 대형 용기를 사용하는 경우

적환장은 상업지역에서 폐기물 수거에 소형 용기를 사용하는 경우 필요하다.

방음대책을 음원대책과 전파경로대책으로 구분할 때 다음 중 음원대책이 아닌 것은?

① 소음기 설치
② 방음벽 설치
③ 공명방지
④ 방진 및 방사율 저감

방음벽 설치는 전파경로대책에 해당된다.

아파트벽의 음향투과율이 0.1%라면 투과손실은?

① $10dB$
② $20dB$
③ $30dB$
④ $50dB$

$$TL = 10\log\left(\frac{1}{\tau}\right) = 10\log\left(\frac{I_{in}}{I_{out}}\right)$$
$$= 10\log\left(\frac{1}{0.001}\right) = 30dB$$

τ : 투과율
I_{in} : 입사음의 세기
I_{out} : 투과음의 세기

PART

04

실기편

용존산소-적정법
(Dissolved Oxygen-Titrimetric Method)

Ⅰ DO실험 준비

1. 실험 시 준비물

- 실험복, 피펫필러, 공학용 계산기, 필기도구(검은색 볼펜 필수 지참), 수험표, 신분증
- 피펫필러를 제외한 실험기구는 고사장에 비치되어 있음.

2. 실험기구

(1) 비커

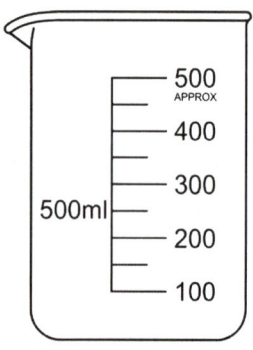

① 실험에서 사용할 증류수를 담아 오거나 실험 후 폐액을 담는 용도로 사용
② 피펫을 세척할 때 세척한 폐액을 담는 용도로 사용
③ 정확한 양을 분취하는 용도로는 사용되지 않는다.

(2) 세척병

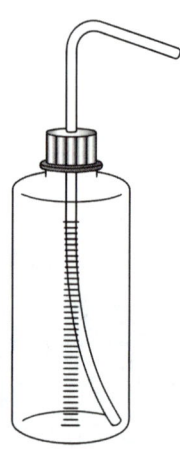

① 증류수를 세척병에 담아 사용
② 피펫 등 유리실험기구를 간단히 세척할 때 사용

(3) 메스실린더

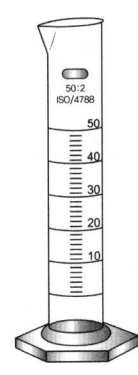

① 정확한 양을 정량할 때 사용하는 기구로 눈금에 주의해서 표선을 맞춤.
② BOD병에서 200mL를 분취할 때 사용

(4) 메스플라스크(용량플라스크)

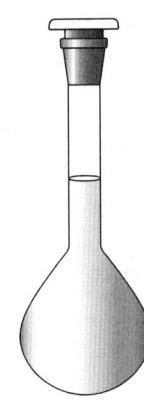

① 메스실런더처럼 정확한 양을 정량할 때 사용하는 기구로 눈금에 주의해서 표선을 맞춤.
② BOD병에서 200mL를 분취할 때 사용
③ 메스실린더 또는 메스플라스크가 주어지므로 둘 중에 한 가지를 이용하여 실험을 한다.

(5) 피펫

① 시약이나 용액의 정확한 양을 분취할 때 사용하는 기구로 보통 소량의 분취에 사용된다.
② 피펫을 사용하기 전에는 반드시 세척병을 이용하여 간단히 증류수로 세척하고 굴러 떨어지지 않도록 주의해야 한다.
③ 정확한 눈금을 맞추도록 해야 한다.

(6) 뷰렛 + 스탠드

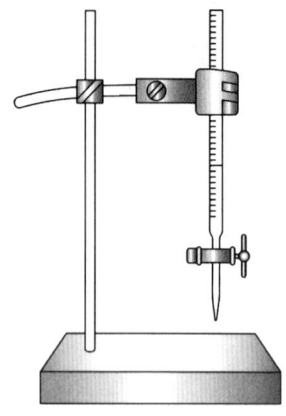

① 적정에 필요한 실험기구로 사용 전에 세척병을 이용하여 증류수로 간단히 세척을 한다.
② DO 적정실험에서는 증류수 세척 후 티오황산소듐용액($0.025M-Na_2S_2O_3$)을 넣어 삼각플라스크 안에 들어있는 검수 용액을 적정한다.
③ 정확한 소비량을 측정하므로 눈금을 제대로 맞추어야 한다.

(7) 삼각플라스크

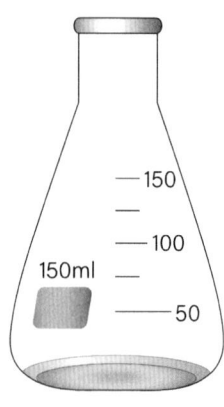

① 뷰렛을 이용한 적정시 사용하는 기구로 메스실린더 또는 메스플라스크를 통해 200mL를 분취한 후 삼각플라스크에 담게 된다.
② 정확한 양을 분취하는 용도로는 사용되지 않는다.
③ 뷰렛의 끝부분이 삼각플라스크 입구 부근에 오도록 설치한 후 적정을 할 때 사용하는 실험기구이다.

(8) BOD병

① 검수할 시료를 담는 병으로, 가득 채운 후 뚜껑을 닫았을 때 보통 300mL이다.
② 각 BOD병마다 조금씩 용량의 차이가 있을 수 있으며, 다른 용량의 BOD병이 지급된다면 실험결과를 계산할 때 적용해야 함.

(9) 피펫필러

① 피펫에 끼워 소량의 시약이나 용액을 분취할 때 사용하는 실험기구이다.

② 개인적으로 준비하여 고사장에 입실한다.

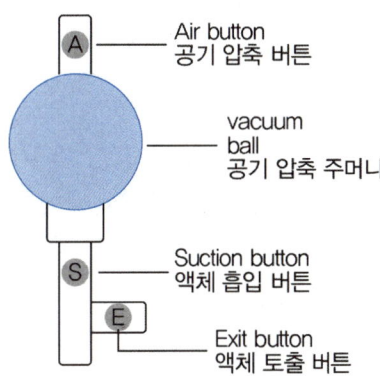

A	Air button 공기 압축 버튼
vacuum ball	vacuum ball 공기 압축 주머니
S	Suction button 액체 흡입 버튼
E	Exit button 액체 토출 버튼

※ 피펫필러 사용법

1. Ⓐ를 누르고 동시에 필러의 가운데 배부분을 눌러 공기를 뺀다.

2. 피펫필러와 피펫을 연결한다. 이때 필러의 Ⓔ부분이 왼쪽으로 향하게 하고 피펫의 눈금이 잘보이도록 연결한다(왼손잡이의 경우 Ⓔ부분이 오른쪽으로 향하게 하고 왼손을 사용). 피펫을 너무 깊숙이 넣지 않도록 주의한다.

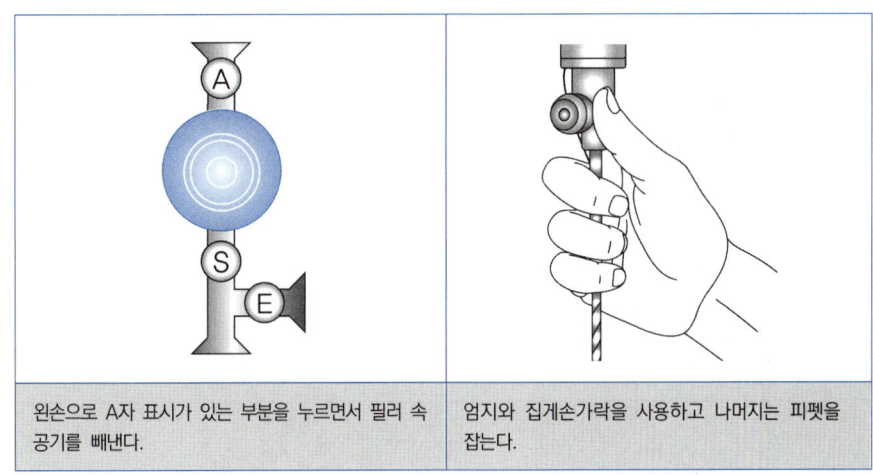

왼손으로 A자 표시가 있는 부분을 누르면서 필러 속 공기를 빼낸다.	엄지와 집게손가락을 사용하고 나머지는 피펫을 잡는다.

3. 피펫의 끝부분이 충분히 시약에 잠기도록 넣은 뒤 피펫필러의 Ⓢ를 천천히 누르면 시약이 피펫을 타고 올라간다. 피펫의 끝이 흔들리지 않도록 하고 시약이 피펫필러 안으로 들어가지 않도록 주의한다.

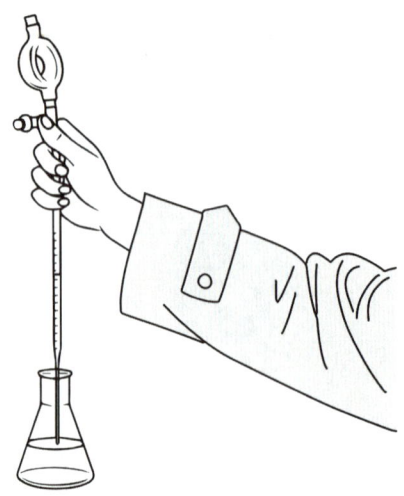

4. 분취하고자 하는 용량이 되었을 때 ⓢ에서 손을 뗀 뒤 떨어뜨릴 실험기구로 결합되어 있는 피펫과 피펫필러를 이동시켜 ⓔ를 천천히 누른다. 피펫을 실험기구 벽에 붙여 안전하게 벽을 타고 흘러 내리도록 한다.

5. 피펫 끝부분에 약이 남았다면 ⓔ 옆에 볼록한 부분을 검지를 이용하여 방아쇠를 당기 듯 당겨 피펫 안에 남은 시약이 없도록 한다.

6. 피펫과 피펫필러를 분리한 후 피펫은 세척병을 이용해 세척한 후 굴러 떨어지지 않도록 잘 보관한다.

※ **정확한 눈금**

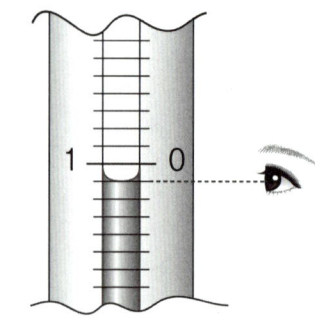

Ⅱ 실험방법

1. 공정시험기준

(1) 전처리 : 환경기능사 실기시험에서는 생략

(2) 분석방법

① 시료를 가득 채운 300mL BOD병에 황산망간($MnSO_4$)용액 1mL와 알칼리성 요오드화포타슘-아자이드화소듐용액($KI-NaN_3$) 1mL를 넣고 기포가 남지 않게 조심하여 마개를 닫고 병을 수회 회전하면서 섞는다.

② 2분 이상 정치시킨 후에 상층액에 미세한 침전이 남아 있으면 다시 회전시켜 혼화하면 갈색 침전물이 생긴다.

③ 시료를 정치하여 100mL 이상의 맑은 층이 생기면 마개를 열고 황산 2mL를 병목으로부터 넣는다.

④ 마개를 다시 닫고 갈색 침전물이 완전히 용해할 때까지 병을 회전시킨다.

⑤ BOD병의 용액 200mL를 정확히 취하여 황색이 될 때까지 티오황산소듐용액(0.025M-Na$_2$S$_2$O$_3$)으로 적정한 다음, 전분용액 1mL를 넣어 용액을 청색으로 만든다. 이후 다시 티오황산소듐용액(0.025M-Na$_2$S$_2$O$_3$)으로 용액이 청색에서 무색이 될 때까지 적정한다.

(3) 결과보고

용존산소농도 산정방법

$$ 용존산소\,(mg/L) = a \times f \times \frac{V_1}{V_2} \times \frac{1,000}{V_1 - R} \times 0.2 $$

a : 적정에 소비된 티오황산소듐용액(0.025M)의 양(mL)

f : 티오황산소듐(0.025M)의 인자(factor)

V$_1$: 전체 시료의 양(mL)

V$_2$: 적정에 사용한 시료의 양(mL)

R : 황산망간용액과 알칼리성 요오드화포타슘-아자이드화소듐용액 첨가량(mL)

2. 고득점으로 가는 실험 Tip

(1) 주어지는 실험기구를 수돗물로 간단히 헹궈준다(실험기구는 사용 전에 세척병을 이용해 증류수 소량을 이용해 간단히 세척).

(2) 세척병과 비커에 증류수를 담아 온다.

(3) 감독관의 지시에 따라 BOD병에 검수할 시료를 가득 담고 마개를 닫는다. 이때 넘치는 부분은 마개와 병을 꼭 잡은 상태로 따라 폐수통에 버린다(사용기구 : BOD병, BOD병마개).

(4) 다시 마개를 열고 황산망간(MnSO$_4$) 1mL를 넣는다. 이때 피펫의 끝이 시료에 닿지 않도록 한다. 뚜껑은 닫지 않는다. 피펫은 세척병을 이용하여 세척한다(사용기구 : 피펫, 피펫필러, BOD병, BOD병마개, 세척병).

> **Tip** 시약은 벽을 타고 흘러 내리게 한다.

(5) 알칼리성 요오드화포타슘-아자이드화소듐용액(KI-NaN$_3$) 1mL를 넣는다. 이때 시료의 색이 갈색으로 변하게 된다. 피펫은 세척병을 이용하여 세척한다(사용기구 : 피펫, 피펫필러, BOD병, BOD병마개, 세척병).

> **Tip** BOD병의 1/2 이하인 부분부터 갈색으로 변하며 피펫이 굴러 떨어지지 않도록 주의한다.

(6) 마개를 닫고 넘치는 시료는 폐수통에 버린다(사용기구 : BOD병, BOD병마개).

(7) 마개를 누른 상태로 2~3분간 흔든다. 흔든 후 침전물의 침전이 빠르게 진행되며 전체의 1/2 정도가 맑은 상등액이 될 때까지 기다린다(상등액이 맑지 않으면 다시 흔든다).

> **Tip** 너무 세게 흔들어서 주위에 부딪히거나 떨어지지 않도록 한다.

> **Tip** 상등액이 아주 맑을 때까지 할 수 없으므로 총 3~5분 정도 흔들었다면 다음 단계로 넘어간다.

(8) 마개를 열고 황산 2mL를 주입하고 피펫은 세척병을 이용해 세척한다(사용기구 : 피펫, 피펫필러, BOD병, BOD병마개, 세척병).

> **Tip** 황산은 특히 주의해서 다뤄야 하며 벽을 타고 흘러 내리도록 하며 피펫 세척도 주의한다.

> **Tip** 정확히 2mL가 아니어도 실험결과에 영향을 미치지 않으므로 0.1~0.2mL 정도의 오차가 생기더라도 안전한 실험을 위해 그대로 진행한다.

(9) 적갈색이 된 시료의 마개를 닫고 BOD병 속의 부유물이 사라질 때까지 BOD병을 흔든다.

(10) 메스실린더 또는 메스플라스크를 이용해 200mL를 정확히 분취하여 삼각플라스크에 담는다(사용기구 : 삼각 플라스크, 메스실린더 또는 메스플라스크, BOD병, BOD병마개, 세척병).

    Tip 표선을 맞추기 힘들 경우 피펫을 이용해서 표선을 맞추며, 피펫은 다시 세척한다.

(11) 뷰렛을 스탠드에 설치하고 뷰렛의 밸브를 열어 세척병으로 간단히 세척한다. 이때 작은 비커(폐수통)를 뷰렛 밑에 둔다(사용기구 : 뷰렛, 스탠드, 비커, 증류수).

    Tip 뷰렛 밑에 비커를 반드시 둔다.

(12) 뷰렛의 벨브를 잠그고 티오황산소듐(0.025M-Na$_2$S$_2$O$_3$)을 깔때기를 이 용하여 표선을 조금 넘도록 맞춘다. 티오황산소듐(0.025M-Na$_2$S$_2$O$_3$)을 담았던 비커를 뷰렛 밑에 두고 밸브를 조절하며 정확히 표선을 맞춘다.

    Tip 뷰렛의 눈금을 맞추면서 밸브를 조절하는 연습을 하고 뷰렛 밑에는 티 오황산소듐(0.025M-Na$_2$S$_2$O$_3$)이 들어 있는 비커를 두어야 한다. 또 한 적정할 삼각플라스크 밑에 흰 종이를 깔면 색이 더 잘 보인다.

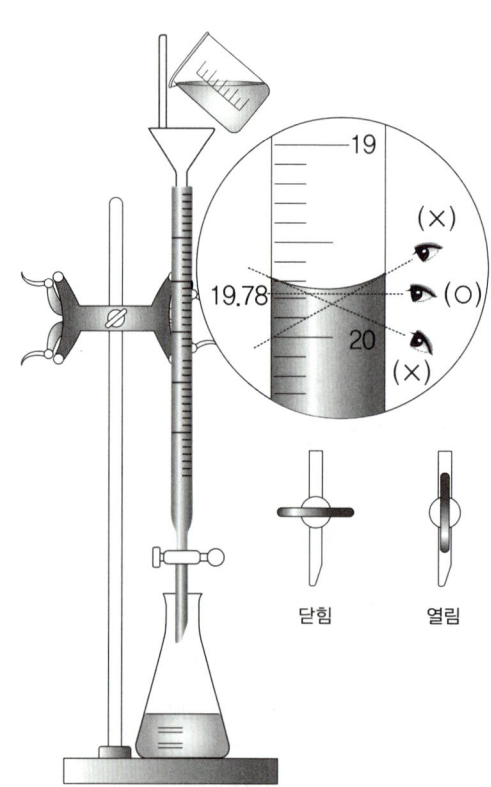

(13) 감독관의 지시에 따라 뷰렛의 티오황산소듐(0.025M-Na$_2$S$_2$O$_3$)을 이용하여 삼각플라스크 속의 시료를 적정 한다. 이때 한 손은 삼각플라스크를 천천히 돌려 교반을 시켜주고 다른 한 손은 뷰렛의 밸브를 조절하여 한 두방울씩 티오황산소듐(0.025M-Na$_2$S$_2$O$_3$)이 떨어질 수 있도록 한다(사용기구 : 삼각플라스크, 뷰렛).

    Tip 적정을 시작하기 전에 감독관에게 반드시 의사를 표시해야 한다. 눈은 삼각플라스크를 중심으로 바라본다.

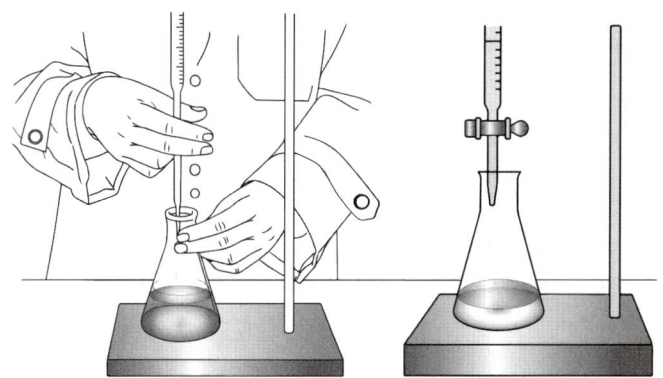

(14) 엷은 노란색이 되었을 때 적정을 멈추고 전분 지시약을 1mL를 넣는다. 이때 전분지시약에 의해 청색으로 변한다.

> **Tip** 엷은 노란색이 되는 시점과 전분의 양은 결과에 큰 영향을 미치지 않는다. 시료의 색이 약간 변했을 때 전분지시약을 넣는다.

(15) 티오황산소듐(0.025M-Na₂S₂O₃)으로 무색이 될 때까지 적정한다.

(16) 적정에 사용된 티오황산소듐(0.025M-Na₂S₂O₃)의 총 부피를 이용하여 결과를 산정한다.

> **Tip** 역가(f)는 주어지는 값을 이용하거나 티오황산소듐(0.025M-Na₂S₂O₃) 시약의 병에 표기되어 있는 값을 사용
> **Tip** 적정한 티오황산소듐(0.025M-Na₂S₂O₃)의 총 부피와 DO의 결과값은 비슷한 수치를 나타낸다. 또한 DO 농도는 온도와 영향이 깊다.

〈온도별 DO 포화농도〉

온도(℃)	DO(mg/L)	온도(℃)	DO(mg/L)
0	14.621	16	9.870
1	14.216	17	9.665
2	13.829	18	9.467
3	13.46	19	9.276
4	13.107	20	9.092
5	12.77	21	8.915
6	12.447	22	8.743
7	12.139	23	8.578
8	11.843	24	8.418
9	11.559	25	8.263
10	11.288	26	8.113
11	11.027	27	7.968
12	10.777	28	7.827
13	10.537	29	7.691
14	10.306	30	7.559
15	10.084	–	–

〈주〉 수중의 염소이온(Cl⁻) 농도 0%

위 자료는 해당 온도에 DO의 포화도를 나타내는 값으로 실기시험 시 해당 온도와 DO 포화도를 참고하면 티오황산소듐(0.025M-Na₂S₂O₃)의 총 적정량을 대략 예상할 수 있으며, 정확한 결과값으로는 사용할 수 없다.

※ 빠르게 보는 DO 적정법

1. 시료채취

   채수병(V_1 : 300mL)에 시료를 취한다.

2. 시약첨가

   ① 황산망간(MnSO$_4$)용액 1mL 첨가

   ② 알칼리성 요오드화포타슘-아자이드화소듐용액(KI-NaN$_3$) 1mL 첨가

   　R : 2mL[황산망간(MnSO$_4$)용액 1mL + 알칼리성 요오드화포타슘-아자이드화소듐용액(KI-NaN$_3$) 1mL]

3. 혼합

   공기방울이 빠지도록 병마개를 막고 좌우로 흔들어 혼합한다.

4. 정치

   ① 앙금이 병 체적의 1/2 정도로 가라앉을 때까지 충분히 정치시킨다.

   ② 위에 맑은 액에 미세한 침전이 남아 있으면 다시 병을 좌우로 흔들어 혼합한 다음 정치한다.

5. 황산용액 2mL 첨가

6. 혼합

   다시 주의 깊게 병마개를 막고 갈색의 침전물이 완전히 분해될 때까지 여러 번 병을 좌우로 흔들면서 혼합시킨다. 용해되지 않으면 다시 혼합하여 용해시킨다.

7. 검수

   메스플라스크에 취한다(V_2 : 200mL).

8. 적정

   티오황산소듐(0.025M-Na$_2$S$_2$O$_3$)용액으로 맑은 황색이 될 때까지 삼각플라스크를 흔들면서 적정한다.

9. 전분지시약 1mL(황색 → 청색)

10. 적정

    ① 티오황산소듐(0.025M-Na$_2$S$_2$O$_3$)용액으로 무색이 될 때까지 삼각플라스크를 흔들면서 적정한다.

    ② 8과 10에서 적정에 사용된 티오황산소듐(0.025M-Na$_2$S$_2$O$_3$)용액의 양을 a라고 한다.

11. 결과정리 및 계산

3. 답안지 작성

답 안 지

용존산소(DO) 분석 · 적정법

1. 용존산소 산출식을 쓰고 기호의 의미를 기술하시오.

(1) $DO(mg/L) = a \times f \times \dfrac{V_1}{V_2} \times \dfrac{1,000}{V_1 - R} \times 0.2$

V_1 : 전체시료량(mL)

V_2 : 적정에 사용된 시료량(mL)

R : 황산망간용액과 알칼리성 요오드화포타슘-아자이드화소듐용액 첨가량(mL)

a : 적정에 소비된 티오황산소듐용액(0.025M)의 양(mL)

f : 티오황산소듐(0.025M)의 인자(factor)

(2) 계산과정

$DO(mg/L) = a \times f \times \dfrac{V_1}{V_2} \times \dfrac{1,000}{V_1 - R} \times 0.2$

$= 5.0 \times 1.000 \times \dfrac{300}{200} \times \dfrac{1,000}{300 - 2} \times 0.2 = 5.0335 mg/L$

2. DO(mg/L) = 5.03mg/L

적정량	5.00mL	관감 인독	확인
용존산소농도	5.03mg/L		

※ 답안지 주의사항

DO : 계산과정에는 소수 넷째자리까지 표기하고 답에는 소수 둘째자리까지 표기(셋째자리에서 반올림)를 기본으로 하나 상황에 따라 답안지의 안내사항에 따라 작성 요함.

대기시료채취장치 구성

Ⅰ 구술평가 시 시료채취장치 구성

구성 1

굴뚝 – 여과지 – 채취관 – 3방콕 – 바이패스병 및 흡수병 – 3방콕 – 건조장치(건조탑, 실리카겔)·펌프 – 유량계(가스미터)

구성 2

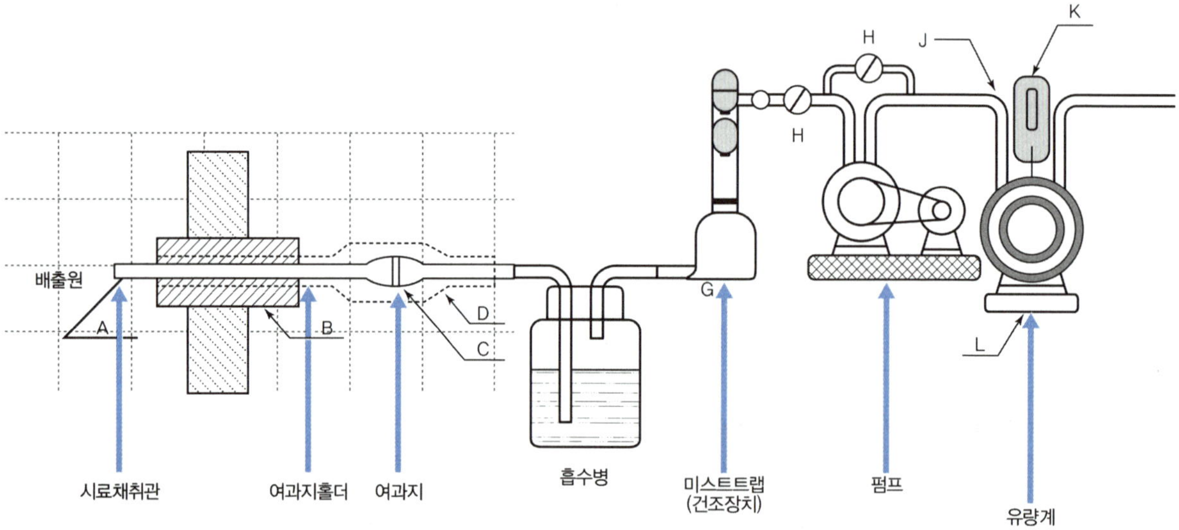

시료채취관	여과지홀더	여과지	흡수병	미스트트랩(건조장치)	펌프	유량계

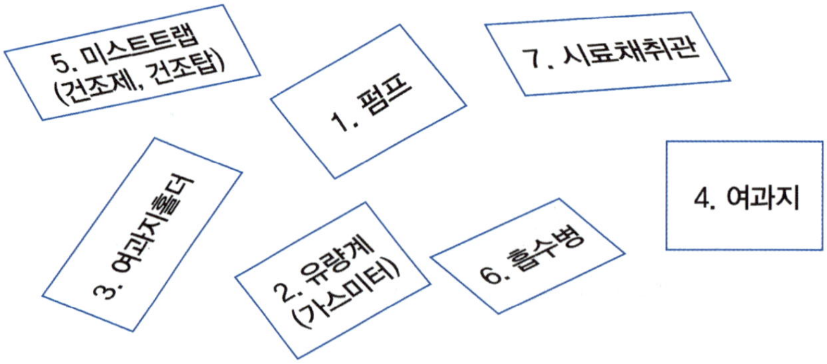

5. 미스트트랩
(건조제, 건조탑)

7. 시료채취관

1. 펌프

3. 여과지홀더

2. 유량계
(가스미터)

6. 흡수병

4. 여과지

장치구성 : 시료채취관 – 여과지홀더 – 여과지 – 흡수병 – 미스트트랩 – 펌프 – 유량계

Q. 대기시료채취장치 Flow 설명

시료채취관을 굴뚝에 고정한 후 삼방코크를 바이패스 방향으로 열고 장치를 가동하면 가스가 전체 장치의 배관으로 고루 퍼져 나가면서 배관을 치환하게 되고 유속과 유량이 일정해지고 난 후 삼방코크를 흡수병 쪽으로 열어 흡수병에 가스를 흡수시켜 시료를 채취한다. 이때 여과지는 굴뚝의 반대쪽인 가스미터 쪽으로 향하게 하여 입자상 물질을 제거하고 미스트트랩(건조장치)은 부식성가스를 제거하여 펌프를 보호한다.

Q. 여과지의 방향

여과지는 가스미터에 의한 손상을 방지하기 위해 굴뚝의 반대쪽(가스미터 쪽)으로 향하게 한다.

Q. 여과지의 기능

먼지 등의 입자상 물질을 여과하여 제거한다.

Q. 삼방코크의 역할과 밸브방향

가스상 물질을 바이패스 쪽과 흡수병 방향으로 조절할 수 있으며, 바이패스 쪽으로 먼저 흘려 보내준 후 흡수병 쪽으로 흘려 보내준다.

Q. 삼방코크의 밸브를 바이패스 쪽으로 먼저 여는 이유

가스를 배관에 충분히 채워 흘려 보내면서 유량과 유속이 일정하게 유지되는 안정한 상태를 만든 후 흡수병 쪽으로 가스를 흘려보내 안정된 시료를 채취한다.

Q. 가스미터의 기능

등속 흡인을 위한 유량과 유속을 제어하는 장치로, 습식 또는 건식 가스미터가 있으며 온도계와 압력계가 붙어 있는 것을 쓴다.

Q. 건조장치(미스트트랩)의 기능

부식성 가스로부터 펌프를 보호하기 위해서 쓰는 것이며, 건조제로서는 입자상태의 실리카겔, 염화칼슘 등을 쓴다.

Ⅱ 주요 시료의 흡수액

시료	흡수액
암모니아(인도페놀법)	붕산용액(5g/L)
염화수소(싸이오사이안산제이수은법)	수산화소듐용액(0.1mol/L)
황산화물(침전적정법)	과산화수소수용액(1 + 9)
황화수소(자외선/가시선분광법)	아연아민착염용액
폼알데히드(아세톤아세틸법)	아세틸아세톤 함유 흡수액
폼알데히드(크로모트로핀산법)	크로모트로핀산 + 황산

Ⅲ 답안지 작성

답 안 지

대기시료채취장치 및 흡수액

(1) 시료채취장치구성	시료채취관 ─ 여과지홀더 ─ 여과지 ─ 흡수병 ─ 미스트트랩 ─ 진공펌프 ─ 유량계 예 7 - 3 - 4 - 6 - 5 - 1 - 2
(2) 흡수액	예 붕산용액(5g/L)

(1) 시료채취장치를 순서대로 배열한 후 그 번호를 답안지에 기재
(2) 구두질문에서 질문받은 흡수액을 기재

MEMO

성공은 결코 우연이 아니다. 성공은 노력, 인내, 학습, 공부, 희생,
그리고 무엇보다도 자신이 하고 있거나 배우고 있는 일에 대한 사랑이다.
(Success is no accident. It is hard work, perseverance, learning, studying, sacrifice and most of all,
love of what you are doing or learning to do.)

펠레(Pele)

성공의 커다란 비결은
결코 지치지 않는 인간으로 인생을 살아가는 것이다.
(A great secret of success is to go through life as a man who never gets used up.)

알버트 슈바이처(Albert Schweitzer)

박문각 자격증 시리즈

환경기능사 필기·실기
8개년 기출문제집 + 무료특강

초판인쇄	2026. 1. 15
초판발행	2026. 1. 20

저자와의
협의 하에
인지 생략

편 저 자	이찬범
발 행 인	박용
출판총괄	김현실
개발책임	이성준
편집개발	김태희, 김지은
마 케 팅	김치환, 최지희
일러스트	㈜ 유미지

발 행 처	㈜ 박문각출판
출판등록	등록번호 제2019-000137호
주 소	06654 서울시 서초구 효령로 283 서경B/D 4층
전 화	(02) 6466-7202
팩 스	(02) 584-2927
홈페이지	www.pmgbooks.co.kr

ISBN	979-11-7519-174-7
정가	28,000원